Ernst Tiemeyer
Klemens Konopasek

Professionelles Datenbank-Design mit ACCESS

Aus den Bereichen
Professional und Business Computing

SAP, Arbeit, Management
hrsg. von AFOS

Betriebswirtschaftliche Anwendungen des integrierten Systems SAP®R/3
hrsg. von Paul Wenzel

Professionelles Datenbank-Design mit ACCESS
von Ernst Tiemeyer und Klemens Konopasek

SQL
von Jürgen Marsch und Jörg Fritze

Effiziente Datenbankentwicklung mit INFORMIX-4GL
von Reinhard Lebensorger

Effizienter DB-Einsatz von Adabas
von Dieter W. Storr

ORACLE7 – Datenbanken erfolgreich realisieren
von Frank Roeing

Windows 95
Anwendungs- und Systemprogrammierung
von Frank Eckgold

Mobilfunk und Intelligente Netze
von Jacek Biala

Recherchieren und Publizieren im World Wide Web
von Frederik Ramm

Business im Internet
von Frank Lampe

Multimediale Kiosksysteme
von Wieland Holfelder

Vieweg

Ernst Tiemeyer
Klemens Konopasek

Professionelles Datenbank-Design mit ACCESS

Top-Know-how der Anwendungsentwicklung mit Makros und VBA, geeignet für die aktuellen Windowsoberflächen, mit beispielhaftem Personalinformationssystem und komplettem Projektcontrolling-System auf CD-ROM

2., überarbeitete und erweiterte Auflage

Das in diesem Buch enthaltene Programm-Material ist mit keiner Verpflichtung oder Garantie irgendeiner Art verbunden. Die Autoren und der Verlag übernehmen infolgedessen keine Verantwortung und werden keine daraus folgende oder sonstige Haftung übernehmen, die auf irgendeie Art aus der Benutzung dieses Programm-Materials oder Teilen davon entsteht.

1. Auflage 1995
2., überarbeitete und erweiterte Auflage 1997

Alle Rechte vorbehalten
© Friedr. Vieweg & Sohn Verlagsgesellschaft mbH, Braunschweig/Wiesbaden, 1997
Softcover reprint of the hardcover 2nd edition 1997

Der Verlag Vieweg ist ein Unternehmen der Bertelsmann Fachinformation GmbH.

Das Werk einschließlich aller seiner Teile ist urheberrechtlich geschützt. Jede Verwertung außerhalb der engen Grenzen des Urheberrechtsgesetzes ist ohne Zustimmung des Verlags unzulässig und strafbar. Das gilt insbesondere für Vervielfältigungen, Übersetzungen, Mikroverfilmungen und die Einspeicherung und Verarbeitung in elektronischen Systemen.

Additional material to this book can be downloaded from http://extra.springer.com.

ISBN 978-3-322-91533-7   ISBN 978-3-322-91532-0 (eBook)
DOI 10.1007/978-3-322-91532-0

Vorwort

Sie wollen Ihre Datenbestände in den Griff bekommen? ACCESS - die marktführende Datenbank von Microsoft - bietet dazu alle Möglichkeiten. Egal, ob es sich um die Verwaltung von Daten zu Personen, Kunden, Lieferanten oder Artikeln handelt, überall hilft ACCESS zu einer schnellen und komfortablen Lösung. Gleiches gilt für die Kontrolle von Aktionen, Terminen und Vorgängen verschiedener Art. Als Beispiele seien die Bestandsverwaltung, Urlaubsplanung und das Projektcontrolling genannt.

Mit Microsoft ACCESS können Sie alle wichtigen Merkmale relationaler Datenbanken realisieren. So lassen sich beliebige Datenmerkmale zum Auffinden von einzelnen oder Gruppen von Datensätzen nutzen. Dabei ist es möglich, unabhängig voneinander existierende Tabellen mit Hilfe gemeinsamer Merkmale zu verknüpfen.

Das vorliegende Buch geht von einer konkreten, praxiserprobten Anwendungslösung aus, die mit ACCESS entwickelt wird. Am Beispiel einer **Personaldatenbank** lernen Sie alle Schritte kennen, um mit ACCESS eine umfassende Praxislösung realisieren zu können:

- Tabellen anlegen und verknüpfen,
- Formulare zur Datenverwaltung und Menüsteuerung erzeugen,
- Abfragen gezielt vornehmen,
- Berichte professionell erstellen und
- Datenaustausch organisieren.

Ein besonderer Schwerpunkt ist das **Programmieren der Anwendungslösung**: Gezeigt wird, wie Sie mit ACCESS eine komplette Ablaufsteuerung über Schaltflächen und Menüs organisieren können. Darüber hinaus lernen Sie wichtige Makros in das Programm einbinden. Schließlich wird an ausgewählten Beispielen mit der Programmiersprache Visual BASIC gearbeitet; erzeugte Module werden dann in die Anwendungslösung integriert.

Durch das gezielte, an einem konkreten Fallbeispiel orientierte Vorgehen gewinnen Sie einen schnellen und sicheren Einstieg in die faszinierende Welt der Datenbankentwicklung, der Makros und der Datenbankprogrammierung mit VBA. Dabei wurde versucht die Darstellung möglichst plattformübergreifend zu realisieren, d. h. die Lösungen sind sowohl in der Welt von Windows 95 und Nachfolgeprodukten als auch in der Windows NT-Welt (z. B. für Version 4.0) nutzbar.

Um die Unterschiede zwischen einer makrogesteuerten und einer modulgesteuerten Anwendungslösung zu verdeutlichen, haben wir uns entschieden, Ihnen auf der beigefügten CD-ROM das gleiche Anwendungsbeispiel des Personalinformationssystem in zwei Varianten zu erstellen.

Mit der Anwendungslösung **Personal Makro.MDB** können Sie die verschiedenen Möglichkeiten der Nutzung von Makros kennenlernen. Beispiele sind:

- Makros für das gezielte Zusammenwirken verschiedener DB-Objekte (Aufruf bestimmter Formulare und Berichte)
- automatisches Suchen und Filtern von Datensätzen
- Makros für das Erstellen eines Druckmenüs (Ausdruck eines bestimmten Berichtes bzw. einer Reihe von Berichten)
- automatischer Import und Export von Daten.

Am Beispiel der modulgesteuerten Anwendungslösung **Personal VBA.MDB** lernen Sie alle wesentlichen Elemente der Datenbankprogrammierung mit Visual Basic for Applications (VBA) kennen. Beispiele sind:

- Anwendung von Kontrollstrukturen
- Manipulieren von Daten (Nutzung von Objektvariablen und Datenzugriffsobjekten)
- Hilfen zur Dateneingabe und Datenausgabe (OCX-Controls, Eingabeprüfungen für Datenfelder und Datensätze)
- Testhilfen und Fehlerbehandlung
- programmierter Datenaustausch (OLE-Automatisierung).
- zahlreiche Speziallösungen (z. B. formularbasierte Suche und Filterung).

ACCESS eignet sich für Endanwender und Datenbankentwickler. In beide Richtungen wurde ACCESS in neueren Versionen stufenweise erweitert - sowohl Endanwender als auch professionelle Entwickler profitieren also von den zusätzlichen Möglichkeiten der aktuellen Versionen für Windows 95, Windows NT sowie in Office 97.

Alle, die mit ACCESS eigene Programmodule erzeugen wollen, erhalten in diesem Buch wertvolle Tips, kompetente Hintergrundinfos und Anregungen für das Entwickeln eigener Anwendungen.

Auf der beigefügten CD zum Buch sind die menügesteuerte Datenbank-Lösungen mit allen Makros und Modulen enthalten (entwickelt mit der ACCESS-Version 7.0 für Windows 95). Neben dem Personalinformationssystem finden Sie zusätzlich noch eine praxiserprobte Anwendungslösung aus dem Bereich Projektcontrolling. So können Sie sich voll auf das Testen der ACCESS-Anwendungen an einem konkreten Beispiel konzentrieren.

Und nun viel Erfolg beim Arbeiten mit ACCESS und der Nutzung dieses Buches.

Schermbeck/Graz,
im September 1996   Ernst Tiemeyer/Klemens Konopasek

Die CD zum Buch

Systemvoraus-setzungen

Die Anwendungslösungen dieses Buches wurden unter Microsoft Access für Windows 95 (Version 7.0) erstellt. Microsoft Windows 95 oder Microsoft Windows NT (ab Version 3.51) als Betriebssystem und Microsoft Access (ab Version 7) sind Voraussetzung.

Die CD zum Buch

Diesem Buch ist eine CD beigelegt, auf der das im Buch mit Access entwickelte Anwendungsbeispiel „Personalinformationssystem" in zwei Versionen enthalten ist:

- **Personal Makro.MDB** (Personalinformationssystem, das einen Großteil der Programmentwicklung mit Makros abbildet)
- **Personal VBA.MDB** (Personalinformationssystem, das grundsätzlich die gleiche Funktionalität wie die erste Lösung aufweist, aber praktisch ausschließlich über VBA-Modulen gelöst ist).

Sie sollten die Dateien verwenden, während Sie mit diesem Buch arbeiten.

Darüber hinaus findet sich auf der CD-ROM ein Projektcontrollingsystem mit ACCESS. Es ist unter dem Namen **Projektkalkulation.MDB** gespeichert und wird im Anhang D des Buches hinsichtlich der Funktionalitäten kurz beschrieben.

Der Inhalt der CD

Verzeichnis/ Ordner	Beschreibung
\Personal	In diesem Verzeichnis/Ordner finden Sie die beiden Access-Datenbanken Personal Makro.MDB sowie Personal VBA.MDB, die in dem Buch entwickelt werden. Ergänzend finden sich drei Excel-Dateien sowie eine DOT-Datei, um den Datenaustausch mit Excel und Word an Beispielen testen zu können.
\Projekt	Hier finden Sie unter dem Namen Projektkalkulation.MDB eine Solution zum Projektcontrolling, die Sie auch an Ihre spezifischen Anforderungen noch anpassen können.

Inhaltsverzeichnis

Vorwort V
Die CD zum Buch IX
Systemvoraussetzungen IX
Die CD zum Buch IX
Der Inhalt der CD IX

1   MS ACCESS - eine Datenbank für Endbenutzer und Entwickler 1
   1.1   Anlässe für den Einsatz einer Datenbank 1
   1.2   Hardwarevoraussetzungen 4
   1.3   Installation des Programms 4
   1.4   Leistungsspektrum von ACCESS 8
   1.5   Anwender und Anwendungsgebiete 11

2   Arbeits- und Entwicklungsumgebung von ACCESS 15
   2.1   ACCESS starten 15
   2.2   Datenbanken öffnen und nutzen 17
   2.3   Arbeitsumgebung einrichten 28
   2.4   Anzeigemöglichkeiten mit ACCESS 31
   2.5   Datenbanken schließen 36
   2.6   Organisation der Speicherung von Datenbanken 37
   2.7   Druckausgabe 40
   2.8   Arbeiten mit ACCESS beenden 48

3   Datenbankentwurf (Datenbank PERSONAL) 49
   3.1   Beschreibung der gewünschten Anwendungslösung . 49
   3.2   Grundsätzliche Vorgehensweise zum Datenbankdesign ... 50
   3.3   Verknüpfungen zwischen den Tabellen festlegen 55
   3.4   Gezielter Datenbankentwurf - Normalisierung leicht gemacht 59

4   Tabellen erzeugen und nutzen 63
   4.1   Datenbank einrichten 63
   4.2   Tabellen für eine Datenbank anlegen 67
   4.3   Tabellenstruktur modifizieren 92
   4.4   Daten in Tabellen erfassen und verwalten 96
   4.5   Tabelle formatieren und drucken 102
   4.6   Tabellen umbenennen und löschen 103
   4.7   Tabellen der Beispiel-Datenbank PERSONAL (Übersicht) 104

5 Tabellen verknüpfen 111
- 5.1 Voraussetzungen für den Aufbau von Beziehungen zwischen Tabellen 112
- 5.2 Beziehungen zwischen Tabellen herstellen 112
- 5.3 Beziehungen zwischen Tabellen ansehen und bearbeiten 118

6 Abfragen definieren und ausführen 121
- 6.1 Ausgangsüberlegungen 121
- 6.2 Organisation von Abfragen 123
- 6.3 Auswahlabfragen erzeugen und verwenden 126
- 6.4 Besondere Optionen bei Abfragen nutzen 153
- 6.5 Kreuztabellenabfrage 163
- 6.6 Tabellenerstellungsabfrage 165
- 6.7 Aktionsabfragen 167
- 6.8 SQL-Abfragen 170

7 Formulare (Bildschirmmasken) erzeugen und gestalten . 175
- 7.1 Ausgangsüberlegungen und Regeln zur Formulargestaltung 175
- 7.2 Formulare automatisch erstellen 177
- 7.3 Formulare mit einem Assistenten erstellen 183
- 7.4 Der Pivot-Tabellenassistent 186
- 7.5 Diagramm-Assistent nutzen 187
- 7.6 Formularerstellung ohne Assistenten 188
- 7.7 Bereiche in Formularen gestalten 203
- 7.8 Optische Gestaltung von Formularen 205
- 7.9 Listenfelder/Kombinationsfelder für die Dateneingabe erstellen 209
- 7.10 Formulare nachbearbeiten 220
- 7.11 Informationen mit Formularen verwalten 221
- 7.12 Haupt- bzw. Unterformulare erstellen 224

8 Berichte und Präsentationen entwerfen 233
- 8.1 Funktionsumfang und Einsatzgebiete 233
- 8.2 Berichte anlegen 235
- 8.3 Besonderheiten bei der Berichtserstellung 254
- 8.4 Berichtsentwurf ohne Assistenten 262

9 Benutzerführungen mit ACCESS gestalten 269
- 9.1 Hauptmenüformular erzeugen 270
- 9.2 Untermenüs erzeugen 281
- 9.3 Menüleisten mit dem Menüassistenten erstellen 289

10 Makroprogrammierung mit ACCESS ... 295
10.1 Ausgangsüberlegungen ... 295
10.2 Interaktive Makroerstellung ... 298
10.3 Makro-Anwendung ... 310
10.4 Makros mit Ausdrücken und Bedingungen ... 322
10.6 Makroeinstellungen dokumentieren/drucken ... 328
10.7 Makroaktionen und ihre Anwendung im Überblick . 328

11 Komplexe Makros der Datenbank PERSONAL ... 337
11.1 Daten per Knopfdruck filtern ... 337
11.2 Daten aus einer Liste auswählen ... 340
11.3 Druckmenü aufbauen ... 343

12 Programmiersprache VBA nutzen ... 357
12.1 Leistungsmerkmale von VBA ... 357
12.2 Das Modulkonzept von ACCESS ... 360
12.3 Grundsyntax in VBA ... 365
12.4 Anwendungsbeispiele für das Arbeiten mit VBA ... 372
12.5 Funktionen anwenden ... 379
12.6 Funktionen mit Stringoperationen ... 385
12.7 Makroaktionen in Module einsetzen ... 387
12.8 Ereignisprozeduren verwenden ... 388
12.9 Haupt-/Unterprogramme verwenden ... 391

13 Kontrollstrukturen mit VBA ... 395
13.1 Kontrollstrukturen im Überblick ... 395
13.2 Verlaufsanzeige programmieren ... 401
13.3 Funktion „ProperCase" ... 403
13.4 Listenfeld füllen ... 405
13.5 Tabellennamen der aktuellen Datenbank einlesen ... 408
13.6 Formular beim Öffnen verändern ... 410

14 Manipulieren von Daten ... 413
14.1 Objektvariablen in VBA ... 413
14.2 Objektmethoden: Beispiele ... 419
14.3 Anwendungen mit Objektvariablen und Objektmethoden ... 420
14.4. Datensatzgruppenvariable erstellen: Beispiele ... 421
14.5 Daten in Datenbanken manipulieren/pflegen ... 422

15 Programmieren von Hilfen zur Dateneingabe und Datenausgabe ... 437
15.1 Zusatzsteuerelemente (OCX-Controls) verwenden ... 437
15.2 Eingabeprüfungen programmieren ... 446
15.3 Diagramme in Formulare einbinden ... 455

16 Programmtest, Testhilfen und Fehlerbehandlung 465
16.1 Fehlerbeseitigung und Debugging 465
16.2 Fehlerbehandlung mit VBA 473

17 Datenaustausch mit anderen Programmen (Integration im MS-Office) 477
17.1 Serienbriefschreibung mit Word für Windows 477
17.2 Mit Daten in Fremdformaten arbeiten 485
17.3 Datenexport in Fremdformate 493
17.4 Automatisierte Office-Integration 493

18 CCESS in Client-Server-Umgebungen und im Netzwerkeinsatz 535
18.1 Die ODBC-Schnittstelle - Möglichkeiten und Backgroundinfos 535
18.2 Zugriffsrechte in ACCESS-Datenbanken 538
18.3 Besonderheiten beim Arbeiten im Netzwerkbetrieb . 547
18.4 ACCESS in Verbindung mit dem SQL-Server 550

19 Ausgewählte Programmierlösungen 555
19.1 Schaltflächen anpassen 555
19.2 Druckmenü 557
19.3 Endlosformular zur Datensatzauswahl 564
19.4 Formularbasierte Suche und Filterung 568
19.5 Flexibles Unterformular 574

20 Anhang A 579

21 Anhang B 593

22 Anhang C 619

23 Anhang D 627

24 Sachwortverzeichnis 649

1 MS ACCESS - eine Datenbank für Endbenutzer und Entwickler

„Wir ertrinken in Informationen, aber wir lechzen nach Wissen" schreibt John Naisbitt in seinem bekannten Buch „Megatrends". Hiermit macht er den Wunsch der betrieblichen Praxis deutlich: Ein wichtiges Ziel ist es, die Informationsflut „in den Griff zu bekommen", gleichzeitig jedoch gezielt auf vorhandenes Informationsmaterial zuzugreifen, wenn bestimmte Aufgaben anstehen.

1.1 Anlässe für den Einsatz einer Datenbank

Ohne eine Datenbank können Unternehmen und Behörden die Informationsflut und ihre vielfältigen Aufgaben mittlerweile gar nicht mehr effizient bewältigen. Darüber besteht heute Einigkeit. Selbst für private Zwecke gibt es zahlreiche Nutzungsmöglichkeiten. So kann ein Privatanwender, der lediglich eine Adressenverwaltung braucht, eine Datenbank genauso mit Erfolg nutzen wie der professionelle Anwender, die eine komfortable Benutzeroberfläche für die SQL-Datenbank auf einem Zentralrechner benötigt.

Denken Sie einmal daran, wie früher gearbeitet wurde! Um immer über aktuelle Daten im Zugriff zu haben, wurden die verschiedenen Daten in **Karteien** erfaßt. So verfügte man im Personalwesen beispielsweise über eine Mitarbeiter-, eine Urlaubs- und eine Bewerberkartei. Mit ihrer Hilfe konnten im Bedarfsfall bestimmte Informationen gefunden, Auskünfte gezielt erteilt sowie verschiedene Auswertungen schnell vorgenommen werden. Dennoch: Heute sind Karteien praktisch kaum noch sinnvoll. Mittlerweile hat auch hier der Computer Einzug gehalten.

Die Beispiele zeigen: Der Computereinsatz bietet neue Möglichkeiten zur Datenverwaltung. Typische **Anlässe zur Einführung von Datenbankprogrammen** an einem Arbeitsplatz bzw. für eine Abteilung zeigt die folgende Abbildung:

1 MS ACCESS - eine Datenbank für Endbenutzer und Entwickler

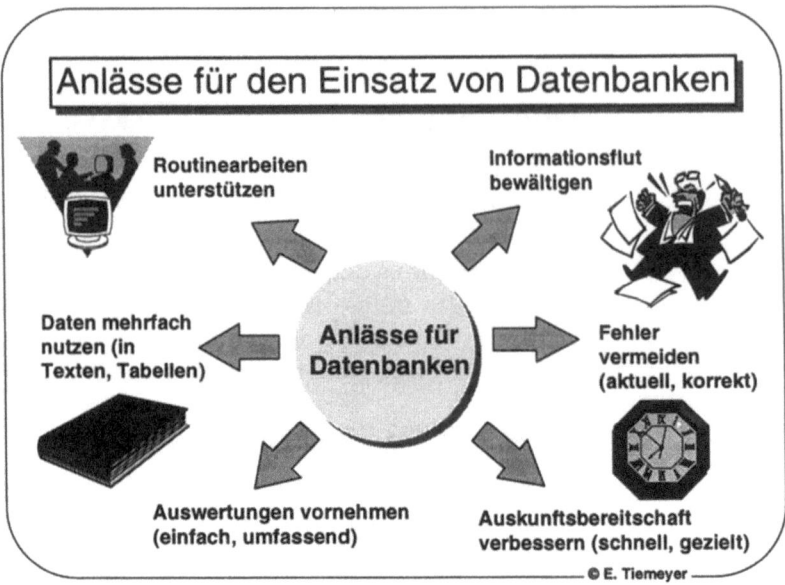

Heute erleichtern **Datenbanksysteme** wie ACCESS die Verwaltung, Pflege und Auswertung der Datenbestände. Statt Informationen über Personen, Materialien, Verkaufsartikel, Kunden und Lieferanten in Form herkömmlicher Karteien zu sammeln wird ein Computerprogramm eingesetzt, das die Daten in Form von Tabellen elektronisch speichert.

Im Vergleich zu bisherigen Verfahren können damit Organisation und Pflege der anfallenden Daten enorm erleichtert werden, das Auskunftswesen sowie statistische Auswertungen in übersichtlicher Form erfolgen und aktuelle Verzeichnisse auf Knopfdruck erstellt werden.

Bevor Sie in den folgenden Kapiteln das Arbeiten mit diesem Programm genauer kennenlernen, zunächst die Erläuterung wichtiger Grundbegriffe.

Begriffliche Abgrenzung:

Unter einer **Datenbank** versteht man eine umfassende Sammlung von Informationen in elektronischer Form. Die Speicherung der Informationen erfolgt dabei in einer strukturierten Weise. Dies bedeutet, daß eine elektronische Archivierung der Daten in genau bezeichneten Feldern einer Tabelle vorgenommen wird. Als **Datenbanksystem** wird demgegenüber das Programm bezeichnet, das es ermöglicht, umfassende Datenbestände mit einem Computer zu erfassen, zu bearbeiten und gezielt auszuwerten. Für die Eintragung von Daten werden dabei Bildschirmmasken eingesetzt.

Generell gilt: Bei herkömmlichen Systemen zur Informationsverwaltung ist die **Informationssuche recht zeitaufwendig** bzw. mitunter auch erfolglos. Im allgemeinen entscheidet dann lediglich der Zufall darüber, ob

- eine wichtige Information gelesen wird,
- man sich an eine Information zum richtigen Zeitpunkt erinnert oder
- bei der Informationssuche erfolgreich ist.

Werden Informationen unverzüglich benötigt, hat der verzögerte Zugriff zur Folge, daß Auskünfte nicht rechtzeitig erteilt werden können und Entscheidungen verspätet getroffen werden.

Hier setzen Datenbanksysteme an. Sie sollen in der Praxis dabei helfen, umfassende Datenmengen zu verwalten. Wer häufig mit großen Datensammlungen zu tun hat, sei es in Form von Karteien, Katalogen oder Ordnern, wird die Hilfe einer Datenbanklösung zu schätzen wissen.

Die Wahl des Datenbankkonzeptes bestimmt entscheidend die Möglichkeiten der Nutzung betrieblicher Datenbestände. Früher wurden Datenbanken ausschließlich hierarchisch aufgebaut. Im Mittelpunkt der Diskussion stehen heute sowohl auf PC-Ebene als auch bei Zentralrechnern sog. **relationale Datenbanken.**

Dem **Programm ACCESS liegt das relationale Datenbankkonzept** zugrunde. In diesem Fall

- werden alle Daten in Form zweidimensionaler Tabellen dargestellt,
- erfolgt die Verbindung zwischen den Tabellen beziehungsweise den Daten automatisch, ohne daß der Benutzer dazu einen speziellen Pointer einrichten muß,
- enthält das Datenbanksystem einen umfangreichen Befehlsvorrat zur Veränderung und Abfrage der Tabellen.

So lassen sich beispielsweise beliebige Datenmerkmale zum Auffinden von einzelnen oder Gruppen von Datensätzen nutzen. Dabei ist es möglich, unabhängig voneinander existierende Tabellen mit Hilfe gemeinsamer Merkmale zu verknüpfen.

1.2 Hardwarevoraussetzungen

ACCESS ist das Datenbankprogramm, das in Office-Umgebungen eine absolut dominierende Marktposition hat. Microsoft hat es voll auf Windows 3.X bzw. Windows 95 sowie Windows NT und der darunter angebotenen Office-Serie abgestimmt.

Die Hardware-Voraussetzungen zur Nutzung von MS ACCESS sind von der gewählten Version (Version 2 für Windows 3.x bzw. Version 7 für Windows 95 bzw. NT-Version) ab. So werden ab der Version für Windows 95 bzw. Windows NT höhere Anforderungen gestellt.

Um ACCESS 7.0 in der Version für Windows 95 nutzen zu können, werden beispielsweise folgende Systemanforderungen an Ihren Computer gestellt:

- PC nach dem Industriestandard (80486 oder höher wird empfohlen, möglichst Pentium PC mit hoher Taktfrequenz).
- Hauptspeicherkapazität von mindestens 12 MB (16 MB oder mehr werden empfohlen).
- Festplatte mit ausreichender Speicherkapazität (mehr als 20 MB freier Speicherplatz).
- Microsoft Mouse oder ein anderes kompatibles Zeigegerät (empfohlen wird die Nutzung einer Maus).
- EGA-, VGA- oder höher auflösende Bildschirmanzeige (VGA oder besser wird empfohlen).

Beachten Sie allerdings, daß die Angaben wirklich als eine Mindestvoraussetzung gesehen werden müssen. Greifen Sie - wenn möglich - lieber zu einem höheren System.

ACCESS kann nicht nur auf einem einzelnen PC, sondern auch in einer **Mehrbenutzerumgebung** installiert werden. Somit bietet es die Möglichkeit, auf einem Server die komplette Installation des Datenbankprogramms durchzuführen und auf den angeschlossenen Arbeitsstationen nur die notwendigsten Dateien einzurichten. Eine Arbeitsstation benötigt dann beispielsweise auf der Festplatte lediglich 3 MB an Speicherkapazität.

1.3 Installation des Programms

Sofern Sie das erste Mal mit dem Programm ACCESS für Windows 95 auf Ihrem Computer arbeiten wollen, ist ein **Einrichten des Programms** erforderlich. Auf diese Weise erreichen Sie, daß das Programm überhaupt auf der Festplatte verfügbar ist und den Erfordernissen der von Ihnen verwendeten Hardware entspricht.

Für das Einrichten des Programms verfügen Sie entweder über eine CD-ROM oder über mehrere Programmdisketten bereitlegen. Für die eigentliche Installation von ACCESS müssen Sie die CD-ROM in das CD-Laufwerk oder die Diskette 1 mit der Bezeichnung „Setup" in das Diskettenlaufwerk A einlegen. Danach ist folgendes Vorgehen notwendig:

1. Starten Sie Windows 95, und klicken Sie dann auf die Schaltfläche <Start>.
2. Aktivieren Sie das Menü **Einstellungen**, und wählen Sie hier die Option **Systemsteuerung**.
3. Klicken Sie in dem angezeigten Dialogfeld anschließend doppelt auf das Symbol für **Software**.

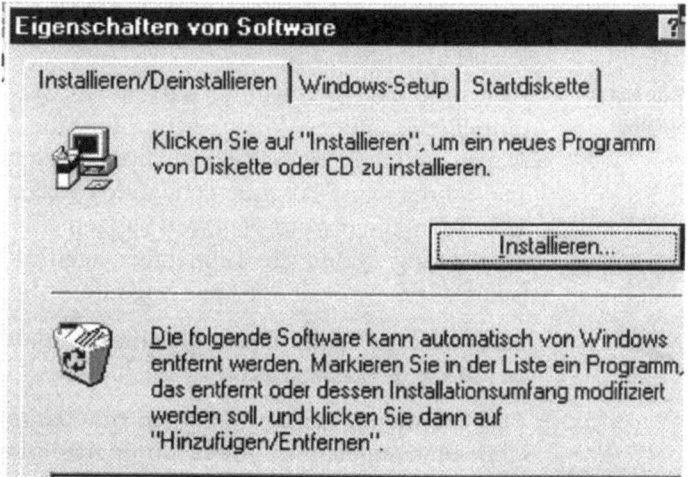

4. Lösen Sie danach - sofern die Registerkarte **Installieren/Deinstallieren** aktiviert ist - den Installationsvorgang durch Klicken auf die Schaltfläche <Installieren> aus.

Nachdem Sie die Schaltfläche <Weiter> aktiviert haben, müssen Sie jetzt nur noch die Installationsanweisungen in den jeweiligen Dialogboxen des Setup-Programms befolgen. Die Anweisungen, die auf dem Bildschirm zur Durchführung der Installation erscheinen, erfolgen in Form der sog. Menütechnik und sind im allgemeinen recht gut verständlich. Deshalb kann an dieser Stelle auf eine nähere Erläuterung der Installationsschritte verzichtet werden. Sobald die Installation des Programms abgeschlossen ist, können Sie unmittelbar die Arbeit mit dem Programm aufnehmen. Das **Ergebnis** der Installation wird deutlich, wenn Sie die Task-Leiste aktivieren, denn hier wurde automatisch ein Eintrag mit der Bezeichnung *Microsoft Access* vorgenommen.

Hilfreich und mitunter sogar notwendig ist dazu die Kenntnis, welche Dateien in welchem Ordner gespeichert sind. Üblicherweise werden Sie ACCESS im Ordner "MS-Office" installiert haben. Dort gibt es dann die folgenden zwei wichtigen **Unterordner** für das Arbeiten mit dem Datenbankprogramm:

- Im Ordner „**Access**" befindet sich das eigentliche Programm.
- Im Ordner „**Vorlagen**" ist ein weiterer Ordner „Datenbanken" angelegt, der vorbereitete Anwendungen enthält (sogenannte .WZD-Dateien). Damit können Sie etwa leicht eine Adreß- oder Lagerverwaltung einrichten.

Hinweis: Bezüglich des Umfangs der Installation können Sie im nachhinein noch Veränderungen vornehmen.

ACCESS im Netzwerk einrichten

Es wurde bereits erwähnt, daß Sie ACCESS auch im Netzwerk einrichten können. Voraussetzung für eine Installation auf einem Netzwerk-Server ist, daß Sie als Systemadministrator die volle Lese-, Schreib- und Löschberechtigung besitzen. Außerdem müssen alle Teilnehmer vom Netzwerk abgemeldet sein. Während der Einrichtung dürfen die Teilnehmer auch nicht auf Verzeichnisse wie \Windows oder \Msapps zugreifen.

Hinweis: Die Anzahl der gleichzeitig aktiven Benutzer beträgt bei ACCESS maximal 255.

Das Programm verfügt außerdem für das Arbeiten im Netzwerk über eine sogenannte Arbeitsgruppenadministrator-Funktion, mit der Arbeitsgruppen in einem Netzwerk eingerichtet werden können. Auch können damit Benutzer einer bestehenden Arbeitsgruppe angeschlossen werden. Dazu später mehr.

Access-Komponenten nachträglich hinzufügen oder löschen

Um im nachhinein Access-Komponenten hinzuzufügen oder zu löschen, müssen Sie erneut das Setup-Programm ausführen. Gehen Sie dazu in folgender Reihenfolge vor:

1. Legen Sie die Diskette 1 der Microsoft Access-Disketten in Ihr Laufwerk ein. Sofern Sie über die CD-ROM-Version von ACCESS verfügen, können Sie natürlich die CD in Ihr CD-ROM-Laufwerk einlegen.

2. Aktivieren Sie in Windows 95 die Schaltfläche <Start>, und klicken Sie anschließend auf <Ausführen>.

3. Im Eingabefeld ist dann eine Eingabe in folgender Weise vorzunehmen: Laufwerk:setup.exe. Liegt beispielsweise die Installationsdiskette 1 in Ihrem Laufwerk A:, geben Sie **a:setup.exe** ein. Wenn Sie die Installation über ein Netzlaufwerk vornehmen, klicken Sie auf die Schaltfläche <Durchsuchen>, und verwenden Sie anschließend das Feld „Suchen in", um die Setup-Datei zu suchen. Klicken Sie anschließend auf <OK>.

4. Klicken Sie im Setup-Programm auf die Schaltfläche <Hinzufügen/Entfernen> und anschließend auf die Komponente, die Sie hinzufügen oder entfernen möchten.

Besondere Treiber installieren

Für das Durchführen des Datenaustausches mit anderen Programmen benötigen Sie entsprechende Treiber, die zuvor zu installieren sind. ACCESS erlaubt das Importieren, Exportieren oder Verknüpfen vieler anderer Datenbank-, Tabellenkalkulations- oder Textdateiformate. Dazu wird entweder

- ein eingebauter Treiber oder

- ein **ODBC-Treiber** verwendet.

Für das Importieren, Exportieren oder Verknüpfen von Daten sind in ACCESS folgende Treiber verfügbar:

- Andere Microsoft Access-Datenbanken
- Datenbankdateien im Format von Microsoft FoxPro Version 2.0, 2.5, 2.6 und 3.0 (Dateien der Version 3.0 können nicht verknüpft werden)
- Tabellen im Format von Paradox Version 3.x, 4.x und 5.0
- Dateien im Format von dBASE III, IV und 5
- Kalkulationstabellen im Format von Microsoft Excel und Lotus 1-2-3 (Lotus 1-2-3-Dateien können nicht verknüpft werden)
- Text (mit festgelegtem Format und mit Trennzeichen)
- Microsoft Word für Windows-Seriendruckdatendateien (nur Export)

Beachten Sie: Die Treiber für Microsoft Excel, Lotus 1-2-3, Text und Microsoft Word für Windows werden **automatisch installiert**, wenn Sie ACCESS installieren. Wenn Sie bei der Installation von ACCESS die Option „Standard" wählen, werden die übrigen eingebauten Treiber nicht installiert..

Wann und wo werden diese Treiber in der Praxis genutzt? Deutlich wird die Anwendung, wenn Sie im Menü **Datei** die Befehle

Speichern unter/Exportieren oder **Externe Daten** (und hier **Importieren und Tabellen verknüpfen**) aufrufen. Das jeweilige Datenformat des Treibers steht dann im Feld „Dateityp" im Dialogfeld „Speichern Objektname in" oder im Feld „Dateityp" in den Dialogfeldern Importieren oder Verknüpfen zur Verfügung.

ODBC-Treiber müssen Sie verwenden, um Verbindungen zu Microsoft SQL Server-Datenbanken und Daten aus anderen Programmen herzustellen, die 32-Bit-Treiber gemäß ODBC Level 1 für den Zugriff auf deren Datendateien verwenden. Das Installationsprogramm von ACCESS stellt den Microsoft SQL-Server ODBC-Treiber und einige ODBC-Unterstützungsdateien (Hilfedateien und die Option 32-Bit-ODBC in der Systemsteuerung von Windows) zur Verfügung. Wenn der Microsoft SQL-Server ODBC-Treiber und die Unterstützungsdateien installiert worden sind, ist die Option ODBC-Datenbanken im Feld „Dateityp" im Dialogfeld „Speichern Objektname in" und im Feld Dateityp in den Dialogfeldern „Importieren" oder „Verknüpfen" verfügbar. Außerdem wird in der Windows-Systemsteuerung das Symbol 32-Bit-ODBC angezeigt.

Hinweis: Beachten Sie darüber hinaus, daß sich das Installationsprogramm nicht nur zum Installieren, Hinzufügen und Entfernen von Programmkomponenten eignet, sondern auch eine vollständige **Deinstallation** von ACCESS ermöglicht.

1.4 Leistungsspektrum von ACCESS

Das Funktionsspektrum von ACCESS ist recht vielfältig. Alle wichtigen **Funktionen** relationaler Datenbanken stehen zur Verfügung:

- **Anlage einer Datenbank zur Verwaltung umfassender Datenbestände**: Dazu gehören im einzelnen das gezielte Einrichten der zugrundeliegenden Tabellen und das Herstellen von Verknüpfungen zwischen diesen Tabellen. Physisch ist eine Datenbankdatei (.mdb) auf 1 Gigabyte begrenzt. Da Sie jedoch in eine Datenbank auch verknüpfte Tabellen aus anderen Dateien einbinden können, ist aber eigentlich Gesamtgröße der Datenbank nur durch die verfügbare Speicherkapazität Ihres Rechners beschränkt. Eingrenzungen gibt es hinsichtlich der Anzahl der Objekte in einer Datenbank; maximal 32.768 Objekte sind möglich. „Das dürfte Ihnen sicher reichen".

- **Datenerfassung und Datenpflege in Tabellen oder Formularen.** Zur Erfassung und Pflege von Daten können sowohl Datenblätter (Tabellendarstellung) als auch Bildschirmformulare genutzt werden. Die Bildschirmformulare, die individuell gestaltet werden können, ermöglichen eine einfache Datenpflege. Damit wird gleichzeitig die Fehlergefahr reduziert.

- **Abfragefunktionen:** Das Aufsuchen von vorhandenen Daten nach verschiedenen Kriterien erfolgt über sogenannte Abfragen. Obwohl intern SQL (für Standard Query Language) unterstützt wird, können Abfragen menügesteuert in einfacher Weise realisiert werden. Besonderheiten sind Kreuztabellen, Aktualisierungs- und Parameterabfragen.

- **Berichtsfunktionen**: Hierzu gehören etwa von Datenbankauszügen mit rechnerischen Auswertungen (sog. **Reports**) sowie der **Etikettendruck** für Aussendungen (Adreßetiketten können gezielt angelegt und entsprechend gedruckt werden).

Schließlich ist zu beachten, daß mit einem modernen Datenbanksystem **eigenständige Programmanwendungen** realisiert werden können. Dabei muß der Bezug zu anderen Programmanwendungen berücksichtigt werden. Dies kann über **Makros** und der Programmiersprache **VBA** (für Visual Basic for Applications) realisiert werden.

Das Programm orientiert sich sowohl an Endanwender als auch an Datenbankentwickler. In beide Richtungen wurde die Version von ACCESS für Windows 95 erweitert - sowohl Endanwender als auch professionelle Entwickler profitieren also von den zusätzlichen Möglichkeiten der aktuellen Version. Bereits die Version 2 waren leistungsfähig in bezug auf Datenvolumen, Datenintegration und -austausch sowie Verbindung mit anderen Rechnerwelten.

Neue Möglichkeiten ab ACCESS 7 sind:

- **Verbesserte Funktionen im Datenbankfenster:** So können Sie unterschiedlicher Listenarten für Ihre Objekte verwenden, Objekten zum Erstellen von Verknüpfungen leicht auf dem Desktop ziehen, Daten aus einer Anwendung ziehen und Ablegen dieser Daten in einer anderen Anwendung sowie Tabellen unter Verwendung der Drag & Drop-Funktionalität ziehen.

- **Neue und verbesserte Assistenten,** Editoren und Add-Ins. Neue Assistenten sind Datenbankassistent, Tabellenanalyse-

Assistent, Nachschlageassistent, Assistent zur Datenbankaufteilung, Benutzer-Datensicherheitsassistent, Leistungsanalyse-Assistent, Pivot-Tabellen-Assistent. Aktualisiert wurden der Auswahlabfragenassistent, der Formular- und Berichtsassistenten. Gerade Einsteigern wird so die Bedienung wesentlich erleichtert.

- Neue Features, die das **Erstellen eindrucksvoller Formulare und Berichte** beschleunigen und vereinfachen. Beispiele sind mehr Formatierungsoptionen sowie das dynamische Anpassen von Steuerelementen.

- Für das **Drucken von Objekten** wurde die Benutzeroberfläche erneuert. Einige Menüs und Dialogfelder wurden neu entworfen, um sie benutzerfreundlicher zu gestalten und sie denjenigen anzugleichen, die in anderen Microsoft Office-Anwendungen verwendet werden.

- ACCESS verfügt über die Möglichkeit des **Multithreading**. Dies bedeutet, daß Sie verschiedene Vorgänge innerhalb derselben Anwendungen parallel ausführen können. Beispiel: Sie können eine Abfrage starten und gleichzeitig ungestört an einem Formularentwurf weiterarbeiten.

- ACCESS für Windows 95 stellt viele neue Möglichkeiten bereit, um den Gebrauch von Makros und **Visual Basic** für Applikationsmodule sowie das Erstellen von leistungsfähigen Datenbankanwendungen zu erleichtern. Durch das Ersetzen von Access Basic durch Visual Basic für Applikationen (kurz VBA) brauchen Entwickler keine Zeit mehr auf das Erlernen einer neuen Programmiersprache verwenden, wenn Sie verschiedene Office-Anwendungen benutzen. Als verbesserte Features für die Programmiersprache können herausgestellt werden: objektorientierte Sprachstruktur, leistungsfähigere Syntax für Objekterstellung, bedingte Kompilierung und höhere Geschwindigkeit. Da Visual Basic nur den benötigten Code lädt und viele Operationen schneller ausführt als bisher, werden Ihre Anwendungen schneller geladen und ausgeführt.

Hinweis: Visual Basic weist große Ähnlichkeit mit Access Basic aufweist, so daß sich für Umsteiger keine großen Probleme ergeben. Hinzu kommt, daß beim Konvertieren einer Datenbank aus der Version 2.0 Access eine Anpassung für den Code in die Version 7.0 vornimmt.

- **Professionelles Schützen und Verwalten von Datenbanken**. Beispiele sind: Nutzen eines Datenbankkennwortes zum Schützen der Datenbank, Ausblenden von Objekten im Fenster Datenbank, leichtes Ändern von Arbeitsgruppeninformationen beim Starten.

- **Neue Features für das Zusammenarbeiten mit anderen Produkten zur Verfügung:** Beispiele sind das Formatieren und Drucken von Microsoft Excel-Daten in ACCESS-Berichten, das Eingeben von Microsoft Excel-Daten mit Hilfe eines ACCESS-Formulars sowie das Verschieben von Microsoft Excel-Daten in ACCESS.

- **OLE-Automatisierung**: ACCESS kann als OLE-Automatisierungs-Server genutzt werden, um es beispielsweise aus einer anderen Anwendung wie Microsoft Excel oder Microsoft Visual Basic zu steuern.

- Einfache **Datenbankreplikation**: Diese ist sinnvoll, wenn Benutzer einer Anwendung Daten gemeinsam nutzen müssen, aber nicht ständig im Netzwerk angemeldet sind. Bei der Datenbankreplikation führt Microsoft Access automatisch eine Synchronisierung der Änderungen zwischen den Datenbanken aus. Erleichtert wird das Kopieren durch den in Windows 95 bzw. Windows NT integrierten Aktenkoffer.

Als **Fazit** kann festgehalten werden, daß ACCESS zu der Leistungskategorie von Datenbanken gehört, die einen professionellen Einsatz nicht nur ermöglicht, sondern geradezu herausfordert. Sowohl für private als auch für betriebliche Anwendungen ist das Programm hervorragend geeignet.

1.5 Anwender und Anwendungsgebiete

Es wurde bereits darauf hingewiesen, daß ACCESS für verschiedene Zielgruppen geeignet ist. Je nachdem, wo Anwender Ihren Schwerpunkt haben, werden sie bestimmte Leistungsmerkmale des Programms besonders zu schätzen wissen:

- Anwender, die schnell Datenbanken zur Informationsverwaltung erstellen und interaktiv nutzen wollen, finden mit ACCESS alle Möglichkeiten. Gerade hier unterstützen die Assistenten und Ratgeber die schnelle Entwicklung der Datenbank (Aufbau von Tabellen, Verknüpfung von Tabellen, Einrichtung von Bildschirmformularen) sowie die Bearbeitung von Datenbeständen. Vor allem **Einsteiger** werden die vielfältigen und verbesserten Hilfs- und Unterstützungsfunktionen zu schätzen wissen.

- **Anwender**, die vorwiegend **vorhandene Datenbanken auswerten** und bearbeiten müssen, verfügen dazu mit AC-CESS über ein hervorragendes Werkzeug. Neben einfachen menügesteuerten Abfragefunktionen stehen auch sogenannte SQL-Tools zur Abfrage und Bearbeitung externer Datenbanken bereit.

- **Anwender**, die ACCESS überwiegend **in Verbindung mit anderen Microsoft-Produkten** nutzen (etwa Word für Windows und Excel), werden zahlreiche direkte Schnittstellen geboten. So ist beispielsweise auch ein direkter Zugriff auf die Datenbank aus der Textverarbeitung oder der Tabellenkalkulation heraus möglich.

- **Fortgeschrittene Anwender**, die Datenbanken schrittweise mit Makros und Modulen erweitern und verbessern wollen, verfügen mit ACCESS über ein hervorragendes Werkzeug. Die Programmiersprache ist weitgehend kompatibel zu Visual Basic for Applications (VBA), die auch in Excel integriert ist.

- **Erfahrene Programmierer** werden mit ACCESS auch komplexe Anwendungen erstellen können. Mit einem erweiterten Ereignismodell kann sich der Entwickler eine besondere Kontrolle über Programmabläufe verschaffen. Die Entwicklungsumgebung mit Debugger, Code-Editor sowie einem Dokumentationsassistenten ermöglicht das Erstellen von lauffähigen Prototypen, sogenannten Rapid Prototyping.

- Für die professionelle Entwicklung von umfangreichen Applikationen gibt es zusätzlich ein **Access Developer´s Toolkit** (kurz ADT). Es stellt zahlreiche Werkzeuge zur Verfügung, die die Anwendungsentwicklung erleichtern. Beispielsweise beinhaltet es auch eine Runtime-Version sowie eine Lizenz für die gebührenfreie Weitergabe, so daß Entwickler eine unbegrenzte Anzahl ihrer Datenbankapplikationen vertreiben können. Ein Assistent hilft dabei, Disketteninhalte für Anwendungen, die vertrieben werden sollen, zusammenzustellen und zu komprimieren.

Ein besonderer Vorzug einer Datenbank wie ACCESS liegt in den vielseitigen Anwendungsgebieten. Um Ihnen dazu Orientierungshilfen zu geben, seien im folgenden typische **Anwendungen für ACCESS in Büro und Verwaltung** in einer Übersicht exemplarisch zusammengestellt:

1.5 Anwender und Anwendungsgebiete

Anwendungsgebiet	Beispielanwendungen
Personalinformations-system	• Personalstammdatenverwaltung • Stellenverwaltung • Ressourcenzuordnung • Bewerberdatenbank • Seminarverwaltung • Fahrzeugausleihe
Büromanagement	• Adreßverwaltung (VIP-Datei) • Vorgangsverwaltung (Wiedervorlage) • Bestandsverwaltung (Literatur etc.) • Reise- und Veranstaltungsmanagement • Urlaubsverwaltung
Einkaufsinformations-system	• Bestellinformationssystem • Lieferanteninformationssystem (incl. Lieferantenbewertung) • Teileinformationssystem
Vertriebsinformations-system	• Verkaufsinformationssystem • Kundenverwaltung • Artikelverwaltung • Kontaktmanagement • Verkäuferinformationssystem
Finanzinformations-system	• Inventarverwaltung • Finanzplanung • Fuhrparkverwaltung/Fahrzeugkostenc.
Verwaltung von Projektdaten	• Projekt-Abrechnung • Ressourcenverwaltung • Projekt-Controlling

2 Arbeits- und Entwicklungsumgebung von ACCESS

„Planvolles Vorgehen spart viel Zeit", dieser Grundsatz ist zwar allgemein bekannt ist, wird jedoch nicht immer beherzigt. Er gilt auch für den Fall, daß Sie erst am Anfang der Arbeit mit ACCESS stehen.

Bevor Sie eine erste eigene Datenbank anlegen, sollten Sie sich deshalb mit dem grundlegenden Bedienungs- und Anwendungskonzept des Programms ACCESS vertraut machen. Lernen Sie In diesem Kapitel im einzelnen kennen,

- wie Sie das Programm starten,
- welche verschiedenen Funktionen über das **Datenbankfenster** - dem zentralen Steuerungselement von ACCESS - ausgeführt werden können,
- welche Datenbankobjekte in ACCESS unterschieden werden, und wie Sie diese effizient nutzen,
- welche besonderen Speicher- und Druckausgabe-Möglichkeiten gegeben sind.

2.1 ACCESS starten

Notwendig für das Starten von ACCESS ist zunächst der Aufruf von WINDOWS (Windows 3.x, Windows 95 oder Windows NT). Danach haben Sie verschiedene Möglichkeiten:

Starten über das Ausgangsfenster von Windows 95:

Ausgehend von der Start-Einstellung ist folgendes Vorgehen notwendig:

1. Klicken Sie auf die Schaltfläche <Start>, und zeigen Sie dann mit dem Mauszeiger auf den Begriff **Programme**.
2. Nach dem Anklicken werden die vorhandenen Programmnamen angezeigt. Klicken Sie hier auf den Namen „Microsoft Access", wird das Programm gestartet.

2 Arbeits- und Entwicklungsumgebung von ACCESS

Starten über den Windows-Explorer:

Ausgehend von der Start-Einstellung ist folgendes Vorgehen notwendig:

1. Klicken Sie auf die Schaltfläche <Start>, und zeigen Sie dann mit dem Mauszeiger auf den Begriff **Programme**.
2. Klicken Sie danach auf den Namen **Windows-Explorer**, so daß das entsprechende Fenster angezeigt wird.
3. Aktivieren Sie den Ordner, in dem das Programm gespeichert ist; beispielsweise MsOffice\Access. Klicken Sie hier zum Starten auf das entsprechende Programmsymbol.

Anschließend wird das Programm gestartet. Nach der Anzeige des Access-Logos erscheint zunächst das folgende Startfenster von ACCESS.

Bild 2-1:
ACCESS-Startfenster

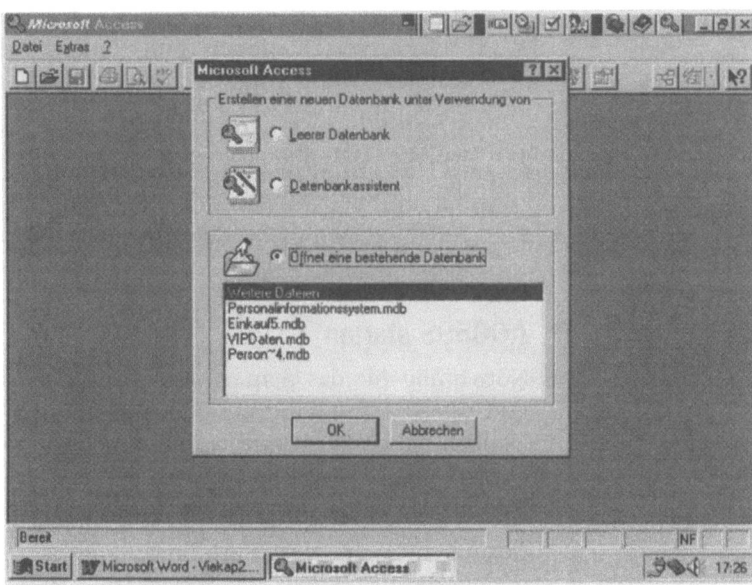

Es wird also zunächst ein Dialogfenster angezeigt, in dem erfragt wird, ob Sie eine schon vorhandene Datenbank öffnen oder eine neue Datenbank anlegen wollen. Die gleichen Möglichkeiten stehen Ihnen auch später noch zur Verfügung. Sie können deshalb dieses Dialogfeld durch Klicken auf die Schaltfläche <Abbrechen> zunächst schließen. Auf dem Bildschirm verbleibt dann das Access-Anwendungsfenster, das nur wenige Einträge und Elemente enthält: Titelleiste, drei Pull-Down-Menüs sowie Symbol- und Statusleiste.

Hinweis: Sofern Zugriffsrechte für das Arbeiten mit ACCESS vergeben wurden (etwa beim Arbeiten in einem Netzwerk durch den zuständigen Systemadministrator), werden Sie beim Starten des Programms immer wieder aufgefordert, Ihren Benutzernamen und Ihr Kennwort einzugeben. Das Programm prüft daraufhin die Berechtigung und erlaubt erst bei einer Übereinstimmung den Programmstart.

2.2 Datenbanken öffnen und nutzen

Nach Starten des Programms ist zunächst noch keine Datenbank aktiviert. Sie können im Ausgangsbildschirm durch Bestätigung der Schaltfläche <OK> (oder später über Aktivierung des Menüs **Datei**) nun entweder eine neue Datenbank anlegen bzw. eine bereits vorhandene öffnen:

- Für das Anlegen einer neuen Datenbank müssen Sie nach erfolgreichem Start das Optionsfeld „Leerer Datenbank" oder „Datenbankassistent" aktivieren. Alternativ können Sie später aus dem Menü **Datei** den Befehl **Neue Datenbank anlegen** aktivieren.

- Das Öffnen einer vorhandenen Datenbank wird alternativ zu der Vorgabe beim Starten des Programms aus dem Menü **Datei** mit dem Befehl **Datenbank öffnen** ausgelöst.

Im folgenden sollen Sie zunächst mit einer vorhandenen Datenbank arbeiten und darüber das Grundhandling von ACCESS kennenlernen. Deshalb wird zunächst das Öffnen von Datenbanken genauer beschrieben. Daraufhin können Sie dann bestimmte Vorgänge mit der ausgewählten Datenbank ausprobieren; beispielsweise das Anzeigen eines bestimmten Datensatzes einer Tabelle oder das Drucken eines Berichtes.

Aufgabe: Vorhandene Datenbank öffnen

1. Öffnen Sie die mitgelieferte Datenbank *Nordwind*, die sich im Access-Verzeichnis MSOFFICE\ACCESS\BEISPIELE unter dem Dateinamen NORDWIND.MDB befindet.
2. Lassen Sie sich nach Aktivierung der Datenbank verschiedene Objekte anzeigen.

Für das Öffnen einer Datenbank wählen Sie beispielsweise aus dem Menü **Datei** den Befehl **Datenbank öffnen**, oder Sie klicken auf die links abgebildete Schaltfläche in der Symbolleiste. Aktivieren Sie danach den Ordner \BEISPIELE, in dem sich die

17

gewünschte Datei befindet. Es erscheint folgendes Dialogfeld auf dem Bildschirm:

Bild 2-2:
Datenbank öffnen

Die angezeigten Dialogfelder haben folgende Bedeutung:

Felder	Bedeutung
Suchen in	für die Aktivierung des Ordners, in dem sich die zu öffnende Datei befindet.
Dateiname	Angabe des Namens der zu öffnenden Datenbank. Ein Name kann ausgewählt oder eingegeben werden.
Dateityp	bestimmt die Art der zu öffnenden Dateien. Standardmäßig werden ACCESS-Datenbanken (.MDB-Dateien) angezeigt.
Text oder Eigenschaft	zur Erleichterung der Datenbanksuche.
Zuletzt geändert	für die Suche über ein Datum.

2.2 Datenbanken öffnen und nutzen

Folgende Möglichkeiten stehen zur Verfügung:

Dateinamen eingeben oder auswählen: Sie werden also zunächst aufgefordert, den Namen der Datei die Sie öffnen wollen, im Feld „Dateiname" einzugeben oder über das Listenfeld „Suchen in" auszuwählen. In diesem Fall können Sie den Namen unmittelbar über Tastatur eingeben (z. B. NORDWIND.MDB). Für die Auswahl eines Dateinamen muß sich dieser in der angezeigten Dateiliste befinden. Ist dies der Fall, klicken Sie einfach auf den gewünschten Namen.

Suchpfad angeben: Sofern die gewünschte Datei nicht in der Auswahlliste enthalten ist, müssen Sie zunächst den Ordner (Laufwerk bzw. Verzeichnis) aktivieren, unter dem die Datei gespeichert wurde. Der aktuelle Suchpfad wird einem Listenfeld unter dem Begriff „Suchen in" angezeigt. Dieser kann über entsprechende Mausklicks (Doppelklick zur Aktivierung eines neuen Laufwerk- oder Verzeichnisnamens) geändert werden.

Anzuzeigender Dateityp bestimmen: Die Art der angezeigten Dateien können Sie im Feld „Dateityp" festlegen. Alternativ zu den standardmäßig angezeigten ACCESS-Datenbankdateien mit der Erweiterung .MDB lassen sich auch die Add-In-Dateien (.MDA), Arbeitsgruppendateien (.MDW) und alle Dateien des Ordners (*.*) anzeigen.

Optionskästchen „Exklusiv" ein- bzw. ausschalten: Durch Aktivierung dieser Option können Sie festlegen, daß im Netzwerk bzw. einer Mehrbenutzerumgebung ein gleichzeitiger Zugriff durch andere Benutzer auf die von Ihnen gerade geöffnete Datenbank verhindert wird.

Um die Suche nach dem Dateinamen zu erleichtern, können Sie außerdem im Listenfeld „Zuletzt geändert" die Anzeige auf ein bestimmtes Aktualisierungsdatum beschränken. Zur Auswahl stehende Optionen sind gestern, heute, letzte/diese Woche, letzten/diesen Monat sowie ein beliebiges Datum (= Standardeinstellung).

Schließlich enthält das Dialogfenster noch drei besondere **Schaltflächen** für die Steuerung des weiteren Ablaufs:

- Durch Aktivierung der Schaltfläche <Öffnen> wird die ausgewählte Datei geladen. Danach muß die aufgerufene Datenbank auf dem Bildschirm erscheinen.

- Die Schaltfläche <Abbrechen> führt dazu, daß eine Rückkehr zur vorhergehenden Bildschirmanzeige erfolgt.

2 Arbeits- und Entwicklungsumgebung von ACCESS

- Über die Schaltfläche <Weitere> können Sie bei der Suche nach der gewünschten Datei besondere Hilfen anfordern und diese in dem dann angezeigten Dialogfeld gezielt eingeben.

Im Beispielfall können Sie nach Vornahme der gewünschten Einstellungen und Aktivierung der Datenbank NORDWIND.MDB die Auswahl bestätigen und deshalb auf die Schaltfläche <OK> klicken.

Ergebnis nach Öffnen einer Datenbank:

Es wird das Arbeitsfenster mit dem zugehörigen Datenbankfenster angezeigt. Beispiel:

Bild 2-3: Datenbankfenster

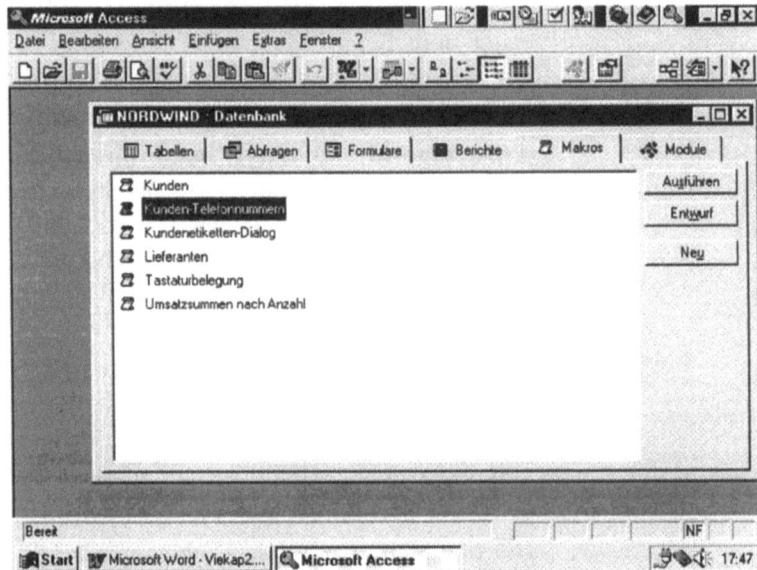

Der **Bildschirmaufbau** umfaßt folgende wesentliche Teilbereiche:

Titelleiste: In der ersten Zeile befindet sich die Titelleiste. Sie zeigt den Namen der aktuellen Anwendung (hier *Microsoft Access*) an.

Menüzeile In der Menüleiste sind grundsätzlich alle Menüpunkte des Bediensystems von ACCESS enthalten. Im Beispielfall sind dies die Menüs **Datei, Bearbeiten, Ansicht, Einfügen, Extras, Fenster** und **?** (für Hilfe), da eine Datenbank geöffnet ist. Nach Aktivierung anderer Ansichten kann sich dies ändern, wie später deutlich werden wird.

Nach Aktivierung eines Menüpunktes wird ein Untermenü heruntergezogen (sog. Pull-Down Menü). Sie haben dann die Wahl zwischen verschiedenen Befehlen. Allerdings sind nicht immer alle Befehle wählbar. Dies können Sie daran erkennen, daß die Befehlsworte im Gegensatz zu den übrigen abgeblendet angezeigt werden.

Bei den meisten Befehlsworten folgen außerdem drei Auslassungspunkte. In diesem Fall wird nach der Befehlsausführung noch ein weiteres Dialogfeld zur näheren Spezifizierung angezeigt.

Symbolleiste Sie dient dem einfachen Auslösen von Standardbefehlen. Die Symbole stellen quasi Abkürzungen für das Aktivieren von Menübefehlen per Maussteuerung dar.

Eigentlicher Arbeitsbereich Es ist das Hauptfenster des Programms. Hier erscheint bei Aufruf einer Datenbank das sogenannte Datenbankfenster. Außerdem werden die verschiedenen Objekte in unterschiedlicher Ansicht angezeigt, wie beispielsweise Bildschirmformulare.

Statusleiste Aktuelle Einstellungen - etwa zur Tastatureinstellung - werden in der Statusleiste am unteren Bildschirmrand angezeigt. Beispiel: Status „Bereit". Darüber hinaus wird bei Markierung eines bestimmten Menübefehls eine kurze Erläuterung zu diesem Befehl in der Statusleiste angezeigt.

Hinweis: Ein besonders einfacher Weg zum Öffnen einer Datenbank ist dann möglich, wenn Sie eine Datenbank aktivieren wollen, die Sie vor nicht allzu langer Zeit bereits geöffnet hatten. ACCESS zeigt Ihnen nämlich im Menü **Datei** vor dem Befehl **Beenden** die Namen der zuletzt geöffneten vier Datenbanken an. Ist der Name einer Datenbank dabei, mit der Sie arbeiten wollen, müssen Sie auf den entsprechenden Eintrag klicken oder die vor dem Eintrag stehende Ziffer eingeben. ACCESS öffnet dann diese Datenbank.

2.2.1 Arbeiten im Datenbankfenster

Ausgangspunkt für das Arbeiten mit ACCESS ist das sogenannte Datenbankfenster. Es wird immer dann angezeigt, wenn Sie eine vorhandene Datenbank geöffnet haben oder eine neue erstellen wollen. Im Datenbankfenster haben Sie eine Übersicht über alle Objekte, aus denen sich die aktuelle Datenbank zusammensetzt.

Von hier aus können Sie neue Objekte erstellen, den Entwurf vorhandener Objekte ändern sowie bestehende Objekte öffnen. Dazu stehen entsprechende *Schaltflächen* im rechten Bereich des Datenbankfensters zur Verfügung:

Schaltflächen	Bedeutung/Funktion
<Öffnen> oder <Ausführen>	Ein vorhandenes Objekt läßt sich aktivieren, um damit Anwendungen zu realisieren (z. B. Eingaben). <Ausführen> gilt bei den Objekten „Makros" und „Module".
<Entwurf>	Ein vorhandenes Objekt kann im Entwurfsmodus aktiviert werden, um die Vorgaben zu kontrollieren oder zu modifizieren.
<Neu>	ermöglicht das Erstellen eines neuen Objektes (Tabelle, Abfrage, Formular usw.).

Links neben den Schaltflächen befindet sich der Anzeigebereich für die vorhandenen Objekte. Je nach markiertem Objektsymbol ergibt sich ein anderer Inhalt.

Aus den Registerkarten im oberen Bereich wird deutlich, welche Objekte in ACCESS unterschieden werden. Im einzelnen gibt es sechs Varianten:

- Tabellen
- Abfragen
- Formulare
- Berichte
- Makros
- Module

Die Bedeutung dieser Objekte und ihre Aktivierung wird im folgenden Kapitel im Detail erläutert.

Nach Anklicken der Registermarke eines Objektsymbols wird die zugehörige Namensliste (mit den Tabellen, Abfragen, etc.) angezeigt. Ein Wechsel des Objektes ist auch möglich über den Menüpunkt **Ansicht** und Wahl des Befehls **Datenbankobjekte**. Hier stehen dann die sechs Objekte als Optionen zur Wahl.

2.2.2 Objekte einer ACCESS-Datenbank

Im Datenbankfenster stehen auf den Registerkarten mit Symbolen verdeutlicht folgende Begriffe nebeneinander: Tabellen, Abfragen, Formulare, Berichte, Makros und Module. Sie werden als **Objekte** der Datenbank bezeichnet. Die Symbole für die verschiedenen Objekte im Datenbankfenster ermöglichen einen direkten Zugriff auf jedes Objekt in der Datenbank.

2.2 Datenbanken öffnen und nutzen

Im einzelnen haben sie folgende Bedeutung:

Objekte	Bedeutung/Funktion
Tabellen	Es kann eine neue Tabelle angelegt werden. Vorhandene Tabellen, die zu einer geöffneten Datenbank gehören, werden angezeigt. Zugeordnete Datensätze lassen sich in Tabellenform darstellen.
Abfragen	Inhalte aus einer Datenbank können gezielt abgerufen werden. Gespeicherte Abfragen erscheinen mit ihrem Namen.
Formulare	Hilfsmittel, um damit Informationen übersichtlich am Bildschirm darzustellen (Bildschirmmasken), können darüber erzeugt oder aufgerufen werden.
Berichte	Daten einer Datenbank lassen sich damit professionell präsentieren.
Makros	Ständig wiederkehrende Befehle werden im Ablauf automatisiert. Vorhandene Makros erscheinen mit ihrem Namen und können darüber ausgeführt werden.
Module	Dieses Objekt ermöglicht es, spezifische Anwendungen mit der Programmiersprache VBA zu entwickeln und gezielt einzusetzen.

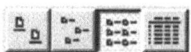

In neueren Version von ACCESS gibt es die Möglichkeit, für die Anzeige der in der jeweiligen Objektart vorliegenden Objekte unterschiedlicher Listenarten zu verwenden. Dazu dienen die links abgebildeten Symbole.

Die Symbole bieten - von links nach rechts betrachtet - folgende Möglichkeiten

- Anzeige der Objekte unter Verwendung großer Symbole oder
- Anzeige der Objekte unter Verwendung kleiner Symbole,
- Anzeige in Form einer Liste der Namen oder
- Anzeige als Liste der Namen zusammen mit Details anzeigen. Bei den Details handelt es sich um Objekteigenschaften, wie Beschreibung, Bearbeitet, Erstellt und Typ. Jedes Detail erscheint in einer separaten Spalte, deren Größe Sie beliebig ändern, und die Sie ausblenden oder wieder an-

zeigen können, um mehr oder weniger dieser Informationen anzuzeigen.

Bei Wahl der letzten Variante ergibt sich die folgende Bildschirmanzeige:

Bild 2-4:
Anzeige der Objektnamen mit Details

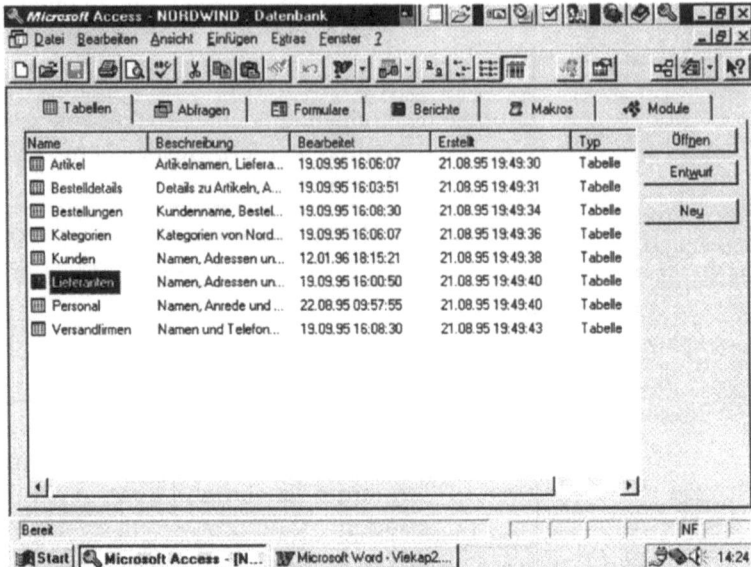

Hinweis:

- Namen für Objekte können 64 Zeichen umfassen und auch Leerzeichen enthalten.
- Sie können die Objekte auch in einer anderen Reihenfolge anzeigen. Dazu sortieren Sie diese.

Im folgenden sollen Sie zunächst einmal das Öffnen und Schließen von Objekten kennenlernen. Außerdem erhalten Sie Hinweise zum Umbenennen, Löschen und Kopieren von Datenbankobjekten:

1) Objekte öffnen

Einzelne Objekte einer Datenbank können über das Datenbankfenster einfach per Mausklick geöffnet werden.

Beispiel: Öffnen der Tabelle „Kunden".

Vorgehensweise:
1. Registermarke für die Objektart anklicken; im Beispiel „Tabellen"

2.2 Datenbanken öffnen und nutzen

2. Namen des gewünschten Objekts anklicken; z. B. „Kunden"
3. Schaltfläche <Öffnen> anklicken.

Ergebnis: Es wird das Fenster in der gewünschten Form geöffnet und steht damit zur Bearbeitung bereit. Im Beispielfall ergibt sich die folgende Bildschirmanzeige:

Bild 2-5:
Geöffnete Tabelle

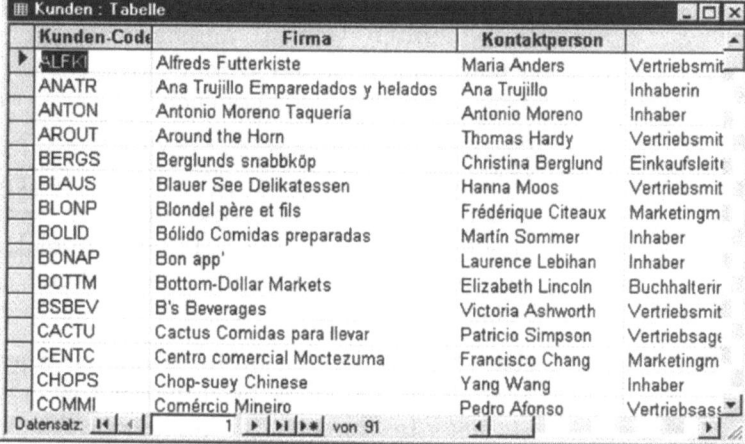

In ähnlicher Weise können Sie auch die Objekte der anderen Objektarten öffnen.

Beachten Sie außerdem folgenden **Hinweis**: Nach Aktivierung der Registerkarte für die Objektart kann ein bestimmtes Objekt auch durch einen Doppelklick auf den Namen geöffnet werden.

2) Objekte schließen

Geöffnete Objekte einer Datenbank können per Mausklick auf Symbolen, per Tastenkombination oder menügesteuert wieder geschlossen werden.

Beispiel: Schließen Sie die aktuell geöffnete Tabelle „Kunden"

Vorgehensweise (Maussteuerung):
1. Systemmenüfeld doppelt anklicken (im Tabellenfenster links oben)
2. Das Befehlswort **Schließen** anklicken.

Alternativen:
- Doppelklick auf dem Systemmenüfeld
- Aus dem Menü Datei den Befehl Schließen wählen
- Tastenkombination [Strg]+[F4]

Ergebnis ist in allen Fällen, daß die aktivierte Tabelle vom Bildschirm entfernt wird und eine Rückkehr zum ursprünglichen Datenbankfenster erfolgt.

3) Objekte umbenennen

Objekte können über das Datenbankfenster auch einfach im Namen geändert werden. Dazu müssen Sie das Objekt zunächst markieren und dann aus dem Menü **Bearbeiten** den Befehl **Umbenennen** wählen. Anschließend können Sie direkt den neuen Namen für das Objekt eingeben. Die Umbenennung ist dann unmittelbar vorgenommen.

Beachten Sie allerdings, daß das Umbenennen von Tabellen und Abfragen zu Problemen führen kann, wenn diese für das Erstellen von Formularen oder Berichten verwendet wurden. In diesem Fall ist es wichtig, daß beim Formular- bzw. Berichtsentwurf die Eigenschaft für die Datenherkunft noch auf den neuen Namen gesetzt wird.

Hinweis: Ab der Version für Windows 95 gibt es alternativ eine noch einfachere Möglichkeit für das Umbenennen von Objekten als zuvor beschrieben. Sie können ein Objekt durch Klicken auf den Namen des Objekts und erneutes Klicken zum Bearbeiten des Objekts umbenennen.

4) Objekte löschen

Objekte, die nicht mehr benötigt werden, können Sie im Datenbankfenster einfach löschen. Dazu müssen Sie nach Markierung des Objektnamens aus dem Menü **Bearbeiten** den Befehl **Löschen** wählen oder einfach die Taste [Entf] betätigen. Es erfolgt dann eine Abfrage, ob das betreffende Objekt tatsächlich gelöscht werden soll. Nach der Bestätigung mit <OK> wird dann der Löschvorgang durchgeführt.

Testen Sie dies einmal für das Objekt „Bestelldetails". Nehmen Sie allerdings nach Anzeige des folgenden Dialogfeldes keine Löschung vor:

2.2 Datenbanken öffnen und nutzen

Bild 2-6:
Objektlöschen
bestätigen

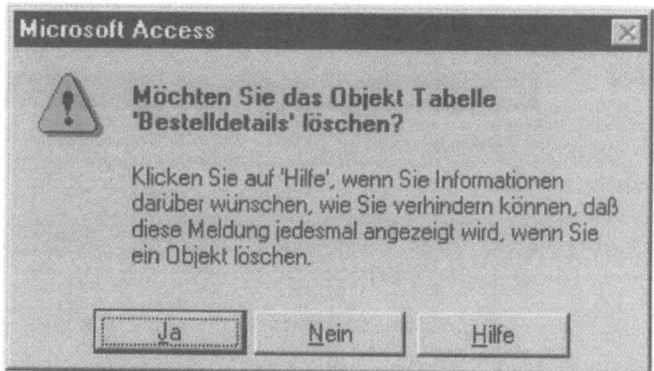

5) Objekte kopieren

Eine weitere Option der Anwendung von ACCESS kann darin bestehen, Objekte innerhalb einer Datenbank oder von einer Datenbank in eine andere zu kopieren. Dies ist relativ einfach über die Befehle **Kopieren** und **Einfügen** aus dem Menü **Bearbeiten** möglich.

Beispiel:

Reihenfolge der Bearbeitung	Tastenfolge/Mausaktionen
1. Objekt, das kopiert werden soll, markieren	Mausklick auf dem Objektnamen
2. Menü **Bearbeiten** aktivieren	[Alt]+[B]
3. Befehl **Kopieren** wählen	[K] oder Mausklick
4. Menü **Bearbeiten** aktivieren	[Alt]+[B]
5. Befehl **Einfügen** wählen	[I]
6. Auswahl im Dialogfeld vornehmen und neuen Objektnamen eingeben	xxxxx
7. Befehl ausführen	<OK> anklicken

27

Im 6. Teilschritt erscheint das Dialogfeld „Einfügen als".

Bild 2-7:
Dialogfeld „Tabelle einfügen als"

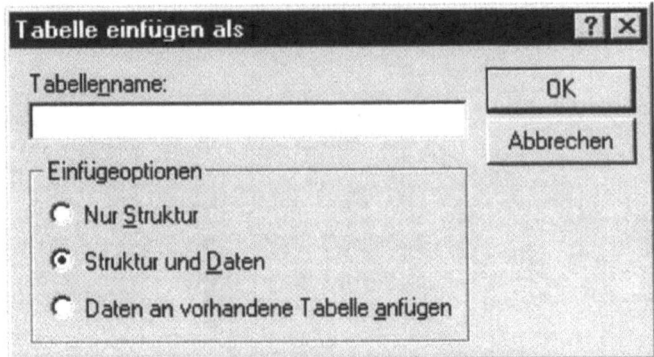

Hier können Sie beim Kopieren einer Tabelle zwischen verschiedenen Optionen wählen. Sollen beispielsweise auch die eingegebenen Daten übernommen werden, müssen Sie die Option "Struktur und Daten" wählen. Die Option „Nur Struktur" ist zu aktivieren, wenn die Tabelle ohne die darin erfaßten Datensätze kopiert werden soll.

Hinweis: Soll das Objekt in eine andere Datenbank kopiert werden, müssen Sie nach dem 3. Teilschritt zunächst über das Menü **Datei** den Befehl **Datenbank öffnen** wählen und dann die Zieldatenbank aktivieren. Danach ist in gleicher Weise wie oben beschrieben fortzufahren.

Um Verknüpfungen zu erstellen, lassen sich die Objekte auf den Desktop ziehen. Sie können Tabellen, Abfragen, Formulare, Berichte oder Makros auf den Desktop ziehen, um eine Verknüpfung zum Öffnen dieses Objekts zu erstellen.

Sie können Tabellen und Abfragen aus dem Datenbankfenster in andere Anwendungen, wie z.B. Microsoft Excel oder Microsoft Word, ziehen und dort ablegen. Ziehen Sie dazu Daten aus einer Anwendung, und legen Sie diese Daten in einer anderen Anwendung ab.

2.3 Arbeitsumgebung einrichten

Um die Arbeit mit dem Programm zu erleichtern und Ihren individuellen Arbeitsbedingungen anzupassen, können Sie verschiedene Einstellungen vornehmen. Dazu müssen Sie aus dem Menü **Extras** den Befehl **Optionen** wählen:

2.3 Arbeitsumgebung einrichten

Bild 2-7:
Optionen zur Einrichtung der Arbeitsumgebung

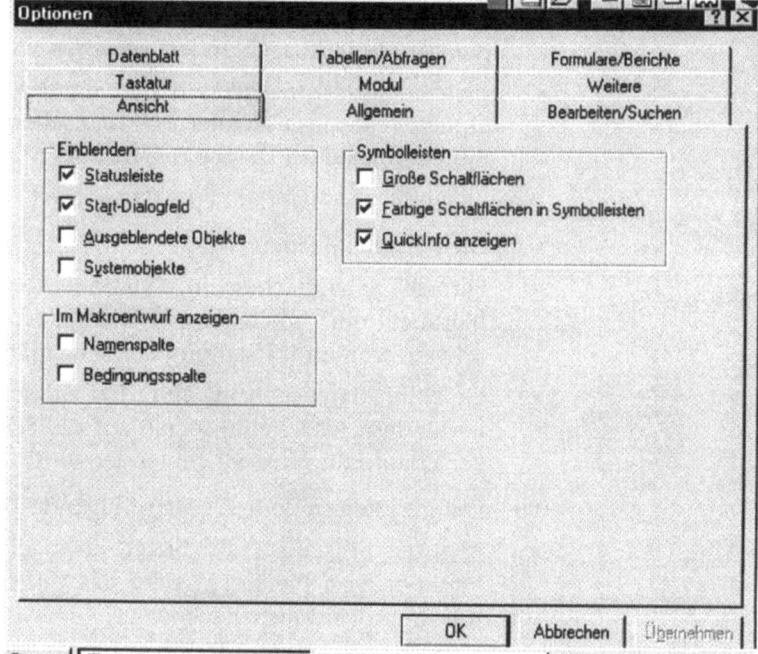

Unter der Registerkarte *Ansicht* sind dann verschiedene Möglichkeiten verfügbar, die die Anzeige von Objekten auf den Bildschirm betreffen. Es finden sich die drei Optionsgruppen „Einblenden", „Symbolleisten" sowie „Im Makroentwurf anzeigen".

Die Optionsfelder unter dem Bereich „Einblenden" haben folgende Bedeutung:

- *Statuszeile*: Soll die Statuszeile immer eingeblendet sein, muß hier eine Aktivierung vorliegen. Der Vorteil: Sie erhalten vom Programm zusätzliche Informationen, etwa ausführlichere Hinweise zu der Bedeutung der Symbole in der Symbolleiste.

- *Start-Dialogfeld*: Bei Einschaltung dieses Optionsfeldes wird beim Starten von ACCESS ein Dialogfeld angezeigt, mit dem erfragt wird, ob eine neue Datenbank erstellt oder eine bestehende Datenbank geöffnet werden soll.

- *Ausgeblendete Objekte*: Diese Option, die standardmäßig deaktiviert ist, bewirkt, daß bei einer Einschaltung Datenbankobjekte als abgeblendete Symbole gekennzeichnet werden, wenn diese über den Befehl **Eigenschaften** mit dem Attribut „Ausgeblendet" versehen wurden.

- *Systemobjekte anzeigen:* In der Standardeinstellung ist das Optionsfeld ausgeschaltet, so daß sichergestellt ist, daß die Systemobjekte im Datenbankfenster verborgen sind.

Bezüglich der Anzeige der Schaltflächen stehen zur Wahl:

- Große Schaltflächen
- Farbige Schaltflächen in Symbolleisten: Ermöglicht wird hierüber ein Wechsel zwischen der farbigen und der schwarzweißen Darstellung der Schaltflächen.
- Quickinfo anzeigen: Durch das Ausschalten können Sie verhindern, daß beim Zeigen auf die Schaltflächen ein kurzer Erläuterungstext eingeblendet wird.

Die weiteren Registerkarten bieten folgende Besonderheiten:

- Register „Tastatur": Es bietet etwa die Möglichkeit, die Funktion von Pfeiltasten oder das Cursorverhalten bei Eintritt in ein Feld festzulegen.
- Register „Datenblatt": Hier können Einstellungen vorgenommen werden, die Schriftarten, Farben und Feldeffekte betreffen.
- Register „Tabellen/Abfragen", „Formulare/Berichte" sowie „Modul": Für die jeweiligen Systemobjekte lassen sich jeweils spezifische Standardeinstellungen vornehmen.
- Register „Allgemein": Hier können Sie beispielsweise das Standarddatenbankverzeichnis angeben. Grundsätzlich werden Datenbankdateien im aktuellen Arbeitsverzeichnis von Access gespeichert (Eigene Dateien); dargestellt durch einen Punkt. Stattdessen kann hier auch ein anderer Suchpfad eingegeben werden.
- Register „Bearbeiten/Suchen": Es betrifft einmal den Suchen/Ersetzen-Standard. Standardmäßig gilt die Option *Schnelle Suche*, bei der das aktuelle Feld durchsucht wird. Alternativ kann *Allgemeine Suche* gewählt werden, bei der alle Felder durchsucht und alle Teile des Feldes verglichen werden. Auch Bestätigungsoptionen werden hier eingestellt, etwa zum Löschen von Objekten, für die Durchführung von Aktionsabfragen sowie das Ändern eines Datensatzes.
- Register „Weitere": Einstellungen betreffen das Standardverhalten zum Sperren von Datensätzen in einer Mehrbe-

nutzerumgebung sowie die Realisierung von DDE-Verbindungen (DDE = Dynamic Data Exchange).

Eine weitere Besonderheit betrifft die mögliche Nutzung sog. Add-Ins, mit denen Sie spezielle Funktionen ausführen können. Grundsätzlich werden mit der Installation fünf Zusatzmodule eingerichtet, die nach Aktivierung des Menüs **Datei** mit dem **Befehl Add-Ins** aufgerufen werden können. Verfügbare Module sind:

- **Übersichts-Manager:** für das Erzeugen eines Übersichtsformulars für das Arbeiten mit der Datenbank..
- **Assistent zur Datenbankaufteilung:**Verwenden Sie den Assistenten, wenn Sie eine Datenbank in zwei Dateien aufteilen möchten: eine die die Tabellen enthält und eine, die die Abfragen, Formulare, Berichte, Makros und Module enthält. Auf diese Weise können Benutzer, die Zugriff auf die Daten benötigen, eigene Formulare, Berichte und Objekte erstellen, während Sie auf dem Netzwerk lediglich eine Kopie der Daten verwalten.
- **Tabellenverknüpfungs-Manager**, mit dem Verknüpfungen zu eingebundenen Tabellen aktualisiert werden können, wenn sich die Struktur oder Position einer oder mehrerer verknüpfter Tabellen geändert hat. Auch können Sie damit leicht zwischen Back-End-Datenbanken wechseln.
- **Menü-Editor** für das einfache Erstellungen von Anwendungen mit benutzerdefinierten Menüs sowie
- der **Add-In-Manager** für das Installieren, Entfernen und Verwalten von Add-Ins.

2.4 Anzeigemöglichkeiten mit ACCESS

Abhängig vom aktivierten Objekt bietet ACCESS unterschiedliche Anzeigemöglichkeiten. Diese sollen nun im Überblick vorgestellt und am besten direkt vom Leser ausprobiert werden.

2.4.1 Gespeicherte Daten anzeigen

Zur Dateneinsicht müssen Sie die betreffende Datenbank öffnen sowie eine bzw. mehrere Tabellen aktivieren. Eine andere Möglichkeit ist die Anzeige von Daten in Formularform.

2 Arbeits- und Entwicklungsumgebung von ACCESS

Aufgabe: Vorhandene Daten anzeigen

1. Öffnen Sie die Tabelle „Personal", und bewegen Sie sich innerhalb der Tabelle, indem Sie sich sowohl per Tastatur als auch per Mausklick zu einzelnen Datensätzen bewegen.
2. Wechseln Sie danach per Mausklick oder durch Menüwahl zwischen Tabellen- und Entwurfsmodus. Schließen Sie die Tabelle „Personal" daraufhin wieder.
3. Öffnen Sie anschließend das Formular „Personal", und bewegen Sie sich per Maussteuerung zwischen den verschiedenen Datensätzen. Schließen Sie danach das Formular wieder.

Vorgehensweise zur Tabellenansicht:

- Tabellensymbol oder Formularsymbol im Datenbankfenster anklicken
- Name der gewünschten Tabelle oder des gewünschten Formulars anklicken
- Schaltfläche <Öffnen> anklicken

Beispiel: Öffnen der Tabelle „Personal"

Bild 2-8: Datenblatt/Tabellenansicht

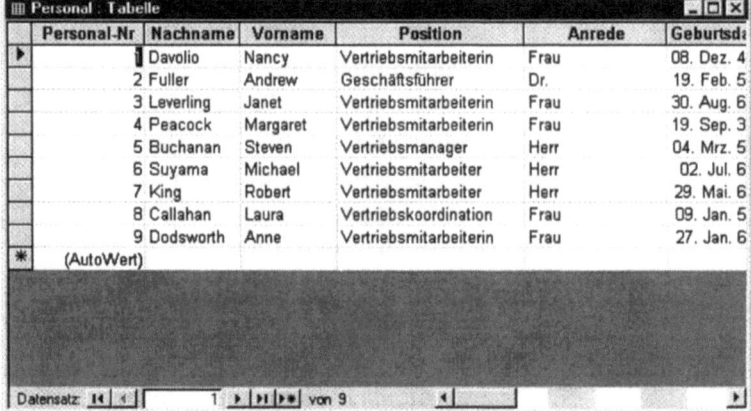

Ergebnis ist die **Tabellenansicht**. Sie stellt die eingegebenen Informationen in Zeilen und Spalten dar. Innerhalb der Tabelle können Sie den nächsten Datensatz ansteuern, indem Sie die Richtungstaste nach unten betätigen.

Mausgesteuert sind die Schaltflächen am unteren Bildschirmrand nützlich:

Sie bieten folgende Möglichkeiten (von links nach rechts)
- erster Datensatz
- vorheriger Datensatz
- nächster Datensatz
- letzter Datensatz
- neuer, freier Datensatz

Probieren Sie dies einmal aus.

Über den Menüpunkt **Ansicht** kann gewechselt werden zwischen:

a) Entwurfsansicht: Sie dient der Definition bzw. Bearbeitung der Tabellenstruktur und wird durch Wahl des Befehl **Tabellenentwurf** aktiviert.

a) Tabellenansicht (Datenblattansicht): Sie dient wie gesehen der Datenanzeige und kann mit dem Menü **Ansicht** durch Wahl des Befehls **Datenblatt** aktiviert werden.

Das Schließen der Tabelle erfolgt am einfachsten per Doppelklick auf dem Systemfeld.

Daten können darüber hinaus in der Formularansicht angezeigt werden. Diese ist vor allem dann interessant, wenn alle Informationen zu einem bestimmten Datensatz auf einmal "im Blickfeld" sein sollen. Im Beispielfall ist folgendermaßen vorzugehen, um die Formularansicht aufzurufen:

- Datenbankfenster aktivieren
- Registerkarte „Formulare" anklicken
- Formular wählen; z. B. auf „Personal" doppelklicken

2 Arbeits- und Entwicklungsumgebung von ACCESS

Ergebnis:

Bild 2-9:
Formularansicht

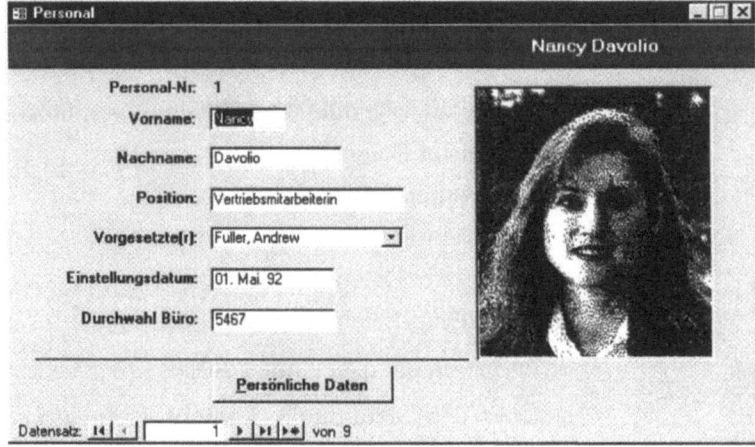

Über den Menüpunkt **Ansicht** kann gewechselt werden zwischen:

a) Formularentwurf
b) Formular
c) Datenblatt

2.4.2 Abfragen anzeigen

Auch Abfragen können in der Ergebnis- oder in der Entwurfsansicht angezeigt werden.

Aufgabe: Vorhandene Abfragen anzeigen

Aktivieren Sie im Datenbankfenster das Objekt „Abfragen", und lassen Sie sich die Umsätze nach Artikeln für 1994 anzeigen

a) im Ergebnismodus
b) im Entwurfsmodus.

Schließen Sie danach das geöffnete Objekt.

Um die Anzeige im Ergebnismodus zu bewirken, müssen Sie zunächst das Objekt „Abfragen" per Mausklick im Datenbankfenster aktivieren. Anschließend ist aus dem Listenfeld der Name der Abfrage zu markieren; im Beispielfall *Umsätze nach Artikeln für 1994*. Nach Aktivierung der Schaltfläche <Öffnen> ergibt sich folgende Anzeige:

2.4 Anzeigemöglichkeiten mit ACCESS

Bild 2-10:
Abfrageergebnis

Um anschließend in den Entwurfsmodus zu wechseln, müssen Sie entweder auf die links abgebildete Schaltfläche klicken oder aus dem Menü **Ansicht** den Befehl **Abfrageentwurf** aktivieren. Testen Sie dies, und schließen Sie danach das Fenster.

2.4.3 Berichte anzeigen

Mit einem Bericht sollen Inhalte einer Datenbank in präsentationsreifer Qualität ausgegeben werden. Dazu ist in ähnlicher Form vorzugehen wie bei der Anzeige von Formularen und Abfragen.

Aufgabe: Vorhandene Berichte anzeigen

Aktivieren Sie das Objekt „Berichte", und lassen Sie sich den Bericht „Zusammenfassung der Jahresumsätze" zunächst anzeigen und dann ausdrucken.

Um die Anzeige des Berichts zu bewirken, müssen Sie zunächst das Objekt „Berichte" per Mausklick im Datenbankfenster aktivieren. Anschließend ist aus dem Listenfeld der Name des Berichts zu markieren; im Beispielfall *Zusammenfassungen der Jahresumsätze*. Nach Aktivierung der Schaltfläche <Öffnen> ergibt sich folgende Anzeige:

Bild 2-11:
Bericht in Druckvorschau

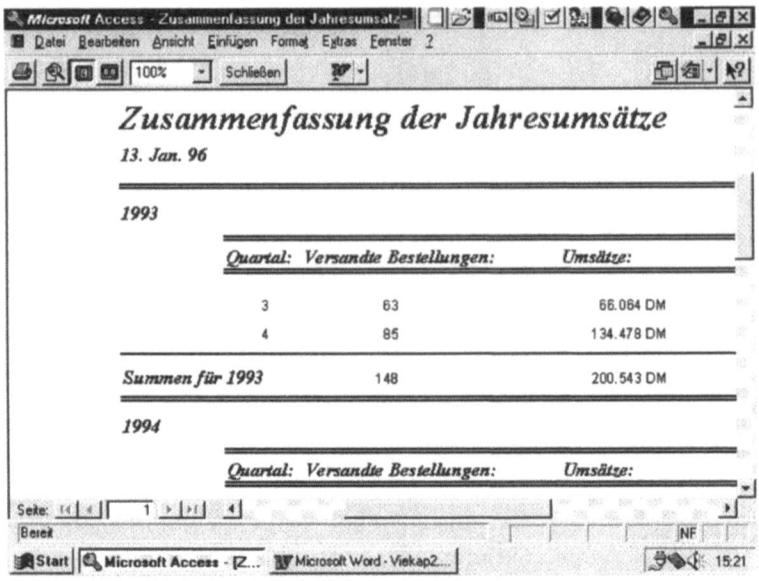

Die Bildschirmwiedergabe macht deutlich, daß die Anzeige als Druckvorschau erfolgt. Diese Ansicht kann dann noch per Zoomfunktion auf eine Seitenansicht verkleinert werden.

Hinweis: Ein Bewegen zu einer anderen Seite ist möglich mit den Navigationsflächen in der unteren linken Ecke des Fensters. Damit kann die nächste oder die vorgehende Seite ebenso angesteuert werden wie die erste bzw. die letzte Seite. Auch können Sie in einem Feld direkt die Nummer einer gewünschten Seite eintragen.

2.5 Datenbanken schließen

Sobald Sie die Arbeit mit einer Datenbank beendet haben, ist diese zu schließen. Dazu dient aus dem Menü **Datei** der Befehl **Schließen**.

Aufgabe: Aktivierte Datenbank schließen

Schließen Sie die aktuell geöffnete Datenbank NORDWIND.MDB.

Vorgehensweise zum Schließen einer Datenbank

Sie haben zwei Alternativen des Vorgehens:

a) Variante 1:
- Menü **Datei** aktivieren
- Befehl **Schließen** wählen

b) Variante 2:

Doppelklick auf dem Systemmenüfeld oben links im Datenbankfenster.

Ergebnis: Mit dem Schließen einer Datenbank werden auch alle bisher geöffneten Objekte (Tabellen, Abfragen, Berichte) geschlossen. Nun werden lediglich noch die Menüpunkte **Datei, Extras** und die Hilfefunktion **?** angezeigt, und Sie können entweder eine neue Datei anlegen, eine andere Datenbank öffnen oder ACCESS verlassen.

Beachten Sie außerdem, daß eine Datenbank automatisch mit dem Beenden der Arbeit von ACCESS geschlossen wird (wählbar durch den Menübefehl **Beenden** aus dem Menü **Datei**). Hinzu kommt: In einem Access-Fenster kann immer nur eine Datenbank zur gleichen Zeit geöffnet werden. Dies bedeutet, daß bei Wahl der Befehle **Neue Datenbank anlegen** oder **Datenbank öffnen**, die ebenfalls im Menü **Datei** zu finden sind, die bisher aktivierte Datenbank automatisch geschlossen wird.

2.6 Organisation der Speicherung von Datenbanken

2.6.1 Datenbankspeicherung mit Sicherungskopie

Zum Schutz vor Datenverlust ist das Erstellen von Sicherheitskopien Ihrer Datenbank zweckmäßig. Anderenfalls ist es nur schwer möglich, meist sogar unmöglich, Ihre Datenbank wiederherzustellen.

Hinzu kommt: ACCESS überschreibt bei Änderungen, die Sie an Ihrer Datenbank vornehmen immer die vorhandene Datenbank. Da eine Sicherungskopie - wie in anderen Programmen möglich - nicht automatisch angelegt wird, können Struktur und Daten bei fehlerhaften Änderungen unwiderruflich verlorengehen.

Zur Vermeidung von Problemen ist es also sinnvoll, ausdrücklich eine Sicherheitskopie auf einem anderen Datenträger zu erzeugen. Dazu ist es erforderlich, daß die betreffende Datenbank zunächst geschlossen wird. Danach müssen Sie mit dem DOS-Befehl COPY oder mit dem Windows-Explorer die Datenbank auf ein Sicherungssystem Ihrer Wahl kopieren.

Hinweis: Um eine gesicherte Datenbank später in ACCESS nutzen zu können, müssen Sie diese sinnvollerweise wieder in Ihr Datenbankverzeichnis kopieren. Sie können dann unmittelbar damit arbeiten.

2 Arbeits- und Entwicklungsumgebung von ACCESS

2.6.2 **Datenbank komprimieren**

Bei der Anlage einer Datenbank fallen mehr oder weniger umfangreiche Änderungen an. Objekte werden hinzugefügt, mitunter werden nicht mehr benötigte Objekte gelöscht. Durch dieses ständige Pflegen der Datenbank wird die gesamte Datenbank möglicherweise fragmentiert und belegt zuviel Speicherplatz auf dem Speichermedium Platte.

Gelöschte Objekte werden zwar nicht mehr im Datenbankfenster angezeigt, sie sind aber physisch immer noch in der Datenbank vorhanden. Um diese nicht mehr benötigten Objekte aus der Datenbank zu entfernen bzw. zur Defragmentierung der Datenbank, müssen Sie aus dem Menü **Extras** den Befehl **Datenbank-Dienstprogramme** und hier die Variante **Datenbank komprimieren** wählen.

Zu beachten ist, daß der Befehl **Datenbank-Dienstprogramme** nur dann verfügbar ist, wenn keine Datenbank geöffnet ist. Um den Befehl zu testen, müssen Sie eine eventuell geöffnete Datenbank zunächst schließen. Anschließend ist der Befehl wählbar. Ergebnis ist eine Bildschirmanzeige, die mit dem Öffnen von Datenbanken vergleichbar ist.

Bild 2-12: Datenbank komprimieren

Nach der Auswahl der Datenbank müssen Sie einen Namen für die zu erzeugende komprimierte Datenbank angeben. Dieser kann mit dem Namen der Orginal-Datenbank identisch sein, da automatisch eine Zwischenkopie aus Sicherheitsgründen angelegt wird. Der Vorschlag geht jedoch dahin, einen anderen Namen zu vergeben.

Nach Ausführung des Komprimiervorgangs durch Klicken auf <Komprimieren> kopiert das Programm die in der Orginaldatei vorhandenen Daten und Zugriffsrechte in die angegebene neue Datei. Beachten Sie außerdem, daß genügend Speicherplatz sowohl für die Orginalversion als auch für die komprimierte Version Ihrer Datenbank vorhanden ist. Ansonsten wird der Komprimierungsvorgang angehalten, wenn das Programm fehlenden Speicherplatz feststellt.

2.6.3 Beschädigte Datenbank reparieren

Wenn Sie nach dem Arbeiten mit einer Datenbank das Programm ACCESS nicht ordnungsgemäß beenden, kann es passieren, daß die Datenbank beschädigt wird und damit nicht mehr ordnungsgemäß genutzt werden kann. Auch durch ein technisches Problem - etwa einem Stromausfall - kann ein normaler Ausstieg oft verhindert werden.

In den meisten Fällen stellt ACCESS die Beschädigung einer Datenbank bei dem Versuch fest, diese zu öffnen, zu komprimieren, zu verschlüsseln oder zu entschlüsseln. Das Programm bietet Ihnen zu diesem Zeitpunkt die Möglichkeit, die Datenbank zu reparieren.

Um eine beschädigte Datenbank wieder in Ordnung zu bringen, müssen Sie aus dem Menü **Extras** den Befehl **Datenbank-Dienstprogramme** und hier **Datenbank reparieren** wählen. Sie werden dann aufgefordert, die zu reparierende Datenbank auszuwählen. Geben Sie also den Namen und den Pfad der zu reparierenden Datenbank an. Nach Bestätigung durch Klicken auf <Reparieren> wird die Datenbank repariert und schließlich eine entsprechende Meldung angezeigt.

Hinweis: Zur Anwendung des Befehls müssen Sie zunächst die Datenbank schließen. Wenn Sie sich in einer Mehrbenutzerumgebung befinden, stellen Sie sicher, daß alle Benutzer die Datenbank geschlossen haben.

2.6.4 Datenbank verschlüsseln

Im Menü **Extras** gibt es nach Wahl des Befehls **Zugriffsrechte** außerdem die Option **Datenbank ver-/entschlüsseln**, wenn aktuell keine Datenbank geöffnet ist. Damit haben Sie die Möglichkeit, eine Datenbank zu komprimieren und so zu verschlüsseln, daß sie mit einem anderen Programm außerhalb von ACCESS (etwa einem Dienstprogramm oder einem Textverarbeitungsprogramm) nicht mehr gelesen werden kann.

Nach Wahl des Befehls müssen Sie zunächst in einem Dialogfeld die Datenbank auswählen, die verschlüsselt werden soll. Nach Bestätigung mit <OK> ist der Zielname anzugeben, ergänzend kann auch ein neuer Verzeichnispfad festgelegt werden. Als Name für die zu verschlüsselnde Datenbank kann der Name der Originalversion oder ein beliebiger anderer Name angegeben werden. Wichtig ist, daß auf der Festplatte genügend Platz für die Orginalversion und für die verschlüsselte Version ist.

Unter ACCESS ist eine verschlüsselte Datenbank jedoch weiterhin einfach zu öffnen. Hier müßten Sie über das Menü **Zugriffsrechte** genauere Festlegungen treffen. So können Sie letztlich verhindern, daß jemand die von Ihnen vergebenen Zugriffsrechte umgeht.

Hinweis: In gleicher Weise wie die Verschlüsselung können Sie die Datenbank wieder entschlüsseln.

2.6.5 Datenbank konvertieren

Leider wurde das Datenformat ab der Version 7 von ACCESS gegenüber den Vorgängerversionen geändert. Allerdings kann ACCESS 7 die Datenbanken öffnen und lesen, die mit den Vorgängerversionen 1 oder 2 erstellt wurden. Änderungen an den Objekten und eine anschließende Speicherung dieser Änderungen ist jedoch nur möglich, wenn die Datenbank zunächst in das Format der Version 7 konvertiert wird.

Zur Konvertierung gehen Sie in folgender Weise vor:

1. Schließen Sie zunächst eine eventuell geöffnete Datenbank.
2. Wählen Sie aus dem Menü **Extras** den Befehl **Datenbank-Dienstprogramme** und hier die Option **Datenbank konvertieren**.
3. Geben Sie den neuen Namen für die Datenbank ein, und führen Sie den Befehl aus.

2.7 Druckausgabe

Hinsichtlich der Druckausgabe werden in der Praxis meist vielfältige Anforderungen gestellt. ACCESS für Windows 95 bietet gegenüber Vorgängerversionen einige Verbesserungen beim Drucken und bei der Seitenansicht von Datenbankobjekten.

Für Entwicklungs- und Dokumentationszwecke ist darüber hinaus auch ein Ausdruck der Definitionen zu den Objekten gewünscht. Schließlich kann ein Ausdruck der Zugriffseinstellungen sowie der Programmiermodule erfolgen.

2.7.1 Druckmöglichkeiten im Überblick

Im folgenden sei zunächst in Form einer Übersicht zusammengestellt, welche verschiedenen Elemente im einzelnen mit ACCESS gedruckt werden können:

Elemente	Bedeutung/Anwendung
Datenblätter	Rahmenlinien können Daten gedruckt werden, die im Datenblatt einer Tabelle, einer Abfrage oder eines Formulars erscheinen.
Formulare	Daten, die in der Formularansicht angezeigt werden, können in Formularform ausgedruckt werden. Dabei werden auch die Bezeichnungsfelder und andere Steuerelemente mitgedruckt.
Berichte	Ausgewählte Datenelemente können in Form eines Berichtes präsentationsreif ausgedruckt werden.
Objektdefinitionen	Definitionen, die zu Tabellen, Abfragen, Formularen, Berichten und Makros vorgenommen wurden, können ausgedruckt werden.
Module	Module, die im Basic-Code erstellt wurden, lassen sich zu Dokumentations- und Kontrollzwecken drucken.
Zugriffsrechte	Es ist möglich, eine Liste der Gruppen bzw. der Benutzer einer aktuellen Arbeitsgruppe über den Drucker auszugeben.

Ausführliche Informationen zum Drucken der einzelnen Elemente erhalten Sie in den einzelnen Teilkapiteln, in denen die Elemente näher erläutert werden.

Zum Drucken der verschiedenen Dateninformationen sowie der Objektdefinitionen werden verschiedene Einrichtungsoptionen unterstützt. Die Möglichkeiten werden deutlich, wenn Sie aus dem Menü **Datei** den Befehl **Drucken** aufrufen. Ergebnis ist zunächst die folgende Bildschirmanzeige:

Bild 2-13:
Drucken

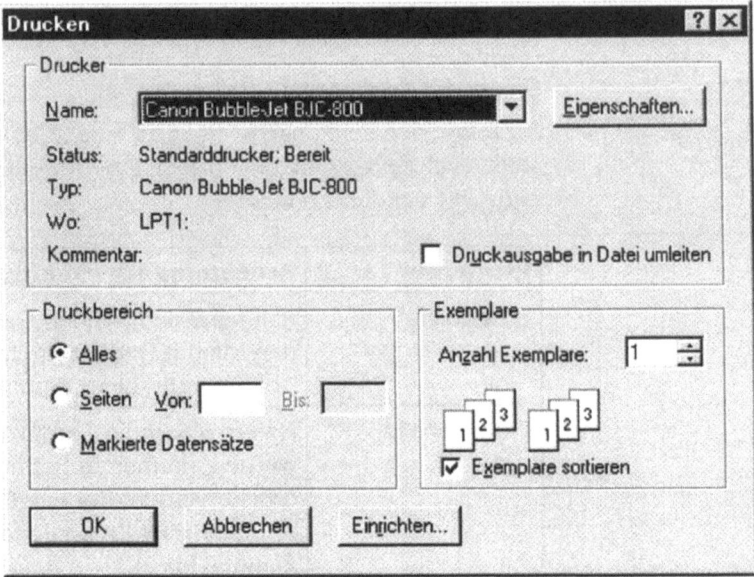

In der angezeigten Dialogbox können Sie zunächst einmal den Druckbereich festlegen sowie die Druckauflage im Feld „Anzahl Exemplare" festlegen.

Außerdem kann der Druckbereich festgelegt werden. Angenommen, Sie wollen die Datensätze einer Tabelle drucken und haben diese zunächst im Datenbankfenster markiert. Dann bieten die angezeigten Varianten folgende Optionen:

Option	Bedeutung
Alles	Der gesamte Inhalt der Tabelle wird gedruckt.
Seiten Von .. bis	Bei mehrseitigen Datenblättern kann ein bestimmter Seitenbereich spezifiziert werden.
Markierte Datensätze	Es werden nur die Datensätze ausgedruckt, die zuvor in der Tabelle markiert wurden.

Weitere Einstellungen sind möglich, wenn Sie davon ausgehend auf die Schaltfläche <Einrichten> klicken. **Ergebnis:**

Bild 2-14:
Seite einrichten

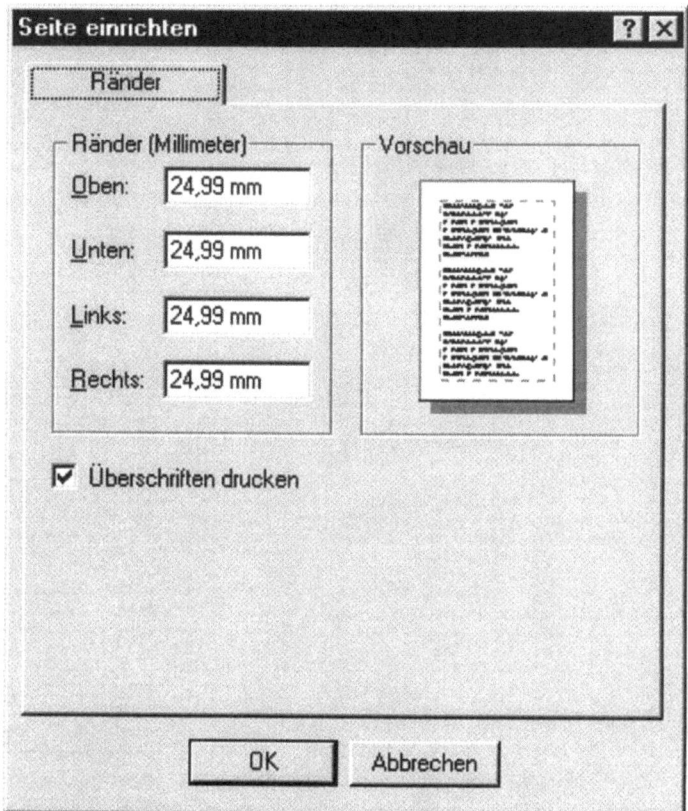

Der Bildschirm macht deutlich, daß nun, ausgehend von dem gewählten Standarddrucker, im Detail das Layout der Druckausgabe festlegbar ist. Dies betrifft vor allem die einzustellende Ränder (links, rechts, oben, unten).

Weitere Möglichkeiten ergeben sich, wenn Sie vom Dialogfeld „Drucken" aus auf <Eigenschaften> klicken. **Ergebnis:**

Bild 2-15:
Papier-Eigenschaften festlegen

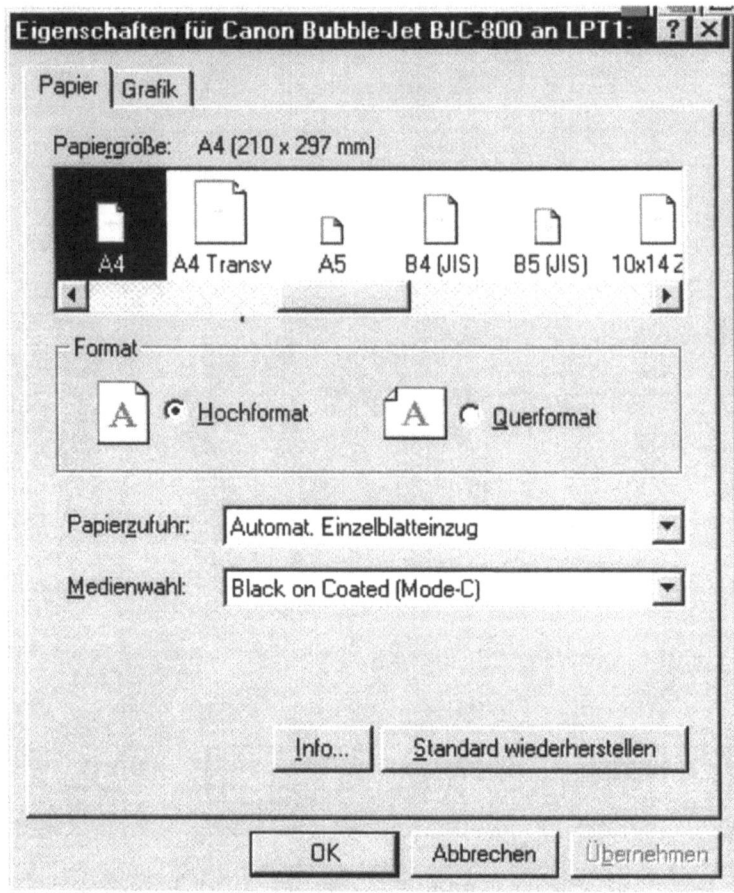

Entscheidungsspielräume bestehen bezüglich:
- Größe des Papiers (A4 oder andere Formate sind auswählbar)
- Hoch- oder Querformat sowie den
- Schacht für die Papierzufuhr.

Die Druckereinrichtung kann außerdem gezielt für bestimmte Formulare und Berichte erfolgen. Dazu müssen Sie nach Markierung des Formular- oder Berichtsnamens aus dem Menü **Datei** den Befehl **Seite einrichten** wählen. Im einzelnen ist folgendes Vorgehen erforderlich:

2.7 Druckausgabe

Reihenfolge der Bearbeitung	Tastenfolge/Mausaktionen
1. Objekt, das eingerichtet werden soll, im Datenbankfenster markieren	Mausklick auf dem Objektnamen
2. Menü **Datei** aktivieren	[Alt]+[D]
3. Befehl **Seite einrichten** wählen	[E]
4. Druckoptionen setzen	--
5. Befehl ausführen	<OK> anklicken

Vorteil: Es ist nicht notwendig, die gewünschten Druckoptionen vor jedem Druckvorgang immer wieder neu festzulegen.

Ergebnis nach der Befehlswahl:

Bild 2-16:
Dialogfeld
„Seite einrichten"

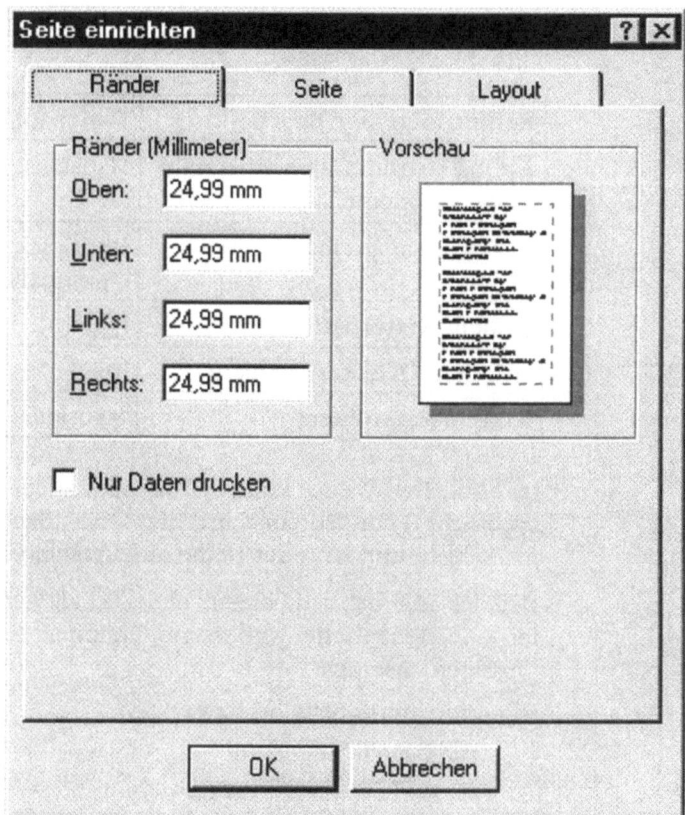

2.7.2 Daten aus einem Objekt drucken

Die Daten, die bestimmten Objekten von ACCESS zugeordnet sind, lassen sich einfach ausdrucken. Voraussetzung dazu ist lediglich, daß das jeweilige Objekt geöffnet ist oder im Datenbankfenster markiert wird.

Aufgabe: Daten aus Objekten drucken

- Aktivieren Sie im Datenbankfenster das Objekt „Abfragen", und lassen Sie sich die „Personalumsätze nach Land" ausdrucken.
- Markieren Sie danach das Objekt „Berichte", und lassen Sie sich den Bericht mit dem Namen „Zusammenfassung der Jahresumsätze" in der Seitenansicht anzeigen.

Zur Lösung der Aufgabenstellungen ist grundsätzlich nach Markierung des gewünschten Objektes aus dem Menü **Datei** der Befehl **Drucken** zu wählen.

Zur Lösung der ersten Teilaufgabe ist im einzelnen folgendes Vorgehen erforderlich:

Reihenfolge der Bearbeitung	Tastenfolge/Mausaktionen
1. Objektart im Datenbankfenster markieren	Mausklick auf <Abfrage>
2. Objektnamen markieren	Mausklick auf „Personalumsätze nach Land"
3. Menü **Datei** aktivieren	[Alt]+[D]
4. Befehl **Drucken** wählen	[D]
5. Befehl ausführen	Mausklick auf <OK>

In ähnlicher Weise können Sie nun auch einen Bericht ausdrucken. Dazu ist zunächst die Objektfläche für Berichte zu markieren und dann der Name auszuwählen.

Bei der Seitenansicht bieten neue Schaltflächen in der Symbolleiste „Seitenansicht" verbesserte Optionen bei der Vorschau von Objekten. Sie zeigt

- eine ganze Seite an bzw.
- zwei ganze Seiten an.

Das Feld Zoom einstellen listet die Vergrößerung in Prozent auf, in der Sie das Objekt anzeigen können. Der Befehl **Seiten** im Menü **Ansicht** ermöglicht Ihnen, bis zu 12 Seiten gleichzeitig anzusehen.

2.7.3 Definitionen eines Datenbankobjekts drucken

Informationen, die mit dem Entwurf von Tabellen, Abfragen, Formularen und Berichten zusammenhängen, können Sie ebenso ausgeben wie die Inhalte der von Ihnen definierten Makroaktionen.

Aufgabe: Definitionen von Datenbankobjekten drucken

Aktivieren Sie im Datenbankfenster das Objekt „Abfragen", und lassen Sie sich die Definitionen zum Objekt „Artikel über Durchschnittspreis" bei dem Objekt ausdrucken.

Für den Ausdruck von Definitionen zu einem Objekt Ihrer Datenbank ist grundsätzlich in folgender Weise vorzugehen (am Beispiel der zu lösenden Aufgabe):

Reihenfolge der Bearbeitung	Tastenfolge/Mausaktionen
1. Objektart im Datenbankfenster markieren	Mausklick auf <Abfrage>
2. Objektnamen markieren	Mausklick auf „Artikelliste"
3. Menü Extras aktivieren	[Alt]+[D]
4. Befehl Analyse wählen	[O]
5. Option Dokumentierer wählen	Einstellungen im Dialogfeld per Mausklick
6. Befehl ausführen	Mausklick auf <OK>
7. Menü Datei aktivieren	[Alt]+[D]
8. Befehl Drucken wählen	[D]

Hinweise:

Nach dem 4. Teilschritt werden unterschiedliche Dialogfelder in Abhängigkeit von der gewählten Objektart zur Auswahl angeboten.

Nach dem 6. Teilschritt wird zunächst ein Bereich mit den Definitionen zu dem ausgewählten Objekt erstellt und dann in der Seitenansicht angezeigt.

2.8 Arbeiten mit ACCESS beenden

Wollen Sie die Arbeit mit ACCESS abschließen, müssen Sie die Anwendung ordnungsgemäß beenden. Dazu stehen Ihnen - ausgehend vom Datenbankfenster - grundsätzlich die folgenden beiden Alternativen zur Wahl:

- Doppelklick auf das Systemfeldmenü. Zeigen Sie zunächst mit dem Mauszeiger auf das Systemmenü am linken Rand der Titelleiste von ACCESS. Wenn Sie hierauf doppelt klikken, wird das Arbeiten mit ACCESS unmittelbar beendet.

oder

- Menügesteuerte Lösung: Wählen Sie dazu aus dem Menü **Datei** den Befehl **Beenden**. Ergebnis ist ebenfalls das direkte Schließen der Anwendung ACCESS.

3 Datenbankentwurf (Datenbank PERSONAL)

Die Qualität einer Datenbanklösung hängt ganz entscheidend vom Datenbank-Entwurf ab. Allerdings: Der Aufbau, die Strukturierung und die Weiterentwicklung einer Datenbank ist eine äußerst komplizierte Aufgabe.

Bevor Sie eine erste eigene Datenbank anlegen, sollten Sie diese gezielt von der Struktur her planen. So vermeiden Sie, daß eventuell später aufwendige Änderungen erforderlich werden. Auch ist damit eher gewährleistet, genaue und sichere Ergebnisse bei späteren Abfragen und Auswertungen zu erhalten.

3.1 Beschreibung der gewünschten Anwendungslösung

Ausgangssituation/Fallbeschreibung

Zur besseren Übersicht über wichtige Personalinformationen soll in der TIKO GmbH ein Personalinformationssystem mit dem Datenbanksystem ACCESS angelegt werden. Beispielsweise sollen **folgende Anwendungen** mit der einzurichtenden Datenbank abgedeckt werden:

- umfassende Verwaltung der Personalstammdaten, mit denen auch gezielte Abfragen und Berichte möglich sind (wie Ausgabe von Personalstammdatenblättern u. a.),
- Verwaltung der im Betrieb installierten Hardware und Software,
- Speicherung der Stellendaten und deren Zuordnung zu Mitarbeitern,
- Verwaltung der Firmenfahrzeuge eines Betriebes einschließlich der Ausleihe dieser Fahrzeuge an die Mitarbeiter,
- Zusammenarbeit mit externen Seminaranbietern (Verwaltung der Daten der Anbieter sowie des Seminarbesuches durch ausgewählte Mitarbeiter).

Zielsetzung

Entwicklung und Einführung einer relationalen Anwendungslösung, mit der sich alle anfallenden Routinearbeiten in Verbindung mit der Personal-Datenbank einfach, schnell und sicher lösen lassen.

3.2 Grundsätzliche Vorgehensweise zum Datenbankdesign

Voraussetzung für die effiziente Nutzung eines Datenbankinformationssystems ist die Entwicklung einer Datenbankstruktur, die den definierten Anforderungen gerecht wird. Grundlage für die Einrichtung der Datenbank sollte ein Modell sein, das sorgfältig geplant ist. Auf diese Weise kann sichergestellt werden, daß mit Hilfe der Datenbank die notwendigen Informationen gewonnen bzw. die Fragen beantwortet werden, die in der Praxis auftauchen.

Wie gelangen Sie nun in der Praxis zu einem solchen Modell? Aus der Entwicklersicht müssen Sie zunächst alle Fragen sammeln, die Ihre künftige Datenbank beantworten soll; unter Umständen durch Einbeziehung weiterer Anwender. Sammeln Sie beispielsweise alle Karteikarten und Formulare, auf denen Daten bisher eingetragen werden. Machen Sie sich außerdem erste Skizzen der Berichte, die mit der Datenbank erstellt werden sollen.

ACCESS ist eine echte relationale Datenbank. In diesem Fall wird die Informationsspeicherung sinnvollerweise so organisiert, daß die Daten zu verschiedenen Themen auch in verschiedenen Tabellen gespeichert werden. Beispielsweise macht es Sinn, eine Tabelle zu erstellen, die nur Informationen über die Mitarbeiter der Firma enthält, und weitere Tabellen, die jeweils die Fakten über die vorhandene Hardware und Software enthalten.

Zwischen den angelegten Tabellen lassen sich dann gezielt Beziehungen herstellen. Auf diese Weise ist es beispielsweise möglich, später relativ problemlos einen Bericht zu drucken, der die Fakten über die bei einem Mitarbeiter installierte Hardware sowie die auf dieser Hardware vorhandene Software kombiniert darstellt. Die möglichen Beziehungen müssen ebenfalls bei der Planung der Datenbank bereits beachtet werden.

3.2 Grundsätzliche Vorgehensweise zum Datenbankdesign

Teilschritte für das **Anlegen von Datenbanken** zeigt die folgende Übersicht:

Datenbanken anlegen: Teilschritte

- Tabellen planen (Art und Aufbau der Tabellen, Beziehungen zwischen den Tabellen)
- Tabellenstrukturen definieren und erfassen (Datenfelder festlegen, Eingabe der Feldattribute)
- Verknüpfungen zwischen den angelegten Tabellen herstellen
- Datenerfassung und Datenpflege
- Bildschirmformulare erstellen
- Standard-Abfragen definieren und speichern
- Standard-Berichte erzeugen und gestalten
- Menügesteuerte Anwendungen realisieren (Makros, Programmierung)

© E. Tiemeyer

3.2.1 Anzulegende Tabellen planen

Die Sammlung der Daten erfolgt bei einer Datenbank in Form von mehr oder weniger vielen Tabellen. Ausgehend von einer klaren Aufgabenstellung für die einzurichtende Datenbank und die gewünschte Verwendungsweise gilt es deshalb in einem ersten Schritt zu überlegen, welche Tabellen für die Anwendungen einzurichten sind. Die Beantwortung dieser Frage hängt im wesentlichen davon ab,

- welche Abfragen und welche Auswertungen vorgenommen werden sollen sowie
- welche Daten von den übrigen Anwendungsprogrammen benötigt werden.

Die Planung der Tabellen ist mitunter nicht gerade einfach. Dies liegt vor allem daran, daß aus den gewünschten Ergebnissen (zu druckende Listen, Verzeichnisse) nicht unbedingt ein direkter Rückschluß auf die Struktur der einzurichtenden Tabellen möglich ist. Wichtig ist es vielmehr, den gesamten Informationsbestand logisch in verschiedene Themengebiete zu unterteilen und dafür gesonderte Tabellen anzulegen.

3 Datenbankentwurf (Datenbank PERSONAL)

Für das im Beispielfall gewünschte Personalinformationssystem können vorerst folgende Teilsysteme/Themengebiete unterschieden werden:

Teilsysteme	Zielsetzungen
Mitarbeiter	Die Stammdaten der Mitarbeiter und ihre systematische Erfassung und Auswertung ist Gegenstand dieses Themengebietes.
Hardware	Diese Tabelle soll die Hardware-/Gerätedaten des Unternehmens elektronisch aufnehmen und Informationen bei Bedarf gezielt bereitstellen.
Software	Die erworbenen und auf bestimmten Geräten installierten Programme sollen hier verwaltet werden.
Softwarebezeichnung	Aufgenommen wird eine nähere Beschreibung einzelner Softwareprodukte.
Stelle	Vorhandene Stellendaten sind zu verwalten.
Dienstvertrag	Abgeschlossene Verträge zu den beschäftigten Mitarbeitern sollen mit ihren Daten verwaltet werden.
Firmenfahrzeuge	Vorhandene Firmenfahrzeuge sind mit ihren Kenndaten zu erfassen.
Fahrzeugausleihe	Jedes von einem Mitarbeiter für einen bestimmten Zeitraum und Zweck ausgeliehene Firmenfahrzeug soll zu Kontrollzwecken bezüglich der Ausleihdaten verwaltet werden.
Seminare	Seminare, die für eine Teilnahme durch Mitarbeiter der Firma interessant sind, sollen erfaßt werden.
Seminaranbieter	Die Daten der Firmen, bei denen Seminare gebucht werden, sollen in einer gesonderten Tabelle verwaltet werden.
Seminarbesuche	Jedes von einem Mitarbeiter besuchte Seminar soll hier erfaßt werden.

Beachten Sie: Jedes Thema soll im Beispielfall zur Tabelle für Ihre einzurichtende Datenbank werden. Ein endgültiger Datenbank-Entwurf kann daraus jedoch noch nicht abgeleitet werden.

3.2.2 Tabellenstrukturen festlegen

Steht fest, welche Informationssysteme und damit welche Tabellen einzurichten sind, können in einem nächsten Schritt für die einzelnen Tabellen die jeweiligen Strukturen festgelegt werden. Dies ist ein sehr wichtiger Schritt, denn die hierbei getroffenen Entscheidungen bestimmen weitgehend den Nutzen, den die Datenbank für den jeweiligen Anwender hat.

Da alle Datensätze der Tabelle das gleiche Format haben, genügt es, den **Aufbau eines Datensatzes** anzugeben. Jede Gruppe von Informationen in einer Tabelle stellt dabei ein Feld dar. So kann in der Tabelle "Mitarbeiter" etwa ein Feld "Nachname" und ein Feld "Eintrittsdatum" angelegt werden. In einer Tabelle wird jedes Feld in Form einer Spalte organisiert. Im einzelnen sind die Feldnamen, Feldtypen sowie die Feldlänge festzulegen.

Eine **Feldnamenfestlegung** ist erforderlich, weil es nicht möglich und auch nicht sinnvoll ist, immer die ausführliche Formulierung des Begriffes zu nehmen. Deshalb muß man sich auf geeignete Abkürzungen einigen. Das Datenbanksystem bietet Ihnen innerhalb einer Höchstgrenze von Zeichen (im Beispielfall von ACCESS sind dies 64 Zeichen) einen entsprechenden Freiraum. Ein Tip: Vermeiden Sie extrem lange Feldnamen, da es schwerer ist, später sich daran zu erinnern oder darauf zu verweisen.

Jede Tabelle kann Daten verschiedener Typen enthalten. Bezüglich der **Datentypen** können im wesentlichen folgende Varianten unterschieden werden:

- Textfelder (Zeichenfelder)
- Numerische Felder (Zahlenfelder)
- Datums-/Zeitfelder
- logische Felder (Ja/Nein)
- Memofelder
- OLE-Objekte

Die Wahl des geeigneten Datentyps hängt von mehreren Faktoren ab. Neben den möglichen Eingaben in diesem Feld spielt auch die Frage der gewünschten Operationen mit diesem Feld eine wichtige Rolle (sollen Berechnungen mit Werten erfolgen, ist eine Indizierung oder Sortierung erwünscht).

Hinsichtlich der **Feldlänge** ist darauf zu achten, daß sie weder zu kurz noch zu lang ist. Letzteres hat den Nachteil, daß Speicherplatz „verschwendet" würde.

Eine Besonderheit stellt die Einrichtung sog. **Schlüssel**- und **Indexfelder** dar. Sie sind beispielsweise einzurichten für Verknüpfungsfelder zu anderen Tabellen bzw. für Felder, nach denen eine eingerichtete Tabelle sortiert sein soll.

Für ein **Personalinformationssystem** könnte die aufzubauende Mitarbeitertabelle folgendes Aussehen haben:

Inhalt/Feldname	Felddatentyp
Personalnummer	Zahl
Nachname	Text
Vorname	Text
Titel	Text
Geburtsdatum	Datum/Zeit
Eintrittsdatum	Datum/Zeit
Sozialversicherungsnummer	Text
Geschlecht	Text
Familienstand	Text
Kinder	Zahl
Lebenslauf	Memo
Präsenzdienst	Ja/Nein
Straße	Text
Länderkennzeichen	Text
Postleitzahl	Text
Ort	Text
Privattelefon	Text
Foto	OLE-Objekt

Hilfreich dürfte für Sie sein, folgende **Tips zum Bestimmen der Datenfelder** zu beachten:

- Hinsichtlich der Auswahl der Felder für die einzelnen Tabellen ist größte Sorgfalt angebracht. So ist beispielsweise darauf zu achten, daß keine Redundanzen auftreten. Auch gilt es genau zu prüfen, ob die Felder wirklich thematisch zusammengehören.

- Abgeleitete oder berechnete Daten sollten möglichst nicht als Felder in Tabellen vorgesehen werden. Berechnungen sollten vielmehr vom Programm erst dann automatisch durchgeführt werden, wenn diese als Ergebnis von Abfragen oder Berichten eingesehen werden sollen.
- Informationen sind in kleinstmöglichen logischen Einheiten als Felder zu speichern. Beispielsweise ist es nicht sinnvoll, ein Feld "Adresse" anzulegen, sondern dafür gezielt die Teilfelder „Straße", „Postleitzahl" und „Ort" zu definieren.
- Achten Sie darauf, daß alle benötigten Informationen aufgenommen werden. Am besten stellen Sie dies dadurch sicher, daß Sie quasi alle Fragen formulieren, die mit der Datenbanklösung beantwortet werden sollen.

3.3 Verknüpfungen zwischen den Tabellen festlegen

Das Festlegen der Themengebiete und die daraus abgeleiteten Tabellen sind nur der erste Schritt auf dem Weg zum Datenbankentwurf. Erst wenn es gelingt, die Einzelsysteme zu einem umfassenden Gesamtsystem zusammenzufügen, kann der volle Nutzen eines Datenbanksystems ausgeschöpft werden. Zu diesem Zweck müssen frühzeitig sogenannte **Schnittstellen definiert und eingeplant** werden. Außerdem sollte bei der Planung der Datenbestände darauf geachtet werden, daß der Aufbau so erfolgt, daß später problemlos Erweiterungen vorgenommen werden können.

Grundsätzlich gilt: Mit einer Verknüpfung der verschiedenen Tabellen erhöhen sich die Anwendungsmöglichkeiten der Datenbanken enorm. So können beispielsweise gezieltere Abfragen und zusätzliche Auswertungen vorgenommen werden. Außerdem ist eine höhere Datenkonsistenz erreichbar, denn nun werden automatisch Plausibilitätsprüfungen bei der Dateneingabe vorgenommen.

Um festzustellen, wie die Beziehungen zwischen den von Ihnen festgelegten Tabellen aussehen, bietet es sich an, zunächst jede Tabelle einzeln zu betrachten und zu prüfen, wie die Daten in der jeweiligen Tabelle mit den Daten in den anderen Tabellen in Beziehung stehen. Unter Umständen kann es aufgrund dieser Prüfung notwendig werden, weitere Felder den Tabellen hinzuzufügen bzw. vorhandene Felder in ihren Definitionen anzupassen, um die Beziehungen herstellen zu können. Selbst das Anlegen weiterer Tabellen kann notwendig werden.

Praktische Voraussetzung für das Herstellen einer Beziehung zwischen verschiedenen Tabellen ist, daß zuvor in den Tabellen ein Primärschlüssel für ein ausgewähltes Feld gesetzt wurde. Dieser Primärschlüssel kennzeichnet jeden Datensatz einer Tabelle eindeutig. Es ist deshalb üblich, Kenn- oder Codenummern als Primärschlüssel für eine Tabelle zu verwenden. Beispiel: das Feld "Personalnummer" in der Tabelle MITARBEITER oder das Feld "Gerätenummer" in der Tabelle HARDWARE. *Hinweis*: Verwenden Sie als Primärschlüssel keine Personen- oder Firmennamen, da sie nicht eindeutig sind. Falls Sie kein eindeutiges Feld haben, setzen Sie einfach ein gesondertes Zählerfeld. Dieser Zähler bewirkt dann, daß eingegebene Datensätze automatisch der Reihe nach durchnumeriert werden.

Bei der Festlegung der Datenverknüpfungen muß sichergestellt werden, daß die eingesetzte Datenbank in der Lage ist, richtige Verknüpfungen zwischen den Tabellen herzustellen. Hergestellt wird die Verknüpfung über ein gemeinsames Datenfeld in den betroffenen Tabellen. So könnte z. B. eine Verbindung zwischen MITARBEITER und HARDWARE durch das Feld „Personalnummer" in beiden Tabellen realisiert werden. Damit kann Ihnen das Programm später jederzeit die Frage beantworten, über welche Hardware der jeweilige Mitarbeiter verfügt.

Um also zwischen zwei Tabellen - beispielsweise Tabelle MITARBEITER und Tabelle HARDWARE - eine Beziehung herzustellen, wird der Primärschlüssel einer Tabelle in die andere Tabelle (als sogenannter Fremdschlüssel) aufgenommen, so daß er in beiden Tabellen erscheint.

Ein Problem ist nun allerdings die Frage, welche Tabelle und welche Primärschlüssel zu verwenden sind. Dazu ist es wichtig, drei Arten von Beziehungen zwischen Tabellen zu unterscheiden:

1:n-Beziehung

Diese Form der Beziehung zwischen Tabellen kommt bei relationalen Datenbanken am häufigsten vor. Dabei kann ein Datensatz in der Ursprungstabelle mehr als einen passenden Datensatz in der anderen Tabelle besitzen. Umgekehrt kann jedoch ein Datensatz in der zweiten Tabelle höchstens einen Datensatz in der Ursprungstabelle aufweisen.

Ein Beispiel für eine 1:n-Beziehung ist etwa die Beziehung zwischen den Tabellen MITARBEITER und HARDWARE. So kann

3.3 Verknüpfungen zwischen den Tabellen festlegen

ein Mitarbeiter über mehrere Geräte am Arbeitsplatz verfügen. Um diese Beziehung herstellen zu können, muß das Primärschlüsselfeld "Personalnummer", das in der Tabelle MITARBEITER festgelegt wurde, in der Tabelle des Beziehungspartner "n" ebenfalls enhalten und eingefügt sein. In der Tabelle HARDWARE muß also ebenfalls das Feld "Personalnummer" vorkommen. ACCESS verwendet dann die Personalnummer, um für jedes Hardwareelement den zugehörigen Mitarbeiter zu finden.

m:n-Beziehung

In m:n-Beziehungen ist es möglich, daß ein Datensatz aus einer Tabelle A mehrere passende Datensätze der Tabelle B besitzt. Gleichzeitig kann aber auch ein Datensatz aus der Tabelle B mehrere passende Datensätze in Tabelle A besitzen. Ein Beispiel wäre die Beziehung zwischen den Tabellen „Mitarbeiter" und „Seminare". So können nämlich mehrere Mitarbeiter ein Seminar besuchen; gleichzeitig kann ein Seminar auch von mehreren Mitarbeitern besucht werden. Da in ACCESS eine derartige Beziehung nicht direkt hergestellt werden kann, muß eine weitere Tabelle eingefügt werden, die dafür sorgt, daß die vorliegende Beziehung in zwei 1:n-Beziehungen aufgespalten wird. In der Musteranwendung PERSONAL übernimmt die Tabelle „Seminarbesuche" diese Funktion.

Merken Sie sich also: Liegt im Anwendungsfall eine m:n-Beziehung vor, sind Änderungen an Ihrem ersten Datenbankentwurf notwendig, bevor Sie ACCESS die Beziehungen korrekt mitteilen können. Im Regelfall lassen sich die Beziehungen dergestalt herstellen, daß zusätzlich eine dritte Tabelle angelegt wird.

1:1-Beziehung

Eine 1:1-Beziehung kommt nicht besonders häufig vor. In diesem Fall entspricht ein Datensatz einer Ausgangstabelle A genau einem Datensatz der Beziehungstabelle B und umgekehrt. Diese Art von Beziehungen ist in der Praxis deshalb ungewöhnlich, weil die Informationen der beiden Tabellen natürlich auch in einer Tabelle vereint werden können.

Wann könnte eine Aufteilung sinnvoll sein? Zusätzlich zur Tabelle MITARBEITER könnte eine weitere Tabelle STELLE angelegt werden. Dies bedeutet also, daß ein Mitarbeiter genau eine Stelle innehat. Aus Übersichtsgründen würden dann Stelleninfos in einer gesonderten Tabelle verwaltet. Hinzu kommt, daß eine Stelle ja auch nicht unbedingt wegfällt, wenn ein Mitarbeiter die Firma verläßt und deshalb aus der Datenbank gelöscht wird.

3 Datenbankentwurf (Datenbank PERSONAL)

Haben Sie alle Beziehungen zwischen den Tabellen geprüft? Dann empfiehlt es sich, den **Entwurf Ihrer Datenbank** zunächst in grafischer Form auf einem Blatt Papier zu dokumentieren. Dabei sollten Sie die Beziehungen zwischen den Tabellen aufzeichnen und hier die Felder herausstellen, die für die Verbindung zwischen den jeweiligen Tabellen sorgen.

Die folgende Abbildung gibt nun den Datenbankentwurf wieder, der zur Lösung des Ausgangsbeispiels verwendet werden kann.

Das relationale Datenbankmodell der Datenbank PERSONAL:

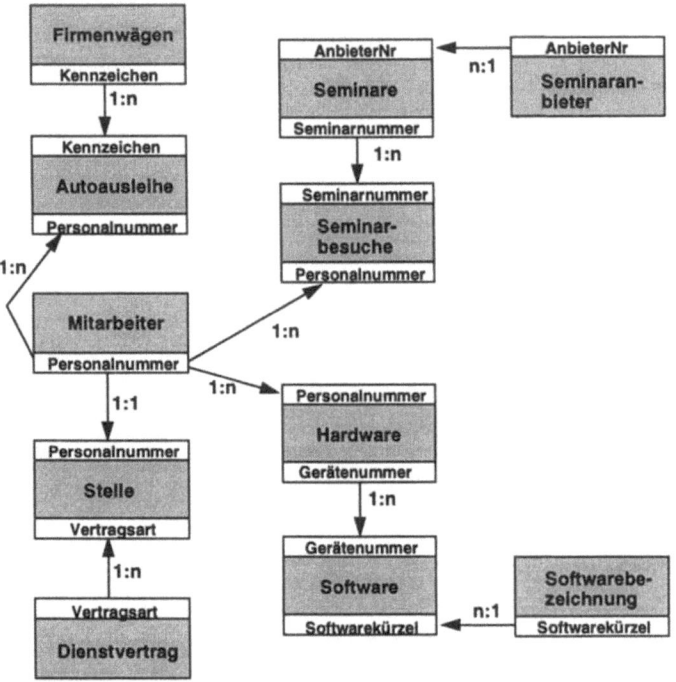

Hinweis: Bei allen Verknüpfungen soll die referentielle Integrität aktiviert sein; ebenso die Option "Aktualisierungsweitergabe".

ACCESS bietet Ihnen mit dem **Tabellenanalyse-Assistenten** auch Hilfen, wenn Sie nicht genau wissen, wie Sie die Tabelleninformationen gezielt aufteilen, um die Vorzüge und Möglichkeiten einer relationalen Datenbank zu nutzen. Der Tabellenanalyse-Assistent unterstützt Sie beim „Normalisieren" Ihrer Daten. Klicken Sie einfach im Datenbankfenster auf die Tabelle, die Sie analysieren möchten, wählen Sie aus dem Menü **Extras** den Befehl **Analyse** und dann die Option **Tabelle**.

Auch ein Leistungsanalyse-Assistent ist verfügbar. Damit können Sie leicht einzelne oder alle Objekte in Ihrer Datenbank analysieren. Der Leistungsanalyse-Assistent macht Verbesserungsvorschläge und führt auch bestimmte Änderungen für Sie aus. Zum Starten des Leistungsanalyse-Assistenten zeigten Sie im Menü **Extra** auf den Befehl **Analyse** und wählen dann die Option **Leistung**.

3.4 Gezielter Datenbankentwurf - Normalisierung leicht gemacht

In Büchern zur Datenbanktheorie taucht immer wieder der Begriff „Normalisierung" auf. Grundsätzlich ist zu prüfen, inwiefern diese theoretischen Überlegungen auch für die Praxis bedeutsam sind.

Um konkret zu entscheiden, welche Informationen in den Tabellen einer Datenbank aufgenommen werden, müssen die Daten zunächst unter Berücksichtigung des Informationsbedarfs zu logisch zusammenhängenden Einheiten konzentriert werden. Anschließend können die Namen der Tabellen und Felder vergeben sowie die Datentypen für die Felder festgelegt werden. Dieser Prozeß kann als **Normalisierung** bezeichnet werden.

Grundsätzlich wird so vorgegangen, daß die Daten in kleinste Einheiten aufgeteilt und anschließend wieder zu logischen Einheiten zusammengefügt werden. Durch die Normalisierung wird eine logische Datenstruktur aufgebaut. Dabei werden Redundanzen entfernt und außergewöhnliche Abhängigkeiten der Daten untereinander analysiert.

Unterschieden werden drei Schritte (drei Normalformen):

- Eine **Tabelle** ist **in erster Normalform**, wenn sie eine feste Breite hat und nur aus einfachen Attributen besteht. Dazu sind eventuell in Tabellen vorkommende Mehrfachnennungen zu entfernen. Im Ergebnis gilt für ein Attribut einer Tabelle, daß es

    - einen eindeutigen Namen besitzen muß
    - in einer Tabelle nicht mehrfach vorkommen darf
    - atomar sein muß, d. h. es darf nicht in kleinere Einheiten zerlegbar sein.

Tabelle nicht in erster Normalform	Tabelle in erster Normalform
Name/Adresse/Seminar1/Seminar2/Seminar3/Seminar4 (Probleme: Adresse ist nicht atomar, Seminare sind mehrfach vorhanden)	• Statt Adresse: Strasse, PLZ, Ort • eigene Tabelle für Seminare

- Eine **Tabelle** ist **in zweiter Normalform**, wenn sie in der ersten Normalform ist, und wenn jedes Attribut vom Primärschlüssel voll funktional abhängig ist (= vollkommene Zugehörigkeit eines Attributes zu einem Primärschlüssel). Zur Lösung finde man zunächst zu jeder Tabelle einen Primärschlüssel. Es sollte das Feld sein, das die Tabelle eindeutig identifiziert. So kann bei einer beschäftigten Person die Personalnummer ein eindeutiger Primärschlüssel sein, nicht jedoch allein sein Name.

Tabelle nicht in zweiter Normalform	Tabelle in zweiter Normalform
Name/ Strasse/PLZ/Ort	Primärschlüssel „Persnr" hinzufügen

- Eine **Tabelle** ist **in dritter Normalform**, wenn sie in zweiter Normalform ist und wenn jedes Attribut nicht transitiv vom Primärschlüssel abhängig ist. Da transitive Abhängigkeiten danach nicht zulässig sind, müssen diese also entfernt werden. Dies sind die Datenfelder, die von anderen Nicht-Schlüsselfeldern abhängig sind.

Tabelle nicht in dritter Normalform	Tabelle in dritter Normalform
Seminarnr/Seminaranbieter/AnbieterPLZ/AnbieterOrt/	Eigene Tabelle „Seminaranbieter"

Die Normalisierung gilt in der Praxis als eine wesentliche Orientierung für das Bilden von Tabellen und deren Verknüpfung beim Design von Datenbanken. Dennoch wird in der Praxis manchmal aus Performance- oder Speicherplatzgründen von einer strengen Normalisierung abgewichen.

3.4 Gezielter Datenbankentwurf - Normalisierung leicht gemacht

Anforderungen an professionelles Datenbankdesign

- Aufnahme klar unterscheidbarer Objekte
- Objekte können durch ihre Beziehungen zueinander definiert werden
- Informationen sind nur an einem Platz in der Datenbank vorhanden
- Objekte sollen in ihrer natürlichen Gruppierung erscheinen
  (nicht Normalisierung um jeden Preis)

4 Tabellen erzeugen und nutzen

In diesem Abschnitt sollen Sie nun kennenlernen, wie Sie eine eigene Datenbank einrichten können. Dazu sind zunächst einmal die gewünschten Tabellen anzulegen und dann die zugehörigen Daten zu erfassen. Beachten Sie: Tabellen sind die Voraussetzung dafür, um überhaupt andere Datenbankobjekte, wie beispielsweise Abfragen oder Formulare, erstellen zu können.

Aufgabe: Datenbank mit Tabellen anlegen

Es soll eine Personal-Datenbank angelegt werden, in der wichtige Daten zu den in einer Organisation beschäftigten Personen erfaßt und verwaltet werden. Anzulegen sind unter anderem

- eine Tabelle für die Mitarbeiterstammdaten (Name „Mitarbeiter")
- eine Tabelle zum Geräteinventar (Name „Hardware").

Die Datenbank ist unter dem Namen PERSONAL zu speichern.

4.1 Datenbank einrichten

Um Tabellen für eine neue Datenbank anlegen zu können, müssen Sie zunächst die entsprechende Datenbank einrichten. Dazu ist aus dem Menü **Datei** der Befehl **Neue Datenbank anlegen** zu wählen, so daß sich das Dialogfeld „Neu" öffnet:

Bild 4-1:
Neue Datenbank anlegen

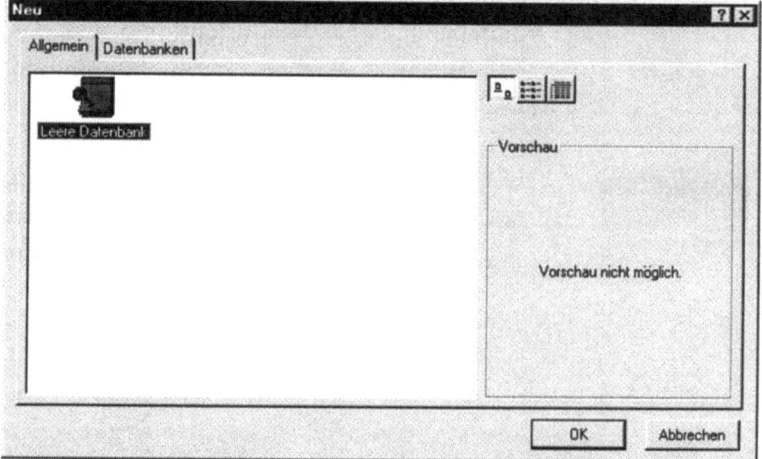

4 Tabellen erzeugen und nutzen

Die Abbildung zeigt, daß Sie zunächst entscheiden können, ob Sie von einer sogenannten „leeren Datenbank" ausgehen wollen oder ob für die Entwicklung der eigenen Anwendung der integrierte Datenbankassistent genutzt werden soll. Ist letzteres der Fall, müssen Sie zunächst die Registerkarte „Datenbanken" aktivieren.

Nutzung des Datenbankassistenten

Für den Aufruf des Datenbankassistenten klicken Sie im Dialogfeld „Neu" auf die Registerkarte „Datenbanken". Es wird dann deutlich, daß dieser Assistent das Auswählen aus mehr als 20 unterschiedlichen Datenbanken erlaubt. Angeboten werden sowohl Datenbanken für berufliche als auch für private Zwecke.

Bild 4-2:
Im Datenbank-assistenten angebotene Datenbanken

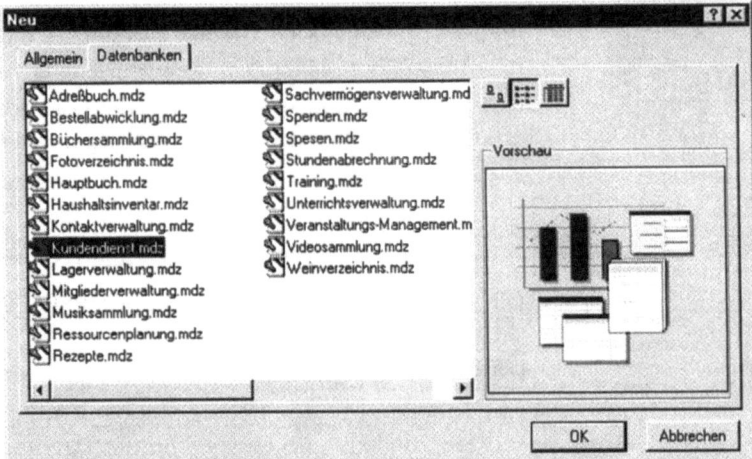

Klicken Sie zum Starten doppelt auf das Symbol für die Datenbank, die Sie erstellen möchten. Beispiel: Sie können eine Datenbank zur Kontaktverwaltung oder eine Datenbank für ein Fotoverzeichnis erstellen. Folgen Sie anschließend den in den Dialogfeldern vorgegebenen Schritten. Eine Standard-Datenbank läßt sich so einfach in kurzer Zeit erstellen.

Neue leere Datenbank anlegen

Wenn Sie eine neue leere Datenbank anlegen wollen, müssen Sie im Dialogfeld „Neu" auf die Schaltfläche <OK> klicken. Ergebnis ist das folgende Dialogfeld, mit dem Sie festlegen, unter welchem Namen und in welchem Ordner (Verzeichnis) die neue Datenbank gespeichert werden soll:

4.1 Datenbank einrichten

Bild 4-3:
Neue leere Datenbank anlegen

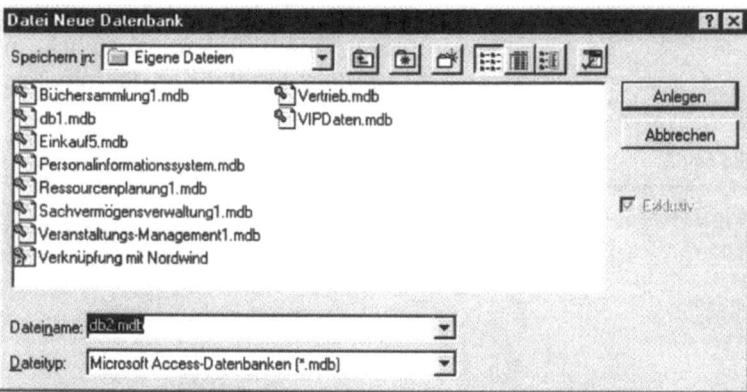

Im einzelnen können mit den vorhandenen Feldern folgende Angaben zu der neuen Datenbank gemacht werden:

- Im Eingabefeld „Dateiname", das standardmäßig aktiviert ist, können Sie zunächst den gewünschten Dateinamen eingeben. ACCESS unterbreitet als Vorschlag den Namen DB1.MDB. Dieser Name kann übernommen oder durch einen anderen Namen überschrieben werden. Im Beispielfall ist als neuer Name PERSONAL einzugeben.

- Im Feld „Dateiformat" wird deutlich, daß eine Microsoft Access-Datenbank mit der Erweiterung .MDB angelegt wird. Hier muß im Regelfall keine Änderung vorgenommen werden.

- Im einzeiligen Listenfeld „Speichern in" müssen Sie eine Änderung vornehmen, wenn die Speicherung der neuen Datenbank in einem anderen Plattenbereich (etwa auf einem Netzwerkserver) oder auf einem anderen Datenträger (etwa der Diskette im Laufwerk A) erfolgen wollen. Klicken Sie dazu auf den nach unten gerichteten Pfeil, um in der daraufhin angezeigten Auswahlliste den gewünschten Laufwerksbuchstaben bzw. den gewünschten Ordner markieren zu können. Wählen Sie im Beispielfall das von Ihnen bevorzugte Laufwerk bzw. den gewünschten Ordner.

- Mit dem Kontrollkästchen "Exklusiv" kann durch eine Einschaltung verhindert werden, daß im Netzwerk ein gleichzeitiger Zugriff auf die Datenbank durch mehrere Benutzer erfolgt. Im Beispielfall ist es abgeblendet dargestellt und kann somit nicht gewählt werden, da kein Anschluß an ein Netzwerk bzw. eine Mehrbenutzerumgebung besteht.

65

Nach Eingabe des gewünschten Datenbanknamens kann die Befehlsausführung durch einen Mausklick auf die Schaltfläche <Anlegen> erfolgen. Ergebnis ist die folgende Bildschirmanzeige:

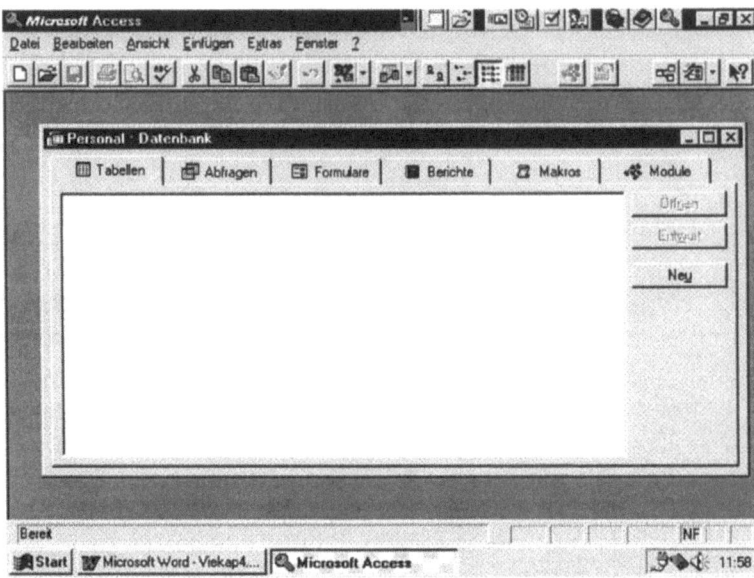

Bild 4-4:
Datenbankfenster für neue Datenbank

Das Bild macht deutlich, daß ACCESS eine leere Datenbankdatei erstellt und gleichzeitig das Datenbankfenster öffnet, das Sie als „Regiezentrum" durch Ihre Anwendungen begleitet.

Mit dem Anlegen und der Speicherung der Datenbank unter einem gemeinsamen Namen können nun alle Komponenten der Anwendung in einer einzigen Datenbankdatei verwaltet werden. Im Beispielfall erfolgt dies immer unter dem Datenbanknamen PERSONAL, der im Datenbankfenster in der Titelleiste angezeigt wird.

In einem nächsten Schritt können dann die gewünschten Objekte der Datenbank entsprechend den Planungsüberlegungen erzeugt werden: Tabellen, Abfragen, Formulare, Berichte, Makros und Module. Die Datei PERSONAL.MDB enthält dann diese Objekte unter dem gemeinsamen Dateinamen.

Das Vorgehen zum Anlegen einer neuen Datenbank zeigt im Überblick die folgende Checkliste:

Reihenfolge der Bearbeitung	Tastenfolge
1. Menü Datei aktivieren	[Alt]+[D]
2. Option **Neue Datenbank anlegen** wählen	[A]
3. Dateinamen eingeben	Personal [↵]
4. Objekte der Reihe nach erstellen	....

Hinweis: Vor Ausführung des dritten Teilschritts können Sie unter Umständen das Dateiformat bzw. den Ordner für die Speicherung festlegen.

4.2 Tabellen für eine Datenbank anlegen

Voraussetzung für das Arbeiten mit einer Datenbank ist zunächst einmal das Vorhandensein einer oder mehrerer Tabellen zum Erfassen und Speichern der Datenbestände. Welche Aspekte dabei zu beachten und wie dabei vorzugehen ist, wird in diesem Kapitel noch genauer erläutert. Liegen Tabellen mit Datenbeständen vor, können Sie in einem weiteren Schritt anlegen:

- Formularmasken
- Abfragen
- Berichte zum Auswerten der Datenbank

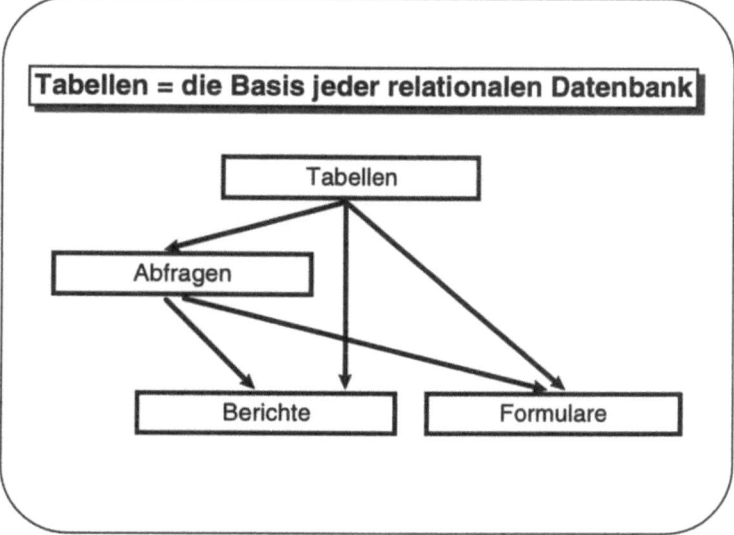

4 Tabellen erzeugen und nutzen

Mit dem Einrichten einer Datenbank sind die Voraussetzungen zum Anlegen von Tabellen geschaffen. Tabellen sind die Grundlage aller Datenspeicherungen in einer Datenbank. Egal ob Sie nur einige Personaldaten verwalten oder Tausende von Kundendaten, immer werden die Daten in Tabellenform abgelegt.

Kurz etwas zum Begriff der Tabelle. Grundsätzlich besteht eine Tabelle aus verschiedenen Zeilen und Spalten. Um mit einer Tabelle exakt arbeiten zu können, sollten Sie die Begriffe Datenfeld und Datensatz genau kennen. So beinhaltet ein **Datenfeld** als unterstes Glied in der Datenkette einen einzelnen Eintrag; Beispiele für Datenfelder sind der Nachname oder der Vorname einer Person. Mehrere zusammengehörige Datenfelder bilden dann gemeinsam einen **Datensatz**. Im Falle einer Datenbank wird jeder Datensatz in einer gesonderten Zeile der Tabelle gespeichert. Als Spaltenüberschrift werden die Feldnamen verwendet.

Wenn Sie gerade eine neue Datenbank angelegt haben, existiert noch keine Tabelle. Deshalb steht im Datenbankfenster beim Objekt „Tabelle" lediglich die Schaltfläche <Neu> zur Verfügung. Klicken Sie darauf, so daß sich die folgende Bildschirmanzeige ergibt:

Bild 4-5:
Neue Tabelle anlegen (Varianten)

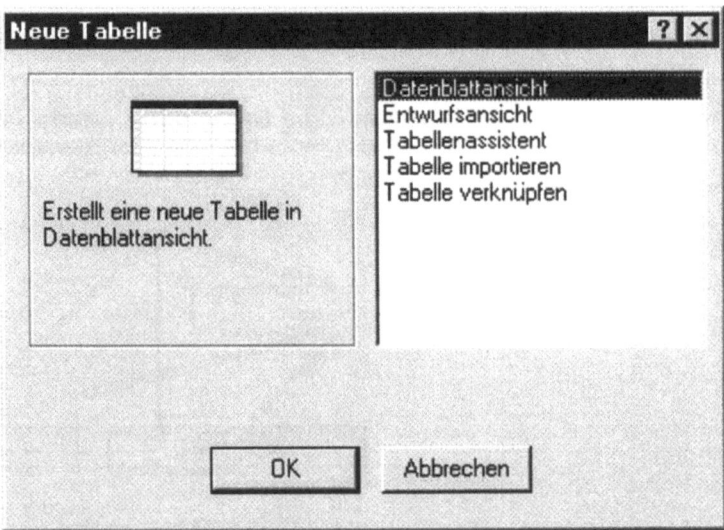

Das Bild macht deutlich, daß Sie eine Tabelle entweder selbst von Grund auf neu anlegen können (etwa in der Tabellen- oder

4.2 Tabellen für eine Datenbank anlegen

Entwurfsansicht) oder dafür den Tabellenassistenten nutzen können. Nach Einrichtung einer Tabelle muß diese noch unter einem Namen gespeichert werden. Damit steht Ihnen quasi ein leerer Behälter zur Verfügung, in den Sie die vorliegenden Daten eingeben können.

Hinweise: Grundsätzlich gibt es noch zwei weitere Möglichkeiten, um Tabellen für eine Datenbank zu erhalten:

- Mit der Option „Tabelle importieren" können Sie Tabellen erstellen, indem Sie Daten aus anderen Programmen (Datenbanksystemen oder Tabellenkalkulationsprogrammen) übernehmen. Dazu später mehr. Schließlich kann auch eine externe Datenbank in die aktuelle Datenbank eingebunden werden. Dazu dient die Variante „Tabelle verknüpfen".

- Über die Möglichkeit der Tabellenerstellungsabfrage läßt sich auf einfache Weise eine Tabelle erzeugen.

4.2.1 Tabellenassistenten nutzen

Mit dem Tabellenassistenten wird Ihnen die Arbeit zum Anlegen von Tabellen erleichtert. So werden Sie nach Auswahl eines bestimmten Themas, zu dem Sie eine neue Tabelle anlegen wollen, menügesteuert schnell zu einer brauchbaren Lösung geführt. Ausgehend von der themenmäßig festgelegten Tabelle (etwa Kunden, Haushaltsinventar) werden Sie vom Tabellenassistenten über die Felder befragt, die Sie in Ihre Tabelle aufnehmen möchten. Am Ende wird schließlich automatisch die Tabelle vom Programm erzeugt.

Aufgabe: Tabelle mit Tabellenassistenten erstellen

Erzeugen Sie unter Nutzung des Tabellenassistenten eine Tabelle, die Personalinformationen (Stammdaten der Mitarbeiter) aufnimmt. Verwenden Sie dazu die Vorschläge der Tabelle „Personal". Folgende Datenfelder sollen übernommen werden:

Personal-Nr

Nachname

Vorname

Geburtsdatum

Eintrittsdatum

Straße

Staat

Postleitzahl

Stadt

Telefon privat

Benennen Sie die Tabelle, die aktuell auf den Namen „Personal" lautet, anschließend in die Tabelle mit dem Namen „Mitarbeiter" um.

Zur Lösung der Beispielanwendung müssen Sie in dem Dialogfeld „Neue Tabelle" zunächst die Bezeichnung „Tabellenassistent" markieren und dann die Schaltfläche <OK> anklicken, so daß sich folgende Bildschirmanzeige ergibt:

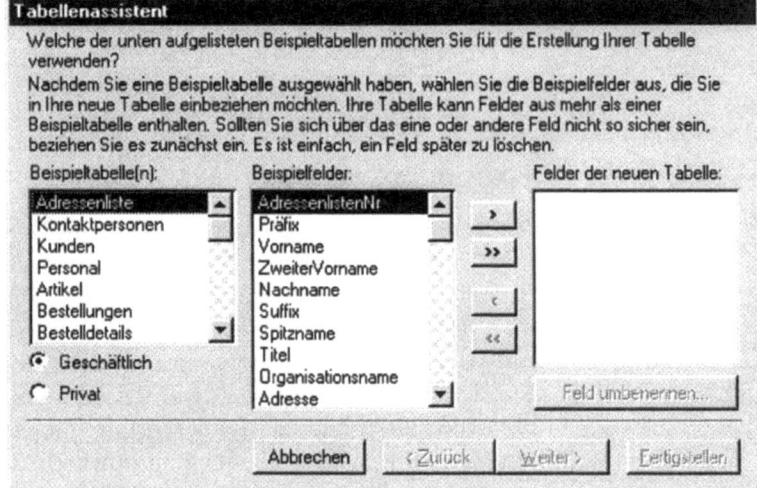

Bild 4-6: Startbildschirm des Tabellenassistenten

Sowohl für den geschäftlichen als auch für den privaten Bereich werden jetzt Beispieltabellen angeboten. Die Beispieltabellen sind in einem ersten Listenfeld auf der linken Seite aufgeführt, standardmäßig die für den geschäftlichen Bereich. Um alle Angebote für den geschäftlichen Bereich zu sehen, können Sie das Listenfeld nach unten hin „durchblättern". Die Übersicht über die Tabellen für den privaten Bereich wird dann zur Verfügung gestellt, wenn Sie das runde Optionsfeld „Privat" anklicken. Beispiel:

Bild 4-7:
Private Beispieltabellen

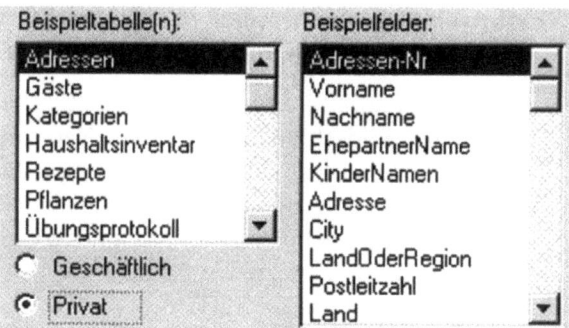

Insgesamt können Sie so aus über 40 fertigen Tabellen mit den gebräuchlichsten Felddefinitionen wählen.

Klicken Sie zur Aufgabenlösung jetzt wieder auf das Optionsfeld „Geschäftlich", und markieren Sie dann unter der Rubrik *Beispieltabellen* den Begriff „Personal". Wählen Sie der Reihe nach die gewünschten Beispielfelder, und klicken Sie dabei jeweils auf die Schaltfläche >. Zunächst ist also das Feld „PersonalNr" zu markieren und danach auf die Schaltfläche > zu klicken. Ergebnis ist, daß in der Spalte „Felder der neuen Tabelle" die Bezeichnung „PersonalNr" erscheint.

In dieser Form ist nun jeweils der gewünschte Feldname zu übernehmen, so daß sich schließlich die folgende Bildschirmanzeige ergibt. Ändern Sie die Vorgabe „City" in „Stadt".

Bild 4-8:
Felder mit Tabellenassistenten festlegen

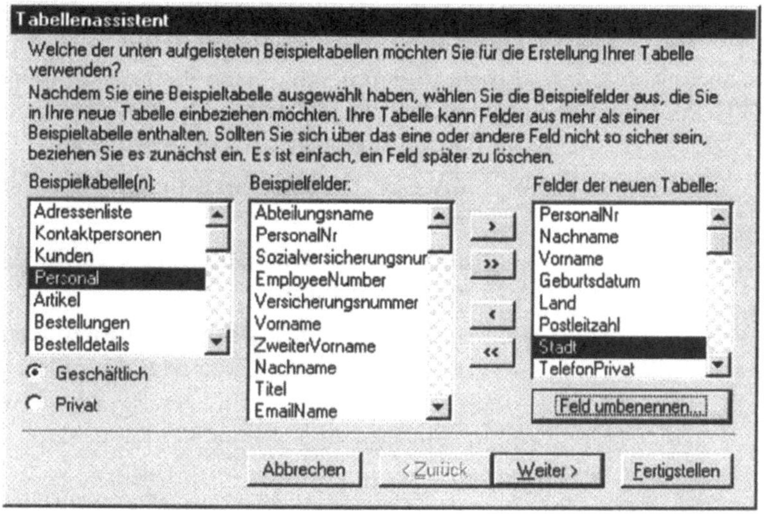

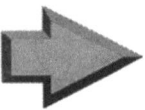

Hinweis: Mit dem Doppelpfeil nach rechts wird die Übernahme aller Beispielfelder in die gewünschte neue Tabelle bewirkt.

Klicken Sie anschließend auf die Schaltfläche <Weiter>. Es ergibt sich eine Bildschirmanzeige, die dazu auffordert, einen Tabellennamen einzugeben. Im Beispielfall ist der Name „Mitarbeiter" einzugeben. Da der Tabellenassistent den Primärschlüssel selbst definieren soll, ist auf <Weiter> zu klicken, wenn das Dialogfeld das folgende Aussehen hat:

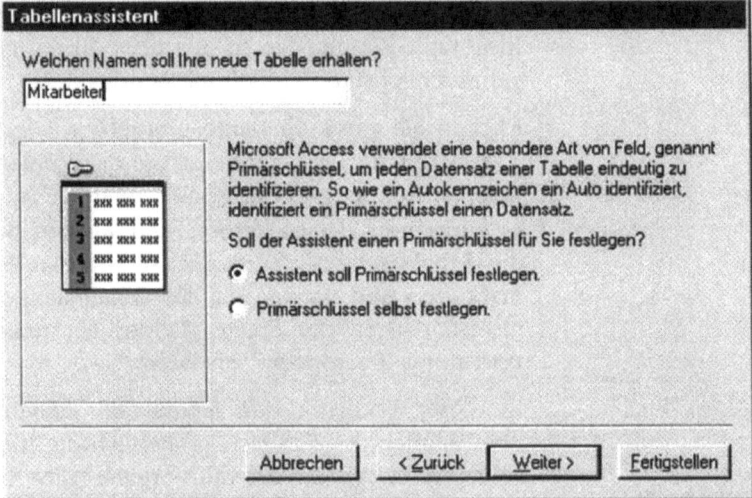

Bild 4-9:
Namen für Tabelle festlegen

Nach dem Klicken auf <Weiter> können Sie für den Fall, daß bereits eine Tabelle angelegt wurde, Beziehungen zwischen den Tabellen definieren. Nach Festlegung möglicher Beziehungen sowie im Falle der ersten Tabelle - wie im Beispielfall - haben Sie danach drei alternative Möglichkeiten:

- Anzeige der **Entwurfsansicht**: zur Vornahme von Änderungen.
- Anzeige der **Datenblattansicht**: für die Dateneingabe (gilt standardmäßig)
- Erzeugung eines **Bildschirmformulars**, das die komfortable Eingabe von Daten in Maskenform ermöglicht.

4.2 Tabellen für eine Datenbank anlegen

Bild 4-10:
Anzeige der erstellten Tabelle festlegen

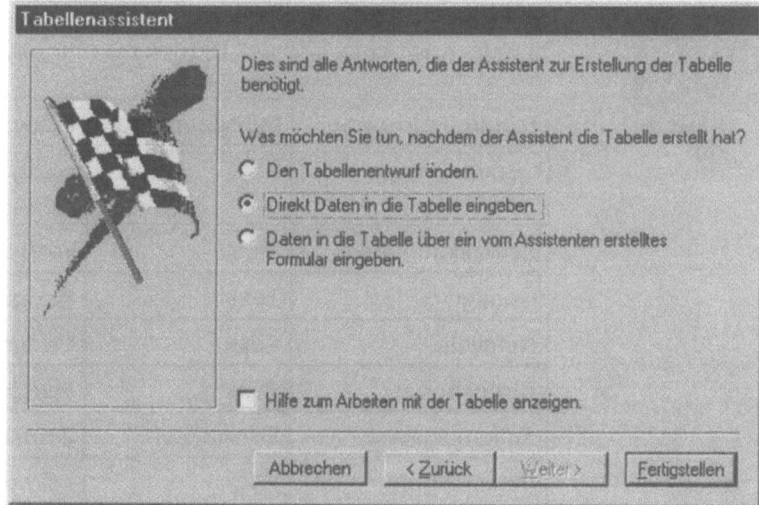

Behalten Sie den Standard bei, und klicken Sie danach auf <Fertigstellen>. Es wird jetzt die Tabelle erstellt, und Sie können eine Dateneingabe vornehmen. Da die Eingabe erst später erfolgen soll, klicken Sie abschließend doppelt auf das Systemmenüfeld am oberen linken Rand der Dialogbox. Damit wird diese geschlossen, und der Name „Mitarbeiter" erscheint als Tabellenname im Datenbankfenster.

Hinweise:

- Bei Bedarf können Sie einen mit dem Assistenten erstellten Tabellenentwurf später noch gezielt ändern.

- Mit dem Add-In-Manager läßt sich der Tabellenassistent auch individuellen Wünschen anpassen. Dazu müssen Sie aus dem Menü **Extras** den Befehl **Add-Ins** aktivieren und die Option **Add-In-Manager** wählen. Danach ist die Option „Tabellenassistent" und schließlich die Schaltfläche <Anpassen> anzuklicken.

4.2.2 Neue Tabelle frei anlegen

Alternativ zur Nutzung des Tabellenassistenten können Sie selbstverständlich auch die Tabellen von Grund auf selbst neu anlegen. In diesem Fall müssen Sie im sogenannten Entwurfsmodus arbeiten und für jede zu speichernde Informationskategorie ein Feld in Ihre Tabelle einfügen und dabei zu jedem Feld eine genaue Festlegung der Attribute vornehmen.

4 Tabellen erzeugen und nutzen

Aufgabe: Tabelle frei erstellen

Erzeugen Sie eine Tabelle „Hardware" mit folgender Struktur:

Inhalt/Feldname	Felddatentyp	Feldeigenschaften
Gerätenummer	Zahl	Feldgröße:Integer (Schlüsselfeld)
Personalnummer	Zahl	Feldgröße:Integer
Gerätetyp	Text	Feldgröße: 20
Hersteller	Text	Feldgröße: 20
Bezeichnung	Text	Feldgröße: 20
Einkaufsdatum	Datum/Zeit	Format: Datum, kurz
Einkaufspreis	Zahl	Feldgröße: Long Integer, Format: Währung
Bemerkungen	Memo	

Zur Problemlösung müssen Sie - ausgehend vom Datenbankfenster - nach Markierung des Registerkarte *Tabellen* zunächst die Schaltfläche <Neu> anklicken. In dem angezeigten Dialogfeld „Neue Tabelle" ist dann der Begriff „Entwurfsansicht" zu markieren. Nach Anklicken der Schaltfläche <OK> ergibt sich der folgende Definitionsbildschirm zur Festlegung der Tabellenstruktur (sog. **Entwurfsansicht**):

Bild 4-11:
Tabelle entwerfen

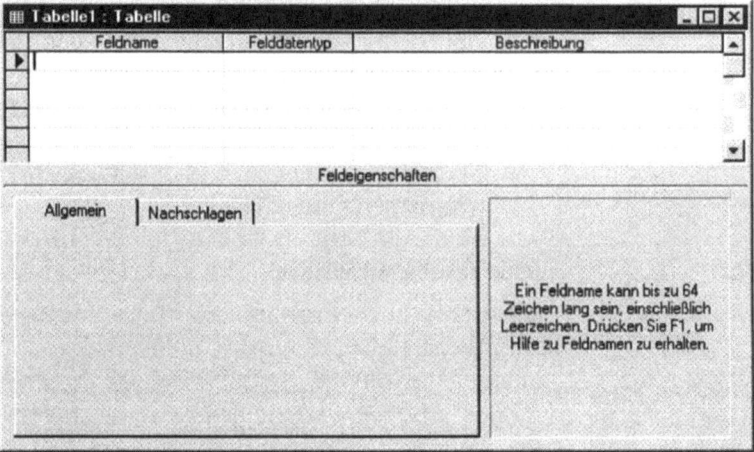

4.2 Tabellen für eine Datenbank anlegen

In dieser Entwurfsansicht, in der Sie nun die Felder Ihrer Datenbanktabellen mit ihren jeweiligen Attributen definieren, wird der Bildschirm im Grunde genommen in zwei Teile geteilt:

- Im oberen Teil des Tabellenfensters geben Sie die **Felder** an, die die Tabelle enthalten soll. Für jedes Feld sind im einzelnen festzulegen: **Feldname, Felddatentyp** und **Feldbeschreibung** (optional).

- Im unteren Teil des Fensters, der auch mit dem Begriff **Feldeigenschaften** überschrieben ist, können Sie Ihre Arbeit verfeinern, indem Sie für jedes Feld ausgewählte Feldeigenschaften zuordnen; beispielsweise Feldgröße, Format, Beschriftung, Standardwert, Gültigkeitsregel.

Felddefinitionen eingeben

Am Beispiel der Eingabe in der ersten Zeile seien die Grundfunktionen und Regeln für die Eingabe in den drei vorgegebenen Spalten im oberen Bereich erklärt:

Feldnamen eingeben: In der ersten Spalte des oberen Tabellenfensters müssen Sie den Feldnamen eingeben. Grundsätzlich kann der Feldname bis zu 64 Zeichen lang sein (einschließlich Leerzeichen). Sonderzeichen sind prinzipiell erlaubt (ausgenommen Punkt, eckige Klammern, Ausrufezeichen und Akzentzeichen). Es sollten möglichst aussagekräftige Feldnamen verwendet werden. Bezüglich der Länge der Namen empfiehlt sich ein Zwischenweg: zu lange Namen sind nicht arbeitsökonomisch, zu kurze Namen schränken die Übersicht ein.

Hinweis: Geben Sie im Beispielfall als Feldnamen als erstes das Wort *Gerätenummer* ein.

Auch mit Hilfe des sogenannten Feld-Editors können Felder einer Tabelle hinzugefügt werden. Dazu müssen Sie zunächst die Zeile aktivieren, in der Sie das Feld hinzufügen wollen. Danach kann durch Drücken der rechten Maustaste das Kontextmenü angezeigt und hier der Befehl **Feld-Editor** aufgerufen werden. Anschließend können Sie aus den gleichen Listen von Feldern wie beim Tabellenassistenten wählen. Aktivieren Sie für diesen Fall zunächst eine Beispieltabelle und dann den Feldnamen, den Sie übernehmen wollen. Die Übernahme erfolgt durch Klicken auf die Schaltfläche <OK>. Interessant ist die Variante Feld-Editor, wenn Sie nicht sicher sind, welchen Namen oder Datentyp Sie einem Feld zuweisen wollen.

Felddatentyp angeben: Nach Eingabe des Feldnamens müssen Sie in einem zweiten Schritt den Felddatentyp auswählen. Dieser Felddatentyp legt fest, welche Art von Inhalt das Feld aufnehmen kann, d. h. in welcher Form die Eingabe erfolgen kann. In diese Spalte des oberen Tabellenfensters gelangen Sie per Mausklick oder mit der Tab-Taste. Standardmäßig wird der Felddatentyp *Text* mit einer Feldgröße von 50 Zeichen vom Programm vorgegeben.

Wenn Sie einem Feld einen anderen Datentyp zuweisen wollen, so müssen Sie den gewünschten Typ aus dem Listenfeld in der Spalte "Felddatentyp" des Feldes auswählen. Mögliche Varianten, die dann in dem Listenfeld zur Auswahl stehen, sind: Memo, Zahl (für Dezimal- und Ganzzahl), Datum/Zeit, Währung, AutoWert, Ja/Nein, OLE-Objekt. Eine Besonderheit ist der Nachschlageassistent, mit dem ein Feld erzeugt wird, das dem späteren Benutzer die Auswahl von Werten aus einer Liste von Vorgaben ermöglicht.

Mit der Wahl des Felddatentyps wird gleichzeitig festgelegt, wieviel Speicherplatz das Programm für ein bestimmtes Feld reservieren soll. Die folgende Übersicht zeigt die Art der Speicherung bei den einzelnen Felddatentypen:

Felddatentyp	Speichermöglichkeiten	Größe
Text	alphanumerische Zeichen. Dies können Buchstaben, Ziffern und Sonderzeichen bis zu einer Länge von 255 Zeichen sein.	max. 255 Zeichen (Bytes)
Memo	Längere Infos als alphanumerische Zeichen können hier erfaßt werden.	max. 64.000 Bytes
Zahl	numerische Werte (Ganz- oder Dezimalzahlen)	1, 2, 4 oder 8 Bytes
Datum/Zeit	Datum und Uhrzeit, die mit Hilfe der Formateigenschaften noch genau definiert werden können, werden damit verwaltet.	8 Bytes

4.2 Tabellen für eine Datenbank anlegen

Felddatentyp	Speichermöglichkeiten	Größe
Währung	Zahlen mit Währungsangaben. Die Darstellung erfolgt mit zwei Nachkommastellen und Tausenderpunkt.	8 Bytes
AutoWert	Bei einem neuen Datensatz erfolgt eine automatische Erhöhung des Wertes um 1.	4 Bytes
Ja/Nein	Hier werden die Werte Ja oder Nein zugelassen beziehungsweise 1 oder 0 (sog. Boolesche Werte).	1 Bit
OLE-Objekt	OLE-Objekte wie Bilder oder Sounds lassen sich damit verwalten.	max. 1 GB
Nachschlageassistent	Es wird ein Feld mit Werten erzeugt, aus denen der Benutzer auswählen kann. Bei Zuordnung wird automatisch der Assistent gestartet.	Gleiche Größe wie das Primärschlüsselfeld, das zum Nachschlagen benötigt wird; i. d. R. 4 Bytes

Für die Wahl des Felddatentyps ist schließlich der gewünschte Anwendungsfall interessant. Wollen Sie Berechnungen mit den Feldinhalten durchführen (beispielsweise eine Summenbildung vornehmen), müssen Sie den Datentyp „Währung" oder „Zahl" wählen. Soll ein Feld auch als Sortier- oder Indexfeld dienen, kommen etwa die Felddatentypen „Memo" und „OLE-Objekt" nicht in Betracht.

Wahl des richtigen Felddatentyps

Buchstaben oder Ziffern	Nur Ziffern	Fremde Objekte
Wie viele Zeichen soll das Feld maximal enthalten?	Wozu dienen die Angaben in Ziffern?	OLE-Objekt (Bilder, Sound, etc.)
• max. 255 Zeichen (Text) • max. 64.000 Byte (Memo) • mehr als 64.000 Byte (OLE-Objekt)	• für Berechnungen (Zahl) • Zeitangaben (Zeit/Datum) • Geldwerte (Währung) • fortlfd. Numerierung (AutoWert)	

Hinweis: Wählen Sie im Beispielfall für das Feld *Gerätenummer* die Variante *Zahl*.

Beschreibungstext erfassen: In der dritten Spalte erhalten Sie die Möglichkeit, für jedes Feld einen kurzen Erläuterungstext einzugeben. Dieser wird als Orientierung für den Nutzer in der Statuszeile angezeigt, wenn später in der Datenblattansicht Daten eingegeben werden. Interessant ist eine Eingabe aber auch zu Dokumentationszwecken oder für den Fall einer Weiterentwicklung. So werden angelegte Tabellen verständlicher und leichter aktualisierbar gemacht.

Im unteren Bereich können die **Feldeigenschaften** festgelegt werden. Zum Eingabebereich für die Feldeigenschaften gelangen Sie entweder per Mausklick oder per Tastatur (Betätigen von [F6], um in das Fenster zu gelangen, erneutes Betätigen von [F6] führt wieder zurück). In Abhängigkeit vom Felddatentyp können Sie nun weitere Vorgaben dazu machen, in welcher Form die Eingabe möglich sein soll.

Hinweis: Wählen Sie im Beispielfall für das Zahlenfeld die Variante *Integer* im Listenfeld „Feldgröße".

In dieser Form sind nun sämtliche Felder der Tabelle zu definieren. Welche Besonderheiten je nach Felddatentyp gelten, wird im folgenden noch deutlich werden. Beachten Sie außerdem, daß es nachträglich problemlos möglich ist, Felder zu verschieben oder zu löschen:

Für das **Löschen** eines Feldes müssen Sie auf den Feldmarkierer links neben dem Feldnamen klicken und dann die Taste (Entf) drücken.

Das **Verschieben** kann einfach dadurch erfolgen, daß Sie nach Setzen des Feldmarkierers auf den Feldnamen auf den Feldmarkierer klicken und diesen dann einfach an die neue Position ziehen.

Primärschlüssel setzen

Sind sämtliche Felddefinitionen für eine Tabelle in der vorgesehenen Weise vorgenommen, kann abschließend die Speicherung erfolgen. Zuvor ist es meist jedoch sinnvoll, das zukünftige Schlüsselfeld zu setzen.

Warum müssen Sie einen **Primärschlüssel** setzen?

- Die Angabe des Primärschlüssels hat zum einen den Vorteil, daß automatisch ein Index für dieses Feld erstellt wird, so daß sich Abfragen und andere Operationen mit dieser Tabelle beschleunigen.

- Die in einer Tabelle erfaßten Datensätze werden sowohl in der Datenblattansicht als auch in einem Formular in der Reihenfolge des Primärschlüsselfeldes angezeigt.

- Ein Primärschlüssel ist notwendig, um später Beziehungen zwischen Tabellen herstellen zu können.

- Mit einem Primärschlüssel kann die Sicherheit bei der Dateneingabe erhöht werden. Programmäßig wird bei Primärschlüsselfeldern nämlich automatisch verhindert, daß Datensätze eingegeben werden, die denselben Primärschlüsselwert aufweisen wie bereits erstellte Datensätze.

Welches Feld sollte als Schlüsselfeld gewählt werden? Für den Primärschlüssel sollte ein Feld verwendet werden, das jeden Datensatz einer Tabelle eindeutig kennzeichnet. Dies sind meist Kenn- oder Codenummern, denn mit Werten dieser Art läßt sich in der Regel jeder Datensatz einer Tabelle eindeutig kennzeichnen. Im Beispielfall soll das Feld „Gerätenummer" als Primärschlüssel dienen.

4 Tabellen erzeugen und nutzen

Zum Setzen des Primärschlüssels ist folgendes **Vorgehen** erforderlich:

Reihenfolge der Bearbeitung	Tastenfolge/Mausklicks
1. Gewünschtes Schlüsselfeld markieren	Mausklick auf Zeile des Schlüsselfeldes
2. Menü **Bearbeiten** aktivieren	Alt + B
3. Befehl **Primärschlüssel** wählen	P

Hinweise:
Das Setzen eines Primärschlüssels können Sie auch einfach dadurch erreichen, daß Sie das gewünschte Feld zunächst markieren und dann auf das links abgebildete Schlüsselsymbol in der Funktionsleiste klicken.

Ein Schlüssel kann auch aus mehreren Feldern bestehen (sog. **Mehr-Felder-Primärschlüssel**). Dies sollte allerdings der Ausnahmefall sein und etwa dann vorgenommen werden, wenn in einer angelegten Tabelle kein Feld existiert, das eindeutige Werte enthält. Zur Realisierung müssen Sie die Taste Strg gedrückt halten und dann der Reihe nach auf den Feldmarkierer für das jeweils gewünschte Feld klicken. Sinnvoll ist eine solche Indizierung mehrerer Spalten nur bei großen Datenbanken, in denen häufig Suchvorgänge stattfinden.

Nach Erfassung sämtlicher Felder sowie der Zuordnung des Primärschlüssels müßte das Entwurfsfenster folgendes Aussehen haben:

Bild 4-12:
Definierte Felder der Tabelle „Hardware"

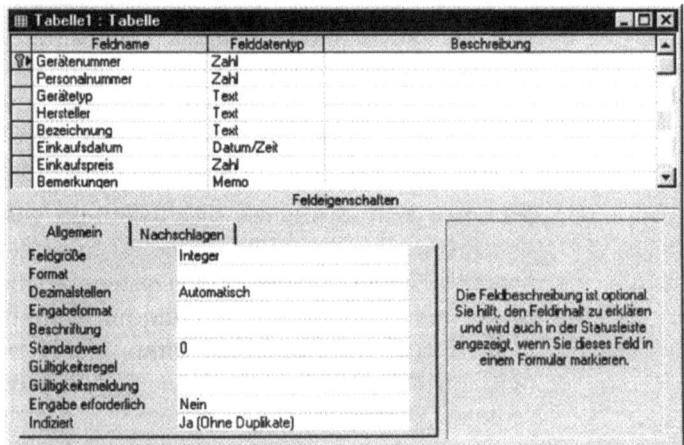

4.2 Tabellen für eine Datenbank anlegen

Die Abbildung macht deutlich, daß vom Programm zur Orientierung für den Anwender links neben dem als Primärschlüssel gesetzten Feld ein Schlüsselsymbol eingefügt wurde.

Als Ergebnis der Primärschlüsselvergabe ist zu beachten, daß die Felder von ACCESS automatisch mit der Indiziert-Eigenschaft (Ohne Duplikate) versehen werden. Außerdem ist ACCESS nach der Festlegung eines Primärschlüssels selbst in der Lage, die vorgesehenen Beziehungen zwischen den Tabellen herzustellen.

Tabelle speichern

Sind die Entwurfsarbeiten abgeschlossen, kann die Speicherung der Tabelle in Angriff genommen werden. Dies ist auch notwendig, um überhaupt Datensätze eingeben zu können. Grundsätzlich sollten Sie einen Namen wählen, der einen recht guten Bezug zu den darin enthaltenen Informationen hat. Formal ist ein Tabellenname mit maximal 64 Zeichen möglich (einschließlich Leerzeichen).

Zum Speichern einer Tabelle ist folgendes Vorgehen erforderlich:

Reihenfolge der Bearbeitung	Tastenfolge/Mausklicks
1. Menü **Datei** aktivieren	[Alt]+[D]
2. Befehl **Speichern unter** wählen	[U]
3. Namen für die Tabelle eingeben	Hardware
4. Befehl ausführen	Mausklick auf <OK>

Wählen Sie dann aus dem Menü **Datei** den Befehl **Schließen**. Alternativ können Sie zum Schließen einer Tabelle auch aus dem Systemmenüfeld des Tabellenfensters oder des Datenbankfensters den Befehl **Schließen** wählen.

Ergebnis der Speicherung ist, daß der Name der Tabelle nun in der Liste der Tabellen im Datenbankfenster unter der Rubrik „Tabelle" erscheint.

Hinweis: Wenn Sie eine Tabelle speichern wollen, in der kein Primärschlüssel gesetzt wurde, fragt Sie das Programm, ob ein solcher gesetzt werden soll. Sofern nun die Schaltfläche <Ja> aktiviert wird, erstellt ACCESS automatisch ein neues Feld mit dem

Namen ID. Dies ist dann ein Primärschlüsselfeld, das vom Datentyp *AutoWert* ist. Ausnahme: Sie haben bereits in der Tabelle ein AutoWert-Feld definiert. Dann wird dieses mit einem Primärschlüssel versehen.

4.2.3 Besonderheiten zu den möglichen Felddatentypen

Es wurde bereits erwähnt, daß die verschiedenen Felddatentypen, die in ACCESS zur Verfügung stehen, jeweils gewisse Besonderheiten aufweisen. Darauf soll im folgenden noch genauer eingegangen werden.

Zuvor ein genereller Hinweis: Sofern bei optionalen Eintragungen keine Angaben gemacht werden, gelten die Standardvorgaben. Ein Beispiel: Mit der Eigenschaft Format können Sie die Darstellung von Zahlen, Datums- und Zeitangaben und Text auf dem Bildschirm und im Ausdruck anpassen. Wenn Sie z.B. ein Textfeld-Steuerelement mit dem Namen Preis erstellen, können Sie dessen Eigenschaft Format auf Währung einstellen. Geben Sie dann 4321,678 im Steuerelement ein, so würde die Zahl als 4.321,68 DM angezeigt.

Die vordefinierten Formate hängen von dem in den Ländereinstellungen in der Microsoft Windows-Systemsteuerung eingestellten Land ab. Microsoft Access zeigt die für das ausgewählte Land geeigneten Formate an. Wenn in den Ländereinstellungen zum Beispiel USA ausgewählt ist, erscheint 1234,56 im Format Währung als $1,234.56; ist dagegen Großbritannien ausgewählt, so erscheint die Zahl als £1,234.56.

Datentyp TEXT: Textfelder (alphanumerische Felder) definieren

In Feldern dieses Typs können Buchstaben, Ziffern oder Sonderzeichen gespeichert werden. Anwendung finden Textfelder:

- für Wörter (beispielsweise Namen und Bezeichnungen)
- Kombinationen von Wörtern und Zahlen (Personalkennungen)
- Zahlen, die nicht in mathematischen Berechnungen verwendet werden (z. B. Telefonnummern, Postleitzahl)

In einem Feld dieses Datentyps können bis zu 255 Zeichen gespeichert werden, die Standardfeldgröße umfaßt jedoch 50 Zeichen. Die maximale Zeichenanzahl, die in das Textfeld eingegeben werden kann, wird über die Eigenschaft Feldgröße festgelegt.

4.2 Tabellen für eine Datenbank anlegen

Im Fall der zuletzt erstellten Tabelle „Hardware" wurden drei verschiedene Textfelder definiert: zur Eingabe des Gerätetyps, des Herstellers sowie der Bezeichnung für das Gerät.

Zur Definition eines Textfeldes muß nach Eingabe des Feldnamens zunächst die Variante „Text" in der Spalte „Felddatentyp" eingestellt sein. Dies ist standardmäßig ja bereits der Fall. Bei der Rubrik „Feldeigenschaften" bestehen folgende Möglichkeiten:

Bild 4-13:
Feldeigenschaften für Textfelder

Allgemein	Nachschlagen
Feldgröße	20
Format	
Eingabeformat	
Beschriftung	
Standardwert	
Gültigkeitsregel	
Gültigkeitsmeldung	
Eingabe erforderlich	Nein
Leere Zeichenfolge	Nein
Indiziert	Nein

Zur Bedeutung der möglichen Feldeigenschaften, die dann später bei der Datenanzeige bzw. der Bearbeitung von Daten verwendet werden, folgende **Hinweise:**

Feldgröße: In der Feldlängenbox beträgt der Standardwert 50 Zeichen. Für Änderungen müssen Sie in der Editierbox klicken und dann die gewünschte Eingabe vornehmen. Dadurch wird das Eingabefeld etwa bei Formularen auf eine bestimmte Größe angepaßt und die Höchstzahl der Zeichen festgelegt, die in diesem Feld gespeichert werden können. Wenn beispielsweise ein Textfeld wie das Länderkennzeichen nur aus 3 Zeichen bestehen kann, ist eine entsprechende Angabe sinnvoll. So können Sie vermeiden, daß versehentlich mehr als drei Zeichen in das Feld eingegeben werden. Hinweis: Als Wert für die Feldgröße können Sie Zahlen zwischen 1 und 255 eingeben.

Format: bestimmt das Ausgabeformat für das Feld. Sie können hier beispielsweise benutzerdefinierte Formate mit Hilfe spezieller Symbole erstellen. Die Eigenschaft Format verwendet die folgenden Symbole zur Definition von Text-Datentypen:

Symbol	Beschreibung
@	Eingabe eines Textzeichens (entweder ein Zeichen oder ein Leerzeichen) ist erforderlich.
&	Textzeichen ist nicht erforderlich.
<	Alle Zeichen in Kleinbuchstaben.
>	Alle Zeichen in Großbuchstaben.

Benutzerdefinierte Formate für Text-Felder können aus maximal drei Bereichen bestehen. Jeder Bereich enthält die Formatangabe für andere Daten in einem Feld.

Unterschieden werden Felder mit Text, Format für Felder mit leeren Zeichenfolgen sowie Format für Felder mit Null-Werten. Soll beispielsweise in einem Textfeld-Steuerelement z.B. das Wort „Keine" erscheinen, wenn sich keine Zeichenfolge im Feld befindet, so könnten Sie das **benutzerdefinierte Format** @;„Keine";„Null" als Einstellung der Eigenschaft Format des Steuerelements eingeben. Das Symbol @ bewirkt, daß der Text des Feldes angezeigt wird; der zweite Bereich bewirkt, daß das Wort „Keine" erscheint, wenn sich eine leere Zeichenfolge im Feld befindet, der dritte Bereich bewirkt, daß das Wort „Null" erscheint, wenn sich ein Null-Wert im Feld befindet.

Eingabeformat: Hier kann ein Muster für ein Eingabeformat abgelegt sein. Dies kann sinnvoll sein, um die Dateneingabe zu vereinfachen und die Werte festzulegen, die Benutzer in einem Textfeld-Steuerelement eingeben können. Sie können beispielsweise ein Eingabeformat für ein Telefonnummernfeld erstellen, das genau vorgibt, wie eine neue Nummer eingegeben werden muß: (___) ___-____. Häufig ist es einfacher, zur Einstellung der Eigenschaft den Eingabeformatassistenten zu verwenden. Die Eigenschaft Eingabeformat kann bis zu drei Bereiche enthalten, die durch Semikola (;) voneinander getrennt sind:

- eigentliches Eingabeformat; z.B. (999) 000-0000!).
- Art der Speicherung: Wenn Sie für diesen Bereich den Wert 0 verwenden, werden alle Literalzeichen (z.B. die Klammern in einem Telefonnummern-Eingabeformat) zusammen mit dem Wert gespeichert. Wenn Sie den Wert 1 oder keinen Wert in diesem Bereich eingeben, werden nur die im Steuerelement eingegebenen Zeichen gespeichert.
- Art der Anzeige: Gibt das Zeichen an, das Microsoft Access für den Leerraum anzeigt, in dem Sie ein Zeichen im Einga-

beformat eingeben sollen. Für diesen Bereich können Sie jedes Zeichen verwenden; Sie zeigen eine leere Zeichenfolge an, indem Sie ein Leerzeichen in Anführungszeichen einschließen („").

Beschriftung: Nehmen Sie hier einen Eintrag vor, wenn in einem neuen Formular oder einem Bericht ein anderes Bezeichnungsfeld als der Feldname dienen soll. Wurde als Feldname beispielsweise „Personalnr" gewählt, könnte in der Eigenschaft „Beschriftung" die Bezeichnung „Personalnummer" eingetragen werden.

Standardwert: Das Festlegen eines Standardwertes ist sinnvoll, wenn Sie wissen, daß in dem Feld im Regelfall eine bestimmte Information einzutragen ist. Zur Festlegung müssen Sie diesen Wert/Text hier eingeben. Es erscheint später automatisch dieser Eintrag in dem Feld der Tabelle bzw. eines Formulars, wenn ein bestimmter Datensatz hinzugefügt wird; z. B. D als Länderkennzeichen.

Gültigkeitsregel: Durch einen Ausdruck wird der gültige Wertebereich für die Eingabe eingeschränkt. Damit ein vom Benutzer eingegebener Wert akzeptiert wird, muß dieser der eingetragenen Gültigkeitsregel entsprechen. Beispielsweise könnten Sie in der Mitarbeitertabelle, in der nur Beschäftigte aus Deutschland und Österreich vorkommen können, das Länderkennzeichen wie folgt einschränken: „D" Oder „A". Andere Eingaben sind dann unzulässig.

Gültigkeitsmeldung: Anzuzeigende Fehlermeldung kann erfaßt werden, für den Fall, daß der Eingabewert nicht den Bedingungen der Gültigkeitsregel entspricht. Wird kein Text erfaßt, erscheint eine Standardmeldung. Für das Feld „Länderkenn-zeichen" könnte folgender Text eingegeben werden: *Unzulässiges Länderkennzeichen*

Eingabe erforderlich: Optional zum Standard *Nein* können Sie hier festlegen, daß in dem Feld unbedingt eine Eingabe erfolgen muß. So können Sie zum Beispiel erzwingen, daß vor dem Speichern eines Datensatzes in der Tabelle „Mitarbeiter" immer der Vor- und Nachname des Mitarbeiters eingegeben sein muß. Sofern Sie später bei der Erfassung versuchen, einen Datensatz zu speichern, der in einem zwingend auszufüllenden Feld keinen Wert enthält, zeigt das Programm eine Meldung an und speichert den Datensatz erst, wenn die erforderlichen Daten eingegeben wurden.

Leere Zeichenfolge: Standardmäßig gilt *Nein*. Alternativ können Sie festlegen, daß auch leere Zeichenfolgen in dem Feld erlaubt sind. Dann wird bei der Eingabe von zwei Anführungszeichen ohne dazwischenliegende Zeichen eine leere Zeichenfolge gespeichert. Dies ist mitunter in Abfragen bedeutsam, denn ACCESS unterscheidet bei

4 Tabellen erzeugen und nutzen

Auswertungen, ob dieses Feld leer ist (einen Nullwert enthält) oder kein Eintrag vorliegt (eine leere Zeichenfolge).

Indiziert: Grundsätzlich speichert ACCESS die Datensätze in der Reihenfolge der Eingabe. Mit der Festlegung eines Index kann der Such- und Sortiervorgang in Feldern beschleunigt werden, die häufig durchsucht bzw. sortiert werden. Varianten sind Nein, Ja (Duplikate möglich) und Ja (Ohne Duplikate):

- Der Index ohne Duplikate verhindert ein mehrfaches Auftreten eines Wertes in einem Feld der Tabelle. Dies ist oft eine Identifikationsnummer (in der Datenbanksprache als Primärschlüssel oder Hauptindex bezeichnet).
- Ein Index, der Duplikate erlaubt, kann auf Felder gelegt werden, die zwecks schnelleren Findens sortiert werden.

In der Beispieltabelle „Mitarbeiter" sollte beispielsweise das Feld „Nachname" indiziert werden, da damit zu rechnen ist, daß Sie häufig nach Informationen in diesem Feld suchen werden. Duplikate sollen möglich sein.

Hinweis: Soll nachträglich eine Änderung der Feldeigenschaften erfolgen, müssen Sie zunächst auf den zugehörigen Feldnamen klicken.

Numerische Felder definieren

Anwendung finden numerische Felder für Daten, mit denen Berechnungen durchgeführt werden sollen. Standardmäßig werden Sie den Typ ZAHL wählen, Sonderformen sind die Typen AUTOWERT und WÄHRUNG:

Zunächst zum Datentyp ZAHL. Dieser wird in der Beispieltabelle „Hardware" für die Felder Gerätenummer, Personalnummer und Einkaufspreis gewählt. Bei der Rubrik „Feldeigenschaften" bestehen dann folgende Möglichkeiten:

Bild 4-14:
Feldeigenschaften für numerische Felder

Allgemein	Nachschlagen
Feldgröße	Integer
Format	
Dezimalstellen	Automatisch
Eingabeformat	
Beschriftung	
Standardwert	0
Gültigkeitsregel	
Gültigkeitsmeldung	
Eingabe erforderlich	Nein
Indiziert	Nein

4.2 Tabellen für eine Datenbank anlegen

Die Bedeutung im einzelnen:

Feldgröße: Die Feldgröße ist standardmäßig auf Integer eingestellt und ist ein einzeiliges Listenfeld. Durch die Festlegung wird der Bereich der Werte bestimmt, die in diesem Feld eingegeben werden können. Standardmäßig gilt Long Integer. Die Auswahl bestimmt den benötigten Speicherbedarf und die Möglichkeit der Angabe von Dezimalstellen.

Variante	Wertebereich	Speicherbedarf
Byte	speichert Zahlen von 0 bis 255 (keine Bruchzahlen und keine Dezimalstellen)	1 Byte
Integer	- 32.768 bis 32767 (keine Bruchzahlen und keine Dezimalstellen)	2 Bytes
Long Integer	-2.147.483.648 bis 2.147.483.647 (keine Bruchzahlen und keine Dezimalstellen)	4 Bytes
Single	Dezimalzahlen mit 7-stelliger Genauigkeit	4 Bytes
Double	Dezimalzahlen mit 15-stelliger Genauigkeit	8 Bytes
Replikations-ID	GUID = Globally Unique Identifier; für die Rückgabe von Werten unter OLE 2 von Interesse.	16 Bytes

Es empfiehlt sich, die Feldgröße auf die kleinste Einstellung einzustellen, die der Sachverhalt zuläßt. So kann ein schnelleres Arbeiten des Programms sowie ein geringerer Speicherbedarf erreicht werden.

Format: bestimmt das Ausgabeformat für Zahlenfelder. Folgende Formate können gewählt werden: Allgemeine Zahl (Anzeige erfolgt entsprechend der Eingabe), Währung, Festkommadarstellung (standardmäßig mit keiner Dezimalstelle), Standardzahl (ermöglicht auch die Anzeige von Tausenderpunkten), Prozentzahl, Exponentialzahl. Die Bedeutung macht die folgende Zusammenstellung deutlich:

4 Tabellen erzeugen und nutzen

Variante	Beispielzahl	Anzeige
Allgemeine Zahl	9876,4	9876,4
Währung	9876,4	9.876,40 DM
Festkommazahl	9876,4	9876
Standardzahl	9876,4	9.876,40
Prozentzahl	0,445	44,50%
Exponentialzahl	1234,5	1,23E+03

Dezimalstellen: Die Anzahl der darzustellenden Dezimalstellen kann direkt vom gewählten Zahlenformat abhängen. Beim Währungsformat sind beispielsweise automatisch zwei Dezimalstellen vorgesehen. Bei anderen Formaten wie Festkommaeinstellung können Sie hier die genaue Anzahl der anzuzeigenden Dezimalstellen hinter dem Komma bestimmen (im Bereich von 0 bis 15).

Eingabeformat: stellt sicher, daß eingegebene Daten in das definierte Eingabeformat passen. Die Formatierungszeichen werden in einem Feld angezeigt, so daß diese nicht eingegeben werden müssen.

Beschriftung: Nehmen Sie hier einen Eintrag vor, wenn in einem Formular ein anderes Bezeichnungsfeld als der Feldname dienen soll.

Standardwert: Es erscheint automatisch ein Eintrag in dem Feld, wenn ein bestimmter Datensatz hinzugefügt wird.

Gültigkeitsregel: Durch einen mathematischen Ausdruck wird der gültige Wertebereich für die Eingabe eingeschränkt.

Beispiele:

Es sollen nur positive Werte eingegeben werden können. Dann lautet die einzugebende Gültigkeitsregel: *>0*.

Der einzugebende Wert für die Personalnummer soll zwischen 10000 und 99999 liegen. Einzugeben ist: *>=10000 und <=99999*.

Gültigkeitsmeldung: Eine bei Fehleingaben anzuzeigende Meldung kann erfaßt werden. Beim Feld Gerätenummer könnte eingegeben werden: *Unzulässige Gerätenummer*.

Eingabe erforderlich: Durch eine Einstellung auf Ja kann eine Dateneingabe in dem Feld erzwungen werden.

Indiziert: Festlegung eines Index. Eine Indizierung eines numerischen Feldes sollten Sie dann vornehmen, wenn Sie erwarten, daß Sie häufig nach bestimmten Werten oder Wertebereichen, die in die-

4.2 Tabellen für eine Datenbank anlegen

sem Feld gespeichert sind, suchen werden. Gleiches gilt für den Fall, daß die Werte in diesem Feld öfters sortiert werden müssen. Dies könnte in der Tabelle „Hardware" etwa für den Einkaufspreis gelten.

Eine Variante ist der Typ **AutoWert**. Er weist jedem Datensatz eine besondere Nummer zu und wird verwendet, um Felder automatisch fortlaufend zu numerieren (Beispiel könnte die Personalnummer sein). Als Feldeigenschaften können Veränderungen in den Feldern Feldgröße, Neue Werte (neben Inkrement auch Zufallswerte), Format, Beschriftung und Indiziert vornehmen. Bei „Neue Werte" legen Sie also ein Inkrement fest, mit dem bestimmt wird, daß der Wert automatisch um einen bestimmten Wert (Regelfall 1) erhöht wird.

Schließlich gibt es noch das numerische Datenfeld **Währung**. Dieser Feldtyp ist für Felder vorgesehen, in denen Geldbeträge gespeichert werden. Standardmäßig erfolgt die Darstellung mit Tausenderpunkten und zwei Dezimalstellen.

Datums-/Zeitfelder definieren

In Feldern dieses Typs haben Sie die Möglichkeit, zulässige Datum- und Zeitwerte für die Jahre 100 bis 9999 zu speichern. Nicht zulässige Werte werden automatisch bei der Datenerfassung abgewiesen.

Im Beispielfall der Tabelle „Hardware" findet sich ein Datumsfeld für das Erfassen des Einkaufsdatums.

Bei der Rubrik „Feldeigenschaften" bestehen bei Datums-/Zeitfeldern folgende Möglichkeiten:

Bild 4-15:
Feldeigenschaften für Datum-/Zeitfelder

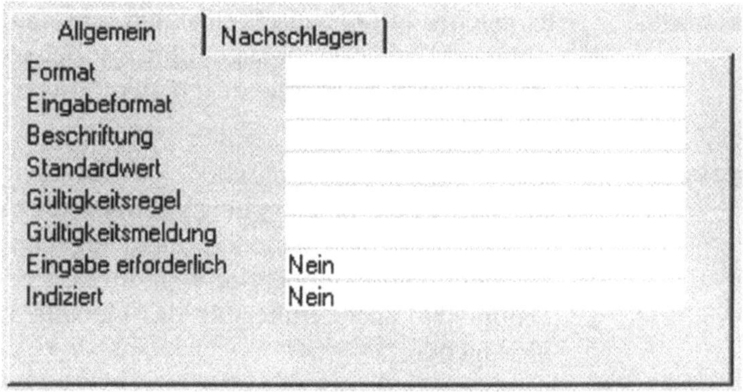

Format: bestimmt das Ausgabeformat für das Feld. Beispiele sind Standarddatum, Datum lang, Datum kurz, Datum mittel, Zeit lang, 12 Std., 24 Std.

Formatvariante	Beispiel
Standarddatum	11:12, 08.11.1996
Datum, lang	Dienstag, 8. November 1996
Datum, mittel	08. Nov 1996
Datum, kurz	08.11.1996
Zeit, lang	11:15:23
Zeit, 12 Std	4:35
Zeit, 24 Std	16:35

Eingabeformat: stellt sicher, daß eingegebene Daten in das definierte Eingabeformat passen. Zur Auswahl beispielsweise von „__.__.__" können Sie den Eingabeassistenten aktivieren. Dazu müssen Sie rechts neben dem Eingabefeld für das Eingabeformat klicken. Wählen Sie aus der Auswahlliste den Eintrag „Datum, kurz", und bestätigen Sie dies durch Klicken auf die Schaltfläche <Weiter>. Übernehmen Sie dann die vorgeschlagenen Eingaben für das Eingabeformat und für den Platzhalter. Nach Klicken auf <Beenden> wird der Assistent geschlossen und das Eingabeformat übernommen.

Beschriftung: Nehmen Sie hier einen Eintrag vor, wenn in einem Formular ein anderes Bezeichnungsfeld als der Feldname zur Beschriftung dienen soll.

Standardwert: Es erscheint automatisch ein Eintrag in dem Feld, wenn ein bestimmter Datensatz hinzugefügt wird; beispielsweise das aktuelle Datum. Dazu muß folgender Funktionstext eingegeben werden: =Jetzt().

Gültigkeitsregel: Durch einen mathematischen Ausdruck wird der gültige Wertebereich für die Eingabe eingeschränkt. Der vom Benutzer eingegebene Wert muß dann der eingetragenen Gültigkeitsregel entsprechen, um akzeptiert zu werden. Beispiel: Ein einzugebendes Datum darf nicht früher als das aktuelle Datum sein. Dazu ist einzugeben: >=Jetzt().

Gültigkeitsmeldung: Anzuzeigende Fehlermeldung kann erfaßt werden. Die Meldung erscheint, wenn die Eingabe der Gültigkeitsregel widerspricht.

4.2 Tabellen für eine Datenbank anlegen

Eingabe erforderlich: Durch eine Einstellung auf Ja kann eine Dateneingabe in dem Feld erzwungen werden.

Indiziert: Festlegung eines Index. Wird beispielsweise des öfteren nach einem Datumsfeld eine Sortierung vorgenommen, bietet sich die Indizierung des Feldes an. So könnte etwa in der Tabelle „Hardware" das Feld „Einkaufsdatum" indiziert werden. Dabei sollten jedoch Duplikate zugelassen werden, da bestimmte Geräte auch zum gleichen Zeitpunkt geliefert werden können.

Datentyp „Memo"

Für die Aufnahme längerer Textinformationen dient der Datentyp „Memo". Diesen Datentyp können Sie verwenden, um Anmerkungen, nähere Erläuterungen oder Beschreibungen zu einem Datensatz vorzunehmen. Im Beispielfall wurde dieser Typ für das Feld „Bemerkungen" in der Tabelle „Hardware" vorgesehen.

Ein Memofeld kann maximal 64.000 Zeichen aufnehmen. Felder des Datentyps Memo können jedoch nicht indiziert oder sortiert werden. Für die interne Speicherung gilt: Sowohl der Datentyp „Text" als auch „Memo" speichern nur die in das Feld eingegebenen Daten. Leerzeichen für nicht benötigte Feldpositionen werden nicht gespeichert.

Hinweis: Wenn Sie formatierten Text oder lange Dokumente speichern möchten, sollten Sie ein OLE-Feld erstellen.

Datentyp „Ja/Nein"

Dieser Datentyp wird verwendet, wenn die Daten nur zwei Zustände zulassen (z. B. Rechnung bezahlt/nicht bezahlt, Präsenzdienst ja/nein, männlich/weiblich). Felder dieses Datentyps können nicht indiziert werden. Intern speichert das Programm Ja als -1 und Nein als 0.

Datentyp „OLE-Objekt"

OLE-Objekte werden Sie für das Einbinden von Objekten wie Zeichnungen, Bilder (Bild eines Artikels, einer Person) oder Klänge verwenden. Objekte können darüber hinaus auch eine Microsoft Excel-Tabelle, ein Microsoft Word-Dokument oder andere binäre Daten sein.

OLE-Objekte können maximal 1 GB groß sein bzw. sind durch die Größe des verfügbaren Festplattenspeichers begrenzt.

4.3 Tabellenstruktur modifizieren

Nachträglich besteht grundsätzlich jederzeit die Möglichkeit, eine einmal definierte Tabellenstruktur wieder zu ändern. Mögliche Änderungswünsche, die einfach realisiert werden können, sind:

- Änderung von Feldnamen, Felddatentyp und Feldeigenschaften (bisheriger Feldname ist wenig charakteristisch, Feld soll zum Indexfeld erklärt werden)
- Einfügen weiterer Felder
- Löschen vorhandener Felder
- Änderung der Reihenfolge der Felder.

Aufgabe: Tabellenstruktur ändern

In der Tabelle „Mitarbeiter" der Personal-Datenbank sollen folgende Änderungen vorgenommen werden.

a) Ändern Sie die Feldnamen in folgender Weise:

Alter Feldname	Neuer Feldname
Personal-Nr.	Personalnummer
Land	Länderkennzeichen
Stadt	Ort
Telefon privat	Privattelefon

b) Ändern Sie die Personalnummer auf den Datentyp ZAHL (Integer) statt AUTOTEXT.

c) Fügen Sie folgende Felder der Tabelle „Mitarbeiter" hinzu:

Titel: Text, Feldgröße 10

Sozialversicherungsnummer: Text, Feldgröße 30

Familienstand: Text, Feldgröße 1

Kinder: Zahl, Byte

Lebenslauf: Memo

Präsenzdienst: Ja/Nein

Foto: OLE-Objekt

Voraussetzung zur Änderung einer Tabellenstruktur ist das Aktivieren der zu ändernden Tabelle im Entwurfsmodus. Markieren Sie dazu zunächst im Datenbankfenster das Objekt „Tabellen". Wählen Sie dann die Tabelle aus, die modifiziert werden soll, im

Beispielfall die Tabelle „Mitarbeiter". Durch anschließendes Klikken auf die Schaltfläche <Entwurf> wird die Tabelle schließlich in der Entwurfsansicht geöffnet. Nun sind die verschiedenen Änderungen einfach durchführbar.

Beachten Sie, daß Sie beim **Arbeiten in einer Mehrbenutzerumgebung** Datenbankobjekte im Prinzip genauso erstellen und modifizieren, wie Sie dies bisher kennengelernt haben. In der Entwurfsansicht kann eine Tabelle jedoch immer nur von einem Benutzer geöffnet werden. Auch ist es nicht möglich, Änderungen am Entwurf einer Tabelle vorzunehmen, wenn ein anderer Benutzer mit dieser Tabelle arbeitet bzw. Daten in Abfragen, Formularen oder Berichten einsieht, die auf der entsprechenden Tabelle beruhen.

4.3.1 Felder neu benennen bzw. Feldeigenschaften ändern

Im Beispielfall sollen Sie zunächst einige Feldnamen ändern. Markieren Sie dazu in der Entwurfsansicht per Doppelklick jeweils den umzubennenden Feldnamen. Anschließend können Sie unmittelbar den neuen Feldnamen schreiben. In der Praxis kann es außerdem vorkommen, daß Sie die Datentypen von Feldern ändern wollen. Grundsätzlich ist diese Änderung möglich. Nicht jeder Feldtyp kann allerdings durch jeden beliebigen anderen ersetzt werden, wenn bereits Dateneingaben vorgenommen wurden. Gleiches gilt analog für die Feldeigenschaften.

Bevor Sie einen Felddatentyp ändern, sollten Sie sorgfältig abwägen, ob die Änderung tatsächlich notwendig ist, und wie sich diese auf die gesamte Datenbank auswirken würde. Dies ist vor allem dann der Fall, wenn mit diesem Feld bereits Abfragen, Formulare oder Berichte erzeugt wurden. Gleiches gilt für den Fall, daß es sich um ein Schlüsselfeld handelt. Die häufigsten Änderungen, die sinnvoll sind, zeigt die folgende Aufzählung:

- Umwandeln eines beliebigen anderen Datentyps in den Datentyp „Text".
- Umwandeln von „Text" in Datentypen der Art „Zahl", „Währung", „Datum/Zeit" sowie „Ja/Nein".
- Umwandlung zwischen dem Datentyp „Text" und Datentyp „Memo".
- Umwandlung zwischen dem Datentyp „Währung" und „Zahl".

4 Tabellen erzeugen und nutzen

Die folgende Zusammenstellung enthält die Ergebnisse und die Punkte, die bei üblichen Datentypkonvertierungen zu beachten sind, wenn die Tabelle Daten enthält.

Von	In	Ergebnis	Zu beachten
Text	Zahl, Währung, Datum/Zeit	Text wird in Werte verwandelt	Werte müssen dem neuen Datentyp entsprechen, nicht zutreffende Werte werden gelöscht
Memo	Text	einfache Konvertierung	Daten, die die Einstellung der Eigenschaft Feldgröße überschreiten, werden abge-schnitten.
Zahl	Text	Konvertiert Werte in Text	Zahlen werden im Format Allgemeine Zahl angezeigt.
Zahl	Währung	Konvertiert Zahlen in Währungswerte	Werte können abgeschnitten werden.
Datum/Zeit	Text	Konvertiert Werte in Text	Datum und Zeit werden im Format Standarddatum angezeigt.
AutoWert	Text	Konvertiert Werte in Text	Werte können je nach Einstellung der Eigenschaft Feldgröße abgeschnitten werden.
AutoWert	Zahl	Einfache Konvertierung	Werte können je nach Einstellung der Eigenschaft Feldgröße abgeschnitten werden.

Sofern alle Änderungen vorgenommen wurden, kann die Tabelle wieder geschlossen werden (per Doppelklick auf das Systemfeldmenü). Bei der anschließenden Abfrage müssen Sie dann noch bestätigen, daß die Änderungen gespeichert werden sollen.

Hinweis: Denken Sie außerdem daran, daß die bei einer Umwandlung verlorengegangenen Daten nicht mehr zurückgeholt werden können.

4.3.2 Felder einfügen

Mitunter möchte man nachträglich weitere Felder in einer Tabelle aufnehmen. Im Beispielfall der Tabelle „Mitarbeiter" sind beispielsweise einige neue Felder vorzusehen.

Das Einfügen erfolgt oberhalb eines vorhandenen Feldes. Grundsätzlich ist im Entwurfsmodus zunächst eine leere Zeile für das neue Feld zu schaffen und deshalb folgendermaßen vorzugehen:

1. Zeile anklicken, über die eine Zeile eingefügt werden soll (durch Mausklick in der Feldzeigerspalte am Anfang der Zeile)
2. Menü **Einfügen** aktivieren
3. Befehl **Zeile** wählen, so daß Platz für eine neue Zeile geschaffen wird
4. Felddefinitionen vornehmen

Um ein Datenfeld am Ende anzufügen, muß lediglich die letzte Zeile angesteuert werden. Dann kann unmittelbar das neue Datenfeld definiert werden.

4.3.3 Felder löschen

Auch das nachträgliche Löschen von Feldern ist in der Entwurfsansicht möglich. Markieren Sie dazu die Zeile, die das Feld definiert, das gelöscht werden soll. Drücken Sie dann die Taste [Entf], oder wählen Sie aus dem Menü **Bearbeiten** den Befehl **Zeile löschen**. Das Feld wird - so noch keine Daten eingegeben sind - sofort ohne Sicherheitsabfrage gelöscht. Allerdings können Sie einen unbeabsichtigten Löschvorgang auch widerrufen, indem Sie nach dem Auslösen unmittelbar aus dem Menü **Bearbeiten** den Befehl **Rückgängig** wählen.

Allerdings: Wollen Sie ein Feld löschen, in dem schon Daten gespeichert sind, so erscheint nach der Befehlsausführung zunächst ein Dialogfeld. Sie werden dann aufgefordert, ausdrücklich zu bestätigen, daß Sie die markierten Felder und die darin befindlichen Daten für immer löschen wollen. Denken Sie daran: Der Befehl **Rückgängig** ist nur in der Lage, die Struktur der Tabelle wiederherzustellen, nicht jedoch die gelöschten Daten.

4.3.4 Felder neu anordnen

Das Ändern der Reihenfolge der Feldnamen kann einfach per Drag & Drop - Technik realisiert werden. Setzen Sie dazu den Mauszeiger wieder auf die Feldzeigerspalte, und klicken Sie den Zeilenmarkierer links neben dem Feldnamen an, wenn sich der nach rechts gerichtete Pfeil ergibt. Nun wird die gesamte Zeile markiert, und Sie können nach einem erneuten Klick die Zeile mit der Maus bei gedrückter linker Maustaste an die gewünschte neue Position ziehen. Nach Loslassen der Maustaste ist die Umpositionierung vorgenommen.

Hinweis: Mitunter möchte man direkt aus dem „Datenblatt" heraus die Struktur einer Tabelle modifizieren. Sie können für diesen Fall das Menü **Ansicht** aktivieren und hier die Variante **Tabellenentwurf** wählen. Danach läßt sich die Tabellenstruktur sofort modifizieren.

4.4 Daten in Tabellen erfassen und verwalten

Ist eine neue Tabelle angelegt, so ist diese zunächst nur ein leerer Behälter für die Aufnahme von Daten. Sofern die Tabelle unter einem Namen gespeichert wurde, kann sie nun mit Datensätzen gefüllt werden. Dazu muß die Tabelle in der Datenblattansicht geöffnet sein.

Aufgabe: Daten erfassen

a) Erfassen Sie folgende Datensätze in der Tabelle „Hardware":

Geräte-nummer	Personal-nummer	Gerätetyp	Hersteller	Bezeichnung	Einkaufs-datum	Einkaufs-preis
1	7	PC	Compaq	C486/33	15.07.94	5.400,00
2	7	Notebook	Compaq	Lite33c	23.07.94	4.700,00
3	12	PC	Compaq	C486/66	08.09.94	4.600,00
4	3	Notebook	Apple	PowerBook	13.09.94	3.500,00

4.4 Daten in Tabellen erfassen und verwalten

b) Erfassen Sie folgende Datensätze in der Tabelle „Mitarbeiter"

Personalnummer	1	2	3	4
Nachname	Friedmann	Wolf	Petersen	Koren
Vorname	Angelika	Heimo	Lars	Bernhard
Titel	Dr.			
Geburtsdatum	28.04.1964	04.07.1962	07.07.1970	05.12.1963
Eintrittsdatum	01.06.1985	01.11.1988	01.03.1989	15.08.1989
Straße	Frühlingsweg 5	Bierkruglende 145	Am Damm 7	Heßgasse 11
Länderkennzeichen	A	D	D	A
Postleitzahl	1200	80686	04109	14055
Ort	Wien	München	Leipzig	Wien
Privattelefon	0222/9540214	0891/4428411	0514/4581515	0542/648554
Foto	Paintbrush-Bild	Paintbrush-Bild	Paintbrush-Bild	Paintbrush-Bild
Sozialversicher.Nr	4491459977	7441965505	861245554	451184125
Geschlecht	1	2	1	2
Familienstand	2	2	1	2
Kinder	2	3	0	2
Lebenslauf				
Präsenzdienst	Nein	Nein	Nein	Ja
Personalnummer	5	6	7	12
Nachname	Sassker	Jordanek	Ulrich	Peter
Vorname	Wilhelmine	Peter	Birgit	Erwin
Titel				
Geburtsdatum	04.05.1970	09.07.1969	21.04.1968	16.11.1967
Eintrittsdatum	15.12.1989	01.02.1990	10.06.1990	01.07.1992
Straße	Merolingergasse 89	Mondscheingasse 3	Otto Wagner Str. 10	Patrick Eger Str. 7
Länderkennzeichen	D	D	A	D
Postleitzahl	46357	70376	8045	04109
Ort	Essen	Stuttgart	Graz	Leipzig
Privattelefon	0513/5488912	0741/2154641	0316/5454874	0514/255457
Foto	Paintbrush-Bild	Paintbrush-Bild	Paintbrush-Bild	Paintbrush-Bild
Sozialversicher.Nr	125989441	354841599	741977448	451986114
Geschlecht	1	2	1	2
Familienstand	1	2	2	2
Kinder	0	1	1	1
Lebenslauf				
Präsenzdienst	Nein	Nein	Nein	Ja

4 Tabellen erzeugen und nutzen

4.4.1 Neue Datensätze erfassen

Um eine Datenerfassung in der Tabelle „Hardware" vornehmen zu können, müssen Sie zunächst die Tabelle in der Datenblattansicht aktivieren. Dazu brauchen Sie lediglich im Datenbankfenster auf das Symbol <Öffnen> zu klicken, nachdem Sie die Tabelle markiert haben. Ergebnis ist, daß das noch leere Datenblatt der Tabelle angezeigt wird:

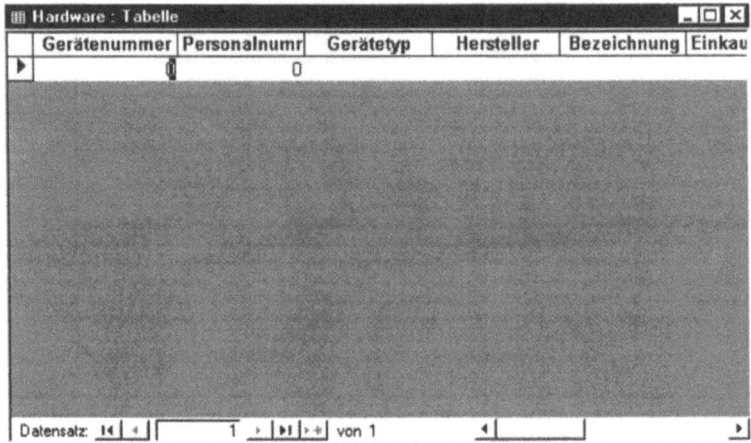

Bild 4-16:
Tabelle zur Erfassung in der Datenblattansicht

Als Spaltenüberschriften finden Sie die Feldnamen oder - wenn eingestellt - die Bezeichnungen, die als Feldeigenschaft „Beschriftung" eingegeben wurden. Der Datensatzzeiger weist auf den ersten, noch leeren Datensatz. Sie können somit unmittelbar mit der Datenerfassung beginnen. Zum jeweils nächsten Datenfeld gelangen Sie mit der Taste ⇥.

Am Ende der Erfassung des ersten Datensatzes erfolgt nach Betätigung der Taste ⇥ sofort der Sprung zur Erfassung des nächsten Datensatzes. Die eingegebenen Daten des ersten Datensatzes sind damit unmittelbar gespeichert, ohne daß dies ausdrücklich dem Programm mitgeteilt werden muß.

Jeder Datensatz wird also in folgender Abfolge erfaßt:

Reihenfolge der Bearbeitung	Tastenfolge/Mausklicks
1. Tabelle aktivieren	Tabelle im Datenbankfenster markieren, Mausklick auf <Öffnen>

4.4 Daten in Tabellen erfassen und verwalten

Reihenfolge der Bearbeitung	Tastenfolge/Mausklicks
2. Eingaben im 1. Feld vornehmen	.....
3. Nächstes Feld ansteuern	[⇆] ...
4. Weiteren Datensatz eingeben	[↵] oder [⇆]

Hinweis: Nach Verlassen eines Datensatzes durch Wechseln zu einem anderen Datensatz oder durch Schließen der Tabelle werden eingegebene Daten automatisch gespeichert.

Zum Bewegen zwischen den einzelnen Datenfeldern eines Datensatzes dienen folgende Tasten:

Zielsetzung	Tasten
Nächstes Feld	[⇆] oder [→]
Vorheriges Feld	[⇧]+[⇆] oder [←]
Erstes Feld	[Pos 1]
Letztes Feld	[Ende]

Geben Sie nun sämtliche gewünschten Datensätze für die Tabellen „Hardware" und „Mitarbeiter" ein. Dabei wird deutlich, daß jeweils die Nummer des aktuellen Datensatzes am unteren Rand des Tabellenfensters angezeigt wird. Sobald der verfügbare Platz auf dem Bildschirm für die Anzeige aller Datensätze nicht mehr ausreicht, werden vertikale Bildlaufleisten eingeblendet.

Nach Eingabe des letzten Datensatzes ist aus dem Systemmenü der Befehl **Schließen** zu wählen. Die Tabelle wird dann geschlossen.

4.4.2 Datensätze anfügen

Auch nachträglich können Datensätze ergänzt werden. Dazu ist folgende Vorgehensweise notwendig:

1. Datenbank öffnen und Tabelle aktivieren (dies geht im Datenbankfenster am einfachsten mit einem Doppelklick auf den Tabellennamen).
2. Neuen Datensatz ansteuern: Menü **Bearbeiten**, Befehl **Gehezu**, Option **Neuem** aktivieren.
3. Eingaben vornehmen.

4 Tabellen erzeugen und nutzen

Aufgabe: Datensätze anfügen

Ergänzen Sie folgende Datensätze in der Tabelle „Mitarbeiter"

Personalnummer	8	9	10	11
Nachname	Rebernegg	Moser	Dorfschmied	Erler
Vorname	Oskar	Michaela	Ursula	Markus
Titel		Dipl.-Kfm.	Dipl.-Ing.	
Geburtsdatum	29.07.1965	28.02.1971	12.03.1970	21.11.1970
Eintrittsdatum	01.08.1990	01.09.1990	01.12.1991	05.12.1991
Straße	Gustolderstr. 4	Augustusallee 12	Ulrichstr. 75	Pfingstallee 13
Länderkennzeichen	D	D	D	D
Postleitzahl	99091	80686	90403	14055
Ort	Erfurt	München	Nürnberg	Berlin
Privattelefon	0128/4653711	0891/6314994	0512/4874847	0542/451258
Foto	Paintbrush-Bild	Paintbrush-Bild	Paintbrush-Bild	Paintbrush-Bild
Sozialversicher.Nr	125899421	421212568	5198411889	451986114
Geschlecht	2	1	2	2
Familienstand	1	1	1	2
Kinder	0	1	0	1
Lebenslauf				
Präsenzdienst	Ja	Nein	Nein	Ja

4.4.3 Datensätze gezielt ansteuern

Die Möglichkeiten per Maus- und Tastatursteuerung verdeutlicht die folgende Zusammenstellung:

Zielsetzung der Anzeige	Objekt für Mausklick	Tastatur
Erster Datensatz der Tabelle	1. Symbol von links	[Strg]+[Pos 1]
Nächster Datensatz	1. Symbol von rechts	[↓]
Vorheriger Datensatz	2. Symbol von links	[↑]
Letzter Datensatz	2. Symbol von rechts	[Strg]+[Ende]

4.4 Daten in Tabellen erfassen und verwalten

Zielsetzung der Anzeige	Objekt für Mausklick	Tastatur
Bestimmter Datensatz	Datensatznummer in den Datensatzanzeiger eintragen	

Alternativ können Sie auch den Menüpunkt **Bearbeiten** aktivieren und hier den Befehl **Gehezu** aufrufen, um gezielt bestimmte Daten aufzusuchen. Folgende Varianten zur Steuerung stehen dann zur Wahl:

- Erstem
- Letztem
- Nächstem
- Vorherigem
- Neuem

4.4.4 Datensätze löschen

Nicht mehr benötigte Datensätze können gelöscht werden. Markieren Sie dazu den zu löschenden Datensatz per Mausklick auf den Datensatzzeiger. Wählen Sie anschließend aus dem Menü **Bearbeiten** den Befehl **Löschen,** oder betätigen Sie die Taste [Entf]. Ergebnis ist eine Sicherheitsabfrage:

Bild 4-17: Abfrage vor Löschen eines Datensatzes

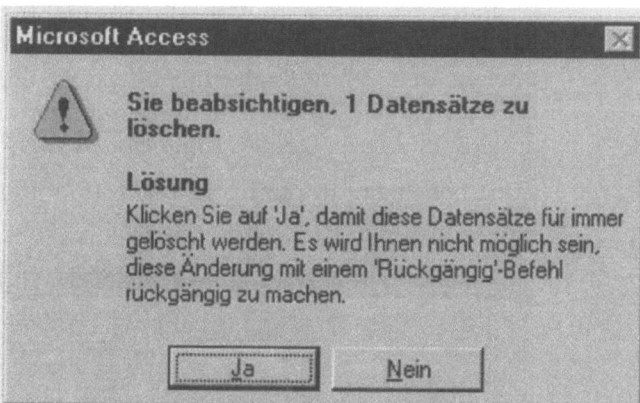

Klicken Sie auf <Ja>, wenn Sie den Datensatz tatsächlich löschen wollen.

Beachten Sie außerdem: Datensätze können nicht nur unter Verwendung des Löschbefehls, sondern auch im Wege einer Abfrage (= Aktualisierungsabfrage) gelöscht werden. Dazu später mehr.

4.4.5 Eingaben ändern

Sollen Eingaben geändert werden, muß zunächst der zu ändernde Datensatz angesteuert werden. Je nach Ausgangssituation und Position werden Sie dazu eine der oben beschriebenen Möglichkeiten nutzen. Nach Auswahl des Datenfeldes können Sie dann den neuen Text, den aktuellen Wert oder ein Datum erfassen.

4.5 Tabelle formatieren und drucken

Die in einer Tabelle erfaßten Daten können grundsätzlich in der Form über einen Drucker ausgegeben werden, wie diese in der Datenblattansicht auf dem Bildschirm angezeigt werden. Allerdings kann es zweckmäßig sein, vorher bestimmte Formatierungen im Datenblatt vorzunehmen.

So können Sie beispielsweise relativ einfach die Spaltenbreiten verändern. Es ist Ihnen vielleicht schon aufgefallen, daß unabhängig von der vereinbarten Spaltenbreite jedes Feld im Datenblattfenster die gleiche Breite aufweist. Um dies zu ändern, können Sie beispielsweise den Mauszeiger zwischen zwei Spaltenüberschriften bewegen. Wenn der Mauszeiger die Form eines Doppelpfeils annimmt, läßt sich die Trennlinie zwischen den Spalten verschieben und so die Spaltenbreite vergrößern oder verkleinern. Alternativ können Sie aber auch aus dem Menü **Format** den Befehl **Spaltenbreite** aktivieren. Über dieses Menü **Format** können Sie außerdem die Schriftart und die Zeilenhöhe ändern. Probieren Sie dies ruhig einmal aus.

Auch bestimmte Feldformatierungen sind im Menü **Format** über den Befehl **Felder** möglich. Beispiel:

Bild 4-18:
Felder einer Tabelle formatieren

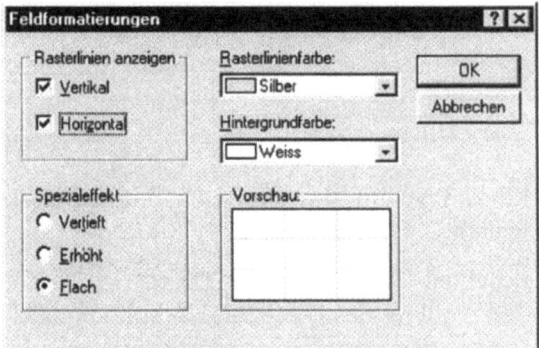

Markierte Daten können außerdem gezielt ausgezeichnet werden. Wählen Sie dazu nach der Markierung aus dem Menü **Format** den Befehl **Schriftart**. Nun haben Sie die Möglichkeit, die Schriftart, Schriftgröße und -stil über die angezeigten Listenfelder zu ändern.

Um eine bestimmte Tabelle mit Ihren Daten in der Datenblattansicht drucken zu können, müssen Sie diese zunächst im Datenbankfenster markieren. Anschließend ist aus dem Menü **Datei** der Befehl **Drucken** zu wählen, so daß sich ein Dialogfeld zur Festlegung der Druckoptionen öffnet. Interessant ist hier jetzt die Angabe des Druckbereichs. Dabei können Sie jetzt entscheiden, ob die gesamte Tabelle gedruckt werden soll (Optionsfeld Alles), nur bestimmte Datensätze der Tabelle (wenn diese zuvor markiert sind) oder nur ein bestimmter Seitenbereich.

4.6 Tabellen umbenennen und löschen

Der Name einer vorhandenen Tabelle kann auch nachträglich geändert werden (wie alle anderen Objektnamen übrigens auch). Dazu können Sie beispielsweise aus dem Menü **Bearbeiten** den Befehl **Umbenennen** wählen. Wichtig für die Anwendung des Befehls ist, daß das umzubenennende Objekt nicht geöffnet sein darf. Nach dem Befehlsaufruf können Sie direkt den neuen Namens für das Objekt eingeben.

Auch das Löschen eines Objekts ist jederzeit möglich, wenn dies nicht mehr benötigt wird. Dazu ist dieses Objekt, beispielsweise eine bestimmte Tabelle, zunächst zu markieren und dann die Taste 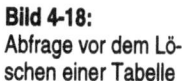 zu betätigen. Es erscheint dann beispielsweise folgende Sicherheitsabfrage, um ein versehentliches Löschen zu verhindern:

Bild 4-18:
Abfrage vor dem Löschen einer Tabelle

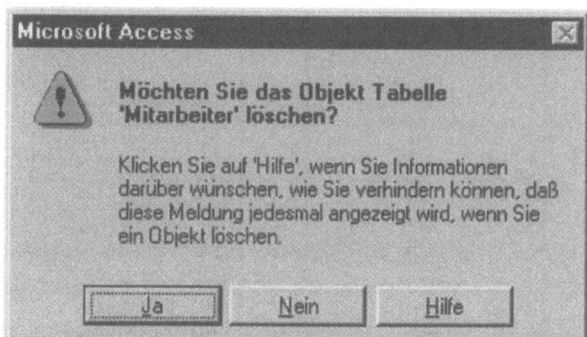

Nach der Bestätigung wird das Objekt unmittelbar aus dem Datenbankfenster gelöscht.

4.7 Tabellen der Beispiel-Datenbank PERSONAL (Übersicht)

Die folgende Übersicht enthält alle Tabellen der Datenbankanwendung PERSONAL. Die Schlüsselfelder sind in der zweiten Spalte jeweils markiert werden.

Legen Sie die noch notwendigen Tabellen an:

Die Tabelle MITARBEITER

Inhalt/Feldname	🔑	Felddatentyp	Feldeigenschaften
Personalnummer	✓	Zahl	Integer
Nachname		Text	25, Indiziert (Duplikate möglich), Eingabe erforderlich
Vorname		Text	20
Titel		Text	10
Geburtsdatum		Datum/Zeit	Datum, kurz; Eingabeformat: "__.__.__"
Eintrittsdatum		Datum/Zeit	Datum, kurz; Eingabeformat: "__.__.__"
Sozialversicherungsnummer		Text	30
Geschlecht		Text	1
Familienstand		Text	1
Kinder		Zahl	Byte
Lebenslauf		Memo	
Präsenzdienst		Ja/Nein	
Straße		Text	30
Länderkennzeichen		Text	3
Postleitzahl		Text	5
Ort		Text	25
Privattelefon		Text	20
Foto		OLE-Objekt	

4.7 Tabellen der Beispiel-Datenbank PERSONAL (Übersicht)

Hinweis: Die Felder „Geschlecht" und „Familenstand" wurden als Textfelder mit der Länge 1 definiert, um ihnen einen Wert innerhalb einer Optionsgruppe im späteren Formular zuordnen zu können. So kann man innerhalb der Optionsgruppe z. B. zwischen den Feldern „männlich" und „weiblich" klicken. Optionsgruppen erlauben keine Textwerte, sonst hätte man anstelle von „1" und „2" die sprechenderen Bezeichnungen „M" und „W" nehmen können, aber dennoch kein Ja/Nein Feld.

Die Tabelle STELLE

Inhalt/Feldname		Felddatentyp	Feldeigenschaften
Personalnummer		Zahl	Integer; Indiziert (Ohne Duplikate)
Stellenbezeichnung		Text	30
Vertragsart		Text	5
Probezeit		Zahl	Byte; Gültigkeitsregel:]=0;

Die Tabelle „Stelle" enthält unter anderem das Feld „Probezeit". Gedacht ist dabei an eine Eingabe in Wochen, die Gültigkeitsregel >=0 stellt sicher, daß es keine negative Probezeit geben kann. Das Feld „Personalnummer" wurde indiziert, da dadurch Abfragen über die Verknüpfung hinweg schneller erfolgen.

Die Tabelle DIENSTVERTRAG

Inhalt/Feldname		Felddatentyp	Feldeigenschaften
Vertragsart	✓	Text	5
Grundlohn		Zahl	Long Integer; Format: Währung
Beschäftigungsart		Text	30
Monatsgehälter		Zahl	Byte
Prämienstufe		Zahl	Byte
Ausfertigungsdatum		Datum/Zeit	Datum, kurz; Eingabeformat: "__.__.__"
Kündigungsfrist		Zahl	Byte

4 Tabellen erzeugen und nutzen

 **Hinweis:** Unter Prämienstufe soll ein firmeninternes Prämienmodell möglich sein, wobei dafür die Werte 1 bis 9 vergeben werden können. Bei der Kündigungsfrist sollte eine Angabe in Wochen erfolgen.

Die Tabelle HARDWARE

Inhalt/Feldname	🔑	Felddatentyp	Feldeigenschaften
Gerätenummer	✓	Zahl	Integer
Personalnummer		Zahl	Integer
Gerätetyp		Text	20
Hersteller		Text	20
Bezeichnung		Text	20
Einkaufsdatum		Datum/Zeit	kurz; Eingabeformat: "__.__.__"
Einkaufspreis		Zahl	Long Integer; Format: Währung
Bemerkungen			

Die Tabelle SOFTWARE

Inhalt/Feldname	🔑	Felddatentyp	Feldeigenschaften
Gerätenummer		Zahl	Integer
Lizenznummer		Text	25
Softwarekürzel		Text	10
Einkaufsdatum		Datum/Zeit	kurz; Eingabeformat: "__.__.__"
Einkaufspreis		Zahl	Long Integer; Format: Währung

Die Tabelle SOFTWAREBEZEICHNUNG

Inhalt/Feldname	🔑	Felddatentyp	Feldeigenschaften
Softwarekürzel	✓	Text	10
Bezeichnung		Text	25

4.7 Tabellen der Beispiel-Datenbank PERSONAL (Übersicht)

Inhalt/Feldname	🔑	Felddatentyp	Feldeigenschaften
Kategorie		Text	25
Hersteller		Text	25
Windows		Ja/Nein	
DOS		Ja/Nein	
OS/2		Ja/Nein	
MAC		Ja/Nein	

Die Tabelle FIRMENFAHRZEUGE

Inhalt/Feldname	🔑	Felddatentyp	Feldeigenschaften
Kennzeichen	✓	Text	10
Zulassungsdatum		Datum/Zeit	kurz, Eingabeformat: "__.__.__"
Erstzulassung		Datum/Zeit	kurz, Eingabeformat: "__.__.__"
Marke		Text	25
Type		Text	25
Fahrgestellnummer		Text	20
Motornummer		Text	20
Eigengewicht		Zahl	Integer
Gesamtgewicht		Zahl	Integer
Hubraum		Zahl	Integer
Leistung		Zahl	Integer
Farbe		Text	15

Die Tabelle FAHRZEUGAUSLEIHE

Inhalt/Feldname	🔑	Felddatentyp	Feldeigenschaften
Personalnummer		Zahl	Integer; Indiziert (Duplikate möglich)
Kennzeichen		Text	10; Indiziert (Duplikate möglich)
Datumvon		Datum/Zeit	kurz; kein Eingabeformat!
Zeitvon		Datum/Zeit	24 Std.
Datumbis		Datum/Zeit	kurz; kein Eingabeformat!
Zeitbis		Datum/Zeit	24 Std.

Die Tabelle SEMINARE

Inhalt/Feldname	🔑	Felddatentyp	Feldeigenschaften
Seminarnummer	✓	Zahl	Integer
Bezeichnung		Text	40
Datumvon		Datum/Zeit	kurz
Datumbis		Datum/Zeit	kurz
Preis		Zahl	Long Integer; Währung
AnbieterNr		Zahl	Integer
Ort		Text	25

Die Tabelle SEMINARANBIETER

Inhalt/Feldname	🔑	Felddatentyp	Feldeigenschaften
AnbieterNr	✓	Zahl	Integer
Anbieter		Text	30
Straße		Text	25
Länderkennzeichen		Text	3
Plz		Text	5
Ort		Text	25

4.7 Tabellen der Beispiel-Datenbank PERSONAL (Übersicht)

Inhalt/Feldname		Felddatentyp	Feldeigenschaften
Telefon		Text	15
Telefax		Text	15
Ansprechpartner		Text	40

Die Tabelle SEMINARBESUCHE

Inhalt/Feldname		Felddatentyp	Feldeigenschaften
Personalnummer		Zahl	Integer
Seminarnummer		Zahl	Integer

5 Tabellen verknüpfen

Sind die Tabellen eingerichtet und die Schlüsselfelder zugeordnet, können Sie die Beziehungen im Programm fixieren. So können Sie sicherstellen, daß Sie bei den gewünschten Anwendungen gezielt bestimmte Daten nutzen und auswerten können. Hinzu kommt: Die Angabe der Beziehungen hat den Vorteil, daß eine automatische Prüfung der Datenkonsistenz sichergestellt werden kann.

Für die Anlage soll im folgenden die Beziehungsstruktur zugrundegelegt werden, wie sie in Kapitel 3 dieses Buches entwickelt und erläutert wurde. Als Verbindungselement werden dazu die in den Tabellen festgelegten Primärschlüssel verwendet.

Zwei Begriffe sind in diesem Zusammenhang von Bedeutung: die **Mastertabelle** und die **Detailtabelle**. Als Mastertabelle gilt die Tabelle, bei der der Verbindungsschlüssel der Primärschlüssel ist. In dieser Beziehung wird dann die Tabelle als Detailtabelle bezeichnet, bei der der Verbindungsschlüssel als Fremdschlüssel eingetragen ist.

Für die praktische Realisierung am Rechner ist es nützlich, wenn Sie sich die Zusammenhänge zuvor in tabellarischer Form auflisten.

Aufgabe: Beziehungen zwischen den Tabellen herstellen

Öffnen Sie die Datenbank PERSONAL, und stellen Sie die Verknüpfungen in folgender Weise her:

Tabelle (Master)	Primärschlüssel	Beziehung	Tabelle (Detail)
Mitarbeiter	Personalnummer	1:N	Hardware
Mitarbeiter	Personalnummer	1:N	Fahrzeugausleihe
Mitarbeiter	Personalnummer	1:1	Stelle
Mitarbeiter	Personalnummer	1:N	Seminarbesuche

111

5 Tabellen verknüpfen

Tabelle (Master)	Primärschlüssel	Beziehung	Tabelle (Detail)
Dienstvertrag	Vertragsart	1:N	Stelle
Firmenfahrzeuge	Kennzeichen	1:N	Fahrzeugausleihe
Hardware	Gerätenummer	1:N	Software
Softwarebezeichnung	Softwarekürzel	1:N	Software
Seminaranbieter	Nummer	1:N	Seminare
Seminare	Seminarnummer	1:N	Seminarbesuche

5.1 Voraussetzungen für den Aufbau von Beziehungen zwischen Tabellen

Bevor Sie an die praktische Arbeit gehen und die Beziehungen zwischen den Tabellen herstellen, sollten Sie genau prüfen, ob alle Voraussetzungen zur praktischen Verknüpfung gegeben sind:

- Wichtig ist einmal, alle Tabellen daraufhin zu kontrollieren, ob sie den **richtigen Primärschlüssel** enthalten. Denken Sie daran, daß bei der Erläuterung des Tabellenentwurfs bereits darauf hingewiesen wurde, daß als Primärschlüssel Felder gewählt werden müssen, die einen Datensatz eindeutig identifizieren und daß dafür primär Kenncodes (Nummern) verwendet werden.

- Prüfen Sie außerdem, ob in den **Detailtabellen** das entsprechende **Feld für den Fremdschlüssel** existiert. Wichtig für die Verknüpfung ist, daß die Definition des Felddatentyps identisch ist. Eine gleiche Feldbezeichnung muß noch nicht einmal vorliegen.

5.2 Beziehungen zwischen Tabellen herstellen

Eine Tabelle, die Sie mit ACCESS erstellt haben, ist grundsätzlich noch mit keiner anderen Tabelle verknüpft. Hergestellt werden die Beziehungen erst über Aktivierung des Fensters **Beziehungen**.

5.2 Beziehungen zwischen Tabellen herstellen

5.2.1 Vorgehen

Am Beispiel der Beziehung zwischen den Tabellen MITARBEITER und HARDWARE sollen Sie exemplarisch die Vorgehensweise kennenlernen.

Aktivieren Sie dazu zunächst im Datenbankfenster das Menü **Extras** und hier den Befehl **Beziehungen,** oder klicken Sie die Schaltfläche <Beziehungen>. Ergebnis ist die folgende Bildschirmanzeige:

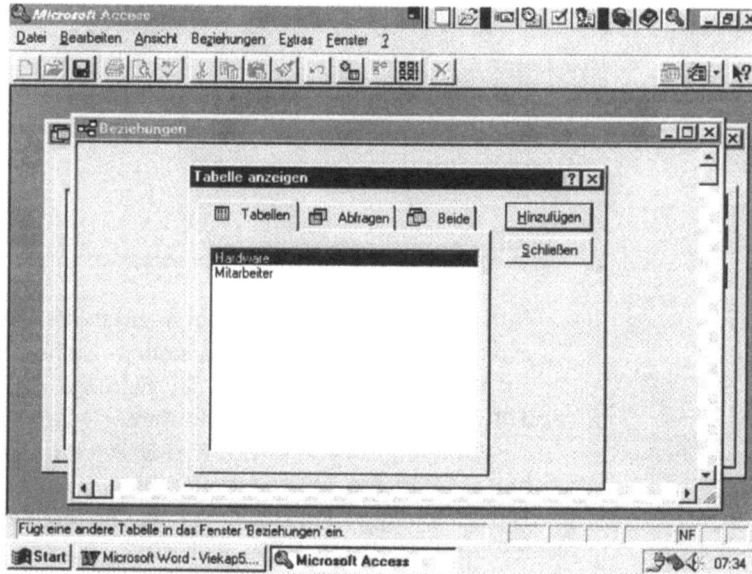

Bild 5-1: Tabellen/Abfragen dem Beziehungsfenster hinzufügen

Angezeigt wird nun das Fenster Beziehungen. Das Fenster ist im Beispielfall leer, gleichzeitig wird das Dialogfeld "Tabelle anzeigen" angezeigt. Ist dies nicht der Fall, müssen Sie zunächst aus dem Menü **Beziehungen** den Befehl **Tabelle anzeigen** wählen. Nun können Sie der Reihe nach die Tabellen dem Fenster hinzufügen, zwischen denen Sie Beziehungen aufbauen wollen.

Für das Hinzufügen einer Tabelle müssen Sie diejenige Tabelle auswählen, für die Sie eine Beziehung herstellen wollen. Wählen Sie im Beispielfall zunächst die Tabelle MITARBEITER, indem Sie diese markieren und dann auf die Schaltfläche <Hinzufügen> klicken. Anschließend können Sie direkt die Tabelle HARDWARE auswählen und auch hier auf <Hinzufügen> klicken. Nach Schließen des Dialogfeldes erscheinen beide Tabellen im Fenster „Beziehungen". Diese Tabellenanzeige können Sie noch

5 Tabellen verknüpfen

beliebig positionieren sowie in der Größe ändern (wie bei anderen Fenstern auch).

Bild 5-2:
Beziehungsfenster

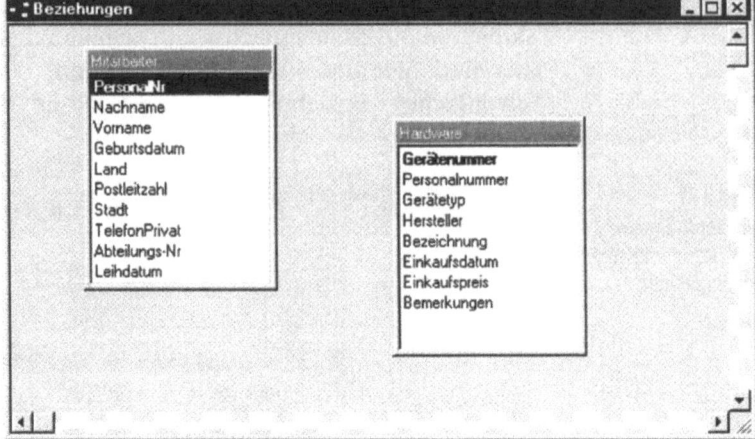

Nun sind die Voraussetzungen geschaffen, um eine Beziehung zwischen den Tabellen herzustellen. Ziehen Sie dazu einfach das zu verknüpfende Feld aus der Feldliste der Tabelle MITARBEITER (hier das Feld „Personalnummer") zum entsprechenden Feld der anderen Tabelle HARDWARE. Wichtig: Das Feld, das Sie ziehen, gehört zur Mastertabelle (hier der Tabelle MITARBEITER). Das gleichartige Feld, auf welches es abgelegt wird, ist Bestandteil der sogenannten Detailtabelle.

Ergebnis dieses Vorgehens ist, daß nun vom Programm das folgende Dialogfeld „Beziehungen" angezeigt wird.

Bild 5-3:
Beziehungen
definieren

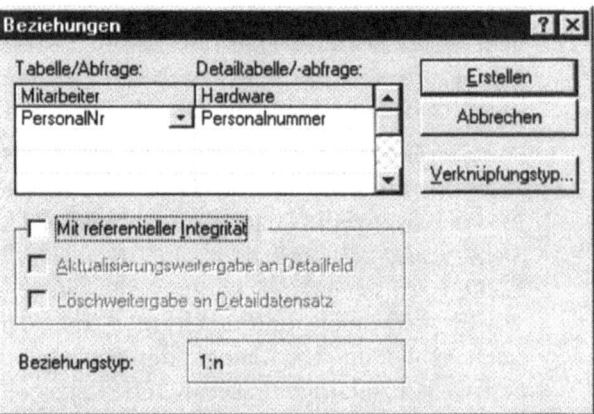

5.2 Beziehungen zwischen Tabellen herstellen

Für die zu verknüpfenden Tabellen werden in zwei Spalten die Feldnamen zur Verknüpfung angezeigt. Prüfen Sie diese zunächst, und nehmen Sie im Bedarfsfall eine Bearbeitung vor.

Außerdem können Sie verschiedene Optionen einstellen (die Möglichkeiten werden im folgenden noch genauer erläutert). Anschließend ist dann auf die Schaltfläche <Erstellen> zu klikken. Ergebnis ist, daß das Programm die Beziehung zwischen den beiden Tabellen herstellt und durch eine Linie zwischen den verknüpften Tabellen anzeigt. Erhalten bleibt diese Beziehung solange, bis sie ausdrücklich wieder gelöscht wird.

Abschließend können Sie dann das Fenster „Beziehungen" durch einen Doppelklick auf das Systemfeldmenü schließen. Sie werden dann gefragt, ob Sie die Änderungen speichern wollen.

Bild 5-4:
Layout der Beziehungen speichern

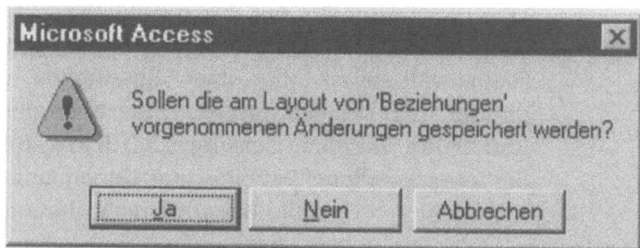

Dies können Sie ruhig bestätigen. Beim nächsten Öffnen des Fensters „Beziehungen" erscheint dies dann so, wie es jetzt beim Speichern aussieht.

5.2.2 Besondere Definitionen

Aus dem Dialogfeld „Beziehungen" wurde deutlich, daß Sie beim Aufbau der Verknüpfungen verschiedene Optionen haben (vgl. Bild 5-3). Diese sollen im folgenden genauer erläutert werden.

Hinweis: Möchten Sie das Fenster für das Anlegen von Beziehungen wieder öffnen, müssen Sie im Beziehungsfenster zunächst die Beziehungslinie markieren und dann aus dem Menü **Beziehungen** den Befehl **Beziehung bearbeiten** wählen.

Referentielle Integrität

Welche Bedeutung haben aber die Optionen, die Sie im Dialogfeld „Beziehungen" einstellen können? Besonders wichtig ist das Optionsfeld **„Referentielle Integrität"**. Damit können Sie dafür sorgen, daß die vorgenommenen Beziehungen zwischen Datensätzen Gültigkeit behalten und hinsichtlich ihrer Plausibili-

115

tät geprüft werden, wenn Datensätze eingegeben oder geändert werden.

Zur Geltung kommt die referentielle Integrität, wenn Sie Datensätze in Tabellen, die sich aufeinander beziehen, hinzufügen oder löschen. Wurde die Option „Referentielle Integrität" bei einer Verknüpfung aktiviert, können Sie somit sicherstellen, daß sie keinen Datensatz aus der Mastertabelle versehentlich löschen, wenn übereinstimmende Daten einer verknüpften Detailtabelle existieren. So kann zum Beispiel der Name eines Mitarbeiters nicht aus der Tabelle MITARBEITER gelöscht werden, wenn ihm in der Tabelle STELLE eine Beschäftigtenposition zugewiesen ist. Ein Datensatz in einer Mastertabelle kann also nur gelöscht werden, wenn kein übereinstimmender Datensatz in der Detailtabelle enthalten ist.

Voraussetzung für das Einstellen der referentiellen Integrität ist, daß das verknüpfte Feld einer Mastertabelle entweder ein Primärschlüssel ist oder einen eindeutigen Index besitzt. Außerdem müssen die verknüpften Felder vom gleichen Datentyp sein und beide Tabellen derselben ACCESS-Datenbank entstammen. Für eingebundene Tabellen aus Datenbanken anderer Formate kann eine referentielle Integrität nicht durchgesetzt werden.

Im Beispielfall können Sie für alle Beziehungen, die Sie aufbauen, die referentielle Integrität einstellen. Dies hat zur **Konsequenz**, daß beim Arbeiten mit der Detailtabelle eine Meldung angezeigt wird, wenn die Sie die Regeln zur referentiellen Integrität verletzen. Gewünschte Änderungen werden dann nicht zugelassen.

Lösch- und Aktualisierungsoperationen

Sofern Sie die Option „referentielle Integrität" eingestellt haben, können Sie ergänzend festlegen, ob bei zusammenhängenden Datensätzen Lösch- und Aktualisierungsoperationen automatisch weitergegeben werden sollen. Damit sind Lösch- und Aktualisierungsoperationen, die normalerweise gegen die Regeln der referentiellen Integrität verstoßen, zugelassen.

Im Beispielfall soll die **Aktualisierungsmöglichkeit** in allen Verknüpfungen eingestellt sein. Dies bedeutet, daß ACCESS alle Bezüge in der Detailtabelle auf die neuen Daten eines Bezugsfeldes aus der Mastertabelle ändert. Ein Beispiel: Ändern Sie etwa die Personalnummer eines Mitarbeiters, so wird diese Personalnummer automatisch auch in der Detailtabelle HARDWARE geändert.

5.2 Beziehungen zwischen Tabellen herstellen

Die Option **„Löschweitergabe"** wird dagegen nur für ausgewählte Verknüpfungen vorgesehen, also für den Fall, daß die Datensätze in der Detailtabelle auch nicht mehr benötigt werden. Ist dies nicht der Fall, bedeutet dies, daß ein Datensatz in der Mastertabelle nicht einfach gelöscht werden soll. Beispiel: Eine Stelle hat über einen Mitarbeiter hinaus Bestand, das heißt sie darf nicht beim Löschen eines Mitarbeiters ebenso untergehen.

Verknüpfungen mit Löschweitergabe an Detaildatensatz:

Mitarbeiter	1	∞	**Seminarbesuche**
Personalnummer			Personalnummer

Mitarbeiter	1	∞	**Fahrzeugausleihe**
Personalnummer			Personalnummer

Firmenfahrzeuge	1	∞	**Fahrzeugausleihe**
Kennzeichen			Kennzeichen

In allen anderen Mastertabellen darf kein Datensatz gelöscht werden, der Äquivalente in einer Detailtabelle aufweist.

Mit diesen Angaben können Sie nun an die Arbeit gehen und sämtliche Beziehungen für die Datenbank PERSONAL so aufbauen, wie dies in der Tabelle zu Anfang dieses Kapitels dargestellt ist.

Weitere Optionen im Rahmen der Festlegung von Beziehungen ergeben sich, wenn Sie im Dialogfeld „Beziehungen" auf die Schaltfläche <Verknüpfungstyp> klicken. Ergebnis ist ein Dialogfeld, mit dem Sie festlegen können, welche Datensätze angezeigt werden sollen:

Bild 5-5:
Verknüpfungseigen-
schaften festlegen

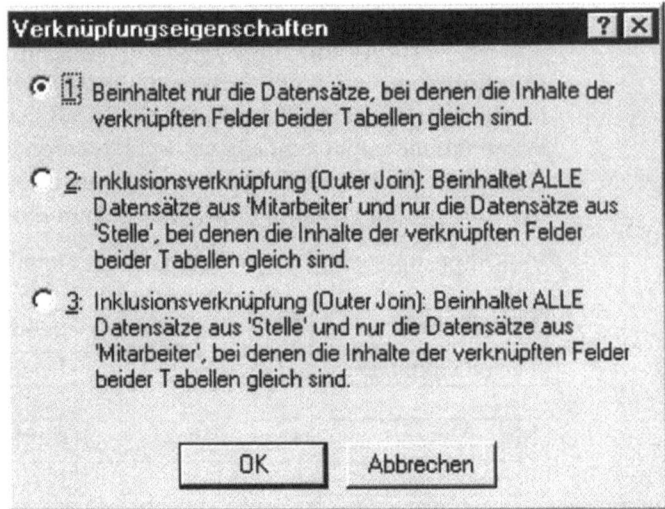

Die Bedeutung der drei Optionsfelder zeigt die folgende Übersicht:

Optionen	Bedeutung
Gleichheitsverknüpfung (Equi Join, Exklusionsverknüpfung)	Es werden nur Datensätze angezeigt, deren Inhalte in den Bezugsfeldern beider Tabellen gleich sind.
Inklusionsverknüpfung (Outer Join) für alle Datensätze der Mastertabelle	Es werden alle Datensätze der Mastertabelle angezeigt, aus der Detailtabelle werden nur die Datensätze angezeigt, deren Inhalte in den Bezugsfeldern beide Tabellen gleich sind.
Inklusionsverknüpfung (Outer Join) für alle Datensätze der Detailtabelle	Es werden alle Datensätze der Detailtabelle angezeigt, aus der Mastertabelle werden nur die Datensätze angezeigt, deren Inhalte in den Bezugsfeldern beide Tabellen gleich sind.

Die Gleichheitsverknüpfung ist der Regelfall und wird deshalb von ACCESS als Standard vorgegeben.

5.3 Beziehungen zwischen Tabellen ansehen und bearbeiten

Sie haben die Möglichkeit, im Fenster „Beziehungen" sich für eine bestimmte Tabelle bzw. Abfrage die Tabellen/Abfragen an-

5.3 Beziehungen zwischen Tabellen ansehen und bearbeiten

zeigen zu lassen, zu denen eine Beziehung aufgebaut wurde. Dazu dient aus dem Menü **Beziehungen** der Befehl **Alle Beziehungen anzeigen**. Darüber hinaus gibt es auch den Befehl **Direkte Beziehungen anzeigen**, um nur die Beziehungen anzuzeigen, die für eine bestimmte Tabelle gelten. Voraussetzung für die Anzeige des Menüpunktes **Beziehungen** ist, daß Sie zunächst über das Menü **Extras** den Befehl **Beziehungen** aktiviert haben und damit das Beziehungsfenster geöffnet ist.

Beispiel:

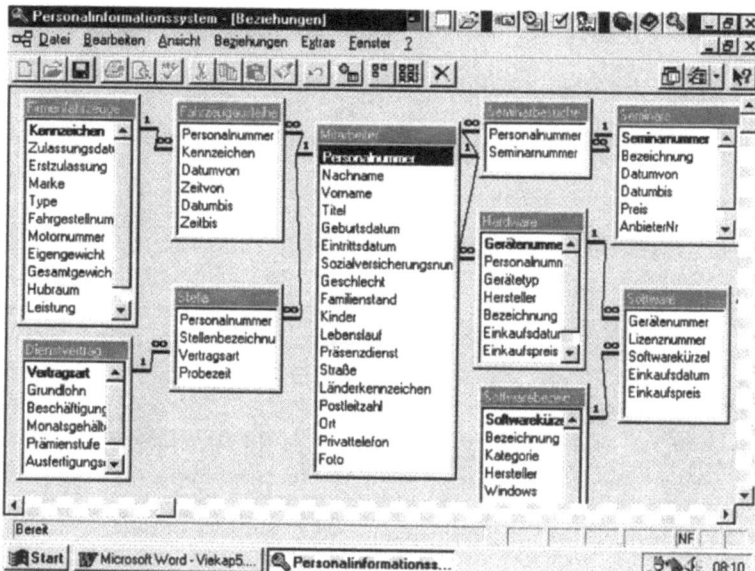

Bild 5-6:
Beziehungsdarstellung der Personal-Datenbank

Beachten Sie, daß Sie die Anordnung von Tabellen im Beziehungsfenster relativ einfach per Drag & Drop-Technik ändern können. Markieren Sie dazu die Objekte, und ziehen Sie sie an die von Ihnen gewünschte Stelle auf dem Bildschirm. Auch die Größe der einzelnen Feldauswahllisten können Sie so verändern, wie dies bei Dialogfeldern üblich ist.

Natürlich ist das nachträgliche Löschen einer vorhandenen Beziehung möglich. Dazu müssen Sie im Fenster „Beziehungen" zunächst auf die Verbindungslinie klicken, die Sie löschen wollen. Anschließend ist die Taste (Entf) zu betätigen oder aus dem Menü **Bearbeiten** der Befehl **Löschen** zu wählen.

Um eine bestehende Beziehung zu bearbeiten, müssen Sie ebenfalls zunächst aus dem Menü **Bearbeiten** den Befehl **Beziehungen** wählen. Danach ist auf die Verbindungslinie im Beziehungsfenster doppelt zu klicken. Ergebnis ist dann, daß wieder das Dialogfeld „Beziehungen" angezeigt wird. Hier können Sie jetzt die Optionen ändern und anschließend wieder auf <Erstellen> klicken.

6 Abfragen definieren und ausführen

6.1 Ausgangsüberlegungen

„**Information ist ein wesentlicher Erfolgsfaktor**", dieser Satz ist unbestritten. Gerade die Anwendung eines Datenbanksystems wie ACCESS kann dazu einen guten Beitrag leisten. Aus der Vielzahl der gespeicherten Informationen lassen sich nämlich auf relativ einfache Weise, gezielt Informationen gewinnen. Das Instrument dazu sind **Abfragen**.

Um Daten aus einer Tabelle zu selektieren, müssen Sie eine Abfrage neu anlegen oder eine vorhandene starten. **Was ist eine Abfrage?** Im Prinzip kann hierunter eine Anweisung verstanden werden, mit der das Datenbankprogramm beauftragt wird, bestimmte Informationen aus den Tabellen herauszusuchen. **Beispiele für Abfragen** in einer Personaldatenbank sind:

- Unterscheidung der Mitarbeiter nach Orts- oder Staatszugehörigkeit
- Selektion ausgewählter Adreßdaten der Mitarbeiter für das Erstellen eines Rundschreibens/Serienbriefes
- Selektion aller Mitarbeiter einer bestimmten Gehaltsklasse
- Auswertung der Datenbank nach dem installierten Hardware- und Softwarewert je Mitarbeiter

Die Ausgabe der Datensätze kann hierbei nach bestimmten Kriterien sortiert vorgenommen werden. Auch Berechnungen sind mit Abfragen möglich. Dabei lassen sich neue Felder definieren, die die Ergebnisse einer Berechnung enthalten.

Die bedingte Auswahl von Datensätzen ist eine Kernaufgabe vieler Datenbank-Anwendungen und wird deshalb von allen Datenbankprogrammen unterstützt. Dazu wird eine spezielle **Abfragesprache** benötigt, mit der der Anwender dem Computer beschreibt, nach welchen Informationen gesucht werden soll. Die sich ergebende Abfrage (in der Fachsprache **QUERY** genannt) stellt quasi einen Filter dar, der angibt, welche Datensätze durch den Filter gelassen werden. Die entsprechenden Abfragebedingungen sind gezielt zu formulieren.

6 Abfragen definieren und ausführen

Nach Aktivierung des Filters verhält sich das Programm bei der Arbeit mit einer Datei dann so, als ob nur die durch diesen Filter passenden Datensätze überhaupt vorhanden sind. Diese Datensätze können dann ganz normal bearbeitet werden.

Es kann von Vorteil sein, wenn sich wiederholende Abfragen unter einem Namen gespeichert werden können. Dann kann später schnell ein aktualisierter Aufruf erfolgen.

Beispiel:

- Verteilerlisten für ausgewählte Mitarbeiter,
- regelmäßiger Überblick über die aktuelle Ausstattung mit Hard- und Software.

Hinzu kommt: Häufig besteht dabei auch der Wunsch, nur mit einem bestimmten Datenbestand weiterzuarbeiten; etwa zur Vornahme von Auswertungen oder für das Verfassen von Rundschreiben.

Abfrageergebnisse selbst können in unterschiedlicher Weise verwendet werden. Neben der **Anzeige am Bildschirm** sowie der Ausgabe der Ergebnisse über **Drucker** stellen sie vielfach auch eine Grundlage für ausgewählte Berichte, Formulare, Diagramme oder weitere Abfragen dar.

Beachten Sie:

- Abfragen erlauben es dem Anwender, Fragen über die in der Datenbank gespeicherten Daten zu stellen, um aus dem gesamten Datenbestand (= Gesamtbestand aller Tabellen) nur die für ihn relevanten Daten herauszufiltern.
- Abfragen können sich auf eine oder auf mehrere Tabellen beziehen.

Im Gegensatz zu früheren Versionen müssen Sie in ACCESS für Windows 95 zum Anzeigen bestimmter Ergebnisse nicht mehr unbedingt eine Abfrage erstellen müssen. Sie können an Stelle einer Abfrage als Quelle für Datensätze in einem Formular oder Bericht auch einen Formular- oder Berichtsassistenten verwenden, um so automatisch eine SQL-Anweisung als Datensatzquelle für das Formular oder den Bericht zu erzeugen. Auf diese Weise wird Ihnen das Erstellen einer Abfrage abgenommen. In zahlreichen Fällen werden Sie jedoch nach wie vor eine Abfrage als Basis für ein Formular oder einen Bericht erstellen müssen.

6.2 Organisation von Abfragen

Letztlich wird durch die Formulierung von Abfragen festgelegt, welche Daten gesucht und gezielt ausgegeben werden sollen. Dabei müssen im einzelnen angegeben werden,

- in welchen Tabellen gesucht werden sollen,
- welche Felder/Spalten bei der Selektion der Daten heranzuziehen sind und
- welche Felder für die Ergebnisausgabe gewünscht werden und
- wie die Datenausgabe erfolgen soll (Sortierung?).

Zur praktischen Umsetzung von Abfragen werden Ihnen in dem Programm mehrere Möglichkeiten des Vorgehens und zahlreiche Unterstützungen angeboten.

6.2.1 Abfragesprachen

Um auf die in einer Datenbank gespeicherten Daten schnell und einfach zugreifen zu können, stellen Datenbanksysteme dem Anwender entsprechende **Abfragesprachen** zur Verfügung.

ACCESS bietet die folgenden beiden Alternativen:

Abfragesprachen in Datenbanken

Abfragesprachen werden vom DB-Programm zur Verfügung gestellt, um gezielt auf gespeicherte Daten schnell und einfach zuzugreifen.

QBE-Abfrage	SQL-Abfrage
(QBE = Query by Example)	(SQL = Standard Query Language)
• menügesteuertes Vorgehen	• befehlsgesteuertes Vorgehen
• einfache Methode durch Ausfüllen von Feldern	• Kenntnis der Befehlsworte notwendig
• für den Endbenutzer	• für Fachleute

© E. Tiemeyer

6 Abfragen definieren und ausführen

a) **QBE-Abfrage** (QBE = Query By Example; auf Deutsch = Abfrage durch Beispiel): Es ist die einfachste Methode des Zugriffs. Der Zugriff kann dabei leicht per Menüsteuerung und durch Ausfüllen von Feldern erfolgen.

b) **SQL-Sprache** (SQL = Structured Query Language): Es ist eine strukturierte Abfragesprache, die standardmäßig von Fachleuten verwendet wird. Sie ist in vielen Datenbanksystemen eingebunden, so auch in ACCESS. Hier können Sie über ein gesondertes SQL-Fenster die SQL-Anweisungen direkt eingeben.

Hinweis: Je nach Anwendertyp wird man sich für eine Variante entscheiden. Für die Entwicklung komplexer Anwendungen kann die Kenntnis von SQL besonders hilfreich und unter Umständen sogar notwendig sein.

6.2.2 Ergebnisdarstellung

ACCESS liefert das Abfrageergebnis, das auch Daten aus verschiedenen Tabellen enthalten kann, als sogenanntes **Dynaset** (= dynamische Datenmenge). Darin kommt zum Ausdruck, daß die Theorie der Datenbank auf der Mengenlehre beruht. In der Tat werden Sie, wenn Sie Informationen aus einer Datenbank durch die Auswahl und Verknüpfung von Tabellen gewinnen, bewußt oder unbewußt Durchschnitts- und Vereinigungsmengen bilden.

Praktisch bedeutet Dynaset, daß immer eine aktualisierte Sicht auf die selektierten Daten möglich ist. Formal erfolgt die Dynaset-Ausgabe in Form einer Tabelle. Wie in einer normalen Tabelle haben Sie hier auch die Möglichkeit, neue Daten in Felder einzugeben bzw. vorhandene Daten dort zu ändern. Diese Eingaben/Änderungen werden automatisch in die zugrundeliegenden Tabellen der Datenbank übernommen.

Beachten Sie: Nach dem Schließen der Abfrage löst sich das Dynaset wieder auf. Es steht allerdings jederzeit durch Aufruf der Abfrage wieder mit den aktuellen Daten bereit, wenn die Abfrage gespeichert wurde.

6.2.3 Abfragearten

Der typische Anwendungsfall ist die sogenannte Auswahlabfrage. Damit können Sie die in Ihren Tabellen gespeicherten Daten nach bestimmten Kriterien selektiert anzeigen, analysieren und im Bedarfsfall sogar ändern. So können beispielsweise alle Mitarbeiter selektiert werden, die im letzten Jahr ein Weiterbildungsseminar besucht haben. Neben Auswahlabfragen gibt es noch weitere Abfragearten, die von ACCESS unterstützt werden: Kreuztabellenabfragen, Aktionsabfragen, Union-Abfragen, SQL Pass-Through-Abfragen sowie Datendefinitionsabfragen.

Einen Überblick über die Anwendung der wichtigsten Arten von Abfragen, die in ACCESS zu unterscheiden sind, gibt die folgende Zusammenstellung:

Abfragearten	Anwendung
Auswahlabfrage	Sie ist der Regelfall. Dabei wird aus einem gesamten Datenbestand eine gezielte Auswahl getroffen. Das Ergebnis läßt sich dann am Bildschirm anzeigen.
Löschabfrage	Sie ermöglicht es, eine Gruppe von Datensätzen in einem Schritt zu löschen.
Anfügeabfrage	Damit können Datensätze einer Tabelle gezielt an eine andere Tabelle angefügt werden.
Aktualisierungsabfrage	Sie ermöglicht das einfache Ändern einer Gruppe von Datensätzen in einer Tabelle.
Kreuztabellenabfrage	Sie ermöglicht das Darstellen der Daten ähnlich einer Kalkulationstabelle. So können große Datenmengen in übersichtlicher Form zusammengefaßt werden.
Union-Abfrage	Felder aus zwei oder mehreren unterschiedlichen Tabellen, die einander entsprechen, werden bei der Abfrage kombiniert.
SQL Pass-Through-Abfrage	Hiermit besteht die Möglichkeit, SQL-Anweisungen an zugeordnete SQL-Datenbanken zu senden (bzw. SQL-Server).
Datendefinitionsabfrage	Unter Verwendung von SQL-Abfragen können Tabellen erstellt, geändert oder gelöscht werden.

6.3 Auswahlabfragen erzeugen und verwenden

Zunächst sollen Sie sich mit dem Thema „Auswahlabfrage" befassen. Grundsätzlich können sich diese Abfragen auf eine oder auf mehrere Tabellen beziehen. Anhand von Beispielen werden im folgenden die Varianten für Auswahlabfragen genauer beschrieben.

6.3.1 Auswahlabfrage definieren

Mit der folgenden Aufgabenstellung soll zunächst die Vorgehensweise für das Erzeugen von Auswahlabfragen mit einer Tabelle deutlich werden.

Aufgabe: Auswahlabfrage mit einer Tabelle

Aktivieren Sie die Datenbank PERSONAL.MDB, und nehmen Sie mit der Tabelle MITARBEITER folgende Abfragen vor:

1) In Form einer Liste, die die Felder Nachname, Vorname, Geburtsdatum und Eintrittsdatum aufweist, sollen die Namen aller Mitarbeiter in alphabetischer Sortierung am Bildschirm angezeigt werden.

2) Starten Sie die Abfrage zunächst zu Testzwecken.

3) Speichern Sie die Abfrage abschließend unter dem Namen "Mitarbeiterliste".

Voraussetzung für das Erstellen eines Queries ist, daß die Datenbank, die abgefragt wird, geöffnet ist. Öffnen Sie deshalb zunächst die Datenbank PERSONAL.MDB, wenn dies noch nicht der Fall ist.

Abfrageoption aktivieren und Tabellen auswählen

Ausgehend vom Datenbankfenster müssen Sie für das Erstellen einer Abfrage in einem ersten Schritt zunächst die Abfrageoption aktivieren und die gewünschte Tabelle bzw. die gewünschten Tabellen auswählen. Klicken Sie dazu zunächst auf die Registerkarte „Abfragen" und anschließend auf die Schaltfläche <Neu>. Ergebnis ist die folgende Bildschirmanzeige:

6.3 Auswahlabfragen erzeugen und verwenden

Bild 6-1:
Abfragen „frei" entwerfen oder Assistent nutzen

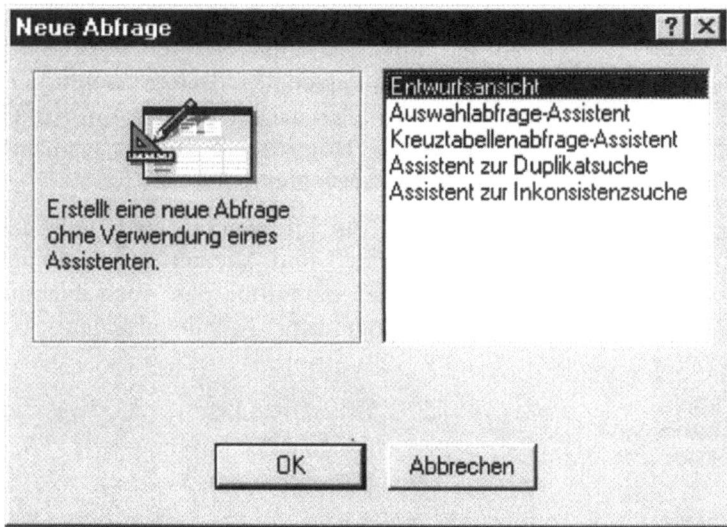

Ergebnis ist also eine Bildschirmanzeige, die deutlich macht, daß Sie eine neue Abfrage entweder unter Nutzung des Abfrageassistenten oder von Grund auf neu anlegen können.

Mit einem Abfrageassistenten können Sie bestimmte Abfragearten relativ schnell entwerfen. Zu unterscheiden sind:

Assistentenart	Anwendung
Auswahlabfrage-Assistent	ermöglicht das gezielte Anlegen einer Auswahlabfrage.
Kreuztabellenabfrage-Assistent	In einem kompakten Zusammenfassungsformat können damit die Abfrageergebnisse dargestellt werden.
Assistent zur Duplikatsuche	In einer aktivierten Abfrage oder Tabelle können Sie damit gezielt nach Duplikatdatensätzen suchen.
Assistent zur Inkonsistenzsuche	Datensätze einer Tabelle, die in anderen Tabellen keine Entsprechungen haben, lassen sich damit heraussuchen. Beispiel: Alle Mitarbeiter, die keinen PC haben.

Verwenden Sie den **Auswahlabfrage-Assistenten**, wenn ACCESS Abfragen für Sie erstellen soll. Damit lassen sich Selekti-

6   Abfragen definieren und ausführen

onsabfragen auf der Basis einer oder mehrerer Tabelle erstellen. Darüber hinaus können Sie den Assistenten zum Gruppieren und Zusammenfassen von Daten verwenden. Beispiel: Sie wollen eine Liste aller nach Eintrittsdatum sortierten Mitarbeiter erstellen. Durch Doppelklick auf Auswahlabfrage-Assistent wird der Start des Assistenten realisiert.

Wählen Sie im folgenden per Mausklick die Variante „Entwurfsansicht", und klicken Sie dann auf <OK>. Das Programm blendet daraufhin das Auswahlabfragefenster ein und zeigt das Dialogfenster „Tabelle anzeigen":

Bild 6-2:
Tabelle/Abfrage hinzufügen

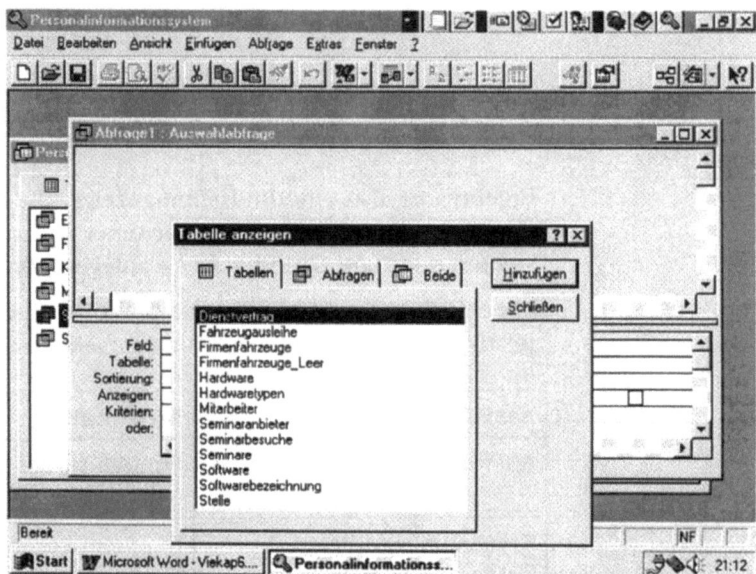

In diesem Fenster können sämtliche Tabellen sowie die bereits erstellten Abfragen angezeigt werden. Standardmäßig erscheinen nur die vorhandenen Tabellen der aktivierten Datenbank (im Ansichtsbereich ist das Register "Tabellen" aktiviert), weil davon ausgegangen wird, daß Abfragen im Regelfall auf der Basis von Tabellen entworfen werden. Alternativ können Sie auch durch einen Klick auf die zutreffende Registerkarte nur die Abfragen oder gleichzeitig die Tabellen und Abfragen zur Anzeige bringen.

Es ist alos die Basis (gewünschte Tabelle oder Abfrage) zu wählen, die für die neu zu erstellende Abfrage verwendet werden soll. Im Beispielfall ist das nur eine Tabelle, nämlich die Tabelle

6.3 Auswahlabfragen erzeugen und verwenden

MITARBEITER. Markieren Sie diesen Tabellennamen per Mausklick, und klicken Sie anschließend auf die Schaltfläche <Hinzufügen>. Die Tabelle wird in das darunter liegende Fenster „Abfrage 1: Auswahlabfrage" übernommen. Da keine weitere Tabelle für die Aufgabenstellung benötigt wird, können Sie danach auf die Schaltfläche <Schließen> klicken.

Abfrageoptionen definieren

Nach Schließen des Dialogfeldes „Tabelle anzeigen" erscheint das Fenster zur Definition einer Auswahlabfrage (= Abfragefenster im Entwurfsmodus):

Bild 6-3: Fenster „Auswahlabfrage"

Das Fenster besteht aus zwei wesentlichen Bereichen:

- Im oberen Teil des angezeigten Fensters mit der Bezeichnung „Auswahlabfrage" sind immer die Tabellen aufgeführt, auf die sich die neue Abfrage beziehen soll. Neben dem Namen der Tabelle sind die zugehörigen Felder in einer Liste angegeben.

- In unteren Fenster befindet sich der Bereich, in dem Sie die QBE-Abfrage definieren können. Dieser Bereich wird deshalb auch *QBE-Bereich* oder *Entwurfsbereich* genannt. Er besteht aus mehreren Zeilen und Spalten.

Zum Erstellen einer Abfrage können Sie die Felder aus dem oberen Teil des Abfragefensters in den QBE-Entwurfsbereich im unteren Teil des Fensters plazieren. Jede Spalte des QBE-Entwurfsbereichs enthält dann Informationen über ein Feld der Abfrage.

Vergegenwärtigen Sie sich zunächst einmal die Bedeutung der verschiedenen **Zeilen des Entwurfsbereichs**:

Zeile „Feld"   Hier ist der zutreffende Feldname für die auszuwertenden Datenspalten einzusetzen. Die gewählten Felder bestimmen dann die Daten, die als Ergebnis Ihrer Abfrage in einem Datenblatt oder Formular angezeigt werden sollen (bzw. Felder, die für Auswertungszwecke benötigt werden). Das Hinzufügen eines Feldes zu einer Abfrage geschieht im Entwurfsbereich für Abfragen durch Einsetzen des Feldes in eine Zelle der Zeile „Feld". Grundsätzlich gibt es mehrere Verfahren für das Auswählen von Feldern:

- Feld aus einer Feldliste in die Zelle des Entwurfsbereichs ziehen. Klicken Sie dazu einfach mit der Maus auf das Feld, und ziehen Sie es bei gedrückter Maustaste in den unteren Teil des Fensters.
- Doppelklick auf den Feldnamen in der Feldliste.
- Feldname in die Zelle der Zeile „Feld" eingeben.
- Feld aus dem einzeiligen Listenfeld in der Zeile „Feld" auswählen.

Eines dieser Verfahren müssen Sie dann solange wiederholen, bis alle Felder, die in die Abfrage aufgenommen werden sollen, im Entwurfsbereich vorhanden sind.

Um mehrere ausgewählte Felder gleichzeitig dem QBE-Fenster hinzuzufügen, müssen Sie beim Anklicken der Feldnamen lediglich die Taste [Strg] gedrückt halten. Anschließend kann dann die Feldgruppe in eine Zelle der Zeile „Feld" gezogen werden. Würden Sie auf die Leiste am oberen Rand in der Feldliste doppelt klicken, können Sie in einem Schritt alle Felder der Tabelle in den QBE-Bereich übernehmen.

Beachten Sie außerdem folgende **Hinweise** zum nachträglichen Einfügen, Löschen und Anordnen von Feldern im Entwurfsbereich:

- Für das nachträgliche **Einfügen eines Feldes** müssen Sie nach Markierung des einzufügenden Feldes in der Feldliste dieses Feld wieder einfach in die gewünschte Spalte des Entwurfsbereichs ziehen. Bereits bestehende Felder werden dann automatisch nach rechts geschoben.
- Löschen können Sie ein Feld durch Mausklick auf die Spalte mit dem Feldnamen und Drücken der Taste [Entf]. Über das Menü **Bearbeiten** und Wahl des Befehls **Alles löschen** können alle Felder in einem Schritt gelöscht werden.

- Um ein in den Entwurfsbereich übernommenes **Feld neu anzuordnen**, müssen Sie zunächst auf den Feldmarkierer oberhalb des Feldnamens klicken. Nach einem erneuten Klick auf den Feldmarkierer können Sie dann die Spalte an eine neue Position ziehen.

Schließlich können Sie auch die Spaltenbreiten im Entwurfsbereich ändern. Positionieren Sie dazu den Mauszeiger im Feldmarkierer auf die rechte Spalte, deren Größe Sie ändern wollen. Jetzt können Sie die Begrenzungslinie nach links oder rechts ziehen und so die Spalte schmaler oder breiter machen.

Wichtig ist außerdem: Sie können in die Zeile „Feld" nicht nur Spaltennamen eintragen, sondern auch Berechnungen vornehmen. Wie eine Eintragung von Formeln erfolgt, lernen Sie später an konkreten Beispielen genau kennen.

Zeile „Tabelle"

Diese Anzeige ist besonders interessant, wenn die Auswahlabfrage auf mehreren Tabellen basiert. So erhalten Sie angezeigt, aus welchen Tabellen die gewählten Felder für das Erzeugen der Abfrage stammen.

Beachten Sie, daß die Anzeige der Zeile „Tabelle" davon abhängt, daß im Menü **Ansicht** der Befehl **Tabellennamen** eingestellt ist oder die Schaltfläche für Tabellenname angeklickt wurde.

Zeile „Sortierung"

Hier müssen Sie den Sortiermodus einstellen. Die *Auswahl Auf- oder Absteigend* kann über das einzeilige Listenfeld vorgenommen werden. Bezüglich der Sortieroptionen „Auf- /Absteigend" gilt folgendes: Aufsteigend bewirkt die Reihenfolge 0 -9 bzw. A - Z; Absteigend die Reihenfolge 9 -0 und Z - A. Möglich ist eine Sortierung nach numerischen Kriterien, alphabetisch oder chronologisch (= Sortieren in Datumsfeldern).

Durch das Einstellen einer Sortierfolge lassen sich die Daten eines Abfrageergebnisses meist leichter auswerten. So kann im Beispielfall der Listenerstellung über Mitarbeiterdaten alphabetisch nach dem Nachnamen der Mitarbeiter sortiert werden. Dabei empfiehlt sich die aufsteigende Sortierfolge.

Möglich ist auch die Angabe einer Sortierreihenfolge für mehrere Felder. Dazu ist es wichtig, die Felder im QBE-Bereich in einer entsprechenden Reihenfolge anzuordnen, denn das Programm führt den Sortiervorgang von links nach rechts durch. Am weitestens links muß also die Feldspalte plaziert sein, nach der zuerst sortiert werden soll.

6 Abfragen definieren und ausführen

Zeile „Anzeigen"

Hinweis: Nicht geeignet ist das Sortieren nach Feldern, in denen die Datentypen „OLE-Objekt" oder „Memo" vergeben wurden.

Sie ermöglicht das Ein- bzw. Ausstellen von Feldanzeigen. Fehlt das Kreuzchen, so erfolgt zwar möglicherweise die Auswertung des Feldes, die Anzeige entfällt jedoch. Eine Änderung ist möglich per Mausklick auf das Kontrollkästchen. Eine Anwendung kann beispielsweise sinnvoll sein, wenn Sie die Feldangaben zur Selektion oder Berechnung benötigen, eine Anzeige dann aber nicht mehr erforderlich ist.

Zeile „Kriterien"

In den letzten drei Zeilen sind die Kriterien zur Filterung von Datensätzen einzugeben. So können Sie also das Abfrageergebnis auf bestimmte Datensätze begrenzen und dann damit auch gezielt weiterarbeiten. Im Beispielfall erfolgt zunächst keine Filterung. **Grundsätzlich gilt:** ACCESS gibt die Datensätze mit den selektierten Feldern aus, die den definierten Filterkriterien entsprechen.

Im Beispielfall sollen lediglich alle Datensätze der Tabelle MITARBEITER mit bestimmten Feldern angezeigt werden sowie die Sortierung nach dem Nachnamen erfolgen. Ziehen Sie zur Lösung der Aufgabe zunächst den Feldnamen "Nachname" in den unteren Fensterbereich in die Zeile „Feld". Wiederholen Sie diesen Vorgang für die Felder „Vorname", „Geburtsdatum" und „Eintrittsdatum". Wählen Sie schließlich in der Zeile „Sortierung" bei der Spalte „Nachname" die aufsteigende Sortierung.

Nach der Übernahme der Feldnamen sowie der Einstellung der Sortieroption muß sich folgende Bildschirmanzeige ergeben:

Bild 6-4:
Definierte Abfrage

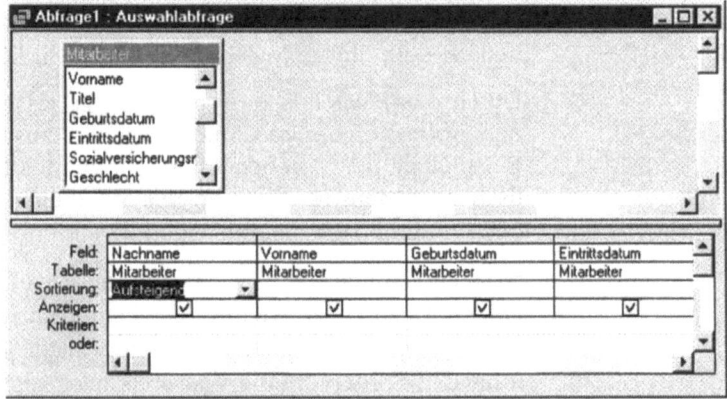

6.3 Auswahlabfragen erzeugen und verwenden

Hinweise:

- Haben Sie unbeabsichtigt eine Tabelle für den Abfrageentwurf ausgewählt und hinzugefügt, können Sie diese später wieder problemlos entfernen. Dazu müssen Sie auf die Titelleiste in der zu löschenden Tabelle klicken. Wählen Sie dann aus dem Menü **Abfrage** den Befehl **Tabelle/Abfrage entfernen**, oder drücken Sie einfach die Taste [Entf].
- Umgekehrt können Sie natürlich auch eine Tabelle vergessen haben, und Sie wollen diese dann nachträglich in den Abfrageentwurf einfügen. Auch dies ist möglich. Wählen Sie aus dem Menü **Abfrage** den Befehl **Tabelle anzeigen**, oder klicken Sie auf das Symbol „Tabelle anzeigen" (= 13. Schaltfläche von links).

6.3.2 Aauswahlabfrage ausführen

Gerade erstellte oder gespeicherte Abfragen können auf verschiedene Weisen gestartet werden. Hauptvarianten sind Menüsteuerung sowie die Nutzung der Symbolleiste.

Vorgehensweise bei Menüsteuerung

Ausgehend vom Abfragefenster aktivieren Sie das Menü **Abfrage** und wählen hier den Befehl **Ausführen**. Alternativ können Sie oft auch direkt aus dem Menü **Ansicht** den Befehl **Datenblatt** wählen.

Nutzung der Symbolleiste:

Symbol für Datemblatt

Symbol für Ausführen

Im Abfragefenster befindet sich unterhalb der Menüleiste eine eigene Symbolleiste. Zur Aufgabenlösung müssen Sie entweder auf das links abgebildete Symbol für Datenblatt oder auf das ebenfalls links gezeigte Symbol für Ausführen in der Symbolleiste klicken.

In allen Fällen ist das Ergebnis der Anzeige am Bildschirm gleich. Sie erhalten das Abfrageergebnis in Form einer *Datenblattansicht* angezeigt. Weitere Ansichten, die später noch deutlich werden, sind die *Entwurfsansicht*, die *SQL-Ansicht* und die *Seitenansicht*.

Im Beispielfall müßte sich die folgende Anzeige ergeben, wenn die Vollbildeinstellung gewählt wird:

6   Abfragen definieren und ausführen

Bild 6-5:
Anzeige des
Abfrageergebnisses

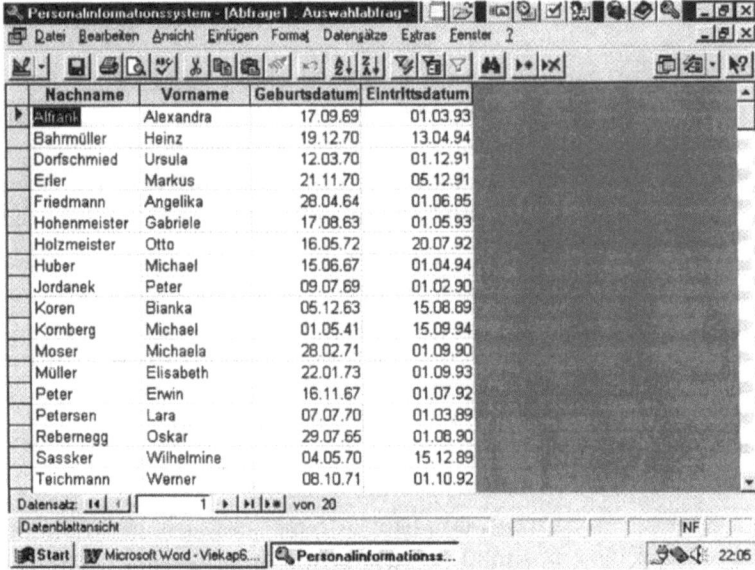

Wollen Sie das Abfrageergebnis direkt drucken, müssen Sie aus dem Menü **Datei** den Befehl **Drucken** aufrufen. Es erscheint dann das Dialogfeld „Drucken", aus dem heraus Sie durch Klicken auf die Schaltfläche <OK> den Druckvorgang auslösen können.

Durch einen Mausklick auf das Entwurfssymbol gelangen Sie wieder in den QBE-Bereich. Sie können dann dort Modifikationen am Abfrageentwurf vornehmen, die Abfrage als Objekt speichern, die Abfrageergebnisse drucken oder wieder weitere Abfragen neu entwerfen.

6.3.3   Auswahlabfrage speichern

Soll eine Abfrage immer wieder verwendet werden, müssen Sie den Abfrageentwurf als Standard speichern. Vorgehensweise:

1. Menüpunkt **Datei** aktivieren
2. Befehl **Speichern unter/Exportieren** wählen (oder in der Symbolleiste auf die Schaltfläche für Speichern klicken)
3. Abfragenamen eingeben; z. B. *Mitarbeiterliste*

6.3 Auswahlabfragen erzeugen und verwenden

Bild 6-6:
Abfrage speichern

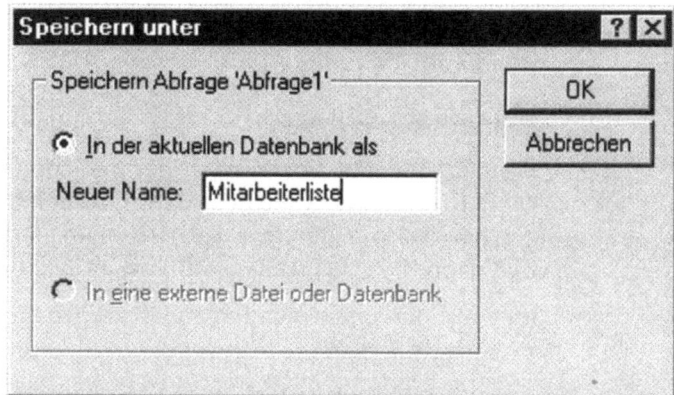

4. Befehl ausführen durch Klicken auf <OK>

Ergebnis der Speicherung ist, daß der Abfragename in der Liste des Datenbankfensters erscheint.

Zu beachten sind folgende **Hinweise:**

- Der **Name für eine Abfrage** kann bis zu 64 Stellen umfassen. Auch Leerstellen sind möglich. Vergeben Sie möglichst einen beschreibenden Namen. Denken Sie außerdem daran, daß eine Abfrage nicht den gleichen Namen haben darf wie eine Tabelle Ihrer Datenbank. Sollten Sie einen gleichen Namen vergeben, erfolgt zunächst die Abfrage, ob die vorhandene Tabelle überschrieben werden soll.

- In ACCESS wird nur der **Entwurf der Abfrage** gespeichert, nicht das Dynaset (das Ergebnis). Die Abfrageergebnisdaten stehen lediglich zum Zeitpunkt der Abfrageausführung in einer internen Tabelle.

- Im **Dynaset** können Sie allerdings Daten ändern, die dann in die zugrundeliegende Tabelle übernommen werden. Umgekehrt werden natürlich auch Änderungen in der Ursprungstabelle automatisch in das Abfrageergebnis (Dynaset) übernommen.

Wollen Sie die Entwicklungsarbeiten mit Abfragen beenden, kann das Abfragefenster schließlich per Doppelklick auf dem Systemmenü wieder geschlossen werden. Ist noch keine Speicherung erfolgt oder wurde zuvor eine Änderung am Entwurf vorgenommen, fragt ACCESS, ob die Abfrage gespeichert werden soll. Sofern die Beantwortung durch Klicken auf <Ja> fortgeführt wird, erscheint ein weiteres Fenster, in welchem Sie den ge-

135

wünschten Abfragenamen eingeben können. Anderenfalls erfolgt die direkte Rückkehr zum Datenbankfenster.

6.3.4 Standardabfragen aufrufen

Standardabfragen stehen nach der Speicherung auf Knopfdruck wieder bereit. Dazu müssen Sie im Datenbankfenster die Abfrageschaltfläche markieren, auf den Namen der Abfrage klicken und dann die Schaltfläche <Öffnen> aktivieren.

Im einzelnen ergibt sich folgendes Vorgehen:
1. Register „Abfragen" markieren
2. Namen der aufzurufenden Abfrage wählen/markieren
3. Schaltfläche <Öffnen> anklicken

Danach wird dann die gewählte Abfrage automatisch ausgeführt und das Dynaset in der Datenblattansicht angezeigt. Ausgewiesen werden die jeweils neuesten Daten aus den zugrundeliegenden Tabellen.

Alternativ kann eine vorhandene Abfrage auch im Entwurfsmodus aufgerufen. Dies ist etwa dann interessant, wenn eine bereits bestehende komplexe Abfrage weiterentwickelt oder korrigiert werden soll. In diesem Fall müssen Sie im Datenbankfenster statt der Schaltfläche <Öffnen> auf die Schaltfläche <Entwurf> klicken. Es erscheint das Auswahlabfragefenster, und Sie können die gewünschten Modifikationen oder Erweiterungen vornehmen. Durch Aufruf des Menüs **Datei** und Wahl des Befehls **Speichern unter/Exportieren** kann eine modifizierte Abfrage unter einem neuen Namen gespeichert werden.

Checkliste:

Aktivität 1:
Neue Auswahlabfrage definieren

Vorgehensweise für das Erzeugen von Abfragen
1. Wählen Sie als Ausgangspunkt das Datenbankfenster
2. Aktivieren Sie im Datenbankfenster das Register „Abfragen"
3. Auf die Schaltfläche <Neu> klicken
4. Variante „Entwurfsansicht" bestätigen
5. Tabelle bzw. Tabellen/Abfragen durch Mausklick auf den zutreffenden Namen auswählen
6. Schaltfläche <Hinzufügen> anklicken
7. Schaltfläche <Schließen> wählen
8. Abfragedefinitionen vornehmen

6.3 Auswahlabfragen erzeugen und verwenden

9. Abfrage durch Mausklick auf das Symbol für Ausführen testen.

Hinweis: Nach Markierung des Registers „Abfragen" werden alle schon vorhandenen Abfragen in einem Auswahlfenster angeboten.

Aktivität 2:
Abfrageergebnisse anzeigen

Öffnen Sie die Abfrage, und lassen Sie sich die Abfrageergebnisse anzeigen. Ansichtsvarianten sind:
- *Datenblattansicht* (über das Menü **Ansicht**)
- *SQL-Ansicht* (über das Menü **Ansicht**) oder der
- *Seitenansicht* (über das Menü **Datei**).

Aktivität 3:
Abfrage speichern

Um den Abfrageentwurf als Standard zu speichern, wählen Sie aus dem Menü **Datei** den Befehl **Speichern unter/Exportieren**. Die vergebenen Namen für Standardabfragen erscheinen später im Datenbankfenster/Regiezentrum des Datenbankprogramms.

Aktivität 4:
Standardabfragen aufrufen

Standardabfragen stehen nach der Speicherung auf Knopfdruck wieder bereit. Dazu müssen Sie im Datenbankfenster die Abfrageschaltfläche markieren und auf den Namen der Abfrage klikken.

Arbeiten mit Abfragen: Teilaktivitäten

Auswahlabfragen definieren	• Felder auswählen • Sortierung festlegen • Auswahlkriterien eingeben
Abfrageergebnisse anzeigen/ausgeben	• Bildschirmansicht (Datenblatt) • Seitenansicht • Entwurfsansicht • SQL-Ansicht
Abfragen speichern	Speicherung unter einem Abfragenamen (bei Abfragen, die wiederholt verwendet werden
Abfragen abrufen	Aufruf durch Aktivierung des Abfragenamens

© E. Tiemeyer

6.3.5 Kriterien in Abfragen festlegen

Im bisherigen Beispiel wurden lediglich aus der gesamten Tabelle bestimmte Felder ausgewählt und die Inhalte dieser Felder von allen Datensätzen zur Anzeige gebracht. Oft ist aber auch eine gezielte Filterung der Datensätze gewünscht, so daß nur bestimmte Datensätze als Ergebnis erscheinen. Dies sollen Sie mit den folgenden Beispielen genauer kennenlernen.

Eine **Filterung von Informationen** kann sowohl
- nach textorientierten Merkmalen,
- nach numerischen Merkmalen als auch
- nach Zeit-/Datumsinformationen möglich sein.

Grundsätzlich ist zunächst in gleicher Weise vorzugehen, wie im ersten Abfragebeispiel beschrieben. Im Abfrageentwurfsfenster sind jetzt jedoch besondere Eintragungen in der Zeile "Kriterien" erforderlich. Dies können einfache Begriffe oder Zahlen sein aber auch komplexe Ausdrücke mit Bedingungen.

Editor-Schaltfläche

Zum Erstellen eines Ausdrucks können Sie diesen im QBE-Bereich entweder direkt eingeben oder den vorhandenen **Ausdrucks-Editor** verwenden. Letzterer erleichtert bei komplexeren Abfragen mitunter die Arbeit, da Sie damit die Komponenten des zu erzeugenden Ausdrucks einfach aus Listen wählen können. Aktivieren können Sie den Ausdrucks-Editor, indem Sie im QBE-Entwurfsbereich in die Zeile „Kriterien" klicken und dann bei der Symbolleiste auf die Editor-Schaltfläche klicken. Ergebnis ist das folgende Dialogfeld, wo Sie nun Text oder Zahlen eingeben bzw. Referenzen und andere Ausdruckselemente aus einer Liste wählen können:

Bild 6-7:
Ausdrucks-Editor

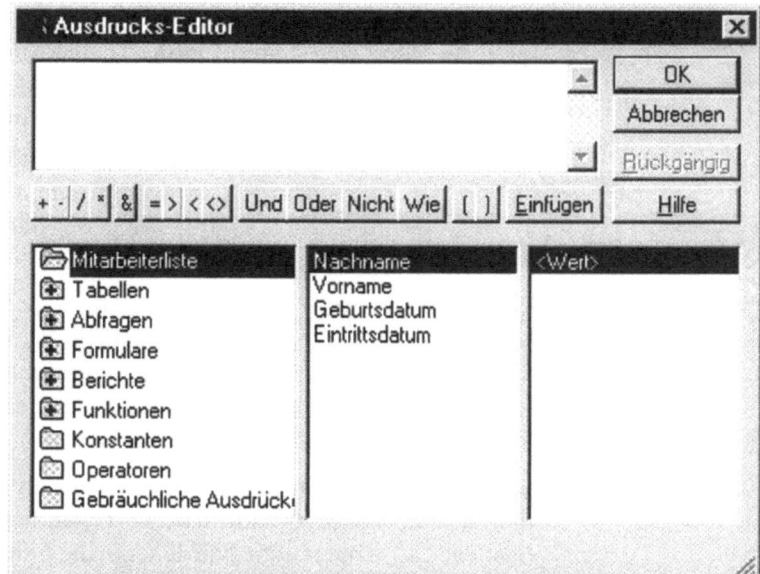

Für einfache Ausdrücke bietet sich jedoch eine Direkteingabe an. Dies geht im Regelfall schneller. Dabei müssen Sie jedoch beachten, daß abhängig vom Datentyp bestimmte Eingaberegeln zu beachten sind.

Ein Schlüssel für das Entwerfen von Abfragen ist die Kenntnis, wie Kriterien korrekt eingegeben und verwendet werden. Lernen Sie dies im folgenden genauer kennen!

Abfragefilter für Textinformationen

Ausgangsbeispiel: Die eingerichtete Datenbank PERSONAL.MDB soll dazu dienen, Auswertungen auf der Basis der Tabelle MITARBEITER vorzunehmen. Für Auswertungszwecke sollen zwei gesonderte Abfragen erzeugt werden:
- alle österreichischen sowie
- alle deutschen Mitarbeiter.

Hinweise:

- Auszuweisen sind folgende Felder: Nachname, Vorname, Länderkennzeichen, Ort. Es soll eine alphabetische Sortierung nach dem Nachnamen erfolgen.
- Speichern Sie die Abfragen, indem Sie jeweils folgende Namen vergeben:
  - Österreichische Mitarbeiter

Bei der ersten Aufgabenstellung sollen Sie die in Österreich ansässigen Mitarbeiter herausfiltern. Tragen Sie dazu zunächst im QBE-Bereich in der Feld-Zeile die gewünschten Spaltenbezeichnungen für die Ergebnisausgabe ein, oder übernehmen Sie diese: im Beispielfall Nachname, Vorname, Länderkennzeichen und Ort. In der Zeile *Anzeigen* wird dann automatisch ein Häkchen in dem Kontrollkästchen angezeigt, so daß der Inhalt dieser Spalten später auch ausgegeben wird.

Außerdem ist noch festzulegen, daß die Ausgabe nach dem Nachnamen sortiert werden soll. Klicken Sie deshalb in der Zeile *Sortierung* das Feld unterhalb von *Nachname* an, so daß der Listenfeldpfeil angezeigt wird. Klicken Sie diesen an, und wählen Sie die Sortierregel *Aufsteigend*.

Die Abfrageselektion kann dann in dem als Datentyp *Text* definierten Feld "Länderkennzeichen" vorgenommen werden. Wenn hier ein „A" eingetragen wurde, soll die Selektion erfolgen. Abfragetechnisch ist der jeweils gewünschte Abfragebegriff im Abfrageentwurf in der Zeile Kriterien einzutragen. Soll ein Datensatz genau einem bestimmten Merkmal entsprechen, reicht es aus, diesen in der Feldspalte einzugeben. Der Vergleichsoperator „=" muß nicht unbedingt gesetzt werden. Wichtig ist, daß außerdem grundsätzlich beim Feld „Kriterien" keine Unterscheidung zwischen Groß- und Kleinbuchstaben notwendig ist.

Im Beispielfall müssen Sie nach Festlegung der gewünschten Felder lediglich in der Spalte „Länderkennzeichen" noch die Eintragung „A" in der Zeile „Kriterien" vornehmen. Wenn Sie dann mit  oder per Mausklick auf ein anderes Feld gehen, werden automatisch Anführungszeichen hinzugefügt. Dies ist das Standardformat für einen Abfrageausdruck bei der Abfrage für Textinformationen.

Das Fenster muß nach Vornahme der Abfragedefinitionen das folgende Aussehen haben:

Bild 6-8:
Abfragedefinition

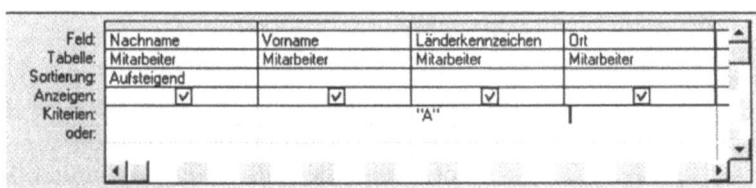

6.3 Auswahlabfragen erzeugen und verwenden

Danach kann dann eine unmittelbare Ergebnisanzeige (es müßten 4 österreichische Mitarbeiter gespeichert sein) sowie die Speicherung unter einem Abfragenamen erfolgen (beispielsweise „Österreichische Mitarbeiter").

In gleicher Weise können Sie noch die deutschen Mitarbeiter selektieren. Der Unterschied liegt lediglich darin, daß in der Spalte „Länderkennzeichen" bei Zeile „Kriterien" das Zeichen „D" einzutragen ist. Speichern Sie die Abfrage unter dem Namen „Deutsche Mitarbeiter".

Beachten Sie noch folgende **Eingaberegel**: Bei der Abfrage in **Zeichenfelder** wird - wie am Beispiel erläutert - der Abfragebegriff automatisch in Anführungszeichen gesetzt. Umfaßt ein Text allerdings mehrere Wörter, muß er schon bei der Eingabe in Anführungszeichen gesetzt werden.

Schließlich sei auch darauf hingewiesen, daß Sie übereinstimmende Datensätze auch daraufhin auswählen können, ob hierin Eintragungen enthalten sind oder nicht. Wenn Sie beispielsweise ein Feld mit der Bezeichnung „Telefax-Nummer" führen, können Sie durch die Eingabe der Ausdrücke „Nicht Null" oder „Null" nach Feldern suchen, die Werte enthalten bzw. keine Werte enthalten.

Folgende Varianten sind bei der Eingabe von Abfragefiltern für Textinformationen denkbar:

Eingaben	Wirkungen/Ergebnis
München	alle Datensätze mit dem Eintrag München
"B*"	alle Feldeinträge, die mit dem Buchstaben B beginnen
In ("München";"Nürnberg")	nur München und Nürnberg
Nicht "München"	alle außer München
Wie "[K-N]*"	alle Feldeinträge, die mit den Buchstaben K bis N beginnen

Abfragefilter für numerische Informationen

Ausgangsbeispiel: Herauszufinden sind alle Mitarbeiter, die
a) kinderlos sind und
b) Kinder haben.

141

Hinweise:

- Anzuzeigen sind die Felder „Nachname" und „Kinderzahl".
- Eine Sortierung ist nicht vorzunehmen.
- Eine Speicherung der Abfrage ist nicht vorzunehmen.

Bei dieser Aufgabenstellung sollen zunächst Mitarbeiter herausgefiltert werden, die keine Kinder haben. Die Abfragefilterung muß dazu in dem als Datentyp *Zahl* definierten Feld "Kinder" vorgenommen werden. Wenn hier eine 0 eingetragen wurde, soll die Selektion erfolgen.

Suchmerkmal ist in diesem Fall im Abfrageentwurfsfenster die Spalte „Kinder". Soll ein Datensatz genau einem bestimmten numerischen Merkmal entsprechen, ist dieses wiederum lediglich in der Feldspalte einzugeben. Der Vergleichsoperator „=" muß nicht unbedingt gesetzt werden. Im Beispielfall ist zunächst in der Zeile Kriterien der Wert 0 einzutragen. Nach Ausführung der Abfrage müßten die Mitarbeiter angezeigt werden, die kinderlos sind.

In einem zweiten Schritt sollen Sie dann eine Veränderung des Eintrags vornehmen. Sie sollen nun alle Mitarbeiter herausfiltern, die mindestens ein Kind haben. Jetzt muß in der Zeile „Kriterien" ein Bedingungsausdruck eingegeben werden, der vom Programm entsprechend geprüft wird.

Bedingungen werden meist in Form von Vergleichen formuliert, wozu verschiedene Vergleichsoperatoren benötigt werden. Beispiele für mit ACCESS mögliche Vergleiche zeigt die folgende Zusammenstellung:

Vergleichsoperatoren	Bedeutung	Beispiel
>	größer	7>2
>=	größer gleich	6>=6
<	kleiner	4<9
<=	kleiner gleich	1<=4
=	gleich	5=5
<>	ungleich	7<>8

Diese Operatoren benötigen Sie nun bei Bedingungsabfragen. Dabei wird ein Vergleichswert nicht direkt, sondern indirekt eingegeben, indem die Angabe in der Spalte erfolgt, in der der zu vergleichende Wert steht. Das Ergebnis des Vergleichs ist dann

6.3 Auswahlabfragen erzeugen und verwenden

entweder wahr oder nicht wahr, eine Zwischenlösung ist nicht denkbar.

Um alle Mitarbeiter, die Kinder haben, zu selektieren, ist bei der Spalte „Kinder" in der Zeile „Kriterien" die Eintragung >0 notwendig. Im Beispielfall hat das Fenster nach Vornahme der Abfragedefinitionen das folgende Aussehen:

Bild 6-9:
Abfrage nach numerischen Feldern

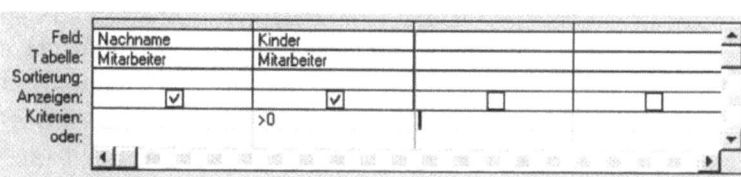

Nach Ausführung der Abfrage erscheint folgende Bildschirmanzeige:

Bild 6-10:
Ergebnis einer Auswahlabfrage nach numerischen Feldern

Nach Ausführung der Abfrage müßte also deutlich werden, daß der Bedingungssachverhalt für 9 Mitarbeiter zutrifft. Eine Speicherung ist im Beispielfall nicht vorgesehen.

Denkbare Varianten für Kriterieneingaben zu numerischen Feldern sind:

Eingaben	Wirkungen/Ergebnis
4500	alle Datensätze mit dem Eintrag 4500
>50000	alle Datensätze mit Einträgen größer 50000
>30000 UND <50000	zwischen 30000 und 50000

6 Abfragen definieren und ausführen

Beachten Sie folgenden **Hinweise** für das Eingeben von numerischen Informationen als Abfragefilter:

- Suchen Sie in einem Datensatzbereich (etwa alle Beträge zwischen 5000 und 10000), dann können Sie den Operator **Zwischen...Und** verwenden. In der zutreffenden Spalte ist folgende Eingabe notwendig: *Zwischen 5000 Und 1000*.

- Abfragefilter mit numerischen Kriterien sind möglich für die Felder vom Datentyp „Zahl", „Währung" oder „AutoWert". Grundsätzlich sind nur die Ziffern zu erfassen (unter Umständen noch ein Dezimal-Trennzeichen). Dagegen dürfen Sie bei der Eingabe Tausendertrennzeichen sowie Währungssymbole nicht verwenden.

Abfragefilter für Zeit-/Datums-informationen

Als weiteres kann eine Abfrage aufgrund von Datumseingaben erfolgen. Bei der Abfrage nach **Kalenderdaten** kann der Monat im Text- oder Zahlenformat eingegeben werden; beispielsweise 12.01.1996 oder 12. Januar 96 oder 12. Jan. 1996.

Ausgangsbeispiel:

Es sollen alle Mitarbeiter herausselektiert werden, die vor dem Jahr 1992 in die Firma eingetreten sind.

Hinweise:

- Anzuzeigen sind die Felder „Nachname" und „Eintrittsdatum".
- Eine Sortierung ist nicht vorzunehmen.
- Eine Speicherung der Abfrage ist nicht vorzunehmen.

Zur Lösung der Beispielanwendung ist das Entwurfsfenster in folgender Weise auszufüllen: <1.1.1992 ist in der Zeile „Kriterien" für die Spalte „Eintrittsdatum" einzugeben:

Bild 6-11:
Abfrage nach Datum

Feld:	Nachname	Eintrittsdatum			
Tabelle:	Mitarbeiter	Mitarbeiter			
Sortierung:					
Anzeigen:	☑	☑	☐	☐	
Kriterien:		<#01.01.92#			
oder:					

Zu beachten ist, daß das Zeichen #, das automatisch vor und hinter einem Datumswert gesetzt wird, sobald Sie die Eingabe mit ⏎ bestätigen oder den Fokus auf eine andere Spalte im Abfragefenster setzen, nicht eingegeben werden muß. Es dient im System ausschließlich dazu, um einen Eintrag als Datum zu kennzeichnen.

6.3 Auswahlabfragen erzeugen und verwenden

Folgende Varianten sind denkbar:

Eingaben	Wirkungen/Ergebnis
>31.12.1996	alles nach 1996
<=12. Jan. 1993	alles vor dem 13.01.93
Zwischen 15.01.95 und 30.03.95	alle Datensätze mit Datumsangaben zwischen dem 15.01.1995 und dem 30.03.1995, inclusive

Hinweise:

Es ist auch möglich, in Abfragen einen Bezug auf das aktuelle Datum vorzunehmen. Die Berücksichtigung des aktuellen Datums erfolgt über die Funktion Datum(). Wenn Sie etwa das Fälligkeitsdatum in einem Feld ermitteln lassen, können Sie in dieser Spalte bei Kriterien die Eingabe *Datum()* und so alle aktuell fälligen Lieferungen oder Zahlungen herausfinden lassen.

Mit dem aktuellen Datum können Sie auch Berechnungen vornehmen. Aus der Eingabe >*Datum()-30* kann etwa eine Abfrage nach einem Datum innerhalb der letzten 30 Tage erfolgen. Dies Beispiel zeigt, daß eine Bedingung nicht nur aus einem einfachen Ausdruck bestehen kann, sondern auch einen Ausdruck mit Rechenanweisungen enthalten kann.

Es ist möglich, daß das angezeigte Datumsformat nicht Ihren Vorstellungen entspricht. Es hängt grundsätzlich von Ihren generellen Windows-Einstellungen ab. Änderungen sind realisierbar, indem Sie die Windows-Systemsteuerung aufrufen und hier bei den Ländereinstellungen die gewünschten Formate festlegen.

Für die Abfrage in „Ja/Nein-Feldern" sind folgende Varianten denkbar:

Eingaben	Wirkungen/Ergebnis
Ja bzw. Wahr bzw. Ein	sucht nach einem Ja-Wert in Ja-/Nein-Feldern
Nein bzw. Falsch bzw. Aus	sucht nach einem Nein-Wert in Ja-/Nein-Feldern

Abfragen mit kombinierten Bedingungen

In den vorhergehenden Beispielen haben Sie bereits kennengelernt, daß Abfragen auch über Bedingungsausdrücke realisiert

6 Abfragen definieren und ausführen

werden können. Abhängig davon, ob sich aus dem Bedingungsvergleich die Antwort wahr oder falsch ergibt, wird eine entsprechende Ergebnisausgabe vorgenommen. In allen Fällen wurde nur eine einzige Bedingungsprüfung vorgenommen. Dies kann jedoch auch in Kombination vorkommen, wie die folgenden Beispiele zeigen.

Ausgangsbeispiel: Herauszufinden sind bestimmte Mitarbeiter durch Vergleichsoperationen nach verschiedenen Kriterien:

a) alle österreichischen Mitarbeiter, die keine Kinder haben.

b) alle Mitarbeiter, die Österreicher sind oder keine Kinder haben.

Auszuweisen sind in beiden Fällen die Felder „Nachname", „Ort", „Kinder" sowie „Länderkennzeichen".

Und-Verbindung Nach Herausfinden aller österreichischen Mitarbeiter, die keine Kinder haben, sollte sich das folgende Abfrageergebnis einstellen:

Bild 6-12:
Ergebnis einer kombinierten Abfrage

Nachname	Ort	Kinder	Länderkennzeichen
Holzmeister	Salzburg	0	A
Müller	Graz	0	A

Im Beispielfall enthält die Abfrage nun zwei Bedingungen. Zum einen muß der Mitarbeiter aus Österreich stammen. Dies wird ermittelt durch die Abfrage des Länderkennzeichens auf den Buchstaben A. Zum anderen sollen nur die Mitarbeiter angezeigt werden, die keine Kinder haben; also in der Spalte „Kinder" den Wert 0 aufweisen. Der Abfrageentwurf bei dieser zusammengesetzten Bedingung müßte also folgendes Aussehen haben:

Bild 6-13:
Beispiel einer Und-Verbindung

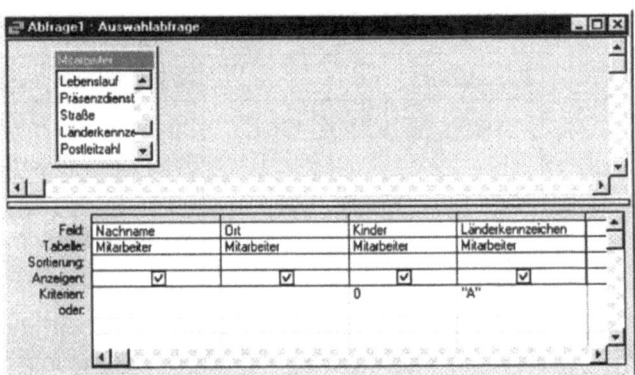

146

6.3 Auswahlabfragen erzeugen und verwenden

Im Beispielfall liegt eine sogenannte *Und-Verbindung* vor. Da die Bedingungen bei dem Kriterienbereich in derselben Zeile eingetragen werden, werden all die Datensätze herausgesucht, die beide Bedingungen erfüllen. Die Gesamtbedingung besteht also aus zwei Teilbedingungen, die durch das logische UND miteinander verbunden sind.

Merke: Als Ergebnis werden bei einer Und-Verbindung nur die Datensätze angezeigt, die beide Bedingungen erfüllen.

Hinweis: Sind die Teilbedingungen auf nur eine QBE-Spalte bezogen, müssen Sie diese in der zutreffenden Kriterienspalte eintragen und durch die Eingabe von UND miteinander verbinden.

Oder-Verbindung

Im Beispielfall b) müßten also wieder zwei Bedingungen beachtet werden: Es sollen alle Mitarbeiter herausgefiltert werden, die Österreicher sind oder keine Kinder haben. Folgendes Abfrageergebnis sollte sich ergeben:

Bild 6-14:
Oder-Verbindung

Zum einen sollen alle Datensätze herausgesucht werden, bei denen in der Spalte „Kinder" der Eintrag 0 vorliegt. Zum anderen sind aber auch die Sätze auszugeben, in denen in der Spalte „Länderkennzeichen" der Eintrag A enthalten ist. Ein Datensatz ist also anzuzeigen, wenn eine oder auch beide Teilbedingungen erfüllt sind. Die Gesamtbedingung besteht also aus zwei Teilbedingungen, die durch ODER zu verbinden sind.

Übertragen auf die Aufgabenstellung kann folgende Bedingungstafel gelten:

6 Abfragen definieren und ausführen

Kinderzahl	Länderkennzeichen	Satzanzeige
0	A	ja
0	nicht A	ja
>0	A	ja
>0	nicht A	nein

Bei einer ODER-Verbindung braucht jeweils nur eine Teilbedingung erfüllt zu sein, damit die Gesamtbedingung erfüllt ist. Wie die Oder-Verknüpfung von Teilbedingungen im QBE-Bildschirm erfaßt wird, zeigt für den Beispielfall die folgende Abbildung:

Bild 6-15:
Beispiel einer Oder-Verbindung

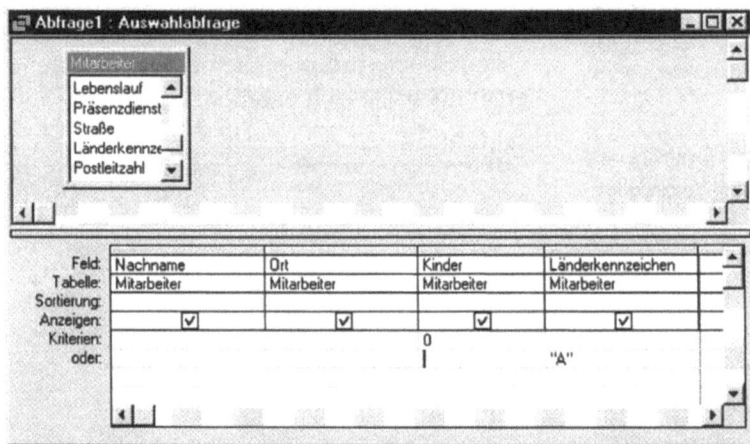

Die Abbildung zeigt, daß eine Bedingung in der *Kriterien*-Zeile einzutragen ist. Die weiteren Bedingungen, die durch ODER miteinander verbunden sind, müssen dann in der *oder-Zeile* vermerkt werden.

Hinweis: Sind die Teilbedingungen auf nur eine QBE-Spalte bezogen, können Sie diese in der zutreffenden Kriterienspalte eintragen und durch die Eingabe von ODER miteinander verbinden. Alternativ können Sie jedoch die zweite Bedingung auch in der oder-Zeile eintragen.

Abfragen mit Platzhaltern

Ein weiterer Wunsch in Verbindung mit Abfragen kann darin bestehen, mit sogenannten Platzhaltern bei der Formulierung der Abfragekriterien zu arbeiten. Dies ist etwa dann interessant, wenn man in einem bestimmten Bereich suchen möchte; beispielsweise alle Personen aus einem Postleitzahlgebiet.

6.3 Auswahlabfragen erzeugen und verwenden

Ausgangsbeispiel: Es sollen alle deutschen Mitarbeiter herausgefiltert werden, die im Postleitzahlgebiet 7 ansässig sind.

Im Beispielfall handelt es sich um eine Und-Verbindung. Zum einen muß bei der Abfrage geprüft werden, ob es sich um einen deutschen Mitarbeiter handelt. In der Spalte „Länderkennzeichen" muß also ein D enthalten sein. Darüber hinaus soll in der Spalte „Postleitzahl" die gespeicherte Postleitzahl mit 7 beginnen. Entsprechend den bereits unter DOS üblichen Jokerregeln genügt dafür die Angabe "7*".

Bild 6-16:
Abfrage mit Platzhaltern

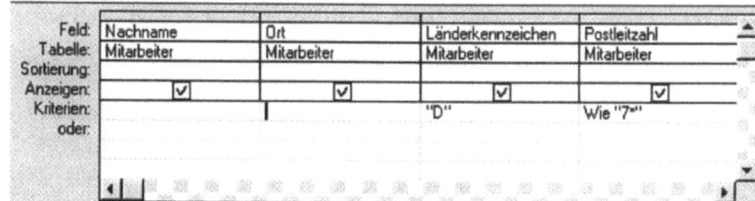

Im Beispielfall wurde in der Spalte „Postleitzahl" lediglich 7* eingegeben. Nach der Übernahme übersetzt das System den Eintrag automatisch in **Wie** "7*". Das hinzugefügte Schlüsselwort *Wie* leitet eine Abfrage gemäß einem sogenannten Vergleichsmuster ein. Das hier vereinbarte Muster beginnt mit 7 und läßt anschließend alle beliebigen Zeichen zu. Das wird durch das Sternchen festgelegt. Dies steht für eine beliebige Zeichenfolge an der Position des Sternchens.

Ein anderer Platzhalter ist das Fragezeichen. Es steht für ein einzelnes Zeichen an der Position, an der das Fragezeichen gesetzt wird.

Folgende Beispiele sollen die Anwendung von Platzhaltern bei Nachnamen bzw. beim Eintrittsdatum in der Tabelle MITARBEITER veranschaulichen:

Eingaben	**Anzeige**	**Wirkungen/Ergebnis**
Frie?mann	Wie "Frie?mann"	Friedmann
H*	Wie "H*"	Holzmeister Hohenmeister
*meister	Wie "*meister"	Holzmeister Hohenmeister
ll	Wie "*.ll*"	Müller Holzmüller
..1996	Wie "*.*.1996"	alle Eintrittsdaten des Jahres 1996

 **Hinweis:** Bedenken Sie, daß Sie Platzhalter nur bei Text- und Datumsfeldern verwenden können.

6.3.6 Abfragen über mehrere Tabellen erstellen

Abfragen können auch tabellenübergreifend formuliert werden. Voraussetzung dazu ist, daß die Daten der Tabellen in einer Beziehung zueinander stehen. Sofern zwischen zwei Tabellen kein direktes Bindeglied besteht, ist mitunter ein Umweg über eine zwischengeschaltete Tabelle möglich.

Ausgangsbeispiel: Abfrage über mehrere Tabellen erstellen

Sie wollen wissen, welche Hardware/Geräte den jeweiligen Mitarbeitern zugeordnet sind. Lösungshinweise:

Die Ausgabe soll folgende Felder enthalten:
- Nachname des Mitarbeiters,
- Gerätetyp,
- Gerätebezeichnung und
- Einkaufswert.

Speichern Sie die Abfrage unter dem Namen „Hardwareliste je Mitarbeiter".

Zur Lösung des Anwendungsbeispiels werden Daten aus zwei Tabellen benötigt: der Tabelle MITARBEITER und der Tabelle HARDWARE. Beide sind bereits verknüpft über ein gemeinsames Datenfeld "Personalnummer".

Ausgehend vom Datenbankfenster müssen Sie zunächst das Register für das Abfrageobjekt aktivieren und dann die Schaltfläche <Neu> anklicken. Danach sind die Option „Entwurfsansicht" zu bestätigen und in dem dann angezeigten Dialogfeld „Tabelle anzeigen" mehrere Tabellen auszuwählen. Die Auswahl der entsprechenden Tabellen erfolgt wieder jeweils mit einem Mausklick und anschließendem Klick auf die Schaltfläche <Hinzufügen>. Haben Sie alle Tabellen oder Abfragen ausgewählt, dann verlassen Sie das Dialogfeld mit einem Klick auf die Schaltfläche <Schließen>.

Ergebnis: ACCESS zeigt die Verknüpfungen zwischen den Tabellen mit Linien an (Verbindung zwischen den beiden verknüpften Schlüsselfeldern) und weist auf die Art der Beziehung hin. Die Symbole an den Enden der Verknüpfungslinien stehen für "eine" bzw. "viele". So kann im Beispielfall ein Mitarbeiter über mehrere Geräte verfügen. Aus diesem Grund zeigt die Ver-

6.3 Auswahlabfragen erzeugen und verwenden

knüpfungslinie hier eine "Eins-zu-viele"-Beziehung (1:N-Beziehung) zwischen den Mitarbeiterdatensätzen und den Hardware-Datensätzen an.

Haben Sie Ihre ausgewählten Tabellen noch nicht verknüpft, so gestattet ACCESS, dies nachzuholen, oder das Programm stellt die Verbindung sogar automatisch her, wenn zwei Tabellen Ihrer Abfrage jeweils ein Feld mit demselben Namen und Datentyp enthalten. Eines der Verknüpfungsfelder muß außerdem als Primärschlüssel definiert sein. Bei der automatischen Verknüpfung wird die Verbindungslinie ebenfalls angezeigt. Die Symbole für „ein" und „viele" werden dann allerdings nicht ausgewiesen, da ja die referentielle Integrität jetzt nicht gegeben ist.

Um direkt die gewünschte Verbindung selbst zu organisieren, ziehen Sie mit der Maus einfach eine Linie zwischen den Feldern, die Sie verknüpfen wollen. Damit ist die Verbindung zwischen den beiden Tabellen auf logischer Ebene hergestellt. Sie gilt allerdings nur für die aktuell in Bearbeitung befindliche Abfrage.

Liegen die gewünschten Beziehungen im Entwurfsfenster vor, können Sie die Felder korrekt ausfüllen. So müssen Sie jetzt aus den Tabellen im oberen Bereich die Feldnamen in den unteren QBE-Bereich übertragen, so daß sich die folgende Bildschirmanzeige ergibt:

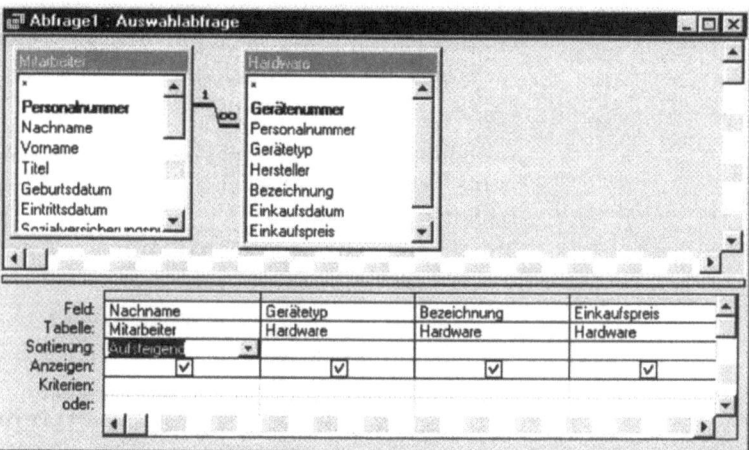

Bild 6-17:
Abfrage über zwei Tabellen

Schauen Sie sich das Ergebnis der Abfrage an. Klicken Sie dazu entweder auf das Symbol für die Datenblattansicht oder wählen Sie aus dem Menü **Ansicht** den Befehl **Datenblatt**. Ergebnis:

6 Abfragen definieren und ausführen

Bild 6-18:
Ergebnis einer verknüpften Abfrage

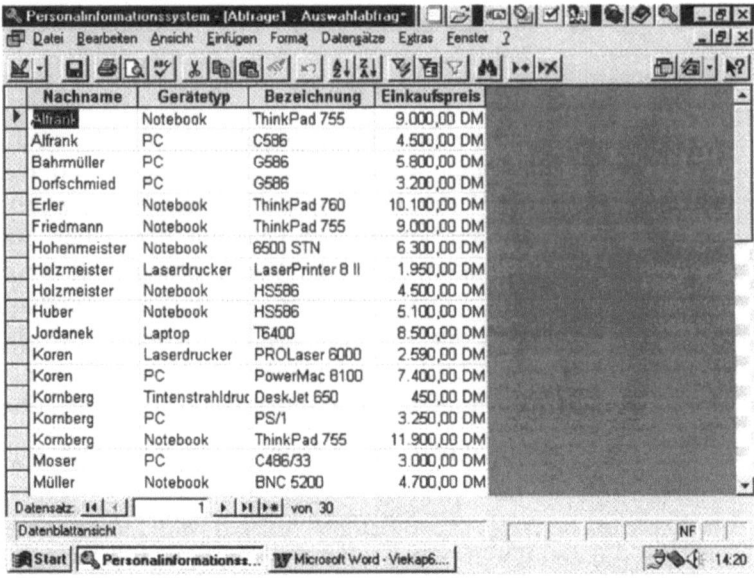

Speichern Sie die Abfrage unter dem Namen „Hardwareliste je Mitarbeiter". Schließen Sie danach das Fenster, so daß eine Rückkehr zum Datenbankfenster erfolgt.

Hinweis: Sie können auch den Feldnamen im Abfragedatenblatt umbenennen. Wenn Sie beispielsweise statt „Bezeichnung" ausführlicher die Spaltenüberschrift „Gerätebezeichnung" erhalten wollen, ist folgendermaßen vorzugehen: Klicken Sie im QBE-Entwurfsbereich links vom ersten Buchstaben des zu ändernden Feldnamens. Geben Sie dann den gewünschten neuen Feldnamen und einen Doppelpunkt ein, so daß sich folgender Eintrag ergibt: *Gerätebezeichnung:Bezeichnung*.

Zusammenfassend ist ausgehend vom Datenbankfenster das folgende Vorgehen notwendig, um eine Abfrage über mehrere Tabellen zu erstellen:

1. Register „Abfragen" anklicken
2. Schaltfläche <Neu> aktivieren
3. Option „Entwurfsansicht" bestätigen
4. Erste Tabelle auswählen; hier MITARBEITER
5. Schaltfläche <Hinzufügen> anklicken
6. Weitere Tabelle auswählen; hier HARDWARE
7. Schaltfläche <Hinzufügen> anklicken
8. Schaltfläche <Schließen> wählen
9. Felder in den unteren QBE-Bereich übernehmen
10. Auswahl treffen, Kriterien angeben

152

6.4 Besondere Optionen bei Abfragen nutzen

Danach kann dann die Abfrage getestet, gespeichert oder ausgegeben werden.

Hinweis: In der Entwurfsansicht für Abfragen können Sie Verknüpfungslinien aktivieren oder deaktivieren. In Vorgängerversionen zeigte ACCESS in der Entwurfsansicht für Abfragen automatisch alle Verknüpfungslinien zwischen Tabellen an. Dabei wurden Felder gleichen Namens und Datentyps automatisch verbunden, auch wenn zwischen den Tabellen noch keine Beziehungen definiert waren. Mit der neuen Einstellung unter **Extras/Optionen** können Sie diese Funktion deaktivieren, wenn Sie keine automatischen Verknüpfungen wünschen.

6.4 Besondere Optionen bei Abfragen nutzen

6.4.1 Abfragen mit berechneten Feldern

Mitunter kann es gewünscht sein, daß Abfragen formuliert werden, in denen vom Programm Berechnungen vorgenommen werden. Auch dies ist mit ACCESS möglich. Der Vorteil: Sie können damit innerhalb einer Abfrage aus den vorhandenen Daten neue Informationen berechnen lassen. Sie sind damit bei Abfragen nicht nur auf die Felder aus der zugrundeliegenden Tabelle oder Abfrage beschränkt.

Aufgabe: Abfrage mit berechneten Feldern erstellen

Sie möchten sehen, wie sich eine Gehaltserhöhung von 4 % bei den Mitarbeitern im Budget auswirkt. Als Ergebnis wird folgende Bildschirmanzeige:

Bild 6-19:
Tabelle mit berechneten Feldern

Nachname	Stellenbezeichnung	Monatslohn	Neulohn
Friedmann	Geschäftsführer	8.600 DM	8.944,00 DM
Wolf	Kundenberater	4.700 DM	4.888,00 DM
Petersen	Sekretärin	2.400 DM	2.496,00 DM
Koren	Marketing	5.200 DM	5.408,00 DM
Sassker	Sekretärin	1.900 DM	1.976,00 DM
Jordanek	Anwendungsentwickler	4.700 DM	4.888,00 DM
Ulrich	Kundenberater	4.700 DM	4.888,00 DM
Rebernegg	Kundenberater	4.700 DM	4.888,00 DM
Moser	Leiter Rechnungswesen	6.100 DM	6.344,00 DM
Dorfschmied	Entwicklungschef	6.100 DM	6.344,00 DM
Erler	Buchhalter	4.700 DM	4.888,00 DM
Peter	Assistent der Geschäftsleitung	7.000 DM	7.280,00 DM
Holzmeister	Geschäftsstellenleiter	7.000 DM	7.280,00 DM
Teichmann	Kundenberater	5.200 DM	5.408,00 DM
Hohenmeister	Kundenberater	5.200 DM	5.408,00 DM
Müller	Organisator	5.200 DM	5.408,00 DM
Alfrank	Sekretärin	1.900 DM	1.976,00 DM
Huber	Anwendungsentwickler	3.500 DM	3.640,00 DM

Aus der gewünschten Lösung wird deutlich, daß mit *Neulohn* ein neuer Spaltenname eingeführt wurde. Die darin enthaltenen Werte wurden nicht in einer Ursprungstabelle eingegeben, sondern resultieren aus Berechnungen.

Zur Lösung der beschriebenen Problemstellung müssen Sie zunächst eine neue Abfrage erzeugen, die auf den Tabellen MITARBEITER, STELLE und DIENSTVERTRAG basiert. Sind die Tabellen im Abfrageentwurfsfenster vorhanden und korrekt miteinander verknüpft, können die Felder übernommen werden, die in den Tabellen vorhanden sind. Dies sind im Beispielfall die Felder *Nachname, Stellenbezeichnung, Grundlohn*.

Anschließend müssen Sie ein neues Feld mit dem Namen *Neulohn* einrichten. Klicken Sie zu diesem Zweck in der *Feld*-Zeile des QBE-Fensters, und nehmen Sie in einer neuen Spalte folgende Eintragung vor:

Neulohn:ZCurrency([Grundlohn]*1,04)

Die Auswahlabfrage hat danach folgendes Aussehen:

Bild 6-20:
Abfrage mit Berechnungen

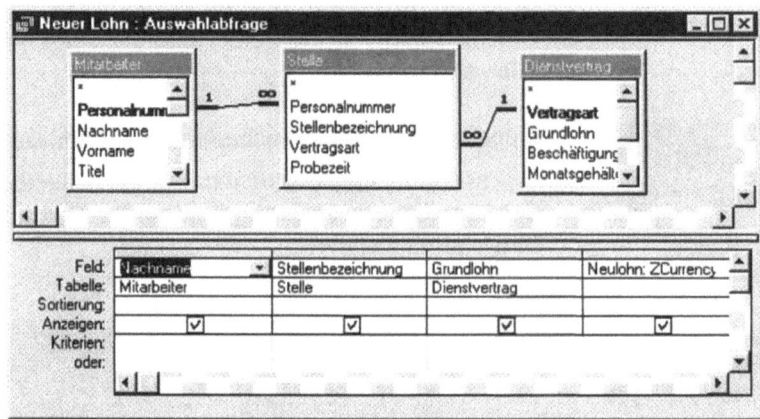

Führen Sie die Abfrage aus, indem Sie die Datenblattansicht wählen. Sie sehen nun das gewünschte Ergebnis. Es zeigt, daß Sie eine Abfrage mit einer Berechnung des neuen Gehalts erstellt haben.

Noch einige Hinweise zu der im Beispielfall vorliegenden Besonderheit der Vornahme von Berechnungen. Aus der vorhergehenden Abbildung ist ersichtlich, daß die Eintragung im berechneten Feld hier nur teilweise zu erkennen ist, da die dynamische Erweiterung des Eingabefeldes nicht mehr sichtbar ist.

6.4 Besondere Optionen bei Abfragen nutzen

Um einen umfangreicheren Ausdruck, der über die Standardbreite hinausgeht, erkennen zu können, haben Sie einmal die Möglichkeit, die Spaltenbreite zu verändern. Dazu ist der Mauszeiger am oberen Rand der Feld-Zeile auf die Trennlinie zu setzen, so daß sich der Mauszeiger in ein Kreuz ändert. Jetzt können Sie per Drag & Drop - Technik die Spaltenbreite vergrößern oder verkleinern.

Eine andere Möglichkeit, längere Ausdrücke, die im QBE-Bereich nicht vollständig erkennbar sind, sehen zu können, besteht im Öffnen des sogenannten Zoom-Fensters. Dazu müssen Sie in der Feld-Zeile die Tastenkombination [⇧]+ [F2] betätigen. Es öffnet sich dann die Dialogbox *Zoom* und bietet den gesamten Ausdruck zur Betrachtung oder zur Bearbeitung an. Im Beispielfall ergibt sich die folgende Bildschirmanzeige:

Bild 6-21:
Zoom-Fenster

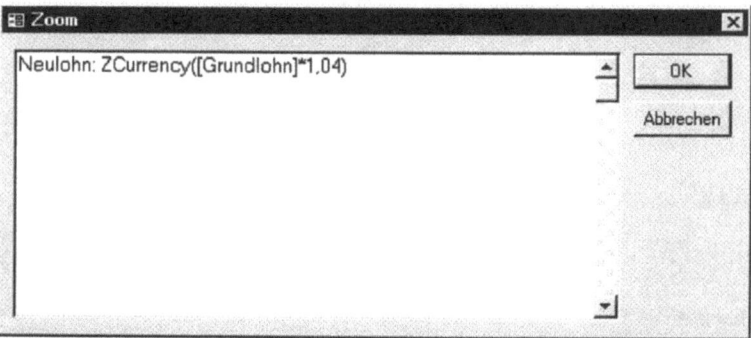

Jetzt noch einige Hinweise zur eingegebenen Formel. Als formale **Regeln zur Formulierung der Berechnungsanweisung** sind zu beachten:

- Bei berechneten Feldern muß ein Ausdruck in der Zeile „Feld" eingegeben werden, der folgenden formalen Aufbau hat:
  - gewünschter Feldname
  - Doppelpunkt
  - Berechnungsvorschrift
- Im Berechnungsausdruck
  - können die üblichen mathematischen Operatoren verwendet werden,
  - müssen Feldnamen in eckige Klammern gesetzt werden; Beispiel: <Grundlohn>

6 Abfragen definieren und ausführen

Aus der Beispielformel wird ersichtlich, daß eine Variable vorhanden ist, nämlich die Variable *Grundlohn*, die in eckigen Klammern gesetzt wurde. Außerdem sind in einer Berechnungsformel auch Konstanten zugelassen; im Beispielfall 1,04 zur Ermittlung des um 4 % erhöhten neuen Grundlohns.

Die grundlegende Formel würde somit lauten:

Neulohn:[Grundlohn]*1,04

Sie haben weiterhin die Möglichkeit, das Ergebnis gezielt zu formatieren. So können Sie beispielsweise mit der ZCURRENCY-Funktion erreichen, daß die berechneten Werte im Währungsformat ausgegeben werden. Der Funktionsbegriff ZCURRENCY ist vor der eigentlichen Formel zu setzen und dann mit runden Klammern "einzukleiden".

Hinweis: ACCESS ermöglicht beim Aufbau von Formeln auch verkettete Berechnungen. So kann man bei der Entwicklung von Berechnungsformeln auf vorhergehende Berechnungen zurückgreifen. Wichtig ist, daß das Programm die Spalten von links nach rechts bearbeitet. Deshalb ist zu beachten, daß die QBE-Spalten in der entsprechenden Reihenfolge belegt sein müssen.

6.4.2 Auswertungen in Abfragen

Mitunter kann es gewünscht sein, daß Abfragen formuliert werden, in denen auch Auswertungen erfolgen.

Beispiel:
- Wie hoch war der gesamte Einkaufswert der Hardware?
- Welchen Gesamtwert hat der installierte Gerätebestand am Arbeitsplatz eines Mitarbeiters?

Auch diese Auswertungen sind mit ACCESS möglich. So können Sie mit ausgewählten Funktionen Berechnungen an Gruppen von Daten durchführen und sich die Berechnungsergebnisse anzeigen lassen.

Voraussetzung dazu ist, daß der Funktionsaufruf eingeschaltet ist; im Abfragefenster etwa durch Wahl des Befehls **Funktionen** aus dem Menü **Ansicht**. Folgende Grundfunktionen stehen dazu zur Verfügung:

Auswertungsfunktionen	Ergebnis
Summe	Summe aller Werte in einer Spalte. Diese Funktion ist anwendbar auf Spalten vom Typ Zahl, Währung und Datum.
Mittelwert	Durchschnittlicher Wert aller Werte in einer Spalte.

156

6.4 Besondere Optionen bei Abfragen nutzen

Auswertungsfunktionen	Ergebnis
Min	Niedrigster Wert in einer Spalte.
Max	Höchster Wert in einer Spalte.
Anzahl	Anzahl der Einträge in einer Spalte (Nullwerte werden übergangen). Diese Funktion ist auf alle Datentypen anwendbar.
StdAbw	Standardabweichung. Sie ist nicht anwendbar auf Textvariablen.
Varianz	Varianz (= Quadrat der Standardabweichung).
Erster Wert	Der Feldwert des ersten Datensatzes wird ermittelt.
Letzter Wert	Der Feldwert des letzten Datensatzes wird ermittelt.
Ausdruck	Die auszuwertenden Werte ergeben sich aus einer Formel, die in der Zeile Feld eingetragen ist.
Bedingung	Damit wird es möglich, bei der Gruppenbildung Bedingungen zu berücksichtigen.

Sie sehen also, daß nicht nur eine Summenbildung möglich ist, sondern auch andere statistische Auswertungen. So können Sie sich beispielsweise aus der Tabelle „Mitarbeiter" die Gesamtzahl aller Mitarbeiter anzeigen lassen, oder aus der Tabelle „Hardware" das Geräte mit dem höchsten Einkaufswert.

Aufgabe: Auswertungen in Abfragen

Es ist der gesamte Wert der Geräteinstallation pro Mitarbeiter festzustellen. Auszuweisen sind der Name des Mitarbeiters sowie der Hardwarewert je Mitarbeiter.

Nachname	Summe von Einkaufspreis
Alfrank	13500
Bahrmüller	5800
Dorfschmied	3200
Erler	10100
Friedmann	9000
Hohenmeister	6300
Holzmeister	6450
Huber	5100

6 Abfragen definieren und ausführen

Nachname	Summe von Einkaufspreis
Jordanek	8500
Koren	9990
Kornberg	15600
Moser	3000
Müller	4700
Peter	4600
Petersen	2500
Rebernegg	10020
Sassker	9000
Teichmann	7800
Ulrich	12300
Wolf	3890

Speichern Sie die Abfrage unter dem Namen „Hardwarewert je Mitarbeiter".

Zunächst müssen Sie zur Lösung der Aufgabenstellung wieder eine Abfrage erstellen, die sich auf zwei Tabellen bezieht. Aktivieren Sie deshalb im Abfragefenster die beiden benötigten Tabellen MITARBEITER und HARDWARE. Ziehen Sie danach die beiden auszuweisenden Felder „Nachname" und „Einkaufspreis" in den Entwurfsbereich.

Schalten Sie die Zeile „Funktion" für den Abfragebereich ein, indem Sie das links abgebildete Summensymbol anklicken. Grundsätzlich wird jetzt der QBE-Bereich um die Zeile „Funktion" erweitert. Hier können Sie nun die Funktion eintragen oder auswählen, die aktiviert werden soll.

Grundsätzlich ist in der Zeile Funktion der Begriff **Gruppierung** eingetragen. Damit wird ausgedrückt, daß es sich um ein Gruppenfeld handelt. Alle Sätze, die in der Spalte denselben Inhalt aufweisen, bilden in ACCESS eine Gruppe. Da die Daten nach dem Mitarbeiternamen zusammengefaßt werden, muß bezogen auf die Spalte „Nachname" in der Zeile „Funktion" der Begriff „Gruppierung" erhalten bleiben.

Anders ist es beim Einkaufspreis. Tragen Sie beim Einkaufspreis den Begriff „Summe" in der Zeile „Funktion" ein. Es soll sich folgende Anzeige danach ergeben:

158

6.4 Besondere Optionen bei Abfragen nutzen

Bild 6-22:
Auswertungen in Abfragen

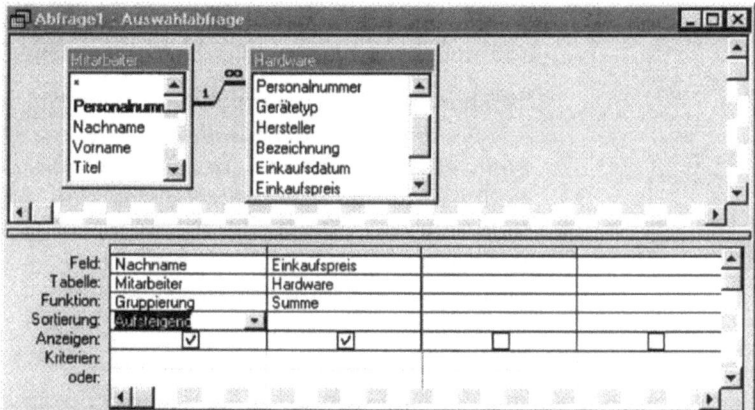

Wechseln Sie zur Ansicht des Dynasets. Sie sehen dann das gewünschte Ergebnis. Speichern Sie die Abfrage abschließend unter dem Namen „Hardwarewert je Mitarbeiter".

Hinweis: Neben der Auswertung ist ergänzend immer noch eine Festlegung von Auswahlkriterien möglich.

Beachten Sie außerdem, daß Sie das Abfrageergebnis je nach Bedarf sortieren können. So können Sie beispielsweise Datensätze in der Datenblattansicht in aufsteigender oder absteigender Reihenfolge sortieren. Dazu verwenden Sie die links abgebildeten Schaltflächen aus der Symbolleiste. In Vorgängerversionen konnten Sie eine Sortierreihenfolge nur in der Entwurfsansicht einer Abfrage festlegen. Die Sortierreihenfolge wird dann zusammen mit dem Datenblatt der Abfrage gespeichert.

6.4.3 Parameterabfragen

Mit einer Parameter-Abfrage haben Sie die Möglichkeit, bei jedem Ausführen einer Abfrage die Eingabe von Kriterien anzufordern. Wann ist dies sinnvoll? Mitunter kommt es vor, daß Sie die gleiche Auswahlabfrage ausführen und dabei jedesmal die Kriterien ändern müssen. Mit einer Parameterabfrage brauchen Sie in diesem Fall nicht jedesmal den Entwurfsbereich der Abfrage zu ändern, sondern ACCESS fordert Sie auf, die gewünschten Kriterien anzugeben. Dabei können Sie auch mehrere Parameter für ein Feld angeben.

Ausgangsbeispiel: Angenommen, Sie führen regelmäßig eine Abfrage aus, um eine Information darüber zu erhalten, welche Hard- und Software bei einem bestimmten Mitarbeiter installiert ist. Für diesen Zweck können Sie eine Parameter-Abfrage entwerfen, die bei jedem

Ausführen den Namen des jeweiligen Mitarbeiters anfordert. Sie soll unter dem Namen „HardSoft" gespeichert werden.

Bei herkömmlichen Vorgehen müßten Sie für jeden Mitarbeiter jeweils eine gesonderte Abfrage erstellen. Einfacher geht es mit einer Parameterabfrage, bei der Sie nur den Namen des betreffenden Mitarbeiters eingeben müssen, nicht aber die übrigen Elemente der Abfrage. Ein Parameter ist dabei eine unbestimmte Konstante, die im konkreten Fall mit einem Wert belegt wird. Im übertragenem Sinn bedeutet das bei einer Parameterabfrage, daß in ihr nicht ein bestimmter Vergleichswert, sondern eine Variable angegeben wird. Bei der Ausführung der Abfrage tippt der Benutzer dann den gewünschten Vergleichswert in der Variable ein. Das System durchsucht die entsprechende Spalte der angegebenen Tabelle nach dem Inhalt der Variablen und weist das Abfrageergebnis entsprechend aus.

Gehen Sie zur Aufgabenlösung folgendermaßen vor:

1. Erstellen Sie eine Auswahlauswahlabfrage, und ordnen Sie im Beispielfall die notwendigen Tabellen zu: MITARBEITER, HARDWARE, SOFTWARE und SOFTWAREBEZEICHNUNG.

2. Ziehen Sie in der Entwurfsansicht der Abfrage die Felder aus der Feldliste in den Entwurfsbereich; hier Nachname, Vorname, Gerätetyp, Bezeichnung (aus Hardware-Tabelle) und Bezeichnung (aus der Tabelle Softwarebezeichnung).

3. Geben Sie für jedes Feld, für das Sie Parameter verwenden möchten, in der Zeile Kriterien eine Eingabeaufforderung in eckigen Klammern ein; im Beispielfall <Mitarbeitername>. Diese Eingabeaufforderung wird später beim Ausführen der Abfrage an. Beachten Sie: Der Text der Eingabeaufforderung muß sich vom Feldnamen unterscheiden, kann diesen jedoch beinhalten.

Im Beispielfall ergibt sich folgende Darstellung:

6.4 Besondere Optionen bei Abfragen nutzen

Bild 6-23:
Parameterabfrage
(Beispiel)

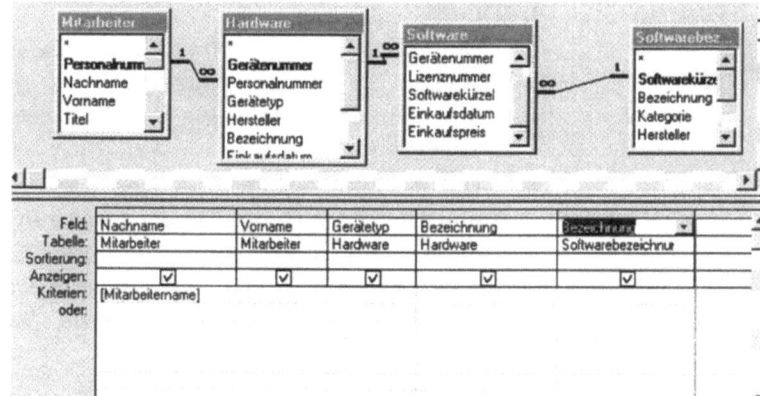

Bei der Ausführung der Abfrage öffnet das System ein Fenster, in das der Benutzer den Such- bzw. Vergleichsbegriff eingibt:

Bild 6-24:
Parameterwerte
eingeben

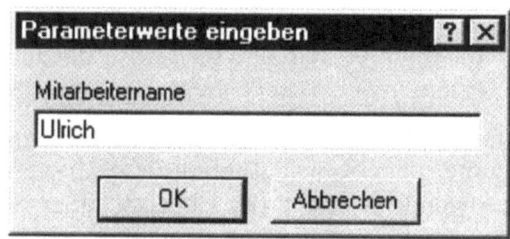

Nach Ausführung ergibt sich die nachstehende Anzeige:

Bild 6-25:
Ergebnisanzeige
einer Parameter-
abfrage

Nachname	Vorname	Gerätetyp	Hardware.Bez	Softwarebezeichnung.Bezeichnung
Ulrich	Birgit	PC	C586	Lotus 1-2-3
Ulrich	Birgit	PC	C586	Access
Ulrich	Birgit	PC	C586	Freelance Graphics
Ulrich	Birgit	PC	C586	Lotus Notes
Ulrich	Birgit	PC	C586	WordPro
Ulrich	Birgit	Notebook	Lite 33c	Access
Ulrich	Birgit	Notebook	Lite 33c	CorelDraw!
Ulrich	Birgit	Notebook	Lite 33c	Excel
Ulrich	Birgit	Notebook	Lite 33c	Lotus Notes
Ulrich	Birgit	Notebook	Lite 33c	PowerPoint
Ulrich	Birgit	Notebook	Lite 33c	WORD für Windows

In diesem Beispiel wird auf Gleichheit abgefragt. Es ist aber auch ein Mustervergleich möglich. Dann wird der Parameter in der QBE-Spalte beispielsweise mit *Wie <Mitarbeitername>* vereinbart. In dem Eingabefenster genügt dann die Eingabe "Ulr**", um diesen Mitarbeiter abzufragen.

6 Abfragen definieren und ausführen

Hinweise:

- Um die Parameter-Abfrage vor dem Erstellen anzusehen, klicken Sie in der Symbolleiste auf „Arbeitsblattansicht" , und geben Sie dann für den Parameter einen Wert bzw. Text ein.
- Um die Eingabeaufforderungen „Geben Sie das Anfangsdatum ein:" und „Geben Sie das Enddatum ein:" zum Angeben eines gültigen Wertebereichs anzuzeigen, geben Sie Zwischen <Geben Sie das Anfangsdatum ein:> Und <Geben Sie das Enddatum ein:> in der Zelle „Kriterien" der Spalte „Datum" ein.
- In einer Kreuztabellenabfrage oder in einer Parameter-Abfrage, auf der eine Kreuztabellenabfrage oder ein Diagramm basiert, müssen Sie einen Datentyp für die Parameter angeben. In der Kreuztabellenabfrage müssen Sie darüber hinaus die Eigenschaft Fixierte Spaltenüberschriften einstellen.
- In anderen Parameter-Abfragen legen Sie für ein Feld vom Datentyp Ja/Nein und für Felder, die aus einer Tabelle einer externen SQL-Datenbank stammen, einen Datentyp fest.

Betrachten Sie als weiteres Beispiel für eine Parameterabfrage, die unter dem Namen „Fahrerliste" gespeicherte Abfrage. Ziel ist die folgende Ausgabe der Übersicht über die Fahrzeugnutzung durch einen bestimmten Mitarbeiter, nachdem die Personalnummer eingegeben wurde.

Bild 6-26:
Besonderheiten in Parameterabfragen

Kennzeichen	Von	Bis	Personalnummer	FahrerName
E-H9871	05.02.1996 12:30:00	14.02.1996 18:00:00	11	Markus Erler
E-H9871	07.12.1995 07:00:00	08.12.1995 13:00:00	11	Markus Erler
*				

Die Parameterabfrage hat im QBE-Bereich folgendes Aussehen:

Feldbezeichnung	Tabelle/Ursprung	Angaben
Kennzeichen	Fahrzeugausleihe	
Von	Von:[DatumVon]+ [ZeitVon]	
Bis	Bis:[DatumBis]+ [ZeitBis]	
Personalnummer	Mitarbeiter	[Fahrer] in der Zeile Kriterien
FahrerName	FahrerName:[Vorname]+ " " + <Nachname>	

Sie sehen also: Sie können in der ersten Zeile auch eigene Feldnamen wie „Von", „Bis" und „FahrerName" vorgeben und hier nach einem Doppelpunkt auf Feldnamen in Formeln zugreifen.

6.5 Kreuztabellenabfrage

Um das Erstellen einer Kreuztabellenabfrage kennenzulernen, soll von folgendem Beispiel ausgegangen werden. Das Ergebnis ist unter dem Namen „Kreuz1" zu speichern.

Ausgangsbeispiel: Die Geschäftsleitung wünscht eine Aufstellung, die übersichtlich Auskunft darüber gibt, welcher Mitarbeiter welche Hardware zu welchem Einkaufspreis installiert hat. Ziel ist die folgende Tabelle:

Bild 6-27:
Ergebnis einer Kreuztabellenabfrage

Nachname	4090 LaserPrir	6500 STN	BNC 5200	C486/33	C586
Alfrank					4500
Bahrmüller					
Dorfschmied					
Erler					
FRIedmann					
Hohenmeister		6300			
Holzmeister					
Huber					
Jordanek					
Koren					
Kornberg					
Moser				3000	
Müller			4700		
Peter					4600
Petersen					
Rebernegg			4720		
Sassker					
Teichmann	3200				4600

Die obige Tabelle wird durch eine Kreuztabellenabfrage erzeugt.

Das Erstellen einer Kreuztabellenabfrage vollzieht sich in folgenden Teilschritten:

1. Klicken Sie im Datenbankfenster auf die Registerkarte „Abfragen" und dann auf <Neu>.

2. Wählen Sie im Dialogfeld „Neue Abfrage" auf „Entwurfsansicht", und klicken Sie dann auf <OK>.

3. Klicken Sie im Dialogfeld „Tabelle anzeigen" auf die Registerkarte für die Objekte, mit denen Sie arbeiten möchten. Im Beispielfall wählen Sie die Tabellen MITARBEITER und HARDWARE.

4. Doppelklicken Sie auf den Namen jedes einzelnen Objekts, das Sie zur Abfrage hinzufügen möchten, und dann auf Schließen.
5. Fügen Sie im Entwurfsraster in der Zeile „Feld" Felder hinzu, und legen Sie Kriterien fest.
6. Weisen Sie das System über den Menüpunkt **Abfragen** an, eine Kreuztabelle zu erstellen.
7. Klicken Sie für das Feld oder die Felder, dessen bzw. deren Werte als Zeilen angezeigt werden sollen, auf die Zeile „Kreuztabelle" und dann auf Zeilenüberschrift. Für diese Felder müssen Sie in der Zeile „Funktion" die Standardeinstellung Gruppierung stehenlassen. Es ist im Beispielfall das Feld „Nachname".
8. Klicken Sie für das Feld, dessen Werte als Spaltenüberschriften angezeigt werden sollen, auf die Zeile „Kreuztabelle" und dann auf Spaltenüberschrift. Sie können Spaltenüberschrift nur für ein Feld auswählen, und Sie müssen für dieses Feld in der Zeile „Funktion" die Einstellung Gruppierung stehenlassen. Es ist im Beispielfall das Feld „Bezeichnung".
Spaltenüberschriften werden standardmäßig in alphabetischer oder numerischer Reihenfolge sortiert. Wenn diese in einer anderen Reihenfolge angezeigt werden sollen, oder wenn Sie die Anzeige der Spaltenüberschriften begrenzen möchten, stellen Sie für die Abfrage die Eigenschaft „Fixierte Spaltenüberschrift" ein.
9. Klicken Sie für die Felder, die Sie in der Kreuztabelle verwenden möchten, auf die Zeile „Kreuztabelle" und dann auf Wert. Sie können nur für ein Feld die Einstellung Wert auswählen. Klicken Sie für dieses Feld in der Zeile „Funktion" auf den Typ der Aggregatfunktion, die Sie für die Kreuztabelle verwenden möchten (z.B. Summe, Mittelwert oder Anzahl).

Im Beispielfall hat die Kreuztabellenabfrage folgendes Aussehen:

Bild 6-28:
Entwurf einer
Kreuztabellenabfrage

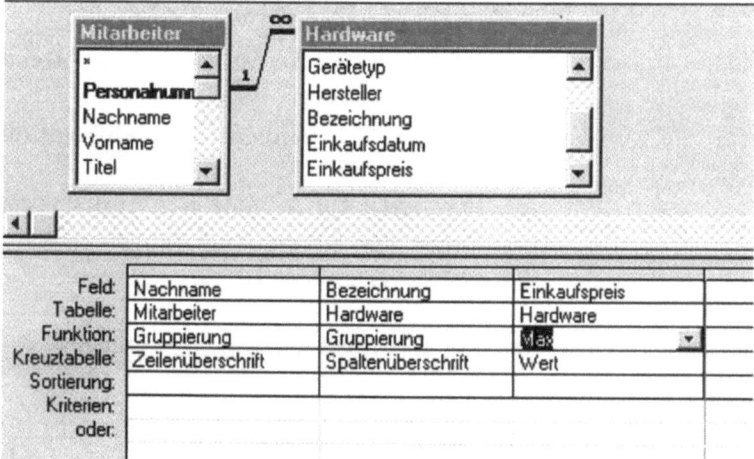

Hinweise:

- Zum Festlegen von Kriterien, die die Anzeige der Zeilenüberschriften vor dem Ausführen der Berechnung begrenzen, geben Sie in der Zeile „Kriterien" für ein Feld mit dem Eintrag Zeilenüberschrift in der Zelle „Kreuztabelle" und dem Eintrag Gruppierung in der Zelle „Funktion" einen Ausdruck ein.

- Zum Festlegen von Kriterien, die die Zeilenüberschriften vor dem Gruppieren und vor dem Ausführen der Kreuztabellenabfrage begrenzen, fügen Sie das Feld, für das Sie Kriterien festlegen möchten, zum Entwurfsraster hinzu. Klicken Sie dann in der Zelle „Funktion" auf Bedingung, lassen Sie die Zelle "Kreuztabelle" leer, und geben Sie zum Schluß einen Ausdruck in die Zeile "Kriterien" ein.

6.6 Tabellenerstellungsabfrage

Es kann zuweilen vorkommen, daß Sie eine auf der Grundlage einer Abfrage erstellte Information für weitere Bearbeitungsschritte benötigen. Um in diesem Fall beim Arbeiten in einem vernetzten System die Ursprungstabellen nicht durch die nun anfallenden Arbeiten zu blockieren oder durch Fehlbedienungen zu verändern, ist es sinnvoll, das Dynaset in eine Tabelle zu überführen.

Beispiel: Die Abfrage mit der Bezeichnung „Deutsche Mitarbeiter" soll in eine Tabelle überführt werden.

Gehen Sie in folgender Weise vor:

1. Aktivieren Sie die Auswahlabfrage „Deutsche Mitarbeiter" im Entwurfsmodus.
2. Wählen Sie aus dem Menü **Abfrage** den Befehl **Neue Tabelle erstellen**.
3. Vergeben Sie in dem Feld „Tabellenname" einen Namen, unter dem Sie die neue Tabelle speichern wollen, hier beispielsweise „Erstell1".

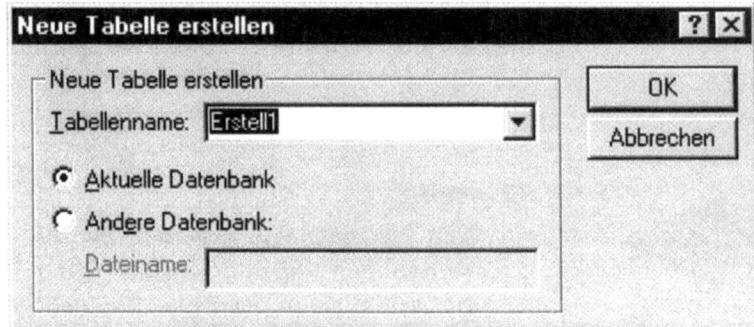

Bild 6-29:
Tabellenerstellungsabfrage

4. Nach dem Klicken auf <OK> verändert sich der Titel im Abfragefenster auf „Tabellenerstellungsabfrage".
5. Klicken Sie auf die Schaltfläche für Ausführen einer Abfrage, so daß die Vorbereitungsarbeiten für den Aufbau einer neuen Tabelle eingeleitet werden. Ergebnis:

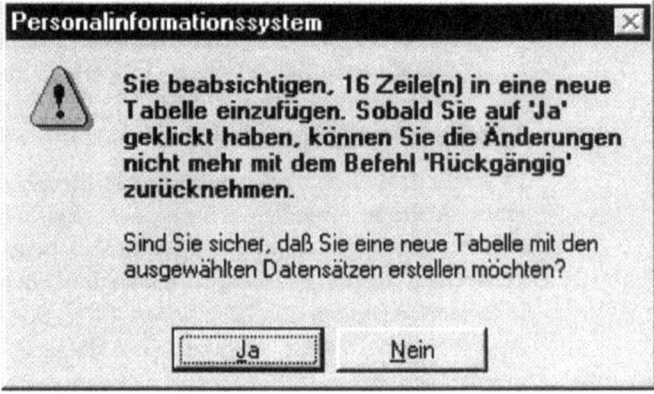

Bild 6-30:
Abfrage zur Tabellenerstellung

6. Nach dem Klicken auf <Ja> wird die Anweisung zum Aufbau einer neuen Tabelle mit Übernahme der Daten ausgeführt.

Das Ergebnis dieser Arbeit können Sie im Datenbankfenster kontrollieren, indem Sie das Register „Tabellen" aktivieren. Hier müßte nun die Tabelle mit dem Namen „Erstell1" eingetragen sein. Dabei gilt: Die Datenelemente der neuen Tabelle besitzen dieselben Eigenschaften wie ihre entsprechenden Felder in den Ursprungstabellen.

6.7 Aktionsabfragen

Mitunter kann es gewünscht sein, daß Sie umfassende Änderungen an Ihrem gesamten Datenbestand vornehmen wollen. Dies kann etwa das gezielte Löschen ausgewählter Datensätze (etwa alle Rechner, die vor 1994 angeschafft wurden), die Veränderung von berechneten Feldern oder das Anfügen von Datensätzen sein. Zur einfachen Lösung solcher Probleme gibt es die Möglichkeit einer **Aktionsabfrage**. **Varianten** der Aktionsabfrage können also

- eine **Löschabfrage**,
- eine **Aktualisierungsabfrage** oder
- eine **Anfügeabfrage**

sein.

Gemeinsam ist in den drei Fällen, daß die gewünschten Veränderungen an mehreren betroffenen Datensätzen in einem Schritt durchgeführt werden.

6.7.1 Aktualisierungsabfrage

Aufgabe: Aktualisierungsabfrage

Sie möchten das in der Tabelle DIENSTVERTRAG ausgewiesene Gehalt so ändern, daß eine Lohnerhöhung von 4 % realisiert wird.

Lösungsweg:

- Erstellen Sie zunächst eine Auswahlabfrage auf der Basis der Tabellen oder Abfragen, die die Datensätze enthalten, die Sie aktualisieren möchten und die Sie zum Festlegen von Kriterien verwenden möchten. Im Beispielfall können Sie zunächst die Abfrage zu Kontrollzwecken erzeugen, indem Sie ein neues Feld „Neuer Lohn" bilden.

- Wählen Sie aus dem Menü **Abfrage** den Befehl **Aktualisieren**. Ergebnis müßte sein, daß das Programm die Auswahlabfrage in eine Aktualisierungsabfrage verändert (erkennbar an der Bezeichnung des Dialogfeldes).

- Löschen Sie die Spalte „Neuer Lohn", indem Sie in den Spaltenkopf klicken und dann die Taste [Entf] betätigen.
- Geben Sie in der Zelle „Aktualisieren" für die zu aktualisierenden Felder den Ausdruck oder den Wert ein, den Sie zum Ändern der Felder verwenden möchten. Im Beispielfall ist in der Zeile „Aktualisieren" die neue Berechnungsformel für das Feld „Grundlohn" einzugeben: **[Grundlohn]*1,04**
- Führen Sie die Abfrage aus, indem Sie das Aktualisierungssymbol ! anklicken. Es ergibt sich die folgende Anzeige:

Bild 6-31:
Bestätigung der Aktualisierung

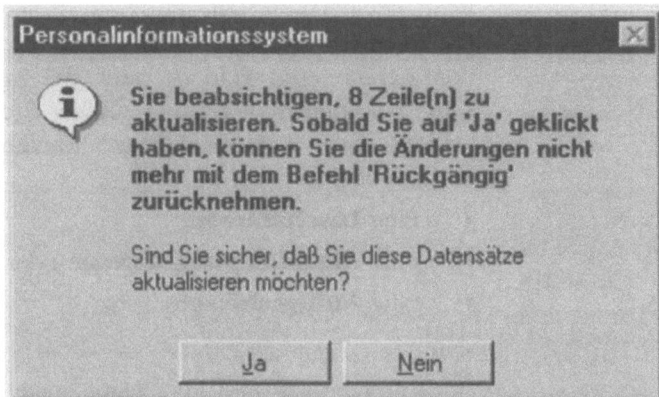

- Entscheiden Sie nun, ob tatsächlich die Aktualisierung erfolgen soll.

6.7.2 Löschabfrage

Aufgabe: Löschabfrage

Sie möchten in der Tabelle HARDWARE alle vorhandenen Laserdrucker löschen.

ACCESS läßt bekanntermaßen ein manuelles Löschen von Datensätzen zu. Dazu müssen Sie die entsprechende Tabelle aufrufen, den zu löschenden Datensatz markieren und dann die Taste [Entf] betätigen.

Sie können jedoch mit der Löschabfrage auch ein gezieltes Löschen von Datensätzen aufgrund bestimmter Bedingungen vornehmen. Im Beispielfall lautet die Bedingung, daß ein Löschen im Abhängigkeit vom Gerätetyp erfolgen soll.

Tragen Sie zur Lösung der Aufgabe nach Aktivierung der Abfrage in der Zeile „Kriterien" bei der Spalte Gerätetyp die Löschbedingung =*Laserdrucker* ein. Um zu prüfen, ob die Abfrage richtig formuliert ist, schauen Sie sich das Ergebnis der Abfrage zweckmäßigerweise zunächst in der Datenblattansicht an. Entspricht das Dynaset Ihren Anforderungen, müssen Sie zunächst wieder in die Entwurfsansicht wechseln. Wählen Sie hier aus dem Menü **Abfrage** den Befehl **Löschen**. Der QBE-Bereich wird nun um die Zeile *Löschen* erweitert. Die Bedingung, unter der das Löschen vorgenommen werden soll, wird dann durch den Eintrag *Bedingung* markiert.

Durch einen Klick auf das Ausführungssymbol kann dann der Löschvorgang ausgelöst werden. Das Programm zeigt Ihnen nun an, wie viele Datensätze gelöscht werden, wenn Sie in dem Dialogfenster die Schaltfläche <OK> anklicken.

Beachten Sie, daß Sie mit einer einzelnen Löschabfrage Datensätze aus einer einzelnen oder aus mehreren Tabellen in einer 1:1-Beziehung löschen können. Zum Löschen von Datensätzen aus mehreren Tabellen in einer 1:n-Beziehung (z.B. alle Kunden aus Irland sowie deren Bestellungen), müssen Sie zwei Abfragen ausführen, da eine Abfrage nicht gleichzeitig Datensätze aus der Primärtabelle und aus den verknüpften Tabellen löschen kann.

Eine 1:n-Beziehung können Sie in der Entwurfsansicht für Abfragen an den Verknüpfungen zwischen den Tabellen erkennen. Wenn ein Ende einer Verknüpfung durch das Symbol  gekennzeichnet ist, handelt es sich um eine 1:n-Beziehung. Ist dies nicht der Fall, handelt es sich um eine 1:1-Beziehung.

Hinweis: Im Gegensatz zu Auswahlabfragen wird bei Aktionsabfragen keine direkte Anzeige des Ergebnisses auf dem Bildschirm vorgenommen. Es werden vielmehr an einer Reihe von Informationen der Tabelle direkt Veränderungen durchgeführt.

6.7.3 Anfügeabfrage

Um gezielt Datensätze aus einer Tabelle an eine andere Tabelle anzufügen, ist die Anfügeabfrage zu verwenden. Gehen Sie dazu folgendermaßen vor:

1. Erstellen Sie eine Abfrage auf der Basis der Tabelle, aus der Sie Datensätze an eine andere Tabelle anfügen möchten. Wählen Sie in der Entwurfsansicht aus dem Menü **Abfragen** den Befehl **Anfügen**. Das Dialogfeld „Anfügen" erscheint.

6   Abfragen definieren und ausführen

2. Geben Sie im Feld Tabellenname den Namen der Tabelle ein, an die Sie Datensätze anfügen möchten.
3. Klicken Sie auf „Aktuelle Datenbank", wenn Sie die neue Tabelle in die gerade geöffnete Datenbank stellen möchten, oder klicken Sie auf „Andere Datenbank", und geben Sie den Namen der Datenbank ein, in die Sie die neue Tabelle stellen möchten. Geben Sie ggf. den Pfadnamen zu dieser Datenbank ein.
4. Klicken Sie auf OK.
5. Ziehen Sie die Felder, die Sie anfügen möchten, für die Sie Kriterien festlegen möchten sowie das Primärschlüsselfeld aus der Feldliste in das Abfrageentwurfsraster. Das Primärschlüsselfeld ist nicht unbedingt erforderlich, wenn für dieses Feld der Datentyp AutoWert festgelegt wurde. Wenn Sie alle Felder anfügen möchten, deren Namen mit den Namen in der Tabelle identisch sind, der Sie Datensätze anfügen, können Sie einfach das Sternchen (*) in das Entwurfsraster ziehen.
6. Wenn die Namen der ausgewählten Felder in beiden Tabellen identisch sind, trägt Microsoft Access automatisch die entsprechenden Namen in der Zeile „Anfügen an" ein. Wenn die Namen in den beiden Tabellen nicht übereinstimmen, müssen Sie in die Zeile „Anfügen an" die Namen der Felder in der Tabelle eingeben, der Sie Datensätze anfügen.
7. Geben Sie in die Zelle „Kriterien" für die Felder, die Sie in das Raster gezogen haben, die gewünschten Kriterien ein.
8. Klicken Sie in der Symbolleiste auf das Ausführungssymbol, um die Datensätze hinzuzufügen.

Hinweis: Sie können im 3. Teilschritt auch einen Pfad zu einer Microsoft FoxPro-, einer Paradox-, einer dBASE- oder einer Btrieve-Datenbank angeben oder eine Verbindungszeichenfolge zu einer SQL-Datenbank eingeben.

Zum Unterbrechen der Ausführung einer Abfrage drücken Sie 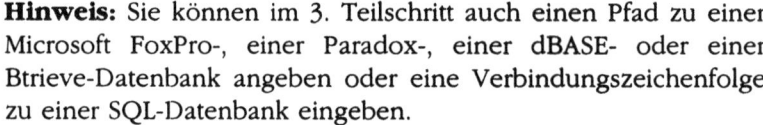.

6.8 **SQL-Abfragen**

Um die Abfrage von verschiedenen Datenbanken zu vereinheitlichen, wurde eine standardisierte Abfragesprache entwickelt: SQL (für Structured Query Language). Nahezu alle relationalen

170

6.8 SQL-Abfragen

Datenbanken verfügen heute über eine sogenannte SQL-Fähigkeit. So auch das Programm ACCESS.

6.8.1 Merkmale und Nutzen von SQL

SQL ist eine produktunabhängige Abfragesprache. Basis von SQL sind die sog. relationale Datenbanken, die aus mehreren Tabellen gebildet werden. Jede Tabelle kann eine bestimmte Zahl von Spalten aufnehmen; diese geben die Menge der für eine Tabelle anlegbaren Datenfelder wieder. Die Schnittpunkte der Zeilen und Spalten der Tabelle stellen Felder dar, die jeweils einen Datenwert enthalten. Die Zeilen einer Datenbank bilden also die sog. Datensätze.

Zur Speicherung und Verwaltung von Daten stellt SQL sowohl Kommandos zur Dateneingabe und -änderung sowie zum Abfragen und Löschen zur Verfügung. Diese SQL-Kommandos können entweder direkt zur Datenbankabfrage verwendet werden oder in Programme „eingebunden" werden.

Der Befehlsvorrat von SQL ist relativ begrenzt. Es stehen rund 30 verschiedene Befehle zur Verfügung. Diese ermöglichen jedoch die Durchführung sämtlicher Operationen, die notwendig sind, um Tabellen einzurichten sowie darin enthaltene Daten abzufragen, zu aktualisieren, zu löschen oder neue Daten einzufügen.

Außerdem ergeben sich folgende drei Vorteile bei Nutzung von SQL:

- SQL ist auf Datenbanksystemen unterschiedlicher Rechnerklassen verfügbar.
- Durch den überschaubaren Befehlsvorrat ist SQL leicht erlernbar.
- Bei Wechsel des Datenbanksystems entfallen zeit- und kostenaufwendige Umstellungsarbeiten.

6.8.2 Der Einsatz von SQL unter ACCESS

Indirekt wird letztlich bei jeder Abfrage mit ACCESS das sog. DQL-Modul von SQL aufgerufen. Sie können sich davon überzeugen, indem Sie sich die SQL-Anweisung zu einer QBE-Anweisung aufrufen.

Aktivieren Sie beispielsweise die erste Abfrage mit dem Namen "Mitarbeiterliste" im Entwurfsmodus. Wählen Sie dann aus dem Menü **Ansicht** den Befehl **SQL**, oder klicken Sie in der Symbol-

6 Abfragen definieren und ausführen

leiste auf die erste Schaltfläche, und wählen Sie SQL-Ansicht. Ergebnis ist die folgende Bildschirmanzeige:

Bild 6-32:
SQL-Anweisung

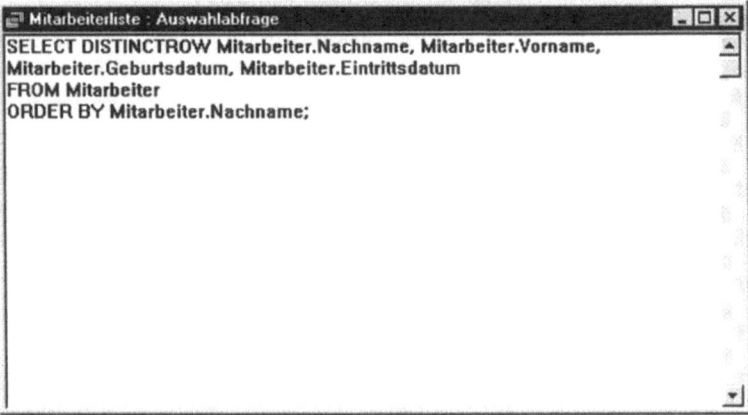

Beim Aufbau der Abfrage im QBE-Modus haben Sie angegeben, daß ausgewählte Einträge der Tabelle *Mitarbeiter* angezeigt werden sollen. Außerdem soll eine Sortierung nach dem Nachnamen erfolgen. Diese QBE-Angabe hat das System in die in der Abbildung wiedergegebene SQL-Anweisung übersetzt und dann ausgeführt.

In diesem SQL-Fenster kann nun eine Modifizierung der Anweisung erfolgen. Durch anschließendes Klicken auf <OK> erfolgt dann eine Übernahme. Wenn Sie dagegen auf <Abbrechen> klicken, werden die Einträge im SQL-Fenster verworfen.

Alternativ zur Modifikation übersetzter SQL-Anweisungen haben Sie auch die Möglichkeit, eine SQL-Anweisung direkt im SQL-Fenster einzugeben. Für den Aufbau einer neuen Abfrage mittels SQL ist dann - ausgehend vom Datenbankfenster - folgendermaßen vorzugehen:

1. Abfrageregister anklicken und Schaltfläche <Neu> aktivieren
2. „Entwurfsansicht" bestätigen
3. Im Fenster „Tabelle anzeigen" auf <Schließen> klicken
4. Menü **Ansicht** aufrufen
5. Befehl **SQL** wählen.

Anschließend können Sie mit der Eingabe der SQL-Anweisung beginnen. Die fertige Abfrage wird dann genau wie eine QBE-Abfrage gespeichert und ausgeführt.

6.8.3 Grundanweisungen zur Datenselektion mit SQL

Für ein gezieltes Herausfinden von Daten aus der vorhandenen SQL-Datenbank steht der sog. SELECT-Befehl zur Verfügung. Er bietet die Möglichkeit, sich beliebige Zusammenstellungen von Daten aus einer oder mehreren Tabellen anzeigen zu lassen.

Einfache Abfragen

In der einfachsten Anwendung des SELECT-Befehls ist es möglich, bestimmte Spalten aus einer einzigen Tabelle auszuwählen und zur Anzeige zu bringen. Dazu ist folgender Befehlsaufbau notwendig:

```
SELECT Spalten FROM Tabelle
```

Gezielte Abfrage mit WHERE-Klausel

Sollen nur bestimmte Datensätze angezeigt werden, so kann mit der sog. WHERE-Klausel die Bedingung der Selektion festgelegt werden. Dazu ist folgender Befehlsaufbau notwendig:

```
SELECT Spalten
    FROM Tabellen
    WHERE Bedingung
```

Gezielte Abfrage mit kombinierter Bedingung

In einer WHERE-Klausel können auch mehrere Suchbedingungen kombiniert werden. Dazu dienen die logischen SQL-Operatoren NOT, AND und OR.

7 Formulare (Bildschirmmasken) erzeugen und gestalten

7.1 Ausgangsüberlegungen und Regeln zur Formulargestaltung

Für das Erfassen und Ändern von Daten stellt ACCESS automatisch eine **Standard-Eingabetabelle** zur Verfügung. Hier haben Sie bisher - wie im Kapitel 4 dieses Buches kennengelernt - Ihre Daten eingegeben. Die Eingabe in Tabellenform ist in der Regel allerdings nur dann brauchbar, wenn Sie Daten relativ selten ändern bzw. nicht so oft neue Daten zu der Tabelle hinzufügen müssen. So haben die Tabellen meist mehr Spalten, als ein Standardbildschirm in der Breite darstellen kann. Das Hinzufügen und Ändern von Datensätzen wäre deshalb nicht besonders benutzerfreundlich. Außerdem ist sie optisch wenig ansprechend sowie mit einer höheren Fehlergefahr verbunden. Um diese Nachteile auszugleichen, gibt es in ACCESS die Formulare.

Bild 7-1:
Varianten zur Datenerfassung/Datenpflege

Datenerfassung/Datenpflege: Varianten

Für die **Erfassung und Pflege von Daten** gibt es zwei grundsätzliche Möglichkeiten:

Tabellen	Formulare
• mehrere Datensätze auf einer Bildschirmseite	• Datenfelder eines Datensatzes sind auf einer Bildschirmseite verteilt
• geringer Benutzerkomfort (umständliches Ansteuern der Datenfelder, kein Überblick über einen Datensatz)	• klare Benutzerführung (hoher Benutzerkomfort)
	• ergonomisch wünschenswert

© E. Tiemeyer

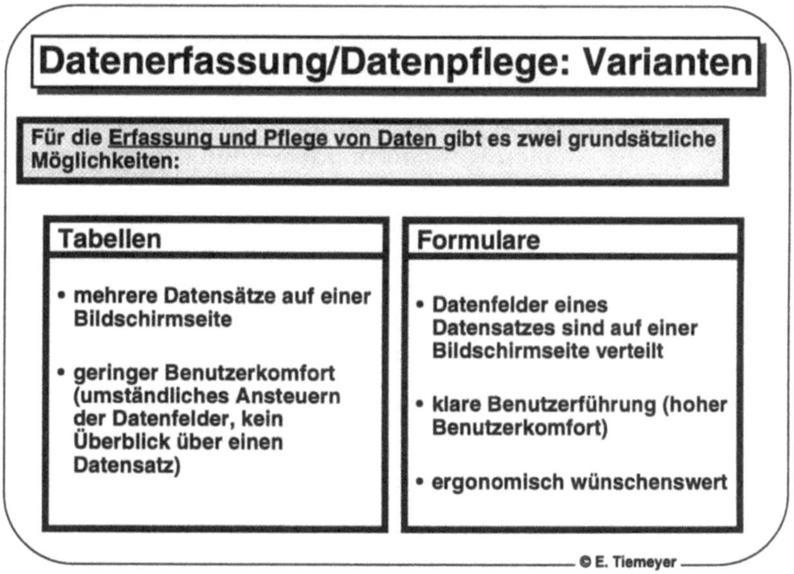

Erfahrungen der Praxis zeigen, daß bei Verwendung benutzerfreundlicher Bildschirmmasken in Form von Formularen erhebliche Vorteile zu verzeichnen sind:
- Das Leistungspotential des Softwareproduktes wird besser ausgeschöpft.
- Die Fehlerrate bei der Datenpflege wird verringert.
- Die Einarbeitungszeit für den Endbenutzer der Anwendung wird verkürzt.

Es empfiehlt sich daher in vielen Fällen, **Formulare für die Datenerfassung und Datenpflege** zu erstellen. Darin lassen sich dann neue Daten komfortabel erfassen sowie bestehende einfach ändern. Für das Erstellen bietet ACCESS zahlreiche Hilfen. So können Sie dafür spezifische Assistenten nutzen, was sich vor allem in der Anfangsphase des Arbeitens anbietet. Außerdem stehen zahlreiche Tools und Optionen zur Bearbeitung und Gestaltung zur Verfügung.

Genau wie Formulare aus Papier, die mit Bleistift und Kugelschreiber ausgefüllt werden, identifiziert ein Formular in ACCESS die Daten, die Sie sammeln möchten. Sie können mit einem Formular aber nicht nur Daten eingeben, sondern sie auch zur Bearbeitung anzeigen. Damit wird deutlich, daß **Formulare auch bei der Suche nach bestimmten Datensätzen sowie deren Anzeigen** nützlich sind.

Formulare werden darüber hinaus dann benötigt, wenn Sie eine **menügesteuerte Anwendungslösung** mit ACCESS realisieren wollen. Ein Formular bietet im Unterschied zu einer Tabelle nämlich nicht nur eine optisch ansprechendere Oberfläche. So können darin auch besondere Bedienelemente eingebunden werden, wie zum Beispiel Listboxen, Schaltflächen oder Options- und Kontrollfelder. Mehr zur Bedienerführung über besondere Formulare finden Sie im Kapitel 9 dieses Buches.

Fazit: Formulare werden verwendet zur
- Eingabe und Pflege von Datensätzen
- Anzeige und zum Suchen von Datensätzen
- menügesteuerten Bedienerführung.

Bei der Entwicklung von Bildschirmformularen sollten jedoch bestimmte Regeln beachtet werden, die sich aus ergonomischer Sicht bewährt haben. So werden folgende **Anforderungen** als wesentlich **für einen guten Formularaufbau** angesehen:

- übersichtliche Darstellung und Anordnung der Informationen
- verständliche Begriffsverwendung/deutsche Sprache (Abkürzungen vermeiden)
- gezielte Verwendung optischer Gestaltungshilfen wie
  - Einrahmungen und Schattierungen
  - Schriftvariationen (Schriftart, Schriftgröße, Schriftattribute)
  - gezieltes Arbeiten mit Farben

In ACCESS besteht die Möglichkeit, Bildschirmformulare auf die individuellen Bedürfnisse hin aufzubauen. Voraussetzung dazu ist, daß eine Tabelle oder Abfrage existiert. Auf dieser Basis stehen Ihnen drei grundsätzliche Varianten des Vorgehens zur Wahl:

- Automatisches Erstellen eines Formulars
- Anwendung eines Assistenten
- freies Erstellen eines Formulars (ohne Assistenten)

Ein Formular kann auch auf Daten verschiedener Tabellen zurückgreifen. In neueren ACCESS-Versionen muß dafür nicht mehr unbedingt zuvor eine Abfrage erstellt werden. Die Feldauswahl des Assistenten erlaubt das Auswählen von Feldern aus einer beliebigen Tabelle in Ihrer Datenbank. ACCESS analysiert die Beziehungen zwischen den Daten und zeigt Ihnen die Optionen an.

7.2 Formulare automatisch erstellen

Mit der Möglichkeit der automatischen Formularerstellung lassen sich in ACCESS Formulare mit standardmäßigen Einstellungen innerhalb kurzer Zeit relativ einfach erzeugen. Entspricht das Resultat nicht ganz den Wünschen, kann das Ergebnis in der Formular-Entwurfsansicht noch verfeinert werden. Oft ist es sinnvoll, ein automatisch erstelltes Formular als Basis für die Gestaltung eines individuellen Formulars zu verwenden. Für die Gestaltung eines Formulars können Sie unter mehreren unterschiedlichen AutoFormaten und Hintergrundbildern wählen.

Aufgabe: Formular automatisch erzeugen und verwenden

1. Um die Datenerfassung, die Datenpflege sowie die Anzeige von Hardwaredaten übersichtlicher zu gestalten, soll ein Formular für die Hardwareverwaltung erstellt werden:

7 Formulare (Bildschirmmasken) erzeugen und gestalten

- Verwenden Sie dazu die Option „AutoFormular: Einspaltig".
- Das Formular ist unter dem Namen „Hardware" zu speichern.

2. Fügen Sie zwei Datensätze in die Datenbank ein, und verwenden Sie dabei die erstellten Eingabemasken.

Geräte-nummer	Personal-nummer	Gerätetyp	Hersteller	Bezeich-nung	Einkaufs-datum	Einkaufs-preis
5	7	PC	Compaq	C486/33	15.07.93	5.400,00
6	7	Notebook	Compaq	Lite33c	23.07.93	4.700,00

3. Erstellen Sie ein Formular zur Verwaltung der Stellendaten. Verwenden Sie dazu die Option „AutoFormular: Tabellarisch".

7.2.1 Formularmodus aktivieren

Zum Erstellen eines neuen Formulars klicken Sie im Datenbankfenster auf die Registerkarte „Formulare" und dann auf die Schaltfläche <Neu>. Es ergibt sich die folgende Bildschirmanzeige:

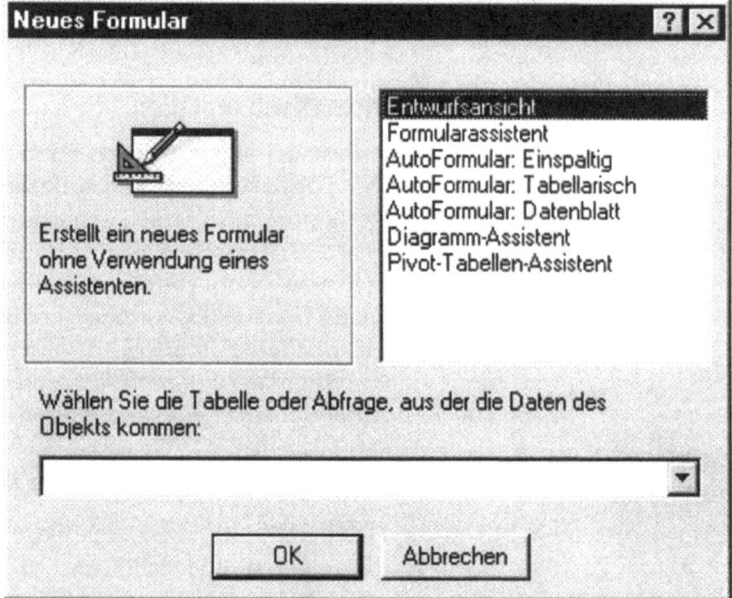

Bild 7-2: Varianten für das Erzeugen eines neuen Formulars

7.2 Formulare automatisch erstellen

Sie können jetzt zunächst die zugrundeliegende Tabelle oder Abfrage wählen, aus der die Daten für das Objekt „Formular" kommen.

Darüber hinaus zeigt das abgebildete Dialogfeld, daß neben der Entwurfsansicht (für das „freie" Erstellen eines Formulars) drei Varianten des AutoFormulars sowie drei verschiedene Assistenten zur Formularerstellung angeboten werden. Die zur Auswahl stehenden Optionen haben im einzelnen folgende Bedeutung:

Optionen zur Formularerzeugung	Bedeutung
Entwurfsansicht	Ein leeres Entwurfsblatt wird für das freie Erzeugen eines Bildschirmformulars bereitgestellt.
Formularassistent	Für das Erstellen eines Formulars werden Sie schrittweise durch verschiedene Dialogfelder geführt, in denen Sie Eingaben vornehmen oder Auswahlentscheidungen treffen müssen.
AutoFormular: Einspaltig	Das Formular, das automatisch aus einer Tabelle erstellt wird, zeigt alle Felder untereinander in einer Spalte an.
AutoFormular: Tabellarisch	Die Felder eines Datensatzes werden bei Verwendung dieses Assistenten in einer Zeile des Formulars angezeigt.
AutoFormular: Datenblatt	Es wird automatisch ein Formular-Datenblatt erstellt.
Diagramm-Assistent	Es wird mit Hilfe des Assistenten ein Formular zur Anzeige eines Diagramms erstellt.
Pivot-Tabellen-Assistent	Der Assistent erstellt ein Formular mit einer Excel-Pivot-Tabelle.

7.2.2 AutoFormulare erzeugen

Zunächst sollen Sie das Arbeiten mit AutoFormularen kennenlernen. Nach Wahl der Tabelle bzw. Abfrage müssen dann keine weiteren Teilschritte mehr durchlaufen werden.

7 Formulare (Bildschirmmasken) erzeugen und gestalten

Variante "AutoFormular: Einspaltig"

Im Dialogfeld „Neues Formular" müssen Sie im Beispielfall zunächst die Tabelle HARDWARE aktivieren. Wählen Sie dann die Variante "AutoFormular: Einspaltig", und klicken Sie dann auf <OK>. Ergebnis ist, daß das Programm automatisch ein Standardformular erstellt. Beispiel:

Bild 7-3: Beispiel für AutoFormular: Einspaltig

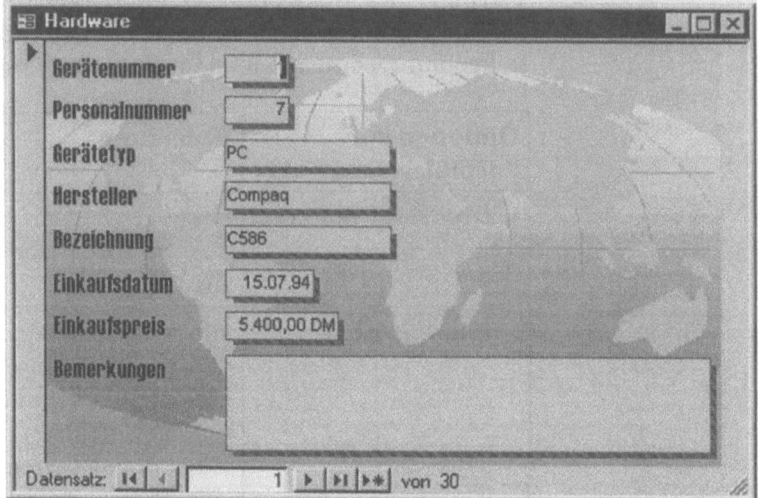

Es wird deutlich, daß nun automatisch ein Erfassungsformular erzeugt wurde, wobei gleichzeitig ein bestimmtes Hintergrundmotiv eingefügt ist. Gleichzeitig ist der erste eingegebene Datensatz eingeblendet. Um weitere Datensätze zu sehen, können die am unteren Bildschirmrand eingeblendeten Pfeile für das „Blättern" genutzt werden. Sie können nun eine Speicherung vornehmen und dann mit dem Formular später weiterarbeiten. Klicken Sie deshalb doppelt auf das Systemfeldmenü dieses Fensters, und vergeben Sie den Namen HARDWARE.

Variante "AutoFormular: Tabellarisch"

Um das AutoFormular „Tabellarisch" anzuwenden, ist in ähnlicher Weise vorzugehen. Im Dialogfeld „Neues Formular" müssen Sie im Beispielfall zunächst die Tabelle STELLE aktivieren. Wählen Sie die Variante "AutoFormular: Tabellarisch", und klicken Sie dann auf <OK>. Ergebnis ist, daß das Programm automatisch ein Standardformular erstellt. **Beispiel:**

7.2 Formulare automatisch erstellen

Bild 7-4:
Beispiel für AutoFormular: Tabellarisch

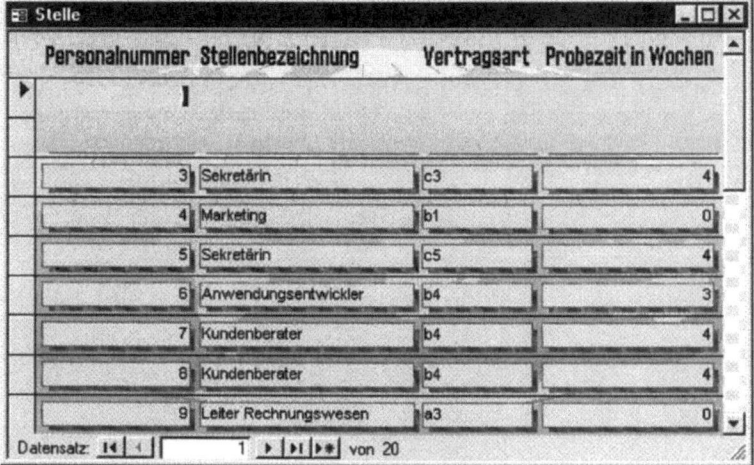

Diese Variante bietet sich eigentlich nur dann an, wenn nur wenige Datenfelder in einer Tabelle existieren.

Beachten Sie: Um eine Bildschirmmaske zur Dateneingabe zu erzeugen, müssen Tabellen oder Abfragen zumindest in ihrer Struktur vorliegen, Daten müssen noch nicht eingegeben sein. Allerdings ist das Vorhandensein von Daten nützlich, da Sie so die Wirkung einer Maske bereits in der Entwurfsphase viel besser beurteilen können.

7.2.3 Formularergebnisse anzeigen

Erstellte Formulare können in der Entwurfsansicht angezeigt werden, um einen Formularentwurf zu ändern oder zu kontrollieren. Klicken Sie dazu im Datenbankfenster einmal auf das Formular mit dem Namen HARDWARE, und aktivieren Sie danach die Schaltfläche <Entwurf>. **Beispiel:**

7 *Formulare (Bildschirmmasken) erzeugen und gestalten*

Bild 7-5:
Formularentwurf

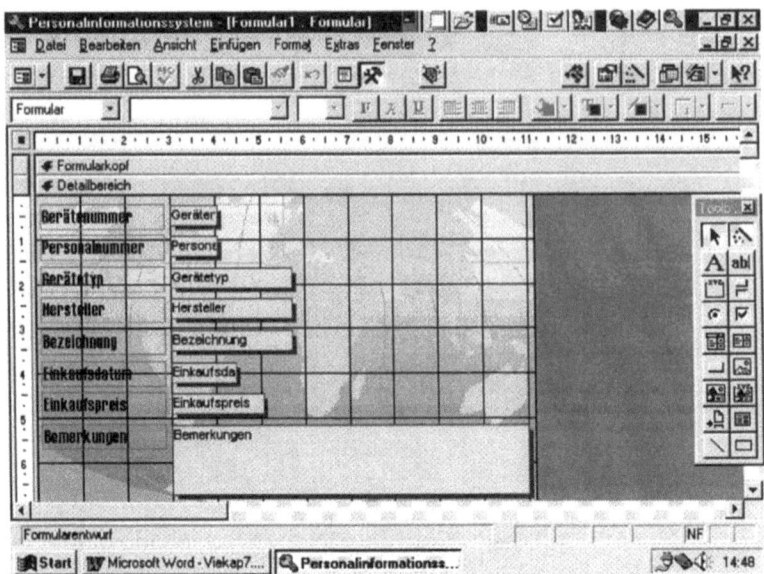

In der Entwurfsansicht erscheint eine Formatmaske, die grundsätzlich in fünf Bereiche aufgeteilt sein kann:

- **Seitenkopf**:
  Hier können versteckte Felder angegeben werden. Der Seitenkopf wird beim Ausdruck des Formulars zu Beginn gedruckt.

- **Formularkopf**:
  Standardmäßig enthält er die Überschrift. Aber auch das aktuelle Datum oder andere Informationen können hier ergänzend aufgenommen werden.

- **Detailbereich (Datenbereich)**:
  Hier werden die definierten Daten ausgegeben. Im Detail ist festlegbar, wie jeder Datensatz ausgegeben wird.

- **Formularfuß**:
  Er wird stets am Ende des Formulars ausgegeben und enthält beispielsweise einen Copyright-Vermerk.

- **Seitenfuß**:
  Der Seitenfuß erscheint beim Ausdruck am Ende einer Seite.

Im Beispielfall ist kein Seitenkopf bzw. kein Seitenfuß angezeigt. Wollen Sie die Anzeige einschalten, müssen Sie aus dem Menü **Format** den Befehl **Seitenkopf/-fuß** aktivieren.

7.2.4 Formulare speichern und verwalten

Erstellte Formulare können mit dem Befehl **Speichern unter** aus dem Menü **Datei** gespeichert werden. Nach Eingabe des Namens und Bestätigung des Befehls werden sie in der Liste des Datenbankfensters aufgenommen.

7.3 Formulare mit einem Assistenten erstellen

Eine Variante ist das Erstellen des Formulars mit dem Formularassistenten. Auf diese Weise können noch besondere Festlegungen zur Gestaltung des Formulars getroffen werden. Lernen Sie die Anwendung anhand folgender Aufgabenstellung kennen:

Aufgabe: Formularassistenten nutzen

Erstellen Sie unter Nutzung des Formularassistenten ein Formular zur Erfassung und Pflege der Daten zu den Seminaranbietern. Speichern Sie das Formular unter dem gleichen Namen wie die zugrundeliegende Tabelle.

Hinweise zur Lösung:

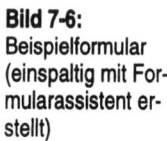

- Datenherkunft: Tabelle „Seminaranbieter"
- Wählen Sie die „einspaltige Darstellung"
- Übernehmen Sie alle Felder >>
- Wählen Sie als Stil des Formulars *Wolken*
- Vergeben Sie den Formulartitel *Anbieter*

Es soll sich beispielsweise das folgende Formular ergeben:

Bild 7-6:
Beispielformular (einspaltig mit Formularassistent erstellt)

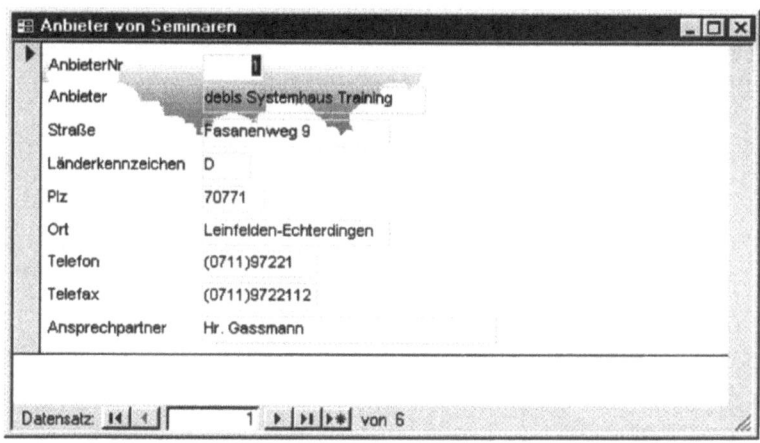

Ausgehend vom Datenbankfenster müssen Sie für das Erstellen des gewünschten Formulars in einem ersten Schritt zunächst den

7 Formulare (Bildschirmmasken) erzeugen und gestalten

Formularmodus aktivieren und dann die zugrundeliegende Tabelle auswählen. Klicken Sie dazu zunächst auf das Register „Formulare" und anschließend auf die Schaltfläche <Neu>. Wählen Sie die zugrundeliegende Tabelle aus (im Beispiel die Tabelle SEMINARANBIETER), markieren Sie die Option „Formularassistenten", und klicken Sie dann <OK> an. **Ergebnis:**

Bild 7-7:
Felderauswahl für ein Formular

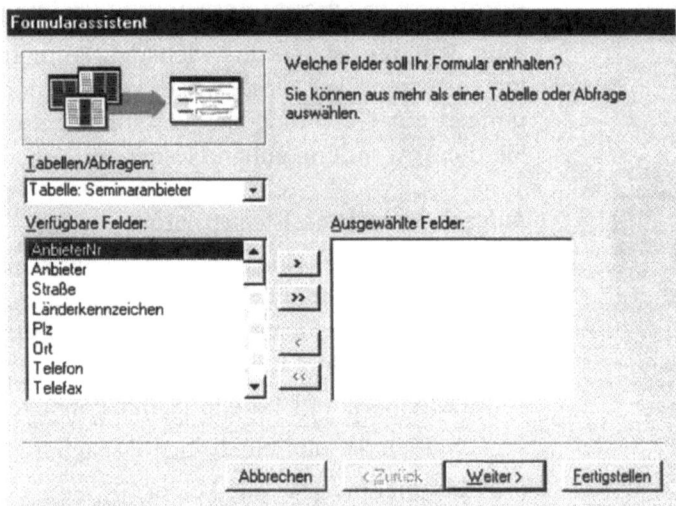

Im Beispielfall sollen alle Felder der Tabelle im Formular dargestellt werden. Klicken Sie deshalb auf die Schaltfläche>>. Danach ist die Schaltfläche <Weiter> zu aktivieren. **Ergebnis:**

Bild 7-8:
Layout für ein Formular wählen

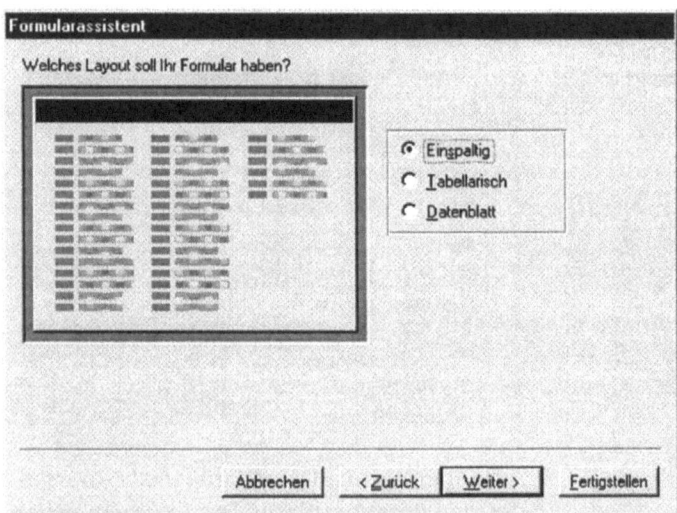

7.3 Formulare mit einem Assistenten erstellen

Sie können für das Layout nun also die gleichen Varianten festlegen, die als AutoFormular angeboten werden: Einspaltig, Tabellarisch und Datenblatt. Wählen Sie im Beispielfall „Einspaltig" und dann die Schaltfläche <Weiter>. **Ergebnis:**

Bild 7-9:
Stil für ein Formular wählen

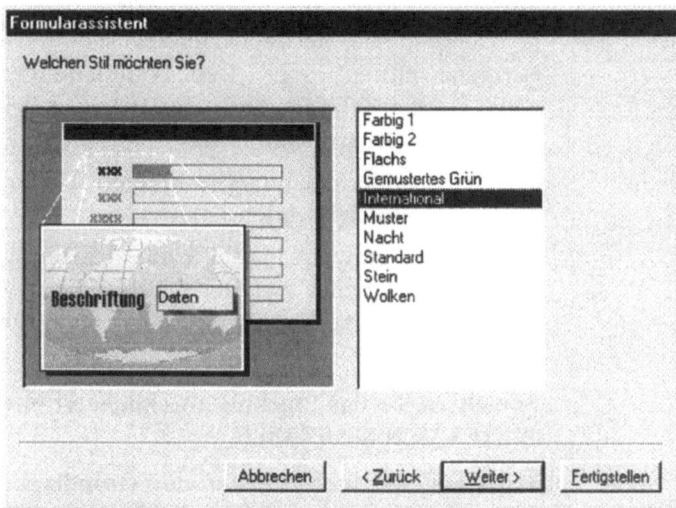

In einem nächsten Schritt ist also ein Hintergrundmotiv (Stil) zuzuordnen. Eigentlich sollte für jedes Formular einer Anwendung ein einheitlicher Stil gewählt werden. Im Beispielfall sollten Sie allerdings einmal eine Variante ausprobieren. Wählen Sie etwa per Mausklick den Stil „Wolken", und aktivieren Sie dann die Schaltfläche <Weiter>. **Ergebnis:**

Bild 7-10:
Formularüberschrift eingeben

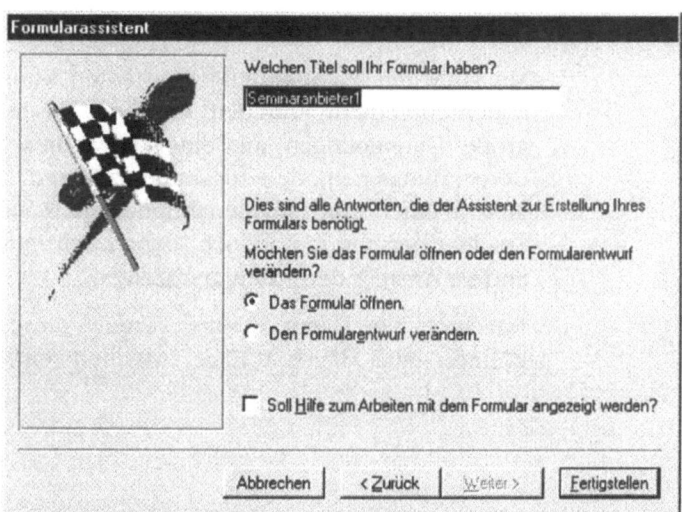

Sie können jetzt also noch eine Formularüberschrift eingeben und entscheiden, ob Sie den Formularentwurf sehen wollen oder das eigentliche Formular zu öffnen ist. Geben Sie die gewünschte Überschrift „Anbieter von Seminaren" ein, und klicken Sie dann auf die Schaltfläche <Fertigstellen>.

Je nachdem, ob Sie im letzten Teilschritt das Optionsfeld „Das Formular öffnen" oder „Den Formularentwurf verändern" gewählt haben, befinden Sie sich danach in der **Formularansicht** oder in der **Entwurfsansicht**:

- In der Formularansicht können Daten erfaßt, aktualisiert und gelöscht werden.
- In der Entwurfsansicht kann das Formular selbst gestaltet und bearbeitet werden. Diese Option werden Sie wählen, wenn Sie das Standardformular noch weiterbearbeiten wollen.

Speichern Sie das Ergebnis abschließend unter dem Namen ANBIETER VON SEMINAREN.

Hinweis: Möchten Sie auf der Grundlage von mehreren Tabellen ein Formular, jedoch keine Abfrage erstellen? Wenn Sie den Formularassistenten nutzen, müssen Sie nicht zuerst eine Abfrage erstellen, sondern können mit Hilfe der Feldauswahl im Assistenten die gewünschten Felder aus jeder beliebigen Tabelle in Ihrer Datenbank auswählen. Dies erleichtert das Erstellen eines Formulars mit Unterformular oder das Verknüpfen von zwei Formularen (dazu später mehr). Sie können sogar ein Formular erstellen, das zwei Unterformulare enthält.

7.4 Der Pivot-Tabellenassistent

Mit Hilfe des Pivot-Tabellenassistenten können Sie ein Steuerelement in einem Formular erstellen, das es Ihnen ermöglicht, große Datenmengen mit einer gewählten Formatierungs- und Berechnungsmethode zusammenzufassen. Eine Pivot-Tabelle gleicht einer Kreuztabellenabfrage, Sie können die Zeilen- und Spaltenüberschriften jedoch dynamisch austauschen, um eine andere Ansicht der Daten anzuzeigen.

Beachten Sie: Damit Sie die Vorteile dieses Assistenten nutzen können, muß Microsoft Excel installiert sein.

7.5 Diagramm-Assistent nutzen

Beispiel einer Pivot-Tabelle (erzeugt mit der Access-Tabelle HARDWARE):

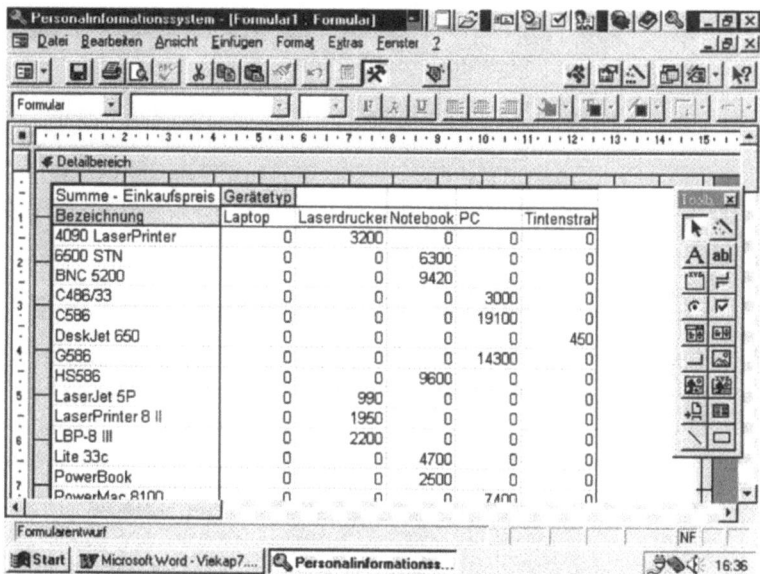

7.5 Diagramm-Assistent nutzen

Mit dem Diagramm-Assistenten ist es relativ einfach, ein Diagramm für ein Formular zu erstellen. Um ein Diagramm hinzufügen zu können, wird die Installation des Zusatzprogramms Microsoft Graph 5.0 vorausgesetzt. Beachten Sie, daß dieses bei der Standardinstallation von Microsoft Access nicht automatisch der Fall ist.

Für das Erzeugen eines Diagramms mit ACCESS ist folgendes Vorgehen notwendig:

1. Wählen Sie aus dem Menü **Einfügen** den Befehl **Diagramm**.
2. Klicken Sie im Formular auf die Stelle, an der Sie das Diagramm einfügen möchten.
3. Folgen Sie den Anweisungen des Diagramm-Assistenten.

Der Diagramm-Assistent erstellt eine Abfrage zur Bestimmung der Datensatzherkunft, in der die Kriterien gelten, die Sie beim Eingeben der Informationen in die Dialogfelder des Diagramm-Assistenten festgelegt haben.

Hinweis: Wenn eine der Tabellen, die Sie zum Erstellen des Diagramms benötigen, in einer anderen Datenbank oder Anwendung enthalten ist, können Sie sie in Ihre Microsoft Access-

Datenbank importieren oder mit ihr verknüpfen. Bestimmen Sie, welche Tabelle oder Abfrage Sie als Basis für das Diagramm verwenden möchten.

Wenn Sie eine Abfrage verwenden wollen, um ein Diagramm zu erstellen, sollte die Abfrage die Felder aufweisen, die die Daten enthalten, die Sie graphisch darstellen möchten. Mindestens eins dieser Felder muß ein Feld vom Datentyp Zahl, Währung oder AutoWert sein

7.6 Formularerstellung ohne Assistenten

Während die Nutzung von AutoFormularen und der Einsatz eines Formularassistenten relativ einfache Verfahren zum Erstellen eines Formulars sind, erhalten Sie damit möglicherweise nicht den benötigten Entwurf. Sie können Formulare deshalb auch vollkommen ohne die Unterstützung durch den Formularassistenten entwerfen.

Voraussetzung ist auch hier, daß eine Tabelle (oder Abfrage) als Basis vorliegt. Sie erstellen dann zunächst ein leeres Formular und fügen diesem selbst die Steuerelemente hinzu. Als **Steuerelement** wird dabei ein grafisches Objekt bezeichnet, das Sie in einem Formular einfügen können; beispielsweise ein Textfeld, ein Rechteck oder eine Befehlsschaltfläche.

Aufgabe: Formulare ohne Assistenten erzeugen

Für die Mitarbeiter-Stammdatenverwaltung soll schrittweise die folgende Erfasssungsmaske entwickelt werden:

Bild 7-11: Formular ohne Assistenten

7.6 Formularerstellung ohne Assistenten

Speichern Sie das Formular unter dem Namen „Mitarbeiterstammdaten".

Zur Problemlösung ist im Datenbankfenster das Register „Formulare" zu markieren und dann auf die Schaltfläche <Neu> zu klicken. Wählen Sie die Tabelle MITARBEITER, lassen Sie die Option „Entwurfsansicht" markiert, und klicken Sie dann auf die Schaltfläche <OK>, so daß sich das folgende Bild ergibt (unter Umständen zunächst nach Klicken auf das Symbol für Vollbild):

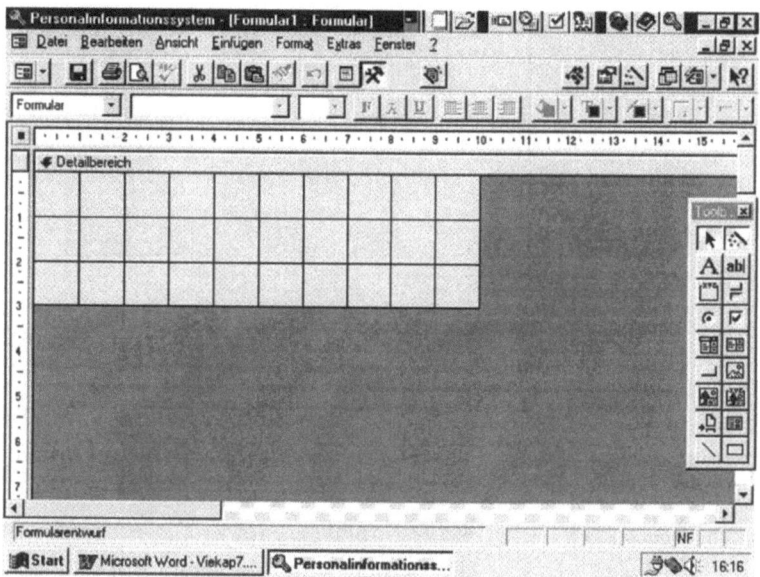

Bild 7-12: Entwurfsblatt für ein leeres Formular

Ziehen Sie jetzt per Drag & Drop an den Rändern die Größe des Formulars im Detailbereich; beispielsweise auf 7 x 15 cm.

7.6.1 Werkzeuge zur Formularerstellung im Überblick

Grundsätzlich sind drei besondere Varianten von Fenstern zu unterscheiden, mit denen eine Erstellung und Gestaltung von Formularen möglich ist: Sie werden im einzelnen über das Menü **Ansicht** eingeschaltet. Varianten sind Toolbox, Feldliste und Eigenschaften.

Toolbox:

Die Toolbox ist in der Entwurfsansicht für Formulare grundsätzlich verfügbar. Anderenfalls müssen Sie aus dem Menü **Ansicht** den Befehl **Toolbox** aktivieren oder auf das links abgebildete Symbol klicken. Sie können diese wie jedes andere Fenster auf dem Bildschirm beliebig positionieren.

7 Formulare (Bildschirmmasken) erzeugen und gestalten

Die Toolbox hat folgendes Aussehen:

Bild 7-13:
Toolbox

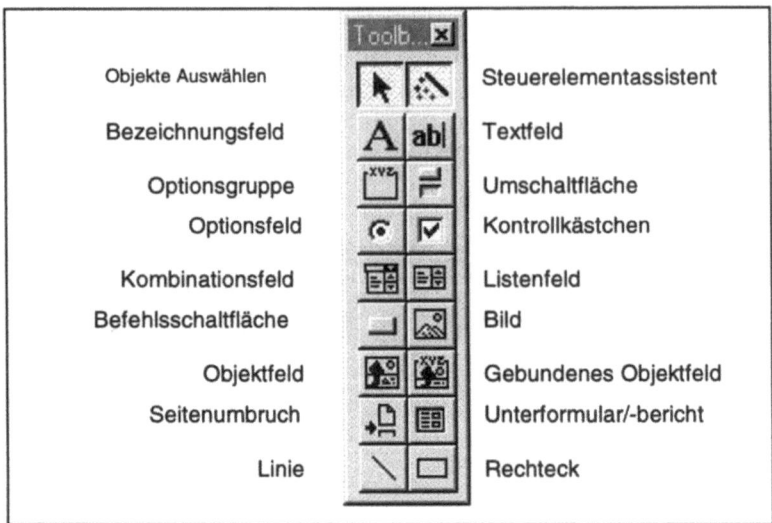

Was bietet Ihnen die Toolbox? Aus der Kurzbeschreibung der Symbole wird bereits deutlich, daß Sie hierüber beispielsweise

- feste Textinformationen einfügen können
- Linien oder Rechtecke zeichnen können oder
- bestimmte Arten von Auswahl- und Listenfeldern erzeugen können oder
- die Bedienerführung (etwa über Schaltflächen) organisieren können.

Die Bedeutung und Anwendung der Symbole der Toolbox gibt die folgende Zusammenstellung wieder:

Objekte Auswählen Mit diesem Tool werden Menübefehle ausgewählt, Objekte (Steuerelemente) in einem Formular markiert, verschoben, bearbeitet und deren Größe verändert.

Steuerelementassistent Ist dieser Button aktiviert, wenn Sie ein Steuerelement in den Formularentwurf ziehen, wird automatisch der für das jeweilige Steuerelement passende Assistent gestartet.

Bezeichnungsfeld Mit diesem Tool werden Bezeichnungsfelder erstellt, die ausschließlich beschreibenden Text sowie Anweisungen beinhalten.

Textfeld Mit diesem Tool werden Daten eingegeben oder angezeigt. Diese Daten können entweder gebunden oder wie im vorhergehenden Fall ungebunden sein.

7.6 Formularerstellung ohne Assistenten

Optionsgruppe	Mit diesem Tool werden Optionsgruppen erstellt, die Kontrollkästchen, Optionsfelder oder Umschaltflächen zusammenfassen und mit einem Rahmen umgeben. Innerhalb einer Optionsgruppe kann lediglich ein Wert ausgewählt werden.
Umschaltfläche	Das Tool dient dem Erstellen von Umschaltflächen, welche entweder für sich allein zur Eingabe eines Ja/Nein - Wertes oder in Kombination innerhalb eines Textfeldes verwendet werden können.
Optionsfeld	Mit diesem Tool werden Optionsfelder erstellt werden, welche dieselbe Funktionalität wie Umschaltflächen aufweisen, jedoch lediglich optisch unterschiedlich gestaltet sind.
Kontrollkästchen	Kontrollkästchen weisen dieselbe Funktionalität auf, sollten jedoch nicht in einer Optiongruppe verwendet werden, da ein Benutzer nicht, wie in dieser Darstellungsart gewohnt, mehrere Optionen auswählen kann.
Kombinationsfeld	Ein Kombinationsfeld ermöglicht es dem Benutzer, einen Wert aus der Liste auszuwählen oder alternativ Daten über die Tastatur einzugeben.
Listenfeld	Über ein Listenfeld kann der Benutzer einen Wert aus einer vordefinierten Liste auswählen. Dabei ist er in seiner Auswahl auf die aufgelisteten Werte beschränkt.
Befehlsschaltfläche	Dieses Tool wird verwendet, um eine Befehlsschaltfläche zu definieren, die einen oder mehrere Befehle ausführt (z. B. ein hinterlegtes Makro).
Bild	Mit diesem Tool können Sie einen Rahmen zur Anzeige eines statischen Bildes einfügen.
Seitenumbruch	Mit diesem Tool können Seitenumbrüche in einem Formular festgelegt werden, wenn ein Formular zu groß ist, um auf einer Bildschirmseite dargestellt zu werden.
Objektfeld	Dieses Tool dient dazu, ungebundene Objekte, vor allem Grafiken, in ein Formular einzubinden. Eine Anwendung wäre beispielsweise das Anzeigen eines eingescannten Firmenlogos.
Gebundenes Objektfeld	Dieses Tool wird verwendet, um Felder vom Datentyp OLE-Objekt in einem Formular aufzunehmen, wie beispielsweise das Foto eines Mitarbeiters.
Linie, Rechteck	Diese Tools dienen in erster Linie der optischen Aufbereitung von Formularen, um Elemente besonders hervorzuheben oder logische Bereiche abzuteilen.

7 Formulare (Bildschirmmasken) erzeugen und gestalten

Feldliste

Eine angezeigte Feldliste ermöglicht das gezielte Einfügen von Steuerelementen (Feldern) in ein Formular. Die einfügbaren Steuerelemente sind automatisch an Felder in der Tabelle oder Abfrage gebunden (sog. **gebundene Steuerelemente**).

Aktivieren können Sie die Feldliste durch Wahl des Befehls **Feldliste** aus dem Menü **Ansicht** oder durch Klicken auf das links abgebildete Symbol. Sie hat im Beispielfall das folgende Aussehen, wenn diese auf die entsprechende Größe zur Anzeige aller Felder gebracht wurde:

Bild 7-14:
Feldliste

Eigenschaftsliste

Die Eigenschaftsliste ermöglicht das Zuordnen von Eigenschaften zu bestimmten Steuerelementen (beispielsweise die Ausrichtung eines Bezeichnungs- oder Textfeldes). Aufgerufen wird diese durch Wahl des Befehls **Eigenschaften** aus dem Menü **Ansicht** oder durch Aktivierung des links gezeigten Symbols.

Ergebnis ist die folgende Anzeige:

7.6 Formularerstellung ohne Assistenten

Bild 7-15:
Eigenschaftsliste

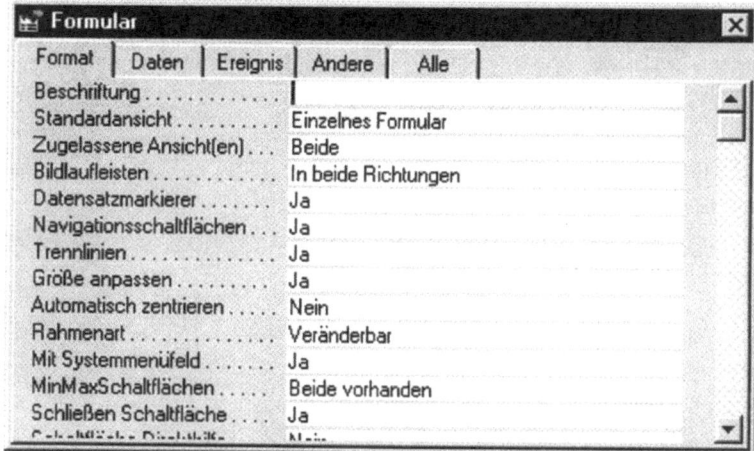

7.6.2 Felder plazieren und gestalten

ACCESS stellt für die Formularerstellung ohne Assistenten also verschiedene nützliche Werkzeuge zur Verfügung. Zur Feldplazierung benötigen Sie beispielsweise aus dem Menü **Ansicht** den Befehl **Feldliste**.

Grundsätzlich gilt folgendes Vorgehen, um Felder in ein Formular zu positionieren:

1. Menü **Ansicht** wählen
2. Variante **Feldliste** aktivieren
3. Datenfelder mit der Maus in das leere Formular ziehen (gilt für alle Datenfelder, die Sie im Formular verwenden wollen)

Die Teilschritte 1 und 2 sind notwendig, wenn die Feldliste aktuell nicht auf dem Bildschirm verfügbar ist.

Oft wollen Sie alle Felder der Tabelle auch im Formular darstellen. Dies können Sie einfach realisieren, indem Sie zunächst auf die Titelleiste der Feldliste doppelt klicken. Nun sind alle Felder markiert und können gemeinsam in das Formular gezogen werden. Es ergibt sich danach die folgende Bildschirmanzeige:

7   Formulare (Bildschirmmasken) erzeugen und gestalten

Bild 7-16:
Übernommene Felder in den Detailbereich

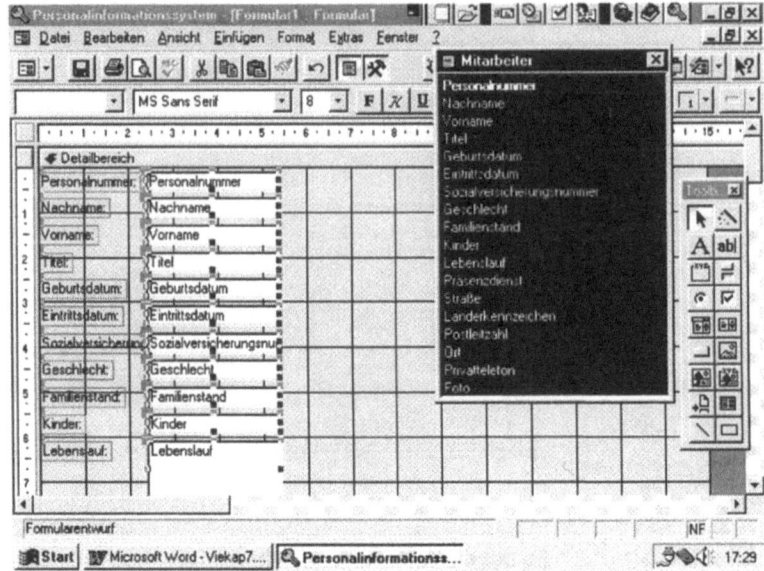

Das Bild macht deutlich, daß zwei Felder mit gleicher Benennung übernommen wurden: links das **Bezeichnungsfeld** und rechts das **Textfeld**. Bei der Anwendung gibt das Bezeichnungsfeld jeweils den Namen des Datenfeldes wieder, während in einem Textfeld der variable Inhalt zu einem Datensatz angezeigt wird.

7.6.2.1 Position der Felder verändern

Sind Felder aus der Feldliste in das Formular eingefügt, ist es zweckmäßig, die Position der Felder im Detailbereich gezielt zu bestimmen. Dazu können Sie in folgender Weise vorgehen:

1. Klicken Sie das gewünschte Feld an, so daß sich der Mauszeiger in eine Hand verwandelt und Anfassersymbole um das Feld erscheinen. (Um mehrere Felder gemeinsam zu markieren, halten Sie die Taste ⇧ gedrückt. Benachbarte Felder können auch dadurch markiert werden, indem mit dem Mauszeiger ein Rahmen um sie gezogen wird.)

2. Verschieben Sie das rechte Textfeld (= Steuerelement) gemeinsam mit seinem Bezeichnungsfeld an die gewünschte Position.

3. Um ein Steuerelement getrennt von seinem Bezeichnungsfeld (oder umgekehrt) zu verschieben, bewegen Sie den Mauszeiger auf den großen Anfasserpunkt*⁾ links oben des

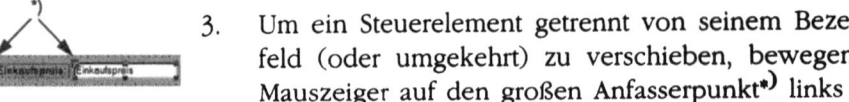

194

7.6 Formularerstellung ohne Assistenten

markierten Feldes und ziehen es an diesem an seine neue Position.

7.6.2.2 Größe von Feldern verändern

Die Größe von Feldern sollte verändert werden, wenn etwa die Schriftart neu eingestellt wurde. In folgender Weise können Sie die Größe von Feldern ändern:

1. Klicken Sie das gewünschte Feld mit der Maus an, damit die Anfassersymbole erscheinen.
2. Ziehen Sie das Feld an den Anfassersymbolen in die gewünschte Größe.

Nach einer Umpositionierung der Felder sowie der Veränderung der Größe (etwa für das später einzufügende Foto) kann sich im Beispielfall etwa die folgende Darstellung ergeben:

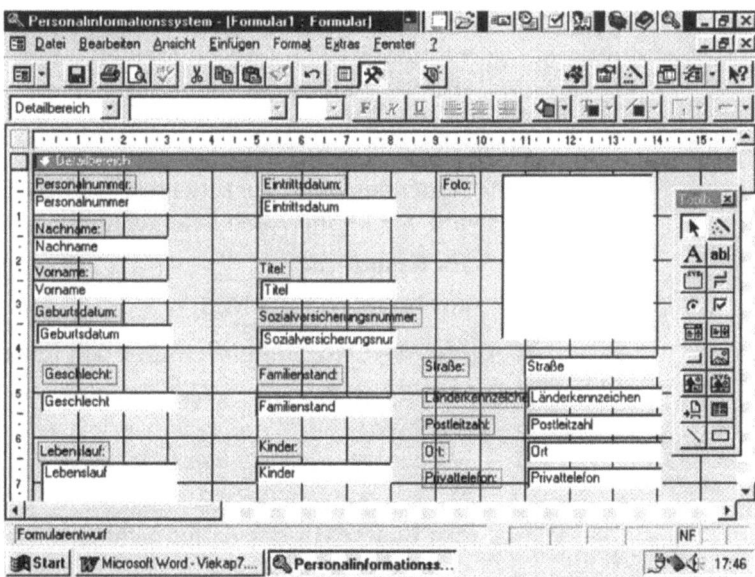

Bild 7-17: Feldpositionierung im Formularentwurf

Ein Tip: Speichern Sie dieses Ergebnis aus Sicherheitsgründen zunächst unter dem Formularnamen STAMM1.

Hinweis: Um ein Feld auf die optimale Größe zu bringen - beispielsweise nachdem Sie die Schriftgröße verändert haben -, markieren Sie das Feld und wählen im Menü **Format** die Variante **Größe anpassen** und hier die Option **an Textgröße**.

Es besteht die Möglichkeit, zusätzlich zur Textgröße, auch
- Am Raster
- Am höchsten
- Am niedrigsten
- Am breitesten
- Am schmalsten

auszurichten.

7.6.2.3 Feldbezeichnungen verändern

Mitunter ist die Anzeige der vollständigen Feldbezeichnung störend. Es kann sogar gewünscht sein, diese vollständig zu löschen:

- Um eine Bezeichnung zu löschen, markieren Sie diese per Mausklick. Betätigen Sie dann die Taste [Entf].
- Um den Bezeichnungstext zu ändern, klicken Sie doppelt auf diesen Text. Danach können Sie den gewünschten neuen Text im Feld „Beschriftung" eintragen.

7.6.2.4 Steuerelemente ausrichten

Um Steuerelemente auszurichten, stehen zwei Varianten zur Auswahl. Sie können Steuerelemente

- am **Raster** oder
- **aneinander** ausrichten.

Vorgehensweise: Steuerelemente am Raster ausrichten

1. Markieren Sie die Steuerelemente, welche Sie ausrichten möchten.
2. Wählen Sie aus dem Menü **Format** den Befehl **Ausrichten**. Im sich nun öffnenden Untermenü wählen Sie den Befehl **Am Raster** (Ist der Raster nicht sichtbar, können Sie ihn mit dem Befehl **Raster** unter dem Menüpunkt **Ansicht** einblenden).

Vorgehensweise: Steuerelemente aneinander ausrichten

1. Markieren Sie die Steuerelemente, die Sie ausrichten möchten.
2. Wählen Sie aus dem Menü **Format** den Befehl **Ausrichten** und anschließend einen der Untermenüpunkte

- Linksbündig
- Rechtsbündig
- Nach oben
- Nach unten

7.6 Formularerstellung ohne Assistenten

Die Möglichkeiten haben folgende Auswirkung:

Linksbündig: Der linke Rand der markierten Steuerelemente wird nach dem linken Rand des äußerst links gelegenen Steuerelementes ausgerichtet.

Rechtsbündig: Der rechte Rand der markierten Steuerelemente wird nach dem rechten Rand des äußerst rechts gelegenen Steuerelementes ausgerichtet.

Nach oben: Der obere Rand der markierten Steuerelemente wird nach dem oberen Rand des am höchsten gelegenen Steuerelementes ausgerichtet.

Nach unten: Der untere Rand der markierten Steuerelemente wird nach dem unteren Rand des am tiefsten gelegenen Steuerelementes ausgerichtet.

Ist der Befehl **Am Raster ausrichten** im Menü **Format** aktiviert, bevor die Steuerelemente ins Formular gezogen werden, werden Sie automatisch am Raster ausgerichtet.

Arbeiten Sie mit **Am Raster ausrichten** und möchten dennoch ein Element ohne diese Option verschieben oder die Größe eines Elementes verändern, halten Sie während des Vorganges die  - Taste gedrückt. Dies ist beispielsweise dann hilfreich, wenn für Ihre gewählte Schriftgröße die optimale Größeneinstellung für das Steuerfeld zwischen zwei Rasterpunkten liegt.

Führen Sie die Änderungen so durch, daß sich folgende Darstellung in der Entwurfsansicht ergibt:

Bild 7-18:
Feldänderungen im Formularentwurf

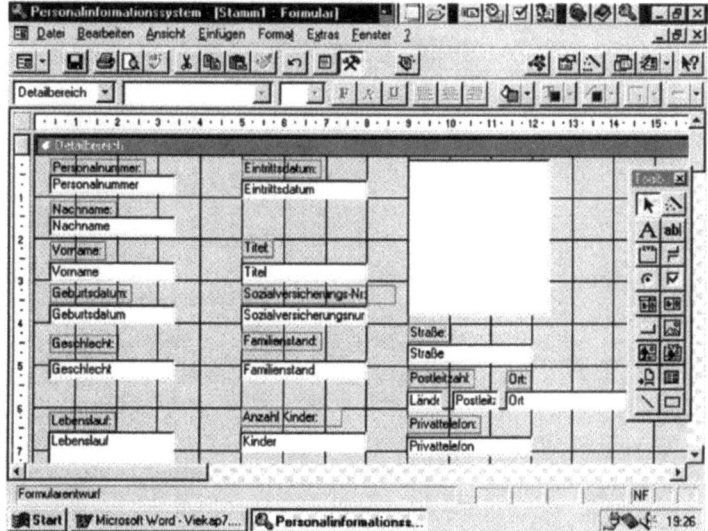

7 Formulare (Bildschirmmasken) erzeugen und gestalten

7.6.2.5 **Feldreihenfolge bestimmen**

Durch das Verschieben der Datenfelder auf dem Formularblatt kann es - wie im Beispielfall - vorkommen, daß die Feldreihenfolge verändert werden muß. Dies ist der Fall, wenn beispielsweise als erstes Feld jenes rechts oben angesprungen wird, man anschließend zum zweiten Feld von links unten gelangt usw. Probieren Sie dies für den Beispielfall aus, indem Sie die Ansicht „Formular" wählen. Sie werden dann feststellen, daß die Positionsmarke mit Drücken der Taste ⇥ nicht in einer logisch richtigen Abfolge vorgenommen wird.

Die Anwendung in dieser Weise wäre für einen Benutzer höchst verwirrend. Deshalb muß hier noch eine Bearbeitung stattfinden. Um in der richtigen Reihenfolge von einem Feld zum nächst(gelegen)en zu gelangen, kann die Feldreihenfolge neu definiert werden.

Vorgehensweise:

1. Wählen Sie in der Entwurfsansicht des aktuellen Formulars aus dem Menü **Bearbeiten** den Befehl **Reihenfolge** aus.

2. Es erscheint das Dialogfeld „Reihenfolge". Hier ist zunächst der Bereich zu wählen, in dem sich die Felder befinden, deren Reihenfolge neu zu bestimmen ist. Im Beispielfall ist dies der „Detailbereich".

3. Markieren Sie mit der Maus das gewünschte Datenfeld, halten Sie die linke Maustaste gedrückt, und ziehen Sie es an die neue Position. Im Beispielfall sollte sich folgende Abfolge für den ersten Teilbereich ergeben:

Bild 7-19:
Feldreihenfolge
bestimmen

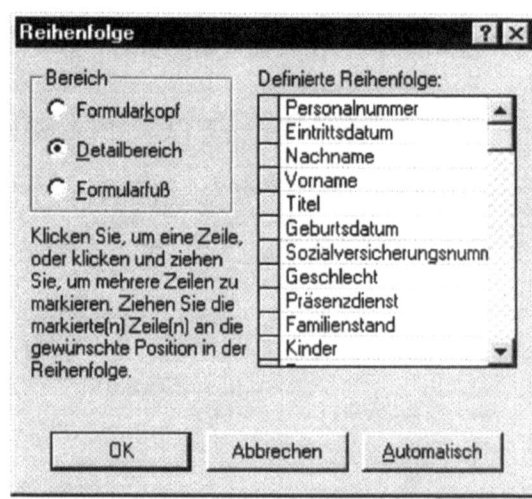

Bestimmen Sie den Rest selbst so, daß eine logische Abfolge bei der Erfassung und Änderung von Daten im Formular gegeben ist.

4. Bestätigen Sie die neue(n) Position(en) mit <OK>

Nun können Sie in der Formularansicht den Test vornehmen.

7.6.3 Bezeichnungsfelder und andere Steuerelemente hinzufügen

7.6.3.1 Bezeichnungsfeld zuordnen

Für die besondere Zuordnung von Bezeichnungsfeldern in ein Formular gibt es zahlreiche Anwendungsfälle:

- Zur näheren Kennzeichnung kann gewünscht sein, weitere Textinformationen in ein Formular einzufügen.
- Sie wollen auch Eintragungen im Formularkopf bzw. Formularfuß vornehmen.
- Sie haben bei einem Steuerfeld aus Versehen das Bezeichnungsfeld gelöscht und möchten ihm später wieder eines zuordnen.

Für die Zuordnung eines Bezeichnungsfeldes in ein Formular ist in folgender Weise vorzugehen:

1. Sie wählen das Bezeichnungsfeld-Tool aus der Toolbox aus.
2. Sie bewegen den Mauszeiger an eine beliebige Stelle im Formular und ziehen ein Kästchen auf.
3. Schreiben Sie Ihre Bezeichnung in das Kästchen.
4. Klicken Sie einmal außerhalb des Kästchens, um den Text zu übernehmen, und markieren Sie das Kästchen danach erneut.
5. Wählen Sie aus dem Menü **Format** den Befehl **Größe anpassen**, um die Größe des aufgezogenen Kästchens an die Länge des eingegebenen Textes anzupassen.
6. Kopieren Sie nun das Kästchen in die Zwischenablage, indem Sie aus dem Menü **Bearbeiten** den Befehl **Ausschneiden** wählen.
7. Markieren Sie das Steuerelement, dem Sie das Bezeichnungsfeld zuordnen möchten, und führen Sie den Befehl **Einfügen** aus dem **Bearbeiten**-Menü aus.

Um ein Bezeichnungsfeld ohne sein zugeordnetes Steuerelement in einen anderen Formularbereich zu verschieben (beispielsweise aus dem Detailbereich in den Formularkopf), muß dieses ebenso zuerst ausgeschnitten und anschließend wieder in den neuen Bereich eingefügt werden.

Sollen Steuerelement und Bezeichnungsfeld in verschiedenen Bereichen angezeigt werden, muß nach dem zuvor gesagten immer das Bezeichnungsfeld, nie aber das Steuerelement verschoben werden. Die Begründung dafür ist, daß das Bezeichnungsfeld mit dem Steuerelement verschwindet, wenn dieses ausgeschnitten wird.

7.6.3.2 Steuerelemente hinzufügen

Alle bisher verwendeten Steuerelemente waren sogenannte **gebundene Steuerelemente**. Gebunden heißen sie, weil sie an ein Feld aus der Datentabelle gebunden sind, die Daten dieses Feldes anzeigen und Daten in ihnen eingegeben oder aktualisiert werden können.

Neben gebundenen Steuerelementen gibt es noch

- **ungebundene** Steuerelemente und
- **berechnete** Steuerelemente.

Ungebundene Steuerelemente enthalten beliebigen beschreibenden Text, der den Benutzer bei der Datenerfassung und -pflege unterstützen soll. Weitere Beispiele sind Linien, Rechtecke und Bilder, die das Formular optisch verschönern.

Berechnete Steuerelemente zeigen Daten an, die nicht in der Tabelle gespeichert sind, sondern in einem Ausdruck eigens nur für die Anzeige im Formular berechnet werden. Beispielsweise könnte im berechneten Feld „Alter" des Mitarbeiterformulars das Alter des jeweiligen Mitarbeiters angezeigt werden, welches aufgrund des Geburtsdatums und des aktuellen Tagesdatums berechnet wird.

Um dies zu testen, öffnen Sie das aktuelle Mitarbeiterformular im Entwurfsmodus. Gehen Sie dann in folgender Weise vor:

1. Wählen Sie im Menü **Ansicht** den Befehl **Toolbox** (falls die Toolbox nicht auf dem Bildschirm angezeigt wird).
2. Klicken Sie auf das Symbol für „Textfeld", und ziehen Sie das Feld im Formularblatt auf.
3. Wählen Sie im Menü **Ansicht** den Befehl **Eigenschaften**, und aktivieren Sie hier das Register „Daten".

7.6 Formularerstellung ohne Assistenten

4. Tragen Sie in der Zeile „Steuerelementinhalt" folgende Formel ein:

   =Int((Jetzt()-[Geburtsdatum])/365).

   Das Dialogfeld sollte das folgende Aussehen haben:

Bild 7-20:
Steuerelementinhalt als Formel

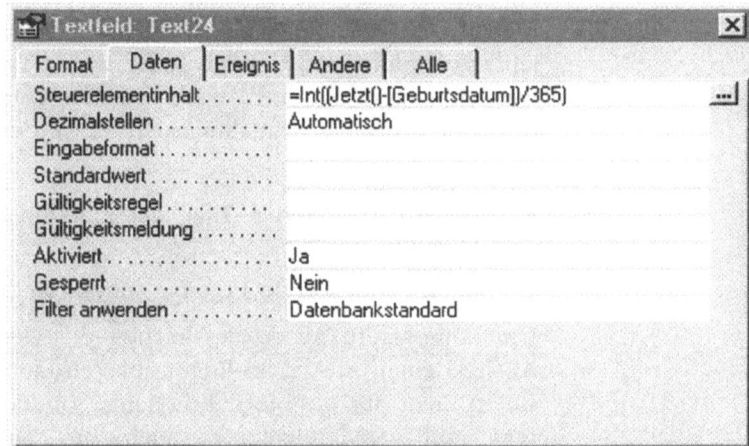

5. Schließen Sie anschließend das Dialogfeld.
6. Markieren Sie das links zugeordnete Bezeichnungsfeld, und positionieren Sie dies im Formular.
7. Klicken Sie anschließend doppelt auf das Bezeichnungsfeld, und tragen Sie im Register „Format" in der Zeile „Beschriftung" den Text „Alter:" ein:

Bild 7-21:
Beschriftungen in Bezeichnungsfeldern

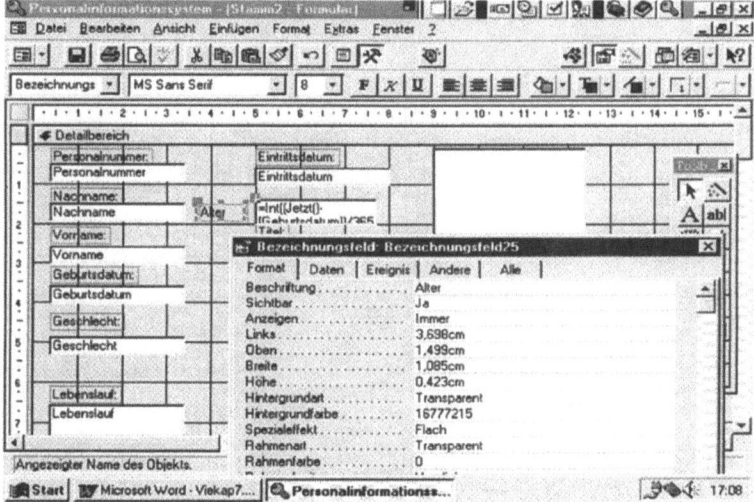

8. Klicken Sie abschließend außerhalb des Feldes. Der neue Text wird sofort in den Formularentwurf übernommen.

Testen Sie das Ergebnis, indem Sie anschließend die Formularansicht aufrufen. Jetzt müßte für alle Mitarbeiter das aktuelle Alter angezeigt werden.

Für die Anzeige als berechnete Felder eignen sich besonders Werte, welche sich dynamisch (beispielsweise mit dem Zeitablauf) verändern und deshalb nicht in der Tabelle abgespeichert werden sollten, um dort jeweils in einem eigenen extra durchzuführenden Arbeitsschritt aktualisiert zu werden. Beispiele:

- Alter;
- Anzahl der offenen Tage der Zahlungsfrist im Rechnungsformular;
- noch verbleibende Tage bis zum Ende der Probezeit

Um komplexere Ausdrücke leichter erstellen zu können, stellt ACCESS einen Ausdrucks-Editor zur Verfügung. Dieser erleichtert Ihnen nicht nur die bloße Erfassung, sondern ermöglicht es, direkt auf Steuerelemente auch in anderen Formularen (Unterformularen) zu verweisen, ohne wie bisher die genaue Schreibweise des Steuerelementnamens zu kennen.

Aufrufen können Sie den Ausdruckseditor über die Schaltfläche „Editor" in der Symbolleiste. **Ergebnis:**

Bild 7-22:
Ausdrucks-Editor

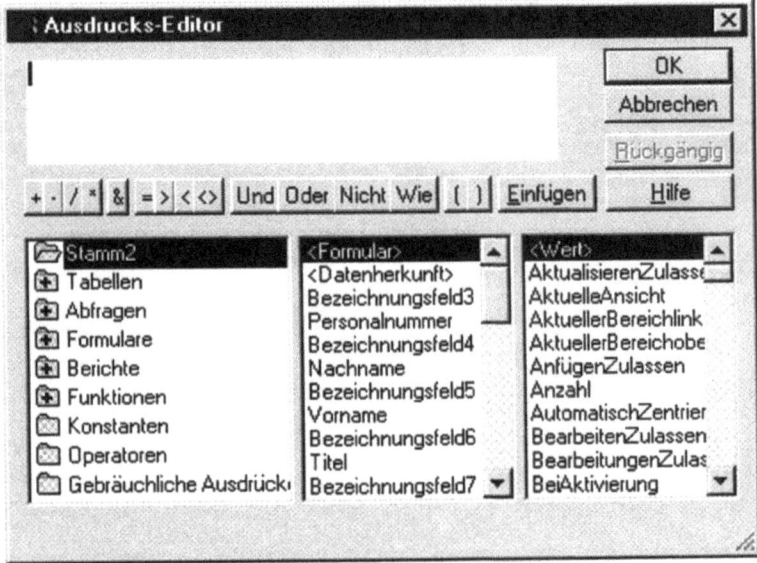

Hinweise:

- Möchten Sie ein Steuerelement hinzufügen, um ein Datum anzuzeigen? Klicken Sie dazu im Menü **Einfügen** auf den Befehl **Datum und Zeit**, und geben Sie die gewünschten Optionen ein. Nachdem Sie das Steuerelement in das Formular-Entwurfsblatt eingefügt haben, müssen Sie nur noch die Position per Drag&Drop-Technik bestimmen. Testen Sie dies ruhig einmal aus!

- Um ein gebundenes Objekt hinzuzufügen, können Sie auch OLE-Objekte per Drag & Drop in die Formularansicht ziehen. Auch können Sie OLE-Objekte in den Formularentwurf ziehen, um ein ungebundenes Objekt hinzuzufügen. Schließlich besteht die Möglichkeit, das Datenblatt einer Tabelle oder Abfrage aus dem Datenblattfenster in ein Formular ziehen, um ein Formular zu erstellen, das in der Datenblattansicht angezeigt wird.

7.7 Bereiche in Formularen gestalten

In Kapitel 7.3 wurde bereits kurz auf die verschiedenen Bereiche eines Formulars eingegangen. Der Hauptbereich eines Formulars ist der **Detailbereich**, in dem sich in der Regel die Mehrzahl der gebundenen Steuerelemente befindet. Darüber hinaus gibt es zwei bzw. vier weitere Formularbereiche, die bei der Gestaltung eines Formulars eingefügt werden können.

- **Seitenkopf/-fuß**
- **Formularkopf/-fuß**

Die Bereiche **Seitenkopf** und **Seitenfuß** dienen dazu, um beim Ausdrucken eines Formulars noch bestimmte Informationen am Beginn oder am Ende mit auszugeben; beim Arbeiten am Bildschirm sind sie nicht zu sehen. Sie können zur Aufnahme von versteckten Feldern dienen, welche Sie für Berechnungen benötigen, jedoch aus Platzgründen sonst im Formular nicht unterbringen.

In der Formularansicht am Bildschirm können jedoch ein gesonderter Formularkopf bzw. Formularfuß angezeigt werden:

- Der **Formularkopf** erscheint oberhalb des Detailbereiches in der Formularansicht und dient daher meist dazu, die Überschrift des Formulares oder Angaben wie das aktuelle Datum und ähnliches aufzunehmen. Er bleibt, wenn in einem Endlosformular gescrollt wird, fix am Bildschirm stehen.

- Dasselbe gilt für den **Formularfuß**, der in der Regel Copyright-Vermerke, zusätzliche Erläuterungen oder ähnliches beinhaltet und ebenfalls permanent am Bildschirm zu sehen ist.

Aufrufen können Sie diese zusätzlichen Bereiche eines Formulars aus der Entwurfsansicht des Formulars. Wählen Sie hier das Menü **Ansicht** und dann den zutreffenden Befehl: **Seitenkopf/-fuß** bzw. **Formularkopf/-fuß**.

Aufgabe: Formularkopf ergänzen

Für das aktuell in Bearbeitung befindliche Formular zur Mitarbeiter-Stammdatenverwaltung soll folgende Überschrift im Formularkopf eingefügt werden:

Mitarbeiterstammdaten   TIKO GmbH.

Beachten Sie außerdem folgenden Gestaltungshinweis: Der Begriff „Mitarbeiterstammdaten" soll in einer anderen Schriftgröße und Schriftfarbe dargestellt werden als die Firmenbezeichnung TIKO GmbH.

Zur Lösung der Aufgabenstellung ist in folgender Reihenfolge vorzugehen:

1. Wählen Sie in der Entwurfsansicht des Formulars zunächst aus dem Menü **Ansicht** den Befehl **Formularkopf/-fuß**, um die Anzeige der Bereiche am Bildschirm einzublenden.
2. Ziehen Sie per Drag & Drop - Technik die gewünschte Größe des Bereiches für den Formularkopf.
3. Klicken Sie in der Toolbox auf das Symbol für Bezeichnungsfelder, ziehen Sie danach den Mauszeiger in den Formularkopf, und klicken Sie dort an der Stelle, an der der Text eingefügt werden soll.
4. Erfassen Sie den gewünschten Text für den Formularkopf.
5. Markieren Sie den Text „Mitarbeiterstammdaten", und stellen Sie folgende Formate ein (Auswahl aus der Format-Symbolleiste):
   - Wahl der Schrift TIMES NEW ROMAN in der Schriftgröße 18
   - Auszeichnung in Fettschrift
   - Zuordnung der Schriftfarbe rot
6. Wählen Sie anschließend aus dem Menü **Format** den Befehl **Größe anpassen** und hier die Option **An Textgröße**.

Nun muß der Text in der gesamten Größe am Bildschirm erkennbar sein.

7. Markieren Sie den Text „TIKO GmbH", und stellen Sie folgende Formate ein:
   - Wahl der Schrift TIMES NEW ROMAN in der Schriftgröße 16
   - Auszeichnung in Fettschrift
   - Zuordnung der Schriftfarbe blau
8. Wählen Sie anschließend aus dem Menü **Format** den Befehl **Größe anpassen** und hier die Option **An Textgröße**.

Ergebnis ist die folgende Bildschirmanzeige im Formularkopf:

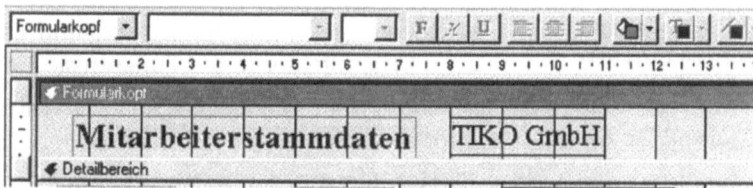

Bild 7-23: Formularkopf einfügen

Hinweis: Wenn Sie den Bereich „Formularkopf/-fuß" oder „Seitenkopf/-fuß" ausblenden, gehen alle darin befindlichen Informationen verloren und müssen gegebenenfalls neu erfaßt werden.

7.8 Optische Gestaltung von Formularen

Haben Sie die Datenfelder nach Ihren Wünschen auf dem Formularblatt plaziert, können Sie Ihr Formular noch weiter durch Verwendung von Schriftarten und -größen, Umrandungen, Farben und anderer Gestaltungsmöglichkeiten verschönern. Sie ist es beispielsweise denkbar, einem Bereich mit wenigen Mausklicks eine Hintergrundfarbe zuzuweisen oder einen Spezialeffekt auf ein Steuerelement anzuwenden. Nutzen Sie dazu die **Format-Symbolleiste**, die Ihnen eine Vielzahl von Formatierungsfunktionen griffbereit zur Verfügung stellt.

Eine weitere Option ist das sogenannte **AutoFormat**. Diese Möglichkeit können Sie auch verwenden , wenn Sie mit dem Aussehen Ihres Formulars nicht zufrieden sind. Ändern Sie es einfach, indem Sie auf die Schaltfläche für AutoFormat klicken. Nach Wahl der Schaltfläche stellt ACCESS eine Reihe von vordefinierten Formaten zur Verfügung. Grundsätzlich können Sie die Schaltfläche AutoFormat verwenden, um das Aussehen Ihres ge-

7 Formulare (Bildschirmmasken) erzeugen und gestalten

samten Formulars oder lediglich von bestimmten Steuerelementen zu ändern. Sie können außerdem die vordefinierten Formate anpassen oder eigene Formate erstellen.

Aufgabe: Formular optisch aufbereiten

1. Öffnen Sie das Formular „Mitarbeiterstammdaten" in der Entwurfsansicht.
2. Vergrößern Sie die Schrift der Felder „Name", „Vorname" und „Personalnummer" auf 10-Punkt, und stellen Sie die Feldeintragungen fett dar.
3. Die Steuerelemente sollen in einer anderen Farbe als die zugehörigen Bezeichnungsfelder dargestellt werden.

Schriftart, Schriftgröße und Ausrichtung verändern

1. Markieren Sie ein Steuerelement, und es erscheinen zusätzliche Symbolfelder in der Funktionsleiste.
2. Wählen Sie in den betreffenden Listenfeldern Schriftart und -größe.
3. Wählen Sie mit den entsprechenden Buttons die Optionen fett, kursiv und unterstrichen sowie
4. die Ausrichtung linksbündig, zentriert oder rechtsbündig.

Bild 7-24: Symbolleiste zur Änderung von Beschriftungen

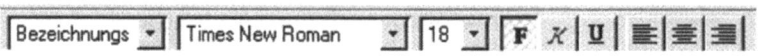

Markieren Sie zur Aufgabenlösung die Schriften, und nehmen Sie eine Auswahl aus der Symbolleiste in der gewünschten Form vor.

Eine besonders hohe Vielfalt der Formatierung ergibt sich, wenn Sie auf das Steuerelement im Entwurfsmodus doppel klicken. Es öffnet sich das Eigenschaftsfenster mit dem Register „Format". Die Möglichkeiten zeigt die folgende Abbildung:

7.8 Optische Gestaltung von Formularen

Bild 7-25:
Textformatierungen

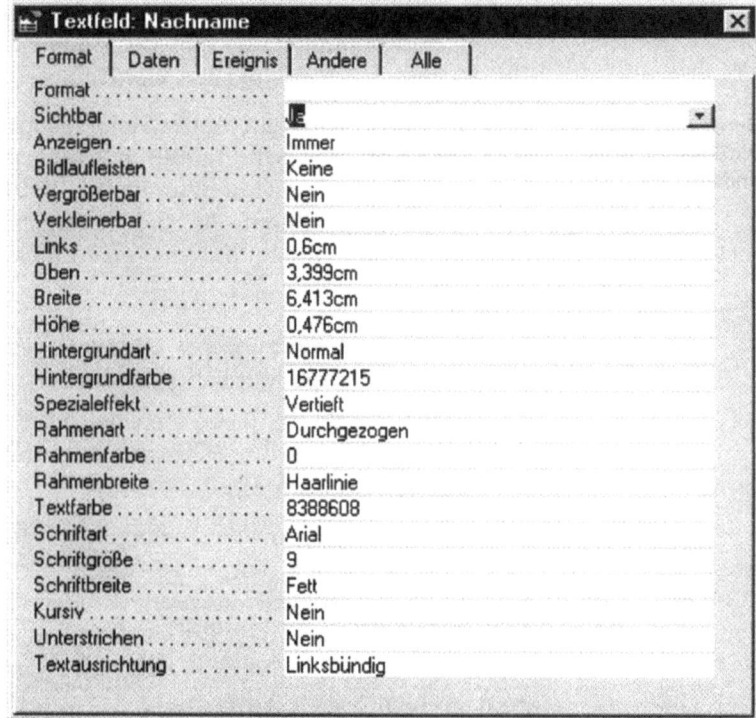

In neueren Access-Versionen können Sie zusätzlich zu den üblichen Spezialeffekten (flach, erhöht und vertieft) weitere Effekte wie graviert, schattiert oder unterstrichen verwenden.

Farbe und Aussehen verändern:
Zur Änderung der Farbe stehen in der Format-Symbolleiste drei verschiedene Schaltflächen zur Verfügung:

Abhängig von dem markierten Steuerelement können Sie hier eine Auswahl treffen, indem Sie das Listenfeld öffnen. Die Bedeutung von links nach rechts:

- **Hintergrundfarbe**: Wenn Sie einen Bereich im Formular (etwa den Formularkopf) markieren, können Sie dafür eine bestimmte Hintergrundfarbe wählen.
- **Textfarbe**: Bei Markierung eines Textes können Sie diesem eine bestimmte Farbe über das mittlere Listenfeld zuordnen.

7 Formulare (Bildschirmmasken) erzeugen und gestalten

- **Rahmenfarbe**: Wurde ein Rahmen bzw. eine Linie gezeichnet, kann dieser mit der dritten Schaltfläche in einer bestimmten Farbe erzeugt werden.

Voreinstellungen für Steuerelemente ändern

Standardmäßig wird ein neues Steuerelement in der Schriftart **MS Sans Serif**, der Schriftgröße **8 Punkt** und der Schriftfarbe **Schwarz** sowie der Hintergrundfarbe **Weiß** dargestellt. Diese Voreinstellungen können Sie ändern, um nicht jedes Steuerelement im nachhinein neu formatieren zu müssen.

Vorgehensweise:

1. Formatieren Sie zunächst ein Steuerelement so, wie Sie es zukünftig dargestellt haben möchten.
2. Markieren Sie das Steuerelement und das Bezeichnungsfeld, und wählen Sie im Menü **Format** den Befehl **Steuerelementeinstellungen**.

Hinweis: Diese Formateinstellungen gelten nur für Steuerelemente im aktuellen Formular. Wenn Sie generelle Formatierungsvorlagen erstellen möchten, erzeugen Sie ein Formular mit allen Einstellungen, die Sie als Standard definieren möchten. Wählen Sie anschließend im Menü **Extras** den Befehl **Optionen**, wählen Sie die Kategorie „Formulare/Berichte", und tragen Sie den Namen des von Ihnen erstellten Formulars in dem Feld „Formularvorlage" ein.

Standard-Hintergrundmotive verwenden

Wählen Sie dazu aus dem Menü **Format** den Befehl **AutoFormat**. Sie können dann aus folgendem Dialogfeld eine Auswahl treffen:

Bild 7-26: AutoFormat wählen

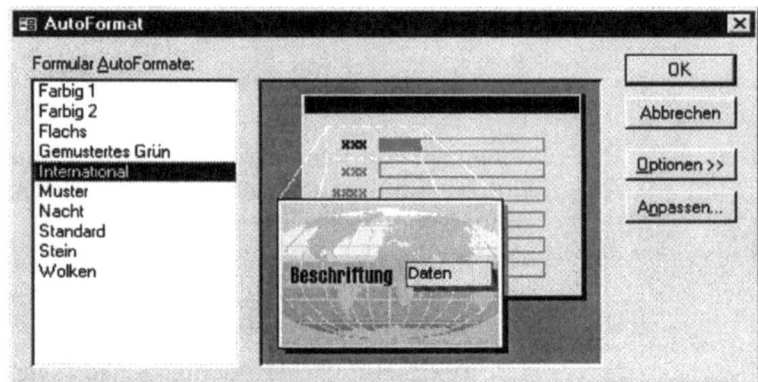

Nehmen Sie einen Test vor! Wählen Sie etwa die Variante „Stein", und lassen Sie sich das Ergebnis in der Formularansicht anzeigen.

Neue Hintergrundbilder zuordnen

Bereits bei der Nutzung von AutoFormularen wurde deutlich, daß ACCESS die Zuordnung von Hintergrundbildern zu einem Formular ermöglicht. Möchten Sie beispielsweise ein Logo oder ein anderes Bild als Hintergrund für Ihr Bildschirmformular verwenden? Geben Sie dazu lediglich einen Pfad in das Einstellungsfeld der Eigenschaft „Bild" des Formulars ein, oder wählen Sie ein Bild mit Hilfe des Bildauswahl-Editors. Beachten Sie: Mit ACCESS können Sie außerdem Steuerelemente transparent darstellen, so daß Ihr Hintergrundbild durch die Steuerelemente hindurch sichtbar bleibt.

Folgendes Vorgehen ist in der Entwurfsansicht notwendig, um ein neues Hintergrundbild dem Formular zuzuordnen:

1. Aktivieren Sie aus dem Menü **Bearbeiten** den Befehl **Formular auswählen**.
2. Rufen Sie danach aus dem Menü **Ansicht** den Befehl **Eigenschaften** auf.
3. Im Register „Format" wählen Sie das Feld „Bild" aus, und klicken dann auf den Editor.
4. Wählen Sie im angezeigten Bild zum Öffnen von Dateien das Bild aus, das als Hintergrund dienen soll.
5. Nach dem Bestätigen mit <OK> erfolgt der Rücksprung in das Eigenschaftsfenster.
6. Wählen Sie eventuell - je nach Geschmack - noch einen anderen Bildgrößemodus; etwa Zoomen oder Abschneiden.
7. Mit dem Schließen des Eigenschaftsfensters können Sie dann das Ergebnis kontrollieren.

7.9 Listenfelder/Kombinationsfelder für die Dateneingabe erstellen

Eine Datenbank lebt in ihrer Qualität zu einem großen Teil natürlich von korrekt eingegebenen Daten. Es lohnt sich also darüber nachzudenken, wie die Eingabe erleichtert und gleichzeitig sicherer gemacht werden kann.

Mitunter müssen für die Eingabe bestimmte Kernbegriffe zugeordnet werden. Dies gilt etwa für die Zuordnung von Produktkategorien. In diesen Fällen ist eine korrekte Eingabe besonders wichtig. ACCESS bietet dafür die Möglichkeit, ein Listenfeld für die Eingabe zur Verfügung stellen. Die dem Benutzer zur Auswahl vorgegebenen Listeneinträge vermeiden die Gefahr von Tippfehlern, die gerade in Datenbanken mit mehreren untereinander verknüpften Tabellen schwerwiegende Folgen haben können.

Wann bietet sich das Bereitstellen von Listen-/Kombinationsfeldern an? Hierzu einige Beispiele:

- Es existiert eine geschlossene Gruppe von Eingabemöglichkeiten.
- Bis auf wenige Ausnahmen werden immer dieselben Werte in ein Feld eingetragen.
- In ein Feld ist eine Nummer als Schlüssel einzugeben. (z. B. Personalnummer). Um stattdessen einen „sprechenden" Text zu verwenden, bietet sich ein Listenfeld/Kombinationsfeld an.

Es gibt mehrere Möglichkeiten, solche Felder zu erstellen. In neueren ACCESS-Versionen können Sie die Eigenschaft „Steuerelement anzeigen" verwenden, um einen Standardtyp für das Steuerelement eines Feldes zu bestimmen (Textfeld, Kontrollkästchen, Listenfeld oder Kombinationsfeld). Wenn Sie dieses Feld aus der Feldliste ziehen, oder wenn Sie einen Assistenten verwenden, um ein Formular oder einen Bericht zu erstellen, erstellt ACCESS automatisch die eingestellte Art von Steuerelement.

Benötigen Sie Hilfe bei der Erstellung einer Liste in einem Formular, das Werte aus einer anderen Tabelle nachschlägt, können Sie einen Nachschlageassistenten verwenden. Diese wird in der Entwurfsansicht einer Tabelle ausgeführt, indem Sie den Nachschlageassistenten als Datentyp für das Feld angeben. Wenn Sie den Assistenten ausführen, leitet ACCESS Sie schrittweise durch den Prozeß zum Erstellen einer Nachschlageliste. Anschließend können Sie dieses Feld zu einem Formular hinzufügen. ACCESS erstellt dann automatisch ein Listen- oder Kombinationsfeld (je nachdem, welches Steuerelement Sie im Assistenten auswählen), wobei die Eigenschaften bereits in geeigneter Weise eingestellt sind.

Hinweis: Auch ein dynamisches Ändern von Steuerelementen ist möglich. Möchten Sie beispielsweise ein Textfeld in ein Kombinationsfeld umändern? Dann ist es nicht wie in früheren ACCESS-Versionen erforderlich, das Steuerelement zu löschen und ein neues zu erstellen. Sie klicken lediglich im Menü **Format** auf den Befehl **Ändern** und anschließend auf den ge-

7.9 Listenfelder/Kombinationsfelder für die Dateneingabe erstellen

wünschten neuen Steuerelementtyp. ACCESS kopiert die entsprechenden Eigenschaften von einem Steuerelement in das andere, so daß Sie diese nicht erneut definieren müssen.

Zunächst zum **Unterschied zwischen Listen- und Kombinationsfeld**:

Listenfeld	In einem Listenfeld ist die Eingabemöglichkeit auf die in die Liste aufgenommenen Elemente beschränkt. Es kann keine Eingabe über die Tastatur erfolgen.
	Ein Listenfeld eignet sich daher gut für Eingaben, die auf bestimmte Werte begrenzt sind.
Kombinationsfeld	Ein Kombinationsfeld ermöglicht die Eingabe sowohl über die Tastatur als auch über eine Auswahl aus der Liste. Sie können frei definieren, ob es dem Benutzer erlaubt sein soll, Werte einzutragen, die nicht in der Liste enthalten sind, oder nicht.

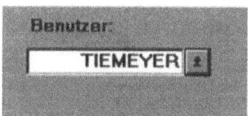

Ein Kombinationsfeld geschlossen...

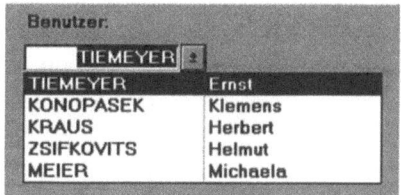

... und dasselbe Kombinationsfeld geöffnet.

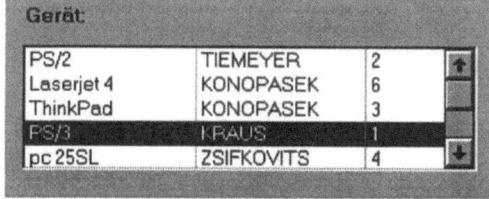

Ein Listenfeld erscheint immer in voller Größe im Formular.

7 Formulare (Bildschirmmasken) erzeugen und gestalten

Aufgabe: Erstellen eines Kombinationsfeldes 1

Im Formular „Hardware" soll für die Eingabe des Feldes „Gerätetyp" ein Kombinationsfeld erstellt werden. Die Liste soll die Einträge

- PC
- Notebook
- Laptop
- Laserdrucker
- Matrixdrucker
- Scanner

beinhalten und zusätzlich dem Benutzer die Möglichkeit geben, einen weiteren Gerätetyp einzugeben.

Im Beispielfall ist also ein Kombinationsfeld zu erzeugen. Dies kann sowohl mit Hilfe des Steuerelementassistenten als auch direkt durch den Benutzer erstellt werden.

a) Vorgehensweise mit Steuerelementassistenten

1. Öffnen des Formulars „Hardware" in der Entwurfsansicht
2. Löschen des Feldes „Gerätetyp"
3. Anzeigen des Feldliste durch den Befehl **Feldliste** aus dem Menü **Ansicht**

4. Auswählen des Kombinationsfeld - Tools in der Toolbox
5. Aktivieren des Steuerelementassistenten in der Toolbox
6. Das Feld „Gerätetyp" in das Formular ziehen.
7. Legen Sie fest, daß Sie die Werte in die Liste selber eingeben werden.

Bild 7-27: Kombinationsfeldassistent

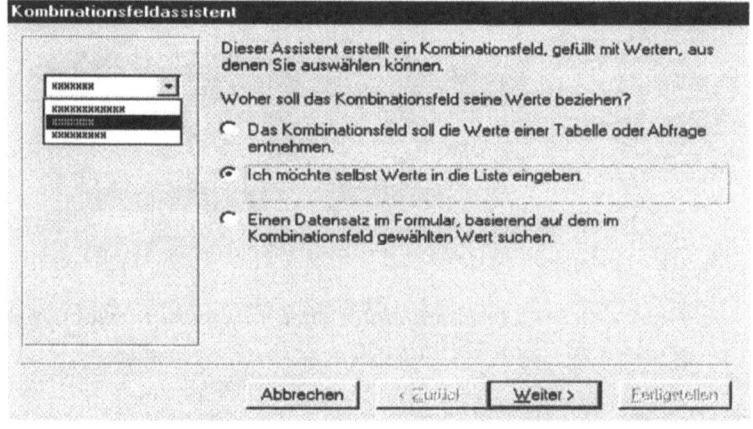

212

7.9 Listenfelder/Kombinationsfelder für die Dateneingabe erstellen

8. Klicken Sie danach auf <Weiter>. Geben Sie die Spaltenanzahl mit „1" an, und tragen Sie in die Tabelle die einzelnen Listeneinträge ein.

Bild 7-28:
Listeneinträge vornehmen

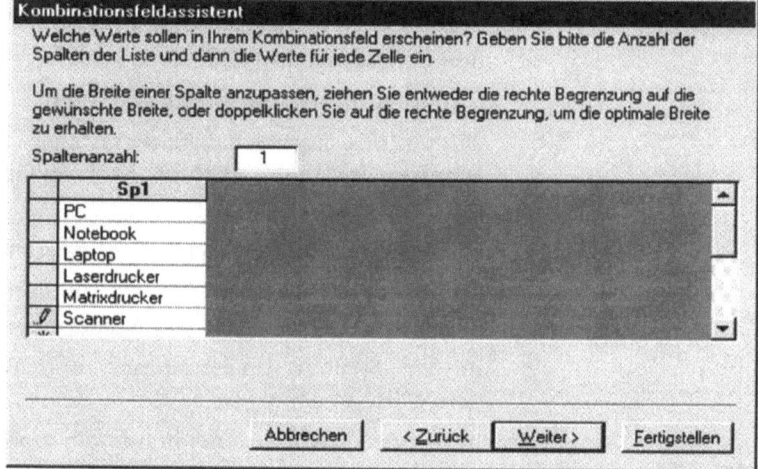

9. Speichern Sie den Wert des Listenfeldes im Feld „Gerätetyp". Wenn Sie das Feld „Gerätetyp" in den Formularentwurf gezogen haben, ist dies bereits der Vorgabewert.

Bild 7-29:
Speicherung der Änderungen

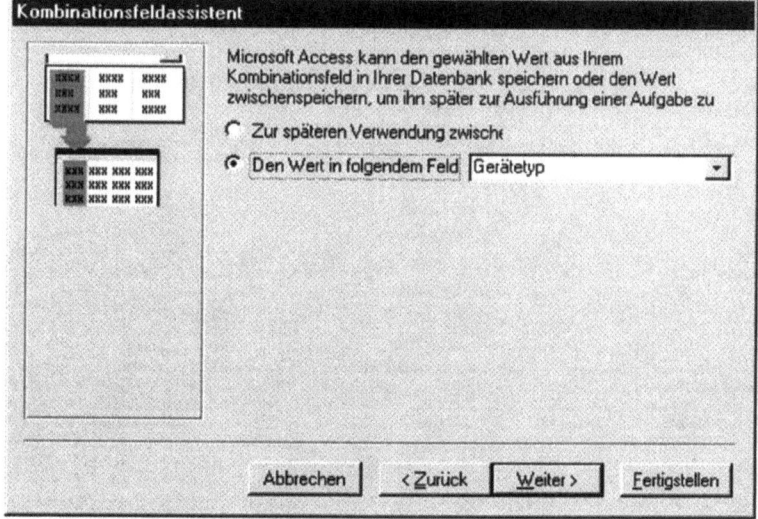

10. Benennen Sie das Kombinationsfeld mit „Gerätetyp".
11. Schließen Sie die Eingabe mit <Fertigstellen> ab.

b) Vorgehensweise ohne Steuerelementassistenten

1. Öffnen des Formulars „Hardware" in der Entwurfsansicht
2. Markieren des Feldes „Gerätetyp"
3. Menü **Format** aktivieren
4. Befehl **Ändern zu** wählen
5. Option **Kombinationsfeld** aktivieren
6. Öffnen des Eigenschaftsfensters über den Befehl **Eigenschaften** im Menü **Ansicht**. (Achten Sie dabei darauf, daß das Feld „Gerätetyp" markiert ist).
7. In der Zeile „Herkunftstyp" *Wertliste* auswählen.
8. In der Zeile „Datensatzherkunft" die Listeneinträge, getrennt mit Semikolon, erfassen: PC; Notebook; Laptop; ..
9. In den Spalten „Spaltenanzahl" und „Gebundene Spalte" den Wert „1" eintragen.
10. In der Zeile „Nur Listeneinträge" die Option „Nein" wählen.
11. Das Formular speichern und in die Formularansicht wechseln.

Bild 7-30:
Eigenschaftsfenster

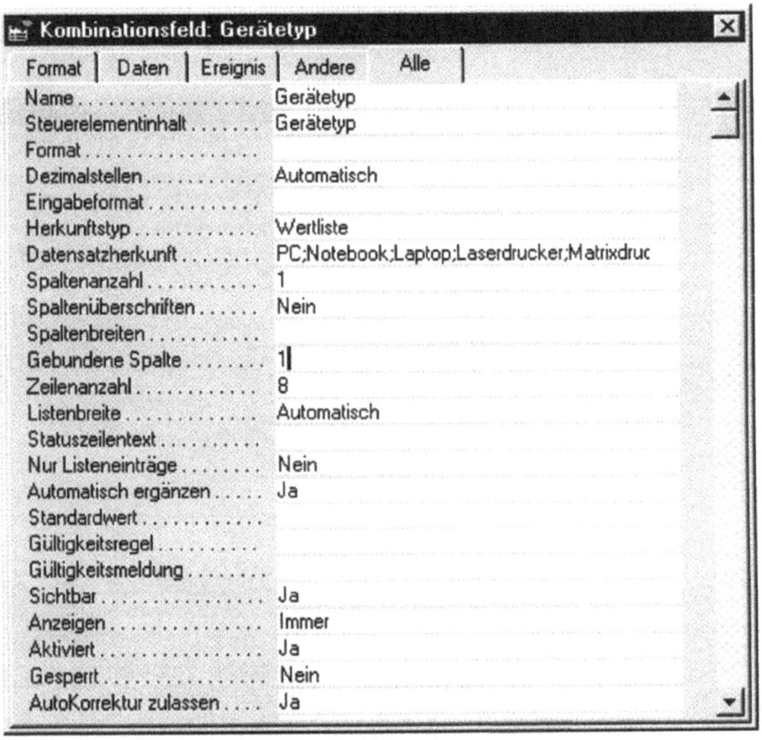

7.9 Listenfelder/Kombinationsfelder für die Dateneingabe erstellen

Hinweis: Sie können für Ihr Listenfeld mehrere Spalteneinträge erfassen. Dazu müssen Sie in der Zeile „Datensatzherkunft" abwechselnd beispielsweise einen Eintrag für die erste Spalte und einen Eintrag für die zweite Spalte erfassen. Die Anzahl der Spalten ist in der Zeile „Spaltenanzahl" einzutragen. Über die Zeile „Gebundene Spalte" ist zu definieren, welche Zeile den gebundenen Wert enthält, der nach einer Auswahl physisch in das Datenfeld eingetragen wird.

Aufgabe: Erstellen eines Kombinationsfeldes 2

Oft ist eine Datenbank so konstruiert, daß man für die Eingabe über ein standardmäßiges Textfeld alle Themencodes im Kopf haben, um jeweils den richtigen Code einzutragen (etwa die Personal- oder Artikelnummer). Ein Listen- oder Kombinationsfeld bietet demgegenüber die Möglichkeit, daß der Benutzer die Auswahl aus einer Liste zu treffen, die einen aussagekräftigen Text enthält, jedoch intern den entsprechenden Code in die Tabelle einträgt. Hinzu kommt: Auch die Aussagekraft des Formulars wird erhöht, wenn der Benutzer im Feld den Namen einer Person anstelle einer simplen Personalnummer lesen kann.

Das Feld „Personalnummer" in der Tabelle „Hardware" enthält einen Zahlenwert. Um vom Benutzer nicht zu verlangen, daß er die Personalnummern aller Mitarbeiter parat hat, sollen Sie ein Kombinationsfeld gestalten, welches Ihnen zwar den Namen der Mitarbeiter anzeigt, aber nach einer Auswahl physisch die Personalnummer in das Datenfeld einträgt.

Auch diese Aufgabenstellung können Sie wieder mit oder ohne Unterstützung durch den Steuerelementassistenten lösen:

a) Vorgehensweise mit Steuerelementassistenten

1. Öffnen des Formulars „Hardware" in der Entwurfsansicht
2. Löschen des Feldes „Personalnummer"
3. Anzeigen der Feldliste durch den Befehl **Feldliste** im Menü **Ansicht**
4. Auswählen des Kombinationsfeld - Tools in der Toolbox
5. Das Feld „Personalnummer" in das Formular ziehen.
6. Legen Sie fest, daß die Werte für das Kombinationsfeld aus einer Tabelle oder Abfrage stammen.
7. Wählen Sie die Tabelle „Mitarbeiter" als Herkunftstabelle für die Listeneinträge aus.

7 Formulare (Bildschirmmasken) erzeugen und gestalten

Bild 7-31:
Herkunftstabelle für Listeneinträge wählen

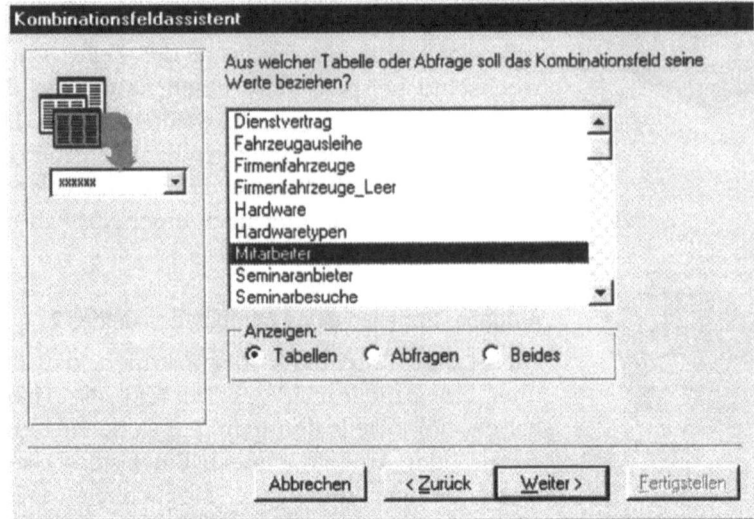

8. Übernehmen Sie die Felder „Personalnummer", „Nachname" und „Vorname" als Spalten ins Kombinationsfeld, indem Sie jeweils im Fenster „Verfügbare Felder" das entsprechende Feld auswählen und auf die Schaltfläche **>** klicken.

Bild 7-32:
Feldübernahme für das Kombinationsfeld

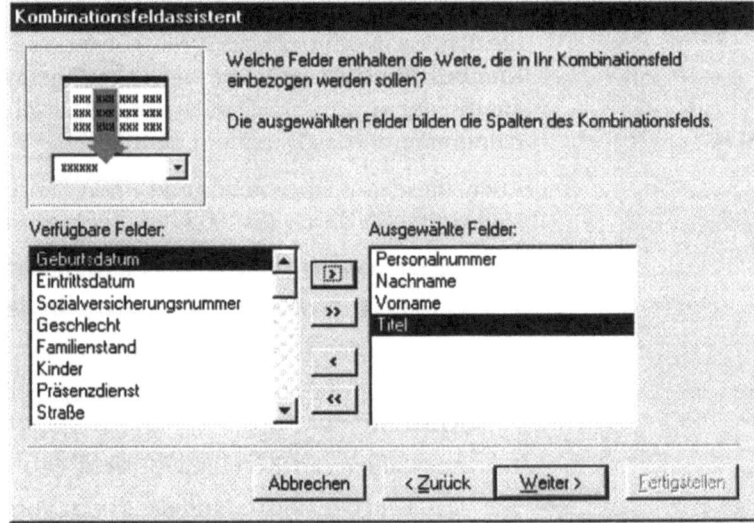

9. Lassen Sie das Optionsfeld „Schlüsselspalte ausblenden" eingeschaltet, damit die ersten Spalte (Personalnummer) im Kombinationsfeld nicht angezeigt wird.

7.9 Listenfelder/Kombinationsfelder für die Dateneingabe erstellen

Bild 7-33:
Spaltenbreite einstellen

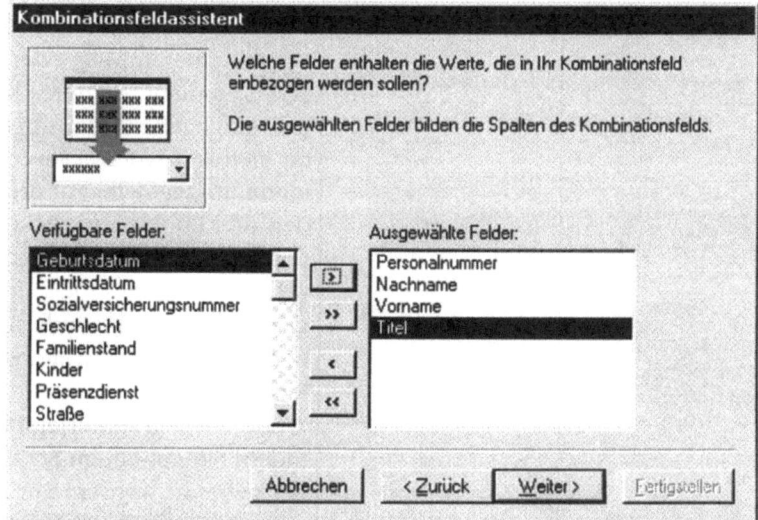

10. Definieren Sie das Feld „Personalnummer" als gebundene Spalte.
11. Speichern Sie den Wert im Feld „Personalnummer"
12. Schließen Sie die Eingaben bzw. Auswahlen mit <Fertigstellen> ab.

b) Vorgehensweise ohne Steuerelementassistenten

Jedoch stößt man bei der Benutzung des Assistenten auch an Grenzen. Zum Beispiel dann, wenn man in einer Spalte einen Text darstellen möchte, der in dieser Form in keiner Tabelle vorkommt.

Folgende **Eigenschaften** sind für ein Listen- oder Kombinationsfeld entscheidend:

| Herkunftstyp | Der Herkunftstyp legt fest, von welcher Herkunftsart die Daten sind, mit denen die Liste gefüllt werden soll. Die beiden wichtigen Einstellungen sind „Tabelle/Abfrage", wenn die Werte aus einer solchen übernommen werden sollen, und „Wertliste", bei der die Listeneinträge direkt in der Zeile „Datensatzherkunft" eingetragen werden. |

Datensatzherkunft	Diese Zeile enthält entweder direkt den Namen einer Tabelle oder Abfrage oder ein SQL-Statement. Letzteres kann entweder direkt eingegeben oder über den Abfrageeditor erstellt werden. Dieser wird aufgerufen, indem in der Zeile auf die Schaltfläche mit den drei Punkten geklickt wird. Dort können Sie eine Abfrage generieren, die aber nicht als eigenes Objekt in der Datenbank gespeichert wird, sondern als SQL-Statement in der Eigenschaft „Datensatzkerkunft" abgelegt wird. Werte können direkt eingegeben werden, indem Sie mit einem Semikolon voneinander getrennt werden. Für mehrspaltige Listenfelder geben Sie jeweils die Werte einer Zeile hintereinander ein, anschließend jene der nächsten Zeile.
Spaltenanzahl	Legt fest, wieviele Spalten in der Liste angezeigt werden.
Spaltenbreiten	Die Angabe der Spaltenbreiten ist bei mehrspaltigen Listen wichtig. Möchten Sie eine Spalte verbergen, geben Sie deren Spaltenbreite mit null an. Oft wird dies benutzt, um Codewerte in der gebundenen Spalte nicht anzuzeigen. Die einzelnen Werte werden bei der Eingabe mit einem Semikolon voneinander getrennt. Die Einheit „cm" fügt Access automatisch hinzu und kann daher unterbleiben.
Gebundene Spalte	Gibt an, in welcher der Spalten der Wert enthalten ist, der bei einer Auswahl schließlich in das Feld eingetragen wird. Dies kann immer nur eine Spalte sein
Zeilenanzahl	Gibt an, wieviele Zeilen zugleich angezeigt werden, wenn ein Kombinationsfeld geöffnet wird. Enthält die Liste mehr Einträge, dann muß mit der Scroll-Leiste zu den anderen gescrollt werden.

Listenbreite	Standardmäßig ist hier „Automatisch" voreingestellt. Dies bedeutet, daß die aufgeklappte Liste genauso breit ist wie das Kombinationsfeld in geschlossenem Zustand. Bei mehreren Spalten ist es sinnvoller, als Listenbreite zumindest die Summe der Spaltenbreiten anzugeben. Das geöffnete Kombinationsfeld erscheint dann breiter als das geschlossene.
Nur Listeneinträge	Ist diese Eigenschaft auf „Ja" eingestellt, können vom Benutzer nur Einträge aus der Liste ausgewählt werden. Bei „Nein" können zusätzlich andere Werte eingetragen werden.
Automatisch ergänzen	Ist diese Eigenschaft auf „Ja" eingestellt, wird bei der Eingabe eines Textes über die Tastatur automatisch der entsprechende Listeneintrag ergänzt, wenn die ersten eindeutigen Buchstaben eingegeben sind. Diese Funktion kann auch dazu verwendet werden, um in sehr langen Listen durch Eingabe des ersten Buchstabens zu den entsprechenden Einträgen zu springen.

Vorgehensweise im Beispielfall:

1. Öffnen des Formulars „Hardware" in der Entwurfsansicht
2. Löschen des Feldes „Personalnummer"
3. Anzeigen des Feldliste durch den Befehl **Feldliste** im Menü **Ansicht**
4. Auswählen des Kombinationsfeld - Tools in der Toolbox
5. Das Feld „Personalnummer" in das Formular ziehen.
6. Öffnen des Eigenschaftsfensters über den Befehl **Eigenschaften** im Menü **Ansicht**. Achten Sie dabei darauf, daß das Feld „Personalnummer" markiert ist.
7. In der Zeile „Herkunftstyp" TABELLE/ABFRAGE auswählen.
8. In der Zeile „Datensatzherkunft" den Namen der Ursprungstabelle mit den anzuzeigenden Daten, in diesem Fall „Mitarbeiter", eintragen.
9. In dem Feld „Spaltenanzahl" die Zahl „3" eintragen, damit die Spalten „Personalnummer", „Nachname" und „Vorname" für die Liste ausgewählt werden.

10. Die erste Spalte als gebundene Spalte definieren
11. Die Spaltenbreiten mit 0 cm; 3 cm; 3 cm festlegen
12. Die Zeilenanzahl mit 5 cm und die Listenbreite mit 6 cm definieren
13. In der Spalte „Nur Listeneinträge" die Option „Ja" wählen.
14. Das Formular speichern und in die Formularansicht wechseln

Hinweis: Möchten Sie die zweite, vierte und siebte Spalte einer Tabelle für ein Listenfeld auswählen, müssen Sie entweder alle Spalten bis zur siebenten auswählen und die Spaltenbreiten der nicht benötigten auf „0" setzen, oder Sie erstellen sich eine Abfrage, die Ihre gewünschten Felder in der richtigen Reihenfolge voranstellt und definieren diese als Datensatzherkunft. Darüber hinaus können Sie direkt ein SQL-Statement über den Abfrage-Editor erstellen. Dies hat den entscheidenden Vorteil, daß die Abfrage direkt im Kombinationsfeld gespeichert ist und nicht extra im Abfragefenster erscheint.

Über den Steuerelementassistenten für Kombinationsfelder haben Sie auch die Möglichkeit, auf Formularebene nach der Auswahl aus einem Listenfeld direkt zum entsprechenden Datensatz zu gelangen. Der Steuerelementassistent wird wie gewohnt gestartet. Im ersten Dialog ist dann die Option zu wählen, daß ein Datensatz im Formular basierend auf dem im Kombinationsfeld gewählten Wert gesucht wird. Im weiteren Verlauf unterscheidet sich die Erstellung des Kombinationsfeldes nicht von einem gewöhnlichen. Es werden die Felder des Formulars angezeigt, wählen Sie jenes aus, nach dem Sie suchen möchten. Den Rest erledigt der Assistent für Sie.

7.10 Formulare nachbearbeiten

Aufgabe: Formular nachbearbeiten

Bearbeiten Sie das bisher erstellte Formular „Hardware" so, daß sich die folgende Darstellung ergibt:

Bild 7-34
Bearbeitetes Bildschirmformular

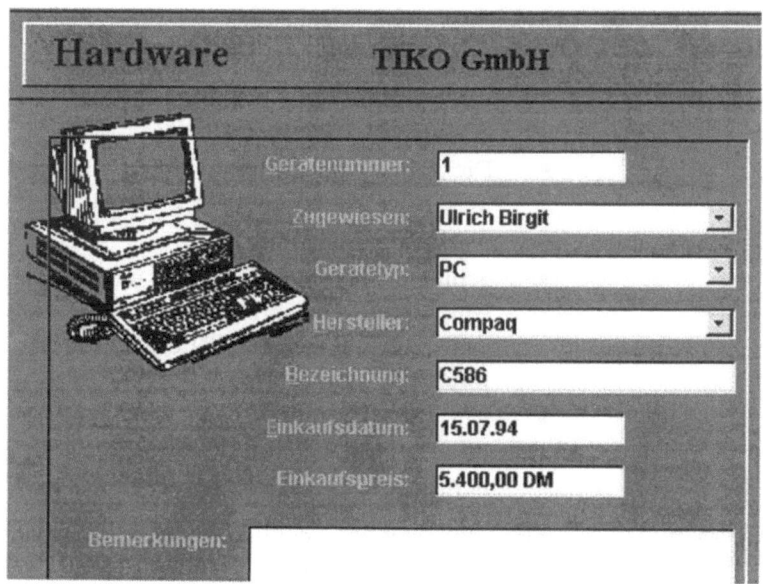

Im Beispielfall ist also ein fixes Bild (ein PC) als Symbol für jedes Formular einzusetzen. Darüber hinaus soll auch noch für das Feld „Hersteller"ein Kombinationsfeld erzeugt werden.

7.11 Informationen mit Formularen verwalten

7.11.1 Dateneingabe und Datenpflege

Um Daten in einem Formular eingeben zu können, müssen Sie das betreffende Formular zunächst in der Formularansicht öffnen. Realisieren Sie dies mit dem Formular „Mitarbeiterstammdaten". Nach dem Öffnen des Formulars wird dann der erste Datensatz angezeigt. Das Formular ist also bereits mit Daten gefüllt, da ja in der zugrundeliegenden Tabelle bereits Erfassungsaktivitäten stattgefunden haben.

Datensätze anzeigen

In der Formularansicht können Sie sich problemlos die gewünschten Datensätze anzeigen lassen. Über das Menü **Datensätze** können Sie beispielsweise durch Befehlswahl andere Datensätze, die erfaßt wurden, aufrufen. Schneller geht dies allerdings per Mausklick auf den im Formularfenster unten links angeordneten Navigationssymbolen

Zwischen den Navigationssymbolen erscheint die Datensatznummer des gerade angezeigten Datensatzes:

- Durch Anklicken eines der äußeren Pfeile gelangen Sie zum ersten bzw. letzten Datensatz.
- Die innen angeordneten Pfeile bieten Ihnen die Möglichkeit, die Tabelle Satz für Satz vorwärts oder rückwärts zu durchblättern.
- Schließlich können Sie auch eine Datensatznummer in das Nummernfeld zwischen den Navigationssymbolen eingeben und so ohne langes Blättern direkt zu einem bestimmten Datensatz zu gelangen.
- Die Anzeige eines neuen leeren Datensatzes ist möglich mit dem Navigationssymbol, das das Sternchen enthält. So können Sie einen neuen Datensatz erfassen.

Datensätze eingeben

Zur Eingabe eines neuen Datensatzes können Sie aus dem Menü **Datensätze** den Befehl **Daten eingeben** wählen. Es erscheint dann eine leere Erfassungsmaske, wobei der Einfügecursor im ersten Datenfeld blinkt und gleichzeitig hervorgehoben dargestellt wird. Nach der Eingabe in einem Feld können Sie mit der Taste ⑤ von Feld zu Feld gelangen.

Nach der Eingabe im letzten Datenfeld des Datensatzes wird automatisch die Speicherung zu dem Datensatz vorgenommen. Ein ausdrücklicher Befehlsaufruf ist dazu nicht erforderlich.

Datensätze ändern

Wollen Sie Datenangaben zu bereits erfaßten Datensätzen ändern, müssen Sie den zu ändernden Datensatz zunächst ansteuern. Sie können dann in dem gewünschten Feld unmittelbar die Änderung vornehmen.

Datensätze löschen

Das Löschen eines Datensatzes ist ebenfalls in der Formularansicht möglich. Dazu ist folgendes Vorgehen notwendig:

1. Zunächst müssen Sie mit der Maus auf den Satzmarkierer klicken, so daß der zu löschende Datensatz aktiviert ist (oder aus dem Menü **Bearbeiten** den Befehl **Datensatz markieren** wählen).
2. Drücken Sie danach die Taste (Entf), oder wählen Sie aus dem Menü **Bearbeiten** den Befehl **Löschen**. Der Datensatz wird jetzt vom Bildschirm entfernt, und es erscheint ein Dialogfeld, in dem Sie den Löschvorgang endgültig bestätigen können. Alternativ können Sie den Löschvorgang abbrechen.

7.11 Informationen mit Formularen verwalten

Eine einfache Variante ist die Wahl des Befehls **Datensatz löschen** aus dem Menü **Bearbeiten**.

7.11.2 Fotos/Bilder in Formulare einfügen

Aufgabe:

Am Beispiel des Formulars zur Erfassung und Pflege der Mitarbeiter sollen Sie nun noch einer Mitarbeiterin ein Bild zuordnen.

Zur Lösung sollten Sie zunächst eventuell prüfen, wie die Einstellungen bei dem betreffenden Eingabefeld, das als OLE-Objekt definiert wurde, vorgenommen sind. Es empfiehlt sich folgendes Vorgehen:

1. Objekt im Formularentwurf markieren
2. Toolbox „Eigenschaften" aktivieren
3. Optionsfeld „Größenanpassung" wählen
4. Option „Dehnen" einstellen

Wechseln Sie danach in die Formularansicht, und aktivieren Sie per Mausklick das Objekt, in das Sie das Foto einfügen wollen. Danach ist aus dem Menü **Einfügen** der Befehl **Objekt** zu wählen. Ergebnis ist die folgende Bildschirmanzeige:

Bild 7-35:
Objekt einfügen

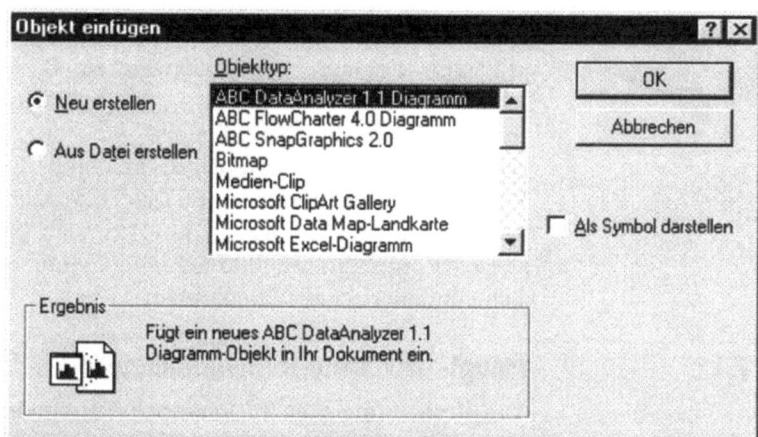

Sie haben jetzt die Wahl, entweder ein neues Objekt zu erstellen oder ein vorhandenes zu aktivieren. Wählen Sie letzteren Weg, und aktivieren Sie dazu das Optionsfeld „Von Datei erstellen". Ergebnis:

223

Bild 7-36:
Suchen einer vorhandenen Datei

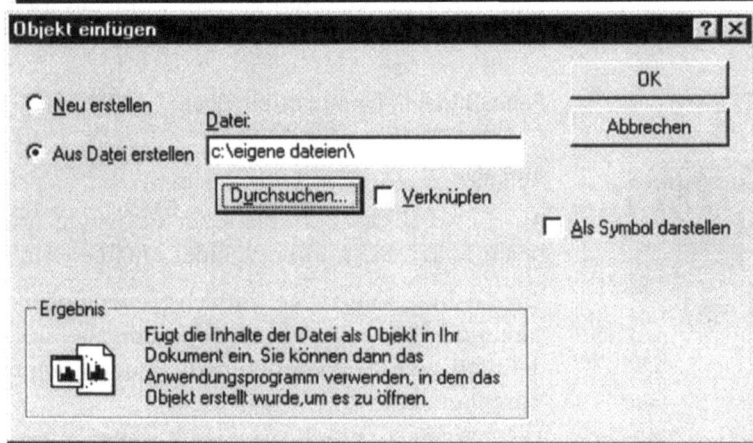

Wenn Sie auf die Schaltfläche <Durchsuchen> klicken, wird Ihnen eine Dialogbox angeboten, wie Sie diese vom Öffnen von Dateien her kennen. Suchen Sie über den zutreffenden Suchpfad das gewünschte Bild aus, und betätigen Sie <OK>. Sie gelangen dann wieder in die Dialogbox „Objekt einfügen". Zusätzlich ist jetzt bei „Datei" der komplette Suchpfad zum Öffnen der Datei angegeben.

Klicken Sie auf <OK>. Ergebnis müßte sein, daß das gewünschte Bild in das Formular eingesetzt ist.

Hinweis: Wenn Sie in einem Formular ein ungebundenes Bild anzeigen möchten, verwenden Sie ein Bild-Steuerelement. Klicken Sie dazu in der Toolbox auf das links abgebildete Symbol, und markieren Sie anschließend die Stelle in dem Formular, an der Sie das Bild positionieren möchten. Danach erscheint das Dialogfeld zum Öffnen einer Datei. Mit der Auswahl des Bildes wird dann eine Einfügung im Formular vorgenommen. Vorteil dieses Vorgehens ist: Bild-Steuerelemente zeigen Bilder wesentlich schneller an als Objektfelder.

7.12 Haupt- bzw. Unterformulare erstellen

Die Verwaltung von Informationen in einem einfachen Formular kann mitunter unzureichend sein, wenn zu einem Datensatz mehrere Unterinformationen zu verwalten sind. Nehmen wir ein Beispiel aus unserem Personalinformationssystem: Es wäre recht aufwendig, wenn man nach einem größeren Hardwareeinkauf jedes Gerät von neuem immer wieder einem und demselben Mitarbeiter zuordnen müßte. Viel komfortabler wäre es doch,

7.12 Haupt- bzw. Unterformulare erstellen

einmal einen bestimmten Mitarbeiter aufzurufen, um ihm anschließend alle seine Hardwarekomponenten gesammelt zuzuordnen.

Dies und ähnlich gelagerte Fälle können Sie mit ACCESS durch das Erstellen eines Haupt-/Unterformulars verwirklichen. Das sogenannte **Unterformular**, welches **mehrere Datensätze** einer Tabelle anzeigt (hier: Hardwarekomponenten), wird dabei in das **Hauptformular** eingefügt, welches lediglich **einen Datensatz** (hier: Mitarbeiter) beinhaltet.

Ein weiteres typisches Beispiel wäre ein Formular für die Erfassung der Benutzungszeiten der Dienstfahrzeuge. Im Hauptformular wird ein Dienstfahrzeug aufgerufen, im Unterformular werden die Benutzungszeiten der einzelnen Mitarbeiter eingetragen.

Bild 7-37:
Haupt- bzw.
Unterformular

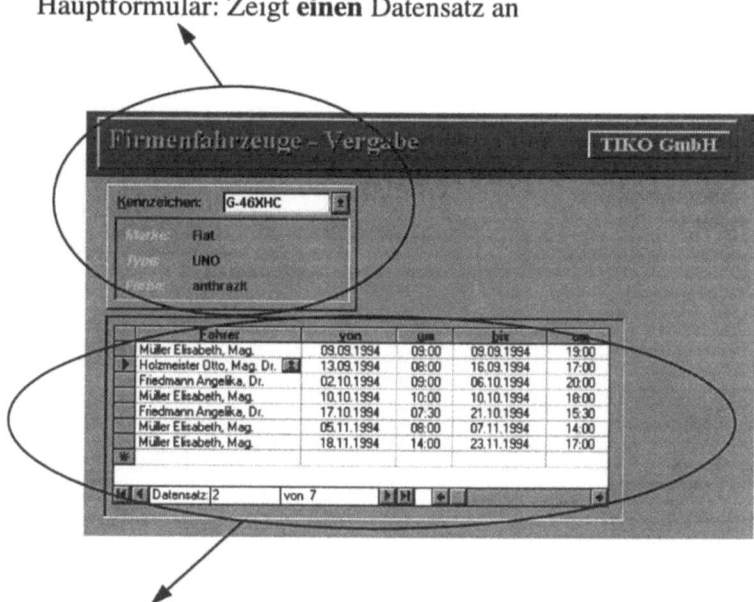

Aufgabe: Haupt-/Unterformular erstellen

Es soll ein Formular „Hardware je Mitarbeiter" erstellt werden. Das Hauptformular soll wichtige Grunddaten des/r Mitarbei-

7 Formulare (Bildschirmmasken) erzeugen und gestalten

ters/in enthalten. Alle ihr/ihm gehörenden Hardwarekomponenten sollen im Unterformular angezeigt werden.

Ein Lösungsweg ist die Nutzung des Formularassistenten. In diesem Fall geben Sie einfach an, welche Daten in den Formularen enthalten sein sollen, ACCESS übernimmt alle weiteren Aufgaben für Sie. In folgender Reihenfolge können Sie das Problem mit dem **Formularassistenten** lösen:

1. Registerkarte „Formulare" anklicken
2. Schaltfläche <Neu> wählen
3. Die Tabelle „Mitarbeiter" auswählen
4. Option „Formularassistent" anklicken und <OK> aktivieren
5. Die Felder „Personalnummer", „Nachname" und „Vorname" für die Darstellung im Hauptformular auswählen, <Weiter>
6. Die Tabelle „Hardware" als jene für das Unterformular auswählen
7. Alle Felder, mit Ausnahme von „Personalnummer" für die Übernahme in das Unterformular auswählen, <Weiter>. Ergebnis:

Bild 7-38
Art der Datenanzeige bestimmen

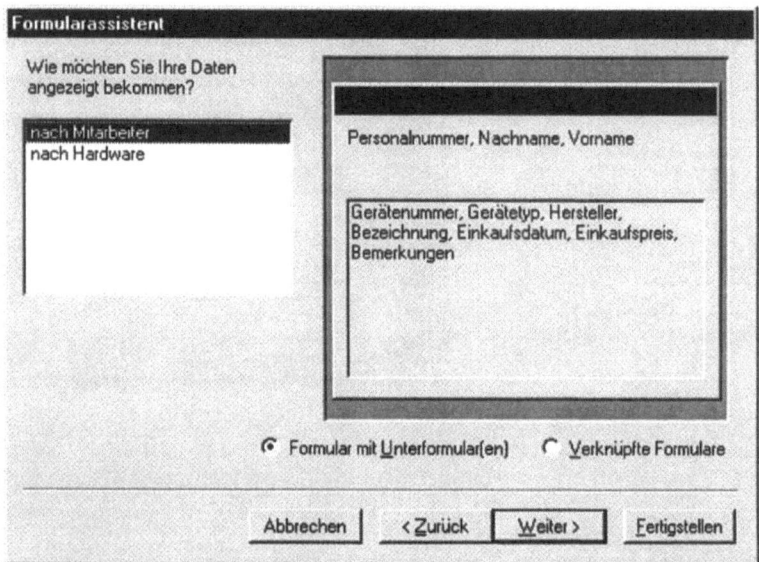

8. Typ „Formular mit Unterformular" auswählen, <Weiter>
9. Die Darstellungsweise für das Unterformular auswählen,

7.12 Haupt- bzw. Unterformulare erstellen

Bild 7-39
Layout des Unterformulars bestimmen

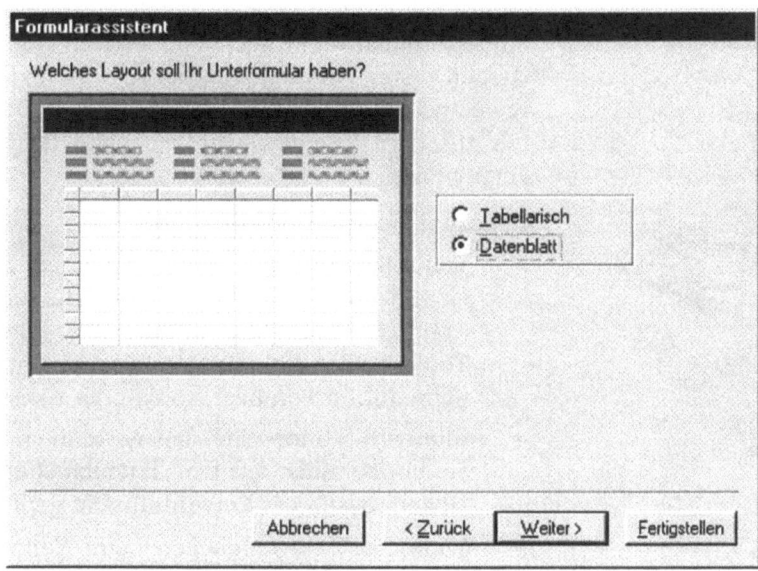

            <Weiter> anklicken
10. Stil auswählen, <Weiter>
11. Titel für die Formulare vergeben
12. <Fertigstellen> wählen

Ergebnis:

Bild 7-40
Haupt-/Unterformular (Ergebnis mit Formularassistent)

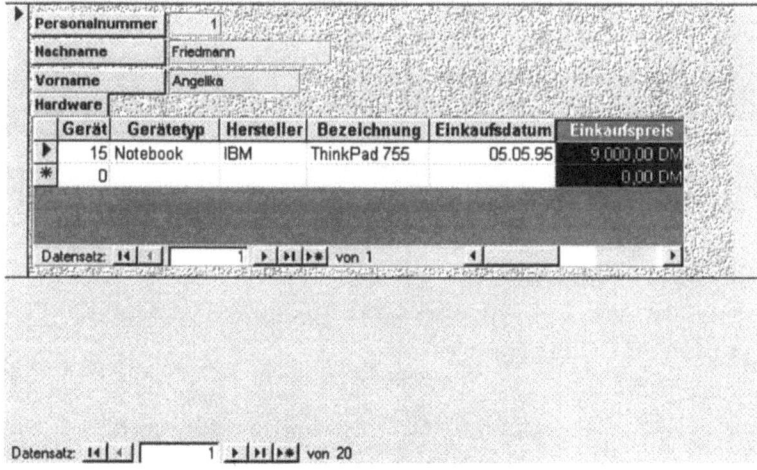

Wie alle anderen Assistenten auch, liefert der Formularassistent zwar schnell und einfach ein Ergebnis, dieses erfüllt aber nicht

7 Formulare (Bildschirmmasken) erzeugen und gestalten

immer die an das Formular gestellten Anforderungen. Ein Haupt-/Unterformular kann auch sehr einfach ohne den Formularassistenten erstellt werden. Hierbei können dann zusätzliche Features eingebaut werden, wie beispielsweise Berechnungen mit Daten aus dem Unterformular, die dann im Hauptformular angezeigt werden.

Beachten Sie folgende **Hinweise**:

- Wenn Sie ein Unterformular zu einem existierenden Formular hinzufügen möchten, steht dafür ein Unterformularassistent zur Verfügung. Wählen Sie dazu in der aktivierten Toolbox das links abgebildete Symbol, klicken anschließend auf Ihr Formular, so daß der Assistent gestartet wird.

- Alternativ können Sie den Assistenten auch starten, indem Sie ein Formular aus dem Datenbankfenster in ein Formular ziehen, das in der Entwurfsansicht geöffnet ist.

- Wenn Sie Schwierigkeiten beim Verknüpfen eines Haupt- und eines Unterformulars haben, sollten Sie den Feldverknüpfungsassistenten für Unterformulare verwenden.

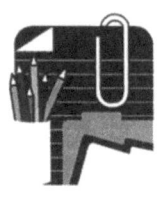

Aufgabe: Haupt-/Unterformular ohne Assistenten erstellen

Ziel ist es, nachstehendes Formular zu erstellen, welches

- zusätzlich zur Information, welche Hardwarekomponenten einem Mitarbeiter zugeordnet sind,
- Auskunft darüber gibt, welche Einkaufs- und Zeitwerte diese Geräte repräsentieren.

Bild 7-41:
Freie Erstellung eines Haupt-/Unterformulars

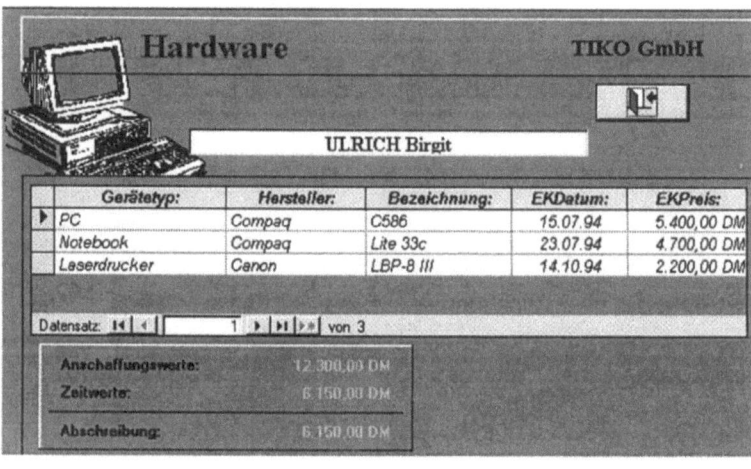

7.12 Haupt- bzw. Unterformulare erstellen

Vorgehensweise:

a) Unterformular anlegen

Erstellen Sie ein Formular auf der Basis der Tabelle „Hardware", und ziehen Sie folgende Felder in den Detailbereich des Formularentwurfs:

- Gerätetyp
- Hersteller
- Bezeichnung
- Einkaufsdatum
- Einkaufspreis

Legen Sie im Formularfuß zwei berechnete Steuerelemente an:
```
SummeEKP: =Summe([Einkaufspreis])
SummeZW:  =Summe([Einkaufspreis]-
          [Einkaufspreis]*(Jahr(Jetzt())-
          Jahr([Einkaufsdatum]))*0,25)
```

Durch die Anordnung im Formularfuß sind diese Felder in der Datenblattansicht des Unterformulares nicht sichtbar, aber es kann vom Hauptformular aus auf sie verwiesen werden.

Nehmen Sie folgende Eigenschaftseinstellungen für das Formular vor:

Eigenschaft	Einstellung
Datenherkunft	Hardware
Standardansicht	Datenblatt
Zugelassene Ansicht(en)	Datenblatt
Standardbearbeitung	Nur lesen
Bearbeiten zulassen	Nicht verfügbar

Bild 7-42:
Unterformular in der Entwurfsansicht

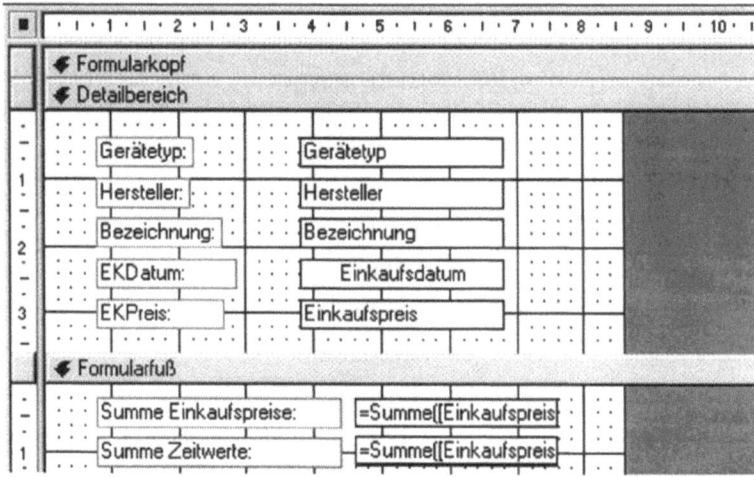

Speichern Sie dies als „Personalinformation: Hardwareunterformular".

b) Hauptformular anlegen

Für dieses Beispiel ist das Hauptformular bereits angelegt. Sie finden es unter dem Namen "Personalinformation: Hardware" gespeichert. Es basiert auf der Tabelle "Mitarbeiter". Nachname, Vorname und Titel sind in einem berechneten Steuerelement zusammengefaßt. Die Formel für dieses Steuerelement lautet:

```
=Großbst([Nachname])+" "+[Vorname]+Wenn([Titel] Ist
Null;"";" "+[Titel])
```

c) Unterformular in das Hauptformular integrieren

Vorgehensweise:

1. Öffnen des Hauptformulares in der Entwurfsansicht

2. Wählen Sie im Menü **Fenster** den Befehl **Nebeneinander anordnen**, damit sowohl das Hauptformular in der Entwurfsansicht sowie das Datenbankfenster sichtbar sind.

3. Markieren Sie im Datenbankfenster den Namen des Unterformulars, und ziehen Sie das Unterformular mit gedrückter linker Maustaste in den Formularentwurf des Hauptformulares.

7.12 Haupt- bzw. Unterformulare erstellen

Bild 7-43:
Verknüpfung von Haupt- und Unterformular

4. Löschen Sie das Bezeichnungsfeld des Unterformulares, positionieren Sie es in dem dafür vorgesehenen Kästchen, und passen Sie die Größe an.
5. Tragen Sie in der Eigenschaft "Steuerelementinhalt" des Feldes "Anschaffungswert" folgende Formel ein:
   =[Hardware].[Formular]![SummeEKP]
6. Tragen Sie in der Eigenschaft "Steuerelementinhalt" des Feldes "Zeitwert" folgende Formel ein:
   =[Hardware].[Formular]![SummeZW]
7. Geben Sie für die Berechnung des Feldes "AFA" die Formel
   =[Anschaffungswert]-[Zeitwert]
   ein.

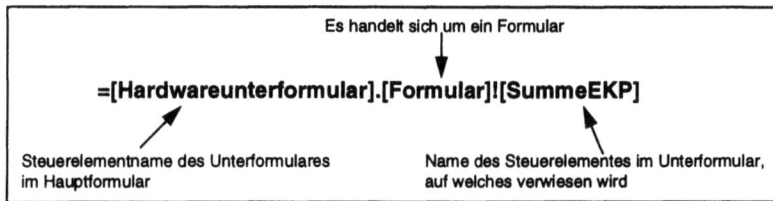

Beachten Sie: Beim Einfügen des Unterformulares trägt ACCESS, sofern diese erkannt werden können, die Namen der Felder aus Haupt- und Unterformular, über die die Verknüpfung erfolgt, in die Eigenschaften „**Verknüpfen von**" und „**Verknüpfen nach**"

231

des Unterformular-Steuerelementes ein. Besteht eine relationale Verknüfung zwischen den Formularen, die den Tabellen zugrundeliegen, kann der Eintrag unterbleiben. Liegt weder so eine Verknüpfung vor, noch erkennt ACCESS die Verknüpfungsfelder automatisch, müssen die Eigenschaftsdaten von Ihnen an dieser Stelle eingegeben werden. Dies kann beispielsweise der Fall sein, wenn die verknüpfenden Steuerelemente in den Formularen verschiedene Namen haben.

Ein abschließender **Hinweis**: Einen Überblick über sämtliche Formulare, die für die Realisierung der Datenbank PERSONAL benötigt werden, finden Sie in der Programmdokumentation im Anhang des Buches.

8 Berichte und Präsentationen entwerfen

8.1 Funktionsumfang und Einsatzgebiete

Daten, die in den **Tabellen** gespeichert sind oder durch **Abfragen** erzeugt wurden, können Sie mit ACCESS unter Nutzung des Berichtsgenerators einfach formatieren und in Präsentationsqualität gezielt ausdrucken. Interessant gestaltete Berichte geben Ihren gesammelten Informationen erst den richtigen Schliff. Obwohl Sie auch Formulare und Datenblätter ausdrucken können, haben Sie mit Berichten eine größere Kontrolle über das Aussehen der Datenausgabe und erreichen damit eine höhere Flexibilität bei der Gestaltung zusammenfassender Informationen.

Beispiele für Berichte sind:

- Listen verschiedener Art (Telefonliste einer Abteilung, Geburtstagsliste der Mitarbeiter, Inventarliste, Teilnehmerlisten eines Seminars, Gehaltsliste)
- Verzeichnisse (Adreßverzeichnisse, Stellenpläne)
- Auswertungen (Geschäftsberichte, Statistiken, Verkaufsberichte, Tabellen)
- Präsentation von Abfrageergebnissen (etwa mit besonderen Schriften, Linien und Bildern).

Quelle für das Erzeugen von Berichten können Tabellen oder Abfragen (Views) sein. Als Sonderfunktionen stehen dabei zur Verfügung:

- **Sortieren** von Daten: Jede Liste kann nach einem bestimmten Merkmal gezielt sortiert werden; beispielsweise alphabetisch nach dem Namen oder numerisch nach der Gehaltshöhe.
- **Gruppieren** von Daten: Datensätze lassen sich zur übersichtlichen Ausgabe in bestimmte Kategorien einteilen. Die Ausgabe der Daten wird dann exakt durch eine Zuordnung zu den definierten Gruppen vorgenommen.

- **Statistische Berechnungen:** Werte, die auf mehreren Datensätzen basieren, werden ermittelt; beispielsweise Zwischen- und Gesamtsummen, Mittelwerte sowie prozentuale Anteile.
- Einfache **Serienbriefe** und **Adreßetiketten** erzeugen.

Neben dem Durchführen von Berechnungen, dem Klassifizieren und Sortieren von Daten stehen für das Erstellen von Berichten auch zahlreiche Gestaltungsmittel wie Linien, Rahmen, Bilder, Grafiken und unterschiedliche Schriftarten zur Verfügung, so daß den Berichten ein repräsentatives Aussehen verliehen werden kann. Berichte können wiederum in andere Berichte eingefügt werden (ähnlich der Unterscheidung von Haupt- und Unterformularen finden sich auch Haupt- und Unterberichte).

Einmal definierte Berichte sind immer wieder mit aktuellen Daten in gleicher Weise herstellbar. Sie müssen damit für **Standardberichte**, die Sie regelmäßig benötigen, nicht erst jedesmal wieder umfassende Definitionen vornehmen und vielfältige Gestaltungsarbeiten leisten. Nach Speicherung des Berichtsentwurfs unter einem Namen kann dieser zu späteren Zeitpunkten einfach aufgerufen und dabei mit den jeweils aktuellen Daten gefüllt werden.

Wann werden Sie die Funktionen zur Berichtserstellung sinnvollerweise verwenden? Grundsätzlich lassen sich folgende Anwendungsfälle herausstellen:

1. Berichte werden Sie dann einsetzen, wenn Sie Daten in präsentationsreifer Qualität drucken wollen. Größe und Erscheinungsbild aller Elemente können frei festgelegt werden. Sie können in einen Bericht auch Grafiken (Diagramme, Zeichnungen) einbinden und ein reichhaltiges Angebot an Schriftarten nutzen.
2. Der Einsatz von Berichten ist dann empfehlenswert, wenn Berechnungen über ganze Gruppen von Datensätzen durchgeführt werden sollen.
3. Berichte werden in der Regel gedruckt und allenfalls zu Kontrollzwecken am Bildschirm angezeigt.

Im Gegensatz zu Formularen verfügen Sie bei Berichten über eine größere Flexibilität zur Präsentation von Daten auf einer Druckseite sowie über eine größere Leistungsfähigkeit für das Aufzeigen umfassender Informationen. Berichte eignen sich allerdings nicht zur Bearbeitung von Daten.

8.2 Berichte anlegen

Wenn auch hinsichtlich der Einsatzgebiete und der Möglichkeiten klare Unterschiede zwischen Berichten und Formularen vorliegen, bestehen bezüglich des Vorgehens bei der Erstellung sowie der verfügbaren Gestaltungswerkzeuge viele Gemeinsamkeiten.

8.2.1 Realisierungskonzepte

Unabhängig von der Art des gewählten Vorgehens, müssen Sie für das Erzeugen eines Reports zunächst festlegen, welche Datenfelder in den Bericht aufgenommen werden sollen. Sofern die Daten für den Bericht ausschließlich aus einer Tabelle stammen, sind keine besonderen Vorbereitungsaktivitäten notwendig.

Anders ist jedoch die Situation, wenn die Berichtsdaten aus mehreren Tabellen abgerufen werden müssen. In diesem Fall kann es sinnvoll sein, zunächst eine Abfrage zu erzeugen, die die gewünschten Datensätze aufweist, die Sie in Ihrem Bericht anzeigen wollen.

Steht der Inhalt des Berichts fest, so kann diesem noch eine bestimmte Form gegeben werden. Spezielle Funktionen erlauben beispielsweise das automatische Numerieren der Seiten sowie den Ausdruck bestimmter Kopf- und Fußzeilen. Nach der Definition eines Reports und dem Anlegen des zugehörigen Objektes kann der Report immer wieder mit den jeweils aktuellen Daten ausgegeben werden.

Ähnlich wie beim Erstellen von Formularen gibt es drei grundsätzliche **Varianten des Vorgehens**:

- **Automatisches Erstellen** eines Berichtes (sogenannte AutoBerichte)
- Anwendung eines **Assistenten**
- **Freies Erstellen** eines Berichtes (ohne Assistenten)

AutoBerichte erstellen

Es ist das einfachste und schnellste Verfahren der Berichtserstellung. Nach Wahl der zugrundeliegenden Tabelle/Abfrage wird automatisch ein Bericht in einspaltiger Form oder in Tabellenform erstellt. Für die Berichtserstellung werden dabei keine weiteren Informationen vom Bediener angefordert. Der Bericht enthält vielmehr automatisch alle Felder der zugrundeliegenden Tabelle oder Abfrage.

Berichtsassistenten nutzen

Diese Variante ist für den Einstieg recht hilfreich, da sie menügesteuert schnell zu einer Lösung führt, die in gewisser Weise noch

8 Berichte und Präsentationen entwerfen

individuell beeinflußbar ist. Jeder Berichtsassistent baut einen häufig verwendeten Bericht auf. Dazu werden Fragen gestellt und aufgrund Ihrer Antworten ein Bericht kreiert.

Hinweis: Bei Bedarf haben Sie aber auch die Möglichkeit, den so erstellten Berichtsentwurf später noch gezielt zu ändern. So können Sie schnell einen Bericht erzeugen und diesen dennoch Ihren individuellen Wünschen anpassen.

Individuelle Erstellung

Der Bericht wird von Grund auf individuell erstellt und „von Hand" in Teilschritten gemäß den eigenen Vorstellungen realisiert. Dadurch haben Sie von Anfang an eine bessere Kontrolle über das gesamte Erscheinungsbild des Berichts. Allerdings: Dieses Verfahren kann etwas mehr Zeit beanspruchen als bei Nutzung des Berichtsassistenten.

Fertiggestellte Berichte können durch Aktivierung des Menüs **Datei** und Wahl des Befehls **Speichern unter** gesichert werden. Dies hat folgenden Vorteil: Zu einem späteren Zeitpunkt kann der Bericht durch Aufruf des Namens jederzeit wieder mit aktuellen Daten "gefüllt" und dann in einer geeigneten Form ausgegeben werden.

8.2.2 Berichtsmodus aktivieren

Zum Erstellen eines neuen Berichts klicken Sie im Datenbankfenster auf die Registerkarte „Berichte" und dann auf die Schaltfläche <Neu>. Es ergibt sich die folgende Bildschirmanzeige:

Bild 8-1:
Varianten für das Erzeugen eines neuen Berichts

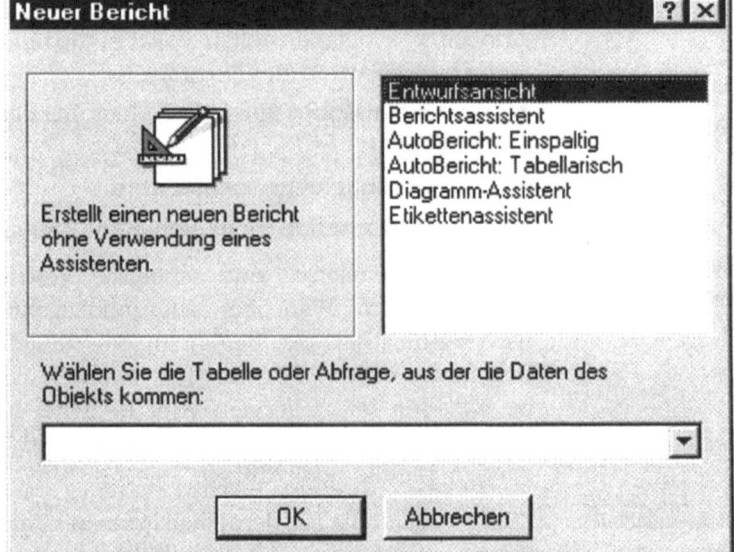

Sie können jetzt zunächst die zugrundeliegende Tabelle oder Abfrage wählen, aus der die Daten für das Objekt „Bericht" kommen.

Darüber hinaus zeigt das abgebildete Dialogfeld, daß neben der Entwurfsansicht (für das „freie" Erstellen eines Berichts) zwei Varianten des AutoBerichts sowie drei verschiedene Assistenten zur Berichterstellung angeboten werden. Die zur Auswahl stehenden Optionen haben im einzelnen folgende Bedeutung:

Optionen zur Berichtserstellung	Bedeutung
Entwurfsansicht	Ein leeres Entwurfsblatt wird für das freie Erzeugen eines Berichts bereitgestellt.
Berichtsassistent	Für das Erstellen eines Berichts werden Sie schrittweise durch verschiedene Dialogfelder geführt, in denen Sie Eingaben vornehmen oder Auswahlentscheidungen treffen müssen.
AutoBericht: Einspaltig	Der Bericht, der automatisch aus einer Tabelle oder einer Abfrage erstellt wird, zeigt alle Felder untereinander in einer Spalte an.
AutoBericht: Tabellarisch	Die Felder eines Datensatzes werden bei Verwendung dieses Assistenten in einer Zeile des Berichts angezeigt.
Diagramm-Assistent	Es wird mit Hilfe des Assistenten ein Bericht zur Anzeige eines Diagramms erstellt.
Etikettenassistent	Der Assistent erstellt einen Bericht für Adreßaufkleber. So können Sie Adreßetiketten in vielen Varianten ein- oder mehrbahnig auf Einzelblatt oder Endlospapier ausgeben.

8.2.3 Berichte automatisch erstellen

Zunächst sollen Sie das Arbeiten mit AutoBerichten genauer kennenlernen. Das Vorgehen ist relativ einfach: Nach Wahl der Tabelle bzw. Abfrage müssen ja keine weiteren Teilschritte mehr durchlaufen werden.

8 Berichte und Präsentationen entwerfen

Mit der Möglichkeit der automatischen Berichterstellung lassen sich in ACCESS Berichte mit standardmäßigen Einstellungen innerhalb kurzer Zeit relativ einfach erzeugen. Entspricht das Resultat nicht ganz den Wünschen, kann das Ergebnis in der Entwurfsansicht noch verfeinert werden. Oft ist es sinnvoll, einen automatisch erstellten Bericht als Basis für die Gestaltung eines individuellen Berichts zu verwenden.

Aufgabe: Berichte automatisch erzeugen und verwenden

1) Es soll ein Bericht über die Stellendaten ausgegeben werden:
   - Verwenden Sie dazu die Option „AutoBericht: Einspaltig".
   - Der Bericht ist unter dem Namen „Stelle" zu speichern.

2) Erzeugen Sie danach einen Bericht über die ausgeliehenen Fahrzeuge:
   - Verwenden Sie dazu die Tabelle „Fahrzeugausleihe".
   - Nutzen Sie die Option „AutoBericht: Tabellarisch".
   - Speichern Sie den Bericht unter dem Namen „Fahrzeugausleihe".

Variante „AutoBericht: Einspaltig"

Im Dialogfeld „Neues Formular" müssen Sie im Beispielfall zunächst die Tabelle STELLE aktivieren. Wählen Sie die Variante „AutoBericht: Einspaltig", und klicken Sie dann auf <OK>. Ergebnis ist, daß das Programm automatisch einen Standardbericht erstellt. **Beispiel:**

Bild 8-2:
Beispiel für AutoBericht: Einspaltig

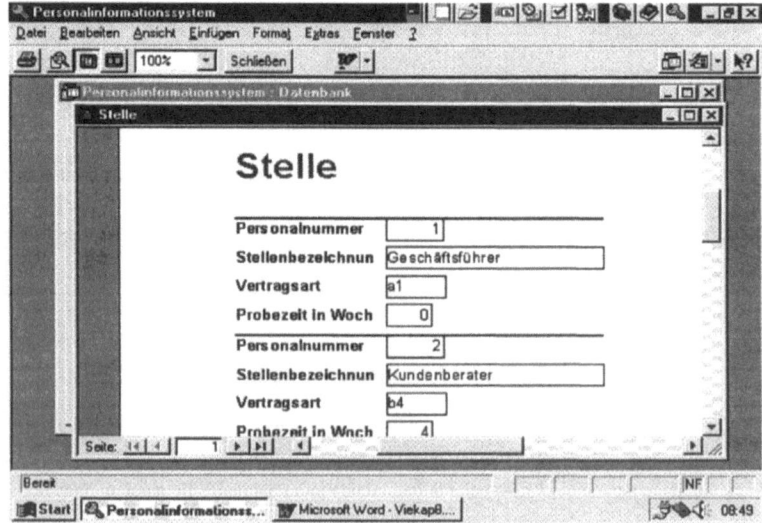

8.2 Berichte anlegen

Es wird deutlich, daß automatisch ein einspaltiger Bericht erzeugt wurde, wobei die Anzeige in der Seitenansicht erfolgt. Jede Information erscheint in einer separaten Zeile, wobei links davon die zugehörige Beschriftung angezeigt wird. Sie können nun eine Speicherung vornehmen und mit dem Bericht später weiterarbeiten; etwa die führende Bezeichnungsspalte verbreitern. Wählen Sie zur Speicherung aus dem Menü **Datei** den Befehl **Speichern unter**, und vergeben Sie den Namen STELLE.

Variante „AutoBericht: Tabellarisch"

Um den AutoBericht „Tabellarisch" anzuwenden, ist in ähnlicher Weise vorzugehen. Im Dialogfeld „Neuer Bericht" müssen Sie im Beispielfall zunächst die Tabelle FAHRZEUGAUSLEIHE aktivieren. Wählen Sie dann die Variante „AutoBericht: Tabellarisch", und klicken Sie auf <OK>. Ergebnis ist, daß das Programm automatisch ein Standardformular erstellt. **Beispiel:**

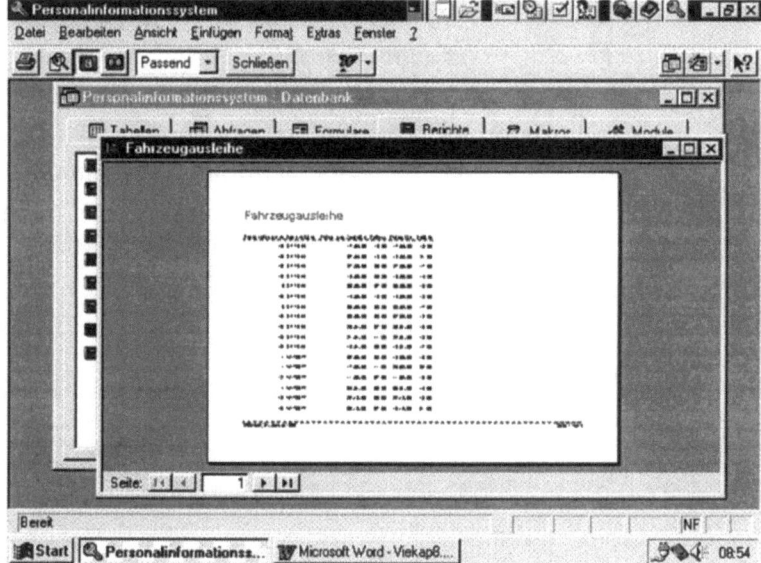

Bild 8-3: Beispiel für AutoBericht: Tabellarisch

Diese Variante bietet sich vor allem an, wenn mehrere Datenfelder in einer Tabelle bzw. Abfrage existieren. Im Beispielfall umfaßt der Bericht vier Seiten. Um die Folgeseiten zu sehen, können Sie die Schaltflächen im unteren Bereich nutzen oder die Taste (Bild↓) betätigen.

Hinweis: Die Variante „AutoBericht" werden Sie vor allem für die professionelle Druckausgabe von Abfragen verwenden, da hier meist bereits genau die Felder ausgewählt sind, die für eine Ergebnisausgabe gewünscht werden.

8.2.4 Berichtsassistenten nutzen

Eine Erweiterung stellt die Nutzung des Berichtsassistenten dar. Ausgangspunkt für das Kennenlernen der Möglichkeiten soll die folgende Aufgabenstellung sein:

Aufgabe: Berichte erstellen und gestalten

Für Präsentations- und Kontrollzwecke soll ein Bericht erstellt werden, der in gruppierter Form das Eintritts- und Geburtstagsdatum der Mitarbeiter enthält. Nutzen Sie dazu die Tabelle mit dem Namen MITARBEITER.

Für das Erzeugen des Reports sind nachstehende Hinweise zu beachten:

a) Die Elemente des Reports sollen folgenden Angaben entsprechen und als Gruppierung dargestellt werden:
  - Nachname
  - Eintrittsdatum
  - Geburtsdatum

b) Als Überschrift ist der folgende Text einzugeben:
Mitarbeiterliste (Eintritts-/Geburtsdatum)

c) Der Report ist unter dem Namen „Mitarbeiterliste (Eintritts/Geburtsdatum)" zu speichern und anschließend über Drucker auszugeben.

Gewünschtes Ergebnis:

Mitarbeiterliste (Eintritts-/Geburtsdatum)

Nachname	Geburtsdatum	Eintrittsdatum
Alfrank	17.09.69	01.03.93
Bahrmüller	19.12.70	13.04.94
Dorfschmied	12.03.70	01.12.91
Erler	21.11.70	05.12.91
Friedmann	28.04.64	01.06.85
Hohenmeister	17.08.63	01.05.93
Holzmeister	16.05.72	20.07.92
Huber	15.06.67	01.04.94
Jordanek	09.07.69	01.03.90

8.2.4.1 Teilschritte der Berichtsrealisierung

Ausgehend vom Datenbankfenster müssen Sie für das Erstellen des gewünschten Berichts in einem ersten Schritt den Berichts-

8.2 Berichte anlegen

modus aktivieren und dann die zugrundeliegende Tabelle auswählen. Klicken Sie dazu auf das Register „Berichte" und anschließend auf die Schaltfläche <Neu>.

Nun müssen Sie dem Programm mitteilen, woher der Bericht seine Daten nehmen soll. Der Bericht wird damit an eine Tabelle oder Abfrage „gebunden". Öffnen Sie das Listenfeld mit einem Klick auf den Listenfeldpfeil, um eine Liste aller Tabellen und Abfragen Ihrer Datenbank anzuzeigen. Wählen Sie dort die Tabelle oder Abfrage aus, die Sie als Datenherkunft für den Bericht verwenden wollen. Das ist im aktuellen Fall die Tabelle MITARBEITER. Wählen Sie die zugrundeliegende Tabelle aus (im Beispiel die Tabelle MITARBEITER), markieren Sie die Option „Berichtsassistent", und klicken Sie <OK> an. Ergebnis ist die Anzeige des Berichtsassistenten mit mehreren aufeinanderfolgenden Dialogfeldern. Dort können Sie durch Beantwortung von Fragen und Auswahl von Gestaltungsmöglichkeiten die Art der Berichtsausgabe steuern.

Zunächst wird das folgende Dialogfeld angezeigt:

Bild 8-4:
Berichtsassistent 1

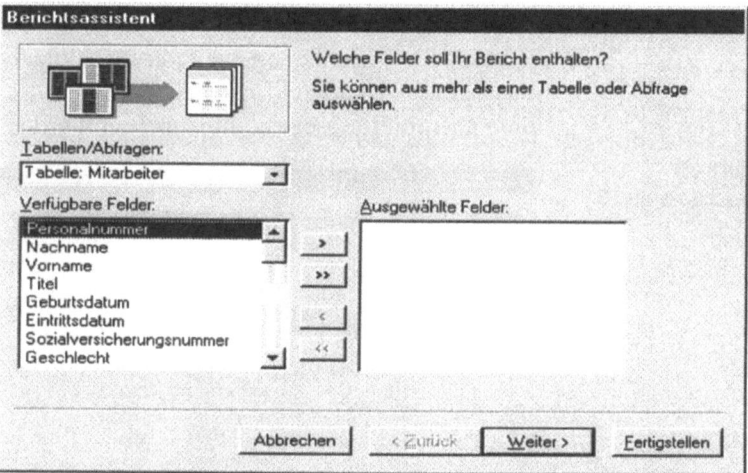

In diesem Dialogfeld bestimmen Sie, welche Datenfelder in den Bericht übernommen werden sollen. Das linke Listenfeld „Verfügbare Felder" zeigt alle Datenfelder der zugrundeliegenden Tabelle oder Abfrage. Mit den vier Schaltflächen >, >>, <, << lassen sich diese Felder ganz oder teilweise in den Bericht übernehmen oder auch wieder zurückstellen (ähnlich wie beim Formularassistenten). Mit den Navigationsschaltern am unteren Rand

8 Berichte und Präsentationen entwerfen

des Dialogfeldes können Sie sich durch die Dialogfelder des Berichtsassistenten vorwärts oder rückwärts bewegen.

Übernehmen Sie die Datenfelder „Nachname", „Eintrittsdatum" und „Geburtsdatum" in der genannten Reihenfolge, so daß die Felder entsprechend im rechten Listenfeld „Ausgewählte Felder" erscheinen.

Bild 8-5:
Berichtsassistent 2

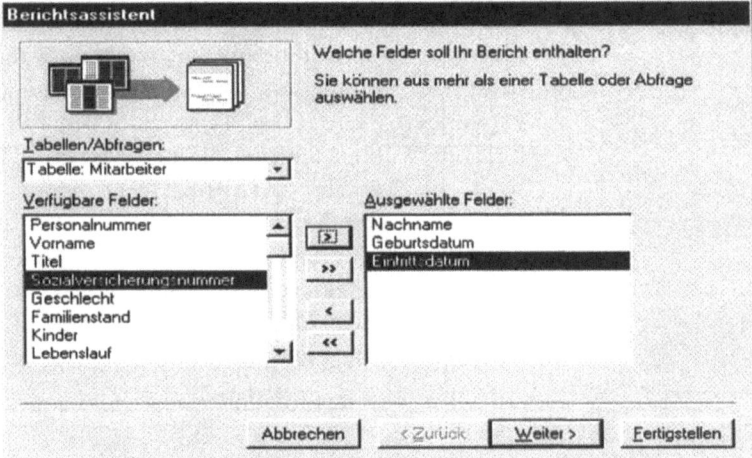

Klicken Sie anschließend auf die Schaltfläche <Weiter>, so daß das nächste Dialogfeld erscheint. Danach ist zu entscheiden, ob eine Gruppierungsebene hinzugefügt werden soll.

Bild 8-6:
Berichtsassistent 3

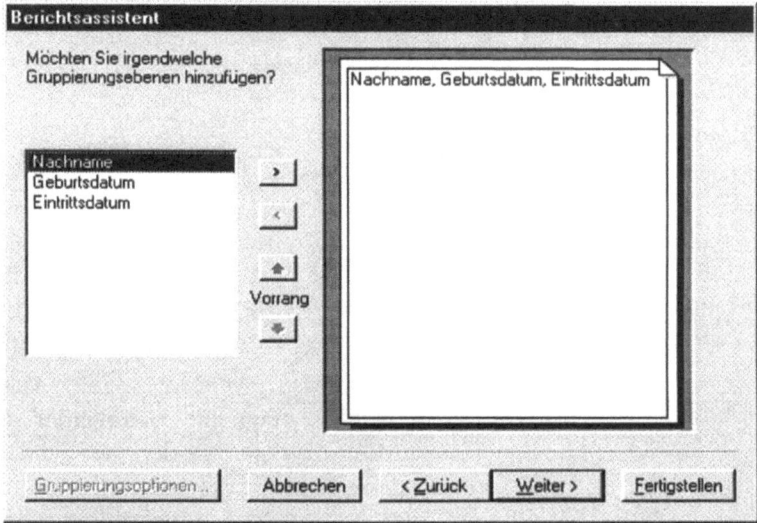

Da im Beispielfall kein Gruppenwechsel erfolgen kann, ist einfach die Schaltfläche <Weiter> anzuklicken. Danach müssen Sie festlegen, in welcher Reihenfolge die Datensätze im Bericht erscheinen sollen. Es ist das Feld zu bestimmen, wonach die Sortierung erfolgen soll. Hier ist der Nachname zu wählen.

Bild 8-7:
Berichtsassistent 4

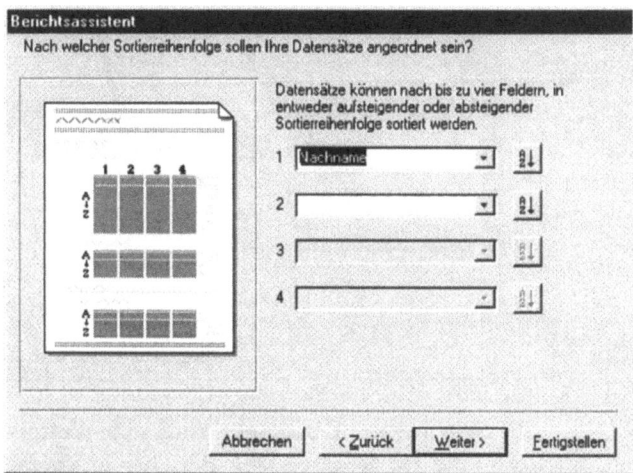

Das Bild zeigt, daß bis zu 4 Felder für das Sortieren in auf- oder absteigender Folge genutzt werden können.

Danach ist - wenn Sie <Weiter> geklickt haben - die Art der Darstellung zu bestimmen (das Layout des Berichts). Varianten sind im Bereich „Layout" die Optionen Vertikal und Tabellarisch. Außerdem können Sie bezüglich der Ausgabe zwischen Hoch- und Querformat wählen sowie die Anpassung der Feldbreite festlegen. Wählen Sie im Beispielfall **Tabellarisch** und **Hochformat**.

Bild 8-8:
Berichtsassistent 5

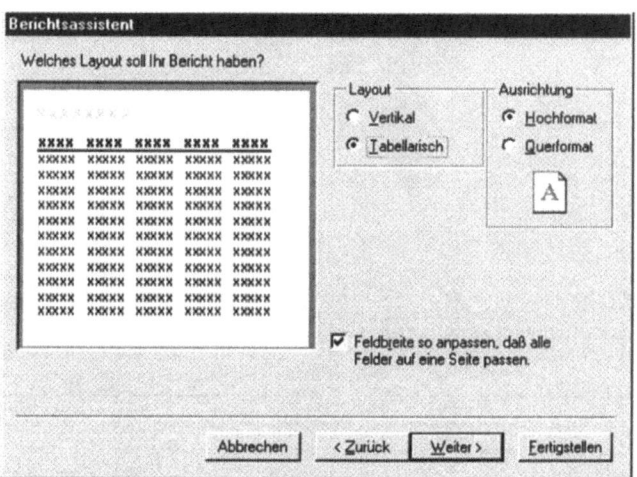

8   Berichte und Präsentationen entwerfen

In dem nächsten Schritt werden verschiedene Stile angeboten. Wählen Sie die Option „Weiches Grau". Beispiel:

Bild 8-9:
Berichtsassistent 6

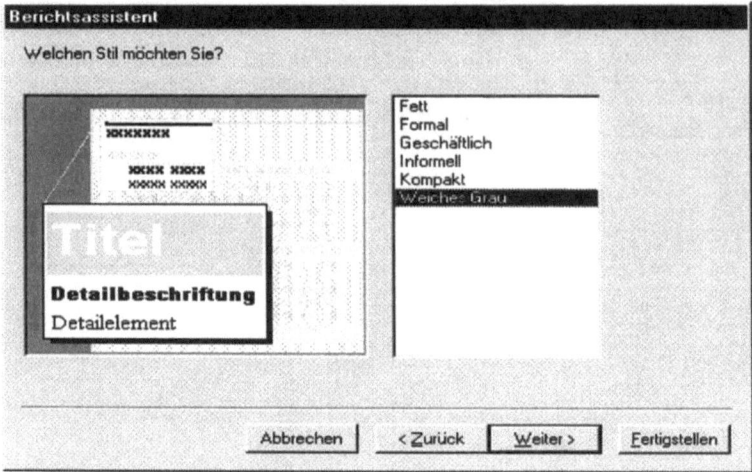

In dem letzten Dialogfeld wird eine Berichtsüberschrift angeboten, die im Kopfteil des Berichts erscheinen wird. Es ist standardmäßig der Name der zugrundeliegenden Tabelle/Abfrage. Sie können diese Überschrift hier ändern. Geben Sie als Überschrift ein „Mitarbeiterliste (Eintritts-/Geburtsdatum)".

Bild 8-10:
Berichtsassistent 7

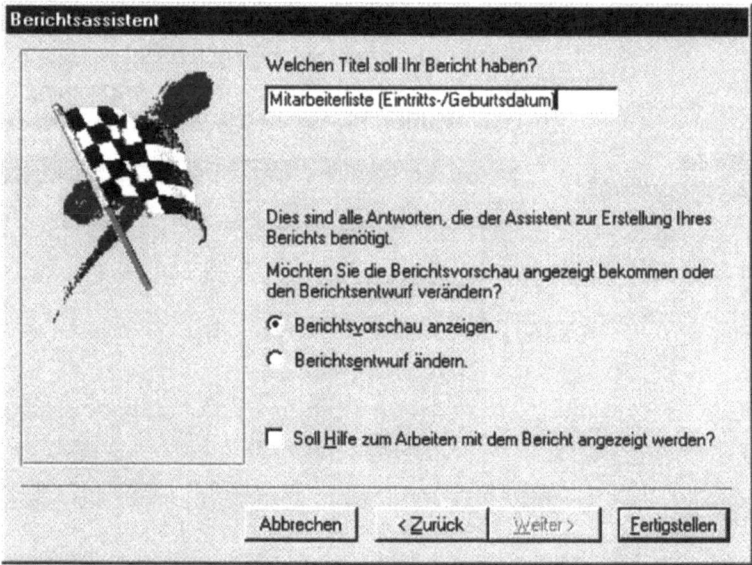

8.2 Berichte anlegen

Wenn Sie jetzt auf <Fertigstellen> klicken, erscheint der Bericht mit den enthaltenen Daten zunächst immer in der Seitenansicht auf dem Bildschirm. Dies wird deutlich, wenn Sie in dem letzten Dialogfeld den Text im unteren Bereich lesen. Alternativ hätten Sie durch vorheriges Klicken auf dem Optionskreis „Berichtsentwurf ändern" das Öffnen in der Entwurfsansicht einstellen können.

8.2.4.2 **Berichtsdarstellung am Bildschirm (Sichtweisen)**

Bezüglich der Darstellung eines Berichts mit seinen Daten sind zwei Sichtweisen zu unterscheiden: die Seitenansicht und die Beispielansicht.

Seitenansicht

In der Seitenansicht können Sie die Anordnung der Daten und sonstiger Objekte eines Berichts sehr gut erkennen. Sie erscheint - wie bereits erläutert - standardmäßig nach dem Erstellen eines Berichts mit dem Berichtsassistenten oder nach Erzeugen eines AutoBerichts. Schon vorhandene Berichte können Sie vom Datenbankfenster aus in zweifacher Weise in der Seitenansicht aufrufen. Wählen Sie nach Markierung des Berichtsnamens entweder die Schaltfläche <Öffnen>, oder aktivieren Sie aus dem Menü **Datei** den Befehl **Seitenansicht**.

Je nach definiertem Papierformat wird grundsätzlich nur ein Ausschnitt des künftigen Berichts angezeigt.

Bild 8-11:
Bericht in der Seitenansicht

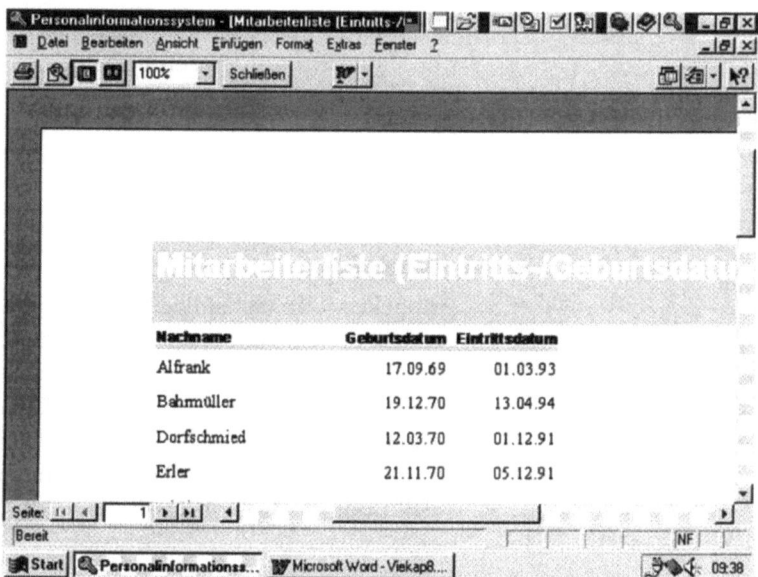

8   Berichte und Präsentationen entwerfen

Die Druckausgabe soll in einer Vorschau so gut wie möglich dargestellt werden (WYSIWYG-Prinzip). Vor dem Ausdruck kann noch einmal geprüft werden, ob alle Informationen wie geplant präsentiert werden. Änderungen am Bericht können Sie jedoch in der Seitenansicht nicht vornehmen.

Ausgehend von der Seitenansicht finden Sie einige besondere Schaltflächen in der Symbolleiste:

Damit haben Sie beispielsweise die folgenden Möglichkeiten:
- Druck des Berichtes
- Aktivierung der Zoomfunktion
- Einseitige Berichtsvorschau
- Zweiseitige Berichtsvorschau
- Größe der Seitenansicht einstellen (passend oder Prozentangaben)
- Schließen der Seitenansicht
- Verknüpfungen zu Office.

Veränderung der Darstellung

Zur Veränderung der Darstellung des angezeigten Berichts gibt es mehrere Möglichkeiten. Dies betrifft bei mehrseitigen Berichten beispielsweise die aktuell angezeigte Seite.

1) **Blättern** durch den Bericht
   - per horizontalem oder vertikalem Rollbalken
   - per Mausklick auf vordefinierten Symbolen
     (Erste Seite, vorangehende Seite, nächste Seite und letzte Seite)

2) **Zoomfunktion**:
   - Anklicken der Schaltfläche <Zoomen> im oberen Bildschirmbereich verkleinert den Bericht auf Ganzseitenmodus. Das gleiche erreichen Sie, wenn Sie den Mauszeiger direkt auf den Bericht plazieren. Wandelt sich der Mauszeiger zur Lupe, erfolgt per Klick die verkleinerte Ansicht. Vorteil dieser Ansicht: Sie erhalten einen besseren Überblick über das Layout des Berichts.

- Rückkehr auf vergrößerte Darstellung erfolgt durch erneutes Anklicken der Schaltfläche <Zoomen> oder durch Mausklick (der Mauszeiger hat nun wieder die Form einer Lupe) an irgendeiner Stelle im Bericht.

Seitenansicht beenden: Dies erfolgt durch Anklicken der Schaltfläche <Schließen> der Symbolleiste. Sie gelangen dann in das Datenbankfenster.

Beispielansicht

Von der Seitenansicht zu unterscheiden ist die Beispielansicht. Diese können Sie nur aus der Entwurfsansicht aufrufen. Wählen Sie dazu aus dem Menü **Datei** den entsprechenden Befehl. Bei dieser Ansicht erhalten Sie einen schnellen Einblick zum Grundlayout sowie zu den benutzten Schriftarten. Im Unterschied zur Seitenansicht werden in der Beispielansicht alle Bereiche dargestellt. Die Zahl der angezeigten Datensätze ist jedoch begrenzt.

8.2.4.3 Berichte verwalten

Benötigen Sie in regelmäßigen Abständen ausgewählte Informationen aus Ihrer Datenbank auf Papier in präsentationsreifer Qualität, so sind Berichte dazu ein ideales Instrument. Sie können erstellte oder veränderte Berichte problemlos im Entwurf speichern. Damit stehen sie für eine spätere Verwendung mit aktuellen Daten wieder zur Verfügung.

Zur **Speicherung eines Berichts** ist folgendes Vorgehen notwendig:

1. Menü **Datei** aktivieren
2. Befehl **Speichern unter** wählen
3. Berichtsnamen eingeben; hier "Mitarbeiterliste (Eintritts-/ Geburtsdatum)"
4. <OK> anklicken

Nach dem 2. Teilschritt fordert Sie das Programm zur Eingabe eines Berichtsnamens auf. Es gelten die üblichen Regeln für die Vergabe von Objektnamen.

Wollen Sie die Arbeit mit einem gerade aktivierten Bericht beenden, müssen Sie aus dem Menü **Datei** den Befehl **Schließen** wählen oder beim Systemmenü des Fensters doppelt klicken. Der Bericht wird dann vom Bildschirm entfernt, und es erfolgt eine Rückkehr zum Datenbankfenster. Sofern ein neuer Bericht oder ein geänderter Bericht jedoch noch nicht gespeichert wurde, wird zunächst eine Abfrage angezeigt, ob eine Speicherung vorgenommen werden soll.

Das **Öffnen** von einem in einer Datenbank vorhandenen Bericht erfolgt typischerweise über das Datenbankfenster. Nach Markierung des Berichtssymbols sowie des Berichtsnamens können Sie den Bericht

- entweder in der Seitenansicht anzeigen (Mausklick auf <Öffnen>)
- oder durch Mausklick auf <Entwurf> zur weiteren Bearbeitung im Entwurfsmodus

aktivieren.

Die erste Variante "Seitenansicht" ist interessant, wenn Sie sich einen Bericht mit den aktuellen Daten zunächst vor der endgültigen Druckausgabe anschauen wollen, um so eventuell noch Korrekturen vornehmen zu können. Demgegenüber werden Sie den Berichtsentwurf aktivieren, wenn Sie daran aufgrund neuer Anforderungen Änderungen vornehmen wollen bzw. auf der Basis des vorhandenen Berichts rasch einen ähnlichen, neuen Bericht entwerfen wollen.

Auch das **Löschen** von vorhandenen Berichten ist über das Datenbankfenster möglich. Markieren Sie dazu zunächst den zu löschenden Bericht. Anschließend ist die Taste [Entf] zu betätigen oder aus dem Menü **Bearbeiten** der Befehl **Löschen** zu wählen. Es folgt dann eine Abfrage, ob der Bericht tatsächlich gelöscht werden soll. Wird die Abfrage bejaht, ist der Bericht unwiderruflich aus der Datenbank verschwunden.

8.2.4.4 Berichtsausgabe (Drucken)

Ein erstellter Report (beispielsweise „Mitarbeiterliste") kann durch Aktivieren des Namens immer wieder auf einfache Weise aktuell gedruckt werden. Vor dem Erstellen des Ausdrucks empfiehlt sich eine Kontrolle, ob auch der richtige Drucker eingerichtet ist. Dazu müssen Sie zunächst den Berichtsnamen im Datenbankfenster markieren und dann aus dem Menü **Datei** den Befehl **Seite einrichten** wählen.

8.2 Berichte anlegen

Bild 8-12:
Dialogfeld
„Seite einrichten"

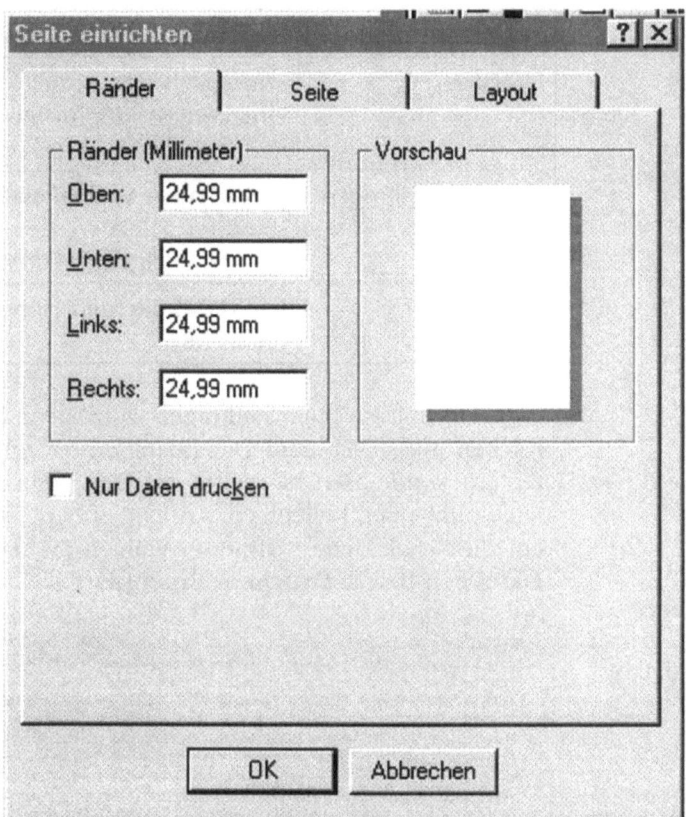

Sie können also die Ränder bestimmen sowie festlegen, ob nur der Ausdruck von Daten erfolgen soll. Das ist etwa interessant, wenn auf Vordruckformularen eine Druckausgabe erfolgen soll.

Die beiden anderen Registerkarten „Seite" und „Layout" bieten folgende Möglichkeiten:

Felder/Bereiche	Bedeutung/Anwendung
Ausrichtung	legt fest, ob die Druckausgabe im Hoch- oder Querformat erfolgen soll.
Papier: Größe	Standardmäßig gilt A4. Varianten finden sich in Abhängigkeit vom gewählten Drucker; beispielsweise „Briefumschlag"´.
Papier: Zufuhr	legt fest, aus welchem Schacht das Papier eingezogen werden soll.

249

8 Berichte und Präsentationen entwerfen

Felder/Bereiche	Bedeutung/Anwendung
Drucker	ermöglicht eine gezielte Auswahl des Druckertyps, der für die Ausgabe des Berichts genutzt werden soll.
Rastereinstellungen	hier können Spaltenanzahl und Zeilenabstand festgelegt werden (bei mehreren Spalten auch der Spaltenabstand).
Druckgröße	legt die Breite und Höhe des Druckbereichs fest.

Sind Sie mit den Einstellungen zufrieden, können Sie durch Klicken auf <OK> zum Datenbankfenster zurückkehren. Ist der zu druckende Bericht weiter markiert, müssen Sie diesen zunächst in einer beliebigen Ansicht öffnen; etwa durch Klicken auf die Schaltfläche <Öffnen>. Wählen Sie dann aus dem Menü **Datei** den Befehl **Drucken**. **Ergebnis:**

Bild 8-13:
Dialogfeld „Drucken"

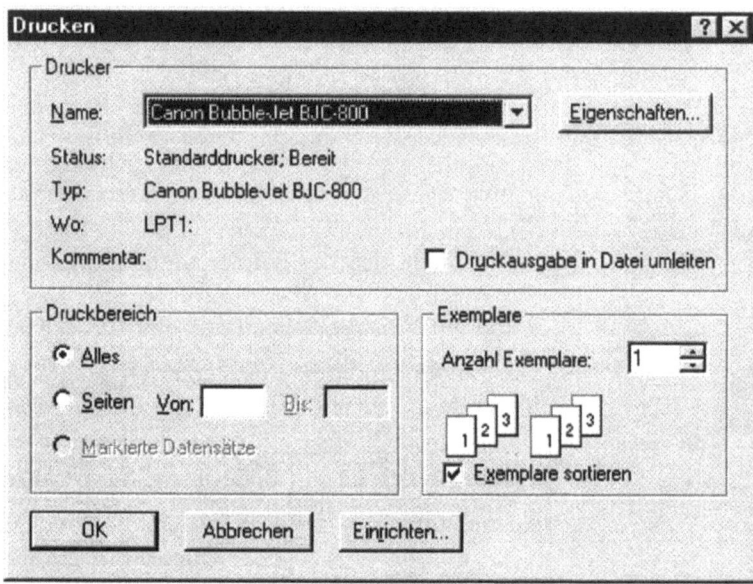

Die angezeigten Felder bieten Ihnen folgende Anwendungsmöglichkeiten:

8.2 Berichte anlegen

Felder/Bereiche	Bedeutung/Anwendung
Druckbereich	Standardmäßig wird alles gedruckt. Bei mehrseitigen Berichten können Sie alternativ festlegen, daß nur eine bestimmte oder mehrere Seiten gedruckt werden. Dazu ist das Optionsfeld "Seiten" anzuklicken; danach können die zu druckende Seiten angegeben werden (bei Von .. Bis). Auch können Sie festlegen, daß nur markierte Datensätze ausgedruckt werden sollen.
Exemplare	Geben Sie hier die gewünschte Anzahl der zu druckenden Exemplare an.
Exemplare sortieren	Es ist auch möglich, alle Seiten mit gleicher Seitenzahl hintereinander zu drucken. Dann muß dieses Optionsfeld deaktiviert sein.
Druckausgabe in Datei umleiten	Ist dieses Kontrollkästchen aktiviert, erfolgt die Abfrage des Dateinamens nach der Befehlsausführung. Der Ausdruck wird nach der Befehlsausführung in diese Datei vorgenommen. Zu einem späteren Zeitpunkt kann dann der Dateiinhalt an einen Drukker unmittelbar geschickt werden.

Nach dem Klicken auf die Schaltfläche <OK> erfolgt der Ausdruck des Berichts mit den zuvor festgelegten Optionen. Der Bericht wird jetzt in einem Zug auf dem angeschlossenen Drukker ausgegeben.

Zusammenfassend ergibt sich folgende **Vorgehensweise** für das Ausdrucken von Berichten (Ausgangspunkt: Datenbank-Fenster):

1. Bericht öffnen: Mausklick beim Register „Berichte", Berichtsnamen markieren, Mausklick bei <Öffnen>
2. Zoomfunktion zur Kontrolle aufrufen
3. Schaltfläche <Drucken> in der Seitenansicht anklicken
4. Schaltfläche <OK> anklicken.

Hinweise:

- Aus dem Menü **Datei** sollten Sie mit dem Befehl **Drucken** nur dann Berichte erzeugen, wenn Sie diese bereits zuvor in der Seitenansicht geprüft haben.

8 Berichte und Präsentationen entwerfen

- Unter Umständen müssen Sie vor dem 4. Teilschritt zunächst noch die Schaltfläche <Eigenschaften> aktivieren. Hier können Sie unter anderem die Druckqualität bestimmen.

8.2.4.5   **Entwurfsansicht für Berichte**

Vielfach wollen Sie Ihren erzeugten Bericht nachträglich bearbeiten. Dann müssen Sie die Entwurfsansicht des Berichts aufrufen. Nur in der Entwurfsansicht können Sie einen vorhandenen Bericht ändern. Auch zur Kontrolle ist diese Ansicht nützlich.

Beispiel: Sie aktivieren die Mitarbeiterliste über das Datenbankfenster, indem Sie nach Markierung des Berichtsnamens auf die Schaltfläche <Entwurf> klicken.

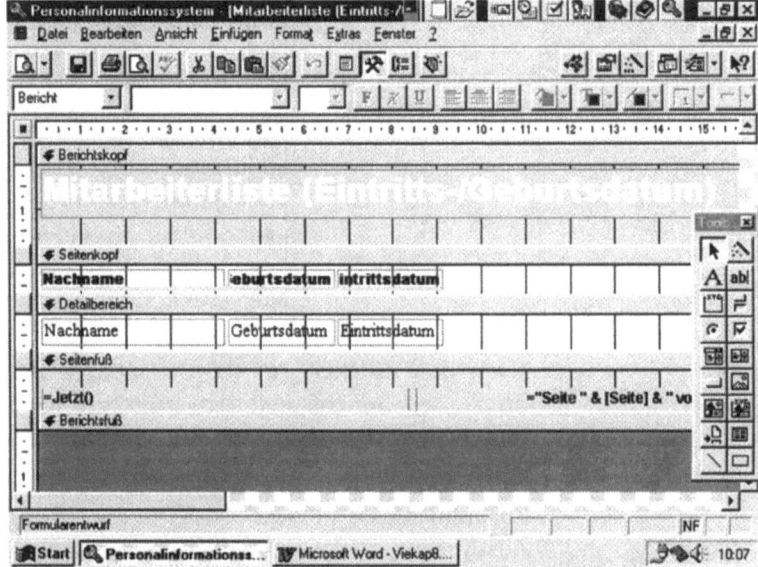

Bild 8-14: Entwurfsansicht für Berichte

In der Entwurfsansicht sehen Sie die Steuerelemente des erzeugten Berichts. Damit wird dem Programm mitgeteilt, welche Daten, Texte und Linien beim Ausdruck wo plaziert werden sollen. Deutlich wird also, aus welchen Elementen sich der Bericht zusammensetzt. Diese Elemente, hier als **Steuerelemente** bezeichnet, können im einzelnen sein:

- *Bezeichnungsfelder* (etwa für den Titel),
- *Textfelder* (für Namen und Zahlen),
- *Rahmen* für Bilder und Diagramme sowie

8.2 Berichte anlegen

- grafische *Linien*, die es ermöglichen Datenbereiche, im Bericht optisch hervorzuheben.

Die Formatmaske selbst ist standardmäßig in fünf Bereiche aufgeteilt. Voraussetzung ist, daß Sie über das Menü **Ansicht** die Optionen **Seitenkopf/-fuß** sowie **Berichtskopf/-fuß** eingeschaltet haben.

Berichtskopf: Hier können einleitende Erklärungen zu dem Report eingegeben werden. Der Berichtskopf erscheint nur auf der ersten Seite des Reports. Standardmäßig enthält er die Überschrift. Zusätzlich könnte beispielsweise auch das aktuelle Datum hier aufgenommen werden.

Seitenkopf: Hier können Überschriften für den Bericht und die Bezeichnungen der Datenspalten angegeben werden. Der Seitenkopf wird zu Beginn auf jeder Seite des Berichts gedruckt.

Detailbereich (Datenbereich): An dieser Stelle stehen die definierten Daten. Im einzelnen kann hier festgelegt werden, wie jeder Datensatz ausgegeben wird.

Seitenfuß: Der Seitenfuß erscheint auf jedem Blatt des Berichts und enthält beispielsweise Angaben zum aktuellen Datum und zur Seitennummer. Möglich wäre hier auch die Bezeichnung des Berichts (z. B. Name des Berichts). Wurde ein Seitenfuß definiert, bekommen Sie automatisch einen Seitenfuß dazu, und umgekehrt. Diese Bereiche treten also immer als „Pärchen" auf.

Berichtsfuß: Er wird stets am Ende des Berichts ausgegeben und enthält Endsummen, statistische Auswertungen oder einen Text, der den Bericht abschließt.

Hinweise:

- Ein Bericht wird über Bänder in verschiedene Bereiche unterteilt. Bei Berichten mit Gruppenwechsel gibt es ergänzend noch einen Gruppenkopf bzw. Gruppenfuß. Es können bis zu 10 Gruppenköpfe/-füße definiert werden.

- Im Berichtsentwurf werden die Informationen zum Erzeugen von Berichten gespeichert; beispielsweise ein Berichtstitel, die Spaltenüberschriften sowie mathematische Ausdrücke (etwa zur Berechnung von Summen). Die Daten, mit denen ein Bericht gefüllt wird, stammen demgegenüber aus einer zugrundeliegenden Tabelle oder Abfrage.

Die Ansichtsvarianten (die in der Entwurfsansicht etwa über das Menü **Ansicht** gewählt werden können) und ihre Anwendung zeigt die folgende Übersicht:

8 *Berichte und Präsentationen entwerfen*

Ansichtsvariante	Anwendung
Seitenansicht	Überprüfung der Daten des gesamten auszudruckenden Berichts.
Layout-Vorschau	wird verwendet, um Schriftart, Schriftgröße und weitere Aspekte des Berichtslayouts zu überprüfen.
Entwurfsansicht	dient der Erzeugung eines neuen Berichts bzw. der Veränderung eines vorhandenen Berichtslayouts.

Ein Ausdruck des Berichts kann grundsätzlich von jeder Ansicht aus vorgenommen werden. Auch vom Datenbankfenster heraus ist direkt ein Druckbefehl auslösbar.

8.2.4.6 Berichte bearbeiten

In der Entwurfsansicht können Sie einen erzeugten Bericht nachträglich bearbeiten und Gestaltungsänderungen vornehmen; beispielsweise Bereichsfelder ändern, Steuerelemente zuordnen oder Text formatieren. Die Art und Weise des Vorgehens ist weitgehend identisch mit den beschriebenen Möglichkeiten bei dem Erstellen und Gestalten von Formularen.

8.3 Besonderheiten bei der Berichtserstellung

Sie kennen nun die grundlegende Vorgehensweise für das Erzeugen, Verwalten und Drucken von Berichten. Im folgenden sollen Sie anhand von Beispielen weitere typische Anwendungen kennenlernen.

8.3.1 Einspaltiger Bericht

Bei der Variante **Einspaltige Darstellung** werden die Datenfelder aus jedem Datensatz in einer Spalte angezeigt. Die Datensätze werden untereinander auf der Seite aufgeführt.

Erstellen Sie mit der Tabelle MITARBEITER ein sogenanntes Personalstammdatenblatt. Es sollen dabei auf jeder Seite die Daten eines Mitarbeiters präsentiert werden. **Beispiel:**

8.3 Besonderheiten bei der Berichtserstellung

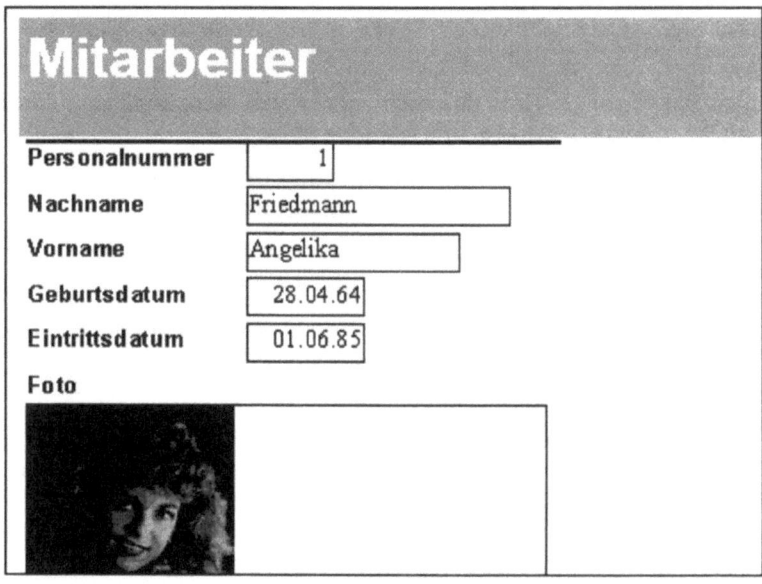

Hinweise:

- Nutzen Sie zur Aufgabenlösung den Berichtsassistenten.
- Wählen Sie die im Bild angezeigten Felder sowie zusätzlich die Adreßfelder aus.
- Denken Sie daran für die Layouteinstellungen die Varianten „Vertikal" und „Hochformat" zur Darstellung der Felder zu wählen.
- Speichern Sie den Bericht unter dem Namen „Mitarbeiterstammdatenblatt".

8.3.2 Berichte mit Gruppenwechsel

Bei größeren Datenbeständen kann die Übersichtlichkeit eines Berichtes dadurch erhöht werden, daß die Darstellung der Daten gezielt gruppiert wird. In einem sogenannten Gruppierungsbericht werden die Daten strukturiert in Form von Gruppen ausgegeben.

Mit ACCESS können Sie die Daten Ihres zu erstellenden Berichtes relativ einfach zu bestimmten Gruppen zusammenfassen und dadurch mehr Übersicht bei der Ergebnisdarstellung erreichen. So können Sie zum Beispiel einen Bericht erzeugen, der die Hardware- oder Softwareausstattung nach dem Mitarbeiternamen sortiert enthält und dabei den Gesamtwert für jede Gruppe berechnen lassen. Das Merkmal zur Gruppenbildung selbst kann

8 Berichte und Präsentationen entwerfen

vom Anwender gezielt festgelegt werden. Im Beispielfall etwa der Name des Mitarbeiters.

Grundsätzlich erfolgt bei einem Gruppierungsbericht der Ausdruck in folgender Weise:

- Am Anfang einer jeden Gruppe werden die vorhandenen Datensätze angezeigt.
- Am Ende jeder Gruppe wird dann die Gruppensumme ausgegeben, falls es sich um numerische Felder handelt.
- Am Berichtsende kann schließlich eine Gesamtsumme für alle Gruppen ausgedruckt werden.

Aufgabe: Bericht mit Gruppenwechsel erstellen

Die Hardware-Ausstattung je Mitarbeiter, die bereits als Abfrage existiert, soll zu einem Bericht zusammengestellt werden. Dabei sollen die Hardware-Daten unter den Mitarbeiternamen eingruppiert werden und dabei eine Sortierung nach dem Gerätetyp erfolgen:

Hardwareliste je Mitarbeiter

Nachname	Gerätetyp	Bezeichnung	Einkaufspreis
Alfrank			
	Notebook	ThinkPad 755	9.000,00 DM
	PC	C586	4.500,00 DM
Bahmüller			
	PC	G586	5.800,00 DM
Dorfschmied			
	PC	G586	3.200,00 DM
Erler			

Vorgehensweise zum Aufbau eines Berichts mit gruppierten Daten

Ausgehend vom Datenbankfenster sind folgende Teilschritte zu durchlaufen:

1. Register „Berichte" anklicken
2. Schaltfläche <Neu> wählen
3. Geben Sie in dem angezeigten Dialogfeld „Neuer Bericht" die zu verwendende Tabelle/Abfrage an; hier die Abfrage „Hardwareliste je Mitarbeiter"
4. Option „Berichtsassistent" markieren und <OK> anklicken

8.3 Besonderheiten bei der Berichtserstellung

5. Einstellungen beim Berichtsassistenten vornehmen
   - aufzunehmende Felder angeben; hier alle und dann <Weiter> anklicken
   - Gruppierung „Nach Mitarbeitern" vornehmen, Kategorienname, wonach gruppiert werden soll, wird oben angezeigt; hier „Nachname"

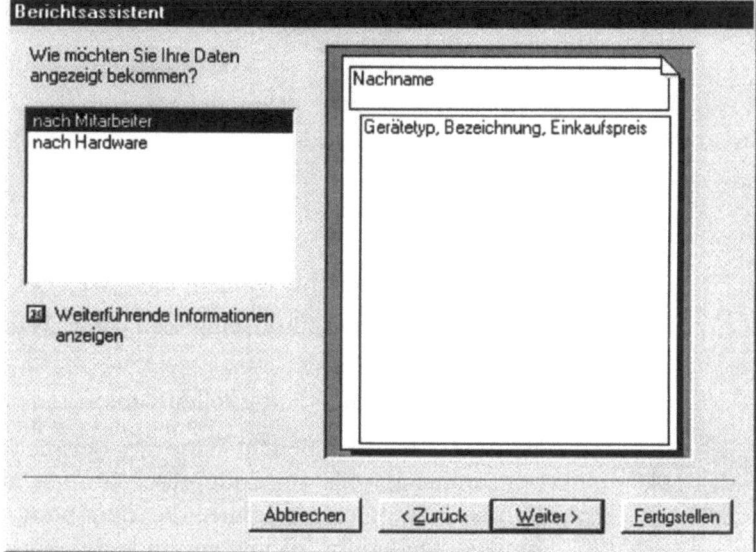

Bild 8-15: Gruppierung festlegen

- <Weiter> anklicken
- Keine weiteren Gruppierungsebenen wählen, <Weiter> aktivieren
- Sortierkriterium festlegen; hier nach dem Feld „Gerätetyp", <Weiter> aktivieren
- Layout des Berichts wählen; hier stehen verschiedene Optionen zur Wahl.
  Wählen Sie im Beispielfall „Abgestuft" und „Querformat"

8 Berichte und Präsentationen entwerfen

Bild 8-16:
Layout festlegen

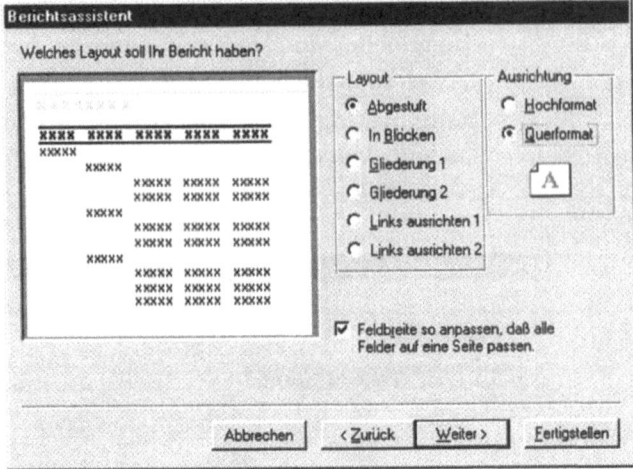

- Stil des Berichts wählen; hier „Weiches Grau"
- Berichtsüberschrift eingeben; hier „Hardwareliste je Mitarbeiter"
- Schaltfläche <Fertigstellen> anklicken

Hinweis: In dem Bericht hätte im Beispielfall noch die Gruppensumme jeweils am Ende einer Gruppe ausgedruckt werden können. Die Gesamtsumme, die den Wert über alle Gruppen hinweg wiedergibt, könnte am Ende des Berichtes erscheinen.

Übung: Bericht mit Gruppenwechsel erstellen

Die Software-Ausstattung je Mitarbeiter soll zu einem Bericht zusammengestellt werden. Dabei sollen die Software-Daten unter den Mitarbeiternamen eingruppiert werden:

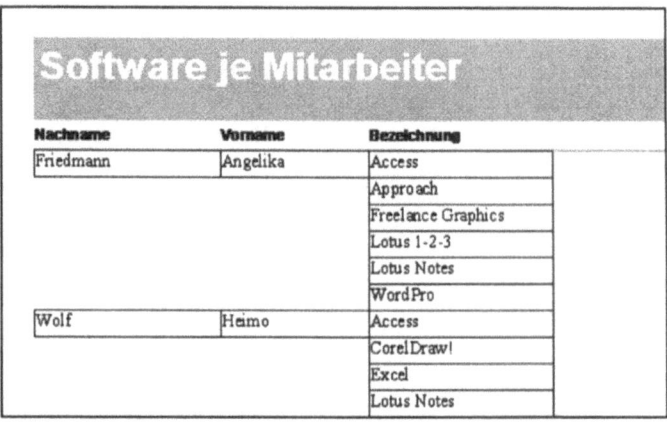

8.3 Besonderheiten bei der Berichtserstellung

Bei Anwendung des Berichtsassistenten müssen Sie in dem zweiten Dialogfeld jeweils die notwendigen Tabellen wählen, um die gewünschten Felder zu erhalten. Diese stammen im Beispielfall aus der Tabelle MITARBEITER und der Tabelle SOFTWAREBEZEICHNUNG.

Bezüglich des Stils ist im Beispielfall die Variante „Block" gewählt worden.

8.3.3 Etikettendruck

ACCESS verfügt über einen besonderen Etikettengenerator, der innerhalb der Berichtsfunktion existiert. Folgende Anwendungen können damit realisiert werden:

- **Adreßaufkleber:** für den Briefversand (z. B. Serienbriefe), für den Versand von Päckchen und Paketen.
- **Preisetiketten**
- **direkte Beschriftung** von Briefumschlägen und Überweisungsträgern

Hinweis: Beim Arbeiten mit Aufklebern benötigen Sie entsprechende Aufklebeetiketten, die in Ihren Drucker eingelegt werden können. Die bedruckten Etiketten werden dann auf den Briefumschlag bzw. die Produktverpackung aufgeklebt.

Aufgabe: Etikettendruck realisieren (Adreßlabel erstellen und aufrufen)

Für regelmäßige Aussendungen sollen Adreßetiketten der Beschäftigten erstellt werden. Nutzen Sie dazu die Tabelle „Mitarbeiter". Zur Erzeugung des Labels sind folgende Hinweise zu beachten:

- Der Etikettenentwurf ist unter dem Namen „Adreßetikett" zu speichern.
- Der Aufkleber soll folgenden Grundaufbau haben:

    Vorname Nachname
    Strasse

    Länderkennzeichen PLZ Ort

8 Berichte und Präsentationen entwerfen

Beispiel einer Seitenansicht:

Der Etikettendruck wird am einfachsten unter Nutzung des Etikettenassistenten realisiert.

Vorgehensweise:

1. Register „Berichte" im Datenbankfenster anklicken
2. Variante <Neu> anklicken
3. Tabelle zuordnen (hier „Mitarbeiter")
4. Option „Etikettenassistent" aktivieren; <OK> anklicken

Nach dem 4. Teilschritt erscheint das folgende Dialogfeld:

Bild 8-17:
Etikettengröße
festlegen

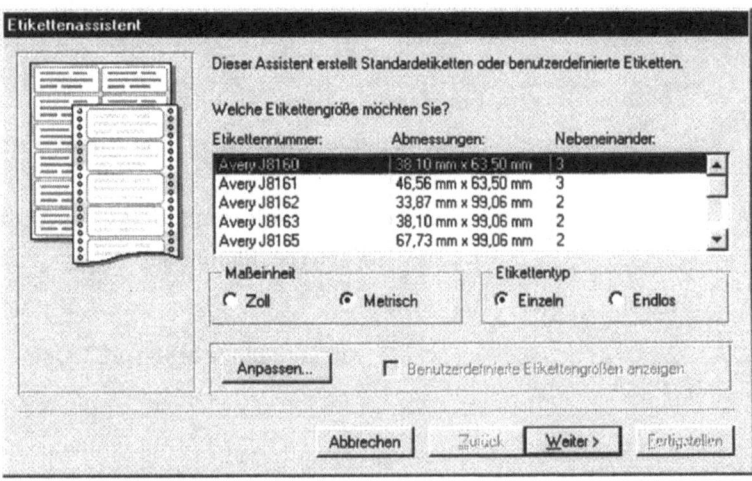

5. Sie müssen also zunächst - in Abhängigkeit von Ihrem Drucker sowie den verwendeten Etiketten - eine For-

8.3 Besonderheiten bei der Berichtserstellung

matauswahl treffen. Wählen Sie z. B. bei Zweckform 37,10 x 105. Klicken Sie dann auf <Weiter>.

6. Bestimmen Sie anschließend Schriftarten und Farben.
7. Legen Sie danach fest, welche Felder auf Ihrem Etikett erscheinen sollen. **Beispiel:**

Bild 8-18:
Felder für Adreßetiketten festlegen

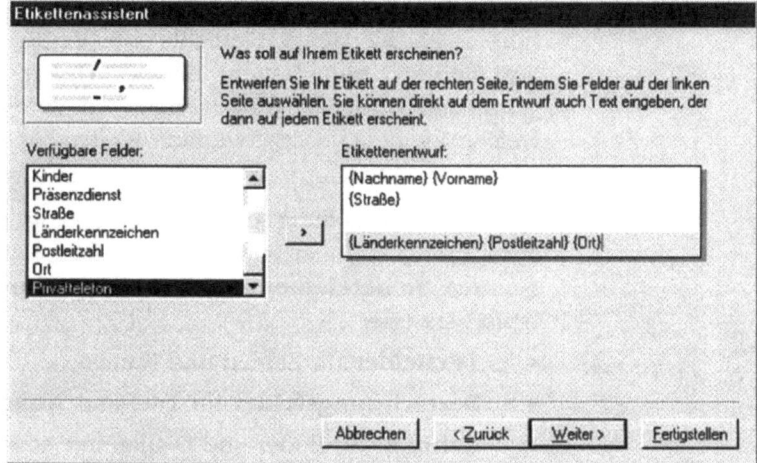

8. <Weiter> anklicken
9. Sortierreihenfolge bestimmen; z. B. „Nachname"
10. Etikettennamen „Etiketten Mitarbeiter" übernehmen
11. <Fertigstellen> aktivieren.

Anschließend kann eine Nachbearbeitung im Entwurfsmodus notwendig sein. Dazu gibt es in ACCESS verschiedene Möglichkeiten, kleinere Änderungen an den Etiketten vorzunehmen:

- Schriftart des Textes in den Steuerelementen ändern
- Schriftgröße des Textes in den Steuerelementen ändern
- Größe der Steuerelemente ändern
- Steuerelemente hinzufügen
- Seiteneinrichtung ändern.

8.4 Berichtsentwurf ohne Assistenten

Ein grundsätzlich anderes Vorgehen zur Berichtserstellung ergibt sich, wenn Sie statt Nutzung des Berichtsassistenten einen völlig eigenständigen Berichtsentwurf vornehmen.

Ohne den Assistenten können Sie mit ACCESS ebenfalls relativ schnell einen neuen Bericht erzeugen. Neben der Zuordnung der Felder stehen Ihnen zur Gestaltung Ihrer Berichte eine Vielzahl unterschiedlicher Elemente zur Verfügung; beispielsweise das Einfügen von Texten, Bildern, Linien, Rahmen und Diagrammen. Sie selbst können nun von vornherein entscheiden, welche Elemente Sie verwenden wollen, und wie Sie diese anordnen möchten.

Die Berichtserstellung erfolgt jetzt analog dem Erstellen von Formularen in einem Berichts-Entwurfsbereich, in dem die sogenannten **Steuerelemente** gezielt zu plazieren sind. Dies sind typischerweise:

- **Textfelder** für Zahlen und Namen,
- **Bezeichnungsfelder** für Titel und Spaltenüberschriften,
- **Rahmen** für Bilder und Diagramme sowie
- **grafische Linien und Rechtecke** zur ansprechenden Berichtsgestaltung.

Aufgabe: Berichte ohne Assistenten erstellen und gestalten

Erstellen Sie folgenden Berichtsentwurf, der eine optisch ansprechende Ausgabe der Monatsgehälter ermöglicht. Dazu sollten Sie zunächst eine Abfrage aus den Tabellen MITARBEITER, STELLE und DIENSTVERTRAG erzeugen und unter dem Namen „Gehaltsliste" speichern. Speichern Sie den Bericht als „Gehaltsliste neu".

Bild 8-19: Eigener Berichtsentwurf

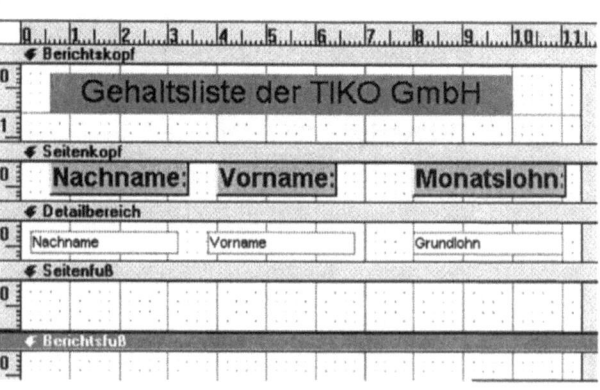

8.4 Berichtsentwurf ohne Assistenten

Gemäß folgender **Vorgehensweise** kann ein Bericht ohne Berichtsassistenten erzeugt werden:

1. Aktivieren Sie im Datenbankfenster den Berichtsbereich durch Klicken auf das Register „Berichte".
2. Klicken Sie auf die Schaltfläche <Neu>.
3. Wählen Sie aus dem einzeiligen Listenfeld die Abfrage, die Ihrem Bericht zugrundeliegen soll; hier Tabelle GEHALTSLISTE NEU.
4. Aktivieren Sie unter Beibehaltung der Markierung „Entwurfsansicht" die Schaltfläche <OK>.

Nach dem 4. Teilschritt erstellt das Programm einen Bericht, und es erscheint das noch leere Berichtsentwurfsfenster.

Bild 8-20:
Berichtsentwurfsfenster

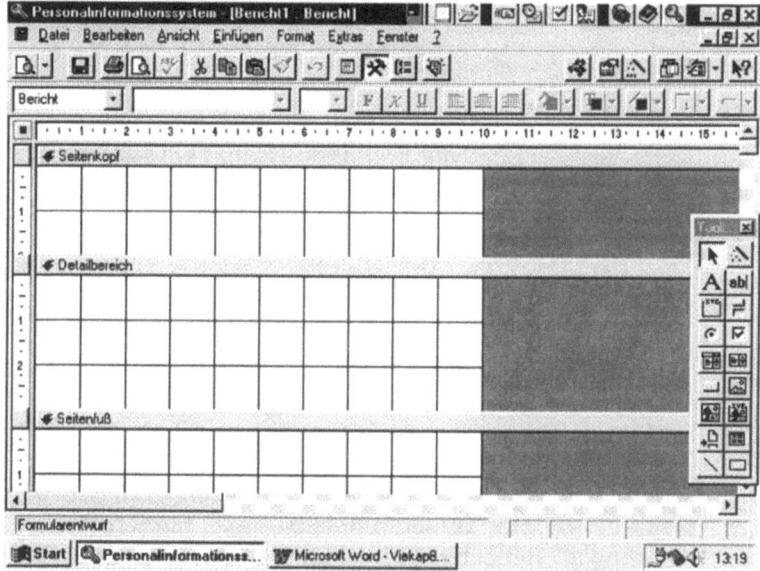

Um den Bericht zu erzeugen, müssen Sie mit entsprechenden Tools auf dem Bildschirm die variablen Felder und konstanten Informationen plazieren. Es gibt drei verschiedene Dialogfelder und Optionsboxen, die über das Menü **Ansicht** oder durch Klicken auf die zutreffende Schaltfläche in der Symbolleiste einstellbar sind:

- Toolbox
- Eigenschaftsliste
- Feldliste

So können Sie die Felder über die Feldliste in das Entwurfsblatt plazieren. In dieser Feldliste sind nämlich in einer Liste alle Felder der zugrundeliegenden Tabelle oder Abfrage einzusehen. Sie können dann einfach per Drag&Drop-Technik in den Entwurfsbereich gezogen werden.

Arbeiten mit der Toolbox; Exemplarische Vorgehensweise

Hinweis: Bedenken Sie, daß der mögliche Bericht an die Tabelle oder Abfrage gebunden ist, die Sie in dem Dialogfeld „Neuer Bericht" ausgewählt haben.

Beispiel: Erzeugen Sie eine gewünschte Berichtsüberschrift, positionieren Sie diese im "Berichtskopf", und gestalten Sie diese.

Vorgehensweise:

1. Aktivieren Sie den Bereich für Berichtskopf, indem Sie aus dem Menü **Ansicht** den Befehl wählen.
2. Markieren Sie die Schaltfläche A für Bezeichnungsfeld in der Toolbox.
3. Positionieren Sie den Mauszeiger im Berichtsentwurfsblatt beim Berichtskopf, und klicken Sie die Position an.
4. Text eingeben: Gehaltsliste der TIKO GmbH

Text gestalten:

1. Text markieren
2. Schriftgröße wählen; beispielsweise 18
3. Menü **Format** aktivieren
4. Befehl **Größe anpassen** wählen
5. Option **An Textgröße** wählen

Nachfolgend sehen Sie ein mögliches **Ergebnis,** nachdem noch eine Hintergrundfarbe sowie ein schatttierter Kasten über Spezialeffekte hinzugefügt wurde:

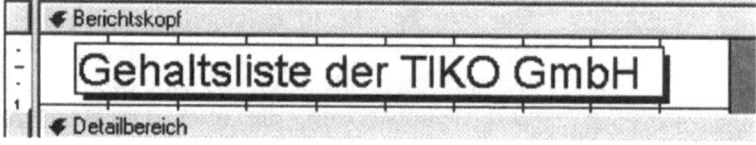

Feldliste nutzen:

In der Berichtsentwurfsdarstellung können Sie sich die zugehörige Feldliste anzeigen lassen, die die Felder der zugrundeliegenden Tabelle/Abfrage enthält. Mit der Feldliste können Sie

8.4 Berichtsentwurf ohne Assistenten

Steuerelemente in einem Bericht erstellen, die automatisch an die Felder in der Tabelle/Abfrage gebunden sind.

Vorgehensweise:
Ausgangspunkt: Bericht in der Entwurfsansicht

1. Menü **Ansicht** wählen
2. Befehl **Feldliste** aktivieren (enthält bisher kein Häkchen)

Ergebnis:
- Es öffnet sich ein kleines Fenster, das alle Felder der zugrundeliegenden Tabelle/Abfrage enthält.
- Felder mit Primärschlüssel werden in der Feldliste fettgedruckt angezeigt.
- Die Anzeige der Feldliste kann auch mit dem links abgebildeten Symbol beeinflußt werden.

Nutzung der Feldliste: Gebundene Steuerelemente erstellen

Der Begriff „gebundene Steuerelemente" wurde bereits im Kapitel „Formulare" erläutert. Analog handelt sich hier um Elemente eines Berichts, die mit einem Feld der zugrundeliegenden Tabelle/Abfrage verknüpft sind. Sie haben darüber die Möglichkeit, Daten in ein Feld einzugeben oder in einem Feld anzuzeigen und zu aktualisieren.

Beispiel:

Plazieren Sie die Felder „Nachname", „Vorname" und „Grundlohn" als gebundene Steuerelemente im Berichtsformular (Bezeichnungsfelder im Bereich "Seitenkopf", variable Felder im „Detailbereich").

Vorgehensweise: Voraussetzung ist die Anzeige von Feldliste und Toolbox

1. Feld in der Feldliste auswählen; Klick auf den Feldnamen
2. Feld in einen freien Berichtsbereich (in der Regel Detailbereich) ziehen und beliebig durch Loslassen der linken Maustaste plazieren.
3. Bezeichnerfeld (linkes Feld) markieren und ausschneiden (mit dem Menü **Bearbeiten** und Wahl des Befehls **Ausschneiden**).
4. Seitenkopf markieren und Bezeichnerfeld durch Wahl des Menüs **Bearbeiten** und danach des Befehls **Einfügen**.
5. Felder im Seitenkopf und im Detailbereich per Drag & Drop gezielt plazieren.

8 Berichte und Präsentationen entwerfen

Hinweise:

- Im 1. Teilschritt können Sie auch mehrere Felder gleichzeitig auswählen:
  a) alle Felder der Feldliste: Doppelklick auf die Titelleiste der Feldliste
  b) benachbarte Felder: Taste ⇧ drücken und dann das erste und letzte Feld des Blocks anklicken.
  c) nicht benachbarte Felder:
- Im 2. Teilschritt erscheint der Mauszeiger in Form eines Feldsymbols.
- Nach dem zweiten Teilschritt wird ein gebundenes Steuerelement für den Bericht erstellt, das sowohl ein Bezeichnerfeld als auch das variable Feld enthält.

Gehen Sie so vor, daß die Bezeichnungsfelder noch in der Schriftgröße 12 sowie in Fettschrift ausgezeichnet werden.

Übung: Berichte ohne Assistenten erstellen und gestalten

Erstellen Sie folgenden Bericht, der eine optisch ansprechende Ausgabe der Mitarbeiterstammdaten ermöglicht. Speichern Sie das Ergebnis unter dem Namen „Stammdatenblatt"

Bild 8-21:
Individuell erstellter Bericht

Hinweis zur Aufgabenlösung:
Im Feld „Familienstand" ist eine Formel hinterlegt, damit die beiden Merkmale angezeigt werden können, die bisher in zwei getrennten Feldern gespeichert wurden. Sie hat folgendes Ausse-

hen und muß als „Steuerelementinhalt" beim Textfeld "FamStand" eingetragen werden:

```
=Wenn([Familienstand]=1;"ledig, ";"verheiratet,
")+Str([Kinder])+Wenn([Kinder]=1;" Kind";" Kinder")
```

Das Ergebnis ist unter dem Berichtsnamen „Stammdatenblatt" zu speichern.

Schließlich sei darauf hingewiesen, daß ähnlich wie bei Formularen auch bei Berichten zwischen **Haupt- und Unterberichten** unterschieden werden kann. Dies kann etwa interessant sein für die Auswertungen zur Benutzung von Firmenfahrzeugen.

Den Entwurfsteil des Hauptberichts zeigt die folgende Abbildung:

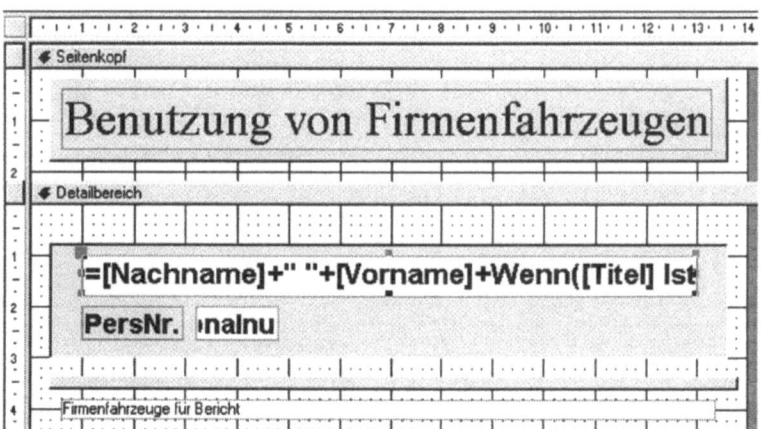

Bild 8-22:
Entwurf für Haupt-/Unterbericht

Hier wird deutlich, daß zur Anzeige der Daten des jeweiligen Mitarbeiters im Hauptbericht eine Formel verwendet wurde, die als sogenannter Steuerelementinhalt einzutragen ist. Sie hat im Detail folgendes Aussehen:

```
= [Nachname]+" "+[Vorname]+Wenn([Titel] Ist Null;" ";"." +[Titel])
```

In diesen Hauptbericht wird also der Unterbericht mit der Bezeichnung „Firmenfahrzeuge für Bericht" eingesetzt. Mit der Anzeige der Ausleihdaten als Unterbericht ergibt sich dann als Kombination folgender Haupt-/Unterbericht für die Benutzung von Firmenfahrzeugen:

8   Berichte und Präsentationen entwerfen

Bild 8-23:
Beispiel eines
Haupt-/Unterberichts

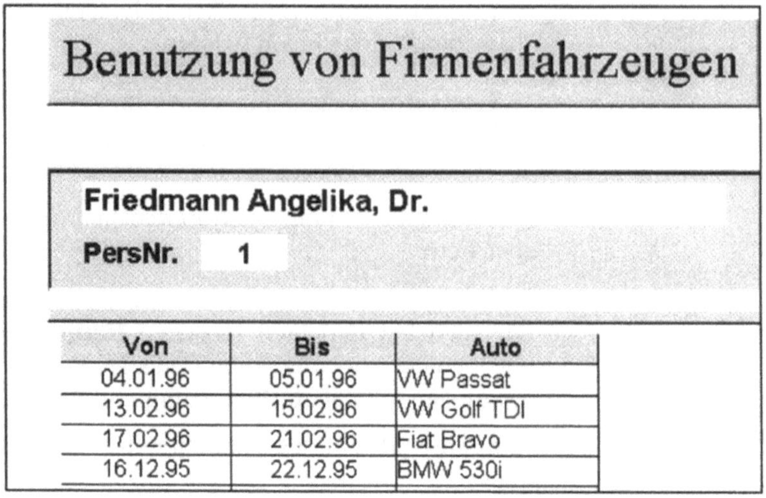

Benutzung von Firmenfahrzeugen

Friedmann Angelika, Dr.
PersNr.   1

Von	Bis	Auto
04.01.96	05.01.96	VW Passat
13.02.96	15.02.96	VW Golf TDI
17.02.96	21.02.96	Fiat Bravo
16.12.95	22.12.95	BMW 530i

9 Benutzerführungen mit ACCESS gestalten

Mit dem Anlegen der Tabellen, Formulare und Berichte können Sie eigentlich schon die Möglichkeiten einer Datenbank ganz gut nutzen. Allerdings ist so lediglich ein Arbeiten auf interaktivem Wege möglich. Und das bedeutet: Als Anwender müssen Sie beispielsweise zur Eingabe von Daten zunächst die zugehörigen Tabellen, Formulare und Berichte öffnen, indem Sie sie aus dem Datenbankfenster auswählen.

Diese Art des Arbeitens hat jedoch - insbesondere bei mehreren Tabellen, Formularen und Berichten - erhebliche Nachteile:

- Sie müssen immer genau wissen, wie die gewünschte Tabelle oder das dazugehörige Formular benannt worden sind, um zu Ihrem Ziel zu gelangen.
- In gleicher Weise müssen Sie auch die Namen der Berichte kennen, welche Sie aktuell öffnen, drucken oder bearbeiten wollen.
- Problematisch wird die Situation außerdem, wenn die Anzahl an Tabellen, Formularen und Berichten explodiert und auch Ihre Mitarbeiter und Kollegen mit der von Ihnen kreierten Datenbank arbeiten müssen.

Um die Arbeitseffizienz zu steigern und auch anderen Personen ein sinnvolles Arbeiten zu ermöglichen, sollten Sie mit ACCESS die Benutzerführung für Ihre Datenbank systematisch gestalten. Damit erzielen Sie folgende Vorteile:

- Der Benutzer muß sich nicht mit der speziellen Oberfläche (etwa dem Datenbankfenster) von ACCESS auskennen. „Naive" Benutzer können so schnell und fehlerfrei arbeiten.
- Der Benutzer muß nicht wissen, wie Sie Formulare etc. benannt haben. Dies ist vor allem bei sporadischer Anwendung einer bestimmten Datenbanklösung von Vorteil.
- Sie können dem Benutzer verschiedene Arbeitsabläufe vorgeben und damit sicherstellen, daß mit der Datenbank so gearbeitet wird, wie Sie es wünschen.
- Die Benutzerfreundlichkeit und damit die Arbeitseffizienz werden gesteigert.

9 Benutzerführungen mit ACCESS gestalten

Um eine Benutzerführung mit ACCESS zu gestalten, verknüpfen Sie anhand von Makros und Modulen die von Ihnen erstellten Datenbankobjekte. Das auffälligste Merkmal einer Datenbankanwendung ist die Benutzerführung anhand von

- Menüfeldern mit Schaltflächen,
- Dialogboxen und
- Pulldows-Menüs in Menüleisten.

Folgende Abbildungen zeigen die typischen Elemente moderner Benutzerführung:

Bild 9-1:
Elemente der Benutzerführung

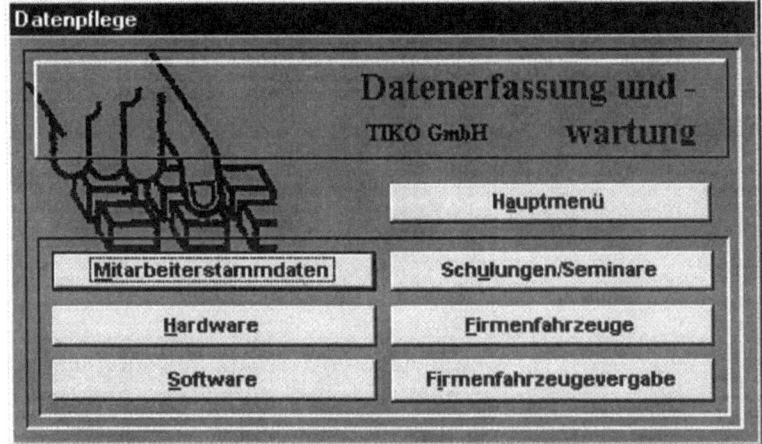

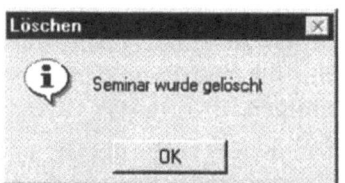

Das zuvor beschriebene Arbeiten mit einer Datenbank ist zwar keine allzu komfortable Lösung, reicht aber oft aus, solange Sie allein mit der Datenbank arbeiten und die Anzahl der Tabellen, Formulare und Berichte überschaubar ist.

9.1 Hauptmenüformular erzeugen

Um eine Benutzerführung gezielt erstellen zu können, müssen in Formularen Befehlsschaltflächen aufgenommen werden, welche mit Makros, Funktionen oder Ereignisprozeduren hinterlegt werden, um eine bestimmte Aktion auszuführen.

9.1 Hauptmenüformular erzeugen

So soll im ersten Arbeitsschritt ein Hauptmenüformular erstellt werden, welches jene Schaltflächen enthält, auf die der Benutzer klicken muß, um zu den einzelnen Funktionalitäten der Datenbankanwendung zu gelangen. Folgende Menüpunkte sollen dem Benutzer zur Auswahl stehen:

Datenerfassung: Nach einem Mausklick auf die Schaltfläche <Datenerfassung> soll der Benutzer in jenen Teil der Datenbankanwendung gelangen, der zur Eingabe der Daten in die einzelnen Tabellen der Anwendung PERSONAL vorgesehen ist sowie in welchem die Pflege dieser Daten (Ändern bzw. Löschen) vorgenommen werden kann.

Personalinformation: Wählt der Benutzer <Personalinformation> aus, hat er die Möglichkeit, sich verschiedene Informationen über Mitarbeiter der TIKO GmbH anzeigen zu lassen, wie beispielsweise Hardware und Software, die ein Mitarbeiter verwendet oder Seminare, die er besucht hat sowie Firmenfahrzeuge, die er in einem bestimmten Zeitabschnitt gefahren hat.

Druckausgabe: Hierüber lassen sich ausgewählte Berichte der Datenbank gezielt selektieren, in der Seitenansicht anzeigen und drucken.

Datenexport: Ruft Exportoptionen auf.

Programmende: Beendet das Arbeiten mit dem Personalinformationssystem.

9.1.1 Bezeichnungsfelder erzeugen und gestalten

Im ersten Schritt ist für das Hauptmenüformular ein neues, leeres und ungebundenes Formular zu erstellen. Aktivieren Sie dazu das Datenbankfenster, und klicken Sie auf die Registerkarte „Formulare". Klicken Sie danach auf die Schaltfläche <Neu>, so daß das Dialogfeld „Neues Formular" geöffnet wird. Lassen Sie hier die Option „Entwurfsansicht" markiert, und aktivieren Sie dann die Schaltfläche <OK>, ohne zuvor eine Tabelle oder Abfrage zugeordnet zu haben. **Ergebnis:**

9 Benutzerführungen mit ACCESS gestalten

Bild 9-2:
Leeres Formular zum Erzeugen des Hauptmenüs

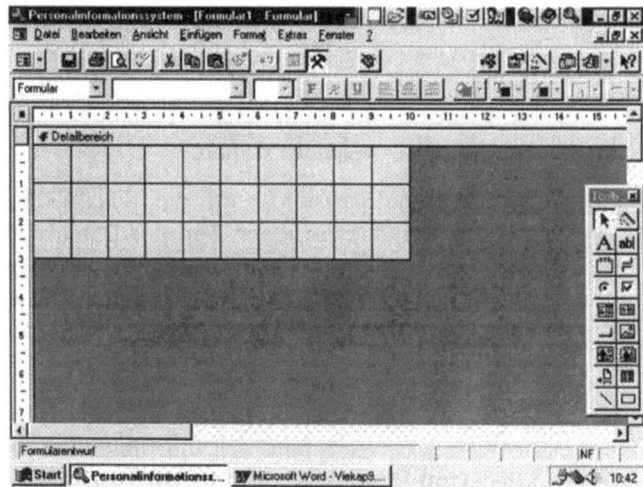

Bevor die beschriebenen Schaltflächen in das Formular aufgenommen werden, können Sie folgende Bezeichnungsfelder in Ihr Formular aufnehmen:

- Namen der Firma
- Namen der Anwendung
- eine Grafik, die entweder für die Anwendung oder für die Firma Typisches darstellt
- das Firmenlogo, etc.

Für die Anwendung PERSONAL wollen wir den Namen der Firma „TIKO GmbH" sowie die Bezeichnung „Personalmanagement" in das Hauptmenüformular aufnehmen.

Vorgehensweise zur Aufnahme der Überschrift:

Reihenfolge der Bearbeitung	Tastenfolge/Mausaktionen
1. In der Toolbox das Symbol für „Bezeichnungsfeld" auswählen	Mausklick auf das „A"-Symbol
2. Feld im Formular aufziehen	Mit gedrückter linker Maustaste Feld aufziehen
3. Text „TIKO GmbH" eingeben	TIKO GmbH
4. Formatierungen für das Bezeichnungsfeld eingeben oder auswählen	z. B. andere Schriftart und größere Schrift wählen (Times Roman 28 Pt.), Schriftfarbe „blau" einstellen, Zentrierung vornehmen

9.1 Hauptmenüformular erzeugen

Ebenso gehen Sie für das Erzeugen des Bezeichnungstextes „Personalmanagement" vor. Wählen Sie hier Times Roman 14 Pt. sowie die Schriftfarbe „rot"

Um Texte weiter hervorzuheben, ziehen wir um die beiden Textteile ein Kästchen auf, welches dreidimensional hervorgehoben werden soll.

Vorgehensweise:

Reihenfolge der Bearbeitung	Tastenfolge/Mausaktionen
1. In der Toolbox das Symbol für „Rechteck" auswählen	Mausklick auf das Kästchen-Symbol
2. Rechteck über die Textteile aufziehen	Drag & Drop
3. Das neue Rechteck hinter den Text plazieren	Im Menü Format den Menüpunkt In den Hintergund auswählen
4. Als Hintergrundfarbe für das Rechteck „Transparent" auswählen	Mausklick
5. Eigenschaft „Spezialeffekt" auf „Erhöht" einstellen	Auf Erhöht-Button in der Palette klicken

Gewünschtes Ergebnis:

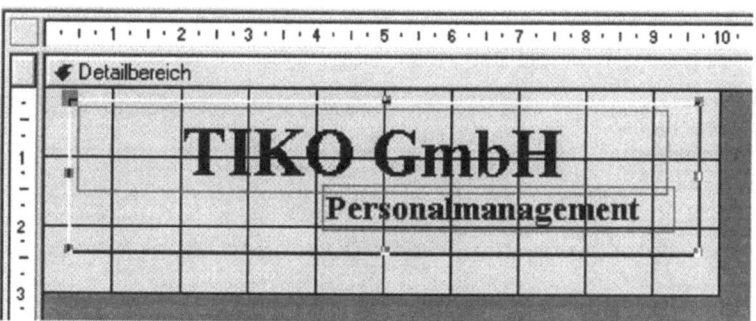

Bild 9-3: Bezeichnungsfelder im Hauptmenüformular

9.1.2 Schaltflächen erzeugen und gestalten

In der Praxis haben sich für eine Gestaltung der Benutzerführung einige Grundprinzipien herausgebildet. So sollte gewährleistet sein, daß die Führung durch die Datenbankanwendung immer durchgängig ist. Daß heißt, der Benutzer wird niemals in die Situation gebracht, selbständig beispielsweise ein Formular aus dem Datenbankfenster öffnen zu müssen. Dazu ist es notwendig, daß Sie den Anwender immer von einem Formular zu einem anderen führen. Dies kann ganz unterschiedlich sein. Varianten sind:

- ein ungebundenes Formular in der Form eines Menüfeldes,
- ein gebundenes Formular zur Dateneingabe,
- ein Formular zum Abruf von Daten,
- ein Formular zum Öffnen oder Drucken eines Berichts.

Die nun zu erstellenden Schaltflächen sind das zentrale Element des Hauptmenüformulares. Hinter ihnen verbergen sich jene Makros oder Ereignisprozeduren, welche den Aufruf der jeweils ausgewählten Funktion durchführen.

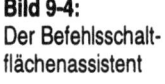

Um eine neue Schaltfläche hinzuzufügen, können Sie den Schaltflächenassistenten von ACCESS benutzen. Stellen Sie dazu sicher, daß die links gezeigte Schaltfläche für den Steuerelementassistenten in der Toolbox aktiviert ist. Wählen Sie anschließend in der Toolbox das Befehlsschaltflächen-Symbol, und ziehen Sie an jener Stelle im Formular, an der Sie die neue Schaltfläche plazieren möchten, ein Rechteck in entsprechender Größe auf.

Nun öffnet sich der Befehlsschaltflächenassistent und ermöglicht Ihnen vorerst aus einer Reihe von kategoriebezogenen Angeboten die Auswahl einer Aktion, welche Ihre neue Schaltfläche später ausführen soll. Wählen Sie die Kategorie „Formularoperationen" und im rechten Auswahlfenster die Aktion „Formular öffnen" aus.

Bild 9-4:
Der Befehlsschaltflächenassistent

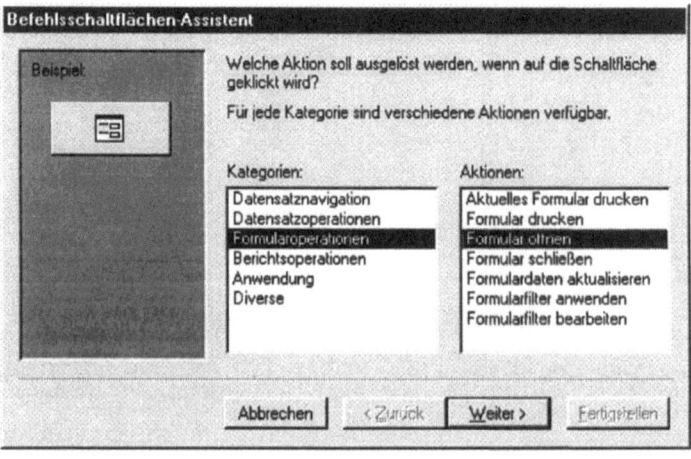

9.1 Hauptmenüformular erzeugen

Nachdem Sie die Schaltfläche <Weiter> betätigt haben, werden Sie vom Schaltflächenassistenten im nächsten Schritt gefragt, welches Formular Sie geöffnet haben möchten. Da die erste Schaltfläche jene ist, die zur Datenerfassung führen soll, wählen Sie aus der Liste ein entsprechendes Formular, im Beispielfall das Formular „Datenpflege".

Bild 9-5:
Formularauswahl

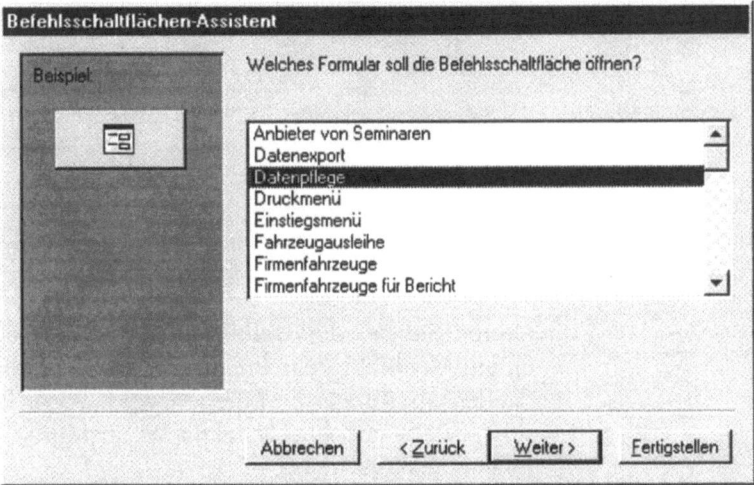

Beachten Sie: Damit das Formular „Datenpflege" im Auswahlfenster des Schaltflächenassistenten erscheint, muß es zuvor angelegt worden sein. In unserem Fall handelt es sich bei diesem Formular um ein weiteres Menüfeld, ein sogenannten **Untermenüfeld**. Sie können nun - sofern das Formular „Datenpflege" noch nicht existiert - dieses Untermenüformular provisorisch anlegen, indem Sie ein neues leeres Formular anlegen, unter dem Namen „Datenpflege" speichern und dieses Formular erst später mit Inhalten füllen.

Nach abermaligem Betätigen der Schaltfläche <Weiter> gelangen Sie zum nächsten Auswahlfenster. Hier können Sie festlegen, ob Ihre Schaltfläche mit einem Schaltflächentext oder mit einem Bild bzw. Symbol versehen werden soll. Wenn Sie ein Symbol auswählen möchten, aktivieren Sie die Einstellung „Alle Symbole anzeigen", um aus einer Liste von integrierten Symbolen auswählen zu können. Im Beispielfall vergeben Sie einen Text für die Schaltfläche, indem Sie die Auswahl „Text:" treffen und im Eingabefenster den Text „&Datenerfassung" eingeben. Durch das kaufmännische „&" vor dem ersten Buchstaben wird dieser für

9   *Benutzerführungen mit ACCESS gestalten*

die Auswahl als Short-Cut in der Kombination mit der [Alt]-Taste festgelegt. Im linken Vorschaufenster können Sie sehen, daß das „D" unterstrichen dargestellt wird.

Bild 9-6:
Bild oder Beschriftung für Befehlsschaltfläche

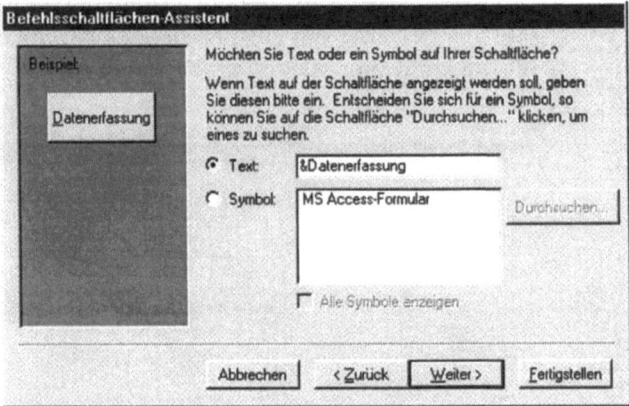

Achten Sie bei der Definition der Schaltflächen darauf, daß in einem Menüfeld kein Buchstabe bei zwei verschiedenen Schaltflächen als Kurztaste vergeben wird. Sonst können Sie mit diesem jeweils nur jene Schaltfläche ausführen, die in der Reihenfolge zuerst erscheint.

Die Eingabe eines Steuerelementnamens, der nach Klicken auf <Weiter> gewünscht wird, ist optional. Sie können den vom Assistenten vorgeschlagenen Namen übernehmen oder einen eigenen vergeben. Bei einem Menüformular besteht keine Notwendigkeit, einen sprechenden Namen für Schaltflächen zu vergeben. Auf jene Sonderfälle, in denen es durchaus einen Sinn ergibt, wird später in diesem Buch noch Bezug genommen werden.

Bild 9-7:
Steuerelementnamen vergeben

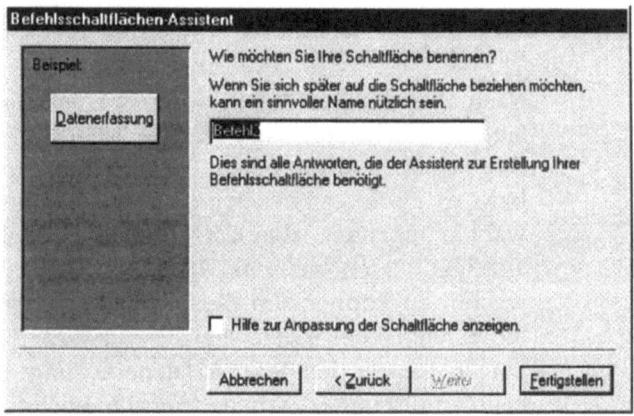

9.1 Hauptmenüformular erzeugen

Schließen Sie die Definition der Schaltfläche ab, indem Sie auf <Fertigstellen> klicken.

Abschließend können Sie noch, wie bei jedem anderen Steuerelement auch, Größe, Position, Schriftart, -größe und -farbe definieren. Die Farbe der Schaltfläche selber ist abhängig von Ihrer Farbeinstellung der Windows-Systemsteuerung und kann an dieser Stelle nicht beeinflußt werden.

Erstellen Sie nun nach diesem Schema die folgenden Schaltflächen für das Hauptmenüformular.

Bezeichnung der Befehlsschaltfläche	aufzurufendes Formular
Personalinformation	Personalinformation
Druckausgabe	Druckmenü
Datenexport	Datenexport

Zum Abschluß können Sie noch eine letzte Schaltfläche in das Hauptmenüformular einfügen, nämlich eine zur Beendigung der Anwendung. Aktivieren Sie erneut den Schaltflächenassistent, und wählen Sie aus der Kategorie „Anwendung" die Aktion „Anwendung beenden" aus. Darüber hinaus sollen Sie die Schaltfläche mit der Beschriftung „Programm&ende" verbinden und die Schaltfläche generieren. Öffnen Sie abschließend das Eigenschaftsfenster für diese Schaltfläche, und stellen Sie die Eigenschaft „Bei Taste ESC", die Sie im Register „Andere" finden, auf „Ja". Damit legen Sie fest, daß diese Schaltfläche auch durch Drücken der (Esc)-Taste aktiviert wird. Dies ist für alle jene Schaltflächen sinnvoll, die etwas beenden, wie im Beispielfall die Anwendung.

Hinweis: Vergeben Sie die Eigenschaft „Bei Taste ESC" jedoch nicht für Schaltflächen in Formularen, die zur Dateneingabe und -wartung bestimmt sind, da hier die (Esc)-Taste bereits eine andere Bedeutung hat und dies deshalb nicht zum gewünschten Erfolg führt. Beim Drücken der (Esc)-Taste werden nämlich die Eingaben im aktuellen Datensatz rückgängig gemacht.

Bild 9-8:
Das fertige Hauptmenüformular

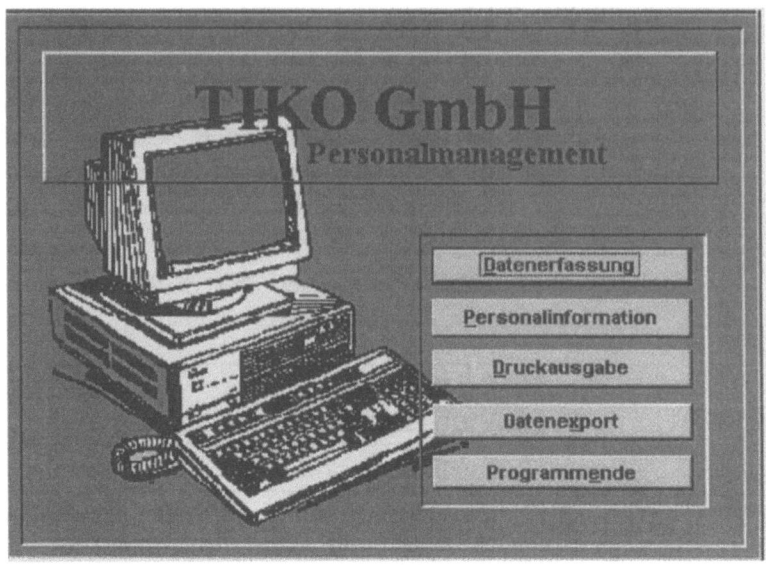

9.1.3 Formular als Pop-Up definieren

Bisher haben Sie zwei Varianten kennengelernt, ein Formular anzuzeigen:

- Formularansicht
- Datenblattansicht

Eine weitere Variante besteht darin, ein Formular als Pop-Up zu definieren. Ein solches Formular unterscheidet sich von einem normalen Formular in folgenden Punkten:

- Die **Größe** des Formulares ist für den Benutzer **unveränderlich**.
- Ist ein Pop-Up-Formular geöffnet, bleibt es solange **aktiv**, bis es mit einer darauf befindlichen Befehlsschaltfläche geschlossen wird. Das heißt, die Menüleiste ist nicht aktiv und es kann nicht zu einem anderen Fenster gewechselt werden, beispielsweise über den Menüpunkt **Fenster**.
- Wird ein Pop-Up von einem **Makro** aufgerufen, wird dieses solange **angehalten**, bis das Pop-Up geschlossen ist. Im Unterschied dazu wird nach dem Öffnen eines gewöhnlichen Formularfensters der Makroablauf fortgesetzt.

Wann ist ein Pop-Up-Formular sinnvoll?

Es eignet sich für die Verwendung als Menüfeldformular oder wenn vom Benutzer für eine Ausgabe noch weitere Informationen abgefragt werden sollen, wie beispielsweise ein Druckmenü,

9.1 Hauptmenüformular erzeugen

in dem der Anwender für den Druck von Stammdatenblättern gefragt wird, ob er alle Stammdatenblätter oder lediglich jenes eines bestimmten von ihm anzugebenden Mitarbeiters gedruckt haben möchte.

Wie definiert man ein Formular als Pop-Up?

Grundsätzlich kann als Pop-Up sowohl ein gebundenes als auch ein ungebundenes Formular definiert werden. Im Beispielfall sollen Sie das soeben definierte Formular für das Hauptmenü als Pop-Up definieren.

Öffnen Sie dazu zunächst das Eigenschaftsfenster für das Formular. Um dies zu erreichen, sollten Sie das Formular in der Entwurfsansicht öffnen und dann aus dem Menü **Bearbeiten** den Befehl **Formular auswählen** aktivieren. Wählen Sie anschließend aus dem Menü **Ansicht** den Befehl **Eigenschaften**.

Folgende drei Elemente werden nicht benötigt, da in einem Menüfeld keine Datensätze angezeigt werden.

Eigenschaft	Einstellung
Bildlaufleisten	Nein
Datensatzmarkierer	Nein
Navigationsschaltflächen	Nein

Wenn die Einstellung „Größe anpassen" nicht aktiviert wird, können an manchen Außenkanten des Formulars graue Flächen entstehen. Wenn Sie dagegen die Größe anpassen, erscheint sie genauso, wie Sie von Ihnen im Formularentwurf definiert worden ist.

Eigenschaft	Einstellung
Größe anpassen	Ja
Automatisch zentrieren	Ja
PopUp	Ja

Wie Sie die Rahmenart für Ihr Pop-Up einstellen, hängt von Ihrem Geschmack ab. Folgende Einstellungen stehen zur Verfügung:

Keine: Das Formular wird ohne Rahmen und ohne Titelleiste angezeigt.

9 Benutzerführungen mit ACCESS gestalten

Dünn: Der Rahmen besteht aus einer dünnen Linie, die Titelleiste wird angezeigt.

Veränderbar: Die Größe des Formulars kann verändert werden. Diese Einstellung wird nicht empfohlen.

Dialog: Der Rahmen wird in normaler Stärke dargestellt, aber die Größe kann nicht verändert werden. Die Titelleiste ist sichtbar.

Eigenschaft	Einstellung
Rahmenart	Keine

Diese Einstellungen sind nur dann notwendig, wenn durch die gewählte Rahmenart die Titelleiste angezeigt wird. Ist die Rahmenart „Dialog" gewählt, kann nur das Systemmenüfeld eingeblendet werden, die anderen Schaltflächen sind standardmäßig immer ausgeblendet.

Eigenschaft	Einstellung
Mit Systemmenüfeld	Nein
MinMaxSchaltflächen	Nein

Vorgeschlagen wird Ihnen, folgende Einstellungen für das Hauptmenüformular vorzunehmen:

Bild 9-9:
Einstellungen für das Hauptmenüformular

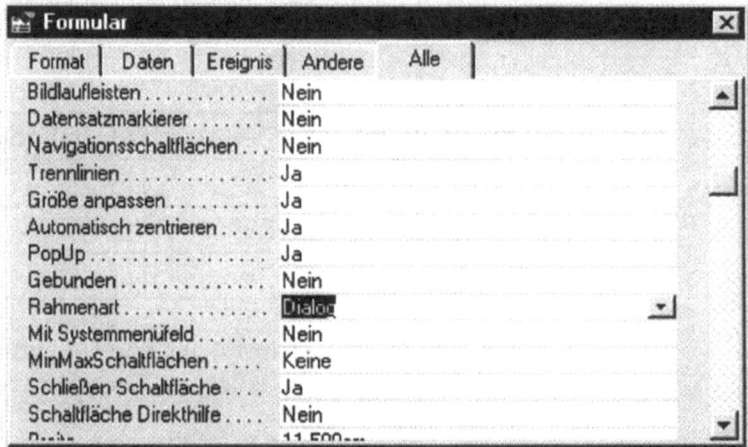

280

9.2 Untermenüs erzeugen

Hinweis: Wenn Sie eine Darstellungsform mit Titelleiste wählen, sollten Sie auch in der Eigenschaft „Beschriftung" eine solche für das Formular vergeben, da sonst standardmäßig die Beschriftung „Formular: ..." plus dem Formularnamen angezeigt wird. Möchten Sie dagegen eine leere Titelleiste, können Sie als Beschriftung auch ein Leerzeichen eingeben.

9.2 Untermenüs erzeugen

Ausgehend von einem Hauptmenü kann eine Verzweigung in Untermenüs erfolgen. Dies ist vor allem dann sinnvoll, wenn die Anzahl der Schaltflächen in einem Hauptmenüfeld zu groß werden würde und der Umfang der Anwendung sehr komplex ist. Auch soll in einem Hauptmenü lediglich die Auswahl zwischen den Hauptfunktionen der Anwendung erfolgen und noch keine Feinsteuerung vorgenommen werden. Dies ist dann die Aufgabe der Untermenüs.

Die Beispielanwendung PERSONAL weist folgende Menüstruktur auf:

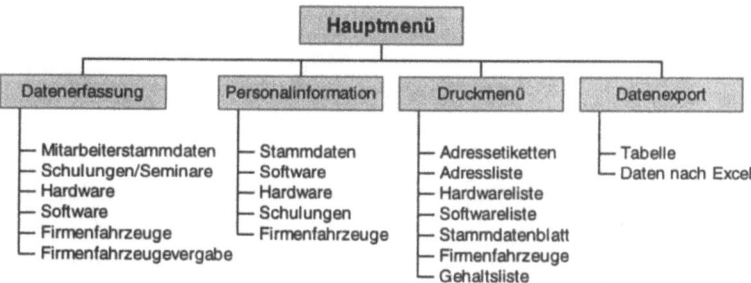

Bild 9-10: Menüstruktur der Anwendung PERSONAL

9.2.1 Bezeichnungsfelder und Schaltflächen

Erstellen Sie die Untermenüs nach demselben Schema wie das Hauptmenüformular, indem Sie Bezeichnungsfelder und Schaltflächen in das Formular aufnehmen. Verwenden Sie jedoch diesmal nicht den Schaltflächenassistenten zum Erstellen von Schaltflächen. Der Grund liegt darin, daß Sie mit dem Schaltflächenassistenten zwar sehr schnell fertige Schaltflächen generieren können, jedoch sind Sie in der Auswahl der Aktionen, die hinter eine solche Schaltfläche gelegt werden können, auf sehr einfache Vorgänge beschränkt, welche nun nicht mehr ausreichen.

Beispielsweise können Sie zwar mit einer mit dem Assistenten erstellten Schaltfläche ein anderes Formular öffnen, Sie können aber nicht zugleich das alte Formular schließen, das heißt es bleibt immer im Hintergrund aktiv. Um dies zu erreichen, müssen Sie die Schaltfläche mit einem eigenen Makro oder einer selbst geschriebene Prozedur hinterlegen. Wie Sie Makros und Prozeduren schreiben, lernen Sie in den nächsten Kapiteln.

Schaltflächen ohne den Assistenten erstellen

Gestalten Sie zuerst das Untermenü für die Datenerfassung und -wartung:

Bild 9-11:
Das Untermenü „Datenerfassung und -wartung"

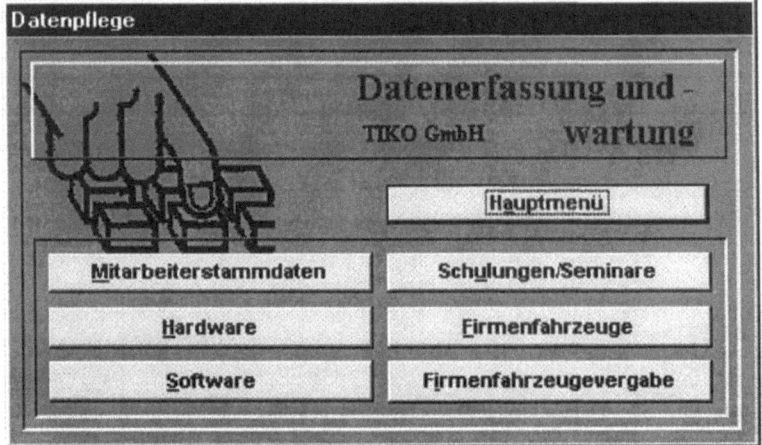

Erstellen Sie dazu zunächst ein neues leeres Formular, und fügen Sie die notwendigen Bezeichnungsfelder in dieses ein. Anschließend fügen Sie folgende Schaltflächen in das Formular ein:

- Mitarbeiterstammdaten
- Schulungen/Seminare
- Hardware
- Software
- Firmenfahrzeuge
- Firmenfahrzeugvergabe
- Hauptmenü

Zur Aufgabenlösung deaktivieren Sie in der Toolbox den Steuerelementassistent, und wählen Sie das Symbol für Schaltflächen aus. Ziehen Sie an der vorgesehenen Position im Formular ein Rechteck für die Schaltfläche auf. Es erscheint eine Schaltfläche mit der Aufschrift „Befehl.." plus einer fortlaufenden Nummer. Öffnen Sie nun das Eigenschaftsfenster, um für diese Schaltfläche jene Einstellungen vorzunehmen, die bisher der Schaltflächenassistent für Sie erledigt hat.

Vergeben Sie für die erste Schaltfläche den Namen „Mitarbeiterstammdaten", und tragen Sie bei der Eigenschaft Beschriftung „&Mitarbeiterstammdaten" ein. Alle anderen Einstellungen können Sie beibehalten, es muß lediglich noch festgelegt werden, welche Aktion nach dem Drücken auf die Schaltfläche ausgeführt werden soll. Tragen Sie hierzu bei der Eigenschaft „Beim Klicken" den Makronamen „Datenpflege.SF_Mitarbeiterstammdaten" ein.

Hinweis: Das Makro mit dem angegebenen Namen existiert noch nicht. Es muß erst von Ihnen erstellt werden, bevor Sie auf die Schaltfläche klicken können. Wenn Sie die einzelnen Makros vor den Schaltflächen erstellen, können Sie die Makronamen aus der Auswahlliste auswählen, indem Sie mit der Maus rechts neben das Eingabefeld klicken.

Folgender Tabelle können Sie die Definitionen für die restlichen Schaltflächen des Untermenüs entnehmen. Die Namen für die einzelnen Schaltflächen sind optional und müssen nicht vergeben werden. Sie führen lediglich zu einer besseren Ordnung.

Eigenschaft Name	Eigenschaft Bezeichnung	Eigenschaft Beim Klicken
Schulungen	Sch&ulungen/ Seminare	Datenpflege.SF_Schulungen
Hardware	&Hardware	Datenpflege.SF_Hardware
Software	&Software	Datenpflege.SF_Software
Firmenfahrzeuge	&Firmenfahrzeuge	Datenpflege.SF_Firmenfahrzeuge
Firmenfahrzeugevergabe	F&irmenfahrzeugevergabe	Datenpflege.SF_Firmenfahrzeugevergabe

9.2.2 Optionsfelder erzeugen

Soll ein Menü dem Anwender eine Vielzahl an Auswahlmöglichkeiten bieten, ist es unter Umständen übersichtlicher, nicht für jede Auswahl eine eigene Schaltfläche in das Menüfeld aufzunehmen, sondern durch zusätzliche Elemente die mit einer Schaltfläche getroffene Auswahl zu verifizieren. Dazu eignet sich zum Beispiel eine Optionsgruppe. Eine solche soll in das Druckmenü aufgenommen werden, welches so aufgebaut sein soll, daß der Benutzer aus einer Optionsgruppe auswählen kann, welchen Bericht er für den Ausdruck verwenden will. Darüber hinaus stehen ihm die Schaltflächen <Seitenansicht> und <Drucken> zur Verfügung (hier mit Symbolen versehen), um auszuwählen, ob der Bericht zunächst in der Seitenansicht geöffnet oder direkt über den Drucker ausgegeben werden soll. Schließlich soll die links abgebildete Schaltfläche die Rückkehr zum Hauptmenü ermöglichen.

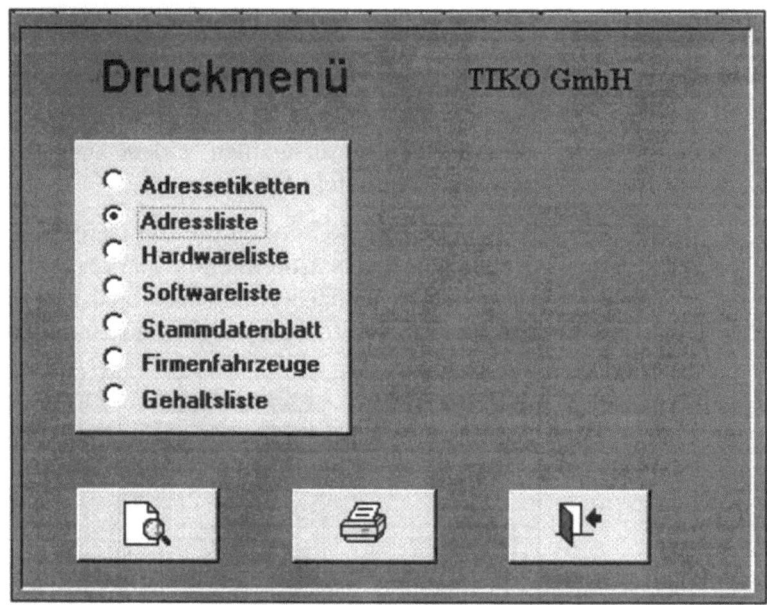

Bild 9-12: Das Druckmenü

Optionsfelder mit dem Optionsgruppenassistenten erzeugen

Sie können eine Optionsgruppe in einem Formular verwenden, um eine begrenzte Anzahl an Auswahlmöglichkeiten zur Verfügung zu stellen. Im Fall des Druckmenüs werden also verschiedene Berichte als Optionen angeboten, die gedruckt werden können. Eine Optionsgruppe erleichtert die Auswahl, da Sie nur auf den gewünschten Wert zu klicken brauchen. In einer Optionsgruppe kann immer nur ein Wert ausgewählt werden. Eine Optionsgruppe besteht aus einem Gruppenrahmen und einer Gruppe von Kontrollkästchen, Optionsfeldern oder Umschaltflächen.

Zur Realisierung einer solchen Lösung aktivieren Sie in der Toolbox den Steuerelementassistenten, und wählen Sie das

9.2 Untermenüs erzeugen

Symbol „Optionsgruppe" aus. Ziehen Sie im Formularentwurf für das Druckmenü ein Rechteck für die zu erstellende Optionsgruppe auf. Der Optionsgruppenassistent startet und bittet Sie, in die Tabelle die Bezeichnungen der einzelnen Optionen einzutragen. Geben Sie folgende Optionen in die Tabelle ein:

- Adressetiketten
- Adressliste
- Hardwareliste
- Softwareliste
- Stammdatenblatt
- Firmenfahrzeuge
- Gehaltsliste

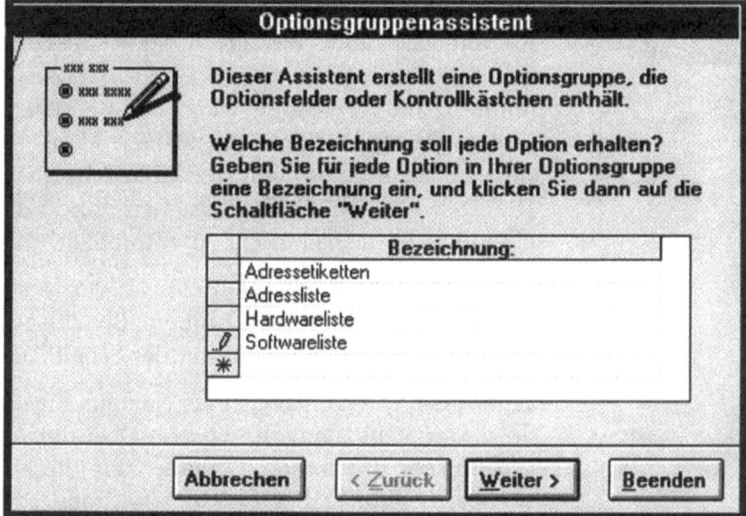

Bild 9-13: Der Optionsgruppenassistent

Klicken Sie auf <Weiter>, um im nächsten Fenster eine Standardauswahl für Ihre Optionsgruppe zu treffen. Damit können Sie festlegen, welche Auswahl standardmäßig schon aktiviert ist, wenn das Formular geöffnet wird. Markieren Sie den Kreis neben „Ja, und zwar folgende:" und wählen Sie aus dem Listenfeld den ersten Eintrag, nämlich „Adressetiketten" aus. Quittieren Sie die Eingabe mit <Weiter>.

Die Vorgabe des nächsten Fensters können Sie ohne Veränderungen übernehmen. Hier wird festgelegt, welchen Optionswert die Auswahl einer jeden Option zurückgibt. Der Optionswert muß immer eine Zahl sein. ACCESS speichert diese Zahl in der zugrundeliegenden Tabelle. Wenn Sie in diesem Beispiel statt einer Zahl den Namen in der Tabelle anzeigen möchten, können Sie eine eigene Tabelle erstellen, welche die Namen beinhaltet. Ändern Sie dann das Feld in ein Nachschlagefeld (Listen- oder Kombinationsfeld) um, das die entsprechenden Daten in der Tabelle heraussucht.

Auch dieses Fenster schließen Sie mit einem Klick auf die Schaltfläche <Weiter> ab. Nun können Sie Gestaltungsmerkmale der Optionsgruppe festlegen. Legen Sie je nach Geschmack den Stil „Normal", „Erhöht" oder „Vertieft" fest. Wählen Sie für die Schaltflächen „Optionsschaltflächen" oder „Umschaltflächen" aus, jedoch nicht „Kontrollkästchen".

Warum keine Kontrollkästchen in einer Optionsgruppe verwenden?

Unter Windows werden standardmäßig immer Optionsschaltflächen (sogenannte Radio-Buttons) verwendet, wenn aus einer Auswahlliste eine **einzige** Option ausgewählt werden kann. Kontrollkästchen (sogenannte Cross-Boxes) hingegen werden immer dann verwendet, wenn der Benutzer aus einer Auswahlliste **mehrere** Optionen auswählen kann. (beispielsweise wenn für eine Schriftart sowohl fett als auch kursiv ausgewählt wird). Die Auswahl von Kontrollkästchen würde diese Regel durchbrechen und ist deshalb nicht zu empfehlen.

Im letzten Schritt, nachdem Sie abermals auf <Weiter> geklickt haben, vergeben Sie den Namen „Berichtswahl" für die Optionsgruppe. Beenden Sie dann mit der Schaltfläche <Fertigstellen>

Hinweise: Die Vergabe eines Namens für die Optionsgruppe ist an dieser Stelle sinnvoll, da später bei der Abfrage des Auswahlergebnisses durch den Benutzer auf diesen Namen Bezug genommen wird. Dabei ist ein sprechender Name von entscheidendem Vorteil.

Wenn eine Optionsgruppe an ein Feld gebunden ist, dann ist nur der Gruppenrahmen an das Feld gebunden, nicht aber die Kontrollkästchen, Umschaltflächen oder Optionsfelder innerhalb des Rahmens. Die Eigenschaft Steuerelementinhalt für die einzelnen Steuerelemente der Optionsgruppe existiert in dem Fall nicht; Sie können dagegen die Eigenschaft „Optionswert" für jedes Kontrollkästchen, Optionsfeld oder jede Umschaltfläche auf einen der möglichen Werte des Feldes, an welches der Gruppenrahmen gebunden ist, anpassen. Beim Auswählen einer Option in einer Optionsgruppe setzt ACCESS den Wert des Feldes, an

9.2 Untermenüs erzeugen

das die Optionsgruppe gebunden ist, auf die Einstellung der Eigenschaft Optionswert der ausgewählten Option.

Eine Optionsgruppe kann auch einen Ausdruck als Eigenschaft Steuerelementinhalt besitzen oder ungebunden sein. Sie können eine ungebundene Optionsgruppe in einem benutzerdefinierten Dialogfeld zur Benutzereingabe verwenden und dann basierend auf dieser Eingabe eine Aktion durchführen.

9.2.3 Listen- und Kombinationsfelder verwenden

Eine andere Möglichkeit zur genaueren Spezifikation der Menüauswahl stellen Kombinations- und Listenfelder dar. Über ein Listenfeld soll im Untermenü „Personalinformation" die Auswahl des Mitarbeiters erfolgen, dessen Daten angezeigt werden sollen. Neben dem Auswahlfeld für den Namen des Mitarbeiters sollen dem Benutzer in diesem Untermenü folgende Schaltflächen zur Verfügung stehen:

- Stammdaten
- Software
- Hardware
- Schulungen
- Firmenfahrzeuge
- Hauptmenü

Bild 9-14:
Das Menü „Personalinformation"

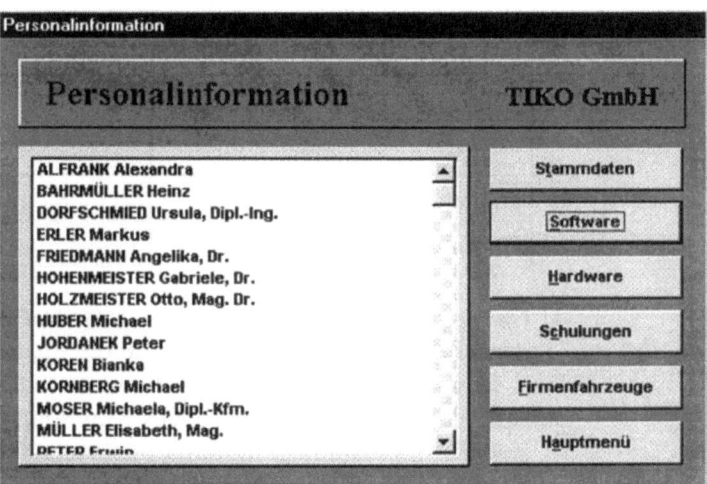

Da für das Listenfeld eine genauere Definition benötigt wird, als mit dem Listenfeldassistenten erreicht werden kann, deaktivieren

Sie den Steuerelementassistenten in der Toolbox, bevor Sie im Formularentwurf ein Rechteck für das Listenfeld aufziehen.

Öffnen Sie das Eigenschaftsfenster, um das Listenfeld zu definieren. Gehen Sie zum Eingabefeld für die Eigenschaft „Datensatzherkunft", und klicken Sie anschließend auf das Dreipunkte-Symbol des Editors, welches rechts neben dem Eingabefenster erscheint. Es öffnet sich das Abfragefenster, welchem Sie die Tabelle Mitarbeiter hinzufügen. Ziehen Sie als erstes das Feld „Personalnummer" in den QBE-Bereich, und geben Sie in der zweiten Spalte folgenden Ausdruck ein, um die Namen mit dem Titel darzustellen:

```
Großbst([Nachname])+" "+[Vorname]+Wenn([Titel] Ist
Null;"";", "+[Titel])
```

Die zweite Spalte mit den Mitarbeiternamen soll aufsteigend sortiert dargestellt werden.

Schließen Sie nun das Abfragefenster wieder, und quittieren Sie die Frage, ob Sie die Eigenschaft aktualisieren möchten, mit "Ja".

Um die Definition des Listenfeldes abzuschließen, stellen Sie folgende Eigenschaften ein:

Eigenschaft	Einstellung
Name	Mitarbeiterliste
Herkunftstyp	Tabelle/Abfrage
Spaltenanzahl	2
Spaltenüberschriften	Nein
Spaltenbreiten	0 cm; 8 cm
Gebundene Spalte	1

Die erste Spalte, welche die Personalnummer enthält, soll nicht dargestellt werden, weshalb für sie die Spaltenbreite auf null gestellt worden ist. Sie ist die gebundene Spalte, weil sie mit der Personalnummer ein eindeutiges Kriterium für die Auswahl des später anzuzeigenden Datensatzes enthält. Der Benutzer wählt hingegen aus den angezeigten Namen aus.

Bild 9-15:
Die Eigenschaften des Auswahl-Listenfeldes

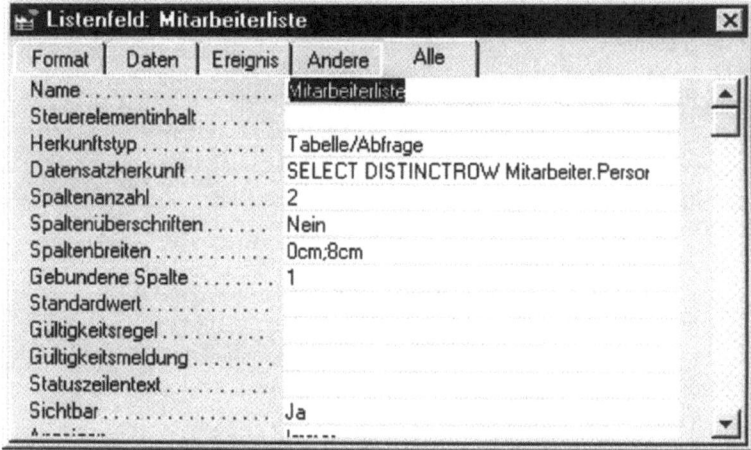

9.3 Menüleisten mit dem Menüassistenten erstellen

Eine weitere Möglichkeit der Benutzerführung stellen benutzerdefinierte Menüleisten dar, welche die Standardmenüleisten ersetzen. Eine solche Menüleiste kann ohne großen Aufwand mit dem Menüassistenten erstellt werden. Öffnen Sie dazu das Formular, welches mit einer Menüleiste versehen werden soll, in der Entwurfsansicht. Aktivieren Sie danach das Eigenschaftsfenster für dieses Formular, indem Sie zunächst über das Menü **Bearbeiten** das Formular auswählen und dann das Eigenschaftsfenster aus dem Menü **Ansicht** aufrufen.

Die Erstellung einer benutzerdefinierten Menüleiste soll nun exemplarisch am Formular „Seminarbesuche" vorgenommen werden. Wählen Sie die Eigenschaft "Menüleiste" aus, so daß rechts neben dem Eingabefeld das Dreipunkte-Symbol für den Editor erscheint. Klicken Sie auf dieses, um den Menü-Editor zu öffnen. Wählen Sie in der Auswahlliste <Leere Menüleiste> als Vorlage für die neue Menüleiste aus.

Sie können jede vorhandene Menüleiste als Basis für Ihre benutzerdefinierte Menüleiste verwenden. Sie können auf diese Weise auch Menüleisten definieren, indem Sie dem Anwender von ihm nicht benötigte Menüpunkte löschen und ihm reduzierte Menüleisten zur Verfügung stellen.

9 Benutzerführungen mit ACCESS gestalten

Bild 9-16:
Der Menü-Editor

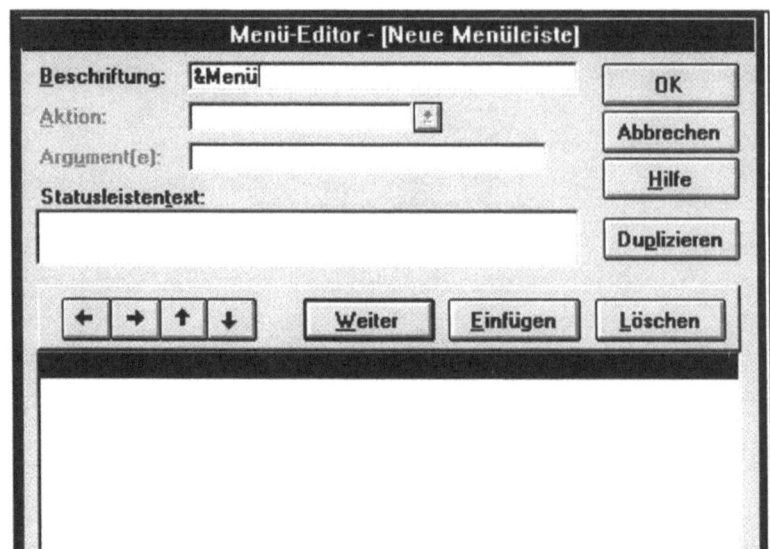

Nun soll eine Menüleiste mit folgenden Menüs erstellt werden:

1. **Menü**
   - Datenpflege
   - Hauptmenü
2. Seminar
   - Neues Seminar anlegen
   - Löschen
   - Seminaranbieter
3. Auswahlliste
   - Nach Datum
   - Nach Seminartitel

Menüs erstellen

Um ein Menü innerhalb der Menüleiste zu erstellen, geben Sie den Namen des Menüs im Eingabefeld „Beschriftung" ein, und klicken anschließend auf die Schaltfläche <Weiter>. Optional können Sie davor einen Statuszeilentext im dafür vorgesehenen Feld eintragen, welches angezeigt wird, wenn das betreffende Menü in der Menüleiste ausgewählt wird.

Geben Sie der Reihe nach die Namen der drei Menüs ein. Vergeben Sie dabei auch Short-Cuts für diese, indem Sie ein kaufmännisches „&" vor den ersten Buchstaben setzen.

Menüpunkte zuordnen

Um einem Menü einen Menüpunkt unterzuordnen, positionieren Sie den Mauszeiger im Fenster auf die Zeile unter dem betreffenden Menü und klicken dann auf die Schaltfläche <Einfügen>. Nun wird eine leere Zeile eingefügt, und Sie können den Beschriftungstext für den ersten Menüpunkt eingeben. Anschließend klicken Sie auf die Schaltfläche mit dem Pfeil nach rechts, um den Menüpunkt dem Menü unterzuordnen. Der Menüpunkt wird eingerückt und mit drei Punkten vor dem Namen dargestellt.

Einem Menüpunkt muß eine Aktion zugeordnet werden, die nach Aktivieren des Menüpunktes ausgeführt werden soll. Im Feld „Aktion" können Sie zwischen folgenden Möglichkeiten wählen:

Aktion	Beschreibung
AusführenMenübefehl	Sie können eine beliebigen Menübefehl ausführen. Geben Sie den Menübefehl im Feld „Argumente" ein, indem Sie den Editor ausführen.
AusführenCode	Geben Sie unter „Argumente" den Namen der Prozedur an, welche ausgeführt werden soll.
AusführenMakro	Geben Sie unter „Argumente" den Namen des Makros ein, welches ausgeführt werden soll.

Reihenfolge von Menüpunkten verändern

Mit der Schaltfläche Pfeil nach oben bzw. Pfeil nach unten können Sie die Reihenfolge der einzelnen Menüpunkte verändern. Sie müssen nur einen Menüpunkt markieren, um diesen dann nach oben oder nach unten bewegen zu können.

Hierarchie von Menüpunkten verändern

Mit den Schaltflächen Pfeil nach links und Pfeil nach rechts können Sie die Hierarchie der einzelnen Menüpunkte zueinander verändern. Mit der Taste Pfeil nach links stufen Sie eine Hierarchiestufe höher bzw. mit der Taste Pfeil nach rechts eine Stufe tiefer.

Hierarchieebenen im Menü-Editor

Menüs bilden die oberste Hierarchiestufe und werden in der Anzeige links ohne Punkte dargestellt. Ihnen zugehörige Menüpunkte werden unter ihnen mit drei Punkten vorangestellt dargestellt. Wenn Sie einem Menüpunkt Untermenüpunkte zuordnen möchten, müssen Sie diese unter diesem Menüpunkt anordnen und ein weiteres mal auf die Pfeiltaste nach rechts klicken. Sie erscheinen dann mit sechs vorangestellten Punkten. Sie können ein versehentlichen Niederstufen mit einem Klicken auf die Pfeiltaste nach links rückgängig machen.

Erzeugen Sie nun mit folgenden Eingaben die zuvor beschriebene Menüstruktur für das Formular „Seminarbesuche".

Menü	Menüpunkt	Auszuführendes Makro
&Menü		
	&Datenpflege	Seminarbesuche.SF_Menü
	&Hauptmenü	Seminarbesuche.Hauptmenü
&Seminar		
	&Neues Seminar anlegen	Seminarbesuche.SF_NeuesSeminar
	&Löschen	Seminarbesuche.SF_Löschen
	Seminar&anbieter	Seminarbesuche.SF_Anbieter
&Auswahlliste		
	Nach &Datum	Seminarbesuche.SF_NachDatum
	Nach &Seminartitel	Seminarbesuche.SF_NachBezeichnung

Nach der Eingabe muß der Menü-Editor folgendes Bild darstellen:

Bild 9-17:
Menüleiste für Formular „Seminar-besuche"

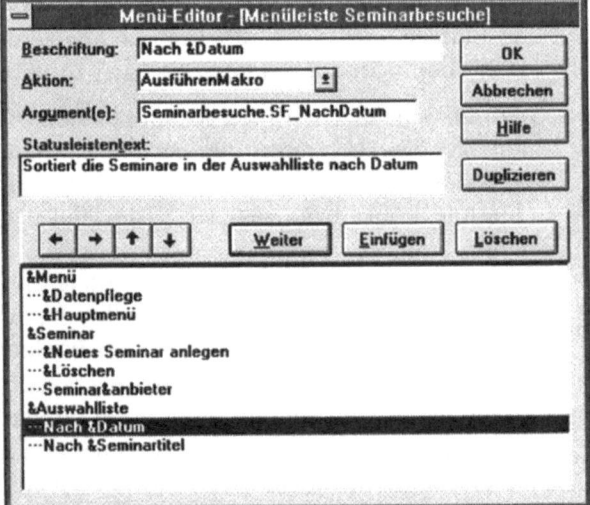

9.3 Menüleisten mit dem Menüassistenten erstellen

Schließen Sie die Definition der Menüleiste ab, indem Sie auf die Schaltfläche <OK> klicken und den Namen „Menüleiste Seminarbesuche" vergeben. Der Menüassistent legt nun ein Makro mit diesem Namen und für jedes Menü eine Makrogruppe an, die aus diesem Namen und dem Namen des Menüs besteht.

Bild 9-18:
Für die Menüleiste angelegte Makros.

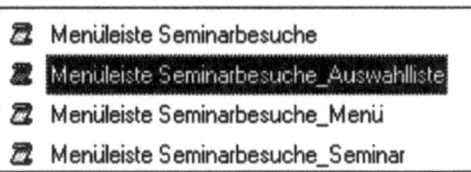

Wenn Sie nun das Formular Seminarbesuche in der Formularansicht öffnen, ersetzt die von Ihnen definierte Menüleiste die Standardmenüleiste für Formulare.

Bild 9-19:
Benutzerdefinierte Menüleiste

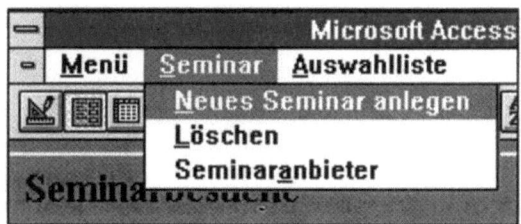

10 Makroprogrammierung mit ACCESS

10.1 Ausgangsüberlegungen

Haben Sie eine Datenbank mit ACCESS angelegt und dann bereits eine Zeitlang damit gearbeitet, werden Sie sehr schnell feststellen, daß sich bestimmte Aufgaben bei der Anwendung immer wiederholen bzw. regelmäßig anfallen. In diesem Fall stellt sich natürlich die Frage, wie sich die Standard-Arbeiten durch eine Automatisierung vereinfachen lassen. Eine interessante Lösung dafür ist das Erzeugen sogenannter Makros.

Mit einem **Makro** können Sie eine oder mehrere Aufgaben, die Sie mit der Datenbank erledigen wollen, unter einem Namen speichern und später jederzeit automatisch ausführen lassen. Dadurch stellen Sie sicher, daß sich wiederholende Aufgaben immer in gleicher Weise korrekt ausgeführt werden.

Neben der gezielten Abwicklung überschaubarer Anwendungen kann das Erzeugen von Makros aber auch dazu dienen, komplexe Anwendungen zu realisieren. So lassen sich damit quasi fertige Anwendungen aufbauen, die es rechtfertigen, von **Makroprogrammierung** zu sprechen. Diese Lösungen sind vor allem für Endbenutzer interessant, die ausschließlich mit einer von Entwicklern vorbereiteten Anwendung arbeiten sollen. So können klare Abläufe bei der Nutzung der erzeugten Objekte einer Datenbank gewährleistet werden.

10.1.1 Grundsätzliche Möglichkeiten zur Anwendungsgenerierung

Für das Anlegen von Programm-Anwendungen stehen Ihnen prinzipiell zwei Möglichkeiten zur Verfügung, die zunächst im Vergleich betrachtet werden sollen. Neben dem Erzeugen von Makros können Sie alternativ oder ergänzend mit der in ACCESS integrierten Programmiersprache Visual Basic for Applications (kurz VBA) arbeiten.

a) Interaktive Makroerstellung

Der einfachere Weg der Programmierung ist das interaktive Erzeugen von Makros. Ohne Befehle eingeben zu müssen, können Sie mit ACCESS Makros erzeugen und so innerhalb kürzester Zeit eine einfache Anwendungslösung realisieren. Im Gegensatz zu anderen Makrosprachen geht man hierbei jedoch nicht den Weg der Makroaufzeichnung mittels Tastendruck. ACCESS arbeitet **objektorientiert** und **ereignisgesteuert**. Dies bedeutet:

- Alle **Objekte** auf dem Bildschirm - seien es Tabellen, Formulare, Abfragen oder Berichte - sind über ihre Bezeichner **direkt adressierbar**.
- Jedem Objekt können individuelle **Eigenschaften** und **Ereignisse** zugeordnet werden, die mit Parametern (also Eigenschaften bzw. Aktionen) belegt werden können.
- Eine Zuordnung von Objekten zu Aktionen bzw. bestimmten Eigenschaften erfolgt in Form der **interaktiven Makroerstellung**.
- **Aktionen** und ihre **Argumente** werden in Auswahllisten angezeigt, so daß es für das Schreiben eines Makros nicht notwendig ist, sich die komplette Syntax zu merken. Eine einfache Auswahl und die Zuordnung bestimmter Eigenschaften genügt; und schon ist das Makro erstellt.

b) Programmerstellung mit der integrierten Programmiersprache VBA

Um leistungsfähige Datenbank-Anwendungen zu erstellen, können Sie alternativ oder ergänzend das Fenster **Modul** aktivieren. Damit haben Sie die Möglichkeit, gewünschte Programme über die Nutzung einer strukturierten Programmiersprache zu erfassen; hier VISUAL BASIC for APPLICATIONS (kurz VBA). In einem Modul können Sie dann in einer einzigen Prozedur mehrere Varianten einer Aufgabe nutzen, wozu ansonsten eine Vielzahl von Makros nötig wäre, was sich natürlich auch auf die Geschwindigkeit des Gesamtsystems auswirken würde.

Für den Anwender bzw. den Entwickler stellt sich natürlich immer wieder die grundsätzliche Frage, ob ein Makro oder der Visual Basic-Code für eine bestimmte Problemlösung verwendet werden soll. Die Beantwortung der Frage hängt vor allem davon ab, was Sie tun möchten.

Makros stellen ein schnelles Verfahren dar, einfache Vorgänge, wie das Öffnen und Schließen von Formularen, das Ein- und Ausblenden von Symbolleisten oder das Ausführen von Berichten durchzuführen. Auf diese Weise können Sie die erstellten Datenbankobjekte also bereits problemlos zusammenfügen. Die Syntax einer Programmiersprache muß also nicht unbedingt erlernt und beachtet werden, denn die Argumente jeder Aktion werden im unteren Teil des Makrofensters angezeigt.

Zur Unterscheidung hinsichtlich des Einsatzgebietes der beiden genannten Varianten ist folgendes festzuhalten:

- Für die einfache Lösung bietet sich die interaktive **Makroerstellung** an. Sie läßt sich schnell realisieren und ermöglicht bereits die Erzeugung gezielter Abläufe.
- Um eine höhere Flexiblität bei der Programm-Erstellung zu haben, sollten Sie die **Modulvariante** kennen. Sie haben hier mehr Möglichkeiten. Verlangt werden allerdings mehr Kenntnisse auf der Entwicklerseite.
- Makros können VBA-Module aufrufen und umgekehrt.

10.1.2 Einsatzmöglichkeiten und Vorteile von Makros

Zunächst stellt sich natürlich die Frage, wofür man sich sinnvollerweise Makros anlegen kann. Grundsätzlich gilt: Mit einem Makro können Sie Arbeitsabläufe, die sich in Datenbankanwendungen wiederholen, automatisieren. Ein Makro enthält dann quasi eine Sammlung von Aktionen, die ACCESS automatisch nach einem Aufruf ausführen kann.

Folgende Standardaufgaben lassen sich beispielsweise mit Makros relativ einfach lösen:

Gezieltes Zusammenwirken verschiedener Objekte der Datenbank: Die Anwendung von Formularen und Berichten kann mit Makros auf effiziente Weise gesteuert werden. So läßt sich etwa der Aufruf eines bestimmten Formulars oder Berichts in ein Formular einbauen. Das in das Formular eingebundene Makro kann dann ausgeführt werden, wenn ein bestimmtes Ereignis auftritt; beispielsweise das Klicken auf die entsprechende Befehlsschaltfläche.

Automatisches Suchen und Filtern von Datensätzen: Suchvorgänge in einem Formular können über die Anwendung von Makros gezielt gesteuert und beschleunigt werden. So können Sie beispielsweise in einem Formular für das Abfragen von Personendaten Schaltflächen einsetzen und darin Makros einbinden, die automatisch Datensätze in Untergruppen filtern; etwa nach dem Anfangsbuchstaben des Nachnamens.

Abfrage bestimmter Werte in Steuerelementen: Der Wert eines Steuerelements kann in einem Formular mit einem Makro auf das Ergebnis einer Berechnung oder auf den Wert aus einer anderen Tabelle gesetzt werden.

Ausdruck einer Reihe von Berichten: Mit einem Makro können sich wiederholende Aufgaben für die Druckausgabe automatisiert werden. So lassen sich etwa regelmäßig gewünschte Berichte automatisch drucken (beispielsweise Wochen- oder Monatsberichte).

Prüfen der Genauigkeit von eingegebenen Daten:	Eine gezielte Gültigkeitsprüfung kann für die Eingabe ausgewählter Daten in einem Formular mit einem Makro organisiert werden.
Automatischer Import und Export von Daten:	Für den Datenaustausch mit anderen Programmen ist mitunter eine Dateikonvertierung notwendig. Durch das Erzeugen eines Makros können Sie nun einfach erreichen, daß Daten automatisch in verschiedene Dateiformate exportiert oder aus diesen importiert werden.
Erzeugen eigener Menüs bzw. Menüleisten:	Über Makros können Sie sich Ihre Arbeitsumgebung individuell gestalten. Eine Besonderheit dabei ist, über Makros für vorhandene Formulare individuelle Menüleisten zu erstellen.
Befehlsausführung über eine Symbolleisten-Schaltfläche:	ACCESS bietet die Möglichkeit, ein erstelltes Makro einer Symbolleisten-Schaltfläche zuzuordnen, daß damit darüber einfach ausgeführt werden kann. Dies ist jedoch nicht möglich für eine Visual Basic-Prozedur. Um eine Visual Basic-Prozedur über die Symbolleisten-Schaltfläche ausführen zu können, müssen Sie die Aktion AusführenCode in dem Makro verwenden, das Sie der Symbolleisten-Schaltfläche zuordnen.
Befehlsfolgenausführung mit dem Öffnen einer Datenbank:	Über ein Makro können Sie eine bestimmte Aktion oder eine Gruppe von Aktionen festlegen, die unmittelbar mit dem ersten Öffnen einer Datenbank ausgeführt werden. Auf lassen sich etwa bestimmte Standardeinstellungen vornehmen.

Die Ausführungen machen bereits den entscheidenden generellen **Vorteil** von Makros deutlich: **Routineaufgaben** lassen sich mit Makros einfach automatisieren, so daß Sie diese immer **sicher und schnell lösen** können.

10.2 Interaktive Makroerstellung

Zur Automatisierung von Routinearbeiten sollen im folgenden Abschnitt zur vorhandenen Datenbank PERSONAL.MDB zunächst verschiedene Makros angelegt werden. Diese werden dann später auf unterschiedliche Weise getestet; etwa durch Direktaufruf oder durch Einbindung in Schaltflächen.

10.2.1 Grundsätzliches Vorgehen

Ausgangspunkt für die Makroerzeugung ist - wie bei anderen Objekten auch - das Datenbankfenster. Aktivieren Sie hier zunächst die Registerkarte „Makros", und klicken Sie dann auf die Schaltfläche <Neu>. Ergebnis ist die folgende Bildschirmanzeige, das sogenannte **Makrofenster**:

10.2 Interaktive Makroerstellung

Bild 10-1:
Makrofenster

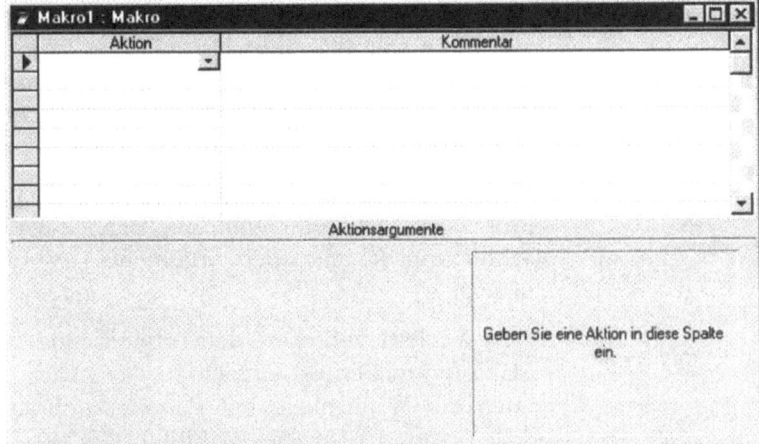

Das Makrofenster enthält in der **oberen Hälfte** grundsätzlich zwei Spalten. In der ersten Spalte kann eine Aktion bzw. eine Liste von **Aktionen** aufgenommen werden. Als Aktion wird dabei jede Aufgabe bezeichnet, die das Programm ACCESS ausführen soll. Sie können hier einfach eine Auswahl aus einem Angebot an Aktionen treffen. Die möglichen Aktionen lassen sich über das einzeilige Listenfeld anzeigen.

Im rechten Teil können Sie nach Auswahl einer Aktion zu Dokumentationszwecken optional einen **Kommentar** eingeben. So können Sie etwa durch eine freie Eingabe eine Aktion, die Sie gerade gewählt haben, näher erläutern. Beispiele: Geben Sie in der Spalte ein,

- welchen Zweck die Makroaktion hat,
- mit welchem Objekt (Objektart, Name des Objektes) die Makroaktion stattfindet oder
- mit welcher Schaltfläche hier eine Verknüpfung vorgenommen wird.

Für das Ausführen eines Makros hat ein eingegebener Kommentar jedoch keine Bedeutung.

Die **untere Hälfte** des Makrofensters zeigt bei den meisten Aktionsarten verschiedene **Argumente** der aktuell gewählten Makroaktion. Nach Auswahl der Aktion stehen im unteren Bereich entsprechende Optionsfelder für das Setzen von Argumenten zur Verfügung. Wieviele und welche Optionsfelder angeboten werden, hängt von der ausgewählten Aktion ab. Durch das Setzen von Argumenten zu einer Aktion können Sie dem Programm zusätzliche Informationen dazu geben, wie es die Makroaktion ausführen soll; beispielsweise welches Objekt jeweils verwendet werden soll. Für das Festlegen eines Arguments können Sie entweder in dem Feld einen Wert eingeben oder in vielen Fällen das entsprechende Argument aus einer Liste wählen.

Rechts von den Aktionsargumenten ist im unteren Teil des Makrofensters darüber hinaus ein Bereich enthalten, der die Beschreibung des aktuellen Arguments bzw. der aktuellen Aktion anzeigt.

Der Wechsel zwischen dem oberen und unteren Bereich des Makrofensters erfolgt einfach per Mausklick. Alternativ haben Sie auch die Möglichkeit, mit der Funktionstaste [F6] schnell zwischen beiden Teilen des Makrofensters hin- und herzuschalten.

Zusammenfassend ist also folgendes **Vorgehen zur Makroerzeugung** notwendig (Ausgangspunkt: Datenbankfenster):

1. Registerkarte „Makros" aktivieren (oder aus dem Menü **Ansicht** den Befehl **Datenbankobjekte** und hier **Makros** wählen)
2. Schaltsymbol <Neu> anklicken
3. Makroaktion bzw. Makroaktionen auswählen
4. Eigenschaften des/der Makros festlegen (= Aktionsargumente bestimmen)
5. Makro speichern und Makrofenster per Doppelklick auf das Fenster-Systemmenü schließen.

Beachten Sie: Makros in ACCESS stellen keine Programmiersprache oder Tastenaufzeichnungssyntax dar, sondern sind leicht zu erzeugende Aktionsfolgen, die das Programm anweisen, etwas Bestimmtes zu tun.

10.2.2 Makrofunktionen

Es wurde bereits darauf hingewiesen, daß Ihnen das Programm ACCESS verschiedene Aktionen anbietet, die Sie für das Erstellen eines Makros nutzen können. So können Sie im Makrofenster auf dem interaktivem Weg einfach zwischen 49 **Grundfunktionen** wählen. Beispiele für derartige Aktionen sind:

- Beenden der Arbeit mit dem Programm
- Tabellen in der Datenblattansicht öffnen
- Formulare öffnen
- Berichte in der Seitenansicht öffnen

- Fenster, Objekte und Datenbanken schließen
- Starten von anderen Makros
- Abfragen ausführen

Die Beispiele machen deutlich, daß bei den Aktionen meist auf eines der erzeugten Datenbankobjekte zugegriffen wird. Das Makrofenster enthält darüber hinaus aber auch Aktionsangebote, die es dem Datenbank-Entwickler möglich machen, IF-THEN-Anweisungen in seine Makros einzubauen, so daß ein Makro abhängig von den aktuellen Bedingungen des Anwenders unterschiedlich reagieren kann.

Typischerweise werden Makros aus einer mehr oder weniger großen Anzahl an Aktionen bestehen. Sofern das Makro durch Aktivierung des Namens aufgerufen wird, führt das Programm die "eingestellten" Aktionen in der aufgelisteten Reihenfolge aus. Dabei werden dann die angegebenen Objekte oder Daten automatisch verwendet.

Ein Beispiel: Sie haben ein Makro erstellt, das automatisch eine Tabelle und ein Formular öffnet, das Sie oft in Kombination verwenden wollen. In diesem Fall besteht das Makro also aus zwei Aktionen, mit denen das Programm angewiesen wird, zunächst die Tabelle und dann das ausgewählte Formular zu öffnen.

Sie sollten jedoch auch die Einschränkung von Makros kennen: Bei der interaktiven Vorgehensweise können Sie nur die wichtigsten Grundfunktionen einfach aufrufen. Weitere Makroaktionen sind nur durch manuelle Befehlseingaben erreichbar.

10.2.3 Makrobeispiele

Anhand verschiedener Anwendungsfälle sollen Sie im folgenden gezielt kennenlernen, wie Makros erzeugt und genutzt werden können.

10.2.3.1 Makro zum Beenden der Programm-Anwendung

Zunächst sollen Sie ein einfaches Makro erzeugen, das nur aus einer einzigen Aktion besteht. Dies ist etwa der Fall, wenn Sie lediglich per einfachem Mausklick das Arbeiten mit ACCESS beenden wollen.

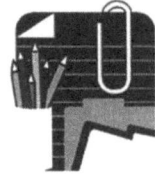

Aufgabe: Makro zum Beenden des Arbeitens mit ACCESS

Es soll ein Makro mit dem Namen „Ende" angelegt werden, das einen schnellen Ausstieg aus dem Programm ACCESS ermöglicht. Dabei soll keine vorherige Abfrage erfolgen, ob vorgenommene Änderungen gespeichert werden sollen. Die Ausführung ist im Datenbankfenster zu testen.

Die Aufgabenstellung zeigt, daß beim Programmausstieg grundsätzlich zwischen verschiedenen Speicheroptionen zu unterscheiden ist. Mitunter erscheint zunächst eine Abfrage an den Benutzer, ob tatsächlich ein Programmausstieg gewünscht ist. Auch die Frage nach der Speicherung von Änderungen wird häufig gefordert.

Ausgehend vom „Datenbankfenster" ist zur Lösung der Aufgabenstellung in folgender Reihenfolge vorzugehen:

1. Registerkarte „Makros" anklicken und Schaltfläche <Neu> aktivieren.
2. Klicken Sie auf das erste leere Feld der Spalte „Aktion", und wählen Sie die Makroaktion „Beenden" aus (oder geben Sie die Aktion direkt im Aktionsfeld ein).
3. Geben Sie bei Bedarf einen Kommentar zu der gewählten Aktion in der 2. Spalte ein. Beispiel: Die Arbeit mit ACCESS wird beendet .
4. Aktionsargument „Beenden" im Feld „Optionen" wählen.
5. Fenster schließen und das Makro unter dem Namen ENDE speichern.

Beispiel:

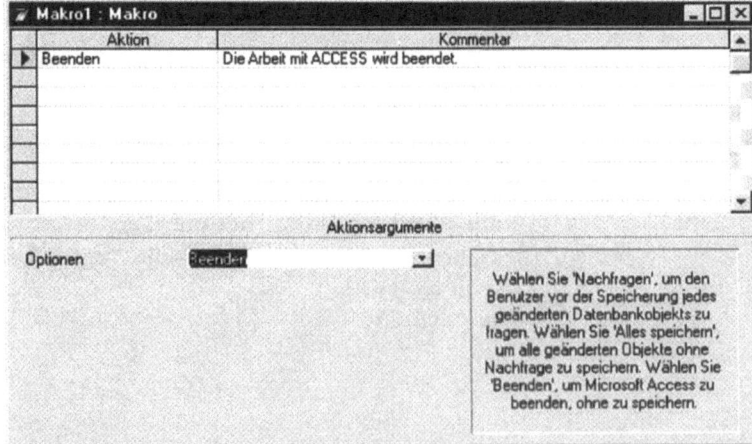

Bild 10-2: Makro zum Beenden

10.2 Interaktive Makroerstellung

Die Lösungsdarstellung zeigt, daß für die Aktion "Beenden" nur ein Aktionsargument angeboten wird. Ein Test zeigt, daß das Feld "Optionen" dabei folgende Möglichkeiten bietet:

Variante	Möglichkeiten
a) Nachfragen	Es erfolgt eine Nachfrage, ob geänderte Objekte gespeichert werden sollen.
b) Alles speichern	Vorgenommene Änderungen bei den Objekten werden ohne Abfrage gespeichert.
c) Beenden	Die Arbeit mit ACCESS wird beendet, ohne daß Änderungen gespeichert werden.

Haben Sie sämtliche Einstellungen so vorgenommen, wie dies gewünscht ist, sollten Sie die Speicherung des fertigen Makros nicht vergessen. Neben dem Schließen des Makrofensters und der dann abgefragten Speicherung können Sie auch so vorgehen: Wählen Sie zunächst aus dem Menü **Datei** den Befehl **Speichern**. Vergeben Sie dann den gewünschten Namen, und klicken Sie schließlich auf die Schaltfläche <OK>. Jetzt müssen Sie allerdings noch das Makrofenster schließen, wenn Sie sich anderen Aktivitäten mit der Datenbank zuwenden wollen. Wählen Sie dazu aus dem Menü **Datei** den Befehl **Schließen**.

10.2.3.2 Makro zum Schließen eines Formulars

Die Steuerung von Abläufen wird häufig über das Aufrufen eines bestimmten Formulars vorgenommen. Hinter erzeugten Schaltflächen müssen sich deshalb Aktionen befinden, die das gerade aktuelle Formular schließen, um dann das als nächstes gewünschte Formular zu öffnen.

Aufgabe: Makro zum Schließen eines Formulars

Es soll ein Makro erzeugt werden, das das automatische Schließen eines bestimmten Formulars bewirkt. Nehmen Sie im Beispielfall das Formular „Personalinformation", und speichern Sie das Makro unter dem Namen „Schließen".

Lösung: Ausgangspunkt „Datenbankfenster"

1. Registerkarte „Makros" anklicken und Schaltfläche <Neu> aktivieren
2. Makroaktion „Schließen" auswählen und Kommentar eingeben

3. Zum Fensterbereich „Aktionsargumente" gehen (per Mausklick oder mit [F6])
4. Objekttyp auswählen, Beispiel: Formular
5. Objektname auswählen, z. B. Personalinformation
6. Option „Ja" im Feld „Speichern" wählen (um automatisch Änderungen zu speichern)

Beispiel:

Bild 10-3:
Makro zum Schließen eines Formulars

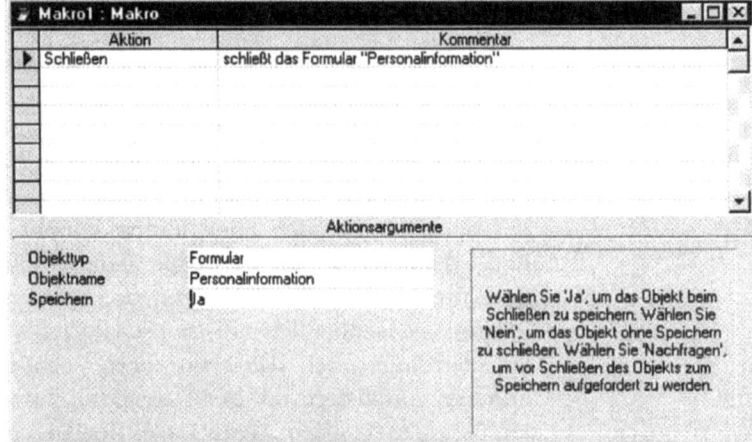

Nach Wahl der Aktion „Schließen" sind also drei Aktionsargumente einzustellen:

- Sie müssen zunächst den Objekttyp wählen, der geschlossen werden soll. Grundsätzlich bietet das Feld „Objekttyp" folgende Möglichkeiten: Tabelle, Abfrage, Formular, Bericht, Makro und Modul. Im Beispielfall ist „Formular" als Objekttyp zu wählen, da ja ein gerade angezeigtes Formular deaktiviert werden soll. Beachten Sie: Wird kein Objekttyp gewählt, erfolgt automatisch die Zuordnung des aktiven Fensters.

- Nach dem Objekttyp muß ein Objektname angegeben werden. In diesem Fall ist also der Name des Formulars einzugeben oder auszuwählen, das geschlossen werden soll; also das Formular „Personalinformation".

- Im dritten Feld „Speichern" können die Optionen „Nachfragen", „Ja" oder „Nein" gewählt werden.

Speichern Sie das so erstellte Makro abschließend unter dem Makronamen „Schließen". Es wird damit in das Datenbankfenster übernommen.

10.2.3.3 Makro zum Öffnen eines Formulars

Nun sollen Sie noch ein Makro zum Öffnen eines Formulars kennenlernen. Auch dies ist bei menügesteuerten Anwendungen immer wieder nötig. Zur Realisierung ist die Makroaktion „ÖffnenFormular" hilfreich. Wie Sie diese anwenden, lernen Sie mit dem folgenden Beispiel genauer kennen.

Aufgabe: Makro zum Öffnen eines Formulars

Es soll ein Makro erzeugt werden, das das automatische Öffnen eines bestimmten Formulars bewirkt. Nehmen Sie im Beispielfall das Formular „Personalinformation", und speichern Sie das Makro unter dem Namen „Personalinfo aktiv".

Zur Lösung der Anwendung müssen Sie im Makrofenster also die Aktion „ÖffnenFormular" aufrufen. Diese besitzt verschiedene Argumente, mit denen Sie dem Programm angeben können, welches Formular geöffnet werden soll und in welcher Ansicht Sie das Formular öffnen wollen. Außerdem können Sie dabei gezielt angeben, daß lediglich eine bestimmte Gruppe von Datensätzen angezeigt werden soll.

Im Beispielfall können Sie - ausgehend vom „Datenbankfenster" - in folgender Weise vorgehen:

1. Registerkarte „Makros" anklicken und Schaltfläche <Neu> aktivieren
2. Makroaktion „ÖffnenFormular" auswählen und Kommentar eingeben; beispielsweise „öffnet das Formular Personalinformation".
3. Zum Fensterbereich „Aktionsargumente" gehen; etwa per Mausklick.
4. Aktionsargumente auswählen oder eingeben: Beispiel: Formularname „Personalinformation" auswählen

10 Makroprogrammierung mit ACCESS

Beispiel:

Bild 10-4:
Makro zum Öffnen eines Formulars

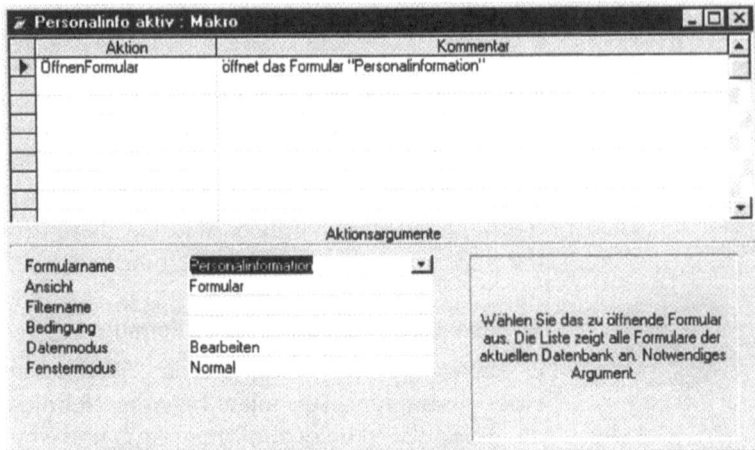

Sie sehen also, daß bei der Aktion „ÖffnenFormular" sechs Felder in der Rubrik „Aktionsargumente" verfügbar sind. Die angezeigten Felder bieten folgende Möglichkeiten:

Variante	Möglichkeiten
a) Formularname	Das Feld ist für die Eingabe des Namens des zu öffnenden Formulars zu verwenden. Am einfachsten wird der Formularname aus einer Liste durch Klicken auf dem Listenpfeil ausgewählt.
b) Ansicht	Bestimmen Sie hier, wie das zu aktivierende Formular angezeigt werden soll. Neben der Standardanzeige „Formular" ist eine Entwurfsansicht, eine Datenblattansicht oder die Seitenansicht denkbar.
c) Filtername	Hier ist im Bedarfsfall der zu verwendende Filter einzugeben, um so etwa nur bestimmte Datensätze anzuzeigen. Dieser Filter kann eine Abfrage oder ein als Abfrage gespeicherter Filter sein.

10.2 Interaktive Makroerstellung

Variante	Möglichkeiten
d) Bedingung	Geben Sie hier eine SQL-WHERE-Klausel oder einen Ausdruck ein, der die Datensätze für das Formular von der zugrundeliegenden Tabelle oder Abfrage auswählt. Durch Klicken auf die Editor-Schaltfläche kann ein Ausdruck-Editor geöffnet werden, der die Eintragung der Argumente erleichtert.
e) Datenmodus	Neben „Bearbeiten" sind „Hinzufügen" oder „Nur lesen" für das Einsehen von Datensätzen denkbar.
f) Fenstermodus	Alternativ zum „Normalmodus" kann „Ausgeblendet", „Symbol" (Formular wird in der Anzeige minimiert) oder „Dialog" (öffnet Formular als PopUp) gewählt werden.

Denken Sie daran, das erstellte Makro unter dem Namen „Personalinfo aktiv" zu speichern.

Beachten Sie außerdem: Sie können Makroaktionen nicht nur durch Auswahl aus der Aktionsliste erzeugen. Alternativ besteht die Möglichkeit, Objekte aus dem Datenbankfenster in das Makrofenster ziehen. Dies kann sinnvoll für Aktionen sein, die mit Objekten in Ihrer Datenbank verknüpft sind (wie im Beispielfall). Nachdem Sie das Objekt aus dem Datenbankfenster in das Aktionsfeld des Makrofensters gezogen haben, wird die Aktion hinzugefügt, und ihr werden die entsprechenden Argumente zugeordnet. Testen Sie dies anhand der letzten Aufgabe!

Ordnen Sie zur Aufgabenlösung das Datenbank- und das Makro-Fenster so an, daß beide gleichzeitig auf dem Bildschirm sichtbar sind. Um dies zu erreichen, können Sie beispielsweise aus dem Menü **Fenster** den Befehl **Nebeneinander anordnen** wählen. Anschließend müssen Sie im Datenbankfenster zunächst die Registerkarte anklicken, die den zu ziehenden Objekttyp enthält. Dies ist im Beispielfall das Register „Formulare". Ziehen Sie dann das gewünschte Objekt mit dem Namen „Personalinformation" vom Datenbankfenster in das erste Aktionsfeld des Makrofensters. In das Makrofenster wird jetzt eine Aktion hinzugefügt, die das Formular öffnet. Gleichzeitig werden automatisch die notwendigen Argumente/Eigenschaften hinzugefügt; im Beispielfall wird etwa für „Formularname" automatisch die Einstellung „Personalinformation" vorgenommen.

10.2.3.4 Autoexec-Makros

Ein weiteres Ziel kann es sein, ein Makro zu erzeugen, das automatisch aktiviert wird, sobald Sie die Anwendung öffnen (hier die Datenbank PERSONAL). Dieses Makro muß jetzt nur einen bestimmten Namen erhalten. Vergeben Sie dafür den Namen AUTOEXEC.

Am folgenden Beispiel können Sie dies testen:

Aufgabe: Automatisch aktiviertes Makro

Erstellen Sie ein Makro, mit dem das Formular „Einstiegsmenü" geöffnet wird. Speichern Sie dies unter dem Namen „Autoexec".

Im Prinzip ist zur Lösung dieser Aufgabe in gleicher Weise vorzugehen, wie im vorhergehenden Beispiel. Nur bei der abschließenden Namensvergabe für die Speicherung des Makros ergibt sich eine Besonderheit. Hier müssen Sie jetzt den Namen AUTOEXEC eingeben. Dadurch wird dann die automatische Ausführung des Makros beim Öffnen der Datenbank erreicht.

10.2.3.5 Makro mit Aktionsfolge

Bisher wurden Makros erzeugt, die lediglich eine Aktion auslösen. Typischerweise werden Sie jedoch Makros erstellen, die mehrere Aktionen nacheinander automatisch durchführen sollen.

Aufgabe: Makro mit Aktionsfolge erzeugen

Es soll ein Makro erzeugt werden, das zunächst das automatische Öffnen des Formulars „Personalinformation: Software" ermöglicht. Gleichzeitig soll das aktive Formular „Personalinformation" geschlossen werden. Speichern Sie das Makro unter dem Namen „Gehezu Software", und testen Sie dies nach Aktivierung des Formulars „Personalinformation".

Im Beispielfall müssen Sie also mehrere Aktionen auswählen. Markieren Sie dabei jede Aktion, indem Sie auf den Zeilenmarkierer am Anfang der Aktionsspalte klicken.

Lösung: Ausgangspunkt „Datenbankfenster"

10.2 Interaktive Makroerstellung

1. Registerkarte „Makros" anklicken und Schaltfläche <Neu> aktivieren
2. Makroaktion „ÖffnenFormular" auswählen und Kommentar eingeben
3. Zum Fensterbereich „Aktionsargumente" gehen
4. Formularname auswählen: Bsp.: „Personalinformation: Software"
5. Zum Fensterbereich „Aktion" gehen (Mausklick oder [F6])
6. Makroaktion „Schließen" auswählen
7. Objekttyp „Formular" wählen
8. Objektname „Personalinformation" wählen
9. Option „Ja" im Feld „Speichern" wählen

Beispiel:

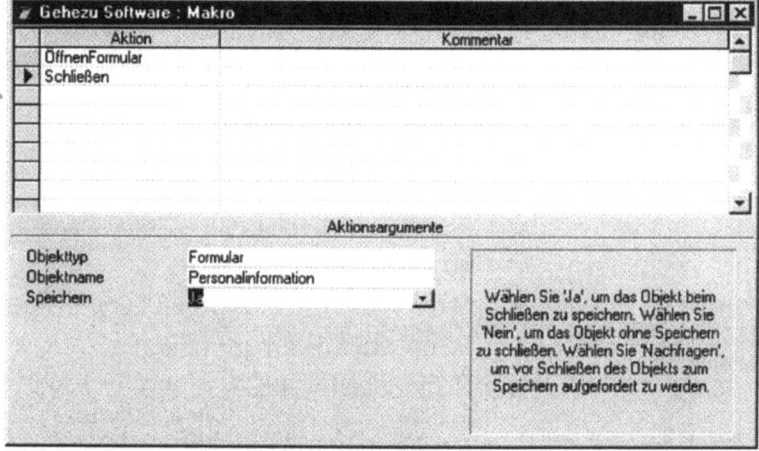

Bild 10-5: Makro zum Wechseln der Formularanzeige

Speichern Sie das Makro abschließend unter dem gewünschten Namen „Gehezu Software".

Wenn mehrere Makroaktionen zugeordnet wurden, ergibt sich mitunter der Wunsch, daran Korrekturen vorzunehmen. Beispiele dafür sind das Löschen oder Neuordnen von Aktionen:

- Das **Löschen einer Aktion** ist relativ einfach. Sie müssen zunächst die Aktion im Makrofenster markieren, indem Sie auf den Zeilenmarkierer am Beginn der Zeile klicken. Danach kann durch Drücken der Taste [Entf] die Aktion gelöscht werden.

- Für das **Verschieben einer Aktion** an eine andere Position müssen Sie auf den Zeilenmarkierer klicken, der sich links neben dem zu verschiebenden Aktionsnamen befindet. Klicken Sie dann erneut auf den Markierer, können Sie diesen per Drag&Drop-Technik an die neue Position ziehen.

10.3 Makro-Anwendung

10.3.1 Makros nutzen

Voraussetzung für die erfolgreiche Nutzung von Makros ist natürlich, daß diese zuvor exakt definiert und gespeichert wurden. Durch die Namensvergabe wird das Makro zu einem Datenbankobjekt, das beispielsweise vom Datenbankfenster aus aktiviert und ausgeführt werden kann.

Im folgenden sollen Sie kennenlernen, welche Möglichkeiten zur Ausführung der bereits erstellten Makros bestehen. Sie erfahren weiterhin, wie Sie bei einer Vielzahl von erstellten Makros diese gezielter verwalten können, um die Übersicht zu bewahren.

10.3.1.1 Grundsätzliche Möglichkeiten

Um ein vorhandenes Makro ausführen zu können, stehen Ihnen mehrere Möglichkeiten zur Verfügung. In allen Fällen wird das Makro unmittelbar realisiert, sofern das aufgerufene Makro korrekt ist.

Variante 1:
Makro-Ausführung im Makrofenster

1. Makrofenster mit Makro im Entwurfsmodus aktivieren
2. Menü **Ausführen** aufrufen
3. Befehl **Start** wählen

Variante 2:
Start aus dem Datenbankfenster

1. Datenbankfenster öffnen
2. Registerkarte „Makros" anklicken
3. Namen des Makros markieren, das ausgeführt werden soll
4. Schaltfäche <Ausführen> anklicken

Diese Variante ist die universellste und jederzeit zugängliche Möglichkeit. Probieren Sie die Variante für die Makros „Ende" und „Personalinfo aktiv".

Variante 3:
Makro aus einem anderen Fenster ausführen

1. Menü **Extras** aktivieren
2. Befehl **Makro** wählen
3. Namen des ausführenden Makros im Dialogfeld eingeben oder aus dem Listenfeld auswählen

10.3 Makro-Anwendung

Bild 10-6:
Menügesteuerte Makro-Ausführung

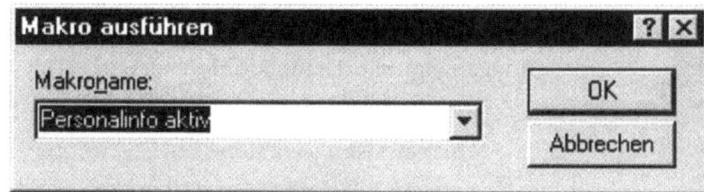

4. Schaltfläche <OK> anklicken.

Variante 4:
Starten über eine Schaltfläche eines Formulars

Voraussetzung für diese Variante ist, daß ein Formular mit einer Schaltfläche existiert, die mit dem entsprechenden Makro gekoppelt ist. In diesem Fall muß im Formular lediglich diese Schaltfläche angeklickt werden. Die Variante bietet sich für gezielte Programm-Anwendungen mit Menüsteuerung an. Im folgenden Abschnitt wird darauf näher eingegangen.

Schließlich können Sie ein Makro auch aus einem anderen Makro heraus ausführen. Dazu müssen Sie die Makroaktion mit dem Namen „AusführenMakro" dem aktuellen Makro hinzufügen. In der Argumentliste ist dann beim Argument „Makroname" der Name des auszuführenden Makros anzugeben.

10.3.1.2 Makros in Verbindung mit Schaltflächen eines Formulars ausführen

Die Ausführung eines Makros über eine Schaltfläche eines Formulars dürfte sicherlich ein häufiger Anwendungsfall sein. Dazu sind allerdings einige Vorbereitungen zu treffen. Deshalb soll dieser Fall im folgenden ausführlicher an einem Beispiel erläutert werden.

Aufgabe: Makro über Schaltflächen ausführen

Es soll vom Formular „Personalinformation" aus ein Makro aktiviert werden, daß die Anzeige der Mitarbeiterstammdaten ermöglicht, wobei gleichzeitig das Formular „Personalinformation" geschlossen wird. Die anzuzeigenden Stammdaten sind im Formular mit der Bezeichnung „Personalinformation: Mitarbeiterstammdaten" vorhanden. Das Makro soll die Bezeichnung „Stammdatenaufruf" erhalten und über die Schaltfläche <Stammdaten> aktiviert werden.

Im folgenden wird unterstellt, daß das Formular mit der Schaltfläche, die das Makro auslösen soll, bereits existiert. Danach sind zwei Hauptschritte zu unterscheiden: die Anlage des Makros und die Zuordnung des Makros zu der Befehlsschaltfläche.

311

1. Schritt:
Makro anlegen:

Vorgehensweise:

Ausgangspunkt: Datenbankfenster.

1. Registerkarte „Makros" anklicken
2. Option <Neu> wählen
3. Erste Makroaktion auswählen; hier „Öffnen Formular"
4. Eigenschaften des Makros festlegen:
   a) Formularnamen „Personalinformation"
   b) Fenstermodus „Ausgeblendet" wählen
5. Zweite Makroaktion auswählen; hier „ÖffnenFormular"
6. Eigenschaften des Makros festlegen:

   a) Formularnamen „Personalinformation: Mitarbeiterstammdaten"

   b) Ansicht: Formular

   c) Bedingung eingeben:

   `[Personalnummer]=Formulare![Personalinformation]![Mitarbeiterliste]`

   d) Fenstermodus: Normal
7. Fenster auf Vollbild setzen durch Auswahl einer dritten Makroaktion; hier der Makroaktion „Maximieren".
8. Makro unter der Bezeichnung „Stammdatenaufruf" speichern

Zur Festlegung der Bedingung im Teilschritt 6 c) ist folgendes zu beachten: Durch das Einfügen einer Bedingung können Sie im Beispielfall erreichen, daß der Satzzeiger automatisch auf den aktuell markierten Datensatz springt und tatsächlich die Stammdaten des in der Liste ausgewählten Mitarbeiters anzeigt. Allgemein gilt:

Steuerlementname (des Zielformulars bzw. des aufgerufenen Formulars) = Objekttyp![Formularname des aufrufenden Formulars]![Steuerelementname aus dem aufrufenden Formular]

Im Beispielfall gelten:
- Steuerelementname des aufgerufenen Formulars: [Personalnummer]
- Objekttyp: Formulare
- Formularname des aufrufenden Formulars: [Personal-information]

- Steuerelementname des aufrufenden Formulars: [Mitarbeiterliste]

Der Name des Mitarbeiters wird in der Mitarbeiterliste aktiviert. Der Aufruf des Formulars „Personalinformation" soll dann dazu führen, daß der Datensatz des betreffenden Mitarbeiters angezeigt wird und hier die Positionierung auf der Personalnummer erfolgt.

2. Schritt:
Makro der Befehlsschaltfläche zuordnen

Um ein erstelltes Makro einer Befehlsschaltfläche in einem Formular zuzuordnen, müssen Sie das Makro als Einstellung für eine bestimmte Formulareigenschaft angeben. Dazu ist das Formular in der Entwurfsansicht zu aktivieren und hier das Eigenschaftsfensters des Formulars aufzurufen. Im Eigenschaftsfenster ist das Eigenschaftsfeld des Ereignisses anzuklicken, auf das Sie reagieren möchten; im Beispielfall auf die Eigenschaft „Beim Klicken". Jetzt können Sie sich eine Liste der verfügbaren Makros über ein einzeiliges Listenfeld anzeigen lassen. Ist das entsprechende Makro gefunden, ist dieses zu aktivieren. Damit ist dann die Zuordnung vorgenommen.

Im Beispielfall ergibt sich also folgendes Vorgehen für das Zuordnen eines Makros zur Befehlsschaltfläche <Stammdaten>:

1. Formular „Personalinformation" in der Entwurfsansicht öffnen
2. Doppelklick auf der Schaltfläche <Stammdaten>, so daß sich das Eigenschaftsfenster öffnet
3. Im Register „Ereignis" das Feld „Beim Klicken" ansteuern
4. Makronamen „Stammdatenaufruf" eingeben oder auswählen
5. Schließen des Dialogfeldes
6. Geändertes Formular speichern.

Nun können Sie den Test vornehmen. Öffnen Sie das Formular „Personalinformation", und klicken Sie auf die Schaltfläche <Stammdaten>. Das Makro müßte jetzt wunschgemäß ausgeführt werden.

Merke: Jedes Objekt in ACCESS (z. B. Formular, Bericht, Steuerelement) kennt eine Reihe von Eigenschaften zu Datenbankereignissen (etwa Beim Klicken, Nach Verlassen), die mit einem Makro verbunden werden können. Das Makro wird ausgeführt, sobald das Ereignis eintritt (zum Beispiel das Ereignis „Klicken", wenn die Schaltfläche angeklickt wird).

Auch ein nachträgliches Anzeigen und Bearbeiten des Makros ist über das Eigenschaftsfenster relativ schnell möglich. Dazu müssen Sie das Feld mit der entsprechenden Feldeigenschaft anklicken und dann auf die Editor-Schaltfläche rechts neben dem Feld der Ereigniseigenschaft klicken. Daraufhin zeigt das Programm automatisch das Makrofenster mit dem Makro an, das als Ereignisseigenschafts-Einstellung verwendet wird. Das Makro kann jetzt direkt bearbeitet werden. Haben Sie die notwendigen Korrekturen oder Ergänzungen am Makro vorgenommen, können Sie diese mit dem Schließen des Makrofensters speichern.

Hinweis: Es gibt noch eine andere Möglichkeit, eine Befehlsschaltfläche zu erzeugen, die ein bestimmtes Formular öffnet. Dazu müssen Sie den Bildschirm so einrichten, daß Sie das Datenbankfenster und in der Entwurfsansicht das Formular für die Befehlsschaltfläche gleichzeitig sehen. Sie können dann das Makro aus dem Datenbankfenster in das Formular ziehen, in das Sie die Befehlsschaltfläche einfügen möchten. Vom Programm wird nach dem Loslassen der Maustaste eine Befehlsschaltfläche erzeugt und deren Eigenschaft „Beim Klicken" auf den Namen des Makros festgelegt.

Testen Sie jetzt einmal das zuvor Kennengelernte! Legen Sie zur Automatisierung von Routinearbeiten soll vorhandenen Datenbank PERSONAL.MDB beispielsweise noch folgende Makroanwendung an:

Das aktivierte Formular „Personalinformation" soll ausgeblendet und gleichzeitig das Formular „Personalinformation: Hardware" geöffnet werden. In Ihrem Formular „Personalinformation" befindet sich eine Schaltfläche mit der Bezeichnung <Hardware>. Erzeugen Sie ein Makro, das einen Aufruf des Formulars „Personalinformation: Hardware" ermöglicht, und verbinden Sie dieses Makro mit der Schaltfläche.

10.3.2 Makros in einer Makrogruppe zusammenfassen

Die Anzahl der Makros kann bei komplexen Anwendungen einen Umfang annehmen, der schnell zu einer Unübersichtlichkeit führt. ACCESS bietet deshalb die Möglichkeit, verschiedene Makros in einer Makrogruppe zusammenzufassen und so eine gezieltere Makroverwaltung vorzunehmen.

Beispiel: Alle Makros, die in ein bestimmtes Formular eingebunden sind, werden sinnvollerweise in einer gemeinsamen Makrogruppe verwaltet. Formulare zur Benutzerführung enthalten

10.3 Makro-Anwendung

beispielsweise mehr oder weniger viele Befehlsschaltflächen, hinter denen sich bestimmte Makroaktionen beim Aufruf verbergen. So sind im Formular „Personalinformation" beispielsweise sechs verschiedene Befehlsschaltflächen vorhanden, von denen jede ein anderes Formular öffnet. Nach dem bisherigen Vorgehen müßten Sie dafür sechs verschiedene Makros anlegen und unter jeweils einem anderen Namen speichern. Übersichtlicher ist es, stattdessen eine Makrogruppe zu erstellen, die die für jede Schaltfläche benötigten Makros enthält. So sind dann alle Makros, die mit dem Formular „Personalinformation" verbunden sind, unter einem einzigen Objekt vereint. In der Makroliste des Datenbankfenster erscheint so nur ein weiteres Objekt anstatt der ansonsten notwendigen sechs Zusatzobjekte für jedes einzelne Makro.

Fazit: In einer Makrogruppe können verschiedene individuelle Makros in einem einzelnen Makrofenster zusammengefaßt werden. Jeder dieser Makros läßt sich unabhängig von den anderen nutzen.

Aufgabe: Makros in einer Makrogruppe zusammenfassen

Es sollen mehrere Makros zu einer Makrogruppe zusammengefaßt werden. Dies ist im Beispielfall für alle Makros gewünscht, die ihren Ausgangspunkt im Menüfenster „Personalinformation" haben. Die Makrogruppe soll den Namen „Personalinformation" erhalten.

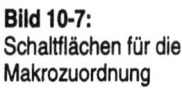

Bild 10-7:
Schaltflächen für die Makrozuordnung

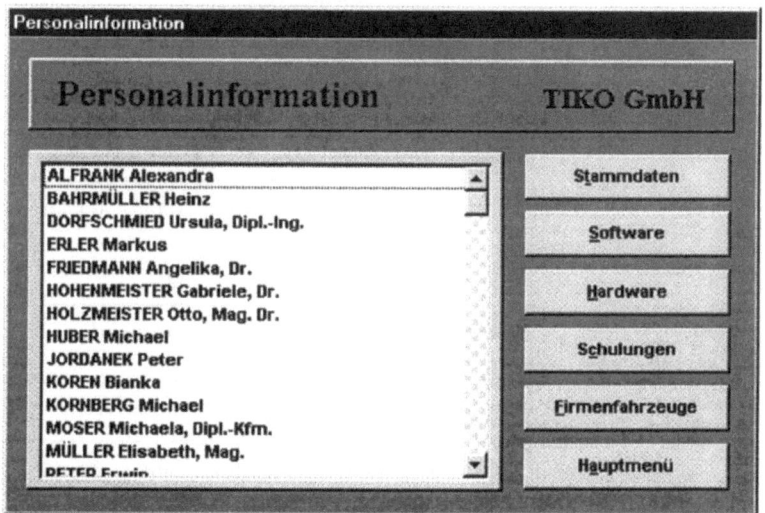

Es sollen folgende Makros erstellt und unter dem Gruppennamen „Personalinformation" zusammengefaßt werden:

Makro-Anwendung	Makroname
Formular „Personalinformation" ausblenden Formular „Personalinformation: Software" öffnen Fenster auf Vollbild setzen	Software
Formular „Personalinformation: Software" schließen Formular „Personalinformation" öffnen	Von Software
Formular „Personalinformation" ausblenden Formular „Personalinformation: Hardware" öffnen Fenster auf Vollbild setzen	Hardware
Formular „Personalinformation: Hardware" schließen Formular „Personalinformation" öffnen	Von Hardware
Formular „Personalinformation" ausblenden Formular „Personalinformation: Seminarbesuche" öffnen Fenster auf Vollbild setzen	Seminare
Formular „Personalinformation: Seminarbesuche" schließen Formular „Personalinformation" öffnen	Von Seminare
Formular „Personalinformation" ausblenden Formular „Personalinformation: Mitarbeiterstammdaten" öffnen Fenster auf Vollbild setzen	Stammdaten
Formular „Personalinformation: Mitarbeiterstammdaten" schließen Formular „Personalinformation" öffnen	Von Stammdaten
Formular „Personalinformation" ausblenden Formular „Personalinformation:Fahrzeuge" öffnen Fenster auf Vollbild setzen	Fahrzeuge
Formular „Personalinformation: Fahrzeuge" schließen Formular „Personalinformation" öffnen	Von Fahrzeuge

10.3 Makro-Anwendung

Makro-Anwendung	Makroname
Formular „Personalinformation" nach Klicken auf <Hauptmenü> schließen	Einstiegsmenü
Formular „Einstiegsmenü" öffnen	

Denken Sie daran, daß die vorher bereits erläuterte Bedingung

```
[Personalnummer]=Formulare!
[Personalinformation]![Mitarbeiterliste]
```

jeweils bei den Makroaktionen zum Öffnen der folgenden Formulare als Bedingung eingefügt wird:

- ÖffnenFormular „Personalinformation: Software"
- ÖffnenFormular „Personalinformation: Hardware"
- ÖffnenFormular „Personalinformation: Seminarbesuche"
- ÖffnenFormular „Personalinformation: Mitarbeiterstammdaten"
- ÖffnenFormular „Personalinformation: Fahrzeuge"

Hinweis: Um das jeweilige Folgeformular aufzurufen, wurde die Entscheidung getroffen, das Formular „Personalinformation" lediglich auszublenden und nicht zu schließen. Dazu müssen Sie die Aktion „ÖffnenFormular" wählen und dann beim Fenstermodus in der Rubrik Aktionsargumente die Einstellung „Ausgeblendet" wählen. Dies hat den Vorteil, daß bei einer Rückkehr automatisch die Markierung des letzten Datensatzes erhalten bleibt. Außerdem soll nach Öffnen des jeweils nächsten Formulars (Beispiel „Software") dieses in Vollbild angezeigt werden. Dazu müssen Sie noch die Makroaktion „Maximieren" jeweils hinzufügen.

1. Schritt:
Anlegen einer eigenen Makrogruppe

Für das Anlegen einer Makrogruppe müssen Sie zunächst genauso vorgehen, wie Sie dies für das Erzeugen eines einzelnen Makros kennengelernt haben. Klicken Sie also im Datenbankfenster auf die Registerkarte „Makros", und aktivieren Sie die Schaltfläche <Neu>. Wollen Sie eine Makrogruppe anlegen, müssen Sie im angezeigten Makrofenster die Spalte zur Anzeige einzelner Makronamen einfügen. Dazu haben Sie zwei Möglichkeiten: Wählen Sie entweder aus dem Menü **Ansicht** den Befehl **Makronamen**, oder klicken Sie auf das links abgebildete Symbol für Makronamen in der Symbolleiste. Ergebnis ist, daß im oberen Teil des Makrofensters zu Beginn eine Spalte mit der Bezeichnung „Makroname" eingefügt wird. Jetzt können Sie einen Makronamen eingeben und in der nächsten Spalte die zugeordnete Gruppe von Aktionen festlegen. Soll ein weiteres Makro angegeben werden, müssen Sie wieder zu Beginn in der ersten Spalte den Makronamen festlegen.

Ausgehend vom „Datenbankfenster" ist somit folgendes Vorgehen für das Anlegen der Makrogruppe „Personalinformation" erforderlich:

1. Registerkarte „Makros" anklicken und Schaltfläche <Neu> aktivieren
2. Spalte „Makroname" hinzufügen durch Mausklick auf das Makronamensymbol
   oder durch Wahl des Menüs **Ansicht** und Aktivierung der Option **Makronamen**.
3. Makronamen in einer Zeile der Spalte „Makroname" eingeben
4. Aktionen hinzufügen, die das Makro ausführen soll
5. Teilschritte 3 und 4 für jedes weitere Makro der Makrogruppe wiederholen
6. Makrogruppe speichern; hier unter dem Namen „Personalinformation"

Ergebnis (Ausschnitt):

Bild 10-8: Makrogruppe

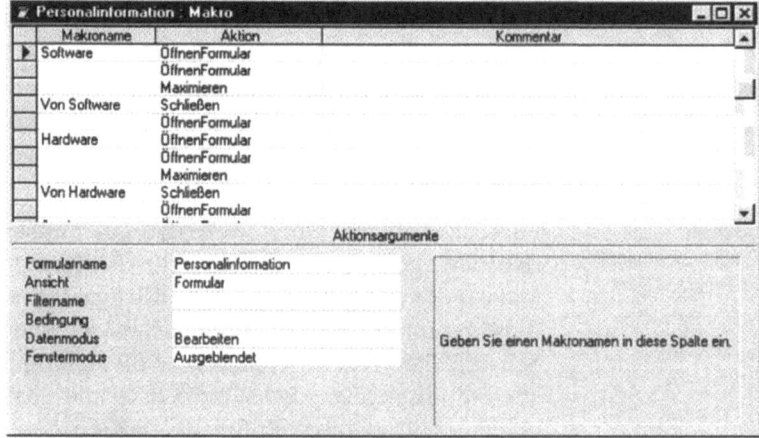

Hinweis: Ein Makro beginnt in der Zeile mit dem Makronamen und endet bei der Zeile mit dem nächsten Makronamen oder am Ende der Makrogruppe.

Nach der Speicherung der Makrogruppe unter dem Namen „Personalinformation" wird dieser Name in der Makroliste des

Datenbankfensters aufgenommen und bildet damit ein eigenes Datenbankobjekt. Darüber hinaus besitzt auch jedes Makro der Gruppe einen spezifisch zugewiesenen Namen. Die Namen dieser einzelnen Makros werden jedoch nicht im Datenbankfenster angezeigt. Sie sind aber wichtig für den späteren Aufruf des Makros.

2. Schritt:
Makros einer Makrogruppe ausführen

Zunächst einige Hinweise für die Eingabe von Makronamen aus einer Makrogruppe. Dem Makronamen muß zunächst der Name der Makrogruppe vorangestellt werden. Nach dem Namen der Makrogruppe ist durch einen Punkt getrennt der Name des Makros einzugeben. Generell gilt also folgender Aufbau für das Ausführen eines Makros, das in einer Makrogruppe gespeichert ist: **Makrogruppenname.Makroname**

Hinweis: Sie müssen diese Syntax auch verwenden, wenn Sie das Makro mit dem Befehl **Makro** aus dem Menü **Extras** realisieren wollen.

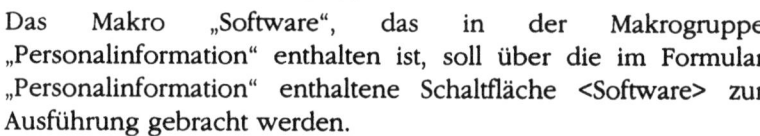

Aufgabe: Makro einer Makrogruppe zuordnen

Das Makro „Software", das in der Makrogruppe „Personalinformation" enthalten ist, soll über die im Formular „Personalinformation" enthaltene Schaltfläche <Software> zur Ausführung gebracht werden.

Zur Ausführung von Makros, die in einer Makrogruppe enthalten sind, ist folgendes **Vorgehen** notwendig:

1. Formular oder Bericht öffnen, in dem Sie das Makro einsetzen wollen; im Beispielfall zunächst das Formular „Personalinformation"
2. Entwurfsansicht wählen
3. Schaltfläche anklicken; im Beispielfall <Software>
4. Makronamen im Feld eingeben, der Bestandteil der Makrogruppe ist;
   Im Beispielfall im Feld "Beim Klicken":
   Personalinformation.Software

Hinweis: Im vierten Teilschritt muß das Dialogfeld nach Vornahme der Eintragungen das folgende Aussehen haben:

10 Makroprogrammierung mit ACCESS

Bild 10-9:
Makro einer Makrogruppe in Befehlsschaltfläche

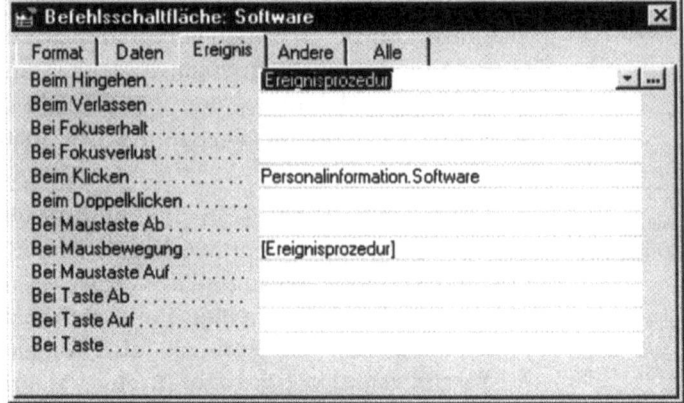

Testen Sie anschließend den Erfolg Ihrer Arbeit. Nach Schließen des Formulars und Speicherung der vorgenommenen Änderung, müssen Sie sich wieder im Datenbankfenster befinden. Aktivieren das Formular „Personalinformation" erneut, indem Sie es öffnen. Klicken Sie auf die Schaltfläche <Software>. Nun müßte das Fomular „Personalinformation" ausgeblendet werden, gleichzeitig sollte sich automatisch das entsprechende Formular „Personalinformation: Software" im Vollbildmodus öffnen.

Übung: Makros einer Makrogruppe zur Ausführung definieren

- Aktivieren Sie das Formular „Personalinformation" sowie die Formulare, die sich hinter den Schaltflächen befinden, und sorgen Sie durch Veränderung/Ergänzung der Eigenschaftsdefinition dafür, daß die in der Makrogruppe PERSONALINFORMATION befindlichen Makros zur Ausführung gebracht werden.
- Speichern Sie die vorgenommenen Veränderungen in den Formularen.
- Testen Sie abschließend, ob die Makros, ausgehend vom Formular „Personalinformation", in der gewünschten Weise funktionieren.

Abschließend noch einige **Hinweise auf typische Anwendungsfälle für** das Bilden einer **Makrogruppe**:

- Festlegung von speziellen Gruppen von Aktionen für ausgewählte Objekte; beispielsweise separate Gültigkeitsprüfung für jedes Steuerelement in einem Formular.
- Bibliothek mit allgemein benutzten Makros erstellen.
- Benutzerdefinierte Menüs erstellen.

10.3.3 Fehlersuche in Makros

Beim Entwurf eines Makros sind Fehler natürlich nicht ausgeschlossen. Das Programm hilft Ihnen, typische Fehler relativ schnell zu finden. Ein Verfahren dazu ist der sogenannte **Einzelschrittmodus**. Damit haben Sie die Möglichkeit, sich schrittweise durch das Makro zu bewegen und so eine Aktion nach der anderen zu verfolgen. Nach Durchführung jeder Einzelaktion erfolgt eine Pause, die es erlaubt, die Wirkung der jeweiligen Aktion zu überprüfen.

Um ein Makro im Einzelschrittmodus auszuführen, müssen Sie dies in der Entwurfsansicht öffnen. Anschließend ist das Menü **Ausführen** zu aktivieren und hier der Befehl **Einzelschritt** zu wählen. Dadurch wird diesem Befehlswort ein Häkchen hinzugefügt, was die Einschaltung verdeutlicht. Führen Sie danach das Makro in der gewohnten Weise aus, indem Sie beispielsweise auf das links gezeigte Symbol klicken. Ergebnis ist die folgende Dialogfeldanzeige:

Bild 10-10:
Einzelschritt-Anzeige

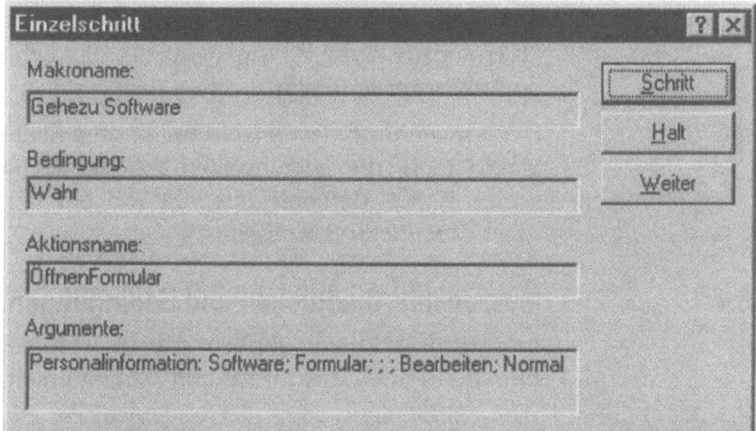

In dem Dialogfeld werden also der Makroname, der Name der ersten Aktion des Makros sowie die Argumente für die erste Makroaktion angezeigt. Außerdem würde hier noch im Feld „Bedingung" eine Information angezeigt, wenn der Aktion eine Bedingung zugeordnet wurde (siehe zu Bedingungen in Aktionen den nächsten Abschnitt). Ist der Aktion keine Bedingung zugeordnet, erscheint hier automatisch das Wort „Wahr".

Für das weitere Vorgehen stehen drei Schaltflächen zur Verfügung. Die Bedeutung dieser Schaltflächen zeigt die folgende Zusammenstellung:

Schaltfläche	Bedeutung
Schritt	Die im Dialogfeld angezeigte Aktion wird ausgeführt. Danach wird dann in dem Dialogfeld die Information zur nächsten Makroaktion gegeben, sofern die Ausführung fehlerfrei erfolgte.
Halt	Die Ausführung eines Makros wird nicht fortgesetzt und der Einzelschrittmodus geschlossen.
Weiter	Der Einzelschrittmodus wird jetzt ebenfalls abgeschaltet. Allerdings wird der Rest das Makros ausgeführt.

Bei Fehlern in der Makroausführung erscheint - unabhängig vom normalen Makromodus oder dem Einzelschrittmodus - ein Dialogfeld mit einem Hinweis, daß die Aktion fehlgeschlagen ist. Zur Verfügung steht hier nur noch die Schaltfläche <Halt>. Nach dem Klicken auf diese Schaltfläche kehrt das Programm zum Makrofenster zurück, von dem aus die Fehlerbehebung vorgenommen werden kann.

Fazit: Der Anwendung des Einzelschrittmodus bietet sich an, wenn ein Makro nicht die gewünschten Ergebnisse liefert bzw. zur Prüfung, ob die Aktionen tatsächlich in der vorgesehenen Reihenfolge durchgeführt werden.

10.4 Makros mit Ausdrücken und Bedingungen

In Makros können (ähnlich wie in Abfragen, Formularen und Berichten) auch Ausdrücke und Bedingungen eingesetzt werden.

1) Ausdrücke verwenden

Um Feldinhalten einen Wert zuzuweisen, müssen Sie einen Ausdruck mit folgender Syntax festlegen:

```
Wert1=Wert2.
```

Zur Realisierung der Anwendung müssen beide Werte aus Steuerelementen bestückt werden.

2) Auf Steuerelemente zugreifen

Um einen Bezug zu einem Steuerelement in einem Formular oder Bericht herzustellen, müssen Sie folgende **Syntax** verwenden:

```
Formulare!Formularname!Steuerelementname
Bericht!Berichtsname!Steuerelementname
```

Hinweis: Sobald Ihr Formular- oder Steuerfeldelement ein zusammengesetztes Wort ist oder Leer- bzw. Sonderzeichen enthält, muß es in eckigen Klammern gesetzt werden.

Ein Beispiel: Sie wollen auf das Steuerelement „Personalnummer" im Formular „Personalinformation: Mitarbeiterstammdaten" Bezug nehmen. Dazu ist dann folgender Aufbau erforderlich:

Formulare![Personalinformation: Mitarbeiterstammdaten]![Personalnummer]

Eine besondere Makroaktion ist das Setzen von Werten. Dies sollen Sie im folgenden anhand eines Beispiels kennenlernen.

Im einzelnen ermöglicht die Aktion „SetzenWert, Werte für folgende Elemente festzulegen:

- Es kann der Wert eines Feldes in einer Tabelle festgesetzt werden, auf der ein geöffnetes Formular aufbaut.
- In einem geöffneten Formular können Sie darüber den Wert eines Steuerelementes festlegen (allerdings nicht für berechnete Steuerelemente).
- Des weiteren kann in einem geöffneten Formular nahezu jede Formular-, Bereichs- oder Steuerelementeigenschaft damit in ihrem Wert definiert werden.

Aufgabe: Werte setzen

Erstellen Sie eine Makrogruppe mit dem Namen „Groß", die zwei Makros enthält. Dabei soll das „Name" bewirken, daß bei Eingabe des Nachnamens dieser automatisch in Großbuchstaben gesetzt wird.

Im Beispielfall müssen Sie zur Lösung der Aufgabe eine Standardfunktion nutzen. Welche es gibt, können Sie sich im Hilfe-Menü nach Wahl des Befehls **Microsoft Access-Hilfethemen** über die Registerkarte „Inhalt" anzeigen lassen. Wählen Sie hier die Variante „Access Befehls- und Sprachverzeichnis" durch Klicken auf <Funktionen>.

Benötigt wird die Funktion *Großbst($)*. Sie gibt eine Zeichenfolge aus, in der alle Buchstaben eines Arguments in Großbuchstaben umgewandelt worden sind. Anwenden werden Sie diese aus Sicherheitsgründen für die Eingabe und Suche sowie aus Einheitlichkeitsgründen (optische Verbesserung). Es gilt folgende Syntax:

Großbst[$] (Zeichenfolgeausdruck)

10   *Makroprogrammierung mit ACCESS*

Für den Beispielfall macht der folgende Bildschirmausdruck die Einstellungen deutlich:

Bild 10-11:
Makro zum Setzen von Werten

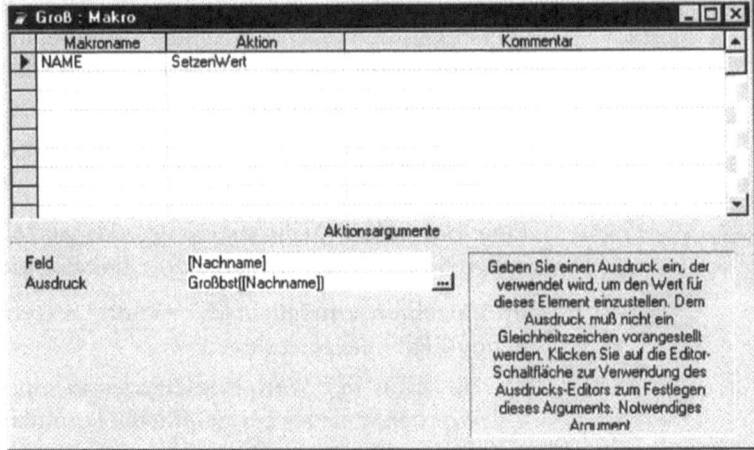

Hinweise zu den notwendigen Aktionsargumenten:

- Bei den Aktionsargumenten zur Aktion „SetzenWert" müssen Sie bei „Feld" den Namen des Steuererelementes, Feldes oder der Eigenschaft angeben, dessen Wert eingestellt werden soll; im Beispielfall [Nachname].

- Im Feld „Ausdruck" müssen Sie einen Ausdruck eingeben, der verwendet wird, um einen Wert einzustellen. Es wird also der Wert „bezeichnet", auf den Sie das Feld setzen möchten.

- Sie können auch den Ausdrucks-Editor verwenden, um bei der Aktion „SetzenWert" Ausdrücke für die Argumente „Feld" und „Ausdruck" einzugeben. Klicken Sie dazu in das Argumentfeld, und aktivieren Sie die Editor-Schaltfläche rechts neben dem Argumentfeld.

Speichern Sie unter dem Makrogruppennamen „Groß".

Zuordnung im Formular: Nun sollen Sie das erstellte Makro im Formular verwenden. Öffnen Sie dazu das Formular „Mitarbeiterstammdaten" im Entwurfsmodus. Aktivieren Sie hier das Eigenschaftsfenster für das Steuerelement „Nachname", und tragen Sie in der Zeile „Nach Aktualisierung" den Makronamen ein: **Groß.Name**. (Beachten Sie die formale Regel: Makrogruppenname.Makroname)

10.4 Makros mit Ausdrücken und Bedingungen

Nehmen Sie anschließend einen Test des Makros vor, indem Sie exemplarisch im Formular „Mitarbeiterstammdaten" einen neuen Datensatz erfassen.

3) Bedingungen in Makros verwenden

Ein weiterer Wunsch bei der Realisierung von Anwendungen kann darin bestehen, das Ausführen einer Aktion oder einer Folge von Aktionen von dem Vorliegen einer bestimmten Bedingung abhängig zu machen. Beispiele:

- Gültigkeitsprüfung für eine Eingabe: Angenommen, Sie verwenden ein Makro zum Überprüfen von Daten in einem Formular und möchten auf verschiedene Kombinationen von Werten, die in einen Datensatz eingegeben werden, verschiedene Meldungen ausgeben. In solchen Fällen können Sie Bedingungen verwenden, die den Ablauf des Makros steuern. Mit der Aktion *StopMakro* können Sie etwa ein Makro ausführen, wenn im Feld Land kein Wert enthalten ist (wenn der Wert gleich Null ist).

- Mit einem Makro soll eine bestimmte Ablauffolge realisiert werden.

Bedingungen sind logische Ausdrücke, die Sie im Makrofenster bei der Erfassung eines Makros setzen können. Das Makro führt abhängig davon, ob eine Bedingung wahr oder falsch ist, unterschiedliche Aktionen aus. Beispiele für die Formulierung möglicher Bedingungen zeigt die folgende Übersicht:

Bedingungen	**Wirkungsweise**
[Stadt] = "Wien"	Wenn der Wert des Steuerelements „Stadt" in dem Formular, von dem das Makro ausgeführt wurde, „Wien" lautet, dann soll eine bestimmte Aktion ausgeführt werden.
Formulare![Hardware]! [Einkaufspreis]>5000	Sofern der Wert des Steuerelements „Einkaufspreis" im Formular „Hardware" den Wert von 5000 übersteigt, dann soll eine bestimmte Aktion erfolgen.

Bedingungen	Wirkungsweise
Formulare![Hardware]! [Einkaufspreis]>5000 UND Formulare![Hardware]! [Gerätetyp]="PC"	Sofern der Wert des Steuerelements „Einkaufspreis" im Formular „Hardware" den Wert von 5000 übersteigt und als Gerätetyp ein PC gilt, dann soll eine bestimmte Aktion erfolgen.

Zur Eingabe von Bedingungen müssen Sie im Makrofenster aus dem Menü **Ansicht** den Befehl **Bedingungen** aktivieren. Daraufhin wird links von der Spalte „Aktion" eine weitere Spalte mit der Bezeichnung „Bedingung" eingefügt. Für die Eingabe und das Setzen von Bedingungen sowie die Zuordnung von Aktionen gelten folgende Grundsätze:

- In der Spalte „Bedingung" können Sie in der Zeile, in der Sie eine Bedingung setzen wollen, den Bedingungsausdruck eingeben.
- Gehen Sie danach in die Spalte „Aktion", und wählen Sie die Aktion, die das Programm ausführen soll, wenn die Bedingung zutrifft (also „wahr" ist).
- Sollen im zutreffenden Fall mehrere Aktionen nacheinander ausgeführt werden, ist dies auch realisierbar. In diesem Fall müssen Sie neben jeder Aktion, die bei der wahren Bedingung ausgeführt werden soll, in der Spalte „Bedingung" Auslassungspunkte (...) hinzufügen.

Wird das Makro ausgeführt, so wird jeder Ausdruck in der Spalte „Bedingung" geprüft. Sofern die Bedingungsprüfung ein „Nicht wahr" ergibt, wird die Aktion vom Programm ignoriert, und es wird mit der nächsten Aktionszeile fortgesetzt, die keine Auslassungspunkte enthält. Ist der Ausdruck dagegen wahr, wird die Aktion neben dem Ausdruck ausgeführt. Außerdem werden alle weiteren Aktionen zur Ausführung gebracht, die in der Spalte „Bedingung" mit Auslassungspunkten versehen sind.

10.5 Makroaktionen und Tastaturbefehle

Über eine Makroaktion können des weiteren bestimmte Tastaturbefehle generiert werden. Ein häufiger Anwendungsfall dieser Aktionsart ergibt sich bei der Eingabe von Informationen in einem Dialogfeld. Es eignet sich vor allem dann, wenn Sie das Makro nicht unterbrechen wollen, um ein Dialogfeld zu beantworten.

10.4 Makros mit Ausdrücken und Bedingungen

In der Beispielanwendung finden Sie die Nutzung von Tastaturbefehle-Aktionen etwa im Formular zu Pflege der Mitarbeiterstammdaten. So ist hier ein Makro mit dem Namen **SF_Abbrechen** zu erzeugen, das folgenden Grundaufbau hat:

Bild 10-12:
Tastaturbefehle in Makros

▶ SF_Abbrechen	Tastaturbefehle
	AusführenMakro
	Aktionsargumente
Tastenfolge	{ESC}
Warten	Ja

Zunächst ist also eine Tastaturbefehle-Aktion einzustellen. Dazu sind zwei Aktionsargumente einzustellen, die folgende Bedeutung haben:

Aktionsargumente	Bedeutung
Tastenfolge	Dies ist ein notwendiges Argument. Hier sind die Tastenanschläge zu erfassen, die das Programm oder die Anwendung verarbeiten soll. Maximal können bis zu 255 Zeichen eingegeben werden.
Warten	Hier können Sie festlegen, ob das Makro während der Verarbeitung der Tastenanschläge unterbrochen werden soll. Soll die Standardeinstellung „Nein" nicht gelten, können Sie hier auf „Ja" umstellen.

Aus der Eingabe wird deutlich, daß der Tastencode grundsätzlich in geschweiften Klammern erfolgt. Im Beispielfall wird durch {ESC} bewirkt, daß mit dieser Taste die Aktion abgebrochen werden kann.

Im Beispielfall wird nach der Tastaturbefehle-Aktion die Aktion „AusführenMakro" aktiviert. Hier ist dann das Makro SF_ÜBERNEHMEN auszuführen, das sich in derselben Makrogruppe befindet.

Hinweis: Lassen Sie sich den Code für die Eingabe im Feld „Tastenfolge" über die Hilfefunktion anzeigen, wenn Sie einen besonderen Tastataturbefehl verwenden wollen.

_327_

10.6 Makroeinstellungen dokumentieren/drucken

Sie haben jederzeit die Möglichkeit, sich die Einstellungen, die Sie zu einem Makro vorgenommen haben, zu dokumentieren. Interessant ist häufig, die Aktions- und Argumenteinstellungen für ein Makro zu drucken oder in der Seitenansicht anzusehen.

10.7 Makroaktionen und ihre Anwendung im Überblick

Natürlich ist es nicht möglich, im Rahmen dieses Buches alle Makroaktionen mit Beispielen zu erläutern. Dennoch dürften die gezeigten Anwendungen Ihnen genügend Anregungen geben, sich mit Makros intensiver auseinanderzusetzen. Im folgenden erhalten Sie dazu noch einige umfassende Übersichten, die das Spektrum der möglichen Makro-Anwendungen verdeutlichen.

10.7.1 Liste der verfügbaren Makroaktionen

Orientiert an wesentlichen funktionellen Kategorien, die eine Makroaktion erfüllen kann, werden im folgenden Listen zu den in ACCESS angebotenen Makroaktionen wiedergegeben.

Kategorie „Objekte bearbeiten"

Makro-Aktion	Beschreibung/Anwendung
ÖffnenTabelle ÖffnenFormular ÖffnenAbfrage ÖffnenBericht ÖffnenModul	Vorhandene Datenbankobjekte werden geöffnet. Sie stehen damit für Bearbeitungen zur Verfügung.
Schließen	Ein geöffnetes Datenbankobjekt kann wieder geschlossen werden.
ÖffnenBericht, Drucken	ermöglicht das Drucken eines Datenbankobjekts.
LöschenObjekt	Vorhandene Datenbankobjekte können gelöscht werden.
KopierenObjekt UmbenennenObjekt	Vorhandene Objekte können kopiert oder umbenannt werden.
AuswählenObjekt	Für gezielte Bearbeitungsaktionen kann ein Datenbankobjekt markiert werden.

10.7 Makroaktionen und ihre Anwendung im Überblick

Makro-Aktion	Beschreibung/Anwendung
AktualisierenObjekt AktualisierenDaten AnzeigenAlleDatensätze	Die Datenbestände bzw. die Bildschirmanzeige können aktualisiert werden.
SetzenWert	Der Wert eines Feldes, eines Steuerelements oder einer Eigenschaft kann gezielt festgesetzt werden.
Maximieren Minimieren Positionieren Wiederherstellen	Die Größe oder die Position eines angezeigten Fensters kann verändert werden.

Kategorie „Daten in Formularen/Berichten verwenden"

Makro-Aktion	Beschreibung/Anwendung
SuchenWeiter SuchenDatensatz	ermöglicht das Durchblättern von Formularen bzw. Berichten, um bestimmte Daten aufzusuchen.
GeheZuSteuerelement GeheZuSeite GeheZuDatensatz	ermöglicht das gezielte Aufsuchen bestimmter Daten.
AnwendenFilter	Aus dem gesamten Datenbestand können Daten nach einem bestimmten Merkmal eingegrenzt werden.

Kategorie „Aktionen und Anwendungen ausführen"

Makro-Aktion	Beschreibung/Anwendung
AusführenMenübefehl	bewirkt das Ausführen eines Befehls.
ÖffnenAbfrage AusführenMakro AusführenCode AusführenSQL	Ein Makro, eine Prozedur oder eine Abfrage können zur Ausführung gebracht werden.
AusführenAnwendung	ermöglicht das Ausführen einer anderen Anwendung.

Makro-Aktion	Beschreibung/Anwendung
AbbrechenEreignis Beenden StopMakro StopAlleMakros	Die Ausführung von Ereignissen oder Makros wird abgebrochen.

Kategorie „Import-/Exportfunktionen"

Makro-Aktion	Beschreibung/Anwendung
TransferDatenbank TransferArbeitsblatt TransferText	Daten können zwischen MS ACCESS und anderen Formaten übertragen werden. Dies betrifft die gesamte Datenbank, einzelne Arbeitsblätter oder Textinformationen.
AusgabeIn	gibt Daten im angegebenen Datenbankobjekt als XLS-, RTF- oder TXT-Datei aus.
SendenObjekt	Objekte von ACCESS können an andere Anwendungen gesendet werden.

Kategorie „Sonstige"

Makro-Aktion	Beschreibung/Anwendung
Echo Sanduhr Meldung Warnmeldungen	besondere Optionen zur Anzeige von Daten auf dem Bildschirm.
EinblendenSymbolleiste	bewirkt das Ein- bzw. Ausblenden der Symbolleiste.
Tastaturbefehle	Bestimmte Tastaturbefehle können generiert werden.
Signalton	Ein Signalton wird erzeugt.
HinzufügenMenü	Eine benutzerdefinierte Menüleiste kann erstellt und einem Formular oder einem Bericht hinzugefügt werden.

10.7 Makroaktionen und ihre Anwendung im Überblick

Makro-Aktion	Beschreibung/Anwendung
SetzenMenüelement	legt in einem benutzerdefinierten Menü im aktiven Fenster den Status des Menüelements fest. Sie können die benutzerdefinierten Menübefehle, die die Benutzer beim Arbeiten mit einer Datenbank sehen, ausblenden (grau unterlegen) oder markieren (Häkchen).
Speichern	Sie können das Speichern eines Datenbankobjekts automatisieren, indem Sie in einem Makro oder einer Visual Basic-Prozedur die Aktion Speichern ausführen.
Drucken	druckt das aktive Datenbankobjekt (Datenblätter, Berichte, Formulare, Makros).

10.7.2 Ereignisse in Verbindung mit Makros

Makros können auf bestimmte Ereignisse reagieren. Vorhanden sein können Ereignisse bei Steuerelementen, Formularen, Berichten und Berichtsbereichen. Ein Beispiel für ein Ereignis ist etwa das Klicken oder Doppelklicken auf eine Befehlsschaltfläche im Formular.

Folgende Ereigniskategorien lassen sich in ACCESS unterscheiden:

Ereignis-kategorie	Ereignisse	Anwendung/ Auftreten
Datenereignisse	Beim Anzeigen Vor Eingabe Nach Eingabe Beim Löschen Vor Löschbestätigung Nach Löschbestätigung Vor Aktualisierung Nach Aktualisierung Ändern OLE-Aktualisierung Nicht in Liste	Eine Aktion in einem Formular wird ausgeführt.
Fokusereignisse	Aktivierung Deaktivierung Fokuserhalt Fokusverlust Hingehen Verlassen	Objekte der Datenbank erhalten oder verlieren den Fokus (Positionierung des aktuellen Satzzeigers).
Fensterereignisse	Beim Öffnen Bei Laden Bei Entladen Beim Schließen Bei Größenänderung	Eine Aktion in einem Formular wird ausgeführt.
Tastaturereignisse	Taste Ab Taste Auf Bei Taste Tastenvorschau	Eingaben über Tastatur werden vorgenommen.

10.7 Makroaktionen und ihre Anwendung im Überblick

Ereignis-kategorie	Ereignisse	Anwendung/Auftreten
Mausereignisse	Klicken Doppelklicken Maustaste Ab Maustaste Auf Mausbewegung	Mausaktionen werden ausgelöst.
Sonstige	Fehler Bei Zeitgeber Zeitgeberintervall Bei Filter Bei angewendetem Filter	Bei Auftreten eines Fehlers oder nach Ablauf einer bestimmten Zeitspanne.

Jedes Formular- oder Steuerelementereignis verfügt außerdem über bestimmte Ereigniseigenschaften. So können Sie etwa mit einem Makro gezielt vorgeben, wie ein Formular oder ein Steuerelement auf ein Ereignis reagieren soll. Dazu müssen Sie lediglich den Namen des Makros der gewünschten Ereigniseigenschaft des Formulars oder Steuerelements zuordnen.

Ereignisse/Eigenschaften bei Steuerelementen:

Ereignis	Eigenschaft	Beschreibung
Steuerelement auswählen	Beim Hingehen	beim Wechseln, zum Steuerelement, aber vor der tatsächlichen Aktivierung
Befehlsschaltfläche drücken	Beim Klicken	Klicken auf der Befehlsschaltfläche
Daten in einem Steuerelement ändern	Vor Aktualisierung	Nachdem Sie ein geändertes Steuerelement verlassen, aber vor Speicherung der Änderung
Daten in einem Steuerelement ändern	Nach Aktualisierung	Nachdem Sie ein geändertes Steuerelement verlassen und die Änderung gespeichert wurde.

10 Makroprogrammierung mit ACCESS

Ereignis	Eigenschaft	Beschreibung
Steuerelement doppelt anklicken	Beim Doppelklicken	Beim Doppelklick auf ein Steuerelement oder dessen Beschriftung.
Steuerelement verlassen	Beim Verlassen	Beim Verlassen des Steuerelements, aber bevor es den Fokus verliert.

Eigenschaften bei Formularen:

Eigenschaft	Beschreibung
Beim Öffnen	nach Öffnen des Berichtes (aber vor dem Anzeigen des ersten Datensatzes)
Beim Anzeigen	bevor ein Datensatz zum aktuellen Datensatz wird.
Beim Einfügen	nach Hinzufügen eines neuen Datensatzes in der zugrundeliegenden Tabelle
Vor Aktualisierung	nachdem ein geänderter Datensatz verlassen wurde, jedoch vor der Speicherung der Änderung
Nach Aktualisierung	nachdem das Programm einen geänderten Datensatz gespeichert hat
Beim Löschen	vor dem tatsächlichen Löschen eines Datensatzes.
Beim Schließen	beim Schließen des Formulars, aber bevor es vom Bildschirm entfernt wird.

Ereignisse/Eigenschaften bei Berichten:

Ereignis	Eigenschaft	Beschreibung
Bericht öffnen	Beim Öffnen	nach Öffnen des Berichtes (aber vor dem Drucken).
Bericht schließen	Beim Schließen	wenn der Bericht geschlossen wird.

334

Ereignisse/Eigenschaften bei Berichtsbereich:

Ereignis	Eigenschaft	Beschreibung
Anordnen der Bereichsdaten für den Ausdruck	Beim Formatieren	nach Definition der Daten für den Bericht, jedoch vor ihrer Anordnung für den Ausdruck.
Bereichsdaten ausdrucken	Beim Drucken	nach Anordnung der Bereichsdaten, jedoch vor dem Drucken des Bereichs.

11 Komplexe Makros der Datenbank PERSONAL

Im folgenden Kapitel sollen Ihnen Makros vorgestellt werden, welche teilweise bereits sehr komplex sind. Zugleich soll Ihnen vermittelt werden, wie weit Sie Ihre Anwendung durch die Verwendung von Makros ausbauen, automatisieren und benutzerfreundlich gestalten können.

11.1 Daten per Knopfdruck filtern

In umfangreichen Tabellen ist der Suchvorgang nach bestimmten Datensätzen oft aufwendig und mühsam. Sie können sich selbst oder anderen Anwendern, die mit den internen Suchmechanismen von ACCESS nicht vertraut sind, das Auffinden von Datensätzen erleichtern, indem Sie ihnen Schaltflächen im Formular zur Verfügung stellen, mit denen die angezeigten Daten per Knopfdruck gefiltert werden können.

In der Anwendung PERSONAL ist diese Methode exemplarisch in das Formular „Mitarbeiterstammdaten" integriert. Am unteren Rand des Formulars befinden sich Schaltflächen, welche die anzuzeigenden Mitarbeiter nach den Anfangsbuchstaben ihrer Nachnamen filtern. Im Beispielfall wird eine Schaltfläche für jeweils einen Buchstaben verwendet (Ausnahme: Zusammenfassung für XYZ). Außerdem muß es noch eine weitere Schaltfläche geben, die einen Filter wieder aufhebt und somit wieder alle Daten zur Anzeige bringt. Dies bewirkt die Schaltfläche <Alle>.

Bild 11-1:
Formular mit Filterschaltflächen

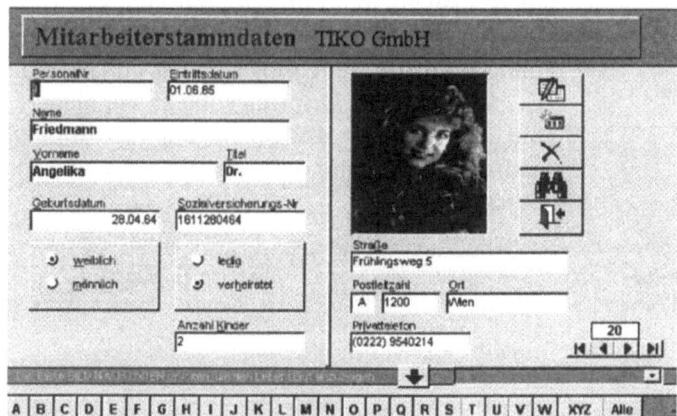

11 Komplexe Makros der Datenbank PERSONAL

11.1.1 **Schaltflächen zur Datenfilterung anlegen**

Im ersten Arbeitsschritt müssen die Schaltflächen zur Datenfilterung angelegt werden. Damit sie immer am Bildschirm sichtbar sind (beispielsweise auch wenn gerade der durch einen Seitenumbruch abgeteilte untere Teil des Formulares, welcher die Lebensläufe anzeigt, zu sehen ist) müssen die Schaltflächen im Formularfuß plaziert werden. Um alle Schaltflächen ohne großen Arbeitsaufwand zu erstellen, verwenden Sie die Duplizier-Funktion.

Schaltflächen duplizieren

Legen Sie die erste Schaltfläche an, und stellen Sie deren Größe und Schriftart nach Ihren Vorstellungen ein. Anschließend gehen Sie wie folgt vor:

Reihenfolge der Bearbeitung	Tastenfolge/Mausaktionen
1. Markieren der zu duplizierenden Schaltfläche	Mausklick auf die Schaltfläche
2. Wählen Sie im Menü Bearbeiten den Befehl Duplizieren	[Alt]+[B], [D]
3. Bewegen Sie die duplizierte Schaltfläche an ihre Position rechts neben der Originalschaltfläche	Mit gedrückter linker Maustaste an neue Position ziehen.
4. Im Menü Bearbeiten den Befehl Duplizieren wählen.	[Alt]+[B], [D]

Hinweis: Bevor Sie im dritten Teilschritt das duplizierte Objekt an seine vorgesehene Position ziehen, dürfen Sie mit der Maus nicht neben das Objekt klicken und es in weiterer Folge abermals auswählen, denn dadurch geht der Bezug zum zu duplizierenden Objekt verloren und beim darauffolgenden Dupliziervorgang wird das neue Objekt nicht an derselben relativen Position gegenüber dem Ursprungsobjekt angelegt wie zuvor. Bewegen Sie also den Mauszeiger so auf das duplizierte Objekt, daß er sich in eine Hand verwandelt, und verschieben Sie dann die Schaltfläche.

Bild 11-2: Ergebnis bei falschem und richtigen Duplizieren

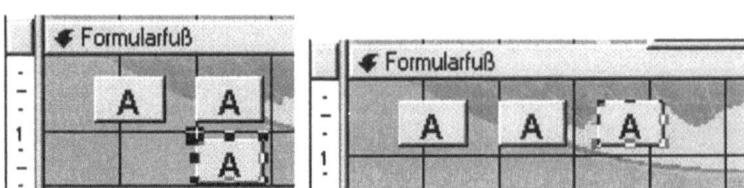

338

11.1 Daten per Knopfdruck filtern

Erzeugen Sie auf diese Art und Weise insgesamt 25 Schaltflächen. Anschließend öffnen Sie das Eigenschaftsfenster und vergeben für jede Schaltfläche einen Namen und die Beschriftung. Namen und Beschriftung einer Schaltfläche sollen jeweils übereinstimmen. So soll die erste Schaltfläche mit „A" beschriftet sowie mit „A" benannt werden.

Bild 11-3:
Filterschaltflächen

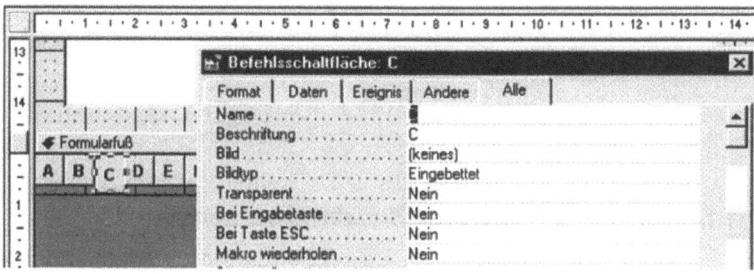

11.1.2 Makros zur Filterung erzeugen

Die Makros für die Filterung sollen in der Makrogruppe „Mitarbeiterstammdaten" angelegt werden. Diese enthält alle Makros, die im Formular „Mitarbeiterstammdaten" benötigt werden.

Die Makroaktion AnwendenFilter

Für das Makro zur Filterung von Daten wird die Aktion „AnwendenFilter" benötigt. Diese Aktion besitzt zwei Aktionsargumente:

- **Filtername**: Hier kann der Name einer Abfrage oder eines als Abfrage gespeicherten Filters angegeben werden. Dieser Filter wird aktiv.
- **Bedingung**: Wenn kein gespeicherter Filter existiert, muß hier die Filterbedingung eingetragen werden

Vergeben Sie jeweils die Bedingung, die den Nachnamen nach den Anfangsbuchstaben filtert.

Makroname	Aktion	Bedingung
SF_A	AnwendenFilter	[Nachname] Wie "[A]*"
SF_B	AnwendenFilter	[Nachname] Wie "[B]*"
SF_C	AnwendenFilter	[Nachname] Wie "[C]*"
SF_XYZ	AnwendenFilter	[Nachname] Wie "[XYZ]*"

Die Bedingung

[Nachname] Wie „[A]*"

legt fest, daß alle Datensätze dargestellt werden, deren Nachname mit dem Buchstaben A beginnt. Das Makro für die Schaltfläche „Alle" verwendet die Makroaktion **AnzeigenAlleDatensätze**, mit der alle Filter aufgehoben werden. Diese Aktion besitzt keine Aktionsargumente.

Makroname	Aktion	Bedingung
SF_Alle	AnzeigenAlleDatensätze	

11.1.3 Makros den Schaltflächen zuordnen

Tragen Sie abschließend die Makros in die Eigenschaft „Beim Klicken" für die einzelnen Schaltflächen ein.

Schaltfläche	Makro	Schaltfläche	Makro
A	SF_A		
B	SF_B		
C	SF_C		
D	SF_D		
E	SF_E	Alle	SF_Alle

11.2 Daten aus einer Liste auswählen

Eine weitaus komfortablere Methode, um zu einem bestimmten Datensatz zu gelangen, als diesen über die Navigationsschaltflächen oder die Eingabe der Datensatznummer aufzusuchen, bietet ein Kombinationslistenfeld, über welches ein Mitarbeiterdatensatz direkt durch die Auswahl des Mitarbeiternamens ausgewählt werden kann.

11.2.1 Listenfeld anlegen

Zunächst muß dazu das Kombinationslistenfeld, welches die Namen aller in der Tabelle „Mitarbeiter" gespeicherten Namen enthält, angelegt werden. Erstellen Sie ein Kombinationslistenfeld, ohne dafür den Steuerelementassistenten zu verwenden. Schalten Sie den Steuerelementassistenten eventuell durch Klikken auf das links abgebildete Symbol aus. Öffnen Sie das Eigenschaftsfenster für das neue Steuerelement, und vergeben Sie als Namen für das Listenfeld die Bezeichnung „Namenssuche". Der Herkunftstyp muß mit „Tabelle/Abfrage" eingestellt werden, da die anzuzeigenden Daten der Tabelle „Mitarbeiter" entnommen werden sollen.

Um die Eigenschaft „Datensatzherkunft" einzustellen, verwenden Sie den Abfrageeditor, wie in Kapitel 9 im Unterpunkt 9.2.3 „Listen- und Kombinationsfelder verwenden" beschrieben, und definieren drei Spalten für das Listenfeld. Die erste Spalte enthält die Personalnummer, mit Hilfe derer ein Datensatz eindeutig bestimmbar und somit ausgewählt werden kann. Nehmen Sie in die zweite Spalte den vollen Nachnamen der Mitarbeiter auf, sowie in die dritte Spalte den Vornamen und mit einem Komma getrennt den Titel. Sie können auch die zweite und die dritte Spalte zu einer zusammenfassen, wenn Ihnen diese Darstellungsweise besser gefallen sollte.

Definieren Sie die Spalte, welche die Personalnummer enthält, als gebundene Spalte, und blenden Sie sie aus, indem Sie ihr die Spaltenbreite „0 cm" zuordnen.

Bild 11-4:
Listenfeld zur Auswahl eines Datensatzes

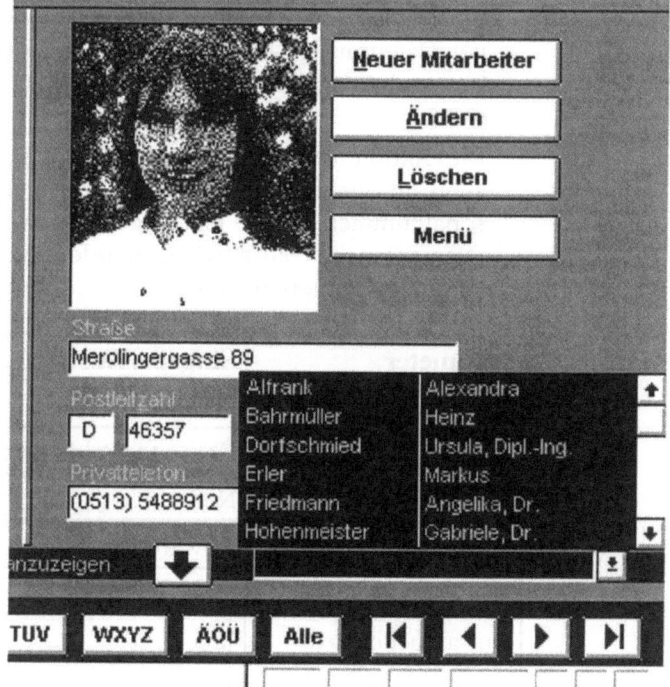

11.2.2 Makro für das Suchen erstellen

Das Makro verwendet die Suchfunktion von ACCESS, um zu dem im Listenfeld ausgewählten Datensatz zu gelangen. Da das Makro dem Formular „Mitarbeiterstammdaten" zugeordnet ist, soll es in der gleichnamigen Makrogruppe angelegt werden.

Das Makro muß folgende Aktionen durchführen:

1. Da im Feld „Personalnummer" nach dem Datensatz gesucht werden soll, muß der Fokus auf dieses Feld gelegt werden. Makroaktion: **GeheZuSteuerelement.**

   Als zusätzlicher Parameter ist der Name des Steuerelements anzugeben, zu dem gewechselt werden soll, in diesem Fall „Personalnummer".

2. Da zum Zeitpunkt der Suche ein Filter aktiv sein könnte, sollen wieder alle Datensätze angezeigt werden, damit es zu keinem Fehler führt, wenn der ausgewählte Datensatz aufgrund des aktiven Filters nicht angezeigt werden kann. Makroaktion: **AnzeigenAlleDatensätze.**

   Die Makroaktion besitzt keine weiteren Parameter. Es wird der aktive Filter aufgehoben, und es gelangen wieder alle Datensätze zur Anzeige.

3. Im Feld Personalnummer wird mittels der Suchfunktion jener Datensatz gesucht, dem die im Listenfeld ausgewählte Personalnummer entspricht. Makroaktion: **SuchenDatensatz.**

   Die Aktion verlangt als Parameter jene Angaben, die Sie auch im Suchfenster angeben können. Damit im Feld Personalnummer nach jener gesucht wird, die im Feld „Namenssuche" ausgewählt worden ist, müssen folgende Parameter vergeben werden:

Parameter	Eingabe/Auswahl
Suchen Nach	=[Namenssuche]
Vergleichen	Gesamter Feldinhalt
Groß/Kleinschreibung	Nein
Suchen	Abwärts
Wie Formatiert	Nein
Nur aktuelles Feld	Ja
Am Anfang beginnen	Ja

Von Bedeutung sind die ersten beiden sowie die beiden letzten Parameter, in den anderen Feldern kann der Vorgabewert übernommen werden

4. Abschließend wird der Inhalt des Feldes „Namenssuche" gelöscht, denn der ausgewählte Datensatz würde auch dann angezeigt werden, wenn mittels Datensatznavigation zu einem ganz anderen Datensatz gewechselt wird. Das würde dazu führen, daß der Namen des angezeigten Datensatzes nicht mehr mit dem im Listenfeld angezeigten übereinstimmt. Wird der Inhalt des Listenfeldes jedoch gelöscht, wird das Gesamtbild durch eine Leeranzeige in diesem Listenfeld nicht gestört. Makroaktion: **SetzenWert**.

Parameter	Eingabe/Auswahl
Feld	[Namenssuche]
Ausdruck	Null

11.2.3 Makro zuordnen

Das Makro für das Aufsuchen eines ausgewählten Datensatzes muß immer dann gestartet werden, wenn der Benutzer im Listenfeld eine neue Auswahl trifft. Das heißt, das Makro wird nicht, wie bisher gewohnt, durch das Klicken auf eine Schaltfläche aufgerufen. Das Ereignis, daß eine neue Auswahl im Listenfeld getroffen wird, muß das Ausführen des Makros bewirken. Dafür gibt es die Eigenschaft „Nach Aktualisierung" für das Feld „Namenssuche".

Tragen Sie den Makronamen „Mitarbeiterstammdaten.NamenSuche" in der Zeile der beschriebenen Eigenschaft ein.

11.3 Druckmenü aufbauen

Als Basis für das Druckmenü fungiert das bereits erstellte Druckmenü-Formular (Siehe Kapitel 9.2.2). Eine Optionsgruppe ermöglicht dem Anwender die Auswahl zwischen folgenden Druckvarianten:

- Adressetiketten
- Adressliste
- Hardwareliste
- Softwareliste
- Stammdatenblatt
- Firmenfahrzeuge
- Gehaltsliste

Zusätzlich soll für den Fall, daß „Adressetiketten" als Auswahl getroffen werden die Möglichkeit eingebaut werden, eine Auswahloption bereitzustellen, die festlegt, ob alle Adressetiketten, nur jene mit den deutschen Adressen oder ausschließlich jene mit österreichischen Adressen gedruckt werden. Die Auswahl soll ebenso über eine Optionsgruppe erfolgen, welche nur dann im Formular angezeigt wird, wenn auch tatsächlich Adressetiketten ausgewählt sind. Andernfalls soll diese Optionsgruppe ausgeblendet sein.

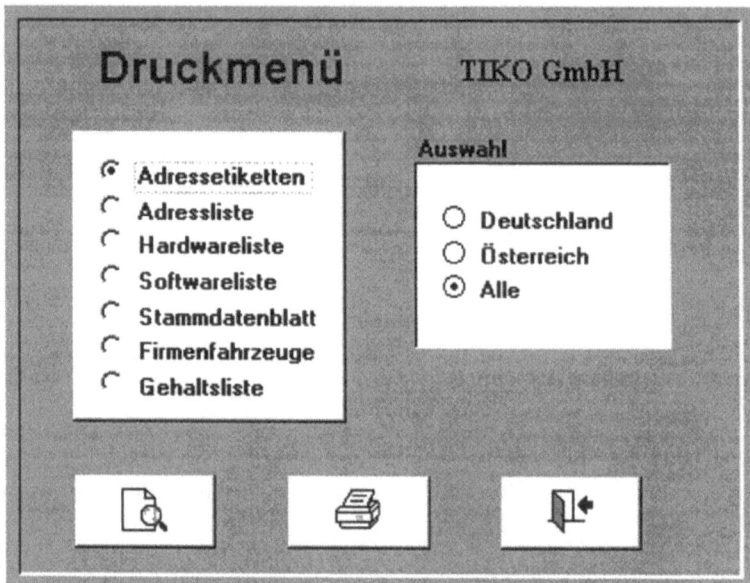

Bild 11-5: Zusatzauswahl für Adressetiketten

Meist besteht beim Druck von Mitarbeiterstammdatenblättern die Anforderung, jenes eines bestimmten Mitarbeiters zu drucken, selten sollen zugleich die Stammdatenblätter aller Mitarbeiter zugleich gedruckt werden. Ein Listenfeld soll die Auswahl des Mitarbeiters ermöglichen. Erfolgt keine Auswahl, sollen automatisch die Stammdatenblätter aller Mitarbeiter gedruckt werden. Auch dieses Auswahllistenfeld soll nur dann im Formular angezeigt werden, wenn die Druckoption „Stammdatenblatt" ausgewählt ist.

11.3 Druckmenü aufbauen

Bild 11-6:
Auswahl des Mitarbeites zum Stammdatenblattdruck

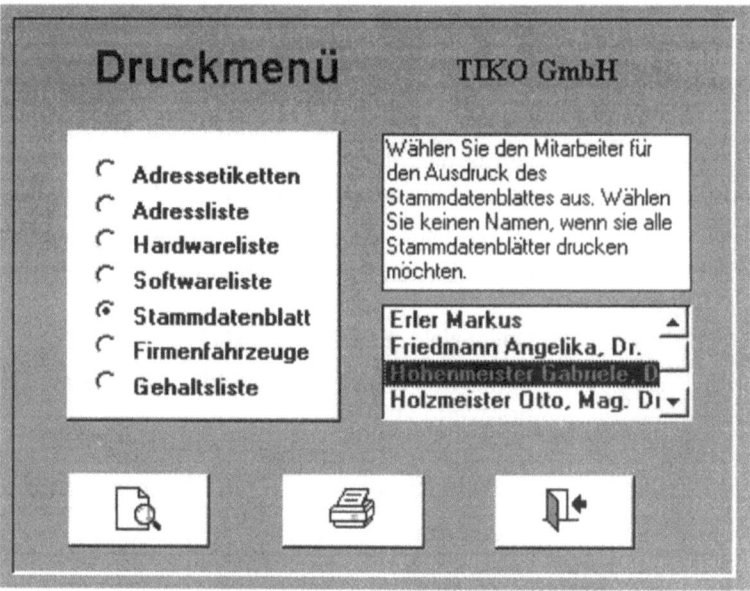

Das gleiche Prinzip soll für die Druckoption „Firmenfahrzeuge" umgesetzt werden. Ein Kombinationslistenfeld soll die Auswahl jenes Mitarbeiters ermöglichen, dessen Fahrzeugzeiten über den Drucker ausgegeben werden sollen. Wird im Kombinationslistenfeld keine Auswahl getroffen, sollen auch hier alle Daten ausgedruckt werden.

Bild 11-7:
Auswahl des Mitarbeiters für die Ausgabe der Fahrzeugbenutzung

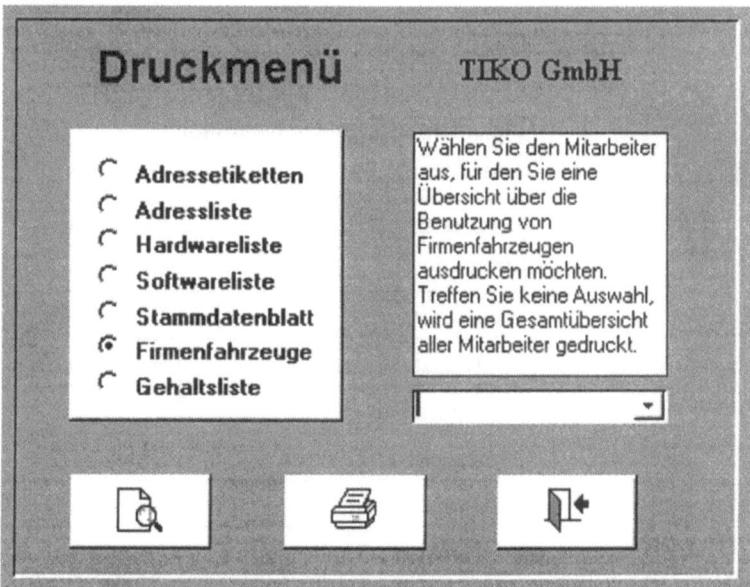

11 Komplexe Makros der Datenbank PERSONAL

11.3.1 Zusatzabfragen ein- und ausblenden

Die Zusatzabfragen, über die definiert wird, welche Adressetiketten, welche Stammdatenblätter oder die Benutzung von Dienstfahrzeugen welchen Mitarbeiters gedruckt werden sollen, müssen je nachdem, welche Auswahl der Anwender in der Optionsgruppe ausgewählt hat, ein- und ausgeblendet werden.

Öffnen Sie das Formular „Druckmenü" in der Entwurfsansicht, und erstellen Sie nebeneinander folgende drei Steuerelemente:

Optionsfeld „Etikettenauswahl"

Erstellen Sie ein Optionfeld, und weisen Sie ihm folgende Optionwerte zu:

Beschriftung	Optionswert
Deutschland	1
Österreich	2
Alle	3

Weisen Sie der Optionsgruppe den Namen **„Etikettenauswahl"** zu.

Hinweis: Vergeben Sie als Steuerelementname einen sprechenden Namen, da dieser im Makro angegeben werden muß und dadurch die Lesbarkeit des Makros erhöht wird.

Tragen Sie im Eigenschaftsfenster den Standardwert 3 ein, damit als Vorgabe die Option „Alle" ausgewählt ist.

Listenfeld „Stammdatenauswahl"

Erstellen Sie ein Listenfeld mit folgenden Einstellungen:

Eigenschaft	Einstellung
Name	Stammdatenauswahl
Herkunftstyp	Tabelle/Abfrage
Datensatzherkunft	SQL-Statement
Spaltenanzahl	2
Spaltenüberschriften	Nein
Spaltenbreiten	0 cm; 5 cm
Gebundene Spalte	1

Zur Erstellung des SQL-Statements in der Spalte **Datensatzherkunft** verwenden Sie den Abfrageeditor. Fügen Sie die Tabelle „Mitarbeiter" hinzu, und ziehen Sie in die erste Spalte des QBE-Bereichs das Feld „Personalnummer". In der zweiten Spalte verwenden Sie den Ausdruck

```
[Nachname]+" "+[Vorname]+Wenn([Titel] Ist Null;"";", "+[Titel]),
```

um den vollen Namen darzustellen. Sortieren Sie die zweite Spalte aufsteigend.

Schreiben Sie in das Bezeichnungsfeld des Listenfeldes den Text: *„Wählen Sie den Mitarbeiter für den Ausdruck des Stammdatenblattes aus. Wählen Sie keinen Namen, wenn sie alle Stammdatenblätter drucken möchten."*, und formatieren Sie das Listenfeld nach Ihren Vorstellungen.

Kombinationslistenfeld "Fahrzeugauswahl"

Erstellen Sie ein Kombinationslistenfeld mit folgenden Einstellungen:

Eigenschaft	Einstellung
Name	Fahrzeugauswahl
Herkunftstyp	Tabelle/Abfrage
Datensatzherkunft	SQL-Statement
Spaltenanzahl	2
Spaltenüberschriften	Nein
Spaltenbreiten	0 cm; 5 cm
Gebundene Spalte	1
Zeilenanzahl	8
Listenbreite	5 cm
Nur Listeneinträge	Ja
Automatisch ergänzen	Ja

Das SQL-Statement entspricht dem des Feldes Stammdatenauswahl. Wichtig ist, daß der Benutzer nur Listeneinträge eingeben kann, um Fehler zu vermeiden, wenn der Bericht für einen Namen geöffnet werden soll, welcher nicht existiert. Durch den Parameter „Ja" in der Zeile „Automatisch ergänzen" müssen Sie nur

11 Komplexe Makros der Datenbank PERSONAL

die ersten Buchstaben eingeben, um eine Auswahl in der Liste zu treffen.

Schreiben Sie in das Bezeichnungsfeld des Listenfeldes den Text: *„Wählen Sie den Mitarbeiter aus, für den Sie eine Übersicht über die Benutzung von Firmenfahrzeugen ausdrucken möchten. Treffen Sie keine Auswahl, wird eine Gesamtübersicht aller Mitarbeiter gedruckt."*

Bild 11-8:
Steuerelemente für Zusatzauswahl

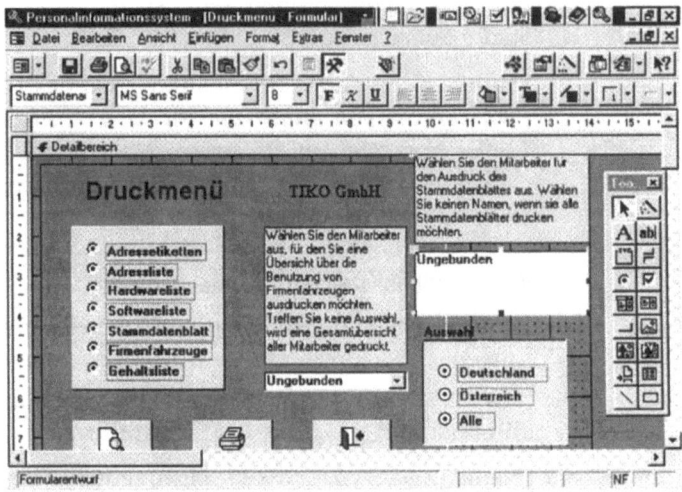

Legen Sie nun alle drei Steuerelemente übereinander, nachdem Sie sie nach Ihren Vorstellungen formatiert haben, und stellen Sie die korrekte Größe des Formulares ein.

Bild 11-9:
Übereinandergelegte Steuerelemente

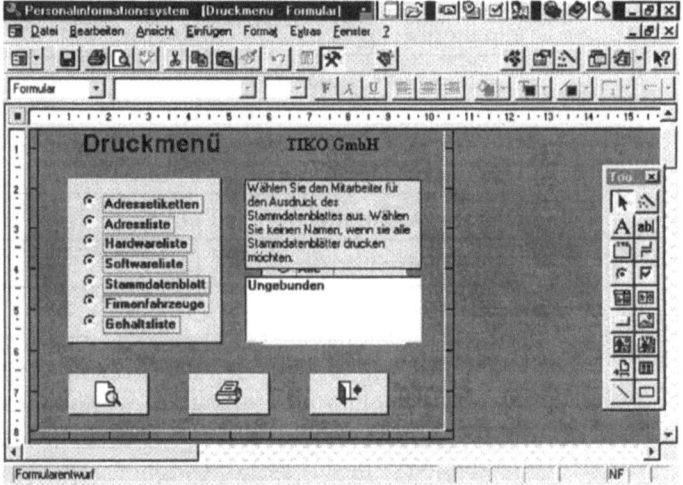

11.3 Druckmenü aufbauen

Ein steuerndes Makro muß, je nachdem welche Auswahl jeweils in der Optionsgruppe getroffen worden ist, entweder ein Steuerelement für die Zusatzauswahl einblenden und die übrigen ausblenden oder alle ausblenden.

Diese Anforderung erfordert ein neues Element in der Makroerstellung, die **bedingte Anweisung**. Blenden Sie im Makroentwurf über den Menübefehl **Ansicht Bedingungen** die Spalte Bedingung ein, oder klicken Sie auf das entsprechende Icon in der Symbolleiste (s. Marginalienspalte).

Bild 11-10:
Anzeigen der Bedingung

Bedingte Anweisungen legen fest, daß die Ausführung der Makroaktion an eine Bedingung geknüpft ist, die erfüllt sein muß. Ist sie das nicht, wird die Makroaktion nicht ausgeführt und das Makro setzt bei der ersten auf die Bedingung folgenden Makrozeile fort.

Sollen mehrere aufeinanderfolgende Makroaktionen an eine Bedingung geknüpft werden, müssen in den auf die Bedingung folgenden Zeilen in der Spalte „Bedingung" drei Punkte (...) eingegeben werden.

Im Beispielfall wird als Bedingung der Wert des Steuerelementes **Berichtswahl** herangezogen. Hinter dem Namen Berichtswahl verbirgt sich das Optionsfeld zur Auswahl des Berichtes, welcher gedruckt werden soll. Wie in Kapitel 9.2.2 beschrieben, geben die einzelnen Auswahlkriterien folgende Optionswerte an das Feld Berichtswahl zurück:

Option	Optionswert
Adressetiketten	1
Adressliste	2

Option	Optionswert
Hardwareliste	3
Softwareliste	4
Stammdatenblatt	5
Firmenfahrzeuge	6
Gehaltsliste	7

Über die Makroaktion **SetzenWert** können die Eigenschaften von Steuerelementen, welche Sie gewöhnlich im Eigenschaftsfenster direkt editieren, zur Laufzeit verändert werden. Die Aktion „SetzenWert" besitzt die Aktionsargumente

- **Feld** und
- **Ausdruck**.

In der Zeile **Feld** ist der Name des Steuerelementes anzugeben, dem ein Wert zugewiesen werden soll. Im Beispielfall soll nicht dem Steuerelement selber, sondern einer seiner Eigenschaften ein Wert zugewiesen werden. Eine Eigenschaft geben Sie an, indem Sie sie hinter dem Steuerlementnamen durch einen Punkt getrennt den Namen der Eigenschaft, so wie er im Eigenschaftsfenster angeführt ist, eingeben. So sprechen Sie beispielsweise die Eigenschaft „Sichtbar" des Steuerelementes „Etikettenauswahl" mit dem Ausdruck

```
[Etikettenauswahl].[Sichtbar]
```

an. Im Feld **Ausdruck** geben Sie an, was dem Feld zugewiesen wird. Weisen Sie der Eigenschaft „Sichtbar" den Ausdruck „Ja" zu, um das Steuerelement einzublenden, und „Nein", um das Steuerelement auszublenden.

Das der Makrogruppe **Druckmenü** zugeordnete Makro **Zusatzauswahl** steuert das Ein- und Ausblenden der Steuerelemente, abhängig von der vom Benutzer getroffenen Auswahl in der Optionsgruppe des Druckmenüs.

Makroname	Bedingung	Aktion	Aktionsargumente
Zusatzauswahl	[Berichtswahl]=1	SetzenWert	[Etikettenauswahl].[Sichtbar]; Ja
	...	SetzenWert	[Stammdatenauswahl].[Sichtbar]; Nein

11.3 Druckmenü aufbauen

Makro-name	Bedingung	Aktion	Aktionsargumente
	...	SetzenWert	[Fahrzeugauswahl].[Sichtbar]; Nein
	[Berichtswahl]=5	SetzenWert	[Etikettenauswahl].[Sichtbar]; Nein
	...	SetzenWert	[Stammdatenauswahl].[Sichtbar]; Ja
	...	SetzenWert	[Fahrzeugauswahl].[Sichtbar]; Nein
	[Berichtswahl]=6	SetzenWert	[Etikettenauswahl].[Sichtbar]; Nein
	...	SetzenWert	[Stammdatenauswahl].[Sichtbar]; Nein
	...	SetzenWert	[Fahrzeugauswahl].[Sichtbar]; Ja
	[Berichtswahl] Nicht In (1;5;6)	SetzenWert	[Etikettenauswahl].[Sichtbar]; Nein
	...	SetzenWert	[Stammdatenauswahl].[Sichtbar]; Nein
	...	SetzenWert	[Fahrzeugauswahl].[Sichtbar]; Nein

Die Bedingung

`[Berichtswahl]=1`

tritt in Kraft, wenn die Option „Adressetiketten" ausgewählt ist, die Optionsgruppe „Etikettenauswahl" eingeblendet ist und gleichzeitig „Stammdatenauswahl" und „Fahrzeugauswahl" ausgeblendet werden. Nach demselben Muster wirken die Bedingungen

`[Berichtswahl]=5` bzw. `[Berichtswahl]=6`.

Da die Bedingungen im Bereich von Makros keinen Sonst-Wert beinhalten, muß auch die Umkehrbedingung abgefragt werden, im Beispielfall ist die Bedingung

`[Berichtswahl] Nicht In (1;5;6)`

anzugeben.

11.3.2 Aufruf des Makros

Das Makro „Zusatzauswahl" muß bei zwei verschiedenen Ereignissen aufgerufen werden:

1. Beim Öffnen des Formulars „Druckmenü", damit die korrekten Elemente im Formular angezeigt werden, sobald dieses geöffnet wird.

11 Komplexe Makros der Datenbank PERSONAL

2. Jedesmal, wenn in der Optionsgruppe eine neue Auswahl getroffen worden ist, damit sofort eine weitere Auswahl möglich ist, sobald die entsprechende Option zur Wahl steht.

Eintrag im Eigenschaftsfenster des Formulars **Druckmenü**

Eigenschaft	Eintrag
Beim Öffnen	Druckmenü.Zusatzauswahl

Eintrag im Eigenschaftsfenster der Optionsgruppe **Berichtswahl**

Eigenschaft	Eintrag
Nach Aktualisierung	Druckmenü.Zusatzauswahl

11.3.3 Seitenansicht programmieren

Noch fehlen die Makros für die Schaltflächen „Seitenansicht" und „Drucken". Weisen Sie der Eigenschaft „Beim Klicken" der Schaltfläche „Seitenansicht" den Makronamen **Druckmenü.SF_Seitenansicht** zu.

Das Makro SF_Seitenansicht verwendet die Makroaktion **SetzenWert**, um das Formular Druckmenü auszublenden, und die Aktion **ÖffnenBericht**, um den jeweils ausgewählten Bericht in der Seitenansicht zu öffnen. Schließlich wird mit der Aktion **Schließen** das Formular „Druckmenü" geschlossen.

Beachten Sie: Das Formular „Druckmenü" darf zum Zeitpunkt, in dem der Bericht geöffnet wird, noch nicht geschlossen sein, da Werte aus dem Formular übergeben werden müssen. Dabei handelt es sich um jene Werte, die die anzuzeigenden Daten bestimmen, wie zum Beispiel die Personalnummer des Mitarbeiters, dessen Stammdaten angezeigt werden sollen.

Die Makroaktion **ÖffnenBericht** besitzt vier Aktionsargumente, die in folgender Weise zu behandeln sind:

Berichtsname
Der Name des Berichts, der geöffnet werden soll. Sie können den Namen des Berichts aus der Liste auswählen.

Ansicht
Es stehen die drei Möglichkeiten *Seitenansicht*, *Ausdruck* und *Entwurf* zur Verfügung. Wenn Sie Ausdruck wählen, wird der Bericht direkt gedruckt.

Filtername
Der Name einer Abfrage oder eines als Abfrage gespeicherten Filters. Durch die Angabe eines solchen kann die Anzeige/der Ausdruck auf bestimmte Daten eingeschränkt werden.

11.3 Druckmenü aufbauen

Bedingung

Durch die Eingabe einer SQL-Klausel oder einer Bedingung kann die Anzeige/der Ausdruck auf bestimmte Daten eingeschränkt werden. Zum Erstellen eines Ausdrucks kann der Ausdrucks-Editor verwendet werden.

Die Abfragen „Staat A" und „Saat D" werden verwendet, um die im Druckmenü angebotene Auswahl beim Adressetikettendruck umzusetzen.

Erstellen Sie eine neue Abfrage, und fügen Sie die Tabelle „Mitarbeiter" hinzu. Wählen Sie folgende Felder für die Abfrage aus:

- *VollerName*:   Wenn([Titel] Ist Null;[Vorname]+" "+[Nachname];[Titel]+" "+[Vorname]+" "+[Nachname])
- *Straße*
- *Länderkennzeichen*
- *Postleitzahl*
- *Ort*

Sortieren Sie „VollerName" aufsteigend, und vergeben Sie als Kriterium in der Spalte Länderkennzeichen „A". Speichern Sie die Abfrage unter dem Namen „Staat A".

Modifizieren Sie das Kriterium in der Spalte Länderkennzeichen auf „D", und speichern Sie die Abfrage erneut unter dem Namen „Staat D" , indem Sie aus dem Menü **Datei** den Befehl **Speichern unter** verwenden.

Erstellen Sie nun nachstehend angeführtes Makro:

Bedingung	Aktion	Aktionsargumente
	SetzenWert	[Formulare]![Druckmenü].[Sichtbar]; Nein
[Berichtswahl]=1 Und [Etikettenauswahl]=1	ÖffnenBericht	Adressetiketten; Seitenansicht; Staat D
[Berichtswahl]=1 Und [Etikettenauswahl]=2	ÖffnenBericht	Adressetiketten; Seitenansicht; Staat A
[Berichtswahl]=1 Und [Etikettenauswahl]=3	ÖffnenBericht	Adressetiketten; Seitenansicht
[Berichtswahl]=2	ÖffnenBericht	Adressliste; Seitenansicht
[Berichtswahl]=3	ÖffnenBericht	Hardwareliste; Seitenansicht
[Berichtswahl]=4	ÖffnenBericht	Softwareliste; Seitenansicht

Bedingung	Aktion	Aktionsargumente
[Berichtswahl]=5 Und [Stammdatenauswahl] Ist Null	ÖffnenBericht	Stammdatenblatt; Seitenansicht
[Berichtswahl]=5 Und [Stammdatenauswahl] Ist Nicht Null	ÖffnenBericht	Stammdatenblatt; Seitenansicht; ; [Personalnummer]=[Formulare]! [Druckmenü]![Stammdatenauswahl]
[Berichtswahl]=6 Und [Fahrzeugauswahl] Ist Null	ÖffnenBericht	Benutzung Firmenfahrzeuge; Seitenansicht
[Berichtswahl]=6 Und [Fahrzeugauswahl] Ist Nicht Null	ÖffnenBericht	Benutzung Firmenfahrzeuge; Seitenansicht; ; [Personalnummer]=[Formulare]! [Druckmenü]![Fahrzeugauswahl]
[Berichtswahl]=7	ÖffnenBericht	Gehaltsliste; Seitenansicht
	Schließen	Formular; Druckmenü

Wählt der Benutzer beispielsweise Adressetiketten mit der Zusatzauswahl „Deutschland" und klickt auf die Schaltfläche Seitenansicht, ist die Bedingung

"[Berichtswahl]=1 Und [Etikettenauswahl]=1"

erfüllt und der Bericht „Adressetiketten" wird in der Seitenansicht geöffnet. Da beim Aufruf des Berichtes, der ohne Angabe eines Filternamens alle Adressen ausgibt, der Filter „Staat D" aktiviert worden ist, werden nur jene Daten in den Bericht aufgenommen, die den Kriterien des Filters entsprechen, im Anwendungsfall alle Adressen der deutschen Mitarbeiter.

Die Bedingung

"[Berichtswahl]=5 Und [Stammdatenauswahl] Ist Nicht Null"

ist dann erfüllt, wenn der Anwender die Option Stammdatenblatt ausgewählt und zusätzlich im Feld Stammdatenauswahl einen Eintrag vorgenommen hat. Wenn im Listenfeld Stammdatenauswahl keine Auswahl getroffen worden wäre, wäre die Bedingung

[Stammdatenauswahl] Ist Null

erfüllt.

Ebenso, wie zuvor die angezeigten Daten durch die Angabe eines Filters beim Öffnen gefiltert worden sind, kann eine Filterung auch durch die Eingabe einer Bedingung erfolgen. Im Beispielsfall soll nur jener Datensatz im Bericht angezeigt werden, dessen Personalnummer im Listenfeld Stammdatenauswahl ausgewählt worden ist. Das wird über folgende Bedingung erreicht:

[Personalnummer]=[Formulare]![Druckmenü]![Fahrzeugauswahl]

Personalnummer:
Datensatz in der dem Bericht zugrundeliegenden Tabelle

[Formulare]![Druckmenü]![Fahrzeugauswahl]:
Listenfeld im Druckmenü

Die Personalnummer im Bericht entspricht der im Druckmenü ausgewählten. Da mehrere Datenbankobjekte (Bericht und Formular) zum Zeitpunkt des Aufrufs aktiv sind, muß zum Namen des Steuerelements „Fahrzeugauswahl" zusätzlich der Name des Formulares angegeben werden, damit ACCESS das Feld eindeutig bestimmen kann. Die Syntax *Formulare!Formularname* verweist auf das Feld in einem Formular.

Damit auf dieses Feld Bezug genommen werden kann, muß das Formular aufgrufen werden. Aus diesem Grund wird das Formular zu Beginn des Makros lediglich ausgeblendet und nicht geschlossen. Geschlossen wird das Formular erst mit dem letzten Makrobefehl, wenn alle anderen Aktionen abgeschlossen sind.

11.3.4 Druckausgabe programmieren

Das Makro für die Druckausgabe ist weitgehend mit jenem für das Öffnen der Berichte in der Seitenansicht identisch. Der einzige Unterschied besteht darin, daß bei den Makroaktionen „Öffnen Bericht" das Aktionsargument „Ansicht" auf „Ausdruck" eingestellt werden muß, um die Berichte direkt über den Drukker auszugeben, ohne das Ergebnis vorher auf den Bildschirm anzuzeigen.

Bedingung	Aktion	Aktionsargumente
	SetzenWert	[Formulare]![Druckmenü].[Sichtbar]; Nein
[Berichtswahl]=1 Und [Etikettenauswahl]=1	ÖffnenBericht	Adressetiketten; Ausdruck; Staat D

Bedingung	Aktion	Aktionsargumente
[Berichtswahl]=1 Und [Etikettenauswahl]=2	ÖffnenBericht	Adressetiketten; Ausdruck; Staat A
[Berichtswahl]=1 Und [Etikettenauswahl]=3	ÖffnenBericht	Adressetiketten; Ausdruck
[Berichtswahl]=2	ÖffnenBericht	Adressliste; Ausdruck
[Berichtswahl]=3	ÖffnenBericht	Hardwareliste; Ausdruck
[Berichtswahl]=4	ÖffnenBericht	Softwareliste; Ausdruck
[Berichtswahl]=5 Und [Stammdatenauswahl] Ist Null	ÖffnenBericht	Stammdatenblatt; Ausdruck
[Berichtswahl]=5 Und [Stammdatenauswahl] Ist Nicht Null	ÖffnenBericht	Stammdatenblatt; Ausdruck; ; [Personalnummer]=[Formulare]![Druckmenü]![Stammdatenauswahl]
[Berichtswahl]=6 Und [Fahrzeugauswahl] Ist Null	ÖffnenBericht	Benutzung Firmenfahrzeuge; Ausdruck
[Berichtswahl]=6 Und [Fahrzeugauswahl] Ist Nicht Null	ÖffnenBericht	Benutzung Firmenfahrzeuge; Ausdruck; ; [Personalnummer]=[Formulare]![Druckmenü]![Fahrzeugauswahl]
[Berichtswahl]=7	ÖffnenBericht	Gehaltsliste; Ausdruck
	Schließen	Formular; Druckmenü

12 Programmiersprache VBA nutzen

Zum Programm ACCESS gehört eine vollständige Programmiersprache mit der Bezeichnung VBA (für Visual Basic for Applications). Damit steht Ihnen ein Werkzeug zur Verfügung, das es Ihnen ermöglicht, die Leistungsfähigkeit sowie die Kontrollmöglichkeiten über mit ACCESS konzipierte Anwendungslösungen zu erweitern.

12.1 Leistungsmerkmale von VBA

VBA ist eine auf Visual Basic basierende Sprache, die auch in anderen Office-Produkten von Microsoft integriert ist. In ACCESS wurde sie um applikationsspezifischen Erweiterungen und den Zugriff auf die vorhandenen Datenbankobjekte erweitert. Durch die Vereinheitlichung der Programmierumgebung für alle Office-Produkte wird die Entwicklung von applikationsübergreifenden Anwendungen besonders unterstützt. Sie werden zu einem späteren Zeitpunkt in diesem Buch ein Beispiel zu einer solchen Integration finden.

VBA gibt Ihnen alle Möglichkeiten für eine professionelle Datenbank-Anwendungsentwicklung. Zum **Leistungsspektrum** zählen:

1) Funktionalität einer vollständigen Programmiersprache

Alle Merkmale einer typischen Programmiersprache sind vorhanden. Beispiele sind:

Anweisungen für Kontrollstrukturen (Schleifen, If-Then-Else) sowie die Anwendung von Funktionen, rekursiven Prozeduren und mehrdimensionalen Arrays. Wer bereits mit anderen Programmiersprachen (wie C, Basic oder Pascal) Erfahrung hat, dürfte so innerhalb kürzester Zeit mit VBA zurechtkommen.

2) Befehle zur Manipulation von Datenbankobjekten

Mittels spezieller Befehle können Sie die Datenbankobjekte (Formulare, Berichte, Daten etc.) gezielt manipulieren. So lassen sich einfach typische Funktionen wie das Erfassen eines neuen Datensatzes, das Ändern oder das Löschen eines vorhandenen Datensatzes programmieren.

12 Programmiersprache VBA nutzen

3) Integrierte Entwicklungsumgebung

Hierfür stehen verschiedene Fenster zum Editieren und Debuggen sowie ein Direktfenster für den Test von Prozeduren, Variablen und Ausdrücken bereit. Ausführlicher wird hierauf in Kapitel 16 dieses Buches eingegangen.

4) Schneller Compiler

Die Compilation von Programmen wird quasi sofort mit der Entwicklung des Programms durchgeführt. Der Code kann während des Debuggings unmittelbar geändert werden, ein eigener Compilationsschritt ist nicht erforderlich.

5) Runtime-Modul

Damit kann der Entwickler ablauffähige Anwendungen erstellen und diese ohne Lizenzgebühren weitervertreiben. Um dieses zu erzeugen, benötigen Sie das ADT, das **Access Developers Toolkit**, für ACCESS 7.0.

Grundsätzlich können Sie die Programmiersprache VBA ähnlich wie Makros verwenden und damit erzeugte Objekte gezielt zu einem einheitlichen Anwendungssystem verknüpfen. Allerdings ist hiermit eine leistungsfähigere und feinere Anwendungssteuerung möglich, als dies nur mit Makros der Fall wäre. Makros und Nutzung der Programmiersprache sollten sich ergänzen. So können Sie beispielsweise in den programmierten Modulen recht einfach erstellte Makros integrieren.

Wo liegen nun typische Einsatzmöglichkeiten von VBA? Folgende Beispiele sollen zeigen, wo Sie anstelle von Makros zweckmäßigerweise die Funktionalität der Programmiersprache nutzen:

Vereinfachte Wartung Ihrer Datenbank

Da Makros, wie die Formulare und Berichte, die sie verwenden, eigenständige Objekte darstellen, ist eine Datenbank, die viele Makros beinhaltet, welche auf Ereignisse in Formularen und Berichten reagieren, unter Umständen schwer zu warten. Im Gegensatz dazu sind Visual Basic-Ereignisprozeduren fester Bestandteil der Formulare und Berichte. Wenn Sie ein Formular oder einen Bericht von einer Datenbank zu einer anderen verschieben, werden die in das Formular oder den Bericht integrierten Ereignisprozeduren ebenfalls übernommen.

Verwendung eigener Funktionen

ACCESS bietet eine Vielzahl eingebauter Funktionen, wie z.B. die Funktion ZINSZ, die den Betrag von Zinszahlungen berechnet. Sie können mit solchen Funktionen Berechnungen durchführen, ohne daß Sie komplizierte Ausdrücke erstellen müssen. Neben der Nutzung von eingebauten Standardfunktionen können Sie nun eigene Funktionen erstellen. Diese bieten Ihnen dann die Möglichkeit, Berechnungen durchzuführen, die durch die Definition von Ausdrücken nicht möglich werden. Außerdem

12.1 Leistungsmerkmale von VBA

	können so komplexe Ausdrücke durch einfachen Funktionsaufruf ersetzt werden. Darüber hinaus können Sie die Funktionen, die Sie in Ausdrücken erstellen, dazu verwenden, eine allgemeine Operation auf mehrere Objekte anzuwenden.
Weitergehende Möglichkeiten zur Bearbeitung von Objekten:	Mit der Nutzung von VBA können Sie die erzeugten Objekte Ihrer Datenbank gezielt bearbeiten. Auch datensatzweise sind Operationen möglich (nicht nur in Datensatzgruppen wie bei Makros). Mit Visual Basic können Sie in einer Gruppe von Datensätzen einen Datensatz nach dem anderen durchgehen und jeweils eine Operation ausführen.
Gezieltere Fehlerbehandlung:	Durch die Verwendung von VBA können Sie Ihre Anwendungen so konzipieren, daß bestimmte Fehler bereits bei ihrem Auftreten erkannt werden. Auch eigene Fehlermeldungen lassen sich anzeigen sowie Aktionen festlegen, die von der Anwendung im Fehlerfall auszuführen sind.
Verdecken von Fehlermeldungen:	Wenn etwas Unerwartetes eintritt, während ein Benutzer oder eine Benutzerin mit Ihrer Datenbank arbeitet, und ACCESS daraufhin eine Fehlermeldung anzeigt, kann dem Benutzer bzw. der Benutzerin diese Meldung merkwürdig erscheinen, besonders dann, wenn er/sie noch nicht mit dem Programm ACCESS vertraut ist. Mit Hilfe von Visual Basic können Sie den Fehler bei seinem Auftreten aufdecken und dann entweder eine eigene Meldung anzeigen oder andere Aktionen vornehmen.
Ausführen weitergehender Systemoperationen:	Während mit einem Makro nicht besonders viele Aktionen außerhalb von ACCESS ausführbar sind, bietet Ihnen die Nutzung der Programmiersprache die Möglichkeit, gezielt zu überprüfen, ob eine bestimmte Datei im System vorhanden ist. Sie können die OLE-Automatisierung oder den dynamischen Datenaustausch (DDE) verwenden, um mit anderen Windows-basierten Anwendungen, wie Microsoft Excel, zu kommunizieren. Außerdem können Sie Funktionen in Windows-DLLs (Dynamic-Link Libraries) aufrufen.
Erstellen oder Bearbeiten von Objekten.	In den meisten Fällen ist es am bequemsten, ein Objekt in seiner Entwurfsansicht zu erstellen oder zu ändern. Es kann jedoch vorkommen, daß Sie die Definition eines Objekts per Code bearbeiten möchten. Mit Hilfe von Visual Basic können Sie alle Objekte einer Datenbank sowie die Datenbank selbst bearbeiten.
Übergeben von Argumenten an Visual Basic-Prozeduren.	Sie können beim Erstellen eines Makros für dessen Aktionen im unteren Teil des Makrofensters Argumente festlegen. Diese Argumente können jedoch beim Ausführen des Makros nicht geändert werden. Wenn Sie Visual Basic verwenden, können Sie

Argumente an Ihren Code übergeben, während dieser ausgeführt wird. Außerdem können Sie Variablen für Argumente verwenden, was in Makros nicht möglich ist. Dadurch erreichen Sie eine große Flexibilität beim Ausführen Ihrer Visual Basic-Prozeduren.

Straffung des Programmcodes

Durch die Möglichkeit, beim Aufruf Argumente an eine Prozedur zu übergeben, können Sie viel Programmcode sparen, indem Sie Prozeduren mehrfach nutzen. Sie vermeiden damit das wiederholte Schreiben von beinahe gleichem Code.

Merke:
- Um den Anforderungen an eine gute Entwicklungsumgebung gerecht zu werden, verfügt ACCESS über eine strukturierte Programmiersprache, die der Sprache Visual Basic angelehnt ist. Anwendungsentwickler verfügen damit über ein ereignisgesteuertes Programmiermodell und die Möglichkeit, Routinen aus anderen DLLs aufzurufen (DLL = Dynamic Link Libraries).
- Mit der Nutzung von VBA sind Sie vielseitiger und flexibler als mit Makros. Beispiele sind das Erzeugen von Hilfsroutinen und geschlossenen Anwendungen sowie das gezieltere Bearbeiten von Objekten.

Hinweis: Der zweite Teil des Buches befaßt sich mit der Professionalisierung der Anwendung durch den Einsatz von VBA. Die hier beschriebenen Erweiterungen finden Sie in der zweiten auf der CD befindlichen Beispieldatenbank mit dem Namen **Personal VBA**. In dieser Beispieldatenbank wurden nicht nur die Makrolösungen der ersten Beispieldatenbank durch VBA ersetzt, sondern auch andere Gestaltungsmöglichkeiten und fortgeschrittenere Verfahren benutzt.

12.2 Das Modulkonzept von ACCESS

Ein VBA-Programm wird bei ACCESS in einem Modul geschrieben und gespeichert. Dabei kann eine Anwendung auf mehrere Module verteilt sein. Die Grundlagen der Konzipierung und Nutzung von Modulen lernen Sie in diesem Abschnitt kennen.

12.2.1 Grundelemente der Modultechnik

In ACCESS treffen wir auf zwei Arten von Modulen:
- **Globale Module**, die **im Datenbankfenster** unter einer eigenen Rubrik zu finden sind. Die Vergabe von Namen erfolgt wie bei den übrigen Datenbankobjekten. Damit

können die dort gespeicherten Funktionen und Prozeduren anwendungsweit genutzt werden werden.

- Module in den einzelnen Formularen und Berichten, welche **Ereignispozeduren** und **private Sub-Prozeduren** beherbergen. Vom Formular bzw. vom Bericht aus wird dann in das spezifische Modulfenster für die Eingabe der Codierungen umgeschaltet. Wichtig: Die auf diese Weise angelegten Ereignisprozeduren sind auch nur innerhalb des jeweiligen Formulars bzw. Berichts verwendbar. Sie werden jeweils spezifischen Ereignissen eines Formular- oder Berichtsobjekts zugeordnet.

Im Editor gibt es dann keine Unterscheidung mehr. Die Bearbeitung von Codierungen erfolgt in gleicher Weise, unabhängig davon, ob es sich um separate Module oder um Ereignisprozeduren in Formularen bzw. Berichten handelt.

Ein Modul setzt sich aus mehreren Untereinheiten zusammen, die Prozeduren genannt werden. Eine Prozedur nimmt die verschiedenen Anweisungen auf, die während der Laufzeit eines Programms ausgeführt werden sollen. Sie kann eine Sub-Prozedur oder eine Funktion sein.

Am Anfang eines Moduls ist der **Deklarationsbereich** angesiedelt. Hier werden alle Konstanten bzw. Variablen vereinbart. Im Anschluß an den Deklarationsteil werden dann in alphabetischer Reihenfolge **alle** in einem Modul **vorhandenen Prozeduren** angezeigt.

Den **Grundaufbau eines Moduls** veranschaulicht die folgende Abbildung:

Modul
Deklarationsbereich
Prozedur 1 (Sub/Function)
Prozedur 2 (Sub/Function)
Prozedur 3 (Sub/Function)
Prozedur 4 (Sub/Function)

Die Übersicht macht deutlich, daß ein Code in verschiedenen Einheiten zusammengefaßt ist, die **Prozeduren** genannt werden. Eine Prozedur besteht dabei aus mehr oder weniger vielen Anweisungen, die jeweils eine Aktion ausführen oder einen Wert berechnen.

Wichtig ist außerdem der Unterschied zwischen zwei Arten von Prozeduren: Sub-Prozedur und Funktionsprozedur:

- Bei einer **Sub-Prozedur** werden Aktionen ausgeführt, ohne daß ein Wert zurückgegeben wird. Man spricht hier auch von Ereignisprozeduren, die in einem Formular oder Bericht fixiert sein können. Sobald das Programm erkennt, daß in einem Formular, Bericht oder Steuerelement ein bestimmtes Ereignis aufgetreten ist, kann dann automatisch die für das Objekt und Ereignis festgelegte Ereignisprozedur aufgerufen werden.

- Bei einer **Funktionsprozedur** wird immer ein Wert zurückgegeben; beispielsweise das Ergebnis einer Berechnung. Sie können deshalb in Ausdrücke eingesetzt werden. Ein Beispiel ist etwa das Ermitteln eines bestimmten Fälligkeitstermins. Die Berechnungsweise kann auch in Ausdrücken für ein Formular oder einen Bericht verwendet werden.

Den Unterschied im Überblick zeigt die folgende Zusammenstellung:

Sub-Prozedur	**Funktionsprozedur**
es wird kein Wert übergeben	es wird ein Wert übergeben, sie kann in Ausdrücken verwendet werden
beginnt mit dem Schlüsselwort SUB und endet mit END SUB	beginnt mit dem Schlüsselwort FUNCTION und endet mit END FUNCTION

Beispiel:
SUB Prozedurname (Argumente)
    Anweisungen
END SUB
	Beispiel:
	FUNCTION Prozedurname (Argumente)
	    Anweisungen
	Prozedurname (Rückgabewert)
	END FUNCTION

12.2 Das Modulkonzept von ACCESS

Beachten Sie außerdem verschiedene Grundsätze zur Anwendungsrealisierung über Module:

- Alle auf ein Formular oder Bericht bezogenen Prozeduren sollten gemeinsam mit diesem abgespeichert werden.
- Funktionen, die von generellem Bedarf sind, sollten in globalen Modulen gespeichert werden.
- Sub-Prozeduren sollten möglich in demselben Modul wie die aufrufende Prozedur gespeichert werden, da dadurch die Performance erhöht wird.

12.2.2 Das Modulfenster

In ACCESS wird der Programmcode in einem Datenbankobjekt der aktuellen Datenbank gespeichert: dem **Modul**. Ausgehend vom Datenbankfenster können Sie ein neues Modul erstellen oder ein vorhandenes Modul öffnen, wie Sie dies bei anderen Objekten kennen.

Nach Anklicken der Schaltfläche <Neu> ergibt sich die folgende Bildschirmdarstellung:

Bild 12-1:
Ausgangspunkt zur Modulerstellung (Deklarationsteil)

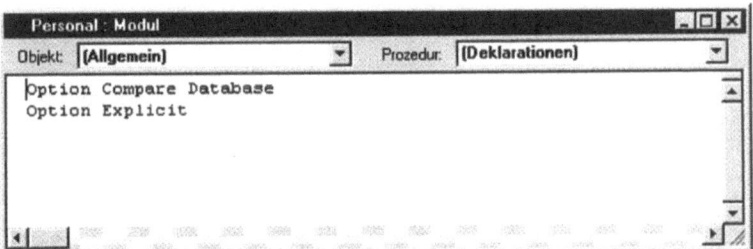

Es öffnet sich zunächst der Deklarationsteil des Moduls. Standardmäßig sind im Deklarationsteil die Anweisungen *Option Compare Database* und *Option Explicit* enthalten. Ein Deklarationsteil kann darüber hinaus aber auch andere Anweisungen enthalten. Dahinter verbirgt sich außerdem ein Texteditor, der speziell für die Eingabe und Modifizierung des Codes entwickelt wurde.

Des weiteren ist die angezeigte **Symbolleiste** von Bedeutung:

Die Symbole haben von links nach rechts betrachtet folgende Bedeutung:
1. Neues Modul einfügen
2. Neue Prozedur einfügen
3. Speichern der aktuellen Prozedur
4. Drucken des aktuellen Moduls
5. Rückgängig
6. Vorwärts
7. Öffnen des Testfensters für gesonderte Programmaufrufe
8. Öffnen des Objektkatalogs
9. Fortsetzen der Programmausführung
10. Beenden der Programmausführung
11. Neu initialisieren
12. Haltepunkt ein/aus
13. Aktuellen Wert anzeigen
14. Liste der aktuellen Prozeduraufrufe
15. Debugger: Einzelschritt
16. Debugger: Prozedurschritt
17. Compilieren aller geladenen Module
18. Einziehen der markierten Codezeilen
19. Herausziehen der markierten Codezeilen

Schließlich ist der **eigentliche Editor** zu beachten. Hier können Sie den Code eingeben. Standardmäßig sehen Sie nach Aufruf des Editors den Deklarationsteil des Moduls. Hier sind alle Variablen, Konstanten und Vereinbarungen für ein Modul anzugeben.

Zu beachten ist, daß jede Anweisung in einem Modul in einer eigenen Zeile stehen muß. Sofern Sie mehrere Anweisungen in eine einzige Zeile schreiben wollen, müssen Sie diese jeweils durch einen Doppelpunkt trennen.

Wichtig: Module lassen sich - im Gegensatz zu Makros - nicht über das Datenfenster ausführen. Sie müssen immer an ein Formular, einen Bericht oder ein Steuerelement geknüpft sein.

Hinweis: Beim Eingeben von Befehlen können Sie eine kontextsensitive Hilfe nutzen. Schreiben Sie den reservierten Namen - beispielsweise If -, und drücken Sie dann F1.

Neben der unmittelbaren Eingabe von Programmcode verfügt ACCESS auch über ein Tool, mit dem Sie die bereits vorhandenen Makros in Visual Basic konvertieren können. Gehen Sie dazu in folgender Weise vor:

1. Markieren Sie einfach im Fenster Datenbank das Makro, das Sie konvertieren möchten.
2. Klicken Sie im Menü **Datei** auf **Speichern unter/Exportieren**
3. Wählen Sie **Als Visual Basic-Modul speichern** und dann auf <OK>.

Damit steht dann die erweiterte Flexibilität von Visual Basic zur Verfügung. Wenn Sie alle Makros konvertieren möchten, die in einem bestimmten Formular oder Bericht verwendet werden, zeigen Sie in der Entwurfsansicht des entsprechenden Formulars oder Berichts im Menü **Extras** auf **Makros** und dann auf **Makros des Formulars zu Visual Basic konvertieren**.

12.3 Grundsyntax in VBA

Eine Anweisung in VBA ist eine vollständige Instruktion, die

- Schlüsselwörter,
- Operatoren,
- Variable,
- Konstante und
- Ausdrücke enthalten kann.

Die vorkommenden Anweisungen können in die drei folgenden Kategorien eingeteilt werden:

- **Deklarationsanweisungen**: Damit können Sie eine Variable, eine Konstante oder eine Prozedur benennen und dabei außerdem einen Datentyp festlegen.
- **Zuweisungsanweisungen**, die einer Variablen oder Konstanten einen Wert oder Ausdruck zuweisen
- **Ausführbare Anweisungen, die Aktionen auslösen.** Diese Anweisungen können eine Methode oder Funktion ausführen, und sie können Code-Blöcke in einer Schleife oder in Verzweigungen bearbeiten. Ausführbare Anweisungen enthalten häufig mathematische oder bedingte Operatoren.

12.3.1 Variable verwenden

Eine wesentliche Basis zur Programmierung sind Variable. Sie werden beispielsweise in Programmen benötigt, um bei Berechnungen die ermittelten Werte vorübergehend zu speichern. Diese Werte, die für spätere Operationen (weitere Berechnungen, Vergleiche etc.) benötigt werden, werden nur solange gespeichert, wie dies zur Code-Ausführung erforderlich ist.

Variable in VBA sind von der Anwendung her quasi mit Feldern vergleichbar. Sie haben ebenfalls einen Namen sowie einen Datentyp, der bestimmt, welche Art von Daten die Variable speichern kann.

Variable benennen

Wichtig ist es, die **Regeln für die Variablenbenennung** zu beachten:

- Der Name muß mit einem Buchstaben beginnen und darf höchstens 200 Zeichen umfassen. Erlaubt sind Buchstaben, Ziffern und das Unterstreichungszeichen „_".
- Satz- und Leerzeichen sind in Variablennamen nicht erlaubt.
- Die genaue Unterscheidung zwischen Groß-/ Kleinschreibung ist für das richtige Erkennen und Verwenden von Variablennamen unerheblich.
- Es dürfen keine reservierten Worte (Visual Basic-Schlüsselworte) verwendet werden. Ein Schlüsselwort ist ein Wort, das von Visual Basic als Teil seiner Sprache verwendet wird. Hierzu zählen vordefinierte Anweisungen (wie beispielsweise If und Loop), Funktionen (wie beispielsweise Len und Abs) und Operatoren (wie Or und Mod).

Variable deklarieren

Es empfiehlt sich Variable, die in einem Programm bzw. einer Prozedur verwendet werden sollen, zunächst explizit zu deklarieren. Um den Benutzer zu verpflichten, Variablen immer ausdrücklich zu deklarieren, kann dies im Deklarationsteil mit folgender Anweisung angegeben werden:

```
Option Explicit
```

Fehlt diese Zeile (Hinweis: Falls Sie angezeigt, ist diese auch einfach löschbar), versucht ACCESS den benötigten Datentyp einer Variablen selbst zu ermitteln.

Zur Definition von Variablen wird eine Variable mit dem DIM-Befehl auf Modul- oder Prozedurebene definiert. Formal gilt:

```
DIM Variablenname
```

Beispiel: DIM Ergebnis

12.3 Grundsyntax in VBA

Folge: Es wird eine Variable mit dem Namen „Ergebnis" erstellt. Die Variable, die mit der Anweisung DIM erstellt wurde, existiert grundsätzlich nur für die Ausführung der zugehörigen Prozedur. Sobald die Prozedur beendet ist, geht der Wert der Variablen verloren. Sollen mehrere Variable definiert werden, so sind diese durch ein Komma zu trennen. Beispiel: DIM Zinsen, Zinssatz, Laufzeit

Eine Variable hat je nach Deklaration einen der folgenden drei **Gültigkeitsbereiche**:

Deklarations-befehl	Ort der Deklaration	Gültigkeitsbereich
Dim	in einer Prozedur	Nur der Code in dieser Prozedur kann den Wert der Variablen lesen und ändern (sog. lokale Variable)
Dim oder Private	im Deklarationsbereich eines Moduls	gültig für das Modul
Public	im Deklarationsbereich eines globalen Moduls (Geltungsbereich „öffentlich")	globale Variable
Static		Je nach Deklaration. Variable behält Wert bei, bis Anwendung geschlossen

Lokale Variable sollten Sie immer dann verwenden, wenn diese für temporäre Berechnungen in der Prozedur benötigt werden. Bei globalen Variablen empfiehlt es sich, diese in demselben Modul zu deklarieren, da die Codierung so übersichtlicher wird und die Variablen leichter zu finden sind.

Datentypen für Variable

Variable können bei der Deklaration einen bestimmten **Datentyp** zugewiesen bekommen, der festlegt, welche Art der Daten darin gespeichert werden kann. Dies erfolgt mit der Anweisung:

```
DIM Variablenname AS Datentyp
```

Die Verwendung der Klausel *AS Datentyp* ist jedoch optional. Sie müssen also den Datentyp der Variablen, die Sie definieren, nicht unbedingt angeben. Stattdessen wird dann ein Standarddatentyp verwendet; dieser hat die Bezeichnung „Variant". In einer Variablen des Datentyps Variant können Sie Daten verschiedener Art speichern. Möglich sind Zahlen, Textzeichenfolgen sowie Datum und Uhrzeit. Dies gestattet eine flexible Anwendung, da alle Arten von elementaren Daten bearbeitet und automatisch untereinander konvertiert werden, birgt jedoch auch Fehlergefahren in sich. Beispiel: Sie wollen eine Variable vom Typ Variant in einer arithmetischen Funktion verwenden, der eingegebene Wert enthält jedoch keine gültige Zahl.

Es gibt noch einen weiteren Vorteil, wenn Sie die Datentypen ausdrücklich angeben. Sofern Sie beispielsweise in einer Variablen nur kleine, ganzzahlige Werte verwenden müssen (etwa bei der Personalnummer) und diese als Integer-Variable deklarieren, können Sie Speicherplatz sparen sowie die Ausführung arithmetischer Operationen mit dieser Variablen erheblich beschleunigen.

Mögliche Grunddatentypen, die ausdrücklich definiert und bei der Variablendeklaration in VBA verwendet werden können, sind:

1) Numerische Datentypen

Hier bieten sich beispielsweise folgende Möglichkeiten:

Datentyp	Bedeutung	Typenkennzeichen	Beispiel für die Deklaration
Byte	Binärdaten im Bereich 0 bis 255		DIM A As Byte
Integer	Ganzzahl im Bereich -32768 bis 32767 (2 Bytes Speicherbedarf)	%	DIM I As Integer
Long	längere Ganzzahl zwischen -2147483648 und 2147483647 (4 Bytes Speicherbedarf)	&	DIM X As Long

12.3 Grundsyntax in VBA

Datentyp	Bedeutung	Typenkennzeichen	Beispiel für die Deklaration
Single	Gleitkommazahl (4 Byte lang)	!	`DIM X As Single`
Double	Gleitkommazahl (8 Byte lang)	#	`DIM Betrag As Double`
Currency	Festkommazahl/skalierte Ganzzahl (8 Bytes Speicherbedarf)	@	`DIM BezahltRech As Currency`

2) Zeichenfolgedatentyp

Dieser Datentyp mit der Bezeichnung **String** ist interessant, wenn die Variable nur Zeichenfolgen und nie numerische Werte enthält. Damit ist eine Manipulation mit Zeichenketten möglich. So ist es zum Beispiel möglich, eine Bearbeitung mit Textfunktionen vorzunehmen.

Datentyp	Typenkennzeichen	Beispiel
String	$	`DIM Name As String`

Ein String kann mit variabler und fester Länge definiert werden.

3) Weitere Datentypen

Neben der Möglichkeit, eine Variable vom Typ **Byte** zu deklarieren, sind in der Version 7 auch die Typen Datum und Wahr/Falsch dazugekommen. Bisher mußten Datumsvariablen als Zahl deklariert werden.

Datentyp	Bedeutung	Beispiel für die Deklaration
Boolean	Ja-/Nein-Datentyp, zwei Bytes (True oder False)	`Dim JaNein As Boolean`
Date	Datum/Zeit-Werte (8 Bytes lang)	`Dim Jahrestag As Date`
Object	Beliebige Objektreferenz (4 Bytes)	`Dim wordObj As Object`
Variant	Datum/Zeit, Gleitkommazahl, Ganzzahl, Zeichenfolge, Objekt	`Dim V`

Eine Besonderheit stellt das Zuordnen von Datentypen bei Argumenten in Prozeduren dar, die Sie erstellen. Dabei können Sie durch vorheriges Einfügen des reservierten Wortes ByVal sicherstellen, daß das Argument per Wert und nicht per Referenz übergeben wird. Dazu erfahren Sie später anhand eines konkreten Beispiels mehr.

Eine Besonderheit stellen **die mehrdimensionalen Datenfelder** dar. So können Sie in ACCESS-VBA Datenfelder von bis zu 60 Dimensionen deklarieren. Beispiel:

Datentyp	Beispiel zur Deklaration	Bedeutung
Matrix	`Static MatrixA (9,9) As Double`	Es wird ein zweidimensionales Datenfeld mit 10 Spalten und 10 Zeilen angelegt. Als Inhalt können dabei Gleitzahlen eingegeben werden.

Schließlich sind auch **dynamische Datenfelder** denkbar. Damit kann beispielsweise ein Datenfeld deklariert werden, dessen Länge sich zur Laufzeit möglicherweise ändert. Dadurch erhöht sich die Flexibilität für Anwendungen, es sind jedoch mitunter auch Speicherprobleme dadurch möglich. **Beispiel:**

Datentyp	Beispiel zur Deklaration	Bedeutung
ReDim	`ReDim MatrixA (19,5) As Long`	Es wird ein zweidimensionales Datenfeld mit 19 x 5 Feldern angelegt. Als Inhalt können dabei Ganzzahlen eingegeben werden.

Merke:

Wird keine Deklaration vorgenommen, gilt standardmäßig der Datentyp *Variant*. Dieser Datentyp kann numerische, Datum/Zeit- und Zeichenfolgedaten speichern.

Vorteil: Die Arbeit wird vereinfacht, da das Programm automatisch eine Zuordnung vornimmt und keine Konvertierungen er-

12.3 Grundsyntax in VBA

forderlich sind. Nachteil: Die Fehlerquellen beim Programmieren werden erhöht.

12.3.2 Arbeiten mit dem Texteditor

Für die Eingabe des Programms im Modulfenster können folgende Hinweise nützlich sein:

1) Sie können ein Programm im Moduleditor zeilenweise eingeben. Dabei beginnen Sie eine neue Zeile, indem Sie die Taste ⏎ betätigen. Mehrere unabhängige Befehle können in einer Zeile durch einen Doppelpunkt getrennt werden.

2) Rücken Sie logisch zusammengehörige Programmblöcke ein. Dies erhöht die Übersicht:
   Mit [⇥] können Sie einzelne Zeilen einrücken oder gleichzeitig alle markierten Zeilen (rückgängig mit [⇧]+[⇥]).

3) Um Kommentare einer Prozedur einzufügen, schreiben Sie zunächst einen Apostroph. Danach können Sie dann eine beliebige Zeichenfolge eintragen, die etwa der Dokumentation dienen. Diese Zeile bleibt dann beim Ablauf des Programms bzw. der Ausführung einer Prozedur unberücksichtigt. Statt das Apostroph einzugeben, können Sie alternativ auch das reservierte Wort REM voranstellen.

4) Bei der Eingabe von Variablennamen und selbstdefinierten Funktionen wird zwischen Groß- und Kleinschreibung unterschieden, bei VBA-Befehlen und Funktionen nicht. Grundsätzlich erkennt VBA die Schreibweise von Befehlen.

5) Folgende Tasten/Tastenkombinationen erleichtern die Arbeit:

Tasten/Tasten-kombinationen	Wirkung
[Strg]+[↑]	Anzeige der vorherigen Prozedur
[Strg]+[↓]	Anzeige der folgenden Prozedur
[Strg]+[Y]	löscht die gesamte Zeile, in der sich die Einfügemarke befindet. Der Inhalt wird in die Zwischenablage übertragen.
[F1]	Hilfeaufruf nach Plazierung der Textmarke auf ein reserviertes Wort

Tasten/Tasten-kombinationen	Wirkung
F2	Auflistung aller Prozeduren des aktuellen Moduls.
⇧+F2	aktiviert den Code der Prozedur, auf derem Namen im aktuellen Fenster die Textmarke steht.

6) Im Modulfenster stehen Ihnen auch besondere Befehle zur Bearbeitung zur Verfügung; etwa im Menü **Bearbeiten** für
   - das Suchen und Ersetzen von Zeichenfolgen oder
   - das Einrücken bzw. Ausrücken von Codezeilen.
7) Eine Prozedur bzw. Funktion kann beliebig lang sein.
8) Folgende Farbdarstellungen vereinfachen das Arbeiten mit dem Editor

Farbe	Bedeutung	Beispiel
Blau	reservierte Bzeichnungen	Dim, For-Next, Public
Schwarz	gewöhnlicher Programmcode	Wert = Wert + 1
Grün	Kommentare	' Berechnung der Ausgabewerte
Rot	fehlerhafte Programmzeilen	If Anzahl > 0

Nach Eingabe und Abschluß einer Codezeile wird diese vom Programm auf syntaktische Korrektheit geprüft. Im Fehlerfall wird unmittelbar eine Meldung angezeigt. Nach Bestätigung der Meldung durch Mausklick auf <OK>, springt der Cursor auf die fehlerhafte Stelle. Anschließend könnten Sie die Zeile ohne Probleme verlassen. Spätestens beim Kompilieren wird allerdings die Syntax der bestehenden Prozeduren erneut geprüft.

12.4 Anwendungsbeispiele für das Arbeiten mit VBA

Im folgenden sollen Sie anhand einführender Beispiele das Arbeiten mit der integrierten Programmiersprache VBA kennenlernen. Sie werden zunächst verschiedene Funktionen erstellen und diese dann gezielt in Objekten verwenden.

Das Schreiben von benutzerdefinierten Funktionen empfiehlt sich beispielsweise dann, wenn Sie in Formularen, Berichten oder Abfragen immer wieder den gleichen Ausdruck verwenden; beispielsweise eine Datumsberechnung vornehmen. Sie können dann eine Funktion schreiben, die den Ausdruck berechnet und diese Funktion dann einfach anstelle des Ausdrucks verwenden.

Zusammenfassend können folgende **Vorteile der Verwendung von Funktionen** herausgestellt werden:

- Die Gefahr von Schreibfehlern bei der Programmierung wird reduziert und dabei gleichzeitig sichergestellt, daß die Berechnung jedesmal in der gleichen Weise erfolgt.

- Eine einfache Anpassung an neue Situationen kann problemlos vorgenommen werden (Änderungen nur an einer Stelle notwendig).

- Die Voraussetzungen zur Durchführung komplexerer Operationen werden geschaffen (Schleifen- und Auswahlstrukturen). Mit Ausdrücken ist häufig sehr schwierig oder überhaupt nicht möglich.

- Fehler können in einer von Ihnen gewünschten Art vom Programm behandelt werden.

12.4.1 Funktion zur Fälligkeitsermittlung

Anhand des folgenden überschaubaren Anwendungsproblems sollen Sie zunächst kennenlernen, wie eine Funktion in VBA erzeugt wird.

Ausgangsfall: Funktion zur Fälligkeitsermittlung erstellen

Im folgenden sollen verschiedene Funktionen erstellt und als Modul unter dem Namen „Funktionssammlung" gespeichert werden.

In verschiedenen Anwendungen möchten Sie mit dem Programm ein Fälligkeitsdatum berechnen. Es soll jeweils 14 Tage nach dem aktuellen Datum liegen. Vergeben Sie den Namen „Faelligkeit" für die Funktion.

Um ein globales Modul zu erstellen, müssen Sie im Datenbankfenster auf die Registerkarte „Module" klicken. Anschließend ist dann die Schaltfläche <Neu> zu aktivieren, so daß sich das Modulfenster mit dem Deklarationsbereich öffnet. Nun können Sie mit dem Erstellen von einer global gültigen neuen Funktion/Prozedur beginnen. Dies bedeutet, daß Sie die dann erstell-

12 Programmiersprache VBA nutzen

ten und gespeicherten Funktionen in vielen anderen Objekten Ihrer Datenbank verwenden können.

Um in dem Modul nun neue Funktionen/Prozeduren erstellen zu können, müssen Sie das Menü **Einfügen** aktivieren und hier den Befehl **Prozedur** wählen (alternativ können Sie auch auf die links gezeigte Schaltfläche klicken).

Zur Lösung der Anwendung ist in folgender Reihenfolge vorzugehen (Ausgangspunkt: Datenbankfenster):

1. Registerkarte „Module" anklicken
2. Schaltfläche <Neu> aktivieren
3. Menü **Einfügen** aktivieren und Befehl **Prozedur** wählen
4. Variante „Funktion" und „Öffentlich" wählen und Namen der Funktion eingeben: hier „Faelligkeit"

Bild 12-2:
Namen für Funktion festlegen

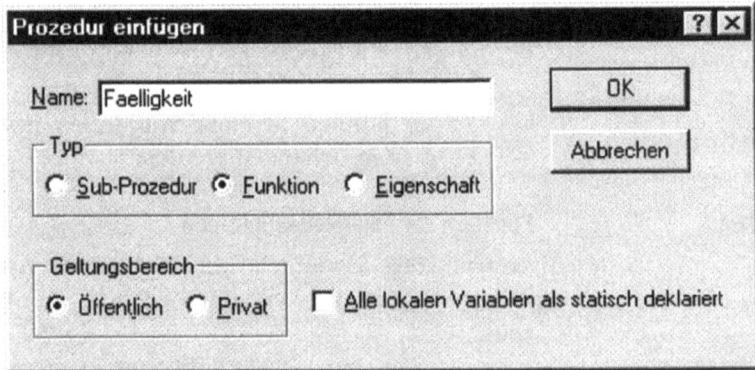

Bei der Namensvergabe für eine Funktion/Prozedur/Eigenschaft müssen Sie darauf achten, daß dieser eindeutig ist und nicht bereits vergeben wurde. So wird beispielsweise ein Fehler registriert, wenn eine andere Prozedur in dem globalen Modul der Datenbank mit diesem Namen vorhanden ist. Außerdem darf als Prozedurname kein Name verwendet werden, der bereits für eine existierende Basic-Standardfunktion gilt.

Nach Ausführung des 4. Teilschrittes öffnet sich eine neue Seite, die die noch leere Funktion enthält. Die Klammern hinter dem Funktionsnamen sowie die Schlüsselworte END FUNCTION werden automatisch vom Editor ergänzt.

12.4 Anwendungsbeispiele für das Arbeiten mit VBA

Geben Sie nun in einer neuen Zeile folgende Formel zu der Funktion ein:

```
Faelligkeit = DateAdd("d", 14, Format(Now, "Short Date"))
```

Hinweise zur Syntax:

- Um zu erreichen, daß eine Funktion das Ergebnis einer Berechnung zurückgibt, müssen Sie zunächst der Funktion einen Ausdruck hinzufügen, so daß die Berechnung dem Funktionsnamen zugewiesen wird. Im Beispielfall wird also das Wort *Faelligkeit* und dann das *Gleichheitszeichen* für die Zuweisung eingegeben.

- DateAdd (Intervall, Zähler, Datum)
Die Funktion dient dem Berechnen eines Datums. Es gibt das Datum aus, das der angegebenen in der durch den Zähler definierten Anzahl von Intervallen folgt. Die Funktion hat folglich drei Argumente: ein Argument für das Intervall (beispielsweise Tag, Woche oder Monat), eines für die Anzahl der Intervalle und eines für den Startwert.

Es muß sich danach die folgende Bildschirmanzeige ergeben:

Bild 12-3:
Fälligkeitsfunktion

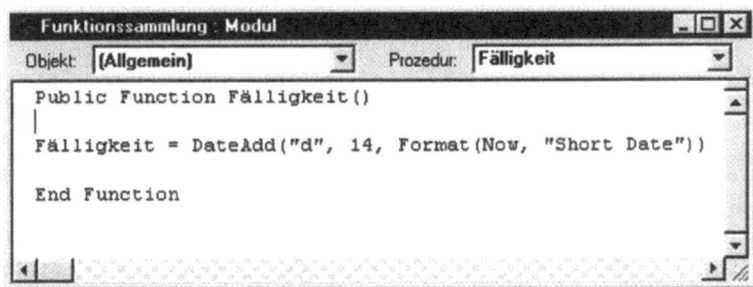

Zum Test können Sie die Funktion zunächst kompilieren. Dies erreichen Sie durch Aufruf des Menüs **Ausführen** und Wahl des Befehls **Geladene Module kompilieren**. Nach Durchführung werden alle Funktionen in diesem Modul der Datenbank kompiliert.

Speichern Sie das Objekt abschließend unter dem Namen *Funktionssammlung*. Schließen Sie dazu das Modulfenster, und geben Sie dann den Namen ein. Damit erfolgt die Rückkehr zum Datenbankfenster. In der Rubrik „Module" ist jetzt der Name „Funktionssammlung" enthalten.

In ähnlicher Weise könnten Sie auch eine Funktion erstellen, die Ihnen jeweils das Datum des ersten Tages im nächsten Monat liefert.

12.4.2 Funktion zur Umsetzung in Großbuchstaben

Es soll eine Funktion erstellt werden, die eine automatische Umwandlung einer Eingabe in Großbuchstaben ermöglicht (Vorteil: einmal geschrieben, für alle möglichen Felder anwendbar). Auf diese Weise können Sie zum Beispiel Feldinhalte eines Formulars einheitlich ausweisen und gezielt hervorheben.

Aufgabe:

Erstellen Sie eine Funktion mit dem Namen „Groß", die die Benutzereingabe automatisch für bestimmte Felder in Großbuchstaben umsetzt. Die Prozedur soll im Modul „Funktionssammlung" abgelegt sein.

Die **Vorgehensweise** zeigt folgende Übersicht:

Ausgangspunkt: Datenbankfenster

1. Register „Module" anklicken
2. Modul „Funktionssammlung" markieren
3. Schaltfläche <Entwurf> aktivieren
4. Menü **Einfügen** aktivieren und Befehl **Prozedur** wählen
5. Option „Funktion" und „Öffentlich" per Mausklick auswählen
6. Funktionsnamen eingeben; hier „Groß".

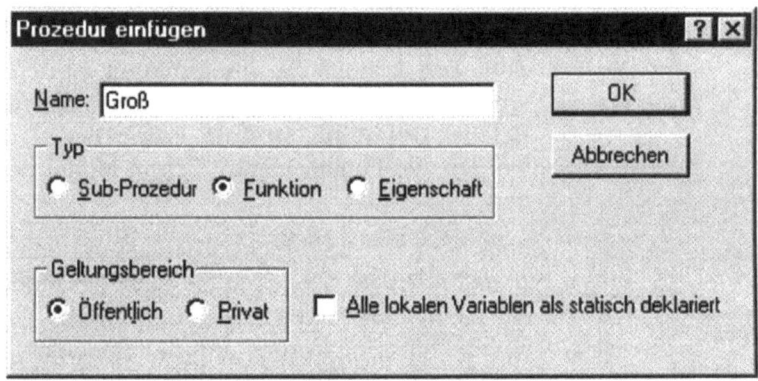

Bild 12-4: Funktionsname „Groß"

7. Befehl mit <OK> ausführen. Ergebnis:

12.4 Anwendungsbeispiele für das Arbeiten mit VBA

Bild 12-5:
Eingabefenster für die Funktion Groß

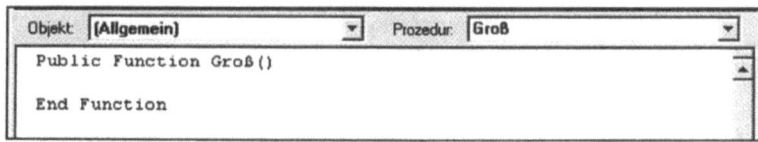

8. Anweisungen eingeben:

```
Function Groß (Wert)
        On Error Resume Next
        Wert = UCase$(Wert)
End Function
```

Im Beispielfall wird als Variable, die übergeben werden soll, das Wort „Wert" verwendet.

Nach der ersten Zeile wird zunächst mit der Anweisung **On Error** bewirkt, daß eine Auffangroutine aktiviert wird. Durch Angabe einer Verzweigungsadresse wird angegeben, wie weiter gearbeitet werden soll. Mögliche Anweisungen für das Verlassen der Fehlerbehandlungsroutine können sein:

- *Resume:* für die erneute Programmausführung ab der Fehlerposition.

- *Resume Next:* Das Programm wird bei der Anweisung fortgeführt, die unmittelbar auf die den Fehler verursachende Anwendung folgt.

- *Resume Zeile:* Das Programm wird an der durch Zeile festgelegten Marke fortgesetzt.

Schließlich wird mit der Funktion **UCase** die Umwandlung einer Textvariablen in Großbuchstaben bewirkt. Da die Variable per Referenz übergeben wird, muß keine Zuweisung an den Funktionsnamen erfolgen, da der übergebene Inhalt direkt verändert wird.

12.4.3 Funktion zur Mehrwertsteuerermittlung

Aufgabe:

Es soll eine Funktion erstellt werden, die es nach Abfrage eines beliebigen Zahlenbetrages ermöglicht, automatisch einen 15-prozentigen Mehrwertsteuerbetrag auszugeben. Vergeben Sie den Namen „Mehrwertsteuer".

In diesem Beispiel soll eine Funktion erzeugt werden, bei der ein Wert über eine Inputbox eingegeben werden kann. Über eine Messagebox wird danach die Ergebnisausgabe gewünscht.

Die **Vorgehensweise** zeigt folgende Übersicht:

Ausgangspunkt: Datenbankfenster

1. Register „Module" anklicken
2. Modul „Funktionssammlung" markieren
3. Schaltfläche <Entwurf> aktivieren
4. Menü **Einfügen** aktivieren und Befehl **Prozedur** wählen
5. Optionsfeld „Funktion" und „Öffentlich" auswählen
6. Funktionsnamen eingeben; hier „Mehrwertsteuer".

Bild 12-6:
Funktionsname „Mehrwertsteuer"

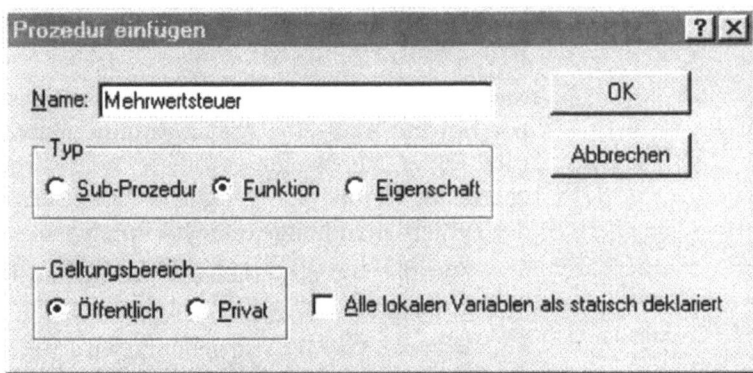

7. Befehl mit <OK> ausführen. Ergebnis:
8. Anweisungen eingeben:

```
Public Function Mehrwertsteuer ()
Dim Eingabe
        Eingabe = Input Box ("Geben Sie bitte den
Betrag ein")
        Eingabe = Eingabe * 0.15
        MsgBox "Das Ergebnis lautet:" &
Str$(Eingabe)
End Function
```

Hinweise zum Schreiben der Mehrwertsteuer-Funktion:

1) Bei der Standardfunktion „InputBox" wird in Klammern und Hochkommata ein Text erwartet, der als Eingabeaufforderung in der Box dienen soll.
2) „Eingabe" ist eine Variable, die das Ergebnis der InputBox aufnimmt.
3) Die Messagebox dient der Ergebnisanzeige der Berechnung.

12.5 Funktionen anwenden

Erstellte Funktionen können in vielfältiger Form verwendet werden:

- Funktionen in Tabellen
- Funktionen in Formularen
- Funktionen in Abfragen
- Funktionen in Berichten
- Funktionen in Ausdrücken

Um eine Funktion in Tabellen/Abfragen/Formularen oder Berichten verwenden zu können, sollte sie zunächst kompiliert sein. **Vorgehensweise zur Kompilierung:**

- Menü **Ausführen** aktivieren
- Befehl Geladene Module kompilieren wählen

Durch das Kompilieren einer geschriebenen Prozedur nimmt ACCESS eine letzte Fehlerprüfung vor und wandelt die Prozedur in eine ausführbare Form um.

Hinweis: Ein Kompilieren jeder erzeugten Funktion ist grundsätzlich nicht ausdrücklich notwendig. Wird beispielsweise eine erzeugte Funktion in einem Ausdruck verwendet, ohne vorher kompiliert zu sein, wird diese vom Programm automatisch kompiliert.

Für das Ausführen von Visual Basic für Applikationen-Code gibt es mehrere Möglichkeiten. Sie können Visual Basic-Code in Microsoft Access ausführen, indem Sie eine Sub-Prozedur oder Funktions-Prozedur ausführen. Prozeduren beinhalten eine Reihe von Anweisungen und Methoden, die eine Operation ausführen oder einen Wert berechnen. Prozeduren werden in Einheiten gespeichert, die als Module bezeichnet werden. Sie führen jedoch kein Modul aus, sondern Sie führen die Prozeduren im Modul als Reaktion auf Ereignisse aus, oder Sie rufen die Prozeduren aus Ausdrücken, Makros oder aus anderen Prozeduren auf.

Im einzelnen haben Sie folgende Möglichkeiten, um Visual Basic-Code in Microsoft Access auszuführen:

- **Anpassen einer Ereignisprozedur**: Sie können beispielsweise der Ereignisprozedur des Ereignisses „Klicken" einer Befehlsschaltfläche, die ein Formular öffnet, wenn der Benutzer auf die Schaltfläche klickt, Code hinzufügen.

- **Verwenden einer Funktion in einem Ausdruck.** Sie können z.B. eine Funktion in einem Ausdruck verwenden, die ein berechnetes Feld in einem Formular, Bericht oder einer Abfrage definiert. Sie können Ausdrücke als Eigenschafteneinstellungen in Abfragen und Filtern, in Makros und Aktionen in Visual Basic-Anweisungen und -Methoden, oder in SQL-Anweisungen verwenden.
- **Aufrufen einer Sub-Prozedur in einer anderen Prozedur oder im Testfenster.** Sie können z.B. eine Sub-Prozedur in einer anderen Prozedur aufrufen, um eine Operation auszuführen, die in vielen Prozeduren gleich ist. Statt den Visual Basic-Code, der die Operation in jeder Prozedur ausführt, zu wiederholen, können Sie ihn einmal in eine Prozedur eines Standardmoduls schreiben und diese dann jedesmal aufrufen, wenn Sie die Operation ausführen möchten.
- Ausführen der Aktion **AusführenCode** in einem Makro. Sie können mit der Aktion AusführenCode eine eingebaute Visual Basic-Funktion oder eine Funktion ausführen, die Sie in einem Makro erstellt haben. (Um eine Sub-Prozedur auszuführen, erstellen Sie eine Funktion, die die Sub-Prozedur aufruft, und verwenden Sie dann die Aktion AusführenCode, um die Funktion auszuführen.)

12.5.1 Funktion im Testfenster ausführen

Das Testfenster in ACCESS für Windows 95 besteht aus zwei Bereichen:

- einem **Direktbereich**, der ähnlich wie das Direkt-Fenster in früheren Versionen von Microsoft Access funktioniert, und
- einem **Überwachungsbereich**: Der Überwachungsbereich ist nur dann sichtbar, wenn Sie einen Überwachungsausdruck eingerichtet haben.

Wenn Sie das Testfenster anzeigen möchten, öffnen Sie ein Modul. Klicken Sie danach in der Symbolleiste auf die Schaltfläche Testfenster. Sie können das Testfenster auch durch Drücken von STRG+G öffnen, wenn Sie sich im Moduleditor befinden.

In früheren Versionen von Microsoft Access konnten Sie, wenn ein Formular- oder Berichtmodul das aktive Fenster darstellte, eine Prozedur, die in diesem Formular oder Bericht definiert worden war, einfach durch Eingeben des Namens der Prozedur aus dem Direktbereich heraus ausführen. In Microsoft Access 95 müssen Sie die Prozedur mit dem Klassennamen des Formulars oder Berichts kennzeichnen.

Hinweise:

- Sie können jede Sub-Prozedur oder Funktion, einschließlich Ereignisprozeduren, im Direktbereich ausführen.
- Wenn Sie eine Ereignisprozedur in einem Formularmodul aus dem Testfenster ausführen möchten, müssen Sie sicherstellen, daß sich das Formular in der Formularansicht befindet.

Der Überwachungsbereich ermöglicht Ihnen das Ansehen des Wertes eines Ausdrucks oder einer Variablen, während Code ausgeführt wird. Zur Einstellung eines Überwachungsausdrucks klicken Sie im Menü **Extras** auf **Überwachung** hinzufügen.

Das Testfenster stellt automatisch Statusinformationen über Ihren Code bereit. Wenn kein Code ausgeführt wird, zeigt die Statuszeile am oberen Rand des Testfensters „<Bereit>" an. Sobald der Code ausgeführt wird, zeigt die Statuszeile den Namen der aktuellen Datenbank, das Modul, zu dem die ausgeführte Prozedur gehört, und den Namen der Prozedur selbst an.

Verwenden Sie den Direktbereich im Testfenster, um die Ergebnisse einer Zeile im Visual Basic für Applikationen-Code zu überprüfen. Mit dem Direktbereich können Sie den Wert eines Steuerelements, Feldes oder einer Eigenschaft überprüfen; das Ergebnis eines Ausdrucks anzeigen; oder einer Variable, einem Feld oder einer Eigenschaft einen neuen Wert zuweisen. Der Direktbereich ist eine Art Notizblock-Fenster, in dem Anweisungen, Methoden und Sub-Prozeduren sofort ausgewertet werden.

1. Wenn Sie den Direktbereich an einem bestimmten Punkt in der Code-Ausführung verwenden möchten, unterbrechen Sie die Ausführung an diesem Punkt.
2. Klicken Sie auf das 7. Symbol von links in der Symbolleiste (= Öffnen des Testfensters für gesonderte Programmaufrufe).
3. Geben Sie im Fenster eine Anweisung, Methode oder einen Sub-Prozedur-Aufruf ein, und drücken Sie dann die EINGABETASTE.

Sie können die Ergebnisse eines Ausdrucks im Direktbereich anzeigen, indem Sie die Methode **Print** des Debug-Objekts, gefolgt von dem Ausdruck, eingeben. Sie können ein **Fragezeichen** (?) als Abkürzung für die Methode Print verwenden.

Es gilt folgende generelle **Vorgehensweise:**
1. Menü **Ansicht** aktivieren
2. Befehl **Testfenster** wählen
3. Eingabe des Fragezeichens ? (oder *Debug.Print* eingeben)
4. Prozedurnamen einschließlich der runden Klammern eingeben: Faelligkeit()
5. Taste ⏎ drücken

Ergebnis: Die Funktion wird ausgeführt.

Testen Sie dies bei den Prozeduren „Faelligkeit" und „Mehrwertsteuer".

Im Direktfenster hat die Funktion „Faelligkeit" nach der Ausführung folgendes Aussehen:

Bild 12-7:
Funktionen im Direktfenster ausführen

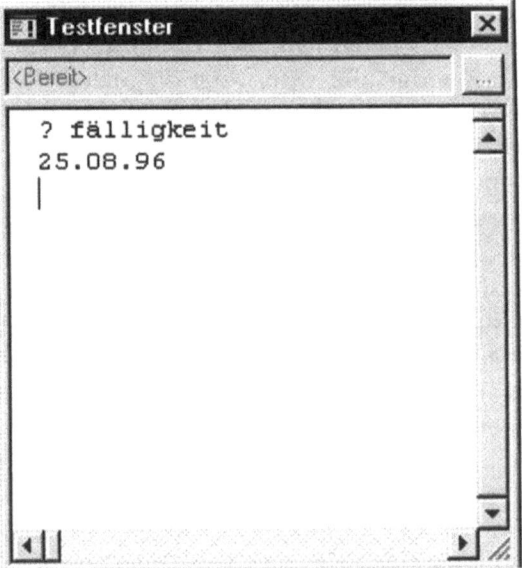

Führen Sie danach einmal den Test für die Funktion „Mehrwertsteuer" aus. Nach Aufruf des Direktfensters, Eingabe von *?Mehrwertsteuer()* und Bestätigung mit der Taste ⏎ ergibt sich die folgende Dialogbox:

12.5 Funktionen anwenden

Bild 12-8:
Aufgerufene Dialogbox

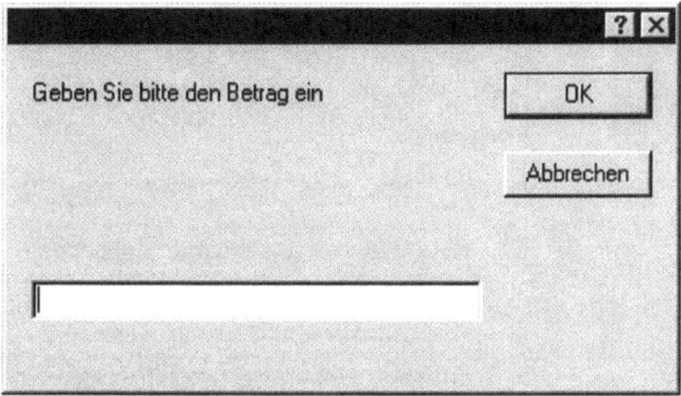

Geben Sie danach im Eingabefeld einen Wert ein; beispielsweise 555. Klicken Sie danach auf die Schaltfläche <OK>. Ergebnis ist dann die folgende Messagebox:

Bild 12-9:
Messagebox nach Funktionsausführung

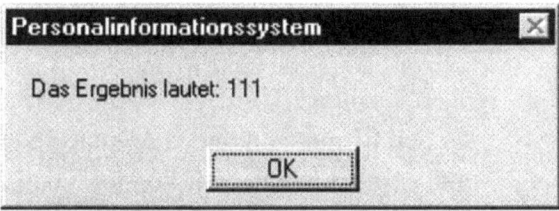

12.5.2 Erstellte Funktion im Formular anwenden

Im Regelfall werden Sie die Ausführung von Funktionen in Verbindung mit Objekten realisieren wollen. Grundsätzlich kann eine selbst erstellte Funktion nämlich in einem Ausdruck an einer beliebigen Stelle eines ACCESS-Objektes verwendet werden. Beispiele sind:

- Ausdrücke, die für berechnete Felder in einem Formular, einem Bericht oder einer Abfrage erzeugt wurden, können eine Funktion enthalten.
- Funktionen können in einem Ausdruck verwendet werden, der die Kriterien in einer Abfrage oder die Bedingungen in einem Makro definiert.
- Definierte Funktionen können in anderen VBA-Prozeduren verwendet werden.

Die Anwendung einer Funktion in einem Formular sollen Sie jetzt am Beispiel der erstellten Funktion „Groß" testen.

383

12 Programmiersprache VBA nutzen

Aufgabe:

Die Funktion „Groß" soll im Formular „Mitarbeiterstammdaten" beim Nachnamen verwendet werden.

Vorgehen:

1. Formular „Mitarbeiterstammdaten" im Entwurfsmodus öffnen
2. Steuerelement „Nachname" anklicken
3. Register „Ereignis" aktivieren
4. Feld „Nach Aktualisierung" ansteuern
5. Funktion eintragen: beispielsweise **=Groß([Nachname])**
6. Speicherung der Änderung im Formular vornehmen

Hinweise:

- Eine Funktion befindet sich nicht in der Auswahlliste zu der Eigenschaft „Steuerelementinhalt". Sie muß ausdrücklich geschrieben werden.
- Am Beginn einer Funktion ist das Gleichheitszeichen zu setzen; am Ende sind Klammern () nach dem Funktionsnamen einzufügen.
- In den Klammern können Argumente eingetragen sein.
- Bei Standardfunktionen können unterschiedlich viele Parameter erwartet werden:
  - kein Parameter
  - ein Parameter
  - mehrere Parameter

12.5.3 Funktion im Tabellenentwurf anwenden

Auch in Tabellen können Sie Funktionen in der Entwurfsansicht verwenden. Eine Aufgabenstellung, die allerdings nicht in der vorliegenden Anwendung so getestet werden kann, würde etwa so aussehen:

Aufgabe:

Die Funktion „Faelligkeit" soll in einem Tabellenentwurf verwendet werden. So soll für eine Rechnung der Fälligkeitstermin ausgewiesen werden

Vorgehensweise:

- Tabelle im Entwurf öffnen

- Feld ergänzen; zum Beispiel „Rechnung fällig am" als Feldtyp „Datum/Zeit"
- Feldeigenschaften ansteuern
- Optionsfeld „Standardwert" aktivieren
- Funktionsnamen eintragen; hier **=Faelligkeit()**

12.6 Funktionen mit Stringoperationen

Insbesondere für Eingabekontrollen kann die Nutzung von Stringoperationen wichtig sein. So können Sie beispielsweise darüber eine einheitliche Schreibweise hinsichtlich Groß-/Kleinschreibung bei der Erfassung sicherstellen.

Aufgabe:

Es ist eine Funktion mit dem Namen „ErsterGroß" zu erstellen, die automatisch eine korrekte Groß-/Kleinschreibung ermöglicht. Testen Sie diese Funktion im Formular „Mitarbeiterstammdaten" beim Nachnamen.

Grundsätzlich benötigen Sie zur Lösung des Problems einmal die Funktionen MID$ sowie LEFT$. Sie ermöglichen es, bestimmte Zeichenketten aus einem Wort herauszuziehen:

LEFT$ (Zeichenfolgeausdruck, Anzahl)
Mit Nutzung dieser Funktion können Sie die äußerst linken N Zeichen eines Zeichenfolgeausdrucks (hier der Variable WERT) herausziehen. Es kann dann eine Zuordnung zu einer neuen Variablen (hier der Variable ERSTER erfolgen).

MID$(Zeichenfolgeausdruck, Start)
Auch bei dieser Funktion wird ein Teil einer Zeichenfolge durch eine andere Zeichenfolge ersetzt. Zuerst ist nach dem Funktionsbegriff in Klammern der Zeichenfolgeausdruck - hier WERT anzugeben. Danach muß die Stelle in der Zeichenfolge angegeben werden, ab der die Übernahme in eine neue Zeichenfolgevariable (hier der Variablen REST) erfolgen soll; im Beispielfall ab dem 2. Buchstaben.

Darüber hinaus benötigen Sie die Funktionen zur Umwandlung von Zeichenfolgen in Großbuchstaben (gilt im Beispielfall für den ersten Buchstaben des Wortes) sowie in Kleinbuchstaben (gilt für die restlichen Zeichen des Wortes). Die Funktionen sind:

Ucase$ für die Umwandlung in Großbuchstaben (Uppercase)
Lcase$ für die Umwandlung in Kleinbuchstaben (Lowercase).

Die Funktion hat im Beispielfall daher folgendes Aussehen:

```
Public Function ErsterGroß (WERT)
Dim ERSTER As String
Dim REST As String
    On Error Resume Next
    ERSTER = Left$(WERT, 1)
    REST = Mid$(WERT, 2)
    ERSTER = UCase$(ERSTER)
    REST = LCase$(REST)
    WERT = ERSTER + REST
    On Error GoTo 0
End Function
```

Zur Anwendung der Funktion müssen Sie das Formular „Mitarbeiterstammdaten" im Entwurfsmodus öffnen. Klicken Sie dann das Steuerelement „Nachname" an, und rufen Sie das Eigenschaftsfenster per Doppelklick auf. Hier ist bei „Nach Aktualisierung" dann folgender Eintrag notwendig:

```
=ErsterGroß([Nachname])
```

Testen Sie die Funktion danach aus, indem Sie die Entwurfsänderung beim Formular speichern und anschließend das Formular zum Bearbeiten öffnen. Erfassen Sie dann einen neuen Datensatz und dabei den Nachnamen ausschließlich in Großbuchstaben oder ausschließlich in Kleinbuchstaben. Sobald Sie den Nachnamen geschrieben und danach mit der Taste ⤓ zum nächsten Eingabefeld gewandert sind, müßte das Programm automatisch die korrekte Umwandlung vornehmen.

Abschließend noch folgender **Hinweis**: Sie können sich erstellte Module und Prozeduren auch ausdrucken lassen. Der Ausdruck des gesamten Moduls (alle Prozeduren einschließlich des Deklarationsteils) erfolgt genauso wie bei anderen Objekten in ACCESS. Sie müssen im Datenbankfenster lediglich den Namen des Moduls auswählen und dann aus dem Menü **Datei** den Befehl **Drucken** aktivieren. Um lediglich eine bestimmte Prozedur zu drucken, müssen Sie zunächst das Modul aktivieren und dann die Prozedur aufrufen. Hier sind dann alle Zeilen der Prozedur zu markieren (einschließlich SUB bzw. END FUNCTION). Danach ist aus dem Menü **Datei** der Befehl **Drucken** zu wählen und hier im Feld „Druckbereich" die Option „Markierte Datensätze" einzustellen.

12.7 Makroaktionen in Module einsetzen

Erzeugte Makroaktionen - etwa zum Öffnen von Tabellen, Formularen und Berichten - lassen sich auch relativ einfach in ein Modul einsetzen.

1) Ausführung einzelner Makroaktionen

Alle Makroaktionen lassen sich über die Anweisung **DoCmd** ausführen. Nach der Anweisung sind der Aktionsname und eventuell ergänzend die Argumente anzugeben.

Es gilt somit folgender Grundaufbau:

```
DoCmd Aktionsname [Argumente]
```

Beispiele:

```
DoCmd GoToRecord
```

2) Ausführung von Makroaktionen mit mehreren Argumenten

Verwendet eine Aktion mehrere Argumente, sind diese durch ein Komma voneinander zu trennen.

Aufgabe: Datensatz löschen

Erstellen Sie eine Funktion mit dem Namen „NeuerDatensatz", mit der in einem beliebigen Formular ein neuer Datensatz angefügt werden kann.

Öffnen Sie anschließend ein Formular, und weisen Sie die Funktion einer Schaltfläche zu, indem Sie den Namen der Funktion in der Eigenschaft „Beim Klicken" eintragen.

Lösung:

Die Funktion sollte in folgender Form eingegeben werden:
```
Public Function NeuerDatensatz(Feldname)

DoCmd.GoToRecord acForm, Screen.ActiveForm.Name, acNewRec
DoCmd.GotToControl Feldname

End Function
```

Hinweise zu den Befehlszeilen:

DoCmd.GoToRecord acForm, Screen.ActiveForm.Name, acNewRec: ruft einen neuen Datensatz im aktiven Formular auf. Die Anweisung Screen.ActiveForm.Name gibt den Namen des momentan aktiven Formulars zurück. Dadurch kann die Funktion in mehreren Formularen verwendet werden.

DoCmd.GotToControl Feldname: bewirkt, daß der Fokus auf jenes Feld gelegt wird, in dem die Erfassung eines neuen Datensatzes begonnen wird. Der Name des Feldes muß beim Aufruf der Funktion übergeben werden.

Wichtig ist, daß diese Funktion jetzt noch der entsprechenden Schaltfläche in einem Formular zugeordnet wird. Aktivieren Sie dazu dieses Formular im Entwurfsmodus, und erzeugen Sie die Schaltfläche, so daß sich folgendes Bild ergibt:

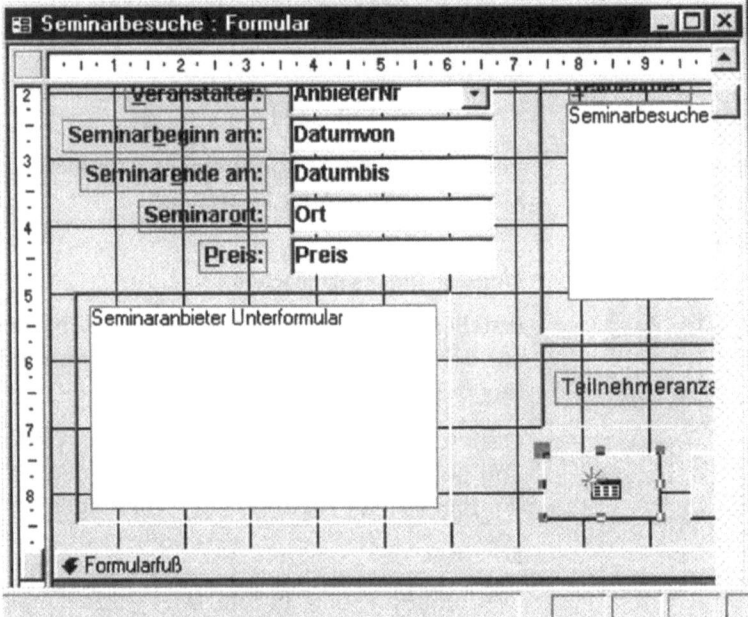

Bild 12-8:
Schaltfläche für den Aufruf einer Makroaktion über ein Modul

Klicken Sie danach doppelt auf die Schaltfläche <Weitere Zuordnung>, so daß sich das Eigenschaftsfenster öffnet. Tragen Sie in der Zeile „Beim Klicken" dann folgenden Aufruf ein:

```
NeuerDatensatz("Bezeichnung")
```

12.8 Ereignisprozeduren verwenden

Funktionen in globalen Modulen sollten in erster Linie nur dann verwendet werden, wenn Sie von übergeordneter Bedeutung für die gesamte Anwendung sind, zum Beispiel wenn Sie mehrfach benötigt werden. Benutzerdefinierte Funktionen werden stets in globalen Modulen abgelegt werden.

12.8 Ereignisprozeduren verwenden

In der Regel wird Ihre Anwendung zum größten Teil aus Ereignisprozeduren bestehen. Eine Ereignisprozedur ist genau einem Ereignis zugeordnet und wird durch ihr Eintreten aufgerufen, zum Beispiel durch das Klicken auf eine Schaltfläche oder das Öffnen eines Berichtes.

Ereignisprozeduren werden stets im Formular- oder Berichtsmodul abgespeichert. Der Prozedurname wird von Access selbständig definiert und darf nicht verändert werden. Er besteht stets aus dem Namen des Steuerelements, dem das Ereignis zugeordnet ist, und dem Ereignis selbst. So lautet der Name der Ereignisprozedur, die gestartet wird, wenn auf die Schaltfläche mit dem Namen „Neu" geklickt wird

    Neu _Click().

Dadurch, daß Ereignisprozeduren direkt im Formular- oder Berichtsmodul gespeichert werden, wird die Wartbarkeit der gesamten Applikation bedeutend erhöht.

Ereignisprozedur erstellen

Aufgabe: Datensatz löschen als Ereignisprozedur

Die Funktion des vorigen Beispiels soll als Ereignisprozedur der Schaltfläche <Neu> erstellt werden.

Um die Ereignisprozedur zu erstellen, öffnen Sie das Eigenschaftsfenster der Schaltfläche <Neu> und klicken auf das Editorsymbol in der Zeile „Beim Klicken".

Bild 12-9: Editorsymbol im Eigenschaftsfenster

Wählen Sie im Auswahlfenster Code-Editor aus, um eine Ereignisprozedur zu erstellen.

Bild 12-10:
Auswahl des Editors

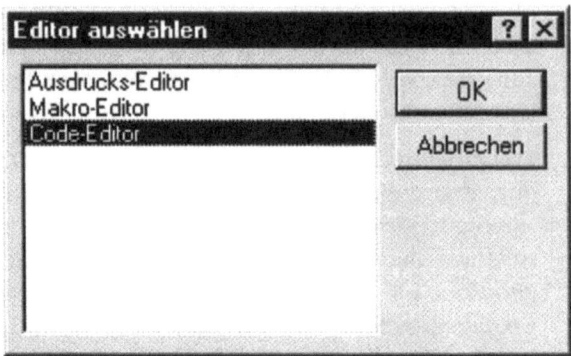

Es öffnet sich das Formularmodul mit der noch leeren Ereignisprozedur. Sie erkennen dies einerseits am Namen der Prozedur, als auch daran, daß im Listenfeld „Objekt" der Name des Steuerelements und im Listenfeld „Prozedur" der Name des Ereignisses angezeigt wird.

Bild 12-11:
Ereignisprozedur

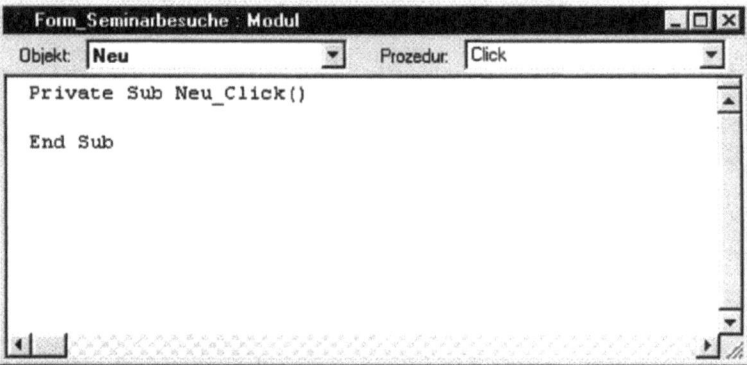

Sie können nun den Programmcode wie gewohnt erfassen. Die fertige Ereignisprozedur lautet folgend:

```
Private Sub Neu_Click()

    DoCmd.GoToRecord , , acNewRec
    DoCmd.GoToControl "Bezeichnung"

End Sub
```

Eine Ereignisprozedur wird stets als privat definiert, das heißt sie kann nur durch das Ereignis selbst aufgerufen werden. Sie beginnt deshalb immer mit der Syntax „Private Sub" und endet mit

„End Sub". Sie können einer Ereignisprozedur keinen eigenen Parameter beim Aufruf übergeben. Daher muß der Name des Feldes, zu dem gesprungen wird, im obigen Beispiel direkt eingegeben werden. Ist eine Ereignisprozedur für ein Ereignis definiert, erkennt man dies durch den Eintrag <Ereignisprozedur> im Eigenschaftsfenster.

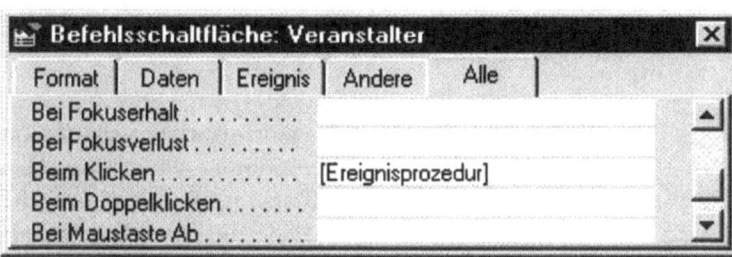

Bild 12-12: Ereignisprozedur im Eigenschaftsfenster

12.9 Haupt-/Unterprogramme verwenden

Die Erfahrungen der Praxis zeigen: Im Laufe der Zeit werden Ihre Anforderungen, die Sie an die zu entwickelnden VBA-Lösungen stellen, steigen. Je komplexer eine Anwendung jedoch ist, um so unüberschaubarer wird aber auch das VBA-Modul. Um die Übersicht zu erhalten, bietet es sich an,

- das **Problem in überschaubare Teilaufgaben** zu **zerlegen** und
- für **jede Teilaufgabe eigene Prozeduren** zu **schreiben**.

Die Zusammenfassung erfolgt dann in einer sogenannten Hauptprozedur, von der aus die einzelnen Teilprozeduren aufgerufen werden.

Für die Festlegung von Prozeduren ist es von Vorteil, wenn Sie überschaubare Teilprozeduren entwickeln. Diese können dann leichter codiert, getestet und aktualisiert werden. Hinzu kommt: Mit der Definition von Prozeduren können Sie bei umfassenden Anwendungen Mehrarbeit vermeiden, indem Sie den Code nur einmal schreiben und diesen dann im Bedarfsfall immer wieder aufrufen.

Um das Zusammenwirken von verschiedenen Prozeduren zu bewirken, können die Prozeduren in einer Gesamtanwendung gezielt zur Ausführung bereitgestellt werden. In der Fachsprache wird dies als „Aufrufen von Prozeduren" bezeichnet.

Beispiel: Filterschaltflächen

Die Makrolösung aus Kapitel 11 zur Filterung von Datensätzen soll durch die Verwendung von VBA optimiert werden.

Verwenden Sie dabei Sub-Prozeduren, um den Code noch effizienter zu gestalten.

Auch bei der Lösung dieser Aufgabenstellung werden wieder Ereignisprozeduren verwendet, die Subprozedur wird direkt im Formularmodul abgelegt.

Nachdem die Schaltflächen wie in Kapitel 11 angelegt worden sind, nutzen wir die Tatsache, daß der Name der Schaltfläche jeweils dem Filterkriterium entspricht. Also soll der Name der gedrückten Schaltfläche eruiert und an eine Sub-Prozedur übergeben werden, welche die eigentliche Filterung vornimmt.

Die Ereignisprozedur sieht für jede der Filterschaltflächen gleich aus, das bedeutet Sie können den Code jeweils kopieren.

```
Private Sub B_Click()

FilterAnwenden (Screen.ActiveControl.Name)

End Sub
```

Die Ereignisprozedur besteht aus einer Zeile. Es wird die Sub-Prozedur **FilterAnwenden()** aufgerufen. Aus Übergabeparameter wird der Name der Schaltfläche übergeben, der mit der Anweisung Screen.ActiveControl.Name eruiert wird.

Um die Sub-Prozedur **FilterAnwenden()** zu erstellen klicken Sie auf das Symbol Prozedur auswählen. Wählen Sie als Typ „Sub-Prozedur". Da diese lediglich innerhalb des Formulars „Mitarbeiterstammdaten" benötigt wird und sonst nicht von Bedeutung ist, wählen wir als Geltungsbereich „Privat".

Bild 12-13:
Erstellen einer privaten Sub-Prozedur

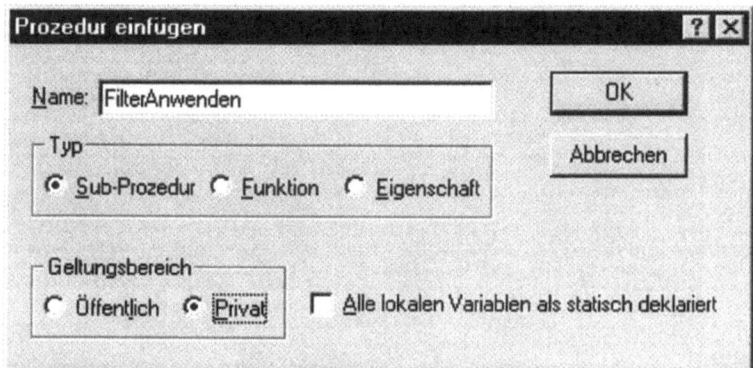

Die Sub-Prozedur **FilterAnwenden()** aktiviert einerseits den Filter, indem die Filterbedingung mit dem übergebenen Namen der gedrückten Schaltfläche kombiniert wird, andererseits wird durch die Beschriftung des Feldes „Filter" dem Anwender der aktive Filter angezeigt.

```
Private Sub FilterAnwenden(ByVal Buchstabe)

    DoCmd.ApplyFilter , "[Nachname] Like '[" + Buch-
stabe + "]*'"
    Me!Filter.Caption = UCase(Buchstabe)

End Sub
```

13 Kontrollstrukturen mit VBA

Bei den bisher beschriebenen VBA-Lösungen hat es sich um lineare Abläufe gehandelt. In einer linearen Struktur wird ein Programmbefehl nach dem anderen abgearbeitet, und zwar jeder nur ein einziges Mal. Bestimmte Vorgänge verlangen es aber, daß Codeteile wiederholt aufgerufen werden, um zu vermeiden, daß beinahe die gleichen Codezeilen mehrmals hintereinander eingegeben werden müssen. Dies ist weder ökonomisch noch entspricht es der allgemeinen Programmierlogik.

13.1 Kontrollstrukturen im Überblick

Mit VBA haben Sie natürlich auch die Möglichkeit, den Programmablauf gezielt zu steuern. So lassen sich bedingte Anweisungen (Verzweigungsstrukturen) sowie Schleifenanweisungen (auch als Steuerstrukturen bezeichnet) beim Schreiben von VBA-Codes verwenden, mit denen Entscheidungen getroffen oder Aktionen wiederholt werden.

Die Anweisungen, die **Entscheidungen** und **Schleifen** in VBA kontrollieren, werden **Kontrollstrukturen** genannt. Neben der linearen Struktur sind folglich zwei weitere Strukturen bei der Programmierung von Bedeutung:

- Entscheidungsstrukturen (Auswahlstrukturen)
- Schleifenstrukturen.

Entscheidungsstrukturen sind jene, bei denen Anweisungen nur dann ausgeführt werden, wenn eine bestimmte Bedingung erfüllt ist. Ist die Bedingung nicht gegeben, werden entweder andere oder gar keine Programmanweisungen ausgeführt. (Wenn - Dann - Sonst)

Schleifenstrukturen sind jene, bei denen derselbe Code eine bestimmte Anzahl von Schritten durchlaufen wird. Die Anzahl ist entweder eine konstante Zahl oder an eine Bedingung geknüpft. Die Schleife wird dann solange durchlaufen, bis eine Bedingung erfüllt ist beziehungsweise nicht mehr erfüllt wird. (Solange - Bis, X mal)

13 Kontrollstrukturen mit VBA

Nachfolgende Übersicht zeigt alle zur Verfügung stehenden Entscheidungs- und Schleifenstrukturen. Sie finden die meisten nicht nur in VBA, sondern auch in nahezu allen Programmiersprachen. Die Logik ist in allen Programmiersprachen die gleiche, lediglich in der Syntax kann es kleine Unterschiede geben.

Entscheidungsstruktur	If ... Then ...	Einstufige Auswahl
	If ... Then ... Else	Mehrstufige Auswahl
	Select Case	Fallabfrage
Schleifenstruktur	For ... Next	Zählerschleife
	Do ... Loop	Wiederholungsschleife
	For Each ... Next	
	With ... End With	
	While ... Wend	

13.1.1 If-Then-Anweisung

Die grundlegende Anweisung zur Realisierung von Auswahlstrukturen ist die If-Then-Anweisung. Die möglichen Varianten zeigt die folgende Zusammenstellung:

Syntax 1

```
If Bedingung Then Anweisung
```

Syntax 2

```
If Bedingung Then
    Anweisungen
End If
```

Syntax 3

```
If Bedingung Then
    Anweisungen
ElseIf andere Bedingung Then
    Anweisungen
Else
    Anweisungen
End If
```

Syntax 1:
Einseitige Auswahl mit einzeiliger Syntax

Beim Durchlaufen des Programmcodes wird die erste Bedingung geprüft. Ist sie wahr, wird die auf „Then" folgende Anweisung ausgeführt. Diese Syntax kann nur dann verwendet werden, wenn beim Eintreten der Bedingung lediglich **eine Anweisung** ausgeführt werden soll.

Syntax 2:
Einseitige Auswahl mit mehrzeiliger Syntax

Diese ist im Ablauf mit der ersten Variante identisch, jedoch können bei dieser Form der Syntax **beliebig viele Anweisungen** nach der Prüfung der Bedingung ausgeführt werden.

Syntax 3:
Mehrseitige Auswahl

Der **ElseIf** - Block ermöglicht es, innerhalb einer Struktur weitere Bedingungen abzuprüfen. (Wenn - Dann, Wenn - Dann, Wenn - ... - Dann)

ACCESS prüft zunächst die erste Bedingung. Ist diese wahr, führt es die entsprechenden Anweisungen aus und springt anschließend zur **EndIf** - Anweisung. Ist die erste Bedingung nicht wahr, wird die nächste darauffolgende Bedingung geprüft. Ist keine der Bedingungen wahr, wird der **Else**-Block ausgeführt. Der Vorteil: Durch das Hinzufügen einer ElseIf-Anweisung können mehrere Bedingungen überprüft und damit mehrere verschachtelte If...Then...Anweisungen überflüssig werden. Der VBA-Code wird so kürzer und übersichtlicher.

Die **ElseIf** - Anweisung ist ebenso wie die **Else** - Anweisung optional und kann weggelassen werden, wenn sie nicht erforderlich ist. Innerhalb einer If - Anweisung können beliebig viele **ElseIf** - Anweisungen erfolgen. Bei einer allzu großen Anzahl an ElseIf - Anweisungen ist zu überprüfen, ob nicht der Einsatz einer Case - Struktur besser geeignet wäre.

13.1.2 Select-Case-Anweisung

Die Select-Case-Anweisung stellt eine Alternative zur If-Anweisung dar, deren Nutzung vor allem dann sinnvoll ist, wenn Sie viele ElseIf-Blöcke erstellen müßten, um Ihre Abfrage korrekt zu definieren. (Wähle aus - Falls... - Falls ... - Falls ...).

13   Kontrollstrukturen mit VBA

Syntax
```
Select Case Testausdruck
    Case Ausdruck1
        Anweisungsblock1
    Case Ausdruck2
        Anweisungsblock2
    Case Else
        Anweisungsblock3
End Select
```

Die **Select-Case**-Anweisung prüft den *Testausdruck* nur einmal zu Beginn der Ausführung. Jede **Case**-Abfrage prüft, ob der *Testausdruck* dem angeführten *AusdruckX* entspricht. Ist dies der Fall, wird der der Case-Abfrage folgende Anweisungsblock ausgeführt und anschließend die Struktur verlassen. Stimmt keiner der angeführten Ausdrücke mit dem *Testausdruck* überein, wird der auf **Case Else** folgende Anweisungsblock abgearbeitet. Die **Case Else** - Anweisung ist ebenso optional wie die zuvor beschriebene **ElseIf**-Anweisung. Fehlt diese, wird im Falle keiner Übereinstimmung keine Anweisung ausgeführt.

13.1.3 For-Next-Anweisung

Ist die Anzahl für das Wiederholen von Schleifendurchläufen bekannt, kann die zählergesteuerte Schleife **For...Next** zur Eingrenzung des zu wiederholenden Anweisungsblocks verwendet werden. In diesem Fall wird ein Zähler zum wiederholten Ausführen bestimmter Anweisungen genutzt.

Syntax
```
For Zähler = Startwert To Endwert Step Schrittweite
    Anweisungen
Next
```

Die Variable *Zähler* wird beginnend vom *Startwert* beim Beginn jedes Schleifendurchlaufes um den Wert *Schrittweite* erhöht, solange bis der Endwert erreicht ist. Die Angabe der Schrittweite ist optional. Sie wird in der Regel nur dann angegeben, wenn sie nicht der Standardschrittweite Eins entspricht. Ist die Schrittweite positiv, muß der *Startwert* kleiner sein als der *Endwert*, ebenso muß bei negativer Schrittweite der *Endwert* kleiner sein als der *Startwert*.

13.1.4 For-Each-Next-Anweisung

Syntax

> **For Each** *Element* **In** *Gruppe*
> *Anweisungen*
> **Next** *Element*

Für jedes Element einer Auflistung oder Datensatzgruppe werden die Anweisungen innerhalb der Schleife durchgeführt. So ist ein Element zum Beispiel ein Feld innerhalb einer Tabelle oder eines Recordsets.

13.1.5 Do-Loop-Anweisung

Eine Do...Loop - Schleife findet in jenen Fällen Verwendung, in denen beim Beginn des Schleifendurchlaufes noch nicht feststeht, wie oft die Schleife durchlaufen werden wird. Die Schleife wird solange durchlaufen, bis eine angegebene Bedingung erfüllt, oder bei einer anderen Form der Syntax, nicht mehr erfüllt ist.

Syntax 1

> **Do**
> *Anweisungen*
> **Loop Until** *Bedingung*

Syntax 2

> **Do Until** *Bedingung*
> *Anweisungen*
> **Loop**

Syntax 3

> **Do**
> *Anweisungen*
> **Loop While** *Bedingung*

Syntax 4

> **Do While** *Bedingung*
> *Anweisungen*
> **Loop**

Syntax 1 und Syntax 3 garantieren **mindestens eine Abarbeitung** der Anweisung(en), da die Bedingung erst geprüft wird, wenn der Anweisungsblock das erste Mal abgearbeitet worden ist. In den Varianten von Syntax 2 und Syntax 4 kommt es unter Umständen zu **keiner einzigen Abarbeitung** des Schleifen-Programmcodes, nämlich dann, wenn die Bedingung von Beginn an nicht erfüllt ist.

Syntax 1 und 3 sowie Syntax 2 und 4 sind jeweils von der Wirkung her identisch. Es ist Geschmackssache, welche Form Sie wählen. Wenn Sie von einer Variante auf die andere wechseln, müssen Sie jedoch beachten, daß das Vorzeichen der Bedingung umzukehren ist.

Die beiden Varianten entsprechen jenen Denkweisen:

- **While:**
  „Mache etwas, **solange noch** die Bedingung erfüllt ist."
- **Until:**
  „Mache etwas, bis folgende Bedingung eintrifft."

Hinweis: Sie können eine Schleife mit der Anweisung **Exit** vorzeitig verlassen. Verwenden Sie dazu bei einer For-Schleife die Syntax **Exit For** und bei einer Do-Schleife die Eingabeform **Exit Do**.

13.1.6 While-Wend-Anweisung

Die While-Wend entspricht in Logik und Funktionalität der Syntax 4 einer Do-Loop-Anweisung und kann alternativ verwendet werden.

Syntax

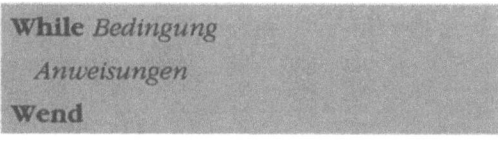

```
While Bedingung
    Anweisungen
Wend
```

Ein Tip: Wenn Sie an einem einheitlichen Code interessiert sind, sollten Sie die Variante 4 der Do-Loop-Anweisung verwenden, da diese eine breitere Einsatzmöglichkeit bietet.

13.1.7 With-Anweisung

Die With-Anweisung fällt ein wenig aus dem bisherigen Schema heraus. Sie ist ab der Version 7 von ACCESS neu hinzugekommen und bietet die Möglichkeit, Code effizienter und übersichtlicher zu gestalten, indem Anweisungen, die sich auf ein Objekt beziehen, zusammengefaßt werden können.

Syntax

> **With** *Objekt*
> *Anweisungen*
> **End With**

Der Vorteil: Sie können es sich ersparen, den Objektbezeichner wiederholt im Code anzuführen, wenn Sie mit der With-Anweisung arbeiten.

Beispiele für die erläuterten Kontrollstrukturen finden Sie in den nachfolgend erläuterten Prozeduren und Funktionen.

13.2 Verlaufsanzeige programmieren

Ausgangsfall: In der Statusleiste von ACCESS soll eine Verlaufsanzeige erscheinen (= blauer Balken mit optischer Prozentangabe), die für länger andauernde Vorgänge als Orientierung dient. So kann ein Anwender ungefähr abschätzen, wann der aktuelle Vorgang beendet ist (etwa bei länger andauernden Vorgängen wie dem Aktualisieren und Löschen von Datensätzen oder Datenimport bzw. Datenexportfunktionen).

Bei dem Anwendungsbeispiel handelt es sich um eine typische Funktion, die in einem ACCESS-Modul erzeugt werden kann und mit Hilfe einer FOR-NEXT-Schleife zu lösen ist.

Realisiert wird die Verlaufsanzeige über die vorhandene Standardfunktion **SysCmd**. Die Syntax für die Verwendung dieser Funktion ist:

```
SysCmd (Anzeige[,Text][,Wert])
```

Die Schreibweise zeigt, daß der Parameter *Anzeige* notwendig ist, während die beiden anderen Parameter *Text* und *Wert* abhängig vom Wert von Anzeige optional sind.

Bezüglich des Argumentes *Anzeige* gilt, daß hier ein Wert zwischen 1 und 5 anzugeben ist, wobei die Bedeutung dieser Werte durch folgende Zusammenstellung deutlich wird:

Wert in Anzeige	Bedeutung in der Funktion SysCmd
1	initialisiert die Verlaufsanzeige. Durch die Eingabe eines Textparameters kann ein Hinweistext angegeben werden,

13 Kontrollstrukturen mit VBA

Wert in Anzeige	Bedeutung in der Funktion SysCmd
2	aktualisiert die Verlaufsanzeige. Über den Parameter Wert wird der absolute aktuelle Wert vorgegeben. Der zutreffende Prozentwert wird von der Funktion berechnet.
3	entfernt die Verlaufsanzeige.
4	setzt die Statuszeile auf Text.
5	setzt den Statuszeilentext auf Bereit zurück.

Die Lösung hat folgende Aussehen:

```
Public Function Verlaufsanzeige()
    Dim Ret As Variant 'ReturnWert muß vom Typ Variant sein
    Dim Zähler&
    Dim Wert&
    Const Max = 100000
    'Initialisierung der Verlaufsanzeige
    Ret = SysCmd(1, "Berechnung läuft...", Max)
    'Schleife
    For Zähler& = 1 To Max
        Wert = Zähler& * 10
        'Verlaufanzeige aktualisieren
        Ret = SysCmd(2, Zähler&)
    Next Zähler&
    'Verlaufsanzeige zurücksetzen
    Ret = SysCmd(5)
End Function
```

Erläuterung: Im Beispiel der FOR-NEXT-Schleife steht der Zähler zunächst auf den Ausgangswert 1. Während der Anwendung wird der Zähler dann laufend um 1 erhöht, bis der Maximalwert erreicht ist (im Beispiel 100000). Innerhalb der Schleife wird die Verlaufsanzeige aktualisiert.

Zum Testen ist zunächst eine Datenbank zu öffnen (oder eine neue anzulegen). Danach ist im Datenbankfenster das Register „Module" zu aktivieren. Legen Sie hier zunächst ein neues Modul mit der Bezeichnung „Testverlauf" an. Gehen Sie dann in folgenden Schritten vor:

1. Wählen Sie aus dem Menü **Bearbeiten** den Befehl **Neue Prozedur**.
2. Geben Sie als Prozedurnamen (= Funktionsnamen) ein: Verlaufsanzeige.
3. Tippen Sie die Zeilen des Listings als Funktionstext ein.
4. Wählen Sie im Menü **Ausführen** den Befehl **Alles kompilieren**.
5. Speichern Sie das Modul abschließend.

Nach Anlage des Moduls können Sie einen Test über das Makrofenster vornehmen. Klicken Sie dazu auf das Register „Makros", und aktivieren Sie die Schaltfläche <Neu>. Im Makrofenster wählen Sie die Aktion „AusführenCode", wobei als Funktionsname „Verlaufsanzeige()" einzugeben ist. Daraufhin können Sie das Makro unter dem Namen „Verlaufsanzeige" sichern und das Makrofenster schließen.

Test des Makros: Per Doppelklick auf den Makronamen erfolgt die Ausführung. Je nach Rechnerausstattung kann es dann eine gewisse Zeit dauern, bis die komplizierte Rechnung beendet ist. Während der Berechnung erscheint die neue Verlaufsanzeige mit wachsender Prozentzahl.

Abschließender **Hinweis**: Für die Funktion **SysCmd** gibt es zahlreiche Einsatzgebiete. Beispiele sind die Übertragung von Sätzen aus einer Access-Tabelle in eine Textdatei oder beim dynamischen Datenaustausch mit Applikationen wie Excel und Winword.

13.3 Funktion „ProperCase"

In Visual Basic gibt es im Gegensatz zu anderen Programmiersprachen und Anwendungen keine Funktion „ProperCase". Diese wandelt im ihr übergebenen Text den ersten Buchstaben jeden Wortes in einen Großbuchstaben und alle anderen in Kleinbuchstaben um.

Eine ähnliche Funktion haben Sie im vorhergehenden Kapitel bereits kennengelernt. Allerdings war diese nur auf die Prüfung und Änderung eines Wortes bezogen. Im folgenden sollen auch mehrere Wörter nacheinander automatisch in Groß-/Kleinschreibung umgesetzt werden.

Die Funktion wird verwendet, um die Eingabe in den Feldern „Vorname" und „Nachname" im Formular Mitarbeiterstammdaten in eine korrekte Schreibweise umzusetzen. Lösung:

13 Kontrollstrukturen mit VBA

```
Public Function ErsterGroß(ByVal ÜTEXT As String)

Dim LÄNGE As Integer, ZÄHLER As Integer
Dim ZEICHEN As String, TEXT As String

    TEXT = Trim$(ÜTEXT)
    LÄNGE = Len(TEXT)
    If LÄNGE = 0 Then Exit Function
    Mid$(TEXT, 1, 1) = UCase$(Left$(TEXT, 1))
    For ZÄHLER = 2 To LÄNGE
        ZEICHEN = Mid$(TEXT, ZÄHLER - 1, 1)
        If ZEICHEN = " " Or ZEICHEN = "-" Then
            Mid$(TEXT, ZÄHLER, 1) = UCase$(Mid$(TEXT, ZÄHLER, 1))
        Else
            Mid$(TEXT, ZÄHLER, 1) = LCase$(Mid$(TEXT, ZÄHLER, 1))
        End If
    Next

    ErsterGroß = TEXT

End Function
```

Die Funktion wird durch die Ereignisprozedur für die Eigenschaft „Nach Aktualisierung" des Feldes „Nachname" im Formular „Mitarbeiterstammdaten" aufgerufen. Die Ereignisprozedur besteht aus der Zeile:

```
Me!Nachname = ErsterGroß(Me!Nachname)
```

Der Inhalt des Feldes „Nachname" wird in diesem Beispiel als Wert übergeben und das Funktionsergebnis dem Feld selber zugewiesen.

Zu Beginn wird die Länge des übergebenen Textes festgestellt. Dazu kann eine Funktion LEN verwendet werden, die die Länge des Textes zurückgibt. Sie ist wichtig, um sicherzustellen, daß alle Zeichen überprüft werden.

```
LÄNGE = Len(TEXT)
```

Für den Fall, daß ein leerer Text an die Funktion übergeben worden ist, soll die Ausführung der Funktion beendet werden. Damit muß, sofern keine Eingabe erfolgt, also diese Funktion nicht mehr ausgeführt werden.

```
If LÄNGE = 0 Then Exit Function
```

Der erste Buchstabe des übergebenen Textes soll auf jeden Fall ein Großbuchstabe sein. Er wird vorweg in einen solchen umgewandelt, da bei ihm in Folge nicht geprüft werden kann, ob vor ihm ein Buchstabe oder eine Leerstelle steht. Die Umwandliung erfolgt dann mit der UpperCase-Funktion.

```
Mid$(TEXT, 1, 1) = UCase$(Left$(TEXT, 1))
```

In der folgenden Schleife wird vom zweiten bis zum letzten Buchstaben überprüft, ob der Buchstabe davor ein Leerzeichen oder ein Bindestrich ist, indem der Vorbuchstabe der Variablen ZEICHEN übergeben und verglichen wird.

```
For ZÄHLER = 2 To LÄNGE
     ZEICHEN = Mid$(TEXT, ZÄHLER - 1, 1)
     If ZEICHEN = " " Or ZEICHEN = "-" Then
          Mid$(TEXT, ZÄHLER, 1) = UCase$(Mid$(TEXT, ZÄHLER, 1))
     Else
          Mid$(TEXT, ZÄHLER, 1) = LCase$(Mid$(TEXT, ZÄHLER, 1))
     End If
Next
```

Ist der Vorbuchstabe ein Leerzeichen oder ein Bindestrich, wird der Buchstabe mit der Funktion **UCase$()** in einen Großbuchstaben, anderenfalls mit der Funktion **LCase$()** in einen Kleinbuchstaben umgewandelt.

Zum Abschluß wird der bearbeitete Text als Funktionsergebnis übergeben.

```
ErsterGroß   = TEXT
```

Hinweis: Sie können die bisherige Funktion mit dem Namen ErsterGroß löschen, da diese jetzt nicht mehr benötigt wird.

13.4 Listenfeld füllen

Bisher haben Sie drei Varianten kennengelernt, um ein Listen-/ Kombinationsfeld zu füllen. Entweder wurden die Listeneinträge

- direkt im Formularentwurf im Eigenschaftsfenster des Listen-/ Kombinationsfeldes **erfaßt**,
- aus den Elementen einer **Tabelle/Abfrage** gewonnen oder
- sie wurden aufgrund einer **SQL-Anweisung** festgelegt.

Eine vierte Variante stellt das Füllen von Listen mit berechneten Einträgen dar. Für diesen Zweck ist eine Funktion mit speziellem

13 Kontrollstrukturen mit VBA

Aufbau zu erstellen, welche als zentrales Element eine **Case Select** - Anweisung enthält.

Beispiel: In der Regel werden bis auf wenige Ausnahmen die Reservierungen von Firmenfahrzeugen binnen 14 Tagen vor der Nutzung vorgenommen. Um diese Eingabe benutzerfreundlicher zu gestalten, soll anstelle des bloßen Textfeldes für die Datumseingabe, ein Kombinationsfeld, welches mit den Tagesdaten der folgenden zwei Wochen gefüllt ist, zur Verfügung stehen.

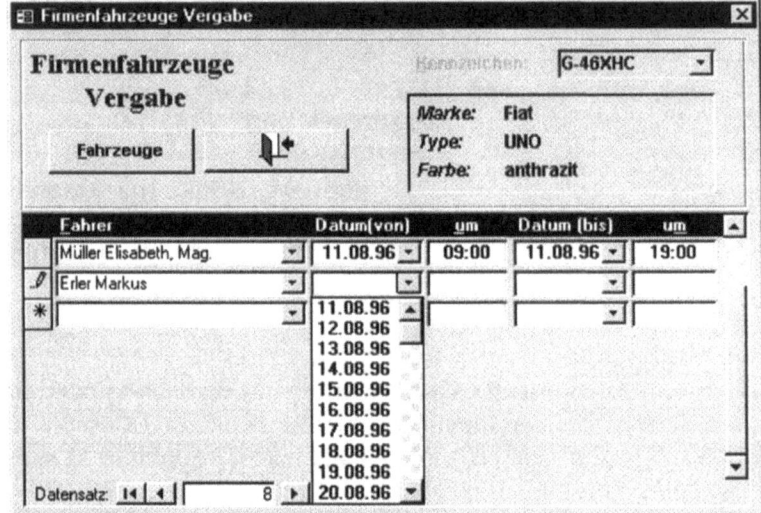

Bild 13-1: Listenfeld mit berechnetem Inhalt

Der Aufruf einer Funktion, die ein Listenfeld in einem Formular füllt, muß immer die Übergabeparameter FELD, ID, ZEILE, SPALTE und CODE beinhalten. ACCESS ruft das Modul mehrmals hintereinander auf, indem jeweils ein bestimmter CODE übergeben wird. Dieser teilt der Funktion mit, welche Information bei dem Aufruf erwünscht ist.

Code	Bedeutung	Rückgabewert
0	Initialisierung	False oder Null: Liste kann nicht gefüllt werden
1	Öffnen	Zuweisung einer eindeutigen ID-Nummer; 0 wenn nicht möglich
3	Zeilenanzahl	Zahl der Einträge im Listenfeld

13.4 Listenfeld füllen

Code	Bedeutung	Rückgabewert
4	Spaltenanzahl	Zahl der Spalten im Listenfeld
5	Spaltenbreite	-1 als Standardbreite
6	Listeneintrag	vorhandene Listeneinträge

Folgende Funktion füllt das Listenfeld mit den Datumsangaben der nächsten 14 Tage (Hinweis: Im Beispiel wird auch der heutige Tag berücksichtigt, weshalb nicht 14 sondern eigentlich 15 Tage zurückgegeben werden):

```
Public Function Tagesliste (FELD As Control, ID, ZEI-
LE, SPALTE, CODE)
Dim DATUM as Date

    Select Case CODE
        Case 0
            Tagesliste = True
        Case 1
            Tagesliste = Timer
        Case 3
            Tagesliste = 15
        Case 4
            Tagesliste = 1
        Case 5
            Tagesliste = -1
        Case 6
            DATUM = Format(Now + ZEILE, "dd.mm.yy")
            Tagesliste = DATUM
    End Select

End Function
```

Die Syntax für den Deklarationsteil der Funktion ist in der beschriebenen Weise vorgegeben.

- Beim **ersten Aufruf** wird der Code „0" übergeben. Es erfolgt die Initialisierung, indem der Funktion der Wert „True" übergeben wird. Die Initialisierung kann an eine Bedingung gebunden werden, welche bei Erfüllung einen Wahrwert, bei Nichterfüllung eine Unwahrwert übergibt. Im Beispielfall wird durch die explizite Zuweisung von **True** sichergestellt, daß die Funktion immer ausgeführt, das heißt das Listenfeld gefüllt wird.

- Beim **zweiten Aufruf** (Übergabecode „**1**") wird der Funktion eine ID-Nummer zugeordnet, was vorzugsweise mit der Funktion **Timer** erfolgt, welche als Ergebnis die seit 00:00 Uhr (Mitternacht) verstrichenen Sekunden liefert. Dadurch wird eine eindeutige ID zugeordnet.

- Beim **dritten Aufruf** (Übergabecode „**3**") wird festgelegt, wieviele Spalten für das Listenfeld berechnet werden sollen, zugleich, wie oft die Funktion (bei einer Spalte) mit dem Übergabecode 6 aufgerufen wird.

- Beim **vierten Aufruf** (Übergabecode „**4**") wird definiert, wieviele Spalten für das Listenfeld zu berechnen sind.

- Beim **fünften Aufruf** (Übergabecode „**5**") kann die Spaltenbreite (in Twips) festgelegt werden, mit „-1" erfolgt die Einstellung der Standardbreite. Wenn Sie eine andere als die Standardbreite einstellen möchten, errechnen Sie den einzustellenden Wert, indem Sie den Breitenwert in Zentimeter mit **567** multiplizieren.

- Ab dem **sechsten Aufruf** (Übergabecode „**6**") werden die Listeneinträge mit der ersten Zeile beginnend berechnet. Der Aufruf mit diesem Code erfolgt so oft, wie es durch die Angabe von Zeilen und Spalten Einträge gibt. Die Variable ZEILE enthält jeweils die Information, um die wievielte Zeile es sich handelt und kann daher in die Berechnung einbezogen werden. Im Beispielfall wird der Variablen DATUM das Datum von heute plus der Zeilenanzahl in Tagen zugewiesen.

Testen Sie die Anwendung nach dem Erfassen der Funktion im Unterformular für die Firmenfahrzeuge-Vergabe. Aktivieren Sie dabei zunächst das Feld „Datumvon", und erzeugen Sie dafür ein neues Listenfeld. Tragen Sie dann im Eigenschaftsfenster beim Herkunftstyp die Funktion ein: **Tagesliste**

13.5 Tabellennamen der aktuellen Datenbank einlesen

Für eine Benutzersteuerung kann es interessant sein, für eine Auswahl die Tabellen der aktuellen Datenbank in einem Auswahllistenfeld anzuzeigen. So zum Beispiel im Exportmenü der Anwendung PERSONAL, in welchem sich der Benutzer entweder alle Tabellen, alle Abfragen oder beides in einem Listenfeld anzeigen lassen kann.

13.5 Tabellennamen der aktuellen Datenbank einlesen

Der Wechsel in der Anzeige erfolgt, indem der Eigenschaft **Datensatzherkunft** zur Laufzeit andere Inhalte zugewiesen werden. Dieser Inhalt wird jeweils von den Funktionen

- Tabellen()
- Abfragen()

ermittelt.

```
Public Function Tabellen()

Dim DB As Database, LISTE As String
Dim TABNAME As String
Dim Z As Integer, ANZAHL As Integer

    Set DB = CurrentDB
    ANZAHL = DB.TableDefs.Count

    If ANZAHL > 0 Then
        For Z = 0 To ANZAHL - 1
            TABNAME = DB.TableDefs(Z).Name
            ' Systemtabellen sollen nicht berücksichtigt werden
            If Left$(TABNAME, 4) <> "MSys" Then LISTE = LISTE + TABNAME + ";"
        Next
    Else
        LISTE = ""
    End If

    DB.Close
    Tabellen = LISTE

End Function
```

Im ersten Schritt wird die Anzahl der in der Datenbank gespeicherten Tabellen ausgelesen. Die Anzahl bekommt man durch die Methode **Count** der Eigenschaft **TableDefs** des Objektes **Database** (DB).

```
Set DB = CurrentDb
ANZAHL = DB.TableDefs.Count
```

Der Kernteil der Funktion wird nur dann ausgeführt, wenn die Datenbank überhaupt Tabellen enthält. In der folgenden Schleife werden die Tabellennamen der Variablen LISTE hinzugefügt, wobei jene Tabellen außer Acht gelassen werden, deren Name mit „**MSys**" beginnt. Es handelt sich bei diesen um interne verborgene Tabellen, welche beispielsweise die Benutzerinformationen und Berechtigungen beinhalten.

```
If ANZAHL > 0 Then
    For Z = 0 To ANZAHL - 1
        TABNAME = DB.TableDefs(Z).Name
        ' Systemtabellen sollen nicht berücksichtigt werden
        If Left$(TABNAME, 4) <> "MSys" Then LISTE = LISTE + TABNAME + ";"
    Next
```

Wenn keine Tabellen vorhanden sind, wird ein Leerstring zurückgegeben.

```
Else
    LISTE = ""
End If
```

Zum Abschluß wird mit der Methode **Close** das Datenbankobjekt wieder geschlossen und der Funktion des Endwertes übergeben.

```
DB.Close
Tabellen = LISTE
```

Hinweis: Wie der Aufruf der Funktion erfolgt, sehen Sie in Kapitel 17 „Datenaustausch mit anderen Programmen".

13.6 Formular beim Öffnen verändern

Im Formular „Seminarbesuche" wird, wenn man auf das Unterformular mit den Detaildaten zum Seminaranbieter klickt, das Formular "Seminaranbieter" geöffnet und der aktuelle Datensatz angezeigt. Das Formular soll aber so geöffnet werden, daß lediglich die Daten des aktuellen Seminaranbieters editiert werden können. Die Eingabe von neuen Seminaranbietern soll nicht ermöglicht werden. Da es sich aber um dasselbe Formular handelt, welches für die Erfassung und Pflege aller Seminaranbieter verwendet wird, müssen einige Eigenschaften dieses Formulars den neuen Anforderungen angepaßt werden, nachdem das Formular geöffnet worden ist:

- Navigationsschaltflächen ausblenden
- Gebunden-Eigenschaft aktivieren
- Anfügen von Datensätzen verhindern

13.6 Formular beim Öffnen verändern

- Schaltfläche <Neu> ausblenden
- Schaltfläche <Löschen> ausblenden

Bild 13-2:
Unterformular mit Seminaranbieter

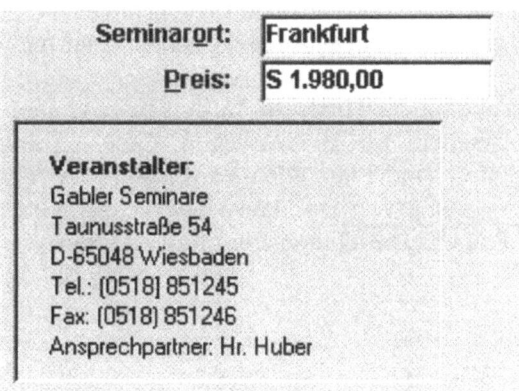

Um auf all diese Eigenschaften im Programmcode zu verweisen, muß jeweils der Verweis auf das Formular mit seinem Namen erfolgen. Durch die Verwendung der **With-Anweisung** muß dieser Verweis nur einmal vorangestellt werden.

Die Ereignisprozedur für das Unterformular für die Eigenschaft „Beim Hingehen" lautet:

```
Private Sub Seminaranbieter_Unte_Enter()

DoCmd.OpenForm "Seminaranbieter", , , "[AnbieterNr] =
[Forms]![Seminarbesuche]![AnbieterNr]", , acNormal

With Forms!Seminaranbieter
    .NavigationButtons = False 'Navigationsschaltflä-
chen ausblenden
    .Modal = True 'Eigensch. Gebunden = Ja
    .AllowAdditions = False 'Anfügen zulassen = Nein
    !Neu.Enabled = False 'Ausblenden Schaltfl. Neu
    !Löschen.Enabled = False 'Ausblendne Schaltfl.
Löschen
End With

End Sub
```

Ohne die Anweisung With würde die Syntax lauten:

```
Forms!Seminaranbieter.NavigationButtons = False
Forms!Seminaranbieter.Modal = True
Forms!Seminaranbieter.AllowAdditions = False
Forms!Seminaranbieter!Neu.Enabled = False
Forms!Seminaranbieter!Löschen.Enabled = False
```

Abschließender **Hinweis**: In den behandelten Beispielen haben Sie gesehen, wie **If** - Abfragen, **Case** - Abfragen, **For...Next** - Schleifen und die **With**-Anweisung verwendet werden. Die Verwendung von **Do...Loop** - Schleifen wird in den Beispielen der Folgekapitel demonstriert und erläutert.

14 Manipulieren von Daten

Sicher haben auch Sie schon des öfteren festgestellt, daß Ihre personenbezogenen Daten in einer Datenbank nicht korrekt verwaltet werden. Der Qualität der Datenerfassung und Datenpflege kommt also eine besondere Bedeutung zu.

Eine wichtige Aufgabe bei der Programmierung ist es, die typischen Funktionen bei der Verwaltung von Daten - nämlich das **Einfügen, Ändern** und **Löschen von Datensätzen** - dem Endanwender so zu ermöglichen, daß dies gezielt und sicher erfolgen kann. Wie Sie dies mit ACCESS erreichen können, lernen Sie in diesem Kapitel kennen.

Nützlich zur programmierten Lösung der Datenpflege ist die Verwendung von Objektvariablen (= Datenzugriffsobjekten) sowie spezifischer Objektmethoden. Mit ihrer Hilfe kann die gewünschte Funktionalität besonders einfach erreicht werden. Deshalb soll auf diese Möglichkeiten zunächst eingegangen werden. Anschließend werden dann die verschiedenen Möglichkeiten für das gezielte Hinzufügen, Ändern und Löschen von Datensätzen aufgezeigt.

14.1 Objektvariablen in VBA

Je umfangreicher und komplexer eine Datenbankanwendung wird, desto unübersichtlicher und umständlicher ist es, wenn Sie jeweils die einzelnen Objekte genau definieren und zuweisen müssen. Auch wird dadurch die Anzahl der Codezeilen enorm erhöht.

ACCESS verfügt deshalb über die Möglichkeit, sogenannte Objektvariablen zu deklarieren und diese jeweils einem bestimmten Objekttyp zuzuweisen (beispielsweise einem Bericht oder einem Formular).

Damit können Sie dann auch erreichen, daß dieselbe Prozedur für verschiedene Objekte der Datenbank durchgeführt werden kann. Ein Beispiel dafür ist etwa das Löschen von Datensätzen, das in verschiedenen Formularen zur Datenpflege vorkommen kann.

An **Objekten** werden unterschieden:

Objekte	Bedeutung
Application	MS-Access selbst
Control	Steuerelement
Debug	Testfenster
Form	geöffnetes Formular
Forms	Auflistung geöffneter Formulare
Module	Formular- oder Berichtsmodul
Report	geöffneter Bericht (einschließlich Unterbericht)
Reports	Auflistung geöffneter Berichte
Screen	Bildschirmanzeige
Section	Bereich in einem Formular oder Bericht

Um Datenmanipulationen vornehmen zu können, müssen Sie Tabellen und Abfragen in Objektvariablen verfügbar machen. In Ergänzung zu den genannten Objekten werden deshalb von der Datenbank-Engine weitere Objekte - sogenannte **Datenzugriffsobjekte** - definiert, die die Datenverwaltung einer Anwendung übernehmen.

Schließlich ist zu beachten, daß Datenbankobjekten bestimmte Eigenschaften bzw. Methoden zugeordnet werden können. So lassen sich einfach komplexe Anwendungen programmieren.

Im **Modulfenster** können Sie sich den vorhandenen Objektkatalog in ACCESS anzeigen lassen und bei Bedarf unmittelbar eine Einfügung in das Modulfenster vornehmen. Für den Aufruf haben Sie zwei Möglichkeiten: Klicken Sie auf die links abgebildete Schaltfläche, oder wählen Sie aus dem Menü **Ansicht** den Befehl **Objektkatalog**. **Mögliches Ergebnis:**

14.1 Objektvariablen in VBA

Bild 14-1:
Objektkatalog

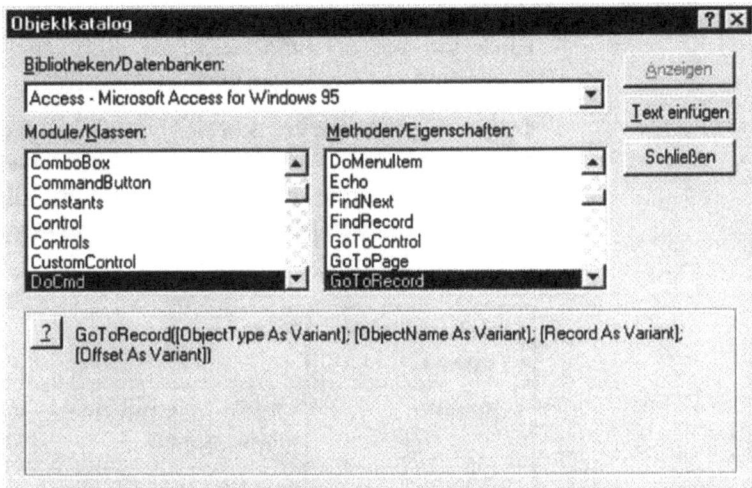

In dem angezeigten Fenster werden alle Objekte mit ihren Eigenschaften, Ereignissen und Methoden aufgelistet. Dies sind sowohl Datenbankobjekte, die selbst erstellt wurden (etwa bestimmte Funktionen) als auch die innerhalb von ACCESS und VBA existierenden Objekte.

Auswahloptionen im Objektkatalog sind:

- VBA
- ACCESS
- DAO (für Data Access Objects).

Angenommen, Sie suchen eine Funktion zur Datumsberechnung. Aktivieren Sie dazu die Bibliothek VBA, und wählen Sie dann in der Liste der Klassen DateTime. Folgende Funktionen werden für diese Klasse angezeigt:

Bild 14-2:
Methoden und Eigenschaften für Objekte

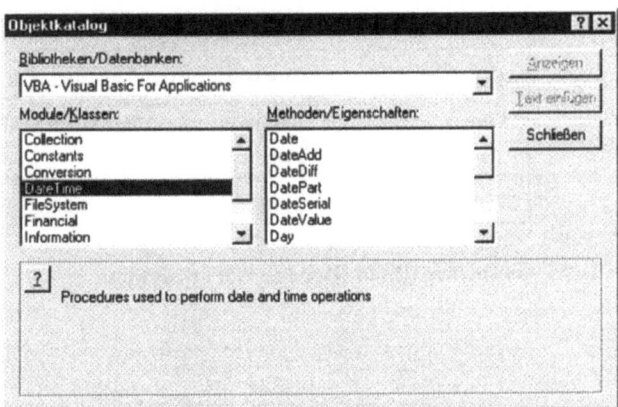

415

14 Manipulieren von Daten

Nach Aussuchen einer Methode/Eigenschaft können Sie durch Klick auf die Schaltfläche <Text einfügen> die entsprechende Codierung ins Modulfenster hineinsetzen.

Datenzugriffsobjekte können in Visual Basic-Prozeduren verwendet werden. Für viele Datenzugriffsobjekte lassen sich Variable deklarieren. Einen Überblick gibt die folgende Zusammenstellung **Beispiele für Objektvariable DAO (Datenzugriffsobjekte)**:

Objektvariable (Typen)	Bedeutung
Container	Objekt, das Informationen zu anderen Objekten enhält
Database	Datenbank
Document	Informationen über andere Objekte in der Datenbank
Field	Feld in einer Tabelle, Abfrage, Datensatzgruppe
Group	Gruppenkonto in der aktuellen Arbeitsgruppe
Parameter	Anfangsparameter
Property	Eigenschaft eines Objekts
QueryDef	Abfragedefinition (gespeicherte Abfrage einer Datenbank)
Recordset*)	Gruppe von Datensätzen, die von einer Tabelle oder Abfrage definiert wurden.
Relation	Beziehung zwischen zwei Tabellen- oder Abfragefeldern
TableDef	gespeicherte Tabelle in einer Datenbank
User	Benutzerkonto in der aktuellen Arbeitsgruppe
Workspace	aktive Sitzung in der Datenbank-Engine

*) vom Typ Table, Dynaset oder Snapshot

Beispiele für reine Datenzugriffsobjekte (keine Objektvariablen):

Objektvariable (Typen)	Bedeutung
Containers	Auflistung von Container-Objekten
Databases	Auflistung geöffneter Datenbanken
DBEngine	Jet Datenbank-Engine
Documents	Auflistung von Dokumentobjekten
Fields	Auflistung von Feldern
Groups	Auflistung von Gruppenkonten in der aktuellen Arbeitsgruppe
Indexes	Auflistung von Tabellenindizes

Bild 14-3:
Das DAO-Objektmodell

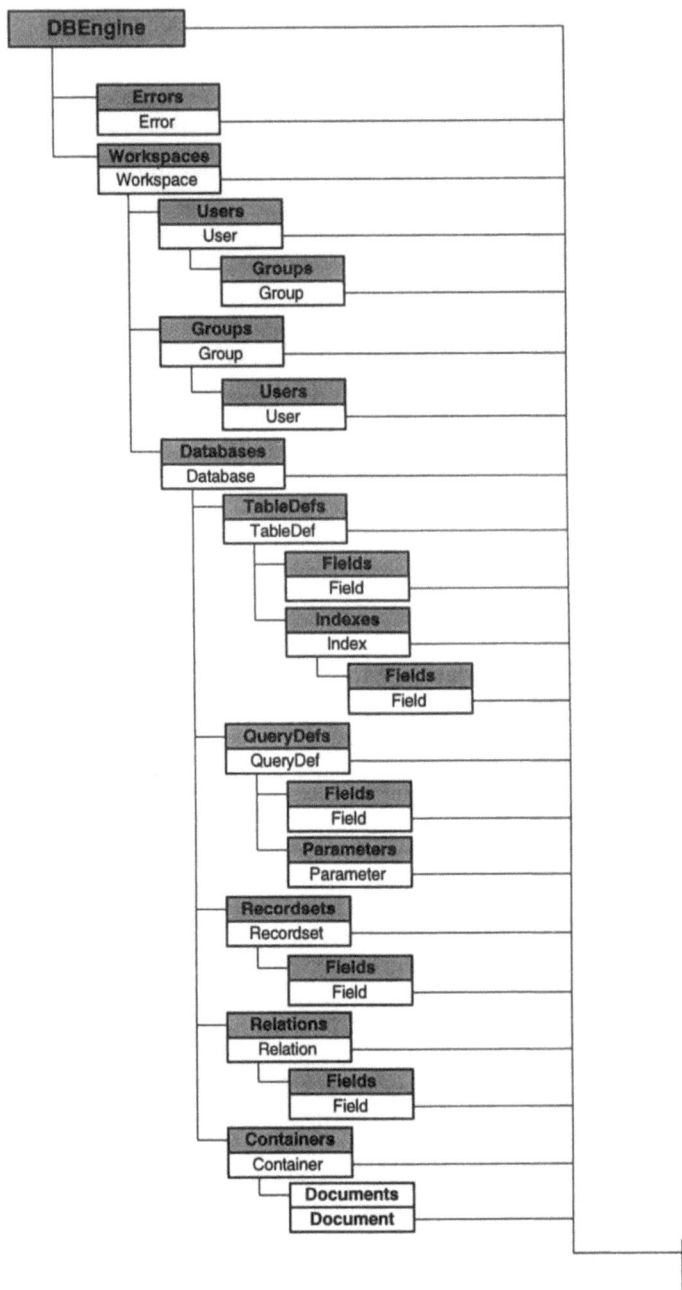

14.2 Objektmethoden: Beispiele

Methoden sind in ACCESS bestimmte Aufgaben, die von den Objekten einer Datenbank durchgeführt werden können. Eine Auswahl der wichtigsten Methoden können Sie den folgenden Übersichten entnehmen:

Methoden zur Handhabung einer Datenbank:

Objektmethode	Beschreibung
AddNew	Hinzufügen
Close	Schließen
OpenRecordset	öffnet ein Recordset

Methoden zum Bewegen des Satzzeigers (Move-Methoden):

Objektmethode	Beschreibung
MoveFirst	Satzzeiger wird zum ersten Datensatz bewegt
MoveLast	Satzzeiger wird zum letzten Datensatz bewegt
MovePrevious	Satzzeiger wird zum vorherigen Datensatz bewegt
MoveNext	Satzzeiger wird auf den nächsten Datensatz bewegt

Methoden zum Finden von Datensätzen (Find-Methoden):

Objektmethode	Beschreibung
FindFirst	Der erste Datensatz, der mit den Kriterien übereinstimmt
FindLast	Der letzte Datensatz wird gesucht, der mit den Kriterien übereinstimmt
FindPrevious	Der vorherige Datensatz wird gesucht
FindNext	Der nächste Datensatz wird gesucht, der mit den Kriterien übereinstimmt.
Seek	Sucht in einem Index-Feld

14 *Manipulieren von Daten*

Methoden zum Manipulieren einer Datenbank (Manipulations-Methoden):

Objektmethode	Beschreibung
Delete	Löschen eines Datensatzes
Edit	Bearbeiten eines Datensatzes aktivieren
Update	Speichern von Änderungen bei einem Datensatz
Seek	Suchen eines Datensatzes

Methoden zur Bearbeitung großer Datenfelder:

Objektmethode	Beschreibung
FieldSize	Die Größe des Feldes wird zurückgegeben
GetChunk	Ein angegebener Teil des Feldes wird übergeben
AppendChunk	Inhalt einer angegebenen Variablen wird an das Feld angefügt.

Für die **Verknüpfung von Objekt und Methode** gilt folgende grundsätzliche Syntax:

```
Objekt.Methode [Argumentationsliste]
```

Beispiele:

```
DB.Close
DB.OpenRecordset
```

14.3 Anwendungen mit Objektvariablen und Objektmethoden

Wichtig ist für das optimale Arbeiten mit einer Datenbank ist, daß Sie eine Variable bzw. eine Funktion nur einmal definieren und dann oft in dieser Weise nutzen; beispielsweise für mehrere Formulare.

Voraussetzung, um auf Elemente einer Datenbank zugreifen zu können, ist das Öffnen der Datenbank. Dazu gilt folgende Notwendigkeit:

- Deklaration der Objektvariablen **Database**
- Zuweisen der Datenbank (aktuelle Datenbank oder Öffnen einer anderen Datenbank)

Lösungen in Visual Basic:

a) Öffnen einer aktuellen Datenbank

Befehlseingaben in Visual Basic	Erläuterung
Dim DB As Database	Deklaration der Objektvariablen (lokal)
Set DB = CurrentDB	Mit Set kann eine Wertzuweisung erfolgen; die Funktion CurrentDB weist die aktuelle Datenbank zu.

b) Öffnen einer anderen Datenbank

Befehlseingaben in ACCESS-Basic	Erläuterung
Dim DB As Database	Deklaration der Objektvariablen (lokal)
Set DB = OpenDatabase („NWIND.MDB")	Mit SET kann eine Wertzuweisung erfolgen; die Funktion OpenDatabase erlaubt es, eine andere Datenbank zu öffnen.

14.4. Datensatzgruppenvariable erstellen: Beispiele

Beispiel: Über eine Befehlsfolge soll sichergestellt werden, daß jede beliebige Tabelle der verwendeten Datenbank geöffnet werden kann und damit alle Variablen im Zugriff sind.

Befehlseingaben in VBA	Erläuterung
Dim DB as Database, LISTE as Recordset	Deklaration der Objektvariablen (lokal) Deklaration der Variablen Recordset
Set DB = CurrentDB	Mit Set kann eine Wertzuweisung erfolgen; die Funktion CurrentDB weist die aktuelle Datenbank zu.
Set LISTE = DB.OpenRecordset("Mitarbeiter", dbOpenTable)	öffnet die Tabelle Mitarbeiter

Ergebnis: Die Variable LISTE enthält nun alle Datensätze der Tabelle MITARBEITER.

14.5 Daten in Datenbanken manipulieren/pflegen

14.5.1 Datensätze neu anlegen (hinzufügen)

Aufgabe: Für die Verwaltung von Mitarbeiterstammdaten soll mittels gezielter Bedienerführung die Neuanlage eines Datensatzes ermöglicht werden. Nach Freigabe und Erfassen eines neuen Datensatzes soll über Schaltflächen noch eine Entscheidung darüber getroffen werden können, ob der neue Datensatzes übernommen werden soll oder ob ein Abbruch vorzunehmen ist.

Sie können dieses Problem mit einem Makro oder in Visual Basic lösen. In der zweiten Beispieldatenbank wurde die VBA-Lösung gewählt. Letztere enthält wiederum zwei Varianten: eine Formular-basierende Lösung sowie eine Lösung, die direkt in den Daten erfolgt.

Lösung mit VBA über ein Formular

Soll eine Neuanlage eines Datensatzes vorgenommen werden, empfiehlt sich die Beachtung folgender Rahmenbedingungen:

- Damit ein Benutzer einer Datenbank nicht ungewollt Daten ändert, sind die Eingaben im Formular „Mitarbeiterstammdaten" standardmäßig zu sperren. Um dies zu erreichen, wird den Formulareigenschaften „Bearbeitungen zulassen", „Anfügen zulassen" und „Daten eingeben" die Option Nein zugewiesen.

- Um einen neuen Datensatz zu erfassen, müssen diese „Sperren" aufgehoben werden. Damit diese Funktionalität auch von anderen Formularen genutzt werden kann, wird dafür die öffentliche Sub-Prozedur **ÖffnenNeu()** verwendet.

- Um das Ausblenden der nicht benötigten Schaltflächen zu bewerkstelligen, wird die private Subprozedur **Ausblenden** verwendet.

Grundsätzlich ergibt sich folgende Ereignisprozedur, die beispielsweise der Schaltfläche <Neu> im Formular „Mitarbeiterstammdaten" zugeordnet ist:

```
Private Sub Neu_Click()

    ' Umschalten des Formulares auf "Nur Dateneingabe"
    ÖffnenNeu (Screen.ActiveForm.Name)
    ' Umblenden der Schaltflächen
    Ausblenden

End Sub
```

Die Ereignisprozedur beinhaltet also zwei Sub-Prozeduren:
- die Subprozedur *ÖffnenNeu()* sowie
- die Subprozedur *Ausblenden*.

Damit die Sub-Prozedur *ÖffnenNeu()* korrekt arbeiten kann, muß der Name des Formulars übergeben werden. Dies erledigt die Anweisung **Screen.ActiveForm.Name**. Beachten Sie: Sie könnten zwar direkt den Namen „Mitarbeiterstammdaten" übergeben, die Anweisung über die Eigenschaft des Screen-Objekts hat jedoch den Vorteil, daß die Prozedur auch dann noch korrekt arbeitet, wenn Sie das Formular umbenennen.

Um über VBA auf Eigenschaften eines Formulars zugreifen zu können, muß über folgende Syntax auf diese verwiesen werden:

Syntax	Beispiel
Forms!{Formularname}.{Eigenschaft}	Forms!Mitarbeiterstammdaten.AllowEdits

Obige Syntax ist dann zu verwenden, wenn der Name des Formulars direkt in den Programmcode eingegeben wird. Man nennt dies auch hart-codiert.

Wird der Name nicht direkt eingegeben, sondern ist er in einer Variablen gespeichert, ist folgende Syntax anzuwenden. Diese Form wird auch weich-codiert bezeichnet.

Syntax	Beispiel
Forms({Variablenname}).{Eigenschaft}	Forms(FORMULARNAME).AllowEdits

Um das Formular „Mitarbeiterstammdaten" für die Dateneingabe einzustellen, müssen die Eigenschaften „Bearbeitungen zulassen", „Anfügen zulassen" und „Daten eingeben" auf <Ja> gestellt werden.

Hinweis: In Visual Basic müssen Sie die englischen Eigenschaftsnamen verwenden. Um einen englischen Eigenschaftsnamen zu eruieren, öffnen Sie im Formularentwurf (Berichtsentwurf) das Eigenschaftsfenster, markieren die gewünschte Eigenschaft und drücken die Taste [F1].

```
Public Sub ÖffnenNeu(FORMULARNAME)

Forms(FORMULARNAME).AllowEdits = True
Forms(FORMULARNAME).AllowAdditions = True
Forms(FORMULARNAME).DataEntry = True

End Sub
```

Nun ist das Formular für die Dateneingabe bereit. Lediglich nicht benötigte Schaltflächen sollen ausgeblendet und andere eingeblendet werden. Dies geschieht über die Veränderung der Eigenschaft „Sichtbar". Um auf eine Eigenschaft eines Steuerelementes in einem Formular zu verweisen, ist folgende Syntax notwendig

Syntax	Beispiel
Forms!{Formularname}!{Steuerelementname}.{Eigenschaft}	Forms!Mitarbeiterstammdaten!Neu.Visible

Wird der Steuerelementname nicht direkt in den Code eingegeben, sondern über eine Variable angegeben, ist der Variablenname wie bereits zuvor beim Formular in runden Klammern einzugeben.

Syntax	Beispiel
Forms!{Formularname}({Steuerelementname}).{Eigenschaft}	Forms!Mitarbeiterstammdaten.AllowEdits

Eine Vereinfachung ergibt sich, wenn Sie sich auf das aktuelle Formular (oder den aktuellen Bericht) beziehen. Dann kann der Ausdruck Forms!Formularname (Reports!Berichtname) durch **Me** ersetzt werden. Bezieht man sich von einem Unterformular aus auf das Hauptformular, kann die Kurzform **Parent** verwendet werden. Dies ist beispielsweise der Fall, wenn eine Schaltfläche im Unterformular gedrückt wird, wodurch auf ein Steuerelement im Hauptformular Bezug genommen wird.

Die Sub-Prozedur *Ausblenden* übernimmt das Umblenden der Schaltflächen.

Bild 14-4:
Zwischen diesen Schaltflächen wird umgeblendet

```
Private Sub Ausblenden()

    'Einblenden
    Me!Abbrechen.Visible = True
    Me!Übernehmen.Visible = True
    'Wechsel zu anderem Feld, damit "aktive" Schalt-
fläche Ausblenden mögl.
    Me!Übernehmen.SetFocus
    'Ausblenden Schaltflächen
    Me!Bearbeiten.Visible = False
    Me!Menü.Visible = False
    Me!Neu.Visible = False
    Me!Löschen.Visible = False
    Me!Suche.Visible = False
    'Ausblenden Datensatznavigation
    Me!Erster.Visible = False
    Me!Voriger.Visible = False
    Me!Nächster.Visible = False
    Me!Letzter.Visible = False
    'Filterschaltflächen
    Me!a.Enabled = False
    Me!B.Enabled = False
    ....

End Sub
```

Die **Wirkungsweise** ist folgende:
Während die Schaltflächen <Übernehmen> und <Abbrechen> eingeblendet werden, erfolgt gleichzeitig das Ausblenden aller anderen Schaltflächen, inklusive der Filterschaltflächen. Da auch die eben gedrückte Schaltfläche ausgeblendet werden muß, muß zunächst der Fokus auf ein anderes Steuerelement gelegt werden

14 Manipulieren von Daten

(denn ein Steuerelement mit Fokus kann nicht ausgeblendet werden). Es gibt grundsätzlich zwei Möglichkeiten, den Focus auf ein bestimmtes Steuerelement zu legen.

Anweisung GehezuSteuerelement

Mit der Methode **GoToControl** des Objekts **DoCmd** wird der Fokus durch Angabe des Steuerlementnamens bewegt.

z.B. DoCmd.GoToControl "Übernehmen"

Die Verwendung ist dahingehend eingeschränkt, daß der Fokus nur auf ein Steuerelement im aktiven Formular gelegt werden kann.

Methode SetFocus

Die Methode **SetFocus** setzt ebenfalls den Fokus auf das angegebene Steuerelement, hat aber den Vorteil, daß sie universell eingesetzt werden kann. Mit ihr ist es zum Beispiel auch möglich, den Fokus auf ein Steuerelement im Unterformular zu setzen. Dafür muß lediglich der Fokus zuerst auf das Unterformular und anschließend auf das Steuerelement gesetzt werden. Beispiel:

    Me!Unterformularname.SetFocus
    Me!Unterformularname.Form!Steuerelementname.SetFocus

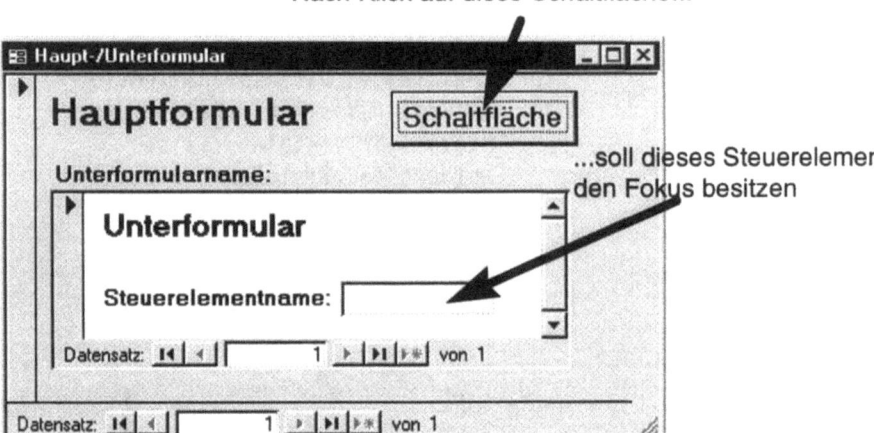

Bild 14-5: Möglichkeiten mit Methode SetFocus

VBA-Lösungen (direkt in den Daten)

Sie können Datenveränderungen nicht nur durch die Eingabe in einer Tabelle direkt oder über ein Formular vornehmen, sondern auch über Visual Basic bewerkstelligen. Dies ist zum Beispiel dann notwendig, wenn Sie Daten in ein Formular eingeben und

14.5 Daten in Datenbanken manipulieren/pflegen

daraufhin automatisch Einträge in anderen Tabellen vorgenommen werden müssen, diese aber in diesem Formular nicht angezeigt werden können. Stellen Sie sich vor, Sie erfassen in einer Mitgliederverwaltung ein neues Vereinsmitglied. In einer anderen Tabelle werden die Mitgliedsbeiträge verwaltet. Nach Übernahme der neuen Mitgliedsdaten soll in der Tabelle „Mitgliedsbeiträge" ein Datensatz angelegt werden, der Mitgliedsnummer, das aktuelle Beitragsjahr und den Eintrag „Bezahlt Ja oder Nein" beinhaltet.

Um diese Aufgabenstellung zu lösen, muß über VBA auf die Tabelle zugegriffen und ein neuer Datensatz angehängt werden.

Zur Anlage neuer Datensätze sind prinzipiell die folgenden drei Aufgaben zu erledigen:

1. Neuen Datensatz mit der Methode **AddNew** erstellen
2. Wert den gewünschten Feldern des neuen Datensatzes zuweisen
3. Werte mit der Methode **Update** speichern

Beispiel:

Befehlseingaben in Visual Basic	Erläuterung
....	
Dim DB as Database, LISTE as Recordset	Deklaration der Objektvariablen (lokal), Variable Recordset deklarieren
Set DB = CurrentDb	Aktuelle Datenbank zuweisen
Set LISTE = DB.OpenRecordset("Beiträge")	öffnet Tabelle "Beiträge"
LISTE.AddNew	neuen Datensatz anhängen
LISTE![MiNr] = "12345"	Mitgliedsnummer eintragen
LISTE![BeitrJahr] = "1996"	Beitragsjahr eintragen
LISTE![Bezahlt] = False	Bezahlt eintragen
LISTE.Update	Speichern
LISTE.Close	Schließen
....	

Achtung: Wenn Sie die Methode **Update** nicht ausführen, wird der neue Datensatz nicht gespeichert.

14.5.2 Datensätze ändern

Die Aktualisierung einer Datenbank ist ungeheuer wichtig. Dabei können - je nach Anwendungsfall - mehr oder weniger umfangreiche Änderungen erforderlich sein.

Aufgabe: Ändern eines Datensatzes

Es soll das Ändern des aktuellen Datensatzes gezielt über eine Schaltfläche organisiert werden.

Lösung mit VBA über ein Formular

Ähnlich wie im vorherigen Beispiel müssen im Formular „Mitarbeiterstammdaten" einige Formulareigenschaften verändert werden sowie verschiedene Schaltflächen aus- und eingeblendet werden.

Die Ereignisprozedur der Schaltfläche <Bearbeiten> erledigt dies durch zwei Sub-Prozeduraufrufe.

```
Private Sub Bearbeiten_Click()

    'Umschalten des Formulares auf "Bearbeiten"
    ÖffnenBearbeiten (Screen.ActiveForm.Name)
    'Umblenden der Schaltflächen
    Ausblenden

End Sub
```

Die Sub-Prozedur **ÖffnenBearbeiten()** gibt im Gegensatz zur zuvor erläuterten Prozedur **ÖffnenNeu()** lediglich die Eigenschaft „Bearbeitungen zulassen" frei.

```
Public Sub ÖffnenBearbeiten(FORMULARNAME As String)

Forms(FORMULARNAME).AllowEdits = True
Forms(FORMULARNAME).AllowAdditions = False
Forms(FORMULARNAME).DataEntry = False

End Sub
```

Nach Übernahme oder Verwerfen der Änderungen oder der Neuanlage wird das Formular wieder über die Sub-Prozedur **SperreGesamt()** verriegelt, indem alle drei Eigenschaften den

14.5 Daten in Datenbanken manipulieren/pflegen

Wert *Nein* zugewiesen bekommen. Diese Prozedur wird ebenfalls beim Öffnen des Formulars aufgerufen.

Lösung mit VBA direkt in den Daten

Zur Änderung vorhandener Datensätze müssen Sie folgende Aufgaben erledigen:

1. Zu ändernden Datensatz suchen
2. Bearbeitungsfunktion mit der Methode **Edit** aktivieren
3. Neue Werte den gewünschten Feldern zuweisen
4. Werte mit der Methode **Update** speichern

Befehlseingaben in VBA	Erläuterung
Public Sub NameÄndern()	
Dim DB as Database, LISTE as Recordset, SQL as String	Deklaration der Objektvariablen (lokal), Recordset deklarieren, String deklarieren
Set DB = CurrentDB	Aktuelle Datenbank zuweisen
SQL = "SELECT Name FROM Mitarbeiter"	
SET LISTE = DB.OpenRecordset(SQL)	öffnet Recordset
IF IsNull(LISTE![Name]) Then	prüft, ob Name vorhanden
LISTE.Edit	erlaubt Bearbeitung
LISTE![Name] = "Nicht bekannt"	
LISTE.Update	Speichern der Änderung
End If	
LISTE.Close	Schließen
End Function	
....	

Aufgabe: VBA-Funktion zur Änderung einer Gruppe von Datensätzen

Im folgenden sollen Sie einmal eine Funktion testen, die auf einfache Weise die Aktualisierung von Mitarbeitergehältern ermöglicht. Es soll eine Erhöhung des Grundlohns um 4 % durchgeführt werden und in einem Schritt realisiert werden.

Es ergibt sich folgende Lösung:

```
Public Function Neuwert ()
Dim DB As Database, Tabelle As Recordset
Dim Neulohn As Long

    Set DB = CurrentDB
    Set Tabelle = DB.OpenRecordset("Dienstvertrag", dbOpenTable)
    If Tabelle.RecordCount = 0 Then Exit Function
    Do While Not Tabelle.Eof
        Neulohn = Tabelle.Grundlohn * 1.04
        Tabelle.Edit
        Tabelle.Grundlohn = Neulohn
        Tabelle.Update
        Debug.Print Neulohn
        Tabelle.MoveNext
    Loop

End Function
```

Führen Sie dies Modul im Testfenster aus. Rufen Sie dazu das Testfenster auf, und geben Sie zum Test folgende Anweisung ein:

? Neuwert

Nach Bestätigung mit ⏎ sehen Sie die Veränderung.

Hinweis: Sie können die Methode **Print** des Objekts **Debug** zur Anzeige von Werten im Testfenster verwenden.

14.5.3

Datensätze löschen

Aufgabe: Im Formular „Firmenfahrzeuge" soll gezielt das Löschen eines Firmenfahrzeuges über eine Schaltfläche ausgelöst werden können. Nach Aktivierung des Löschfunktion ist aber zunächst noch eine Bestätigungsabfrage gewünscht.

Vom logischen Ablauf her muß zum Löschen eines Datensatzes dieser Datensatz zunächst aufgesucht und dann für das Löschen markiert werden. Danach ist meist eine Abfragebedingung gewünscht, um ein versehentliches Löschen zu vermeiden. Nach einer Bestätigung soll dann das Löschen erfolgen.

Programmtechnisch müssen zum Löschen eines bestimmten Datensatzes folgende Aufgaben erledigt werden:

14.5 Daten in Datenbanken manipulieren/pflegen

1. Zu löschenden Datensatz suchen
2. Löschbefehl ausführen
3. Abfrage, ob gelöscht werden soll
4. Sprung zum nächsten Datensatz (notwendig, um einen Fehler zu vermeiden)

Lösungen in Visual Basic:

Befehlseingaben in Visual Basic	Erläuterung
Function Datensatz_Löschen (T As Table)	
DIM Antwort As String	Deklaration der Objektvariablen (lokal)
.....	
Antwort=MsgBox ("Wollen Sie diesen Datensatz löschen?", 1)	Frage, ob der Datensatz gelöscht werden soll
IF Antwort <> 1 THEN Exit Function	Beende die Ausführung, wenn die Antwort auf nein lautet
T.Delete	Datensatz löschen
T.MoveNext	Gehe zu nächsten Datensatz
End Function	Beenden der Funktion

Auch das Löschen eines Datensatzes können Sie sowohl direkt in der Tabelle vornehmen, als auch durch Direktzugriff auf die Daten bewerkstelligen. Beide Möglichkeiten werden im Anschluß erläutert.

Lösung mit VBA über ein Formular

Im Formular „Firmenfahrzeuge" verwendet die Ereignisprozedur hinter der Schaltfläche die Möglichkeit, Menübefehle auf Formularebene auszuführen, um den aktuellen Datensatz zu löschen.

Um sicherzugehen, daß der Datensatz wirklich gelöscht werden soll, wird dem Benutzer eine Sicherheitsabfrage gestellt, die über die Funktion **MsgBox()** erzeugt wird. Der Funktion MsgBox() werden drei Parameter übergeben

- Meldungstext
- Typ der Messagebox
- Text in der Titelleiste

14 Manipulieren von Daten

Der Typ der Messagebox wird durch einen Ganzzahligen Wert angegeben, der aus zwei Werten summiert wird. Im Beispielfall setzt sich der Wert 36 zusammen aus:

- 32: Meldung mit Fragezeichen-Symbol anzeigen.
- 4: „Ja" und „Nein" anzeigen.

Bild 14-6: Messagebox als Sicherheitsabfrage

Die jeweils erforderlichen Werte entnehmen Sie nachfolgender Tabelle. Die Werte der einzelnen Abschnitte sind zu summieren.

Abschnitt	Wert	Bedeutung
Schaltflächen	0	Nur „OK" anzeigen.
	1	„OK" und „Abbrechen" anzeigen.
	2	„Abbrechen", „Wiederholen" und „Ignorieren" anzeigen.
	3	„Ja", „Nein" „"Abbrechen" anzeigen.
	4	„Ja" und „Nein" anzeigen.
	5	„Wiederholen" und „Abbrechen"" anzeigen.
Symbol	16	Meldung mit Stop-Symbol anzeigen.
	32	Meldung mit Fragezeichen-Symbol anzeigen.
	48	Meldung mit Ausrufezeichen-Symbol anzeigen.
	64	Meldung mit Info-Symbol anzeigen.

14.5 Daten in Datenbanken manipulieren/pflegen

Abschnitt	Wert	Bedeutung
Voreinstellung	0	Erste Schaltfläche ist Voreinstellung.
	256	Zweite Schaltfläche ist Voreinstellung.
	512	Dritte Schaltfläche ist Voreinstellung.
Zusammenhang	0	An die Anwendung gebunden. Der Benutzer muß auf das Meldungsfeld reagieren, bevor er seine Arbeit mit der aktuellen Anwendung fortsetzen kann.
	4096	An das System gebunden. Alle Anwendungen werden unterbrochen, bis der Benutzer auf das Meldungsfeld reagiert.

Welche Schaltfläche der Benutzer gedrückt hat, kann der Variable entnommen werden. Die möglichen Rückgabewerte der Funktion MsgBox() sind:

Konstante	Wert	Bedeutung
vbOK	1	OK
vbCancel	2	Abbrechen
vbAbort	3	Abbruch
vbRetry	4	Wiederholen
vbIgnore	5	Ignorieren
vbYes	6	Ja
vbNo	7	Nein

Ist die Sicherheitsabfrage vom Benutzer mit „Ja" beantwortet worden, kann mit dem eigentlichen Löschvorgang begonnen werden.

Die Ereignisprozedur, die dem Ereignis „Beim Klicken" zugeordnet ist, hat folgendes Aussehen:

14 Manipulieren von Daten

```
Private Sub Löschen_Click()

Dim weiter As Byte

    weiter = MsgBox("Soll das KFZ " & Me!Kennzeichen
& " wirklich gelöscht werden?", 36, "Löschen")
    If weiter = vbYes Then
        DoCmd.SetWarnings False
        DoCmd.DoMenuItem acFormBar, acEditMenu, 8, ,
acMenuVer70
        DoCmd.DoMenuItem acFormBar, acEditMenu, 6, ,
acMenuVer70
        DoCmd.SetWarnings True
    End If

End Sub
```

Nachdem in die Prozedur eine eigene Sicherheitsabfrage eingebaut worden ist, sollen die Systemmeldungen unterdrückt werden. Dies geschieht, indem sie über die Anweisung **DoCmd.SetWarnings**, welche der Makroaktion Warnmeldungen entspricht, ausgeschaltet werden.

Bild 14-7: Unterdrückte Systemmeldung

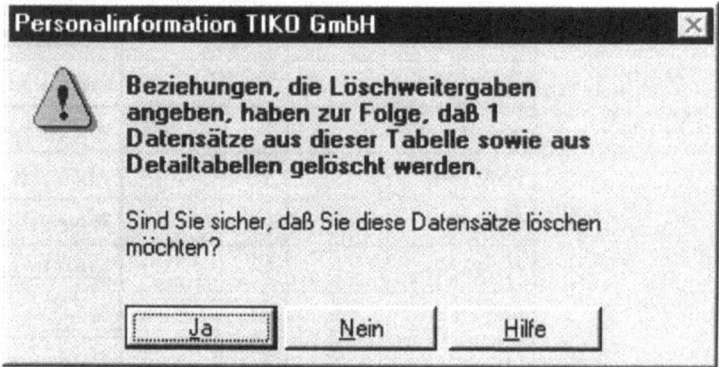

Über die Methode **DoMenuitem** des Objekts **DoCmd** werden die Menübefehle **Bearbeiten - Datensatz markieren** und **Bearbeiten - Datensatz löschen** ausgeführt. Als Aktionsargumente werden Menüleiste, Menüname, Befehl und Unterbefehl benötigt. Für einige gibt es Konstanten, die der Hilfe entnommen werden können. Sie können jedes Argument auch durch seine Position angeben. Wechseln Sie dazu in ein Makrofenster, und

14.5 Daten in Datenbanken manipulieren/pflegen

wählen Sie in der Liste des Arguments **Menüleiste** die Nummer der gewünschten Ansicht aus. Beginnen Sie dabei bei 0.

Nach dem Löschen sollten die Systemmeldungen wieder aktiviert werden.

Lösung mit VBA direkt in den Daten

In den obigen Beispielen haben Sie bereits gesehen, wie über die Verwendung von Datenzugriffsobjekten (DAO) Datensätze angefügt und bearbeitet werden können. Im letzten Schritt möchten wir Ihnen zeigen, wie Sie Datensätze auf diese Art löschen können.

Dabei ist zu beachten, daß ein Datensatz der aktive innerhalb der Datensatzgruppe sein muß, um gelöscht werden zu können. Als Beispiel finden Sie die Ereignisprozedur der Schaltfläche <Löschen> im Formular „Mitarbeiterstammdaten".

Befehlseingaben in Visual Basic	Erläuterung
LISTE.Seek	Suchen des Datensatzes
LISTE.Delete	Löschen des Datensatzes

Die Sicherheitsabfrage entspricht dem vorangegangenen Beispiel. Ist die Löschfrage mit „Ja" bestätigt worden, werden die Datenzugriffsvariablen für die Datenbank und das Recordset zugewiesen.

Hinweis: Es ist wichtig, daß durch den Parameter „DbOpenTable" explizit ein Recordset vom Typ Tabelle geöffnet wird. Nur dann kann die Methode **Seek** zum Suchen des Datensatzes verwendet werden.

```
Private Sub Löschen_Click()

Dim DB As Database, LISTE As Recordset
Dim weg As Byte

    weg = MsgBox("Soll Mitarbeiter(in) " + Str$(Personalnummer) + " wirklich gelöscht werden?", 36, "Löschen")
        If weg = vbYes Then
            Set DB = CurrentDb
            Set LISTE = DB.OpenRecordset("Mitarbeiter", dbOpenTable)
            LISTE.Index = "PrimaryKey"
            LISTE.Seek "=", Me!Personalnummer
```

435

```
            LISTE.Delete
            LISTE.Close
            DB.Close
            Me.RecordSource = Me.RecordSource
        End If

    End Sub
```

Bevor ein Datensatz mit der Methode **Seek** gesucht werden kann, muß der Eigenschaft Index des Recordset-Objekts ein aktiver Index zugewiesen werden. Die Indexnamen können Sie sich im Tabellenentwurf über den Menübefehl **Ansicht - Indizes** anzeigen lassen.

Bild 14-8:
Anzeige der Indizes einer Tabelle

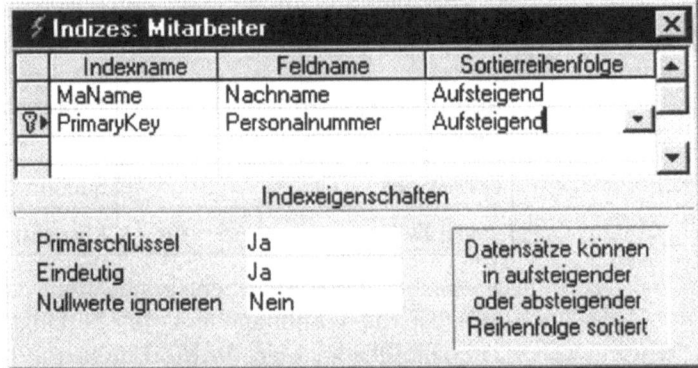

Der Seek-Methode müssen als Argumente der Vergleichsoperator sowie der Suchwert, im Beispielsfall der Inhalt des Feldes Personalnummer, übergeben werden. Die Suche erfolgt nun in dem durch den Index festgelegten Feld.

Die Überprüfung des Suchergebnisses über die Eigenschaft **NoMatch** kann unterbleiben, da durch die Anzeige im Formular sichergestellt ist, daß der gesuchte Datensatz existiert. (If LISTE.NoMatch = True Then ...)

Ist der Datensatz gefunden, wird er durch die Methode **Delete** gelöscht. **Hinweis**: Der Löschvorgang mit der Methode **Delete** muß nicht über die Methode **Update** bestätigt werden wie das Anfügen oder Ändern eines Datensatzes.

Durch die Zuweisung der Eigenschaft Datensatzherkunft auf sich selber wird eine Neuberechnung des Formulars erzwungen und die Anzeige des Datensatzes mit **#Gelöscht** in allen Felder verhindert. Dasselbe könnte beispielsweise auch durch die Taste [F9] bewirkt werden.

15 Programmieren von Hilfen zur Dateneingabe und Datenausgabe

ACCESS bietet die Möglichkeit, Abläufe bei der Dateneingabe und -ausgabe zu vereinfachen. Durch Nutzung besonderer Hilfsmittel sowie durch Programmierung kann die Datenkonsistenz oft erhöht sowie die optische Ausgabe verbessert werden.

In diesem Kapitel sollen Sie anhand konkreter Anwendungsbeispiele verschiedene Anwendungsmöglichkeiten kennenlernen:

- Für den **Dateneingabebereich** wird das Verwenden von Zusatzsteuerelementen (sog. OCX-Controls) sowie das Programmieren von komplexen Eingabeüberprüfungen gezeigt.
- Bezüglich des **Ausgabebereichs** wird das Erstellen und Einbinden von Diagrammen in Formularen dargestellt.

15.1 Zusatzsteuerelemente (OCX-Controls) verwenden

Sicher haben auch Sie bereits des öfteren darüber nachgedacht, wie man sich Programmierarbeit sparen könnte. Ein verbreiteter Wunsch ist es, Standardlösungen einfach einbinden zu können. **OCX-Controls** sind ein Weg dorthin. Was verbirgt sich hinter diesem Konzept? Unter OCX-Controls werden Objekte verstanden, die bestimmte Zusatzfunktionen zur Verfügung stellen und in Applikationen einfach verwendbar sind, die diese Funktionalitäten sonst nicht besitzen.

Der **Vorteil**: So können Sie den Softwareentwicklungsaufwand reduzieren und eine redundante Programmentwicklung vermeiden. Sie nutzen einfach vorhandene OCX-Controls als „fertige" Objekte und integrieren diese als Module in eigene Applikationen.

In ACCESS werden OCX-Controls „Zusatzsteuerelemente" genannt. Um die Arbeit mit OCX-Controls zu ermöglichen, ist ein solches im Standardlieferumfang von ACCESS enthalten. Es handelt sich dabei um ein Kalendersteuerelement. Es kann sowohl zur Datumsanzeige als auch zur Datumseingabe verwendet werden.

Um an weitere OCX-Controls zu gelangen, gibt es verschiedene Möglichkeiten. Interessant ist, daß OCX-Controls mit den unterschiedlichsten Funktionen zunehmend von Drittanbietern offeriert werden. Eine Liste solcher Drittanbieter und ihrer Produkte ist im Internet unter der Adresse

http://www.microsoft.com/ACCESSDev/AccInfo/Olevend.HTM

zu finden.

15.1.1 Kalendersteuerelement verwenden

Ist die Erfassung und Verarbeitung von Datumsinformationen nötig, dann kann die Nutzung des Kalendersteuerelements interessant sein. Beachten Sie jedoch: Da das Kalendersteuerelement sehr viel Platz auf dem Bildschirm benötigt, ist es selten dazu geeignet, in ein Formular eingebunden zu werden. Um die Vorteile dennoch nutzen zu können, werden Sie im Regelfall ein PopUp-Formular erstellen, das zur Eingabe in jedem beliebigen Datumsfeld innerhalb eines Formulars verwendet werden kann.

Gehen Sie von folgender Aufgabenstellung aus:

In einem Erfassungsformular soll die Datumseingabe durch den gezielten Aufruf des Kalenders unterstützt werden. Durch Drücken einer spezifischen Taste soll das folgende Kalenderelement geöffnet und der Datumswert anschließend in das aktuelle Feld übernommen werden.

Bild 15-1:
Das Kalendersteuerelement in einem PopUp-Formular

Folgende Schritte werden benötigt, um diese Aufgabenstellung zu realisieren:

15.1 Zusatzsteuerelemente (OCX-Controls) verwenden

- Registrieren des Kalendersteuerelements (Dies muß nur einmal erledigt werden).
- Formular erstellen, das das Kalenderelement aufnimmt (als PopUp-Formular).
- Globales Tastaturbelegungsmakro erzeugen, um das Formular zu öffnen.

Zusatzsteuerelement registrieren

Voraussetzung für das Verwenden eines Zusatzsteuerlements ist, daß es zunächst einmalig registriert wird. Ab diesem Zeitpunkt steht es dann uneingeschränkt zur Verfügung.

Um ein Zusatzsteuerelement zu registrieren, wählen Sie aus dem Menü **Extras** den Befehl **Zusatzsteuerelemente**. Klicken Sie danach auf die Schaltfläche <Registrieren>, und aktivieren Sie das gewünschte Steuerelement mit der Erweiterung OCX. Das Kalendersteuerelement ist über den Dateinamen MSACAL70.OCX zu finden.

Bild 15-2:
Registrieren eines Zusatzsteuerelements

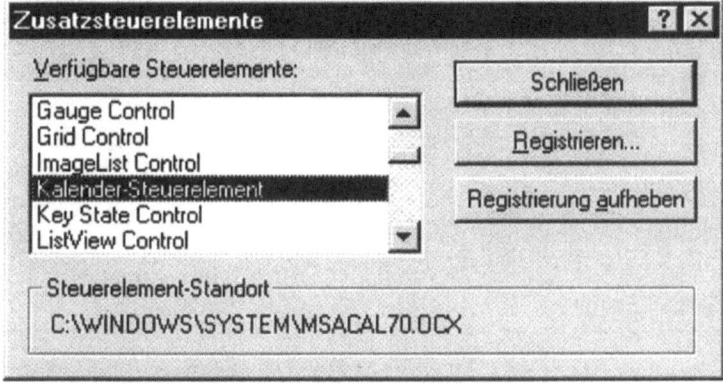

Hinweis: Ist das Kalendersteuerelement bei Ihnen bereits registriert, können Sie diesen Schritt auslassen.

Formular erstellen

In einem nächsten Teilschritt ist ein Formular zu erzeugen, welches das Kalendersteuerelement aufnehmen soll. Aktivieren Sie dazu zunächst das Register „Formulare", und klicken Sie auf die Schaltfläche <Neu>. In dem anschließend angezeigten Dialogfeld können Sie unmittelbar auf <OK> klicken, so daß ein leeres, ungebundenes Formular entsteht.

Dieses Formular ist im Beispielfall als PopUp-Formular zu erstellen. Ordnen Sie dem ungebundenen Formular deshalb folgende Eigenschaftseinstellungen zu:

439

Eigenschaft	Einstellung
Bildlaufleisten	Nein
Datensatzmarkierer	Nein
Navigationsschaltflächen	Nein
Größe anpassen	Ja
Automatisch zentrieren	Ja
PopUp	Ja
Gebunden	Ja
Rahmenart	Dialog
Mit Systemmenüfeld	Ja
MinMaxSchaltflächen	Nein
SchließenSchaltfläche	Ja

Zusatzsteuerelement einfügen

Um ein registriertes Zusatzsteuerelement in den Formularentwurf zu übernehmen, müssen Sie aus dem Menü **Einfügen** den Befehl **Zusatzsteuerelement** wählen. Ergebnis ist die folgende Bildschirmanzeige:

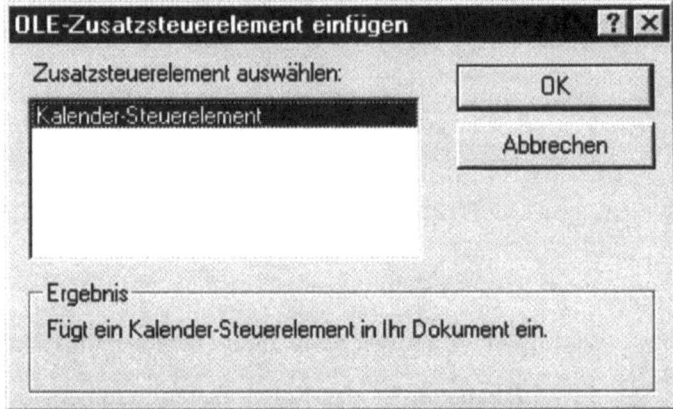

Bild 15-3: Einfügen eines Zusatzsteuerelements

Im Beispielfall kann also nur das Kalender-Steuerelement gewählt werden. Bestätigen Sie durch Klicken auf <OK>, um dieses Steuerelement in das Formular einzufügen. Sie können das optische Erscheinungsbild in bescheidenem Rahmen anpassen, indem Sie doppelt auf den eingefügten Kalender klicken. Es öffnet sich ein für dieses Steuerelement spezifisches Eigenschaftsfenster:

15.1 Zusatzsteuerelemente (OCX-Controls) verwenden

Bild 15-4:
Spezifische Eigenschaften des Kalendersteuerelements

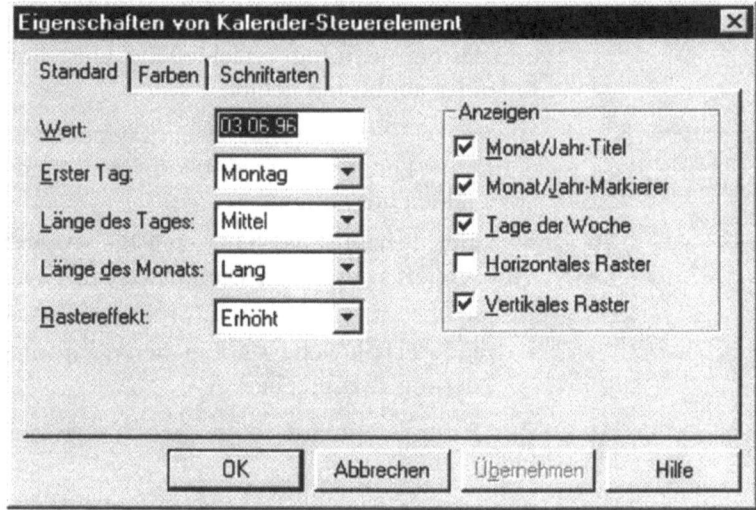

Die Abbildung macht deutlich: Über das Eigenschaftsfenster lassen sich sowohl allgemeine Datumskonventionen als auch Farben und Schriftarten festlegen. Die für das Arbeiten wichtigste Eigenschaft des Kalenders ist die Eigenschaft „Wert". Sie enthält das durch den Kalender dargestellte Datum. Über diese Eigenschaft werden Datumswerte an das Steuerelement zugewiesen und jene Datumswerte ausgelesen, die als Ergebnis der Eingabe zurückgegeben werden sollen.

Natürlich können Sie bestimmte Eigenschaften des Kalendersteuerelements auch über das Standardeigenschaftsfenster editieren.

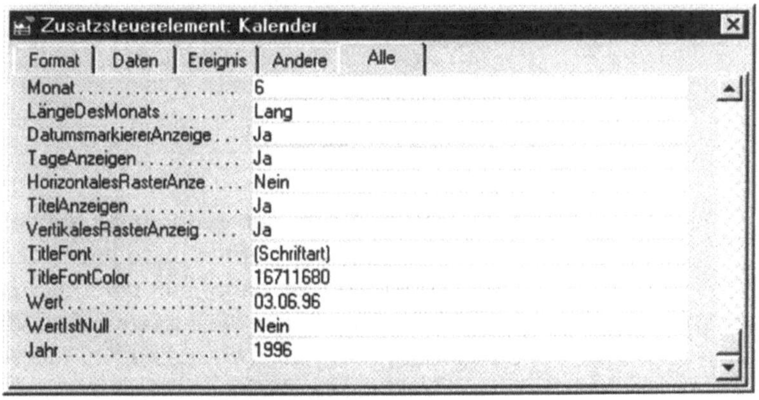

Bild 15-5:
Standardeigenschaftsfenster des Kalendersteuerelements

15 Programmieren von Hilfen zur Dateneingabe und Datenausgabe

Passen Sie Farben und Schriftarten einfach Ihrem Geschmack an, und testen Sie ruhig verschiedene Einstellungen, bis Ihnen Ihr Kalender am besten gefällt.

Schaltflächen in dem Kalender-Steuerelement hinterlegen

Damit das Formular mit dem Kalender-Steuerelement die gewünschte Funktionalität erfüllen kann, sind noch zwei weitere Steuerelemente nötig:

- Eine Schaltfläche <OK>, um die Auswahl des Datum abzuschließen und den Datumswert in eine Tabelle zu übertragen.
- Eine Schaltfläche <Abbrechen>, um die Auswahl ohne Änderung abzubrechen.

Der Formularentwurf sollte danach das folgende Aussehen haben:

Bild 15-6: Kalenderformular in der Entwurfsansicht

Nachdem Sie Ereignisprozeduren für die beiden Befehlsschaltflächen erstellt haben, werden diese hinter dem Kalender versteckt. Eine Aktivierung ist dann nur über die Tasten (Esc) und (Enter) möglich, indem Ihnen die Eigenschaften „Bei Taste Esc" beziehungsweise „Bei Eingabetaste" zugeordnet werden.

Dem Kalendersteuerelement wird der Steuerelementnamen „Kalender" gegeben. Über diesen wird das Kalendersteuerele-

15.1 Zusatzsteuerelemente (OCX-Controls) verwenden

ment dann in erster Linie über die Eigenschaft **Wert** (oder Value) angesprochen.

Für die Schaltflächen müssen - wie bereits erwähnt - entsprechende Ereignisprozeduren erstellt werden. Die Ereignisprozedur der Schaltfläche <Abbrechen> ist sehr einfach, da lediglich das Kalenderformular geschlossen werden muß.

```
Private Sub Abbrechen_Click()

DoCmd.Close acForm, Screen.ActiveForm.Name

End Sub
```

Die Ereignisprozedur, die der Schaltfläche <OK> zugeordnet ist, soll dafür sorgen, daß das im Kalender ausgewählte Datum in das aktuelle Feld übertragen wird. Dazu muß das Datum zunächst in einer Variablen zwischengespeichert werden, da ja das Kalenderformular daraufhin geschlossen werden muß. Der Name dieser Variablen lautet „KalenderDatum". Das Datum wird ausgelesen, indem der Variablen die Eigenschaft *Value (Wert)* des Kalendersteuerelements zugewiesen wird. Dies ist notwendig, da durch das Schließen der Datumswert innerhalb des Kalenderformulars verloren geht. Nun ist das Ausgangsformular wieder das aktive, und der Inhalt der Variablen wird dem aktiven Feld zugeordnet. Dies geschieht über die Eigenschaft *ActiveControl* des Screen-Objekts. Die Ereignisprozedur der Schaltfläche <OK> hat somit das folgende Aussehen:

```
Private Sub OK_Click()

Dim KalenderDatum  As Date

    ' Datum in Variable zwischenspeichern, anschließend Formular schließen
    KalenderDatum = Me!Kalender.Value
    DoCmd.Close acForm, Screen.ActiveForm.Name
    ' Datum im aktuellen Feld eintragen
    Screen.ActiveControl = KalenderDatum

End Sub
```

Damit die Schaltflächen nicht gesehen werden, werden Sie zum Abschluß wie erwähnt hinter das Kalendersteuerelement geschoben.

15 Programmieren von Hilfen zur Dateneingabe und Datenausgabe

Hinweis: Liegt eine Schaltfläche einmal hinter dem Kalender, können Sie es in der Entwurfsansicht nicht mehr durch Mausklick aktivieren, um es zu bearbeiten.

Um ein Steuerelement zu markieren, das hinter einem anderen verborgen liegt, markieren Sie ein darüber liegendes Element und drücken so oft auf die Tabulator-Schaltfläche, bis das gewünschte Steuerelement markiert ist.

Damit die beiden verborgenen Schaltflächen dennoch ausgewählt werden können, stellen Sie die Eigenschaft „Bei Eingabetaste" bei der Schaltfläche <OK> und die Eigenschaft „Bei Taste ESC" bei der Schaltfläche <Abbrechen> jeweils auf „Ja". So übernehmen Sie das Datum durch Drücken der Schaltfläche (Enter) und schließen das Formular mit der Taste (Esc), ohne das Datum zu übernehmen.

Tastaturaufruf zum Öffnen des Kalenderformulars anlegen

Denken Sie noch einmal an die Zielsetzung: Das Kalenderformular soll innerhalb der Datenbank durch Betätigung einer bestimmten Schaltfläche geöffnet werden. Dazu benötigen wir ein **globales Tastaturbelegungsmakro**. Wie Sie dies erstellen, zeigen wir Ihnen nachfolgend.

Um globale Tastaturbelegungsmakros einsetzen zu können, muß eine Makrogruppe mit dem fix vorgegebenen Namen „Tastaturbelegung" angelegt werden. Innerhalb dieser Makrogruppe kann für jede Tastenkombination ein eigenes Makro angelegt werden. Der Name für jedes dieser Makros entspricht der Konvention der Anweisung Tastaturbefehle. So muß der Makroname für das Makro, das nach Drücken der Schaltfläche (F3) ausgeführt werden soll, den Namen {F3} zugewiesen bekommen.

Im Minimalfall müßte das Makro aus der Anweisung „ÖffnenFormular" bestehen. Da aber mit dem Öffnen des Kalenderformulars noch weitere Aktivitäten verbunden sind, verwenden wir dazu eine eigene VBA-Prozedur, die wir über die Anweisung „AusführenCode" starten.

Makroname	Aktion	Aktionsargument
{F3}	AusführenCode	Funktionsname: KalenderÖffnen()

Hinweis: Die Bezeichnung für die einzelnen Tastenkombinationen finden Sie in der Online-Hilfe, wenn Sie nach dem Schlüsselwort „SendKeys" suchen.

444

15.1.2 Übernahme von ausgewählten Datumswerten

Die Prozedur zum Öffnen des erzeugten Kalenderformulars soll folgendes bewerkstelligen:

- Der Kalender soll nur dann geöffnet werden können, wenn der Benutzer sich in einem Formular befindet. Andernfalls hätte das Öffnen keinen Sinn.

- Ist im aktuellen Feld bereits ein Datumswert eingetragen, soll dieser als Standardwert an das Kalendersteuerelement übergeben werden. Ist dies nicht der Fall, soll an dessen Stelle das aktuelle Tagesdatum treten.

Die folgende Funktion **KalenderÖffnen()** wird im Modul **OCX** gespeichert.

```
Public Function KalenderÖffnen()

Dim Objekttyp As Byte
Dim AktuellesDatum As Date

' Sicherstellen, daß Funktion von einem Formular aus
aufgerufen wird.
Objekttyp = Application.CurrentObjectType
If Objekttyp = acForm Then
    If Not IsNull(Screen.ActiveControl) And IsDate(Screen.ActiveControl) Then
        AktuellesDatum = Screen.ActiveControl
    Else
        AktuellesDatum = Now
    End If
    DoCmd.OpenForm "Kalender", , , , , acNormal
    Forms!Kalender!Kalender.Object.Value = AktuellesDatum
End If

End Function
```

Zu Beginn werden die Variablen *Objekttyp* und *AktuellesDatum* deklariert. Im ersten Schritt ist wie definiert zu prüfen, ob es sich beim aktiven Objekt um ein Formular handelt. Der Typ des aktiven Objekts kann über die Eigenschaft *CurrentObjectType* des Objekts *Application* eruiert werden. Die von dieser Eigenschaft zurückgegebene Zahl wird mit der eingebauten Konstante acForm verglichen. Nur wenn diese übereinstimmen, wird das Formular geöffnet.

Im zweiten Schritt ist über eine weitere IF-Anweisung zu prüfen, ob in dem aktuellen Feld ein Datumswert eingetragen ist. Ist das aktuelle Feld nicht leer und der Inhalt ist ein Datumswert, wird dieser an die Variable *AktuellesDatum* übergeben. Ist dies nicht der Fall, wird das aktuelle Datum mit der Anweisung *Aktuelles Datum = Now* zugewiesen.

Nun erst wird das Kalenderformular geöffnet und das gewünschte Datum angezeigt, indem der Eigenschaft *Value(Wert)* des Kalendersteuerelements der Inhalt der Variablen *AktuellesDatum* zugewiesen wird. Damit kann jedes beliebige Datum ausgewählt werden und über die [Enter]-Taste übernommen werden.

Hinweis: Beim Programmieren mit VBA werden oft Zahlenwerte als Paramter für Anweisungen und Funktionen als auch als Rückgabewerte verwendet. Da die Verwendung dieser den Code sehr unleserlich werden läßt, besitzt ACCESS eine Vielzahl eingebauter Konstanten. Diese beginnen alle mit den Buchstaben „ac", um anzudeuten, daß es sich hierbei um Access-Konstanten handelt (Konstanten in Excel beginnen alle mit den Buchstaben „xl"). Sie können anstelle der Konstanten natürlich auch den Zahlenwert verwenden, der hinter dieser Konstanten steht. Darüber hinaus können Sie eigene Konstanten definieren, wenn Ihnen die vorhandenen nicht zusagen, oder in Ihrem Fall keine existieren.

15.2 Eingabeprüfungen programmieren

Um die Eingabe zu vereinfachen und gleichzeitig fehlerhafte Eingaben zu vermeiden, erfüllen Eingabeprüfungen wertvolle Dienste. Die einfachste Realisierungsmöglichkeit besteht darin, Gültigkeitsregeln und Gültigkeitsmeldungen im Tabellen- oder Formularentwurf zu definieren. Diese sind sehr hilfreich, jedoch in ihrer Einsetzbarkeit beschränkt.

In folgenden Fällen sind Sie auf eine **programmierte Eingabeprüfung** angewiesen:

- Die Prüfbedingungen sind derart komplex, daß Sie durch eine einfache Formel nicht mehr dargestellt werden können.
- Die zu prüfenden Inhalte erstrecken sich über mehrere Datenfelder.
- Bei der Gültigkeitsprüfung muß auch der Inhalt anderer Datensätze berücksichtigt werden.

15.2.1 Einzelne Felder überprüfen

Oft sollen einzelne Felder hinsichtlich der Eingabe auf Plausibilität geprüft werden. Wie das folgende Beispiel deutlich macht, kann dies präzise nur über Programmierung werden.

Aufgabe: Felder überprüfen

Im Formular „Mitarbeiterstamm" soll die beim Anlegen eines neuen Mitarbeiters erfaßte Sozialversicherungsnummer überprüft werden. Diese ist im Beispielfall zehnstellig und besteht aus einer vierstelligen Zahl und dem sechsstelligen Geburtsdatum.

Die Eingabe soll nun programmtechnisch dahingehend überprüft werden, ob die

- Sozialversicherungsnummer zehnstellig erfaßt worden ist und
- ob die letzten sechs Ziffern dem zuvor erfaßten Geburtsdatum entsprechen.

Lösung: Diese Aufgabenstellung ist mit der Eingabe eines einfachen Ausdrucks (Formel) nicht mehr zu bewerkstelligen. Deshalb empfiehlt es sich, dafür eine Prozedur zu programmieren.

Damit eine erfolgreiche Überprüfung stattfinden kann, muß diese gestartet werden, sobald der Benutzer versucht, die neue Eingabe zu übernehmen. Daher bietet sich eine Ereignisprozedur für das Ereignis „Vor Aktualisierung" des Feldes Sozialversicherungsnummer an. Diese hat folgendes Aussehen:

```
Private Sub Sozialversicherungsn_BeforeUpdate(Cancel As Integer)

Dim LÄNGE As Boolean, GEBDAT As Byte

    LÄNGE = LängePrüfen(Me!Sozialversicherungsnummer)
    If LÄNGE = False Then
        MsgBox "Die Länge der Sozialversicherungsnummer beträgt nicht 10 Zeichen.", vbExclamation, "Eingabefehler"
        DoCmd.CancelEvent
        Exit Sub
    End If

    If Not IsDate(Me!Geburtsdatum) Then Exit Sub
    GEBDAT = GebDatPrüfen(Me!Sozialversicherungsnummer, Me!Geburtsdatum)
```

```
Select Case GEBDAT
    Case 1
        MsgBox "Tag in Geburtsdatum und Sozial-
versNr unterschiedlich.", vbExclamation,
"Eingabefehler"
    Case 2
        MsgBox "Monat in Geburtsdatum und Sozial-
versNr unterschiedlich.", vbExclamation,
"Eingabefehler"
    Case 3
        MsgBox "Jahr in Geburtsdatum und Sozial-
versNr unterschiedlich.", vbExclamation,
"Eingabefehler"
    Case 0
        Exit Sub
End Select
DoCmd.CancelEvent

End Sub
```

Die eigentliche Überprüfung wird durch zwei Funktionen übernommen:

- Prüfung der Länge der Eingabe
- Prüfung des Datums

Zunächst zur Funktion *LängePrüfen()*. Sie überprüft die Länge der Eingabe und gibt als Funktionswert *Wahr* zurück, wenn dieser zehn beträgt. Andernfalls wird von der Funktion *Falsch* zurückgegeben. Dieser Wert wird in der zu Beginn deklarierten Variablen *Länge* gespeichert. Wird von der Funktion *Falsch* zurückgegeben, wird die Meldung angezeigt, daß nicht die korrekte Anzahl von Zeichen erfaßt worden ist. Mit der Anweisung **DoCmd.CancelEvent** wird das aktuelle Ereignis (wir erinnern uns: Vor Aktualisierung) abgebrochen. Dies bewirkt, daß die Änderung nicht übernommen wird und der Benutzer das Feld nicht verlassen kann. Da bereits ein Fehler entdeckt worden ist, kann die weitere Prüfung vorerst entfallen. Die Prozedur wird über die Anweisung **Exit Sub** verlassen.

Die Funktion *GebDatPrüfen()* überprüft, ob Geburtsdatum im Feld „Sozialversicherungsnummer" und im Feld „Geburtsdatum" übereinstimmen. Zuvor wird überprüft, ob überhaupt ein Geburtsdatum erfaßt worden ist, mit welchem es verglichen werden kann. Ist dies nicht der Fall, wird die Prozedur ebenfalls über die Anweisung **Exit Sub** verlassen.

Sind ein Geburtsdatum und eine zehnstellige Sozialversicherungsnummer erfaßt worden, wird die Prüfung fortgesetzt. Die Funktion GebDatPrüfen() gibt 0 zurück, wenn eine Übereinstimmung festgestellt werden konnte, 1 wenn der Tag, 2 wenn das Monat und 3, wenn das Jahr nicht stimmt. In der Case-Struktur werden je nach Ergebnis die Fehlermeldungen angezeigt. Ist alles korrekt, wird die Prozedur verlassen, anderenfalls über die Anweisung **DoCmd.CancelEvent** wie bereits zuvor abgebrochen.

Soweit zum Grundaufbau. Nachfolgend wird Ihnen erläutert, wie die beiden genutzten Funktionen aufgebaut sind.

Die Funktion *LängePrüfen()* ist relativ einfach. Als Übergabeparameter wird ihr der Inhalt des Feldes „Sozialversicherungsnummer" übergeben, der in der Variablen „PrüfText" gespeichert ist. Da die Funktion als Ergebnis den Wert *Wahr* oder *Falsch* liefert, wird Sie gleich als Boolean deklariert.

```
Private Function LängePrüfen(ByVal PrüfText As String) As Boolean

If Len(PrüfText) = 10 Then
    LängePrüfen = True
Else
    LängePrüfen = False
End If

End Function
```

Die Standardfunktion **Len()** liefert die Anzahl der Zeichen des angegebenen Textes. Hier wird sie zur Eruierung der Länge der in der Variable *PrüfText* gespeicherten Sozialversicherungsnummer verwendet.

Der Funktion *GebDatPrüfen()* müssen sowohl Sozialversicherungsnummer als auch Geburtsdatum übergeben werden. Den Variablen Tag, Monat und Jahr werden die jeweiligen Werte aus der Sozialversicherungsnummer zugeordnet. Da die Jahreszahl nur zweistellig berücksichtigt werden muß, genügt es, die Variable dafür als vom Typ Byte zu deklarieren.

```
Private Function GebDatPrüfen(PrüfText As String, ByVal GebDatum As Date) As Byte
```

```
                Dim Tag As Byte, Monat As Byte, Jahr As Byte

                    Tag = Val(Mid$(PrüfText, 5, 2))
                    Monat = Val(Mid$(PrüfText, 7, 2))
                    Jahr = Val(Mid$(PrüfText, 9))

                    If Tag <> Day(GebDatum) Then
                        GebDatPrüfen = 1
                    ElseIf Monat <> Month(GebDatum) Then
                        GebDatPrüfen = 2
                    ElseIf Jahr <> Format(GebDatum, "yy") Then
                        GebDatPrüfen = 3
                    Else
                        GebDatPrüfen = 0
                    End If

                End Function
```

Wie bereits erläutert, ist die Sozialversicherungsnummer als Text gespeichert. Deshalb werden Tag, Monat und Jahr mittels der Funktion *Val()* in Zahlenwerte umgewandelt. Ein Beispiel: Die Funktion Mid$(PrüfText, 5, 2) liefert die zwei Zeichen ab der fünften Position in der Variablen *PrüfText*.

Die Funktionen Day() und Month() liefern den Tages- beziehungsweise Monatswert aus dem angegebenen Datum. Da das Jahr in der Sozialversicherung nur zweistellig abgelegt wird, muß es auch mit dem Jahr des Geburtsdatums in zweistelliger Form verglichen werden. Da die Funktion Year() das Jahr als vierstellige Zahl liefert, wird die Format-Funktion zur Hilfe genommen. Durch das Format „yy" erhält man lediglich das Jahr in der gewünschten Form aus dem Datumswert.

Stimmen die Datumswerte überein, liefert die Funktion als Ergebnis 0, sonst je nach Fehler einen „Fehlercode" von 1 bis 3.

Hinweis: Die Überprüfung ließe sich umgehen, indem einerseits für das Feld Sozialversicherungsnummer ein Eingabeformat definiert wird, welches die Anzahl der einzugebenden Stellen festlegt. Das Geburtsdatum könnte automatisch übernommen werden. Dieses Beispiel soll jedoch die Anwendung einer programmierten Eingabeüberprüfung demonstrieren.

15.2.2 Einen Datensatz überprüfen

Im Gegensatz zum vorherigen Beispiel kann es auch notwendig sein, den Inhalt eines ganzen Datensatzes oder eines Teiles von ihm einer Gültigkeitsprüfung zu unterziehen.

Aufgabe:

Im Formular „Firmenfahrzeuge Vergabe" werden die Benutzungszeiten der Firmenfahrzeuge eingegeben. Um Doppelbelegungen zu vermeiden, soll mit einer Eingabeprüfung abgefragt werden, ob

- das gewünschte Fahrzeug zum eingegebenen Zeitpunkt schon vergeben ist oder,
- ob der eingeteilte Fahrer nicht schon ein anderes Fahrzeug zum selben Zeitpunkt belegt hat.

Lösung: Die Überprüfung eines ganzen Datensatzes hat zu erfolgen, bevor der neue oder geänderte Datensatz endgültig gespeichert werden kann. Zur Überprüfung muß also die Ereignisprozedur für das Ereignis „Vor Aktualisieren" verwendet werden. Sie hat folgendes Aussehen:

```
Private Sub Form_BeforeUpdate(Cancel As Integer)

Dim DB As Database, ZEITLISTE As Recordset
Dim ABFRAGE As QueryDef, WERT As Parameter
Dim AUSVON As Date, AUSLBIS As Date
Dim MELDUNG As String, MELDUNG1 As String, MELDUNG2
As String, MELDUNG3 As String

    Set DB = CurrentDb
    Set ABFRAGE = DB.QueryDefs("KFZListe")
    ABFRAGE.Parameters("KFZ-Kennzeichen") =
Me!Kennzeichen
    Set ZEITLISTE = ABFRAGE.OpenRecordset()
    ABFRAGE.Close
    If ZEITLISTE.RecordCount = 0 Then Exit Sub
    ZEITLISTE.MoveFirst

    AUSLVON = Me!Datumvon + Me!Zeitvon
    AUSLBIS = Me!Datumbis + Me!Zeitbis
    Do While Not ZEITLISTE.EOF
        If AUSLVON < ZEITLISTE.Von And AUSLBIS >
ZEITLISTE.Von Then GoTo SCHONVERGEBEN
```

```
            If AUSLVON < ZEITLISTE.Bis And AUSLBIS >
ZEITLISTE.Bis Then GoTo SCHONVERGEBEN
            If AUSLVON > ZEITLISTE.Von And AUSLBIS <
ZEITLISTE.Bis Then GoTo SCHONVERGEBEN
            ZEITLISTE.MoveNext
    Loop

    ZEITLISTE.Close
    DB.Close
    Zugleich Me!Personalnummer, AUSLVON, AUSLBIS
    Exit Sub

SCHONVERGEBEN:

    MELDUNG1 = "LEIDER: Fahrzeug mit der Nummer " +
Me!Kennzeichen + " ist von "
    MELDUNG2 = Str$(ZEITLISTE.Von) + " bis " +
Str$(ZEITLISTE.Bis) + " bereits an "
    MELDUNG3 = ZEITLISTE.FAHRER + " vergeben."
    MsgBox MELDUNG1 + MELDUNG2 + MELDUNG3, 16,
"Doppelvergabe"
    DoCmd.CancelEvent

    ZEITLISTE.Close
    DB.Close

End Sub
```

Ausgangspunkt der Lösung ist das Starten der Abfrage „KFZListe", welche alle Ausleihzeiten für das Fahrzeug mit dem betreffenden Kennzeichen abfragt. Bei der Abfrage handelt es sich um eine Parameterabfrage mit dem Parameter <Kfz-Kennzeichen> als Kriterium für das Feld „Kennzeichen". Der Parameter wird zur Laufzeit zugewiesen. Auf Basis dieser Abfrage wird ein Recordset geöffnet.

```
    Set DB = CurrentDb
    Set ABFRAGE = DB.QueryDefs("KFZListe")
    ABFRAGE.Parameters("KFZ-Kennzeichen") = Me!Kennzeichen
    Set ZEITLISTE = ABFRAGE.OpenRecordset()
    ABFRAGE.Close
    If ZEITLISTE.RecordCount = 0 Then Exit Sub
    ZEITLISTE.MoveFirst
```

Enthält das Recordset keine Datensätze, wird die Prozedur verlassen, eine weitere Überprüfung ist nicht notwendig, außerdem würde die Methode *MoveFirst* zu einem Fehler führen.

Um Datum und Uhrzeit, welche in separaten Feldern gespeichert sind, zusammenzufügen, werden Sie einfach addiert. Das geöffnete Recordset wird von der Funktion durchlaufen. Für den Durchlauf wird eine **Do...Loop** - Schleife verwendet. Dieser Schleifentyps ist hier anzuwenden, da die Anzahl der Schleifendurchläufe von der Anzahl der Datensätze im Recordset abhängig ist. Diese Anzahl ändert sich mit jeder erfolgten Eingabe. Die Bedingung für die Schleife lautet: Durchlaufe solange die Schleife, bis der letzte Datensatz erreicht ist.

```
AUSLVON = Me!Datumvon + Me!Zeitvon
AUSLBIS = Me!Datumbis + Me!Zeitbis
Do While Not ZEITLISTE.EOF
      If AUSLVON < ZEITLISTE.Von And AUSLBIS > ZEITLISTE.Von Then GoTo SCHONVERGEBEN
      If AUSLVON < ZEITLISTE.Bis And AUSLBIS > ZEITLISTE.Bis Then GoTo SCHONVERGEBEN
      If AUSLVON > ZEITLISTE.Von And AUSLBIS < ZEITLISTE.Bis Then GoTo SCHONVERGEBEN
      ZEITLISTE.MoveNext
Loop
```

Die neue Benutzungszeit kollidiert dann mit einer bereits eingetragenen, wenn entweder der Zeitpunkt **Von** oder der Zeitpunkt **Bis** einer bestehenden Eintragung innerhalb der neuen Zeitspanne liegt oder beide innerhalb dieser liegen.

Tritt eine Kollision auf, wird die Schleife verlassen und zur Textmarke SCHONVERGEBEN verzweigt. Dort wird die Fehlermeldung aus mehreren Strings zusammengesetzt. Sie können den Text einem String auch in einem einzigen Schritt zuweisen, jedoch wird diese Zeile dann sehr lang und auf dem Bildschirm nicht mehr darstellbar. Auf die erörterte Weise kann Ihr Code besser gelesen werden. Nach dem Anzeigen der Fehlermeldung müssen wieder das auslösende Ereignis abgebrochen sowie die geöffneten Datenbankobjekte geschlossen werden.

```
SCHONVERGEBEN:

   MELDUNG1 = "LEIDER: Fahrzeug mit der Nummer " + Me!Kennzeichen + " ist von "
```

```
        MELDUNG2 = Str$(ZEITLISTE.Von) + " bis " +
Str$(ZEITLISTE.Bis) + " bereits an "
        MELDUNG3 = ZEITLISTE.FAHRER + " vergeben."
        MsgBox MELDUNG1 + MELDUNG2 + MELDUNG3, 16,
"Doppelvergabe"
        DoCmd.CancelEvent

        ZEITLISTE.Close
        DB.Close

    End Sub
```

Wird keine kollidierende Vergabe gefunden, werden die geöffneten Datenbankobjekte ebenfalls geschlossen und die Subprozedur **Zugleich()** aufgerufen, welche nun überprüft, ob der Fahrer zur fraglichen Zeit nicht schon ein anderes Fahrzeug in Benutzung hat.

Der Subprozedur werden als Parameter der Name des Fahrers sowie Beginn und Ende der neu einzutragenden Nutzungszeit übergeben. Die Prozedur **Zugleich()** entspricht im Aufbau der eben beschriebenen Funktion **Doppelvergabe()**. Das Recordset wird im Unterschied auf Basis der Abfrage **FahrerListe** erstellt. In dieser Abfrage ist der Parameter **<Fahrer>** das Kriterium für das Feld **Personalnummer**.

```
    Private Sub Zugleich(ByVal FAHRER, ByVal AUSLVON,
    ByVal AUSLBIS)

    Dim DB As Database, ZEITLISTE As Recordset
    Dim ABFRAGE As QueryDef, WERT As Parameter
    Dim MELDUNG As String, MELDUNG1 As String, MELDUNG2
    As String, MELDUNG3 As String

        Set DB = CurrentDb
        Set ABFRAGE = DB.QueryDefs("FahrerListe")
        ABFRAGE.Parameters("Fahrer") = FAHRER
        Set ZEITLISTE = ABFRAGE.OpenRecordset()
        ABFRAGE.Close
        If ZEITLISTE.RecordCount = 0 Then Exit Sub
        ZEITLISTE.MoveFirst

        Do While Not ZEITLISTE.EOF
            If AUSLVON < ZEITLISTE.Von And AUSLBIS >
    ZEITLISTE.Von Then GoTo FÄHRTSCHON
```

```
        If AUSLVON < ZEITLISTE.Bis And AUSLBIS >
ZEITLISTE.Bis Then GoTo FÄHRTSCHON
        If AUSLVON > ZEITLISTE.Von And AUSLBIS <
ZEITLISTE.Bis Then GoTo FÄHRTSCHON
        ZEITLISTE.MoveNext
    Loop

    ZEITLISTE.Close
    DB.Close
    Exit Sub

FÄHRTSCHON:

    MELDUNG1 = "ACHTUNG: " + ZEITLISTE.FahrerName + "
fährt in der Zeit von "
    MELDUNG2 = Str$(ZEITLISTE.Von) + " bis " +
Str$(ZEITLISTE.Bis) + " bereits "
    MELDUNG3 = "das Fahrzeug mit der Nummer " + ZEIT-
LISTE.Kennzeichen + "."
    MELDUNG = MELDUNG1 + MELDUNG2 + MELDUNG3
    MsgBox MELDUNG, 16, "Doppelvergabe"
    DoCmd.CancelEvent

    ZEITLISTE.Close
    DB.Close

End Sub
```

Beispiel:

Bild 15-7:
Benutzerdefinierte
Fehlermeldung

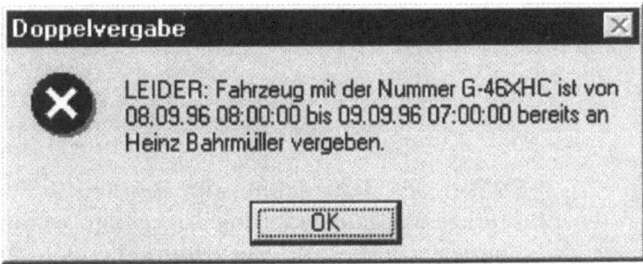

15.3 Diagramme in Formulare einbinden

Oft kann die Aussagekraft von Auswertungen erhöht werden, wenn die Ergebnisse in Diagrammen dargestellt werden können.

15 Programmieren von Hilfen zur Dateneingabe und Datenausgabe

ACCESS bietet Ihnen diese Möglichkeit als Kooperation mit dem Programm **MS-Graph** an.

Aufgabe:

Es soll ein Formular mit einem integrierten Diagramm erstellt werden, welches die Schulungsausgaben pro Monat als Säulendiagramm darstellt.

15.3.1 **Diagrammassistenten verwenden**

Die einfachste Möglichkeit zur Diagrammerstellung ist der Einsatz des dafür vorgesehenen Assistenten. Um den Diagrammassistenten zu starten, muß ein neues Formular erstellt werden. Im Auswahlfenster „Neues Formular" wählen Sie den Diagramm-Assistenten.

Bild 15-8:
Diagramm-Assistenten verwenden

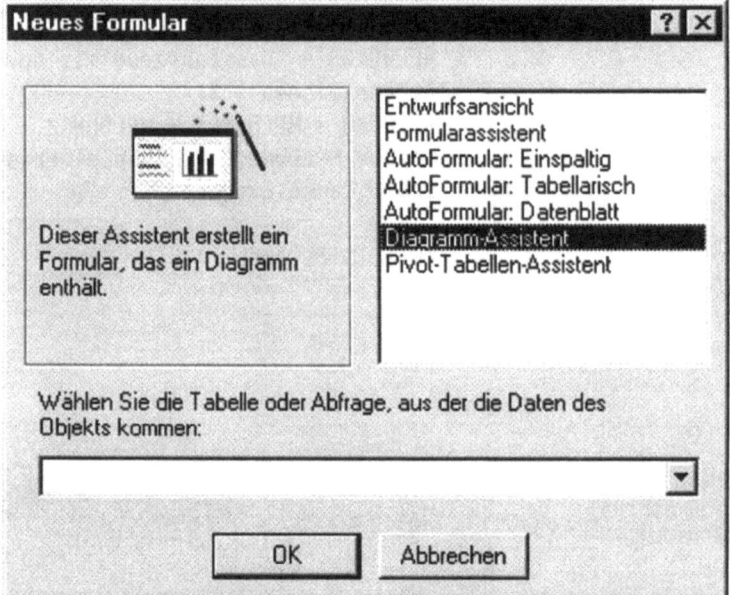

Da bei der Verwendung des Assistenten nur *eine* Tabelle oder Abfrage als Datenursprung angegeben werden kann, muß vorher überlegt werden, ob die darzustellenden Daten bereits in einer Tabelle oder Abfrage zur Verfügung stehen, oder ob noch eine gesonderte Abfrage erstellt werden muß. Um den Schulungsaufwand pro Monat erfassen zu können, benötigen wir einerseits die Tabelle SEMINARE, in der das Datum und der Teilnahmepreis gespeichert sind, sowie die Tabelle SEMINARBESUCHE, um

15.3 Diagramme in Formulare einbinden

die Anzahl der Teilnehmer je Veranstaltung zu bekommen. Die Abfrage SEMINARKOSTEN stellt diese Daten zur Verfügung.

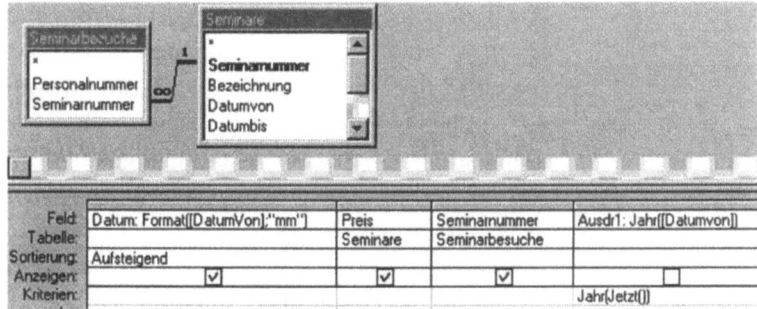

Bild 15-9: Abfrage „Seminarkosten" als Basis für die Diagrammerstellung

Als Basis für die spätere Gruppierung wird der Monat benötigt, in dem das Seminar stattgefunden hat. Über die Formatfunktion wird der Monat aus dem Datum herausgeholt. Das Feld „Preis" wird für die spätere Summierung benötigt, dabei erfolgt die Einschränkung auf das aktuelle Jahr.

Nun kann mit der Diagrammerstellung begonnen werden. Erstellen Sie ein neues Formular, und wählen Sie den Diagramm-Assistenten sowie die eben erstellte Abfrage.

Der Assistent fragt Sie im ersten Schritt, welche Felder für das Diagramm ausgewählt werden sollen. Wählen Sie die Felder „Datum" sowie „Preis" aus, und klicken Sie auf die Schaltfläche <Weiter>. Der Assistent stellt Ihnen eine Reihe von verschiedenen Diagrammen zur Auswahl bereit. Wählen Sie für die gestellte Aufgabe am besten ein Säulen- oder 3D-Säulendiagramm aus.

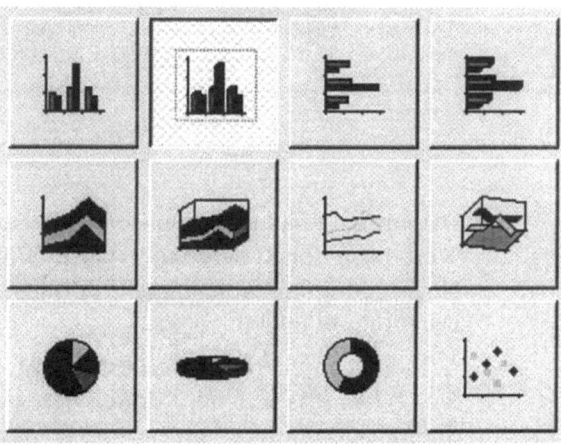

Bild 15-10: Mögliche Diagrammtypen

15 Programmieren von Hilfen zur Dateneingabe und Datenausgabe

Je nach ausgewähltem Diagrammtyp erfolgt die Zuteilung der einzelnen Datenfelder zum Diagramm. Dies ist bei verschiedenen Diagrammen leider recht unübersichtlich, hier hilft nur Experimentieren, um zum gewünschten Ergebnis zu kommen. Erleichtert wird das Experimentieren allerdings dadurch, daß sich die Vorschau stets an Ihre Zuordnung anpaßt. Zusätzlich haben Sie die Möglichkeit, sich über die Schaltfläche <Diagrammvorschau> das endgültige Ergebnis anzeigen zu lassen.

Alle verfügbaren Felder werden rechts neben der Diagrammdarstellung angezeigt und können per Drag and Drop mit der Maus an die für sie bestimmten Diagrammpositionen gezogen werden. Der Assistent trifft bereits eine Vorauswahl, die manchmal bereits Ihren Wünschen entspricht. Beim Säulendiagramm erfolgt die Zuteilung der einzelnen Datenfelder zu folgenden Positionen:

- Daten: Das Feld, dessen Wert als Säule dargestellt werden soll. Da wir die Kosten pro Monat dargestellt haben möchten, ist dies das Feld „Preis". Achtung: Der Assistent bildet für die Daten automatisch die Summe. Wenn Sie bereits in der zugrundeliegenden Abfrage eine Summierung vorgenommen haben, klicken Sie das Feld doppelt an. Es erscheint das Dialogfeld „Zusammenfassen". Hier können Sie auswählen, wie mit dem Wert verfahren wird.

Bild 15-11:
Arten der Zusammenfassung

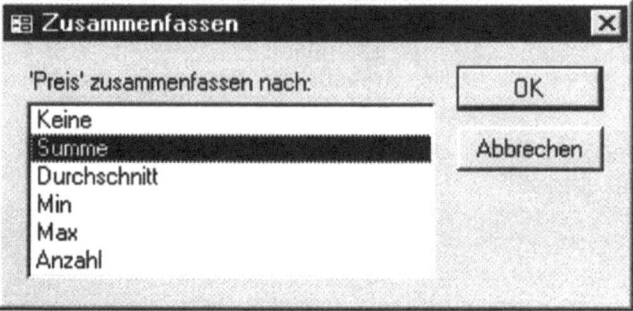

- Datenreihen: Gibt es in unserem Beispiel nicht, da nur ein Wert pro Monat dargestellt wird. Würde pro Monat eine Unterteilung in Abteilungen erfolgen, würden diese die Datenreihen bilden.

- Achsen: Da wir die Ausgaben pro Monat darstellen möchten, bildet das auf den Monatswert dezimierte Datumsfeld die Achse.

15.3 Diagramme in Formulare einbinden

Bild 15-12:
Zuteilung von Daten an ihre Positionen

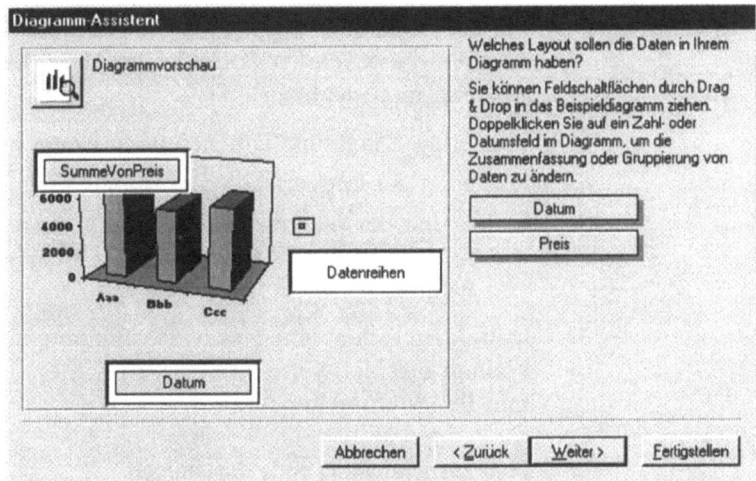

Bevor Sie nun das neue Diagramm bewundern können, beantworten Sie dem Assistenten noch die Fragen nach Diagrammtitel und Legende.

Das fertige Formular mit dem Diagramm wird anschließend dargestellt. Ändert sich die Datenbasis, paßt sich das Diagramm dynamisch an. Sie können aus diesem Formular auch ein gebundenes Formular machen und zusätzliche Datenfelder und Steuerelemente aufnehmen. Das Formular kann aber auch als PopUp-Formular definiert werden und zur alleinigen Anzeige verwendet werden.

Bild 15-13:
Formular mit integrierten Diagramm.

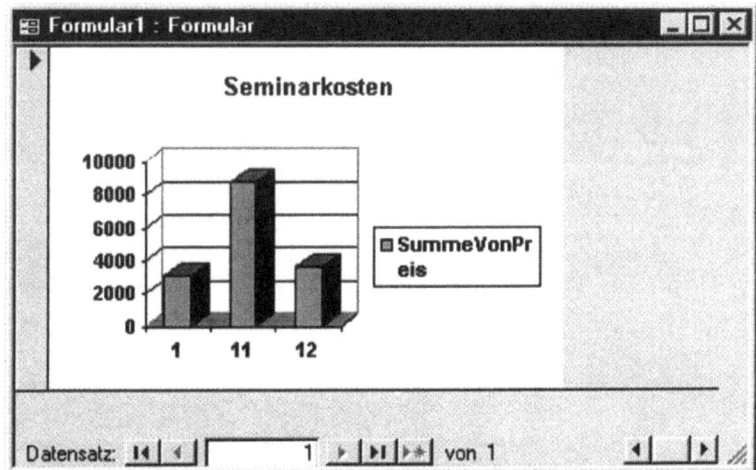

15   Programmieren von Hilfen zur Dateneingabe und Datenausgabe

Um ein Diagramm mit dem Assistenten zu erstellen, können Sie in einem bestehenden Formular im Menü **Einfügen** den Befehl **Diagramm** auswählen.

Das fertige Diagramm läßt sich noch weiter gestalten, indem Sie
- es in der Entwurfsansicht doppelt anklicken oder
- es mit der rechten Maustaste anklicken und im Kontextmenü den Befehl **Chart-Objekt - Bearbeiten** oder **Öffnen** wählen.

In beiden Fällen öffnet sich das Programm MS Graph, und Sie können beispielsweise Farben, Schriftarten, Größe oder Legende und Beschriftung anpassen.

15.3.2 **Diagrammerstellung ohne Assistenten**

So wie überall in ACCESS bietet der Assistent lediglich eine Möglichkeit, schnell und einfach zu einem Ergebnis zu kommen. Für spezifische und komplexere Lösungen können Sie „selber Hand anlegen".

Für die flexiblere Anwendung soll ein PopUp-Formular mit obigem Diagramm erstellt werden, wobei jedoch nicht starr die Daten des aktuellen Jahres angezeigt werden, sondern der Benutzer die Möglichkeit hat, in einem Listenfeld das gewünschte Jahr auszuwählen. Das Diagramm soll sich sofort aktualisieren.

Bild 15-14:
Diagramm mit Auswahlmöglichkeit

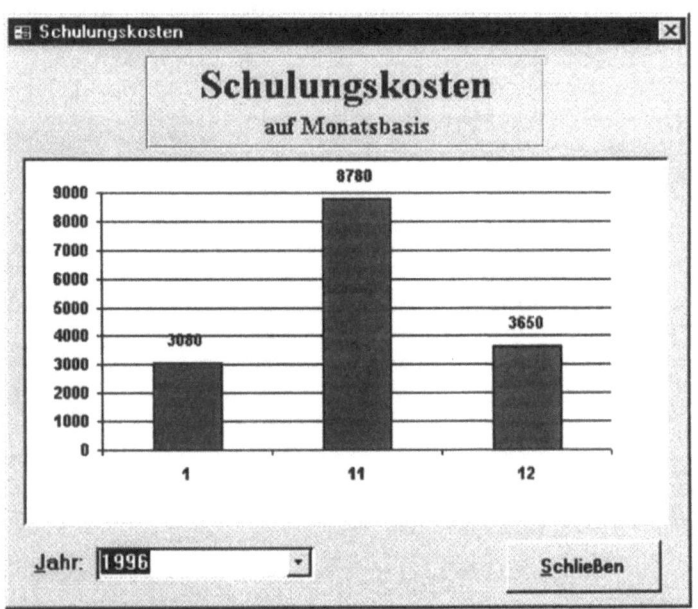

15.3 Diagramme in Formulare einbinden

Erstellen von Formular und Diagramm

Die Aufgabe läßt sich in zwei Teilschritte unterteilen:
- Erstellen des Formulars und des Diagramms.
- Programmierung der Prozedur, welche die Aktualisierung des Diagramms vornimmt.

Als Basis dient ein Formular, welches Sie als PopUp-Formular definieren. In der Beispieldatenbank finden Sie es unter dem Namen „Schulungskosten". Zusätzlich erstellen Sie

- eine **Schaltfläche**, welche das Formular schließt und
- ein **Kombinationslistenfeld**, welches die möglichen Jahre enthält.

Damit der Benutzer nur Jahre auswählen kann, für die es auch Daten gibt, erstellen Sie als Datensatzherkunft des Kombinationsfeldes eine Abfrage auf die Tabelle SEMINARE. Gruppieren Sie nach der Jahreszahl des Feldes „DatumVon", und sortieren Sie es aufsteigend.

Um ein Diagramm ohne Assistenten zu erstellen, wählen Sie im Formularentwurfsmodus im Menü **Einfügen** den Befehl **Objekt** und aktivieren dann aus der Liste Microsoft Graph 5.0. Es öffnet sich das genannte Programm. Wählen Sie hier zunächst nur den Diagrammtyp aus, und verlassen Sie es über den Menübefehl **Datei - Beenden**. Alternativ gehen Sie zum Formular „Schulungskosten" zurück, indem Sie einfach die Taste (Esc) drücken. Das Objekt befindet sich nun im Formularentwurf. Öffnen Sie das Eigenschaftsfenster, um weitere Einstellungen am Objekt vorzunehmen.

Geben Sie dem Objekt den Namen „Diagramm", damit später per VBA-Code über diesen Namen auf das Objekt zugegriffen werden kann. Die Eigenschaft Herkunftstyp muß auf „Tabelle/Abfrage" eingestellt werden, anschließend kann die Abfrage generiert werden, indem der Abfrageeditor in der Eigenschaftszeile "Datensatzherkunft" verwendet wird.

Erstellen Sie folgende Abfrage: Verwenden Sie - wie schon im Beispiel zuvor - die Tabellen SEMINARE und SEMINARBESUCHE. Es werden drei Ausgabefelder benötigt.

- Wie zuvor, der Monat aus dem Feld „DatumVon". Da die Kosten für jeden Monat summiert werden sollen, wird nach diesem Feld gruppiert.
- Das Feld „Preis" aus der Tabelle SEMINARE wird summiert. Im vorigen Beispiel war dies nicht der Fall, da ja der Assistent die Gruppierung vorgenommen hat, indem er auf der

15 Programmieren von Hilfen zur Dateneingabe und Datenausgabe

Basis unserer Abfrage eine neue erstellt hat. Sehen Sie sich zum leichteren Verständnis die Eigenschaften des mit dem Assistenten erstellen Diagramms an.

- Der Jahreswert aus dem Feld „DatumVon" wird als Bedingung verwendet, damit die Daten auf ein Jahr beschränkt werden können. Geben Sie hier zunächst ein beliebiges Jahr als Bedingung ein.

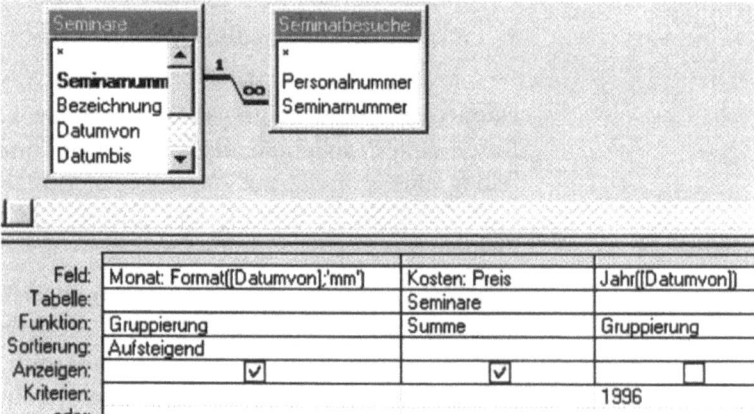

Bild 15-15: Abfrage für Diagramm

Wenn Sie das Formular anschließend in der Formularansicht öffnen, sehen Sie bereits das fertige Diagramm mit den Daten des Jahres, das Sie im Abfrageentwurf definiert haben.

15.3.3 Programmierung der Diagrammaktualisierung

Nun fehlt nur noch der letzte Schritt, nämlich die Programmierung zur Aktualisierung des Diagramms nach der Auswahl eines Jahres durch den Benutzer.

Die Aktualisierung muß in zwei Fällen vorgenommen werden:

- Vom Benutzer wird ein anderes Jahr im Kombinationsfeld ausgewählt.
- Das Formular wird geöffnet. Die Aktualisierung ist hier notwendig, da dem Kombinationsfeld als Standardwert das aktuelle Jahr zugeteilt wird. Dieses Jahr muß natürlich auch im Diagramm dynamisch berücksichtigt werden.

Für die Lösung dieser Aufgabenstellung bietet sich eine Sub-Prozedur an, die von den Ereignissen

15.3 Diagramme in Formulare einbinden

- Nach Aktualisierung des Kombinationsfeldes und
- Nach Laden des Formulars aufgerufen wird.

Die Sub-Prozedur mit dem Namen *DiagrammAktualisieren()* weist der Eigenschaft *Datensatzherkunft* des Diagrammobjekts jeweils ein aktualisiertes SQL-Statement zu, wodurch die Aktualisierung erzwungen wird.

Wenn Sie den durch die zuvor erstellte Abfrage generierten SQL-Text im Eigenschaftsfenster des Diagrammobjekts analysieren, werden Sie feststellen, daß eigentlich nur die Jahreszahl als Bedingung innerhalb des SQL-Textes verändert werden muß. Um die gewünschte Lösung zu erreichen, muß dieser SQL-Text lediglich in zwei Teile aufgespalten, und mit der neuen Jahreszahl in der Mitte wieder zusammengesetzt werden.

Dazu werden die Variablen SQL1 und SQL2 jeweils als String deklariert. Der Variablen SQL1 wird der SQL-Text vor der Jahreszahl, der Variablen SQL2 jener nach der Jahreszahl zugewiesen. Der Eigenschaft *RowSource* (Datensatzherkunft) des Diagrammobjekts wird nun der neue SQL-Text zugewiesen. Zwischen die beiden Teile wird der Inhalt des Kombinationsfeldes gestellt. Das Jahr muß dazu in einen Text umgewandelt werden. Da die dafür verwendete Str$-Funktion immer ein Leerzeichen voranstellt, wird dieses noch mit der Trim$-Funktion entfernt.

```
Private Sub DiagrammAktualisieren()

Dim SQL1 As String, SQL2 As String

SQL1 = "SELECT DISTINCTROW Format([Datumvon],'mm') AS
Monat, Sum(Seminare.Preis) AS Kosten FROM Seminare
INNER JOIN Seminarbesuche ON Seminare.Seminarnummer =
Seminarbesuche.Seminarnummer GROUP BY For-
mat([Datumvon],'mm'), Year([Datumvon]) HAVING
(((Year([Datumvon]))="
SQL2 = ")) ORDER BY Format([Datumvon],'mm');"

Me!Diagramm.RowSource = SQL1 +
Trim$(Str$(Me!AnzJahr)) + SQL2

End Sub
```

Hinweis: Wenn Sie den SQL-Text in den Programmcode kopieren, enthält er noch Anführungszeichen innerhalb der Format-Funktion. Diese führen zu einem Syntaxfehler. Ersetzen Sie diese daher durch einfache Anführungszeichen. Diese sind in SQL den doppelten gleichgestellt.

Das fertige Formular können Sie nun an beliebiger Stelle in der Beispieldatenbank einbinden, zum Beispiel über eine Schaltfläche vom Formular „Personalinformation" oder „Seminarbesuche" aus.

16 Programmtest, Testhilfen und Fehlerbehandlung

Überall, wo gearbeitet wird, können auch Fehler passieren. Bei der Entwicklung und Nutzung von ACCESS-Anwendungen sind zwei Kategorien von Fehlern zu beachten:

1. **Anwendungsbedingte Fehler** (= Fehler, die in der Anwendung selbst begründet sind und durch fehlerhafte Programme entstehen),
2. **Benutzerbedingte Fehler** (= Fehler, die durch Aktionen von Benutzern oder andere äußere Einflüsse herbeigeführt werden).

Mit beiden Kategorien von Fehlern müssen Sie sich auseinandersetzen. Um Folgeprobleme zu vermeiden, ist es ratsam, versteckte Fehler in Ihrer Applikation aufzuspüren und die Fehler abzufangen, die durch äußere Einflüsse - wie auch zum Beispiel Fehlbehandlung durch Benutzer - herbeigeführt werden.

16.1 Fehlerbeseitigung und Debugging

Fehler in der Programmlogik von Prozeduren und Funktionen aufzuspüren, ist oft eine zeitraubende Aufgabe. Das Programm läuft zwar reibungslos ohne Unterbrechung, aber das Ergebnis ist nicht das richtige.

Es gibt kein Patentrezept und keine sichere Methode, um diese Art von Fehlern aufzuspüren. ACCESS stellt aber einige Tools und Möglichkeiten zur Verfügung, um die Suche zu erleichtern und Fehler einzugrenzen.

Grundsätzlich gilt allerdings: Versuchen Sie, Fehler im voraus so gut wie möglich zu vermeiden, etwa durch systematisches und sorgfältiges Vorgehen. Später ist es nämlich oft viel schwieriger, diese Fehler im zumeist umfangreichen und komplexen Programmcode zu finden.

16.1.1 Ausdrückliche Variablendeklaration

Ein erster Schritt zur vorbeugenden Fehlervermeidung ist es, die Anweisung **Option Explicit** in den Deklarationsteil jedes Moduls zu schreiben (bzw. diese Standardvorgabe bestehen zu las-

16 Programmtest, Testhilfen und Fehlerbehandlung

sen). Mit dieser Option ist festgelegt, daß jede Variable, die im Programmcode verwendet wird, durch eine Anweisung explizit deklariert werden muß (in der Regel durch eine DIM-Anweisung).

Bild 16-1:
Deklarationsbereich eines Moduls

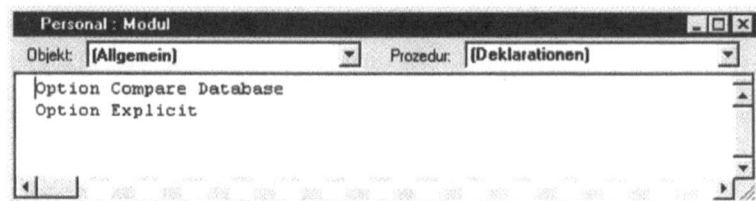

Eine implizite Variablendeklaration, bei der eine Variable durch erstmaliges Verwenden ihres Namens automatisch deklariert ist, wird dadurch ausgeschlossen. Der Vorteil der expliziten Deklaration: Sie können Probleme vermeiden, die durch simple Tippfehler entstehen, da das Programm auf diese Fehler hinweist.

Durch die Verwendung von **Option Explicit** würde beispielsweise folgender Fehler vermieden werden:

```
For Z = 0 To ANZAHL - 1
    TABNAME = DB.TableDefs(Z).Name
    If Left$(TABNAME, 4) <> "MSys" Then
        LISTE = LISTE + TABNAAME + ";"
    End If
Next
```

Durch den Tippfehler bei der Variable TABNAME in der vierten Zeile wird der Variablen *Liste* bei jedem Schleifendurchlauf ein leerer Wert zugewiesen. ACCESS sieht die Variable TABNAAME als neue implizit deklarierte Variable an, wenn auch als eine „leere". Bei expliziter Variablendeklaration akzeptiert ACCESS die Variable TABNAAME nicht und meldet beim Versuch, die Prozedur zu kompilieren, eine nicht deklarierte Variable. Dadurch werden Sie auf Ihren Tippfehler aufmerksam gemacht.

Bild 16-2:
Fehlermeldung bei nicht deklarierter Variablen

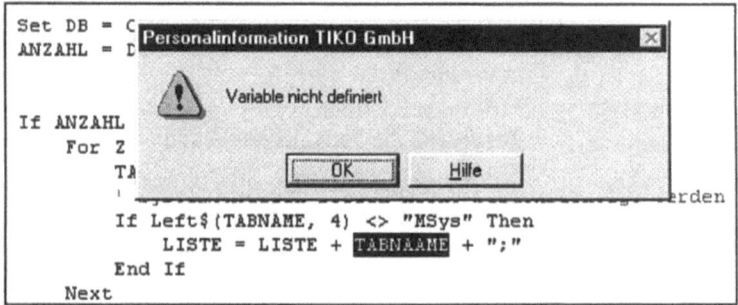

466

16.1.2 Programmausführung unterbrechen

Um Fehler örtlich auf einen bestimmten Programmteil eingrenzen zu können, ist es hilfreich, den Programmcode an bestimmten Punkten anzuhalten, um zu sehen, ob der Fehler bis dahin bereits aufgetreten ist, oder ob der durchlaufene Codeteil fehlerfrei ist.

Es gibt in ACCESS zwei Möglichkeiten, den Durchlauf des Programmcodes anzuhalten beziehungsweise zu stoppen:

- Verwenden der Anweisung **Stop** im Code
- Setzen eines **Haltepunktes**

Sie können sowohl mit der Stop-Anweisung als auch mit Haltepunkten in den **Einzelschrittmodus** wechseln, um so die Wirkung Ihres Codes Zeile für Zeile zu beobachten. Der Unterschied zwischen den beiden Methoden liegt darin, daß Haltepunkte beim Schließen der Datenbank verlorengehen.

Wie setzen Sie einen **Haltepunkt**? Positionieren Sie den Cursor in die Zeile, in der Sie den Haltepunkt setzen möchten, und wählen Sie im Menü **Ausführen** den Befehl **Haltepunkt ein-/ausschalten**. Wahlweise klicken Sie auf das Haltepunkt-Symbol in der Symbolleiste.

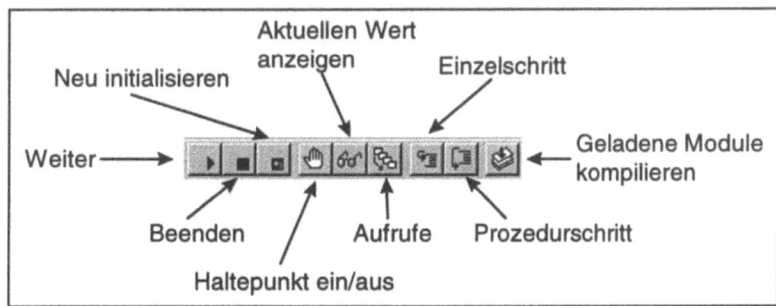

Bild 16-3: Symbole in Modulentwurf

Gelangt die Prozedur zu einem Haltepunkt, wird das Codefenster aktiv, und es stehen folgende Möglichkeiten zur Auswahl:

- Mit dem Schaltflächensymbol **Ausführen** wird die Codeausführung von der momentanen Position aus fortgesetzt.
- Mit dem Schaltflächensymbol **Einzelschritt** können Sie Ihre Prozedur Zeile für Zeile abarbeiten und so den Fehler suchen.
- Mit dem Schaltflächensymbol **Prozedurschritt** können Sie eine Sub-Prozedur als Ganzes testen bzw. verhindern, daß

16 Programmtest, Testhilfen und Fehlerbehandlung

auch eine Sub-Prozedur, von der Sie wissen, daß sie fehlerfrei ist, Zeile für Zeile abgearbeitet wird. Ein Subprozeduraufruf im Prozedurschritt erscheint in der geprüften Hauptprozedur wie ein Einzelschritt für eine gewöhnliche Programmzeile.

- Mit dem Schaltflächensymbol **Neu Initialisieren** brechen Sie die Ausführung ab und initialisieren Ihren Code neu. Diese Funktionalität benötigen Sie, wenn Sie erkennen, daß umfangreichere Änderungen im Programmcode notwendig sind.

- Mit dem Schaltflächensymbol **Aktuellen Wert anzeigen** können Sie sich den Inhalt von Überwachungsausdrücken anzeigen lassen.

- Mit dem Schaltflächensymbol **Aufrufe** zeigen Sie alle Prozeduren an, die aktuell aufgerufen sind. Dies ist vor allem dann von Vorteil, wenn Sie Sub-Prozeduren verwenden.

Die Programmausführung wird ebenso unterbrochen, wenn ACCESS auf einen **Laufzeitfehler** stößt. Laufzeitfehler sind Fehler, die - wie der Name sagt - erst zur Laufzeit auftreten. Sie werden also von der Syntax her von ACCESS nicht schon als fehlerhaft während des Kompiliervorganges erkannt werden. Ein typisches Beispiel für einen Laufzeitfehler ist die Division durch Null. Durch einen Fehler in der Programmlogik an einer anderen Stelle hat eine Variable, die den Nenner darstellt, den Wert Null.

Bricht ACCESS die Programmausführung mit einer Fehlermeldung ab, ist die Codezeile, die den Fehler verursacht hat, mit einem Rahmen umgeben und markiert. Sie können den Code in diesem Rahmen verändern, wenn Sie einen Fehler erkennen, und anschließend den Programmablauf weiterführen oder im Einzelschritt den restlichen Code testen.

Bild 16-4:
Programmzeile nach Laufzeitfehler

```
If ANZAHL > 0 Then
    For Z = 0 To ANZAHL
        TABNAME = DB.TableDefs(Z).Name
        ' Systemtabellen sollen nicht ber
        If Left$(TABNAME, 4) <> "MSys" Th
    Next
Else
    LISTE = ""
End If
```

16.1 Fehlerbeseitigung und Debugging

 **Hinweis:** Änderungen im Code von Programmzeilen, die bereits abgearbeitet worden sind, können den Fehler nicht sanieren. Sie müssen dann den Code **neu initialisieren** und erneut starten. Es besteht alternativ die Möglichkeit, den Variablen im Testfenster neue Werte zuzuweisen oder auf eine andere Art und Weise über das Testfenster einzugreifen.

16.1.3 **Arbeiten im Testfenster**

Eine vielfältige und unerläßliche Hilfe beim Testen von Programmcode stellt das **Testfenster** dar. Sie können es öffnen, indem Sie im Menü **Ansicht** den Befehl **Testfenster** wählen oder auf das entsprechende Symbol klicken.

 Testfenster

Bild 16-5:
Das Testfenster

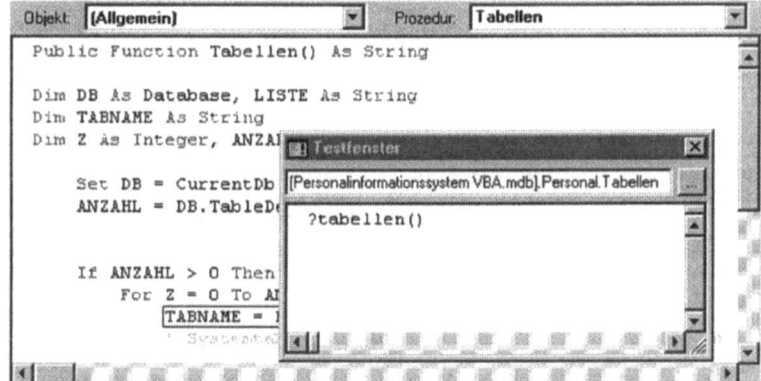

Das Testfenster bietet folgende Möglichkeiten:
- **Starten** von Prozeduren
- Ausgabe an das Testfenster leiten mit **Debug.Print**
- Anzeigen von Variablen mit der Methode **Print**
- Verändern von Variablen, Steuerelementen und Eigenschaften durch direkte **Wertzuweisung**.

Test durch Starten von Prozeduren

Sie starten Prozeduren im Testfenster, indem Sie sie mit dem **Print**-Befehl aufrufen. Dabei müssen Sie Übergabeparameter mit berücksichtigen.

```
print Tabellen()
? sozversnumprüf("1152241270", "24.12.70")
```

16 Programmtest, Testhilfen und Fehlerbehandlung

Beachten Sie folgende **Hinweise**:

- Der Print-Befehl kann durch ein Fragezeichen substituiert werden.
- Beim Eingeben von Prozedurnamen muß die Groß-/Kleinschreibung nicht berücksichtigt werden.

Ausgaben mit Debug.Print

Mit der Methode **Print** des Objektes Testfenster können Sie sich zur Laufzeit des Programmes die Variablen und andere Werte anzeigen lassen.

```
Debug.Print {Variablenname}
```

Fügen Sie an jenen Stellen im Programmcode diese Anweisung ein, an denen Sie Fehler vermuten und Variableninhalte überprüfen möchten. Sie können das Testfenster entweder während des Programmlaufes im Blickfeld halten oder auch nach vollendetem Programmlauf die Ausgabe anzeigen.

Variable ausgeben

Mit der Print-Anweisung ist es möglich, nicht nur Funktionen zu starten. Sie können auch - wenn der Programmablauf gerade unterbrochen ist - den Inhalt von Variablen sowie Werte und Eigenschaften von aktiven Steuerelementen und Objekten anzeigen lassen.

```
Print Forms![Software].RecordCount
Software

? Forms![Software].Lizenznummer
000215489

Print ZÄHLER
14
```

Variable verändern

Es ist auch möglich, alle Werte, die Sie mit der Print-Anweisung abrufen können, neu zuzuweisen. Auf diese Art und Weise können Sie beispielsweise nach einer Unterbrechung der fehlerhaften Variable einen neuen Wert zuweisen, um zu testen, ob der restliche Programmablauf einwandfrei funktioniert.

16.1 Fehlerbeseitigung und Debugging

Bild 16-6:
Variablenabfrage und Wertzuweisung im Testfenster

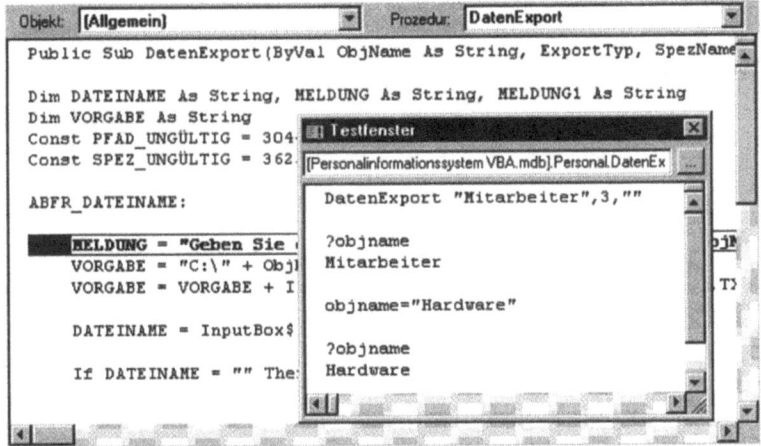

Überwachungsausdrücke verwenden

Eine weitere Variante ist das Definieren von Überwachungsausdrücken, um den Inhalt von Variablen während der Ausführung des Programmcodes im Auge zu behalten. Wählen Sie dazu im Menü **Extras** den Befehl **Überwachung hinzufügen,** und definieren Sie den Ausdruck, den Sie hinzufügen möchten.

Bild 16-7:
Überwachungsausdruck hinzufügen

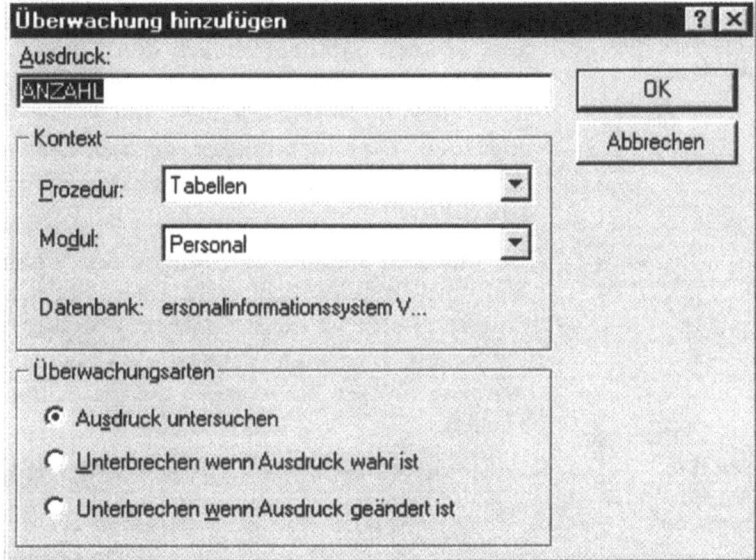

Das Testfenster teilt sich nun in zwei Teile. Im oberen Teil sehen Sie während des Programmablaufs die zur Überwachung eingegebenen Ausdrücke und ihren Wert.

471

16 Programmtest, Testhilfen und Fehlerbehandlung

Bild 16-8:
Angezeigte Überwachungsausdrücke

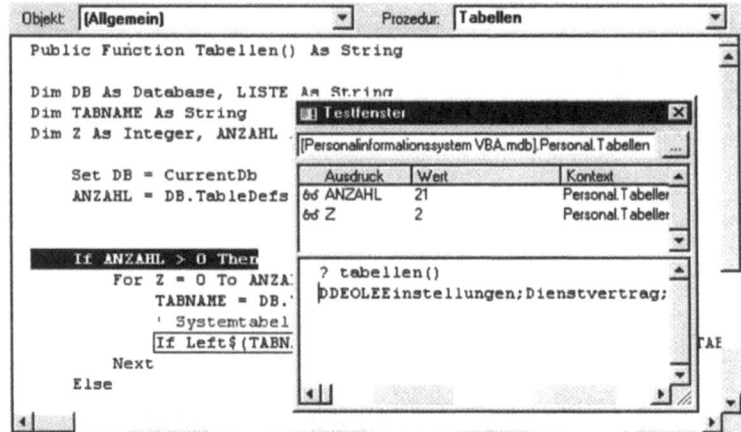

Hinweise:

- Sie können Überwachungsausdrücke löschen, indem Sie sie einfach im Testfenster markieren und die Taste [Entf] drükken.

- Um Überwachungsausdrücke zu bearbeiten, müssen Sie diese doppelt anklicken.

Verwenden von „Aktuellen Wert Anzeigen"

Um den Inhalt einer Variablen bei angehaltenem Code anzuzeigen, können Sie auch einfach den Cursor auf die Variable plazieren und anschließend auf das Symbol „Aktuellen Wert Anzeigen" klicken. Der momentane Inhalt der Variablen wird dann angezeigt. Dies ist schneller, als sich den Inhalt im Testfenster durch Eingabe von ? und dem ganzen Variablennamen anzeigen zu lassen.

Oft möchten Sie auch nur schnell den Inhalt einer Variablen sehen, und deshalb nicht extra einen Überwachungsausdruck definieren. Dafür ist diese Funktion ebenfalls gut geeignet. Möchten Sie die angezeigte Variable als Überwachungsausdruck übernehmen, müssen Sie lediglich auf die Schaltfläche <Hinzufügen> klicken.

Bild 16-9:
Aktuellen Wert anzeigen

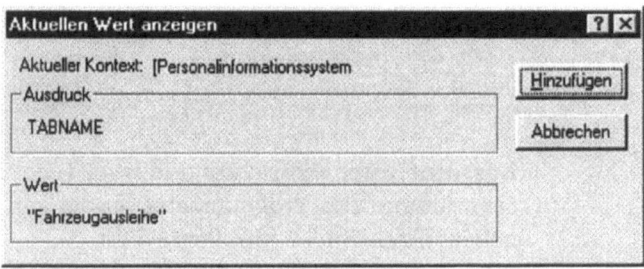

16.2 Fehlerbehandlung mit VBA

Bei der Behandlung von Fehlern geht es darum, Fehler abzufangen und einer Fehlerbehandlung zuzuführen. Auf diese Weise können Sie vermeiden, daß Fehler zum Abbruch des Programmes führen. Solche Fehler sind beispielsweise:

- Es wird auf eine Datei zugegriffen, die nicht existiert.
- Es wird auf einen Datensatz zugegriffen, der nicht existiert.
- Es wird ein ungültiger Wert an eine Funktion übergeben.

Um die Fehlerbehandlung zu aktivieren, verwenden Sie die Anweisung **On Error**.

Für die sich anschließenden Anweisungen ist dann die Fehlerauffangroutine aktiviert. Sie können **On Error** auf folgende Arten verwenden:

On Error Goto TEXTMARKE: Nach Auftreten eines Fehlers verzweigt Access in der Codeausführung zur Textmarke, wo sich ein weiterer Fehlerbehandlungscode befindet.

On Error Resume Next: Der Code wird bei der auf die den Fehler verursachenden Anweisung fortgesetzt.

Sehen wir uns die Fehlerbehandlung anhand eines kleinen Codebeispiels an. Es ist die Ereignisprozedur der Schaltfläche <Abbrechen> im Formular „Druck". Sie soll das Formular schließen und das Formular „Einstiegsmenü" einblenden, indem dessen Eigenschaft Visible der Wert True zugewiesen wird. Dieses wird standardmäßig nur ausgeblendet und nicht geschlossen, wenn das Druckmenü angezeigt wird. Ist das Formular „Einstiegsmenü" aus irgendeinem Grund nicht geöffnet, kann es nicht eingeblendet werden und das Programm erzeugt einen Fehler.

```
Private Sub Abbrechen_Click()

    On Error GoTo ÖFFNEN
    DoCmd.Close acForm, Screen.ActiveForm.Name
    Forms!Einstiegsmenü.Visible = True
    Exit Sub

ÖFFNEN:
    If Err = 2450 Then
        DoCmd.OpenForm "Einstiegsmenü", , , , ,
    acHidden
        Resume
```

16 Programmtest, Testhilfen und Fehlerbehandlung

```
            Else
                MsgBox Err.Description
                Resume Next
            End If

        End Sub
```

Zur Erläuterung: Die Anweisung **On Error Goto ÖFFNEN** initialisiert die Fehlerbehandlung. Tritt ein Fehler auf, verzweigt Access zur Textmarke ÖFFNEN. Dort beginnt die Fehlerberhandlung.

Jeder Fehler gibt einen Fehlercode zurück, der auch mit der Funktion **Err** abrufbar ist. Dadurch kann festgestellt werden, welcher Fehler aufgetreten ist, und entsprechend reagiert werden. Der Fehler, der auftritt, wenn das Formular nicht geöffnet ist, entspricht dem Fehlercode 2450 (Anwendungs- oder objektdefinierter Fehler). Wenn also genau dieser Fehler aufgetaucht ist, dann ist klar, daß das Formular nicht geöffnet ist. Deshalb wird es als versteckt geöffnet. Eine Fehlerbehandlung schließt stets mit **Resume** ab. Dafür gibt es drei Möglichkeiten:

Resume	Das Programm setzt bei genau der Anweisung fort, die den Fehler erzeugt hat. Diese Variante wird verwendet, wenn die Umstände, die zum Fehler geführt haben, von der Fehlerbehandlungsroutine saniert werden. (So wie in diesem Beispiel, wo das Formular geöffnet wurde, dessen Nichtöffnung den Fehler verursacht hat.)
Resume Next	Das Programm setzt bei der Anweisung fort, die auf jene folgt, die den Fehler ausgelöst hat. Diese Variante wird zum Beispiel verwendet, wenn die Fehlerbehandlungsroutine einen Ersatz für die fehlererzeugende Handlung vornimmt.
Resume Textmarke	Das Programm setzt an der angegebenen Textmarke fort. Diese Variante wird verwendet, wenn nach der Fehlerbehandlung an einer ganz bestimmten Position im Code fortgesetzt werden soll.

16.2 Fehlerbehandlung mit VBA

Mit der Anweisung **On Error Goto 0** wird die Fehlerbehandlung deaktiviert.

Um Ihren Fehlerbehandlungscode zu testen, können Sie mit der Anweisung **Error** im Code einen Fehler simulieren. Verwenden Sie dazu die Syntax

Error Fehlercode

Um den Fehlercode zu einem bestimmten Fehler zu bekommen, geben Sie nach einem aufgetretenen Fehler mit der **Err**-Anweisung den Fehlercode im Testfenster aus.

? Err

Sorgen Sie in jeder Fehlerbehandlungsroutine auch für jene Fehler vor, mit denen Sie nicht gerechnet haben. Für diese zeigen Sie einfach den Fehlercode in einer Messagebox an und beenden anschließend das Programm. Verwenden Sie für die Anzeige eine der zwei folgenden Varianten.

MsgBox Err.Description
MsgBox Error(Err)

Hinweis: Vergessen Sie nie, im Programmcode die Anweisung **Exit Function** oder **Exit Sub** einzugeben, bevor Sie zum Fehlerbehandlungscode kommen. Dieser soll ja nur ausgeführt werden, wenn ein Fehler auftritt.

17 Datenaustausch mit anderen Programmen

(Integration im MS-Office)

17.1 Serienbriefschreibung mit Word für Windows

ACCESS enthält keine eigene Serienbrieffunktion. Das Programm ist darauf ausgelegt, für diese Anwendung mit einem der führenden Textverarbeitungsprogramme - vor allem mit Word für Windows - zusammenzuarbeiten. Der in ACCESS integrierte Seriendruckassistent bietet eine einfache Verknüpfungsmöglichkeit von WORD-Dokument und ACCESS-Daten.

Es stehen drei unterschiedliche Verfahren zur Auswahl, einen Serienbrief als kombinierte Anwendung von ACCESS und WORD zu erstellen:

1. Datenexport im Datenformat „Microsoft Word-Seriendruck"
2. Verwenden des Seriendruckassistenten
3. Zugriff von WORD aus auf ACCESS-Daten mit dem Seriendruck-Manager.

Durch die OLE-Fähigkeit (OLE = Object Linking & Embedding) ergeben sich darüber hinaus für die Serienbriefschreibung weitergehende Möglichkeiten. So können Sie beispielsweise - anstelle der Serienbrieferzeugung in der Textverarbeitung - einen Bericht mit ACCESS erstellen und den Brief als Word-Objekt einbinden. Dies kann folgende Vorteile haben:

- Die Gruppierungsfunktion von ACCESS-Berichten kann genutzt werden (beispielsweise integrierter Druck von Postzetteln für Massensendungen etc.).
- Abhängig von den Daten können Briefe mit verschiedenen Inhalten in einem Arbeitsgang gedruckt werden (Meier bekommt Brief A, Müller bekommt Brief B).

17.1.1 Serienbriefsteuerdatei erstellen und exportieren

Vergegenwärtigen wir uns noch einmal das Grundprinzip bei einem Serienbrief: Es werden ein Grundtext und eine Steuerdatei benötigt, die für den Seriendruck gemischt werden. Um die Se-

17 Datenaustausch mit anderen Programmen (Integration im MS-Office)

rienbrief-Steuerdatei mit ACCESS zu erzeugen, sind zunächst einige Vorarbeiten zu erledigen. So ist etwa mittels einer Abfrage, eine Selektion der Datenfelder bzw. der Datensätze, die in den Serienbrief einbezogen werden sollen, möglich.

Aufgabe:

Die Mitarbeiter unserer Beispielfirma sollen mit einem Serienbrief zu einem Meeting eingeladen werden. Das Problem ist durch das Zusammenspiel der beiden Programme WORD und ACCESS zu lösen.

Erstellen Sie im Beispielfall eine Abfrage basierend auf den Daten der Tabelle MITARBEITER, und speichern Sie diese Abfrage unter dem Namen „Mitarbeiterbrief". Sie soll folgende Datenfelder enthalten:

- Nachname
- Vorname
- Titel
- Straße
- Länderkennzeichen
- Postleitzahl
- Ort
- Geschlecht

Sortieren Sie aufsteigend nach dem Feld „Länderkennzeichen", und vergeben Sie als zweites aufsteigendes Sortierkriterium das Feld „Postleitzahl".

Zur **Ausführung des Datenexportes** ist danach in folgender Weise vorzugehen:

1. Markieren Sie die Abfrage „Mitarbeiterbrief" im Datenbankfenster.
2. Öffnen Sie das Menü **Datei**.
3. Wählen Sie den Befehl **Speichern unter/Exportieren...**.
4. Aktivieren Sie die Option „In eine externe Datei oder Datenbank".
5. Wählen Sie das Zieldateiformat „Microsoft Word-Seriendruck".
6. Geben Sie den Zieldateinamen an.
7. Klicken Sie auf die Schaltfläche <Exportieren>.

17.1 Serienbriefschreibung mit Word für Windows

Bild 17-1:
Export als Word für Windows-Steuerdatei

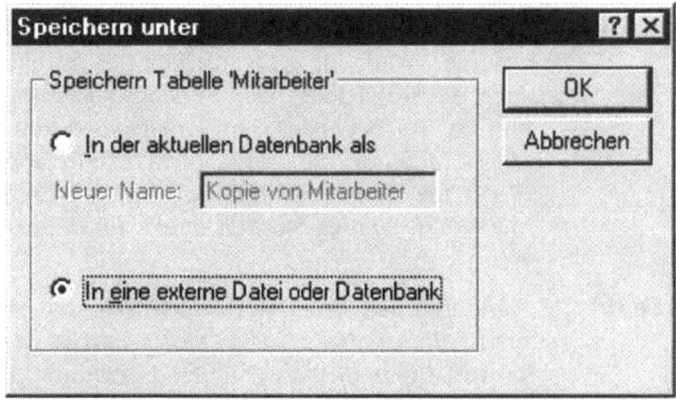

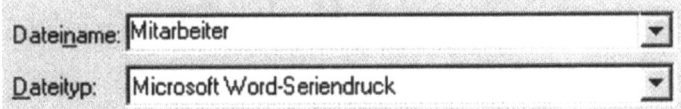

Öffnen Sie anschließend das Programm WORD, und führen Sie im Menü **Extras** den Befehl **Seriendruck** aus. Wählen Sie danach im Seriendruck-Manager die Schaltfläche <Daten Importieren>, aktivieren Sie in der Auswahlliste **Datenquelle öffnen,** und öffnen Sie die soeben exportierte Steuerdatei.

Sie können die Daten in WORD bearbeiten, indem Sie entweder im Seriendruckmanager in der Rubrik Datenquelle die Schaltfläche <Bearbeiten> auswählen oder direkt in der Seriendruck-Symbolleiste auf die Schaltfläche <Datenquelle bearbeiten> klikken. Word stellt Ihnen dann eine Datenmaske zur einfachen Bearbeitung zur Verfügung.

Bild 17-2:
Datenmaske in Word für Windows

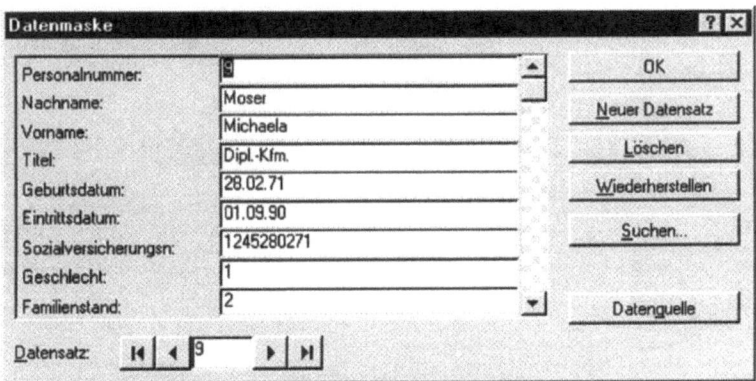

17   Datenaustausch mit anderen Programmen (Integration im MS-Office)

17.1.2   **Assistenten für den Seriendruck verwenden**

Um die Daten für einen Serienbrief bereitzustellen, haben Sie auch die Möglichkeit, den Seriendruckassistenten zu verwenden. Was ist das Besondere? Im Unterschied zum Export werden bei dieser Methode die Daten nicht extern abgespeichert, sondern direkt mit dem Serienbriefdokukment verknüpft. Das bedeutet: Mit WORD greifen Sie nun direkt auf den ACCESS-Datenbestand zu.

So gehen Sie vor!   Markieren Sie im Datenbankfenster die Abfrage „Mitarbeiterbrief", und wählen Sie im Menü **Extras** den Befehl **OfficeVerknüpfungen** und anschließend **Ausgabe an Seriendruck**. Sie können wahlweise auch die Symbolleiste dafür verwenden.

Bild 17-3:
Seriendruckassistent

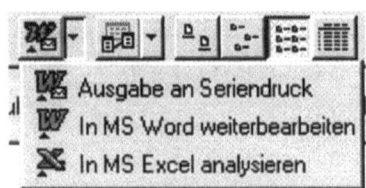

Der Seriendruckassistent bietet Ihnen die Möglichkeit,

- Daten mit einem bereits bestehenden Word-Dokument zu einem Serienbrief zu mischen, oder
- sich von WORD ein leeres Dokument für das Erstellen eines neuen Serienbriefdokuments zur Verfügung stellen zu lassen.

Entscheiden Sie sich für die erste Variante, können Sie aus dem Dateifenster das gewünschte Dokument auswählen.

Bild 17-4:
Word-Seriendruckassistent

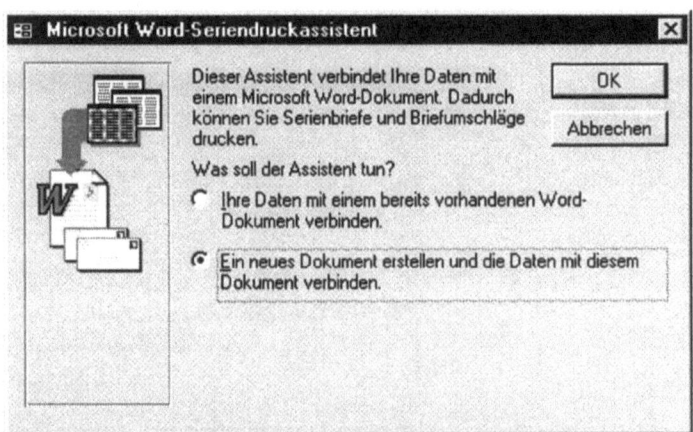

480

17.1 Serienbriefschreibung mit Word für Windows

Wenn die Verknüpfung mit Word für Windows hergestellt worden ist, wird deutlich, daß direkt auf die ACCESS-Daten zugegriffen wird. Öffnen Sie in WORD den Seriendruck-Manager, und klicken Sie in der Rubrik „Datenquelle" auf den Button <Bearbeiten>. Sie gelangen direkt zum Dynaset der Abfrage „Mitarbeiterbrief" in ACCESS.

Bild 17-5:
Direktzugriff auf ACCESS-Daten

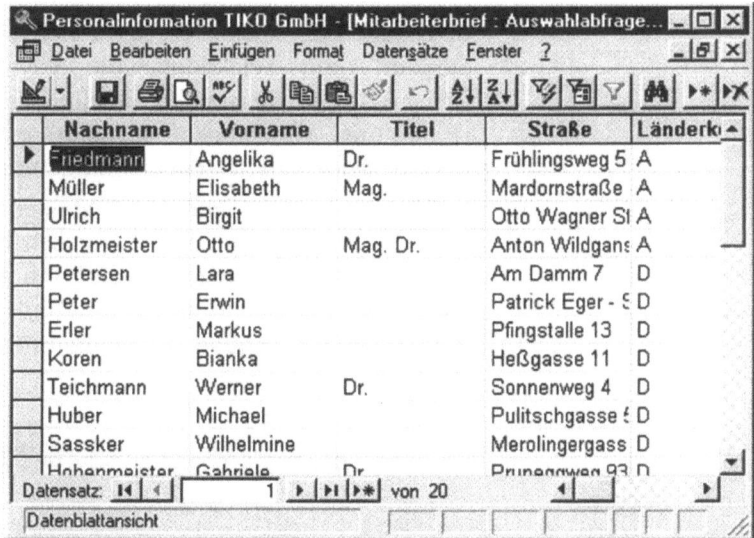

Beachten Sie folgenden wichtigen Hinweis: Wenn Sie bei dieser Variante der Serienbriefschreibung die Daten in WORD bearbeiten, verändern Sie direkt die Originaldaten. Verwenden Sie deshalb eher die Variante über den Export, wenn Sie in den Daten Änderungen vornehmen möchten, die nur für diesen einen Serienbrief von Bedeutung sind.

17.1.3 Direktzugriff aus Word für Windows

WORD bietet auch die Möglichkeit, direkt von WORD aus auf ACCESS-Datenbestände zuzugreifen und damit dasselbe Ergebnis zu erzielen wie im vorherigen Beispiel. So können auch Personen, die keine ACCESS-Kentnisse aufweisen, eigenständig einen Serienbrief erstellen.

Vorgehensweise:
1. Starten Sie Word für Windows.
2. Wählen Sie im Menü **Extras** den Befehl **Seriendruck.**
3. Im Seriendruck - Manager klicken Sie in der Rubrik „Hauptdokument" auf die Schaltfläche <Erstellen>.

4. Selektieren Sie aus dem Listenfeld die Option „Serienbriefe".
5. Im Dialogfenster wählen Sie „Aktives Fenster" als Serienbriefdokument aus.
6. Klicken Sie in der Rubrik „Datenquelle" auf die Schaltfläche <Daten importieren>.
7. Selektieren Sie aus dem Listenfeld die Option „Datenquelle öffnen".
8. In Dateifenster wählen Sie als Dateityp „MS Access Datenbanken" und selektieren die gewünschte Datenbank (beispielsweise „Personalinformationssystem"). Nun wird im Hintergrund ACCESS geöffnet, sofern es noch nicht aktiv ist, und die selektierte Datenbank aufgerufen.
9. Es können sowohl Daten aus Tabellen als auch aus Abfragen übernommen werden. Zusätzlich besteht die Möglichkeit, eine neue Abfrage in SQL-Form zu erstellen. Klicken Sie auf das Karteiblatt mit der Aufschrift **Abfragen.**
10. Wählen Sie die Abfrage „Mitarbeiterbrief", und aktivieren Sie die Option „Mit Abfrage verknüpfen".

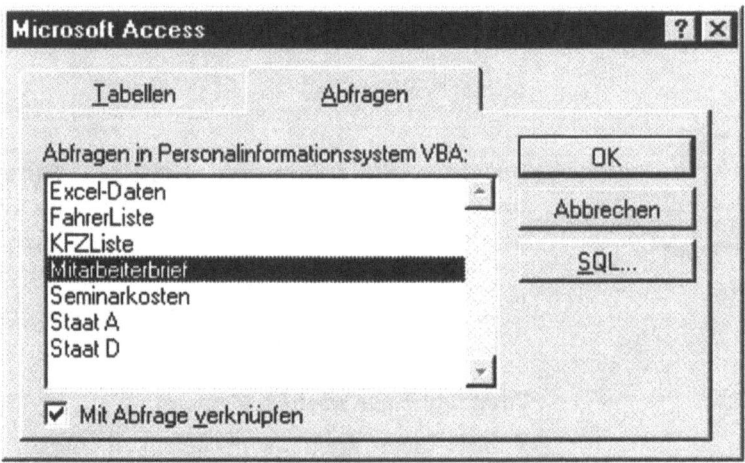

Bild 17-6: Abfrageauswahl aus Word für Windows

11. Wählen Sie im Dialogfeld die Schaltfläche <Hauptdokument bearbeiten>, und übernehmen Sie anschließend die Datenfelder in Ihr Seriendruck-Dokument.

17.1.4 Brief als OLE-Objekt einbinden

Wie bereits zu Beginn des Kapitels erwähnt, kann es durchaus sinnvoll sein, einen Serienbrief nicht in Word für Windows zu

17.1 Serienbriefschreibung mit Word für Windows

erstellen, sondern einen Bericht zu erzeugen, indem der Brief als OLE-Objekt in den Berichtsentwurf eingebunden wird.

Dies kann von Bedeutung sein, wenn Sie in einem Bericht die Gruppierungsfunktion von ACCESS verwenden möchten, um etwa Deckblätter für die Verarbeitung von Massenversendungen oder statistische Daten über Ihre Sendung automatisch generieren zu lassen.

Vorgehensweise

Erstellen Sie zunächst einen neuen leeren Bericht auf Basis der Abfrage „Mitarbeiterbrief". Anschließend erzeugen Sie im Berichtsentwurf den Adresskopf und jene Teile des Briefes, die variabel gestaltet werden sollen, wie zum Beispiel die Anrede und das Datum.

Folgendes Ergebnis ist gewünscht:

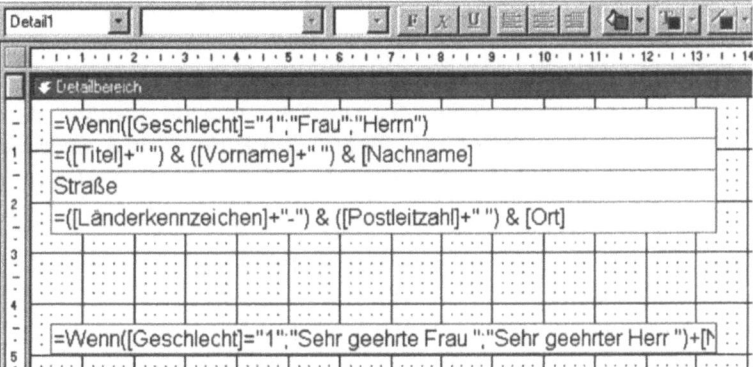

Bild 17-7:
Variabler Teil des „Serienbriefes"

Wählen Sie anschließend in der Toolbox das Tool für ein ungebundenes Objektfeld aus, und ziehen Sie ein Rechteck an jener Stelle im Bericht auf, an der der Brieftext erscheinen soll. Beachten Sie hierbei, daß der Rand dieses Rechteckes zugleich den Rand für den Brieftext darstellt.

Wählen Sie in der Dialogbox „Objekt einfügen" den Typ „Microsoft Word-Dokument" aus, und aktivieren Sie dann <Neu erstellen>. WORD erzeugt nun ein leeres Dokument, in dem Sie den Brieftext erfassen können. Beim Erfassen des Briefes schreiben Sie bis zum Rand, da der Seitenrand ja bereits im Berichtsentwurf berücksichtigt worden ist.

Bild 17-8:
Erfassen des Briefes in Word

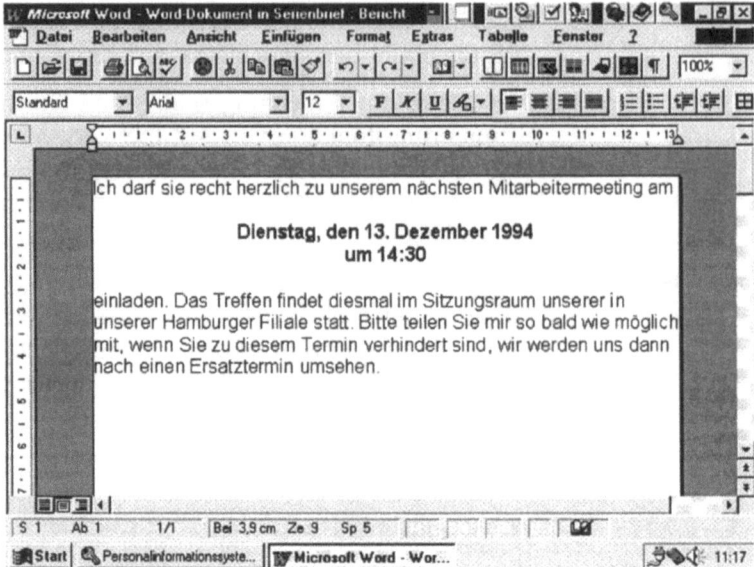

Schließen Sie die Erfassung des Briefes ab, indem Sie im Menü **Datei** den Befehl **Schließen und zurückkehren zu Serienbrief:Bericht** auswählen. Der Brief ist nun in Ihrem Bericht eingebunden und kann als Serienbrief genutzt werden.

Bild 17-9:
In einen Bericht eingebundenes Word-Dokument

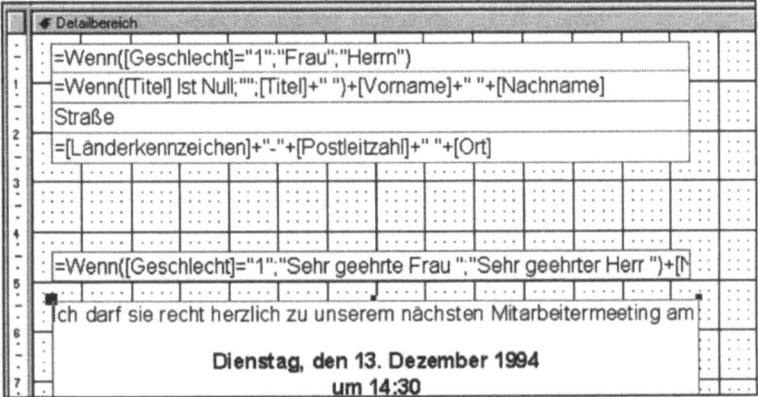

Wenn Sie in einer Aussendung verschiedene Briefe drucken möchten, legen Sie zunächst in ACCESS eine gesonderte Tabelle mit dem Namen „Brief" an. Sie umfaßt die folgenden beiden Felder:

Inhalt/Feldname	Felddatentyp	Feldeigenschaften
Briefnummer	Zahl	Integer
Brief	OLE-Objekt	

Speichern Sie die einzelnen Briefe in dieser Tabelle ab, und weisen Sie den Adressen die jeweilige Briefnummer zu. Legen Sie im Berichtsentwurf anstelle des ungebundenen Objektes ein gebundenes an, welches an das Feld „Brief" gebunden ist. So können Sie jedem Adressat einen an ein bestimmtes Kriterium geknüpften Brief schreiben, und den Druck in einem Arbeitsgang vornehmen.

17.2 Mit Daten in Fremdformaten arbeiten

Haben Sie vor ACCESS bereits mit einer anderen Datenbank gearbeitet, stehen Sie vielleicht vor folgender Situation: Sie möchten vorhandene Daten in das neue ACCESS-Format übernehmen. Wie das geht, das sollen Sie nachfolgend kennenlernen.

ACCESS ist nämlich in der Lage, Daten aus

- anderen Datenbanken,
- Kalkulationstabellen und
- Textdateien

zu übernehmen und in das eigene Datenbankformat zu konvertieren. Folgende Datenbankformate können von ACCESS standardmäßig gelesen werden:

- dBase
- Paradox
- FoxPro
- Microsoft SQL-Server
- ODBC-Datenbanken

Darüber hinaus lassen sich verschiedene Kalkulationstabellen- und Textdateienformate in ACCESS importieren:

- Microsoft EXCEL (3,4,5-7)
- Lotus 1-2-3 oder 1-2-3 für Windows
- Texte mit Trennzeichen
- Texte mit festgelegtem Datenformat

17.2.1 Tabellen einbinden und importieren

Abhängig von Ihrer Anforderungssituation werden Sie bei ACCESS eines der beiden angebotenen Verfahren nutzen, um mit Tabellen aus anderen Datenbanken zu arbeiten:

1. **Import** von Daten — Sie wählen diese Variante, wenn
   a) Sie von einer anderen Datenbank auf ACCESS umsteigen,
   b) Sie die Daten zukünftig in ihrem Ausgangsformat nicht mehr benötigen,
   c) es Ihnen beim Arbeiten mit diesen Daten auf die Geschwindigkeit ankommt.

2. **Einbinden** von Tabellen — Sie wählen diese Variante, wenn
   a) Sie die Daten in einem anderen Datenbankformat belassen möchten,
   b) Sie von verschiedenen Programmen aus auf dieselben Daten zugreifen möchten,
   c) Wenn Sie mit ACCESS als Frontend für SQL-Datenbanken arbeiten.

Beim Datenimport erstellt ACCESS eine neue Tabelle bzw. fügt die Daten an eine bestehende ACCESS-Tabelle an. Beim Enbinden werden die Daten dagegen an ihrem Herkunftsort belassen, es wird lediglich ein Link zur neuen Tabelle erstellt. Eine eingebundene Tabelle erkennen Sie im Datenbankfenster an einem schwarzen Pfeil über dem Tabellensymbol. Zusätzlich ist am Tabellensymbol erkennbar, um welchen Datenbanktyp es sich handelt.

17.2 Mit Daten in Fremdformaten arbeiten

Bild 17-10:
Eingebundene Tabellen

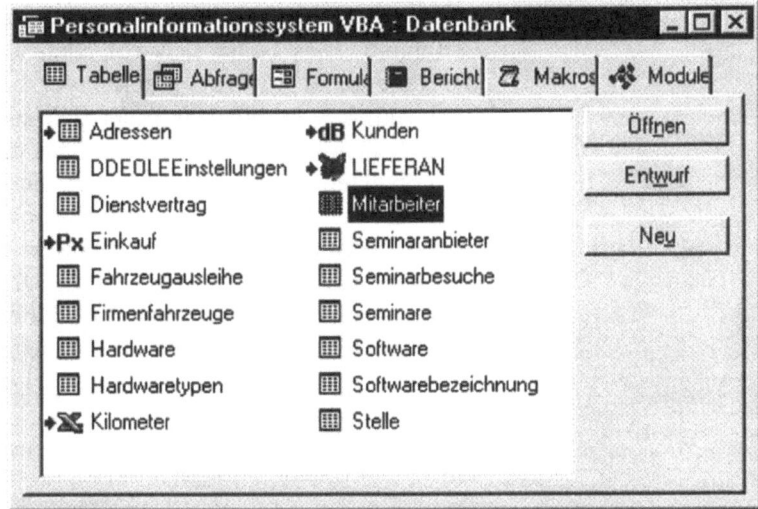

Wie ist die Wirkung, wenn Sie eine Tabelle in ACCESS eingebunden haben?

- Beachten Sie, daß Sie Daten einer eingebundenen Tabelle bearbeiten können. Veränderungen, die Sie vornehmen, wirken sich auf die Ursprungstabelle aus.
- Sie können eine eingebundene Tabelle problemlos in eine Abfrage integrieren.
- Wird eine eingebundene Tabelle im Datenbankfenster gelöscht, bleibt sie physisch unverändert vorhanden, es wird lediglich die Verbindung von ACCESS zu dieser Tabelle entfernt.

Ab der Version 7.0 können von ACCESS Excel-Tabellen und Textdateien eingebunden werden können. Neben Fremdformaten lassen sich auch Tabellen aus anderen ACCESS-Datenbanken einbinden. Dies ist besonders dann sinnvoll, wenn Sie dieselben Daten in verschiedenen Datenbanken benötigen und diese nicht mehrfach erfassen möchten.

Daraus ergeben sich folgende weitere Anwendungsgebiete für das Einbinden von Tabellen:

- Sie können auf diese Weise Anwendungen erstellen, in denen die Daten ausgelagert werden. Daten, die in anderen Datenbankdateien gespeichert sind, müssen lediglich in die Arbeitsdatenbank eingebunden werden.

17　Datenaustausch mit anderen Programmen (Integration im MS-Office)

- Sie können eine Anwendungs- und eine Datendatenbank verbinden. Dies bietet sich vor allem dann an, wenn sich die Datenbank auf einem Fileserver befindet. Die Datenbank mit den Tabellen befindet sich auf dem Server, jeder Client hält lokal eine Datenbank mit allen übrigen Datenbankobjekten. Die Tabellen sind in diese Datenbank eingebunden. Der Vorteil: die Netzbelastung wird deutlich verringert, da nur die Daten über das Netz transportiert werden müssen. Da ACCESS ab der Version 7.0 replizierfähig ist, ist es auch kein Problem, Entwurfsänderungen an der Datenbank an die Clientdatenbanken automatisch weiterzugeben.

Vorgehensweise

Um eine Tabelle zu importieren oder einzubinden, gehen Sie wie folgt vor:

1. Öffnen Sie das Menü **Datei**.
2. Wählen Sie den Menüpunkt **Externe Daten** und **Importieren...** beziehungsweise **Tabellen verknüpfen...** .
3. Wählen Sie den Datentyp der zu importierenden/einzubindenden Tabelle.
4. Markieren Sie im Dateifenster die Arbeitsmappe (Excel-Datei) beziehungsweise die Datenbank, die die Tabelle enthält.
5. Beim Import/Einbinden von Excel-Daten müssen Sie zusätzlich die Datensatzbeschreibung auswählen. Dies wird durch einen Importassistenten erleichtert, der später noch genauer erläutert wird.

Haben Sie als Importformat „Microsoft Access" angegeben, können Sie nicht nur Tabellen, sondern auch alle übrigen Datenbankobjekttypen importieren, beispielsweise Formulare oder Berichte. Dies ist zwar auch per Kopie über die Zwischenablage realisierbar, jedoch bietet der Import die Möglichkeit, mehrere Datenbankobjekte gleichzeitig zu kopieren, ohne jedesmal alle Menüs durchwandern zu müssen.

17.2.2 Datenimport aus Kalkulationstabellen

Um Daten aus Kalkulationstabellen importieren zu können, müssen diese von der Struktur her dem Aufbau einer Datenbanktabelle entsprechen. Das heißt: Jede Spalte des zu importierenden Bereiches repräsentiert ein Datenfeld, und eine Zeile stellt einen Datensatz dar. Die erste Zeile kann die Feldnamen enthalten, was aber nicht unbedingt erforderlich ist.

17.2 Mit Daten in Fremdformaten arbeiten

Folgende Varianten für den Import von Kalkulationstabellen sind zu beachten:

- Sie können Tabellenblätter oder auch benannte Bereiche importieren.
- Daten können in eine neue ACCESS-Tabelle importiert oder an eine vorhandene Tabelle angefügt werden.

Vorgehensweise

1. Öffnen Sie das Menü **Datei**.
2. Wählen Sie den Menüpunkt Externe Daten und Importieren... .
3. Wählen Sie im Dateifenster **Microsoft Excel** als Importformat und die zu importierende Excel-Tabelle. Wenn Sie anschließend auf <Importieren> klicken, werden Sie vom Importassistenten für Kalkulationstabellen unterstützt.
4. Auswahl des zu importierenden Bereiches (Beispiel):

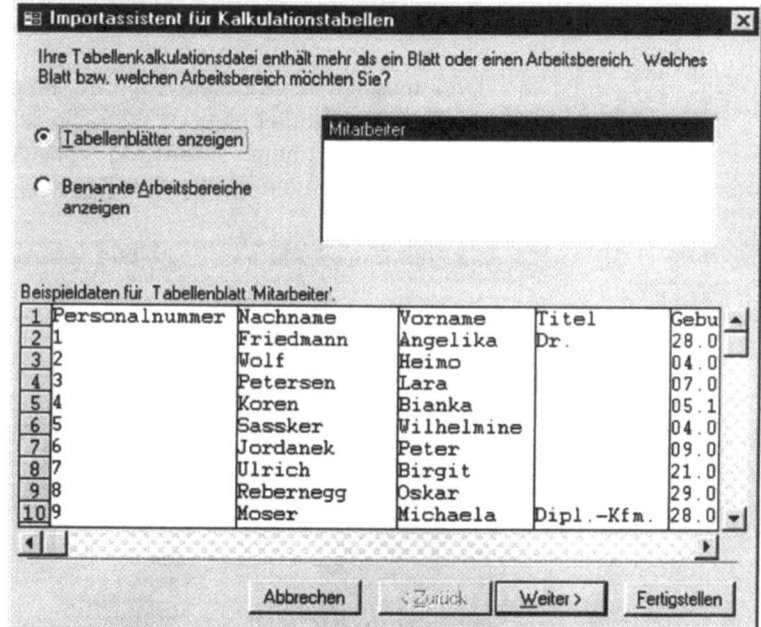

Bild 17-11:
Import aus einer Kalkulationstabelle

5. Geben Sie - nach Klicken auf <Weiter> - an, ob die erste Zeile die Spaltenüberschriften enthält.
6. Nun können Sie jede einzelne Spalte markieren und deren Feldnamen verändern bzw. eingeben, Indexoptionen sowie Datentyp definieren oder vom Import ausschließen.

Bild 17-12:
Definieren der Spalten

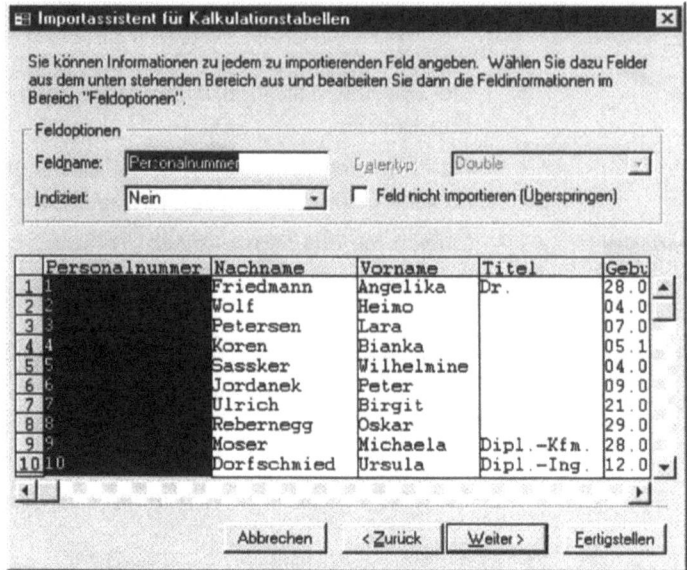

7. Drei möglichen Optionen für den Primärschlüssel werden anschließend angeboten: Wählen Sie eines der Felder aus, lassen Sie ein neues Indexfeld vom Assistenten erstellen, oder definieren Sie keinen Primärschlüssel.

Bild 17-13:
Festlegung des Schlüsselfeldes

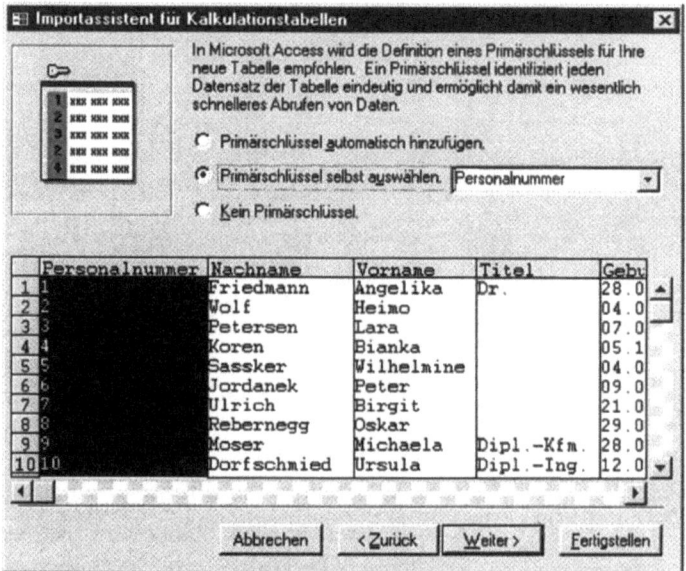

8. Abschließend geben Sie der neuen Tabelle einen Namen.

17.2.3 Datenimport aus Textdateien

ACCESS bietet auch die Möglichkeit, Textdateien zu importieren. Wann ist dies sinnvoll bzw. erforderlich?

Oft können Sie Daten aus Ihrer bisherigen Anwendung nicht direkt ins ACCESS-Format übernehmen. Dann exportieren Sie die Daten in der Quell-Anwendung zunächst als Text. Vor allem, wenn Sie Daten von einem Großrechner übernehmen, ist dies oft der übliche Weg.

Für den Datenimport aus Textdateien bietet ACCESS zwei Varianten. Importiert werden sowohl Textdateien mit

- **Trennzeichen** als auch mit
- **festgelegtem Format**.

Bei **Textdateien mit Trennzeichen** wird der Inhalt eines Datensatzes vom anderen durch ein definiertes Trennzeichen getrennt. Meist handelt es sich dabei um ein Semikolon oder einen Tabulator.

Beispiel: Text mit Trennzeichen

```
Friedmann;Angelika;Dr.;Frühlingsweg 5;A;1200;Wien
Müller;Elisabeth;Mag.;Mardornstraße 54;A;8010;Graz
Ulrich;Birgit;;Otto Wagner Straße 89;A;8045;Graz
Holzmeister;Otto;Mag. Dr.;Anton Wildgans Weg 46;A;9020;Salzburg
Petersen;Lara;;Am Damm 7;D;04109;Leipzig
Koren;Bernhard;;Heßgasse 11;D;14055;Berlin
Erler;Markus;;Pfingstalle 13;D;14055;Berlin
Huber;Michael;;Pulitschgasse 54;D;40225;Düsseldorf
Teichmann;Werner;Dr.;Sonnenweg 4;D;40225;Düsseldorf
```

Bei **festgelegtem Format** entspricht jedes Feld einer genau definierten Anzahl an Zeichen. Ist der Feldinhalt kürzer, ist der Rest der Länge mit Leerzeichen aufgefüllt.

Beispiel: Text mit festgelegtem Format

```
Friedmann      Angelika       Dr.        Frühlingsweg 5
Müller         Elisabeth      Mag.       Mardornstraße 54
Ulrich         Birgit                    Otto Wagner Straße 89
Holzmeister    Otto           Mag. Dr.   Anton Wildgans Weg 46
Petersen       Lara                      Am Damm 7
Koren          Bernhard                  Heßgasse 11
Erler          Markus                    Pfingstalle 13
Huber          Michael                   Pulitschgasse 54
Teichmann      Werner         Dr.        Sonnenweg 4
```

17 Datenaustausch mit anderen Programmen (Integration im MS-Office)

Beachten Sie: Beiden Formaten ist gemeinsam, daß ein Datensatz mit einer Absatzschaltung begrenzt wird.

Bei der praktischen Durchführung werden Sie in ACCESS wiederum durch einen Importassistenten unterstützt. Es ist analog dem Import aus einer Kalkulationstabelle vorzugehen. Einige der Definitionen unterscheiden sich leicht.

Importieren Sie des öfteren Texte mit demselben Format, können Sie die Importeinstellungen speichern, indem Sie beim Assistenten auf die Schaltfläche <Weitere...> klicken. Hier werden alle Spezifikationen angezeigt und können unter einem Spezifikationsnamen gespeichert werden. Der Vorteil: Sie können so die Einstellungen jederzeit wieder abrufen und müssen dann keine spezifischen Angaben mehr vornehmen. Gespeicherte Spezifikationen können auch beim makrogesteuerten Import verwendet werden.

Bild 17-14:
Festlegen der Importeinstellungen

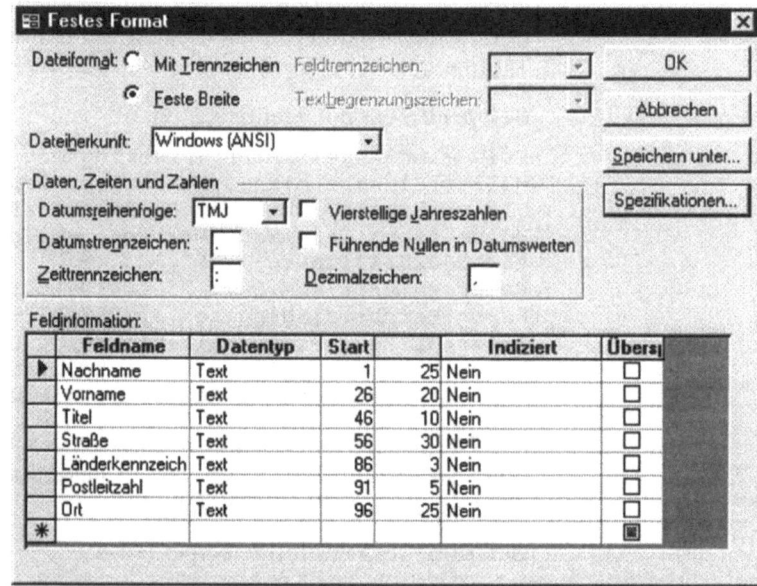

Beachten Sie außerdem: Nach jedem Import teilt ACCESS Ihnen grundsätzlich mit, ob der Import erfolgreich gewesen ist. Sind Probleme beim Import aufgetreten, wird eine Tabelle mit dem Namen **Importfehler** erstellt. Diese Tabelle nimmt die Nummern der Datensätze auf, bei denen der Import nicht korrekt gelungen ist. Zusätzlich erfolgt eine Angabe, worin der Fehler bestanden hat. Meist handelt es sich um Probleme bei der Konvertierung von Datentypen. Sie können dann anhand der Angaben in der Tabelle „Importfehler" das Problem in den Ursprungsdaten beheben und den Import abermals durchführen.

17.3 Datenexport in Fremdformate

Eine Exportvariante haben Sie bereits mit dem Erstellen einer WORD-Steuerdatei kennengelernt. In ähnlicher Weise funktioniert der Export, wenn Sie ACCESS-Daten in einer anderen Datenbank nutzen wollen.

Nach Aufruf des Menübefehls und Wahl des Ausgabeformats werden Sie - abhängig von dem von Ihnen ausgewählten Datenbanksystem -

- entweder nach dem Namen gefragt, den Sie für die neue Tabelle in der Zieldatenbank vergeben möchten,
- oder das Anmeldedialogfeld für die SQL-Datenbank erscheint.

Ebenso wie Sie alle Datenbankobjekttypen aus einer anderen ACCESS-Datenbank in Ihre aktuelle Datenbank importieren können, können Sie auf dem umgekehrten Weg jedes Datenbankobjekt in eine andere ACCESS-Datenbank exportieren. So läßt sich zum Beispiel eine Funktionsbibliothek aufbauen, die Sie jeweils in eine neue Anwendung übernehmen. Das spart auf die Dauer viel Programmieraufwand.

17.4 Automatisierte Office-Integration

Wollen Sie über die bisher kennengelernten Möglichkeiten hinaus den Datenaustausch weiter professionalisieren, dann können Sie die Programmiermöglichkeiten von ACCESS nutzen. Leicht verständlich ist darüber hinaus, daß diese vor allem in Verbindung mit den anderen Produkten des Paketes MS-OFFICE besonders gut eingesetzt werden können.

Neben dem Im- und Export, der die in den vorherigen Abschnitten gezeigten Verfahren verwendet und über Makros oder VBA lediglich automatisiert wird, stellt ACCESS zwei weitere Verfahren zur Verfügung, um gezielt mit Daten zu arbeiten. Diese beiden Varianten, die ausschließlich über VBA-Programmierung genutzt werden können, sind:

- **DDE** (Dynamic Data Exchange) und
- **OLE-Automation** (Object Linking and Embedding)

Die Erläuterung dieser Möglichkeiten können Sie mit der Beispieldatenbank sehr gut kennenlernen, wenn Sie das Formular „Datenexport" aktivieren:

Bild 17-15:
Das Formular „Datenexport"

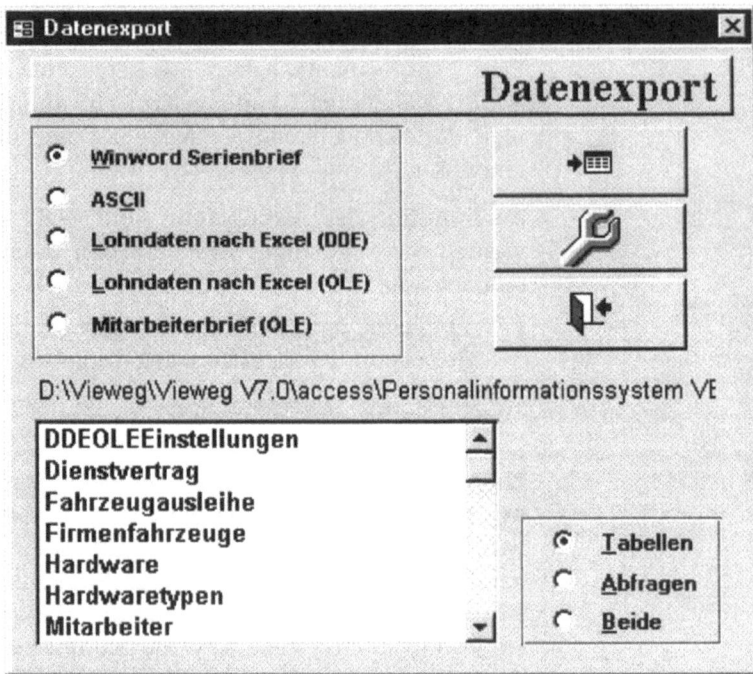

Folgende Möglichkeiten werden automatisiert über dieses Formular geboten:
- Erstellen einer Steuerdatei für den Seriendruck mit Microsoft Word. Im unteren Teil des Formulars kann die zu exportierende Tabelle oder Abfrage selektiert werden.
- Exportieren einer Tabelle oder Abfrage im ASCII-Format, welche ebenfalls im Listenfeld im unteren Teil des Formulars selektiert wird.
- Übergeben der Lohndaten nach Excel über DDE, damit diese dort für weitere Kalkulationen zur Verfügung stehen.
- Dieselbe Aufgabenstellung wie im vorherigen Punkt, aber zum Vergleich mit OLE-Automation gelöst.
- Mit einer Einzeladresse wird ein Brief mit Word erstellt. Die Auswahl der Adresse erfolgt im Listenfeld. Auch dies ist mit OLE-Automation gelöst.

Am Ende dieses Kapitels werden Sie schließlich ein komfortables Verfahren kennenlernen, wie Sie in Excel über die Verwendung von ACCESS-Datenzugriffsobjekten (DAO = Data Access Objects) direkt mit ACCESS-Daten arbeiten können.

Bevor wir uns mit den beschriebenen Verfahrensvarianten im Detail auseinandersetzen, soll in einigen Schritten erläutert werden, wie das Formular „Datenexport" selbst konzipiert ist, um diese Funktionen anzusteuern.

Das Formular Datenexport

Das Formular, das als PopUp-Formular erzeugt wurde, enthält folgende Steuerelemente:

- Eine Optionsgruppe mit dem Namen „Exportauswahl" mit fünf verschiedenen Optionsfeldern zur Auswahl der Exportoption.

- Ein Listenfeld zur Anzeige der in der Datenbank gespeicherten Tabellen und Abfragen. Dieses Feld mit dem Namen „Auswahlliste" steht zur Verfügung, wenn eine der ersten beiden Exportoptionen gewählt ist. Wird die Option „Mitarbeiterbrief" gewählt, paßt sich dieses an und zeigt alle Mitarbeiter an.

- Eine Optionsgruppe mit dem Namen „Anzeige", die drei Optionsfelder enthält, um auszuwählen, ob im Listenfeld alle Tabellen, alle Abfragen oder beide angezeigt werden.

- Drei Schaltflächen, um den Export zu starten, notwendige Exporteinstellungen zu treffen und das Formular zu schließen.

Eines der wichtigsten Elemente des Formulars ist die Ereignisprozedur für die Optionsgruppe „Exportauswahl", denn von der Auswahl in dieser Optionsgruppe hängt ab, welche Informationen im Formular angezeigt und abgefragt werden.

Die Optionsgruppe gibt die Werte eins bis fünf in aufsteigender Reihenfolge zurück. Innerhalb einer Case-Struktur werden diese Werte abgefragt und entsprechend zurückgegeben.

```
    Private Sub Exportauswahl_AfterUpdate()

    Select Case Me!Exportauswahl
        Case Is <= 2 ' Winword Steuerdatei oder ASCII
            If Me!Auswahlliste.RowSourceType <> "Value
    List" Then
                With Me!Auswahlliste
                    .RowSourceType = "Value List"
```

```
                        .ColumnCount = 1
                        .ColumnWidths = ""
                        .ForeColor = 8388608
                    End With
                    Me!Auswahlliste = Null
                    ListeFüllen
                End If
                Me!Auswahlliste.Enabled = True
                Me!Anzeige.Enabled = True
            Case Is <= 4 ' Lohnddaten nach Excel via DDE oder
OLE-Automation
                Me!Anzeige.Enabled = False
                Me!Auswahlliste.Enabled = False
                Me!Auswahlliste.ForeColor = 8421504
            Case 5 ' Wordbrief über OLE-Automation
                With Me!Auswahlliste
                    .RowSourceType = "Table/Query"
                    .RowSource = "SELECT DISTINCTROW Mitar-
beiter.Personalnummer, [Nachname] & (' '+[Vorname]) & 
(', '+[Titel]) AS PN FROM Mitarbeiter ORDER BY 
[Nachname] & (' '+[Vorname]) & (', '+[Titel]);"
                    .ColumnCount = 2
                    .ColumnWidths = 0
                    .Enabled = True
                    .ForeColor = 8388608
                End With
                Me!Auswahlliste = Null
                Me!Anzeige.Enabled = False
        End Select

        StartenEinAus

        End Sub
```

Als Ausgangspunkt gilt: Ist eine der ersten zwei Optionen gewählt, muß das Listenfeld aktiviert und mit den vorhandenen Tabellen oder Abfragen gefüllt werden. Dazu dient die folgende Anweisung:

> If Me!Auswahlliste.RowSourceType <> "Value List" Then

Die nachfolgenden Anweisungen zur Auswahlliste (= WITH-Anweisung) haben folgende Bedeutung:

- Die Eigenschaft „Herkunftstyp" des Listenfeldes wird auf „Wertliste" (ValueList) eingestellt.

- Die Spaltenanzahl wird mit 1 angegeben und der Eintrag der Einstellung Spaltenbreite gelöscht (Hinweis: Enthält die Eigenschaft Spaltenbreite bei einem einspaltiges Listenfeld keinen Eintrag, wird die volle Breite genommen).
- Die Schriftfarbe wird auf blau geändert.

Das Listenfeld wird auf Null gesetzt und über die Sub-Prozedur *ListeFüllen()* gefüllt. Diese Prozedur füllt die Liste, indem sie - je nach Auswahl in der Optionsgruppe „Anzeige" - nur Tabellen- oder Abfragenamen oder beide in einen Textstring zusammenstellt und in der Eigenschaft Datensatzherkunft einträgt. Zuletzt werden die „Auswahlliste" und die Optionsgruppe „Anzeige" aktiviert.

```
Me!Auswahlliste.Enabled = True
Me!Anzeige.Enabled = True
```

Ist eine der Lohndatenexportoptionen gewählt, werden das Listenfeld „Auswahlliste" sowie die Optionsgruppe „Anzeige" deaktiviert, da sie nun nicht benötigt werden. Des weiteren wird die Schriftfarbe im Listenfeld auf grau geändert, um den deaktivierten Eindruck auch optisch zu bieten. **Beispiel:**

```
Case Is <= 4 ' Lohnddaten nach Excel via DDE oder
OLE-Automation
        Me!Anzeige.Enabled = False
        Me!Auswahlliste.Enabled = False
        Me!Auswahlliste.ForeColor = 8421504
```

Ist die fünfte Option (also der Mitarbeiterbrief) gewählt, muß das Listenfeld so verändert werden, daß es alle Mitarbeiternamen anzeigt. Dazu muß die Eigenschaft „Herkunftstyp" (RowSourceType) auf „Tabelle/Abfrage" eingestellt werden und ein SQL-Statement, welches Personalnummern und Mitarbeiternamen liefert, der Eigenschaft „Datensatzherkunft" zugewiesen werden.

```
.RowSourceType = "Table/Query"
            .RowSource = "SELECT DISTINCTROW Mitar-
beiter.Personalnummer, [Nachname] & (' '+[Vorname]) &
(', '+[Titel]) AS PN FROM Mitarbeiter ORDER BY
[Nachname] & (' '+[Vorname]) & (', '+[Titel]);"
```

Schließlich werden noch Spaltenanzahl, Spaltenbreiten und Textfarbe definiert, bevor der Inhalt gelöscht und die Optionsgruppe „Anzeige" deaktiviert werden.

17 *Datenaustausch mit anderen Programmen (Integration im MS-Office)*

Die Subprozedur *StartenEinAus()* sorgt dafür, daß die Schaltfläche zum Starten des Exports nur aktiviert ist, wenn die nötige Zusatzauswahl getroffen ist.

Die Subprozedur *ListeFüllen()* verwendet die Funktionen Tabellen() und Abfragen, um die Namen aller Tabellen beziehungsweise Abfragen einzulesen und zu einem Textstring zusammenzuhängen. Die beiden Funktionen sind vom Aufbau her identisch.

Die **Auflistung** TableDefs (QueryDefs) wird dazu verwendet, die Namen der Tabellen einzulesen. Eine Auflistung ist ein Objekt innerhalb des DAO-Objektmodells, welches selber eine Auflistung ähnlicher Objekte enthält. Die Auflistung TableDefs enthält alle in der Datenbank gespeicherten Tabellen. Jede einzelne Tabelle innerhalb dieser Auflistung kann über ihren Index angesprochen werden, welcher bei 0 beginnt. So wird beispielsweise die erste Tabelle über TableDefs(0) oder die fünfte über TableDefs(4) angesprochen. Die Anzahl der Elemente einer Auflistung kann über die Methode Count ermittelt werden.

Die **Funktion** Tabellen() ermittelt die Anzahl der Tabellen der aktuellen Datenbank. Wenn diese größer als 0 ist, werden mittels einer For-Next-Schleife die Namen aller Tabellen über ihren Index eingelesen, indem die Eigenschaft Name verwendet wird. Die TableDefs-Auflistung enthält auch die versteckten Systemtabellen, welche nicht berücksichtigt werden sollen. Wenn der Name einer Tabelle mit „MSys" beginnt, kann diese Tabelle einfach übergangen werden. Beginnt der Name nicht mit „MSys", wird er an den Textstring, gefolgt von einem Semikolon, angehängt. Ist die Schleife durchlaufen, enthält die Variable LISTE alle Tabellennamen mit Semikolon getrennt und wird dem Funktionsnamen zugeordnet.

```
Public Function Tabellen() As String

Dim DB As Database, LISTE As String
Dim TABNAME As String
Dim Z As Integer, ANZAHL As Integer

    Set DB = CurrentDb
    ANZAHL = DB.TableDefs.Count
    If ANZAHL > 0 Then
        For Z = 0 To ANZAHL - 1
            TABNAME = DB.TableDefs(Z).Name
```

17.4 Automatisierte Office-Integration

```
                    ' Systemtabellen sollen nicht berücksich-
tigt werden
                    If Left$(TABNAME, 4) <> "MSys" Then LISTE
 = LISTE + TABNAME + ";"
            Next
        Else
            LISTE = ""
        End If
        DB.Close
        Tabellen = LISTE

End Function
```

Einstellungen für DDE und OLE-Automation

Über die Schaltfläche mit dem Schraubenschlüssel gelangt man zu einem besonderen Formular, in dem die Einstellungen für DDE- und OLE-Automation vorgenommen werden. Diese Einstellungen werden benötigt, damit in der Anwendung flexibel die Dateien und Pfade angegeben werden können, mit denen gearbeitet wird. Passen Sie diese Einstellungen unbedingt Ihren Gegebenheiten an, bevor Sie die nachfolgenden Beispiele ausprobieren.

Bild 17-16:
Einstellungsformular

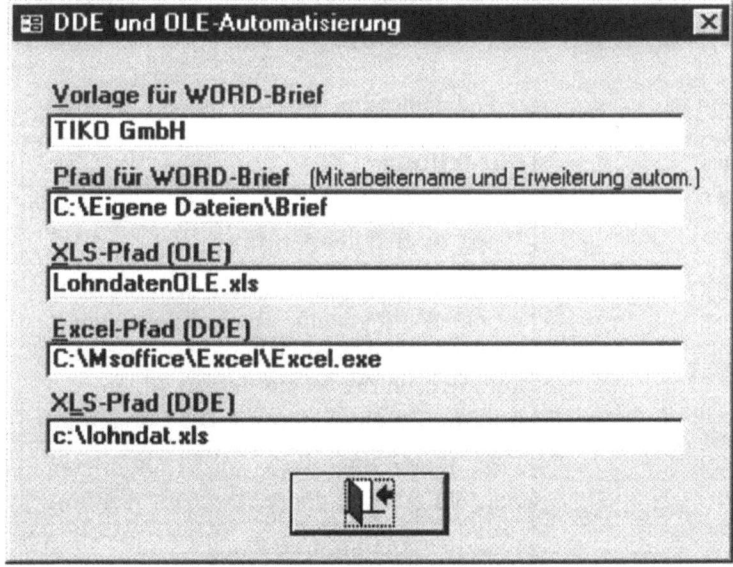

Ohne diese Einstellungen müßten diese Daten „hardcodiert" in den Visual Basic - Code eingetragen werden, und damit wäre die

499

17 Datenaustausch mit anderen Programmen (Integration im MS-Office)

Flexibilität in der Anwendung verloren. Das Formular „Einstellungen" basiert auf der besonderen Tabelle DDEOLEEinstellungen. Diese Tabelle enthält genau einen Datensatz. Damit dieser nicht gelöscht und kein neuer angefügt werden kann, sind die entsprechenden Eigenschaften im Formularentwurf deaktiviert.

Diese Einstellungen können von den Programmen über die Funktion *EinstellungAbrufen()* eingelesen werden. Als Parameter wird der Funktion der Name des Feldes in der Tabelle DDEOLEEinstellungen übergeben, dessen Inhalt zurückgegeben werden soll.

```
Public Function EinstellungAbrufen(ByVal Einstellung
As String)

Dim DB As Database, LISTE As Recordset

    Set DB = CurrentDb
    Set LISTE =
DB.OpenRecordset("DDEOLEEinstellungen")
    LISTE.MoveFirst
    EinstellungAbrufen = LISTE(Einstellung)
    LISTE.Close
    DB.Close

End Function
```

Einstellung	Feldname
Name der Dokumentvorlage für den mit Word zu erstellenden Brief	Wordvorlage
Pfad und Dateiname, unter dem der fertige mit Word erstellte Brief abgespeichert werden soll. (Dem Dateinamen werden automatisch der Name des Mitarbeiters und die Dateierweiterung DOC angefügt)	Wordbrief
Pfad der Arbeitsmappe, in die Lohndaten per OLE-Automation eingespielt werden.	ExcelSheetOLE
Pfad der Anwendung Excel	ExcelPfad
Pfad der Arbeitsmappe, in die Lohndaten per DDE eingespielt werden.	ExcelSheetDDE

17.4 Automatisierte Office-Integration

Starten des Exports/der Datenübertragung

Wird die Schaltfläche für den Start - das ist jene mit dem Rechtspfeil und dem Tabellensymbol - gedrückt, wird in Abhängigkeit von der Auswahl innerhalb der Optionsgruppe „Exportauswahl", die entsprechende Sub-Prozedur gestartet. Einen Überblick über die jeweiligen Sub-Prozeduren und dem Modul, in dem diese gespeichert sind, zeigt die folgende Tabelle:

Exportoption	Sub-Prozedur	Modul
Winword Serienbrief	DatenExport()	Personal
ASCII	DatenExport()	Personal
Lohndaten nach Excel (DDE)	LohndatenNachExcel()	DDE
Lohndaten nach Excel (OLE)	ExcelLohndaten()	OLE-Automation
Mitarbeiterbrief (OLE)	WordBrief()	OLE-Automation

Die Ereignisprozedur, die der Schaltfläche für das Ereignis „Beim Klicken" zugeordnet ist, ist im folgenden wiedergegeben:

```
Private Sub Starten_Click()

Select Case Me!Exportauswahl
    Case 1
        DatenExport Me!Auswahlliste, acExportMerge, ""
    Case 2
        DatenExport Me!Auswahlliste, acExportDelim, "Normal"
    Case 3
        LohndatenNachExcel
    Case 4
        ExcelLohndaten
    Case 5
        WordBrief (Me!Auswahlliste)
End Select

End Sub
```

Auf die einzelnen Methoden wird im folgenden genauer eingegangen.

17.4.1 Export als Steuerdatei und ASCII-Text

In diesem Abschnitt wird erläutert, wie Sie den Export, wie er in den Abschnitten 17.1.1 beziehungsweise 17.4 erläutert worden ist, automatisiert durchführen können. Zentrales Element für diese Aufgabenstellung ist die Aktion **TransferText**, mit der der Export in eine Datei erfolgt. Sowohl der Export in eine ASCII-Datei als auch als Word-Steuerdatei werden über diese Aktion durchgeführt. Das Dateiformat wird letztendlich von den Aktionsargumenten bestimmt.

Die **Prozedur für den Export** hat folgende Grundstruktur:
Beim Aufruf der Datei wird über die Übergabeparameter bestimmt, ob der Export in eine ASCII-Datei oder eine Word-Steuerdatei erfolgt. Dateiname und Pfad für die exportierte Datei werden vom Benutzer abgefragt. Tritt beim Export ein Fehler auf, soll eine entsprechende Meldung angezeigt werden.

```
Public Sub DatenExport(ByVal ObjName As String, ExportTyp, SpezName As String)

Dim DATEINAME As String, MELDUNG As String, MELDUNG1 As String
Dim VORGABE As String
Const PFAD_UNGÜLTIG = 3044
Const SPEZ_UNGÜLTIG = 3625

ABFR_DATEINAME:

    MELDUNG = "Geben Sie den Dateinamen für den Export von " + ObjName + " ein:"
    VORGABE = "C:\" + ObjName
    VORGABE = VORGABE + IIf(ExportTyp = acExportMerge, ".DOC", ".TXT")

    DATEINAME = InputBox$(MELDUNG, "Dateiname", VORGABE)

    If DATEINAME = "" Then Exit Sub

    On Error GoTo KEINEXPORT
    DoCmd.TransferText ExportTyp, SpezName, ObjName, DATEINAME, True
    MsgBox "Export erfolgreich durchgeführt.", 64, "Export"
```

```
EXPORT_ENDE:
    Exit Sub

KEINEXPORT:
    If Err = PFAD_UNGÜLTIG Then
        MsgBox "Fehler in Pfad oder Dateiname: " +
DATEINAME, 16, "Fehler"
        Resume ABFR_DATEINAME
    ElseIf Err = SPEZ_UNGÜLTIG Then
        MELDUNG1 = "Der Spezifikationsname '" +
SpezName + "' existiert nicht. Legen "
        MELDUNG1 = MELDUNG1 + "Sie Exportspezifika-
tionen mit diesem Namen an."
        MsgBox MELDUNG1, 16, "FEHLER"
        Resume EXPORT_ENDE
    Else
        MsgBox Error(Err)
        Resume EXPORT_ENDE
    End If

End Sub
```

Beim Aufruf der Funktion Sub DatenExport(ByVal ObjName As String, ExportTyp, SpezName As String) werden folgende Parameter übergeben:

Parameter/Variable	Erläuterung
ObjName	Name der Tabelle oder Abfrage, die exportiert werden soll.
ExportTyp	Gibt über eine eingebaute Konstante an, welches Exportformat gewählt werden soll. Folgende Formate stehen zur Auswahl: • acImportDelim (Import mit Trennzeichen) • acImportFixed (Import mit festgelegtem Format) • acExportDelim (Export mit Trennzeichen) • acExportFixed (Export mit festgelegtem Format)

Parameter/Variable	Erläuterung
	• acExportMerge (Export von Serienbriefdatei)
	• acLinkDelim (Verknüpfen mit Trennzeichen)
	• acLinkFixed (Verknüpfen mit festgelegtem Format)
SpezName	Spezifikationsname der Exportspezifikationen für den Export in eine Textdatei. (Siehe Abschnitt 17.2.3)

Neben den Variablen für Dateiname und den Meldungstext für Fehlermeldungen, werden noch zwei Konstante deklariert. Ihnen werden die Fehlercodes zweier Fehler zugeordnet, die bei der Ausführung der Prozedur hauptsächlich auftreten können. Beim Auftreten eines Fehlers werden diese Konstanten dazu verwendet, um diesen zuordnen zu können.

Konstante/Fehlercode	Fehler
Const PFAD_UNGÜLTIG = 3044	Der Pfad für die Exportdatei ist ungültig. Der Benutzer muß einen neuen Pfad angeben.
Const SPEZ_UNGÜLTIG = 3625	Die angegebene Exportspezifikation existiert nicht. Sie muß angelegt werden.

Der Pfad für die Exportdatei wird über die Verwendung einer InputBox$() vom Benutzer abgefragt. Ist diese Eingabe leer, wird die Prozedur über die Anweisung **Exit Sub** verlassen.

```
    MELDUNG = "Geben Sie den Dateinamen für den Export
    von " + ObjName + " ein:"
        VORGABE = "C:\" + ObjName
        VORGABE = VORGABE + If(ExportTyp = acExportMerge,
    ".DOC", ".TXT")

        DATEINAME = InputBox$(MELDUNG, "Dateiname", VOR-
    GABE)
```

Da nun der fehlersensible Bereich der Prozedur erreicht ist, wird die Fehlerbehandlungsroutine über die Anweisung **On Error** aktiviert. Der Export erfolgt über die Verwendung der Makroanweisung **TransferText**, in Visual Basic als Methode **TransferText** des Objekts **DoCmd**.

```
If DATEINAME = "" Then Exit Sub

    On Error GoTo KEINEXPORT
    DoCmd.TransferText ExportTyp, SpezName, ObjName,
DATEINAME, True
    MsgBox "Export erfolgreich durchgeführt.", 64,
"Export"
```

Die Methode **TransferText** hat folgenden Argumente (Argumente in eckiger Klammer sind optional):

Argument	Erläuterung
[Transfertyp]	Definiert das gewählte Exportformat.
[Spezifikationsname]	Name der gespeicherten Exportspezifikationen.
Tabellenname	Name der Tabelle oder Abfrage, die exportiert werden soll.
Dateiname	Dateiname der exportierten Datei.
[Besitz Feldnamen]	Wenn die Feldnamen in der ersten Zeile gespeichert werden, soll True, sonst False gesetzt werden (Standardwert False).

Tritt beim Export ein Fehler auf, wird dieser von der Fehlerbehandlungsroutine abgefangen.

```
KEINEXPORT:
    If Err = PFAD_UNGÜLTIG Then
        MsgBox "Fehler in Pfad oder Dateiname: " +
DATEINAME, 16, "Fehler"
        Resume ABFR_DATEINAME
    ElseIf Err = SPEZ_UNGÜLTIG Then
        MELDUNG1 = "Der Spezifikationsname '" +
SpezName + "' existiert nicht. Legen "
        MELDUNG1 = MELDUNG1 + "Sie Exportspezifikationen mit diesem Namen an."
        MsgBox MELDUNG1, 16, "FEHLER"
```

```
            Resume EXPORT_ENDE
        Else
            MsgBox Error(Err)
            Resume EXPORT_ENDE
        End If
```

Kein Export ist realisierbar in drei Fällen, die über eine IF...THEN...ELSE-Anweisung abgefragt werden:

- Ist der Pfad ungültig, beginnt die Prozedur bei der Marke ABFR_DATEINAME. Der Pfad wird neu vom Benutzer abgefragt und der Prozedurablauf wiederholt.
- Ist die Exportspezifikation nicht vorhanden, wird eine entsprechende Meldung ausgegeben und die Prozedur beendet, indem zur Marke EXPORT_ENDE verzweigt wird.
- Bei einem anderen Fehler wird die spezifische Fehlermeldung angezeigt und ebenfalls die Prozedurausführung beendet.

Konnte der Export erfolgreich durchgeführt werden, wird dies durch eine Meldung angezeigt und anschließend die Prozedur über die Anweisung **Exit Sub** verlassen.

17.4.2 Dynamischer Datenaustausch (DDE)

Die Option „Dynamischer Datenaustausch (DDE = Dynamic Data Exchange)" ermöglicht es, mit anderen Anwendungen zu kommunizieren und zu arbeiten, ohne selbst in diese andere Anwendung wechseln zu müssen. Sie verlassen ACCESS dabei nicht. Voraussetzung dafür ist, daß die Zielanwendung ebenfalls DDE-fähig ist.

Allerdings: DDE wird immer öfter durch OLE-Automation ersetzt, da diese als die neuere und modernere Methode sicherer und in der Verwendung einfacher ist. Damit Sie sich einen Eindruck von beiden Methoden machen und leichter vergleichen können, haben wir dieselbe Aufgabenstellung in diesem Abschnitt mit DDE und im nächsten Abschnitt mit OLE-Automation gelöst.

Wo liegen Anwendungsfälle für DDE?

Sie können DDE dazu verwenden, Daten direkt „online" an die Zielapplikation zusenden oder von dieser anfordern.

Da DDE die ältere Methode ist, gibt es noch Programme, die zwar DDE-fähig, aber noch nicht OLE-automationsfähig sind. Dort wird weiterhin DDE zum Einsatz kommen.

17.4 Automatisierte Office-Integration

Ein DDE-Dialog läuft immer nach folgendem Schema ab:

Gestartet wird ein DDE-Dialog mit einer anderen Anwendung, indem ein DDE-Kanal geöffnet wird. Man einigt sich mit der Zielanwendung über das Thema des Dialogs. Jede Anwendung stellt bestimmte Themen zur Verfügung, über die „gesprochen" werden kann. Diese Themen entnehmen Sie der Dokumentation der Zielanwendung.

Über den geöffneten Kanal erfolgt die Kommunikation, wobei Daten gesendet und angefordert werden können.

Am Ende wird der Kanal geschlossen.

Beachten Sie: Man spricht bei der Zielanwendung auch von dem **DDE-Server**, während die Anwendung, die den Dialog initiiert, als **DDE-Client** bezeichnet wird.

Nachstehende Tabelle erläutert die zur Verfügung stehenden DDE-Befehle.

Anweisung	Wirkung
DDEInitiate(Anwendung,Thema)	Einleitung eines DDE-Dialoges; bei erfolgreicher Einleitung eines DDE-Dialoges wird eine positive Zahl als Wert für den DDE-Kanal zurückgegeben.
Shell(Anwendungsname, 6)	öffnet ein anderes Anwendungsprogramm.
DDERequest(Kanalnummer, Element)	überträgt Daten aus einer Anwendung nach ACCESS.
DDEPoke Kanalnummer, Element, Daten	Daten werden an ein Anwendungsprogramm geschickt.
DDEExecute Kanalnummer, Befehl	Eine Befehlsfolge wird an die Zielanwendung übertragen.
DDETerminat Kanalnummer, DDETerminateAll	Schließt den DDE-Kanal mit der angegebenen Kanalnummer bzw. alle Kanäle.

Zur Orientierung über die Syntax nachfolgend einige **Beispiele:**

    Kanalnummer = DDEInitiate("Winword", "SEMINAR.DOC")

...ein Dialog, der das Thema "Das Dokument SEMINAR.DOC" zum Inhalt hat, wird gestartet.

```
ExcelThemen = DDERequest(Kanalnummer, "Topics")
```
... fragt Excel über die Liste aller zur Auswahl stehenden Themen ab.

```
DDEPoke Kanalnummer, "Z5S4",
Forms![Datenexport]![Name]
```
... der Wert des Steuerelementes „Name" aus dem Formular „Datenexport" wird in die 4. Spalte der 5. Zeile der aktuell geöffneten EXCEL - Tabelle eingetragen.

```
DDEExecute Kanalnummer,
"[OPEN(""C:\EXCEL\INCOME93.TAB"")]"
```
... weist Excel an, die Tabelle INCOME93 zu öffnen.

Um per DDE mit einem anderen Programm kommunizieren zu können, muß dieses ebenfalls geöffnet werden. Dies kann mittels des SHELL-Befehles erfolgen. Um die Arbeit zu erleichtern, kann hierfür aus den mit ACCESS gelieferten Beispielprogrammen die Funktion **StartAnw** übernommen werden, welche die korrekte Initialisierung und Fehlerbehandlung übernimmt. Die nachfolgende Funktion **AnwendungStarten()** ist eine leichte Modifikation dieser Funktion. Ihr wird zur Ausführung der Anweisung **Shell()** zusätzlich der Anwendungsname mit übergeben. Gegebenenfalls kann so der gesamte Pfad der Anwendung mit übergeben werden. Dies ist dann notwendig, wenn die Anwendung nicht ordnungsgemäß registriert ist. Die Dateierweiterung ist zu übergeben, wenn für die Anwendung kein Eintrag im Windows-Registrationseditor besteht.

Die Funktion AnwendungStarten() öffnet die gewünschte Anwendung und ermöglicht so die Initialisierung eines DDE-Dialogs.

```
Public Function AnwendungStarten(ANWENDUNGSNAME,
ANWDATEINAME, THEMA)

Const DDE_ERROR = 282
Const MAXINT = 2147483647
Dim TEMP

    On Error GoTo STARTEN
    AnwendungStarten = DDEInitiate(ANWENDUNGSNAME,
THEMA)
    On Error GoTo 0
    Exit Function
```

17.4 Automatisierte Office-Integration

```
STARTEN:

    If Err = DDE_ERROR Then
        TEMP = Shell(ANWDATEINAME, 6)
        Resume
    Else
        AnwendungStarten = Err + MAXINT
        Resume Next
    End If

End Function
```

Am Beispiel einer Excel-Tabelle, die mit Daten aus ACCESS gefüllt werden soll, wird im folgenden der dynamische Datenaustausch genauer erläutert.

Aufgabe:
Monatlich sollen die Gehaltsdaten in einer Excel-Arbeitsmappe abgelegt werden, damit sie für weitere Kalkulationen zur Verfügung stehen. Der Name der Excel-Arbeitsmappe ist in der Tabelle DDEOLEEinstellungen gespeichert.

Für die Umsetzung wird eine Abfrage benötigt, damit die Daten in einer übergebbaren Form zur Verfügung stehen. Die Abfrage soll in der ersten Spalte die Namen der Mitarbeiter und in der zweiten Spalte deren Grundgehalt enthalten.

Hinweis: Diese Abfrage ist in der Beispieldatenbank unter dem Namen **NachExcel** gespeichert, die Prozedur *LohndatenNachExcel()* im Modul *DDE*.

```
Public Sub LohndatenNachExcel()

Dim DB As Database, DATEN As Recordset
Dim KANAL As Long, ANZAHL As Integer, INHALT As
String
Dim XLSName As String, XLSPfad As String
Dim Z1 As Integer, Z2 As Integer, ZELLE As String,
BEFEHL As Variant

    XLSName = EinstellungAbrufen("ExcelSheetDDE")
    XLSPfad = EinstellungAbrufen("ExcelPfad")
    KANAL = AnwendungStarten("EXCEL", XLSPfad,
"System")
```

```
        On Error GoTo DDEFEHLER
        BEFEHL = "[OPEN(" + Chr$(34) + XLSName + Chr$(34)
 + ")]"
        DDEExecute KANAL, BEFEHL
        DDETerminate KANAL
        DoCmd.Hourglass True
        KANAL = DDEInitiate("EXCEL", XLSName)

        Set DB = CurrentDb
        Set DATEN = DB.OpenRecordset("Excel-Daten",
dbOpenSnapshot)
        DATEN.MoveFirst
        ANZAHL = DATEN.RecordCount
        For Z1 = 1 To ANZAHL
            For Z2 = 1 To 3
                Select Case Z2
                    Case 1: INHALT = DATEN.Vollername
                    Case 2: INHALT = DATEN.Monatsgehälter
                    Case 3: INHALT = DATEN.Grundlohn
                End Select
                ZELLE = "Z" + LTrim$(Str$(Z1)) + "S" +
LTrim$(Str$(Z2))
                Debug.Print ZELLE
                Debug.Print INHALT
                DDEPoke KANAL, ZELLE, INHALT
            Next
            DATEN.MoveNext
        Next

        ZELLE = "Z" + LTrim$(Str$(ANZAHL + 1)) + "S3"
        INHALT = "=Summe(C1:C" + LTrim$(Str$(ANZAHL)) +
")"
        DDEPoke KANAL, ZELLE, INHALT

        DDETerminate KANAL
        DATEN.Close
        DB.Close
        DoCmd.Hourglass False
        MsgBox "Datenübertragung erfolgreich abgeschlos-
sen.", 64, "Datenexport per DDE"

ENDE:
        Exit Sub
```

```
DDEFEHLER:

    DDETerminate KANAL
    DoCmd.Hourglass False
    MsgBox "Daten konnten nicht übertragen werden",
48, "DDE-Fehler"
    Resume ENDE

End Sub
```

Nachfolgend eine Erläuterung der wichtigsten Anweisungszeilen:

Nach der Deklaration der Variablen werden zu Beginn der Name der Excel-Arbeitsmappe sowie der Pfad der Anwendung EXCEL über die Funktion *EinstellungAbrufen()* eingelesen.

```
    XLSName = EinstellungAbrufen("ExcelSheetDDE")
    XLSPfad = EinstellungAbrufen("ExcelPfad")
```

Mit der Funktion *AnwendungStarten()* wird gegebenenfalls EXCEL gestartet und ein DDE-Dialog zum Thema „System" gestartet. Dieses Dialogthema gestattet es, Befehle an die Anwendung zu senden. Darüber hinaus gibt die Funktion die Kanalnummer des initiierten DDE-Dialogs zurück.

```
    KANAL = AnwendungStarten("EXCEL", XLSPfad, "System")
```

Mittels DDEExecute wird an Excel der Befehl gesendet, die Arbeitsmappe zu öffnen. Da der Name der Arbeitsmappe in der ACCESS-Anwendung flexibel veränderbar sein soll, wird der Befehl zum Öffnen in der Variablen *Befehl* gespeichert, bevor er an Excel übergeben wird. Die Syntax zum Öffnen muß [OPEN("*DATEINAME*.XLS")] lauten. Um die Hochkommata zu erzeugen, wird die Funktion Chr$() verwendet. Diese gibt das ANSI-Zeichen für den angegebenen Zahlencode zurück. Mit Chr$(34) erhält man das Hochkomma. Nachdem der Befehl gesendet wird, wird der DDE-Dialog beendet.

```
    On Error GoTo DDEFEHLER
        BEFEHL = "[OPEN(" + Chr$(34) + XLSName + Chr$(34)
    + ")]"
        DDEExecute KANAL, BEFEHL
        DDETerminate KANAL
```

Nun wird ein neuer DDE-Dialog initiiert, der jetzt nicht mehr das System, sondern die zuvor geöffnete Arbeitsmappe zum Thema hat. Damit der Eindruck entsteht, das System sei nun beschäftigt,

17 Datenaustausch mit anderen Programmen (Integration im MS-Office)

wird über die Anweisung **Hourglass** der Mauszeiger in eine Sanduhr umgewandelt.

```
DoCmd.Hourglass True
    KANAL = DDEInitiate("EXCEL", XLSName)
```

Anschließend wird der Zugriff auf die zu exportierenden Daten hergestellt. Da die Daten nicht verändert werden, genügt es, ein Recordset vom Typ Snapshot zu erstellen. Die Anzahl der Datensätze wird festgestellt und in der Variablen ANZAHL gespeichert. Sie wird für die Anzahl der nachfolgenden Schleifendurchläufe benötigt. Bevor der Export beginnen kann, wird der Datensatzzeiger auf den ersten Datensatz gelegt.

```
Set DB = CurrentDb
Set DATEN = DB.OpenRecordset("Excel-Daten",
    dbOpenSnapshot)
    ANZAHL = DATEN.RecordCount
    DATEN.MoveFirst
```

Anschließend werden in einer doppelten Schleife alle Datensätze durchlaufen und an Excel übertragen. Durch die erste Schleife wird die Zeile, durch die zweite die Spalte in der EXCEL-Tabelle bestimmt. Die Daten werden in folgender Reihenfolge übertragen: Name des Mitarbeiters, Anzahl der Monatsgehälter, Grundlohn - ...

Bild 17-17: Reihenfolge der Übertragung

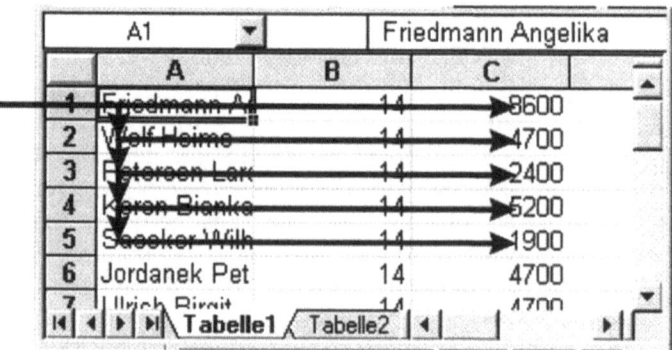

Der **DDEPoke**-Befehl benötigt als Parameter neben der ID des DDE-Kanals die Bezeichnung der Zelle sowie den einzutragenden Wert. Die Angabe der Zelle wird in der Form **Z**N*r***S**N*r* benötigt. So wird beispielsweise die Zelle A1 als Z1S1 und die Zelle B3 als Z3S2 angesprochen. Die Zellbezeichnung wird jeweils in der Variablen ZELLE gespeichert. Je nachdem, ob der Wert der inneren Schleife eins, zwei oder drei beträgt, werden der Name, die Anzahl der Monatsgehälter oder das Grundgehalt über die Variable INHALT an Excel gesendet. Jeweils, bevor eine neue Zeile gefüllt wird, wird innerhalb des Recordsets mit der Methode **MoveNext** zum nächsten Datensatz gewechselt.

```
For Z1 = 1 To ANZAHL
    For Z2 = 1 To 3
        Select Case Z2
            Case 1: INHALT = DATEN.Vollername
            Case 2: INHALT = DATEN.Monatsgehälter
            Case 3: INHALT = DATEN.Grundlohn
        End Select
        ZELLE = "Z" + LTrim$(Str$(Z1)) + "S" + LTrim$(Str$(Z2))
        DDEPoke KANAL, ZELLE, INHALT
    Next
    DATEN.MoveNext
Next
```

Nachdem alle Daten übertragen worden sind, wird für die dritte Spalte noch die Summe gebildet, indem die entsprechenden Formel in die Zelle eingetragen wird.

```
ZELLE = "Z" + LTrim$(Str$(ANZAHL + 1)) + "S3"
INHALT = "=Summe(C1:C" + LTrim$(Str$(ANZAHL)) + ")"
DDEPoke KANAL, ZELLE, INHALT
```

Nun können der DDE-Dialog beendet und die Datenzugriffsvariablen geschlossen werden. Der Mauszeiger bekommt wieder seine gewohnte Form und eine abschließende Meldung wird angezeigt.

```
DDETerminate KANAL
DATEN.Close
DB.Close
DoCmd.Hourglass False
MsgBox "Datenübertragung erfolgreich abgeschlossen.", 64, "Datenexport per DDE"
```

Für den Fall, daß doch nicht alles so reibungslos funktioniert, wird eine Fehlermeldung angezeigt und die Prozedur verlassen.

```
            ENDE:
                Exit Sub

            DDEFEHLER:

                DDETerminate KANAL
                DoCmd.Hourglass False
                MsgBox "Daten konnten nicht übertragen werden",
            48, "DDE-Fehler"
                Resume ENDE

            End Sub
```

Hinweis: Kopieren Sie die Datei LOHNDAT.XLS von der Begleit-CD auf Ihre Festplatte, oder legen Sie eine neue Arbeitsmappe an, bevor Sie die Datenübertragung starten. Passen Sie die Einstellungen für DDE im beschriebenen Formular an. Dies ist Voraussetzung für das Funktionieren des Beispiels.

17.4.3 OLE-Automation

Eine sehr komfortable Möglichkeit, Daten an eine andere Anwendung zu übertragen, ist die Verwendung von OLE-Automation. OLE-Automation ermöglicht direkt den Zugriff auf Objekte anderer Anwendungen. Voraussetzung dafür ist, daß die Zielanwendung - auch **OLE-Server** genannt - ebenfalls OLE-Automation unterstützt. Ist dies der Fall, können Objekte dieser Serveranwendung bearbeitet werden und der anderen Anwendung zur Verfügung stehen.

Folgende Merkmale einer OLE-Automation sind zu beachten:

- So wie es bei DDE Themen gibt, über die man sich mit einer Anwendung „unterhalten" kann, gibt es bei OLE-Automation **Objekte**, die eine Anwendung exponiert den anderen Anwendungen zur Verfügung stellt.

- OLE-Automation ist im Unterschied zum gewöhnlichen OLE **nur über Visual Basic - Programmierung** zugänglich. OLE-Automations-Objekte werden unter Verwendung von Code erstellt und existieren nur während dessen Ausführung.

- OLE-Automation kann auch dazu verwendet werden, eine **andere Applikation von ACCESS aus zu steuern**. So kann zum Beispiel WORD gesteuert werden, indem auf das Objekt **WordBasic** zugegriffen wird.

OLE-Automation mit EXCEL

Ausgangsbeispiel:

Die in der ACCESS-Anwendung verwalteten Gehaltsdaten der Mitarbeiter sollen in eine EXCEL-Arbeitsmappe eingespielt werden. Um die Methoden DDE und OLE-Automation gegenüberzustellen, ist Aufgabenstellung nun mittels OLE-Automation zu lösen.

Voraussetzung für das Ansprechen als OLE-Automatisierungsobjekt ist die Deklaration einer Variablen vom Typ **Object**. Dieser Variablen wird über die Set-Anweisung ein konkretes Objekt zugeordnet.

Für unsere Beispielanwendungen werden die Variablen als globale Variablen im Deklarationsbereich eines öffentlichen Moduls deklariert. Dies hat folgenden Vorteil: Das Objekt steht auch dann noch zur Verfügung, wenn die Prozedur, mit der das Objekt bearbeitet wird, abgeschlossen ist. Das ist zum Beispiel dann von Bedeutung, wenn ein Brief mit WORD erstellt wird, und Sie diesen anschließend noch weiterbearbeiten möchten. Würde die Variable lokal deklariert, steht das Objekt nach der Übertragung der Adresse nicht mehr zur Verfügung. Folglich müßten Sie WORD erneut öffnen, um das angefangene Dokument zu vervollständigen.

Hinweis: Die folgenden Beispiele finden Sie in der Beispielanwendung im Modul „OLE-Automation".

```
    Public Sub ExcelLohndaten()

    Dim DB As Database, LISTE As Recordset
    Dim Z1 As Integer, Z2 As Integer, INHALT As Variant,
    ZELLE As String
    Dim ANZAHL As Integer
    Dim XLSName As String

        On Error GoTo OLE_FEHLER
        XLSName = EinstellungAbrufen("ExcelSheetOLE")
        Set objXL = GetObject(XLSName, "Excel.Sheet")

        Set DB = CurrentDb
        Set LISTE = DB.OpenRecordset("Excel-Daten",
    dbOpenSnapshot)
        LISTE.MoveFirst
```

515

```
            ANZAHL = LISTE.RecordCount
            For Z1 = 1 To ANZAHL
                For Z2 = 1 To 3
                    Select Case Z2
                        Case 1
                            INHALT = LISTE.Vollername
                            ZELLE = "A" + Trim$(Str$(Z1))
                        Case 2
                            INHALT = LISTE.Monatsgehälter
                            ZELLE = "B" + Trim$(Str$(Z1))
                        Case 3
                            INHALT = LISTE.Grundlohn
                            ZELLE = "C" + Trim$(Str$(Z1))
                    End Select
                    objXL.Range(ZELLE).Value = INHALT
                Next
                LISTE.MoveNext
            Next

            ZELLE = "C" + Trim(Str(ANZAHL + 1))
            INHALT = "=SUMME(C1:C" + Trim$(Str$(ANZAHL)) + ")"
            objXL.Range(ZELLE).Value = INHALT

            objXL.SaveAs (XLSName)
            Set objXL = Nothing
            MsgBox "Daten wurden nach Excel übertragen.", 48, "OLE-Automation"

OLE_ENDE:
            Exit Sub

OLE_FEHLER:
            If Err = -2147467259 Then
                Set objXL = CreateObject("Excel.Sheet")
                Resume Next
            ElseIf Err = 1004 Then
                MsgBox "Daten wurden NICHT nach Excel übertragen.", 48, "OLE-Automation"
                Set objXL = Nothing
                Resume OLE_ENDE
            Else
                MsgBox Error(Err)
```

17.4 Automatisierte Office-Integration

```
        Resume OLE_ENDE
    End If

End Sub
```

Nachfolgend eine Erläuterung der wichtigsten Anweisungszeilen:

Im Deklarationsteil des Moduls wird die Variable objXL als Object deklariert.

```
Global objXL As Object
```

Die Prozedur *ExcelLohndaten()* nimmt den Datentransfer vor. Nach der Deklaration der Variablen wird die Fehlerbehandlungsroutine initialisiert. Der Name der Arbeitsmappe, in welche die Daten eingespielt werden sollen, wird über die Funktion *EinstellungAbrufen()* eingelesen.

```
XLSName = EinstellungAbrufen("ExcelSheetOLE")
```

Die Zuweisung einer Objektvariablen erfolgt entweder über die Anweisung **CreateObject** oder **GetObjekt**.

CreateObjekt(Klasse)	CreateObject wird verwendet, um ein neues Objekt zu erstellen. Der Ausdruck Klasse gibt an, um welches Objekt es sich handelt. Er besteht aus den Teilen **Anwendungsname** und **Objekttyp**, welche durch einen Punkt voneinander getrennt werden. Über den Anwendungsnamen wird die Anwendung identifiziert, die das Objekt zur Verfügung stellt, der Objekttyp gibt den Typ des Objekts an. Beispiele: **Word.Basic** **Excel.Sheet**
GetObject(Pfadname, Klasse)	GetObject wird dazu verwendet, um auf ein bestehendes Objekt zuzugreifen. Zusätzlich zur Klasse des Objekts ist der Pfadnamen anzugeben.

17   Datenaustausch mit anderen Programmen (Integration im MS-Office)

Vor der Zuweisung der Objektvariable über die Set-Anweisung muß man sich keine Gedanken darüber machen, ob die Serveranwendung gestartet ist oder nicht. Ist sie ordnungsgemäß installiert, funktioniert dies alles automatisch. Die folgende Zuweisung allein genügt:

```
Set objXL = GetObject(XLSName, "Excel.Sheet")
```

Die Prozedur versucht die bestehende Arbeitsmappe mittels GetObject zu öffnen. Schlägt dieser Versuch fehl, wird dieser Fehler von der Fehlerbehandlungsroutine abgefangen und ein neues Objekt (eine Arbeitsmappe) mit dem angegebenen Namen erstellt.

Die weitere Struktur der Prozedur entspricht jener des DDE-Beispiels. Auch hier werden zwei geschachtelte For-Schleifen dazu verwendet, die Daten zu übertragen.

```
LISTE.MoveFirst
    ANZAHL = LISTE.RecordCount
    For Z1 = 1 To ANZAHL
        For Z2 = 1 To 3
            Select Case Z2
                Case 1
                    INHALT = LISTE.Vollername
                    ZELLE = "A" + Trim$(Str$(Z1))
                Case 2
                    INHALT = LISTE.Monatsgehälter
                    ZELLE = "B" + Trim$(Str$(Z1))
                Case 3
                    INHALT = LISTE.Grundlohn
                    ZELLE = "C" + Trim$(Str$(Z1))
            End Select
            objXL.Range(ZELLE).Value = INHALT
        Next
        LISTE.MoveNext
    Next
```

Unterschiede zwischen DDE und OLE-Automation:

DDE	OLE-Automation
Ansprechen einer Zelle über Zeilen- und Spaltennummer (z. B. „Z2S3")	Ansprechen einer Zelle über den Zellennamen (z.B. „A2" oder „D5").

DDE	OLE-Automation
Daten werden **gesendet**.	Daten werden **zugewiesen**. Das OLE-Automatisierungsobjekt wird, wie in VBA bei Objekten gewohnt, über Methoden und Eigenschaften gesteuert.
	Objekte werden angesteuert, wie in der Anwendung selber. Das heißt, für OLE-Automation sind **Kenntnisse in der Programmierung der Serveranwendung** notwendig Um in Excel einer Zelle einen Inhalt zuzuordnen, würde man die Eigenschaft Wert (Value) des Objektes Bereich (Range) verwenden. Der Bereich wird durch die Angabe des Zellbereichs genauer definiert. z.B.: **Range("B4").Value = "Hallo"** schreibt in die Zelle B4 den Text „Hallo".
DDE-Dialoge werden durch DDETerminate beendet.	Die Objektvariable wird durch die Zuweisung von Nothing geschlossen. Achtung: Hier wird nicht wie bei Objekten gewohnt die Methode Close verwendet. z. B.:**Set objXL = Nothing**

OLE-Automation mit WORD

Wie man Serienbriefe im Zusammenspiel von WORD und ACCESS erstellen kann, haben Sie zu Anfang dieses Kapitels bereits gesehen. Ein Serienbrief wird ab circa fünf bis zehn Adressaten interessant. Serienbriefe machen aber zumeist nicht den Hauptteil der täglichen Korrespondenz aus. Da werden hauptsächlich Briefe an einzelne Personen oder Firmen mit individuellen Inhalten verschickt. Hier wäre es von großem Vorteil, eine Einzeladresse einfach zu selektieren und in einen Briefkopf einsetzen zu können.

Dazu bietet OLE-Automation alle Möglichkeiten. Ein solches Realisierungsbeispiel finden Sie auch in der Beispieldatenbank.

17 Datenaustausch mit anderen Programmen (Integration im MS-Office)

Ausgangsbeispiel:

Sie wollen im Formular „Datenexport" einen Mitarbeiter selektieren. Nach Klicken auf die Starttaste soll ein Brief mit der Adresse dieses Mitarbeiters generiert werden. Im Anschluß daran wollen Sie unmittelbar mit dem Erfassen des Brieftextes beginnen.

Voraussetzung zur Lösung der Aufgabenstellung ist, daß für die Erstellung des Briefes eine Dokumentvorlage vorhanden ist, in der die Positionen für die einzelnen Komponenten des Briefkopfes als Textmarken vorgegeben sind. Sie finden die im Beispiel verwendete Dokumentvorlage unter dem Namen „TIKO GmbH" auf der Begleit-CD.

Bild 17-18:
Dokumentvorlage
„TIKO GmbH"

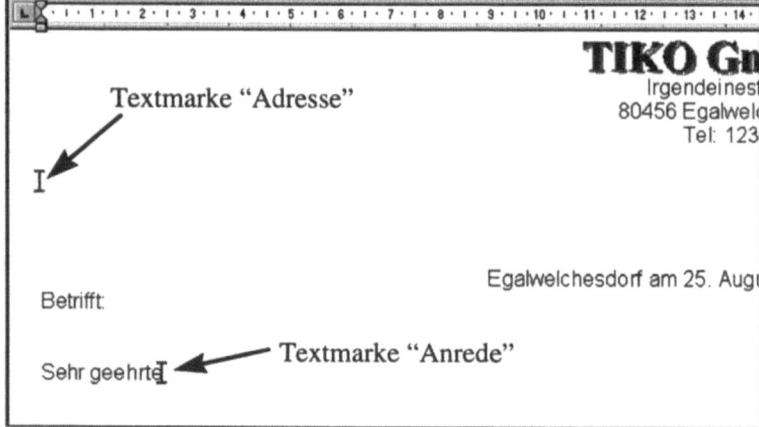

In der Dokumentvorlage sind zwei Textmarken definiert:
- Adresse: Hier wird der Adresskopf eingefügt.
- Anrede: Hier wird die Briefanrede eingefügt.

Für die programmtechnische Umsetzung wird das Objekt **Word.Basic** verwendet. WordBasic ist die integrierte Programmiersprache von WORD (in der Nachfolgeversion zu WORD 7.0 ist auch diese durch Visual Basic für Applikationen ersetzt). Mittels WordBasic ist WORD bis ins kleinste Detail steuerbar. Da WordBasic als OLE-Automatisierungsobjekt zur Verfügung steht, kann ACCESS die Steuerung von WORD übernehmen.

Ist ein Objekt von der Klasse Word.Basic erstellt worden, stehen sämtliche WordBasic-Befehle als Methoden dieses Objekts zur Verfügung. Die Prozedur **WordTransfer()** ist in der Beispielda-

520

tenbank im Modul „OLE-Automation" gespeichert. Der Ablauf verläuft in groben Schritten folgendermaßen:
- In der Tabelle **Mitarbeiter** wird nach dem Datensatz mit der Personalnummer gesucht, die im Listenfeld des Formulars „Datenexport" selektiert worden ist.
- Ein Objekt **Word.Basic** wird erstellt. Dieses wird dazu benutzt, ein neues Dokument über die definierte Dokumentvorlage zu erstellen.
- An den Textmarken werden der Adresskopf und die Briefanrede eingetragen.
- Der neue Brief wird gespeichert. Nach Wunsch kann der Benutzer den Brief nun direkt vervollständigen.

Die gesamte Prozedur hat folgendes Aussehen:

```
Public Sub WordBrief(PersNr)

Dim DB As Database, LISTE As Recordset
Dim Gesamtname As String, Briefanrede As String
Dim Vorlage As String, Speichern As String
Dim weiter As Byte

    Set DB = CurrentDb
    Set LISTE = DB.OpenRecordset("Mitarbeiter", dbOpenTable)
    LISTE.Index = "PrimaryKey"
    LISTE.Seek "=", PersNr

    Set objWW = CreateObject("Word.Basic")
    objWW.AnwMinimieren
    Vorlage = EinstellungAbrufen("Wordvorlage")
    objWW.DateiNeu Vorlage

    objWW.BearbeitenGeheZu "Adresse"
    If LISTE.Geschlecht = "1" Then
        objWW.Einfügen "Frau" + Chr$(13)
    Else
        objWW.Einfügen "Herrn" + Chr$(13)
    End If
    Gesamtname = (LISTE.Titel + " ") & (LISTE.Vorname + " ") & LISTE.Nachname
    objWW.Einfügen Gesamtname + Chr$(13)
    objWW.Einfügen LISTE.Straße + Chr$(13)
```

17   Datenaustausch mit anderen Programmen (Integration im MS-Office)

```
        objWW.Einfügen (LISTE.Länderkennzeichen + "-") &
(LISTE.Postleitzahl + " ") & LISTE.Ort + Chr$(13)
        objWW.BearbeitenGeheZu "Anrede"
        Briefanrede = IIf(LISTE.Geschlecht = "1", " Frau
", "r Herr ") & (LISTE.Titel + " ") & LISTE.Nachname
        objWW.Einfügen Briefanrede

        Speichern = EinstellungAbrufen("Wordbrief") + " "
+ LISTE.Nachname + ".DOC"
        objWW.DateiSpeichernUnter Speichern

        LISTE.Close
        DB.Close

        weiter = MsgBox("Soll Word geöffnet bleiben?",
36, "OLE-Automation")
        If weiter <> vbYes Then
            Set objWW = Nothing
        End If

    End Sub
```

Beim Aufruf der Prozedur wird die selektierte Personalnummer übergeben. Nach der Variablendeklaration wird ein Recordset vom Typ Tabelle erstellt. Der Eigenschaft *Index* wird der Primärschlüssel zugeordnet und mit der Methode **Seek** der entsprechende Datensatz gesucht (siehe Kapitel 14).Eine Überprüfung des Suchergebnisses mittels der Eigenschaft **NoMatch** kann unterbleiben, da durch die Auswahl aus dem Listenfeld sichergestellt ist, daß die gewählte Personalnummer existiert.

```
        Set DB = CurrentDb
        Set LISTE = DB.OpenRecordset("Mitarbeiter",
dbOpenTable)
        LISTE.Index = "PrimaryKey"
        LISTE.Seek "=", PersNr
```

Mit **CreateObject** wird ein neues Objekt von der Klasse Word.Basic erstellt. Die dazu verwendete Variable objWW ist im Deklarationsbereich des Moduls als global deklariert worden. Ist WORD noch nicht gestartet, erfolgt dies nun automatisch.

Durch die Verwendung von WordBasic-Befehlen wird die Erstellung des Briefes gestartet. WordBasic-Befehle können ja nun - wie erläutert - als Methoden des OLE-Automatisierungsobjekts angesprochen werden.

17.4 Automatisierte Office-Integration

- „AnwMinimieren" lautet der WordBasic-Befehl zum Minimieren der Anwendung.
- Der Name der Vorlage, mit der das neue Dokument zu erstellen ist, wird über die bereits beschriebene Funktion *EinstellungAbrufen()* aus der Tabelle DDEOLEEinstellungen eingelesen.
- Mit dem Befehl DateiNeu wird das neue Dokument erstellt.

```
Set objWW = CreateObject("Word.Basic")
objWW.AnwMinimieren
Vorlage = EinstellungAbrufen("Wordvorlage")
objWW.DateiNeu Vorlage
```

Anschließend muß zur Textmarke „Adresse" verzweigt und der Adresskopf eingetragen werden. Zum Eintragen von Text wird der WordBasic-Befehl **Einfügen** verwendet. Dieser fügt den angegebenen Text an der aktuellen Cursorposition ein:

```
objWW.BearbeitenGeheZu "Adresse"
If LISTE.Geschlecht = "1" Then
    objWW.Einfügen "Frau" + Chr$(13)
Else
    objWW.Einfügen "Herrn" + Chr$(13)
End If
Gesamtname = (LISTE.Titel + " ") & (LISTE.Vorname
 + " ") & LISTE.Nachname
objWW.Einfügen Gesamtname + Chr$(13)
objWW.Einfügen LISTE.Straße + Chr$(13)
objWW.Einfügen (LISTE.Länderkennzeichen + "-") &
(LISTE.Postleitzahl + " ") & LISTE.Ort + Chr$(13)
```

Nach demselben Schema wird die Briefanrede generiert und an der Textmarke „Anrede" eingefügt.

```
objWW.BearbeitenGeheZu "Anrede"
Briefanrede = IIf(LISTE.Geschlecht = "1", " Frau
", "r Herr ") & (LISTE.Titel + " ") & LISTE.Nachname
objWW.Einfügen Briefanrede
```

Der begonnene Brief ist anschließend zu speichern. Dafür wird der Pfadname eingelesen und um den Namen des Adressaten und die Dokumenterweiterung .DOC erweitert.

```
Speichern = EinstellungAbrufen("Wordbrief") + " "
+ LISTE.Nachname + ".DOC"
objWW.DateiSpeichernUnter Speichern
```

Danach werden die Recordsetvariable und die Variable zum Datenbankzugriff wieder geschlossen. Dazu dienen die folgenden Anweisungen:

```
LISTE.Close
DB.Close
```

Zum Schließen des OLE-Automatisierungsobjekts wird - wie bereits erwähnt - nicht die Methode **Close**, sondern die Zuweisung des Wertes **Nothing** verwendet. Erfolgt diese, wird das Objekt geschlossen. Damit Sie den Brief jedoch direkt fertigstellen können, soll die Zuweisung nicht erfolgen. Um selbst noch eine Entscheidung treffen zu können, wird dies vom Benutzer abgefragt. Wird die Frage nicht mit „Ja" beantwortet, wird die Objektvariable geschlossen.

```
        weiter = MsgBox("Soll Word geöffnet bleiben?", _
        36, "OLE-Automation")
        If weiter <> vbYes Then
             Set objWW = Nothing
        End If
```

Achtung: Wenn die Objektvariable innerhalb der Prozedur und nicht global deklariert wird, bleibt das Dokument dennoch nicht geöffnet, da lokale Variablen nach Beendigung der Prozedur ihre Gültigkeit verlieren. Nur globale Variable bleiben bestehen.

17.4.4 ACCESS-DAOs in EXCEL verwenden

In Kapitel 14 haben Sie gesehen, wie man Daten direkt über die Verwendung von Datenzugriffsobjekten manipulieren und einlesen kann. Mit der aktuellen Version des Office-Paketes ist es erstmals möglich, direkt in EXCEL die Datenzugriffsobjekte von ACCESS anzusprechen.

Realisiert wird dies dadurch, daß die Datenbankengine von ACCESS, die sogenannte **Jet - Datenbankengine**, die exponiert von außen verwendet werden kann, auch von EXCEL benutzt werden kann. Dadurch ergeben sich ungeahnte neue Möglichkeiten in der Zusammenarbeit dieser beiden Anwendungen.

- Durch den Direktzugriff ist es möglich, Daten mit wesentlich höherer Geschwindigkeit abzurufen.
- Die Starrheit einer Applikation, die beispielsweise DDE oder OLE-Automation verwendet, kann überwunden werden. Eine programmierte Lösung muß ja immer bestimmten Lösungsschritten folgen.

17.4 Automatisierte Office-Integration

Durch die Vereinheitlichung der Programmiersprache benötigen Sie keine speziellen Programmierkenntnisse in Excel. Der Code ist in EXCEL bis auf wenige EXCEL-spezifische Anweisungen, wie zum Beispiel das Eintragen eines Wertes in eine Zelle, identisch.

Ausgangsbeispiel:

Wir wollen nun eine dritte Variante des Lohndaten-Beispiels erstellen. Die Lohndaten werden von EXCEL selbst übernommen. Dafür wird eine Funktion verwendet, die es ermöglicht, in eine Zelle beliebige Werte aus einer Datenbank zu übernehmen.

Starten Sie zur Lösungsrealisierung zunächst das Programm EXCEL, und öffnen Sie eine neue Arbeitsmappe. Kopieren Sie im ersten Tabellenblatt in die erste Spalte alle Personalnummern, die in der Tabelle MITARBEITER gespeichert sind. Benennen Sie dieses Tabellenblatt mit „Kalkulation", indem Sie auf den Reiter des Tabellenblattes doppelklicken.

Fügen Sie anschließend ein Modulblatt ein, indem Sie im Menü **Einfügen** den Befehl **Makro** ausführen. Im Untermenü wählen Sie den Befehl **Visual Basic-Modul** aus. Sie erhalten ein neues Modul mit der Bezeichnung "Modul1".

Bild 17-19:
Neues Modul in EXCEL

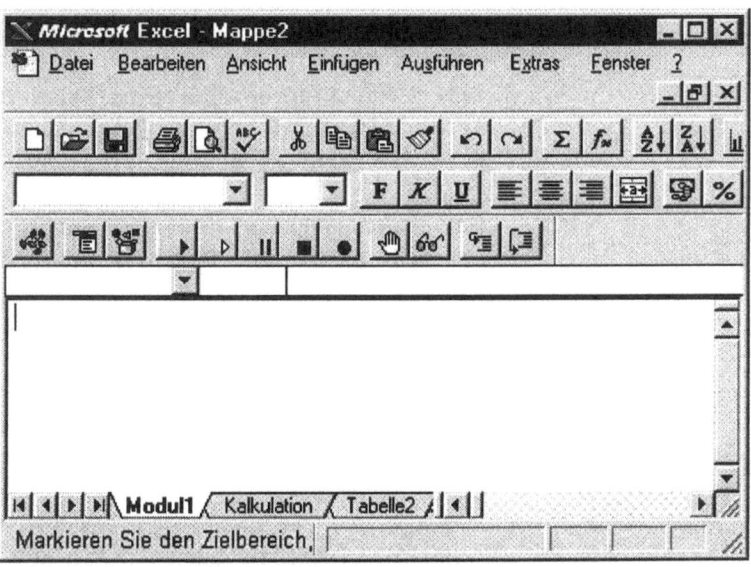

Damit im neuen Modul mit dem ACCESS-DAO gearbeitet werden kann, muß ein Verweis auf dieses Objektmodell erstellt werden.

525

17 Datenaustausch mit anderen Programmen (Integration im MS-Office)

Sie müssen dazu - ausgehend von dem Modulblatt - im Menü **Extras** den Befehl **Verweise...** wählen. Es öffnet sich ein Fenster, in dem alle möglichen Verweise angezeigt werden. Aktivieren Sie die „Microsoft DAO 3.0 Object Library". Danach stehen Ihnen alle Zugriffsmöglichkeiten offen, die die Jet-Datenbankengine 3.0 bietet.

Bild 17-20:
Aktivieren des Verweises auf die DAO-Objektbibliothek

Die nun folgende Funktion **DBInhaltFind()** enthält keine einzige EXCEL-spezifische Anweisung. Das bedeutet, Sie könnten sie genauso in ein ACCESS-Modul kopieren, und sie funktioniert dort gleichfalls.

```
Public Function DBInhaltFind(ByVal DBNAME As String,
ByVal TABNAME As String, ByVal SUCHFELD As String,
ByVal SUCHWERT As String, ByVal AUSGABE As String)

Dim DB As Database, LISTE As Recordset
Dim WERT As String, DATENTYP As Integer, JANEIN As
Boolean
Dim TEXT As String

Set DB = OpenDatabase(DBNAME)
Set LISTE = DB.OpenRecordset(TABNAME, dbOpenDynaset)

LISTE.MoveFirst

' Wertzuweisung in Abhängigkeit des Datentyps des
Suchfeldes
On Error GoTo TABFEHLER1
```

17.4 Automatisierte Office-Integration

```
        DATENTYP =
        DB.TableDefs(TABNAME).Fields(SUCHFELD).Type
        On Error GoTo 0
        Select Case DATENTYP
            Case 1 ' Boolean
                LISTE.Close
                DB.Close
                DBInhaltFind = "#kein Wert"
                Exit Function
            Case Is <= 7 '
Byte,Integer,Long,Currency,Single,Double
                TEXT = "[" + SUCHFELD + "] = " + SUCHWERT
                LISTE.FindFirst TEXT
            Case 10
                TEXT = "[" + SUCHFELD + "] = '" + SUCHWERT +
"'"
                LISTE.FindFirst TEXT ' Text
            Case Else ' OLE
                LISTE.Close
                DB.Close
                DBInhaltFind = "#klein Wert"
                Exit Function
        End Select

        ' Zuweisung, wenn Suche erfolgreich
        If LISTE.NoMatch = False Then
            ' Festellen des Datentyps des zurüchgegebenen
Wertes
            On Error GoTo TABFEHLER2
            DATENTYP =
DB.TableDefs(TABNAME).Fields(AUSGABE).Type
            On Error GoTo 0
            Select Case DATENTYP
                Case 1
                    JANEIN = LISTE(AUSGABE)
                    DBInhaltFind = JANEIN
                Case Is <= 7
                    WERT = LISTE(AUSGABE)
                    If IsNull(WERT) Then
                        DBInhaltFind = "#kein Wert"
                    Else
                        DBInhaltFind = Val(WERT)
                    End If
```

527

```
                Case 10
                    If IsNull(LISTE(AUSGABE)) Then
                        DBInhaltFind = "#kein Wert"
                    Else
                        WERT = LISTE(AUSGABE)
                        DBInhaltFind = WERT
                    End If
                Case Else
                    DBInhaltFind = "#kein Wert"
            End Select
    Else
        DBInhaltFind = "#kein Wert"
    End If

    LISTE.Close
    DB.Close

    Exit Function

    TABFEHLER1:
        DATENTYP =
    DB.QueryDefs(TABNAME).Fields(SUCHFELD).Type
        Resume Next

    TABFEHLER2:
        DATENTYP =
    DB.QueryDefs(TABNAME).Fields(AUSGABE).Type
        Resume Next

    End Function
```

Der Funktion müssen beim Aufruf folgende Werte übergeben werden:

Übergabewert	Bedeutung
DBNAME	Der Name der Datenbank, in der gesucht werden soll. Es wird der gesamte Pfadname benötigt. z.B.: C:\DATEN\MEINEDB.MDB

Übergabewert	Bedeutung
TABNAME	Der Name der Tabelle oder der Abfrage, in der innerhalb der Datenbank gesucht werden soll.
SUCHFELD	Der Name des Feldes, in dem gesucht werden soll.
SUCHWERT	Wert, nach dem in dem Feld gesucht werden soll.
AUSGABE	Name des Feldes, dessen Inhalt als Funktionsergebnis ausgegeben werden soll

Die Funktion ist so konzipiert, daß die Felddatentypen des durchsuchten Feldes sowie des ausgegebenen Feldes automatisch erkannt werden. Folgende Datentypen können dabei von der Funktion verwendet werden:

Suchfeld	Ausgabefeld	Wert des Typs
-	Boolean	1
Byte	Byte	2
Integer	Integer	3
Long	Long	4
Currency	Currency	5
Single	Single	6
Double	Double	7
Text	Text	10

Beim Funktionswert wird der Suchwert immer als Text behandelt, weshalb die Variable *Suchwert* als String deklariert ist. Später erfolgt die Umwandlung in den benötigten Typ.

```
Public Function DBInhaltFind(ByVal DBNAME As String,
  ByVal TABNAME As String, ByVal SUCHFELD As String,
  ByVal SUCHWERT As String, ByVal AUSGABE As String)
```

Der Variablen *DB* wird mittels **OpenDatabase()** der Verweis auf die Datenbank zugeordnet (Hinweis: Diese Zuordnung entspricht unserem bisherigen Verweis auf die aktuelle Datenbank mittels CurrentDb). Danach wird ein Recordset mit dem übergebenen Tabellen- oder Abfragenamen erstellt und der Datensatzzeiger auf den ersten Datensatz gesetzt.

```
Set DB = OpenDatabase(DBNAME)
Set LISTE = DB.OpenRecordset(TABNAME, dbOpenDynaset)
LISTE.MoveFirst
```

Nun kommt jener Teil der Funktion, in dem im Suchfeld nach dem Suchwert gesucht wird. Dazu wird die Methode **FindFirst** verwendet. Die Methode FindFirst kann in jedem Datenfeld zur Suche verwendet werden, ist also die allgemeinere Suchmethode. Die Methode **Seek** ist nur in Indexfeldern anwendbar. FindFirst verlangt als Argument die Bedingung in Form der WHERE-Klausel in einer SQL-Anweisung. **Beispiele:**

Um im Feld „Nachname" nach „Müller" zu suchen, muß der Suchtext lauten: **[Nachname] = "Müller"**

Um im Feld „Personalnummer" nach 14 zu suchen **[Personalnummer] = 14**

Damit dieser Suchtext korrekt zusammengestellt werden kann, muß nun der Datentyp des Suchfeldes eruiert werden. Sie haben in diesem Kapitel bereits einmal mit der Auflistung **TableDefs** zu tun gehabt. Nun begeben wir uns noch eine Stufe tiefer. Jedes Element dieser Auflistung, welches eine Tabelle repräsentiert, enthält wiederum eine Auflistung, **Fields** genannt (Fields enthält alle Felder dieser Tabelle). Jedes dieser Felder ist durch einen Index bezeichnet. Es kann über diesen Index oder über den Feldnamen angesprochen werden. Die Eigenschaft **Type** jedes der Field-Objekte gibt den Datentyp an. Diese Einstellung ist ein Zahlenwert, der obiger Tabelle entnommen werden kann.

Handelt es sich beim Aufruf nicht um eine Tabelle, sondern um eine Abfrage, führt dies zu einem Fehler, der abgefangen wird. Anstelle in der Auflistung TableDefs wird nun in der Auflistung **QueryDefs** gesucht und anschließend fortgesetzt.

```
' Wertzuweisung in Abhängigkeit des Datentyps des
Suchfeldes
On Error GoTo TABFEHLER1
DATENTYP =
DB.TableDefs(TABNAME).Fields(SUCHFELD).Type
On Error GoTo 0
```

Nun wird der Suchtext in Abhängigkeit dieses Datentyps zusammengesetzt. Ist das Suchfeld vom Typ Boolean oder OLE, ist eine Suche nicht sinnvoll beziehungsweise möglich. Die Funk-

17.4 Automatisierte Office-Integration

tion liefert „#kein Wert" zurück und wird verlassen. Handelt es sich um einen Zahlenwert, darf der Suchwert nicht unter Hochkommata stehen, bei einem Textwert sind Hochkommata notwendig. Nun wird die Suche mittels **FindFirst** gestartet.

```
Select Case DATENTYP
    Case 1                          ' Boolean
        LISTE.Close
        DB.Close
        DBInhaltFind = "#kein Wert"
        Exit Function
    Case Is <= 7 '
Byte,Integer,Long,Currency,Single,Double
        TEXT = "[" + SUCHFELD + "] = " + SUCHWERT
        LISTE.FindFirst TEXT
    Case 10
        TEXT = "[" + SUCHFELD + "] = '" + SUCHWERT + "'"
        LISTE.FindFirst TEXT ..........' Text
    Case Else ....................' OLE
        LISTE.Close
        DB.Close
        DBInhaltFind = "#klein Wert"
        Exit Function
End Select
```

Ob die Suche erfolgreich gewesen ist, kann wie bei der Seek-Methode durch die Eigenschaft **NoMatch** festgestellt werden. Ist NoMatch True, gibt die Funktion „#kein Wert" zurück und wird beendet. War die Suche dagegen erfolgreich, wird vorerst nach demselben Schema wieder der Datentyp des Ausgabefeldes festgestellt.

```
If LISTE.NoMatch = False Then
    ' Festellen des Datentyps des zurüchgegebenen
Wertes
    On Error GoTo TABFEHLER2
    DATENTYP =
DB.TableDefs(TABNAME).Fields(AUSGABE).Type
    On Error GoTo 0
```

In Abhängigkeit vom Datentyp erfolgt die Zuweisung an das Funktionsergebnis. Ist das Ausgabefeld vom Typ Boolean wird der Feldinhalt in der Variablen JANEIN zwischengespeichert und anschließend als Funktionsergebnis zurückgegeben. Zahlenwerte und Textwerte werden in der Variablen WERT zwischengespeichert. Die Zahlenwerte werden schließlich mit der Funktion **Val()** in eine Zahl umgewandelt und als Funktionsergebnis zurückgegeben.

```
Select Case DATENTYP
    Case 1
        JANEIN = LISTE(AUSGABE)
        DBInhaltFind = JANEIN
    Case Is <= 7
        WERT = LISTE(AUSGABE)
        If IsNull(WERT) Then
            DBInhaltFind = "#kein Wert"
        Else
            DBInhaltFind = Val(WERT)
        End If
    Case 10
        If IsNull(LISTE(AUSGABE)) Then
            DBInhaltFind = "#kein Wert"
        Else
            WERT = LISTE(AUSGABE)
            DBInhaltFind = WERT
        End If
    Case Else
        DBInhaltFind = "#kein Wert"
End Select
```

Die Funktion wird ordnungsgemäß beendet, indem die Objektvariablen mit der Methode **Close** geschlossen werden.

```
LISTE.Close
DB.Close
Exit Function
```

Nun kann die Funktion in Excel wie jede andere verwendet werden. Um den Einsatz zu erleichtern, können Sie jene Übergabeparameter, die bei jedem Aufruf benötigt werden, wie beispielsweise die Namen der Datenbank und der Tabelle/Abfrage, in eine Zelle eintragen und auf diese referenzieren. Verwenden Sie die Funktion nun dazu, um zu den Personalnummern Namen und Grundgehalt einzulesen. Die Abfrage „Excel-Daten" ist dafür um das Feld „Personalnummer„ zu erweitern. Sie finden die Lösung auf der Begleit-CD in der Datei „LohndatenDAO.XLS". Achten Sie dabei darauf, auf dem Tabellenblatt „Parameter" den Pfad für die Datenbank Ihren Gegebenheiten anzupassen.

17.4 Automatisierte Office-Integration

Bild 17-21:
Verwendung der
Fuktion DBInhaltFind

	A	B
1	PersonalNr	Name
2	1	=DBInhaltFind(Parameter!$B$2;Parameter!$B$3;Parameter!$B$4;A2;"VollerName")
3	2	=DBInhaltFind(Parameter!$B$2;Parameter!$B$3;Parameter!$B$4;A3;"VollerName")
4	3	=DBInhaltFind(Parameter!$B$2;Parameter!$B$3;Parameter!$B$4;A4;"VollerName")
5	4	=DBInhaltFind(Parameter!$B$2;Parameter!$B$3;Parameter!$B$4;A5;"VollerName")
6	5	=DBInhaltFind(Parameter!$B$2;Parameter!$B$3;Parameter!$B$4;A6;"VollerName")
7	6	=DBInhaltFind(Parameter!$B$2;Parameter!$B$3;Parameter!$B$4;A7;"VollerName")
8	7	=DBInhaltFind(Parameter!$B$2;Parameter!$B$3;Parameter!$B$4;A8;"VollerName")
9	8	=DBInhaltFind(Parameter!$B$2;Parameter!$B$3;Parameter!$B$4;A9;"VollerName")

Hinweis: Wenn möglich, sollten Sie diese Funktion auf Tabellen anwenden, da die Performance wesentlich höher ist als bei Abfragen.

Mit dieser Funktion haben Sie ein mächtiges Werkzeug in Händen, mit dem Sie in EXCEL flexibel Kalkulationen mit Daten aus ACCESS-Datenbanken gestalten können. Sie müssen dabei nie berücksichtigen, in welcher Zelle Sie sich befinden, damit der Wert an die richtige Stelle kommt. Dies ist der große Vorteil gegenüber einer programmierten OLE-Automation.

Übrigens: Die Funktion arbeitet auch mit allen in ACCESS eingebundenen Tabellen, seien dies dBase-Tabellen oder SQL-Datentabellen, die auf einem Server liegen, wie beispielsweise dem SQL Server von Microsoft.

18 ACCESS in Client-Server-Umgebungen und im Netzwerkeinsatz

18.1 Die ODBC-Schnittstelle - Möglichkeiten und Backgroundinfos

„Open Database Connectivity" oder ODBC hat sich in den letzten Jahren als Standard für den Zugriff auf verschiedene Datenbanksysteme etabliert. ODBC ist eine standardisierte Schnittstelle, die den Datenaustausch zwischen den verschiedensten DBMS (DBMS = Datenbankmanagementsystemen) über die Verwendung von SQL-Anweisongen (SQL = Structured Query Language)unterstützt.

In der Regel unterstützt jedes DBMS eigene Funktionalitäten, Besonderheiten und spezielle Grammatiken. Um auf Daten eines fremden DBMS zuzugreifen, müßte jedes mehrere Programme unterstützen.

Bild 18-1:
Der ODBC-Treiber-Manager

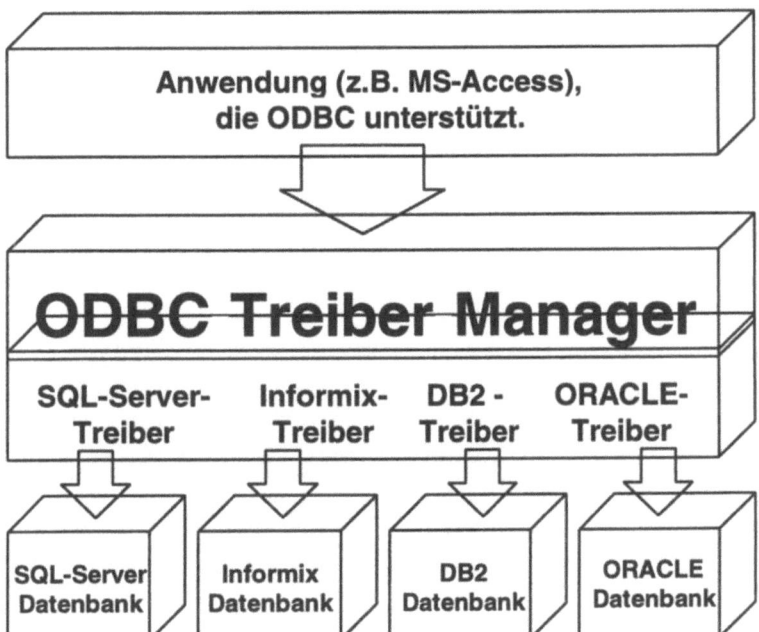

18 ACCESS in Client-Server-Umgebungen und im Netzwerkeinsatz

ODBC als standardisierte Schnittstelle bietet die Möglichkeit, auf viele verschiedene Datenbanksysteme zugreifen zu können, ohne deren speziellen SQL-Dialekte unterstützen zu müssen. Die zwischengeschaltete ODBC-Schnittstelle übernimmt sozusagen die Übersetzung.

Die Treiber für die Zugriffsdaten muß über den ODBC - Treiber - Manager installiert und konfiguriert werden. Durch den Aufruf dieses Treibers kann der Zugriff auf die jeweiligen Daten erfolgen. Die Treiber für den jeweiligen Datenbanktyp werden in der Regel mit dem Datenbankprodukt mitgeliefert. Weiters stehen Treiber-Packages von verschiedenen Fremdherstellern zur Verfügung, wie beispielsweise jenes von Intersolv.

Je nach DBMS können noch weitere Produkte und Treiber nötig sein, um eine Verbindung herstellen zu können. So zum Beispiel für die Unix-Datenbank Informix. Hier werden zusätzliche Treiber benötigt, um von einm PC aus zugreifen zu können. Bei diesen Produkten handelt es sich aber im Gegensatz zu ODBC.Treibern um Produkte, die die physikalische Kontaktaufnahme ermöglichen.

18.1.1 Der ODBC-Treiber - Manager

Der ODBC-Treiber - Manager ist sowohl unter Windows 3.xx wie auch unter Windows 95 über die Systemsteuerung aufzurufen.

Bild 18-2: Benutzerdatenquellen definieren

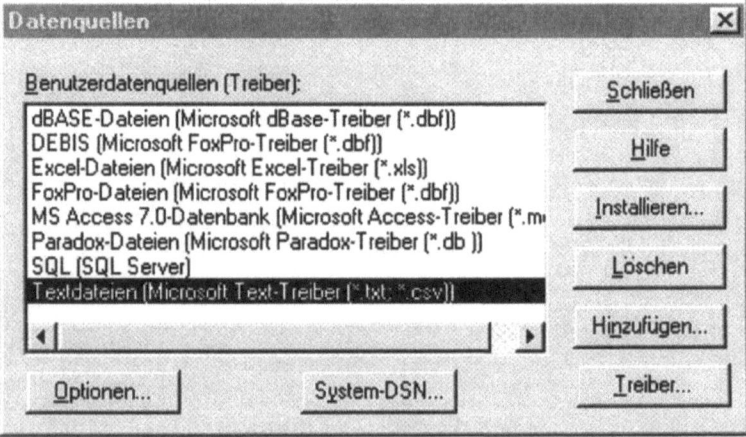

Nach dem Starten des ODBC-Treiber - Managers werden standardmäßig die Datenquellen angezeigt. Beim Arbeiten mit dem ODBC -Treiber - Manager muß zwischen

18.1 Die ODBC-Schnittstelle - Möglichkeiten und Backgroundinfos

- Datenquellen und
- Treibern

unterschieden werden.

Bild 18-3:
Installierte ODBC-Treiber

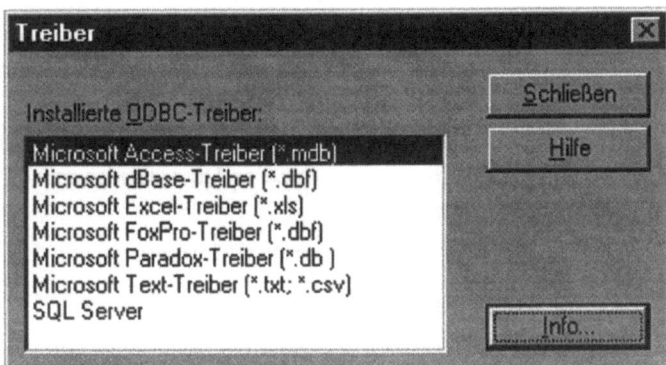

Für jedes DBMS ist ein *Treiber* installiert. Die Installation erfolgt über das Setup-Programm des jeweiligen Herstellers. Diese Treiber stehen zur Auswahl, um Datenquellen zu erstellen.

Datenquellen definieren den Zugriff auf Daten mittels des Treibers genauer. Je nach Datenquelle stehen verschiedene Optionen zur Verfügung. So können neben allgemeinen Formateinstellungen für den Datenzugriff auch ganz bestimmte Datenbanken bereits hier ausgewählt werden. Wird in der Datenquelle bereits ein Datenbankname angegeben, wird beim Zugriff auf diese nicht mehr nach der zu öffnenden Datenbank gefragt, wie dies standardmäßig der Fall ist.

Bild 18-4:
ODBC-Setup

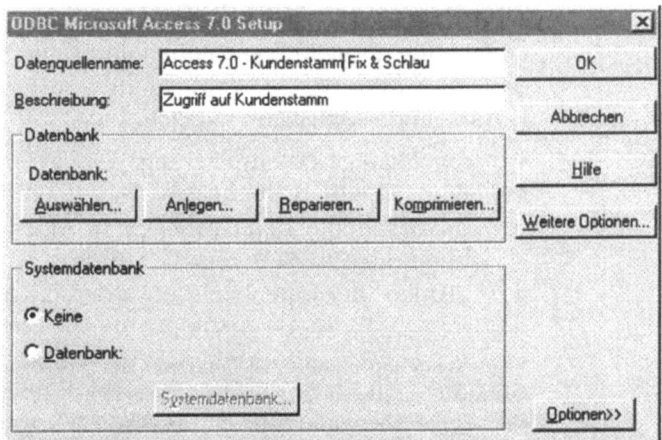

537

Neue Datenquellen können über die Schaltfläche <Hinzufügen> angelegt werden. Sie können für jeden Datenbanktyp beliebig viele Datenquellen anlegen.

Zum Beispiel: Sie wollen über ODBC auf Informix Datenbanken zugreifen, und haben nun mehrere Möglichkeiten:

1. Sie definieren eine Datenquelle, die Ihnen den Weg zu Ihrem Datenbankserver weist, ohne eine spezielle Datenbank/Tabelle anzugeben.
2. Sie definieren für jede Datenbank/Tabelle eine eigene Datenquelle, in der der Datenbankname/Tabellenname bereits angegeben ist.
3. Sie mischen beide Varianten.

18.1.2 Zugriff auf Fremdformate über ODBC

Sie haben zwei Möglichkeiten, mittels ODBC auf von Access aus auf andere Datenbanken zuzugreifen.

1. Sie binden Tabellen in Ihre Access-Datenbank ein, wie Sie es bereits von Tabellen aus anderen Access-Datenbanken oder ISAM - Treiber gewohnt sind. Sie können mit diesen Tabellen bis auf kleine Einschränkungen[1] arbeiten, als wären es Access-Tabellen. Sie können Sie Formularen und Beichten hinterlegen sowie in Abfragen einbinden.
2. Sie verwenden Visual Basic um direkt zu fremden Tabellen zu connekten und über das Absetzen von SQL-Anweisungen direkt Daten abzufragen.

Der Vorteil liegt klar auf der Seite der eingebundenen Tabellen, die nahezu das gewohnte Arbeiten ermöglichen.

18.2 Zugriffsrechte in ACCESS-Datenbanken

Ohne eine gezielte Verwaltung der Datenbank sind Probleme „vorprogrammiert". Zur Vermeidung von Problemen sind vor allem folgende Aktivitäten nützlich:

- regelmäßige Datensicherung
- Einbau von Sicherheitsmechanismen bei der Benutzung (insbesondere beim Arbeiten in einer Mehrbenutzerumgebung oder im Netzwerk)
- „Tunen" der Datenbank (etwa durch Komprimierung)

---

[1] Einschränkungen können sich in erster Linie aus Zugriffsbeschränkungen oder inkompatiblen Datentypen ergeben. Kleinere Einschränkungen ergeben sich beim Zugriff über Visual Basic, z.B. kann kein Recordset vom Typ Tabelle erstellt werden.

18.2.1 Ausgangsüberlegungen

Datenschutz und Datensicherung sind im Rahmen von DB-Anwendungen unumgänglich. Deshalb ist natürlich genau zu überlegen, wie Sie dies mit Ihren ACCESS-Anwendungen realisieren können.

Zielsetzung von Datenschutzmaßnahmen ist die Verhinderung des unberechtigten Zugriffs auf gespeicherte Daten:

- Sicherheit des Zugriffs auf ACCESS-Daten gegenüber Fremden (bei Einsatz auf einem Arbeitsplatzrechner),
- Schutz von ausgewählten Datenbeständen gegenüber anderen Benutzern der Datenbank (beim Arbeiten im Netzwerk).

Zielsetzungen von Datensicherungsmaßnahmen ist die Verhinderung des Verlustes von Daten.

Die primäre Verantwortlichkeit für die Sicherstellung eines reibungslosen Arbeitens hängt natürlich von der Organisation des Einsatzes ab:

a) Einsatz im **Netzwerk**: zuständig ist dann der sog. **Systembeauftragte**

b) Einsatz am **Arbeitsplatz**: zuständig ist der **Anwender** selbst

18.2.2 Sicherungsmaßnahmen

Für eine ACCESS-Datenbank sind folgende Sicherungsmaßnahmen zu unterscheiden:

- Sicherung aus Datenträgern (Benutzerdaten, Systemdaten)
- Vergabe eines Kennwortes
- Benutzerberechtigungen vergeben

18.2.2.1 Sicherung auf Datenträgern

Für eine Datensicherung in ACCESS sind zwei Bereiche zu beachten:

- **Sicherung der Benutzerdaten:** Zur Sicherung der Benutzerdaten müssen Sie die Datenbank, die mit der Speichererweiterung .MDB (= Microsoft Datenbank) archiviert wird, auf ein anderes Speichermedium übertragen. Beispiele sind Disketten, Streamer oder ein Backup-Rechner. In der Regel empfiehlt sich die Sicherung der Dateien auf gesonderten Speichermedien über den Dateimanager von Windows. Alternativ könnten Sie natürlich auch ein eigenes Sicherungsprogramm dafür nutzen. Neben der Ad-hoc-Datensicherung kann es in einem Netzwerk auch sinnvoll sein, Datensicherungsaufgaben zu automatisieren; z. B. eine Sicherung im Batch-Betrieb am Abend oder nachts.

- **Sicherung der Systemdaten:** In einer gesonderten Datei (der sog. Arbeitsgruppeninformationsdatei) werden alle Informationen zu einem bestimmten Benutzer gespeichert. Dies können Benutzerrechte und Kennwörter sein. Denken Sie daran, Ihre Arbeitsgruppeninformationsdatei immer dann zu sichern, wenn Sie

    - erstmalig Systemrechte für Benutzer einer Datenbank festgelegt haben,
    - vergebene Rechte oder Kennwörter von Anwendern der Datenbank geändert haben.

18.2.2.2 Datenbank durch Vergabe eines Kennwortes schützen

ACCESS verwendet Kennwörter für zwei unterschiedliche Zwecke:

- Steuern des Öffnens einer Datenbank. Dieser erste Kennworttyp wird als „Datenbankkennwort" bezeichnet. Wenn Sie ein Datenbankkennwort festlegen, müssen alle Benutzer dieses vor dem Öffnen der Datenbank eingeben.

- Überprüfen von Benutzern beim Anmelden an eine Arbeitsgruppe, wenn für diese Arbeitsgruppe und einer oder mehrerer ihrer Datenbanken Sicherheitsmaßnahmen auf Benutzerebene definiert sind. Dieser zweite Kennworttyp wird als "Sicherheitskontenkennwort" bezeichnet und nur dann verwendet, wenn Sicherheitsmaßnahmen auf Benutzerebene definiert sind.

Um den Zugriff auf eine gesamte Datenbank zu verhindern, bietet Ihnen ACCESS die Möglichkeit, diese mittels eines Datenbankkennwortes zu schützen. So können Sie auf einfache Weise steuern, welcher Benutzer die Datenbank öffnen darf. Durch das Festlegen eines Datenbankkennwortes können Sie also auf einfache Weise verhindern, daß unautorisierte Benutzer Ihre Datenbank öffnen. Sobald eine Datenbank jedoch geöffnet ist, stehen nur dann weitere Sicherheitsmaßnahmen zur Verfügung, wenn zusätzlich zum Datenbankkennwort Sicherheitsmaßnahmen auf Benutzerebene definiert wurden.

18.2 Zugriffsrechte in ACCESS-Datenbanken

Gehen Sie in folgender Weise vor, um ein Datenbankkennwort zu vergeben:

1. Achten Sie zunächst einmal darauf, daß die Datenbank, die Sie schützen wollen, nicht geöffnet ist. Handelt es sich um eine Datenbank, auf die mehrere Benutzer zugreifen können, müssen auch diese alle die Datenbank schließen.
2. Aktivieren Sie danach im Menü **Datei** den Befehl **Öffnen**.
3. Klicken Sie im angezeigten Dialogfeld auf das Kontrollkästchen „Exklusiv", und öffnen Sie die Datenbank.
4. Aktivieren Sie im Menü **Extras** den Befehl **Zugriffsrechte**, und klicken Sie dann auf **Datenbankkennwort zuweisen**. Ergebnis:

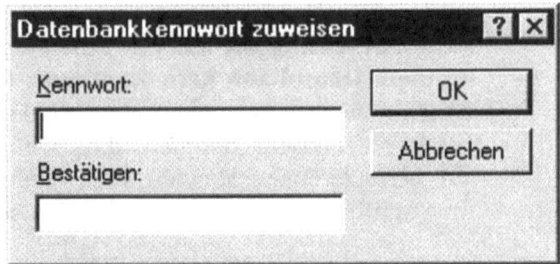

Bild 18-5: Datenbankkennwort zuweisen

5. Geben Sie im Feld „Kennwort" Ihr Kennwort ein. Wichtig ist hierbei die genaue Beachtung von Groß/Kleinschreibung.
6. Geben Sie im Feld „Bestätigen" das Kennwort erneut ein, um dieses zu bestätigen, und klicken Sie dann auf <OK>.

Damit ist das Kennwort festgelegt. Dies hat zur **Konsequenz**: Wenn Sie oder ein anderer Benutzer die Datenbank das nächste Mal öffnen, erscheint zunächst ein Dialogfeld, in das das zutreffende Kennwort eingegeben werden muß. Dieses Kennwort muß genau so eingegeben werden, wie Sie es festgelegt haben (unter Beachtung der **Groß-/Kleinschreibung** des Kennwortes).

Probleme ergeben sich, wenn Sie Ihr Kennwort verlieren oder vergessen. Sie haben nämlich keine Möglichkeit, dieses wiederzuherstellen und können deshalb Ihre Datenbank nicht mehr öffnen. Ein Tip: Bewahren Sie eine Liste mit allen Kennwörtern und den zugehörigen Datenbanken an einem sicheren Ort auf. **Verwenden Sie außerdem kein Datenbankkennwort, wenn Sie eine Datenbank replizieren möchten.**

Ein vorhandenes Datenbankkennwort kann natürlich im nachhinein auch wieder entfernt werden. Dazu ist in folgender Weise vorzugehen:

1. Öffnen Sie die Datenbank.
2. Aktivieren Sie im Menü **Extras** den Befehl **Zugriffsrechte**, und klicken Sie dann auf **Datenbankkennwort löschen**. Dieser Befehl steht nur dann zur Verfügung, wenn zuvor ein Datenbankkennwort festgelegt wurde.
3. Geben Sie im daraufhin angezeigten Dialogfeld „Datenbankkennwort löschen" das aktuelle zutreffende Kennwort (unter Beachtung der Groß/Kleinschreibung) ein.
4. Klicken Sie zur Ausführung auf <OK>.

Hinweis: Wenn für eine Datenbank die Sicherheitsmaßnahmen auf Benutzerebene aktiviert sind und Sie nicht über die **Administratorberechtigung** für die Datenbank verfügen, können Sie für diese **Datenbank kein Kennwort** festlegen. Außerdem wird ein Kennwort immer als Zusatz zu den Sicherheitsmaßnahmen auf Benutzerebene definiert, d.h., wenn Sicherheitsmaßnahmen auf Benutzerebene aktiviert sind, bleiben alle Einschränkungen für Zugriffsrechte aus diesen Sicherheitsmaßnahmen bestehen.

18.2.2.3 Benutzerberechtigungen gezielt vergeben

Mitunter reichen Ihnen die mit der Vergabe eines Datenbankkennwort gegebenen Sicherheiten nicht. Benötigen Sie weitergehend Sicherheitsmaßnahmen benötigen, können Sie Sicherheitsmaßnahmen auf Benutzerebene festlegen. So können Sie den Zugriff auf Daten, die mit ACCESS verwaltet werden, gezielt vorgeben. Dabei ist eine unterschiedliche Berechtigung - je nach Personengruppe - festzulegen.

Bezüglich **möglicher Personengruppen** geht ACCESS von folgenden vordefinierten Konten aus:

- **Administrator (Standard-Benutzerkonto).** Dieses Konto ist für jede Kopie von ACCESS und andere Anwendungen, die die Microsoft Jet Datenbank-Engine verwenden können, identisch (etwa für Microsoft Visual Basic für Applikationen und Microsoft Excel)
- **Administratoren (Administratoren-Gruppenkonto).** Dieses Konto wird für jede Arbeitsgruppen-Informationsdatei separat definiert. Der Benutzer „Administrator" befindet sich standardmäßig in der Gruppe „Administratoren". Die

Gruppe „Administratoren" muß zu jedem Zeitpunkt mindestens einen Benutzer enthalten.
- **Benutzer**: Dieses Gruppenkonto umfaßt alle Benutzerkonten. ACCESS fügt Benutzerkonten, die ein Mitglied der Gruppe „Administratoren" erstellt, automatisch zur Gruppe „Benutzer" hinzu. Dieses Konto ist für alle Arbeitsgruppen-Informationsdateien identisch, es enthält jedoch jeweils nur die Benutzerkonten, die von Mitgliedern der Gruppe „Administratoren" dieser Arbeitsgruppe erstellt werden. Dieses Konto verfügt standardmäßig über alle Berechtigungen für alle neu erstellten Objekte. Zum Entfernen eines Benutzerkontos aus der Gruppe „Benutzer" muß ein Mitglied aus der Gruppe „Administratoren" diesen Benutzer löschen.

Tatsächlich sind die in ACCESS integrierten Sicherheitsmaßnahmen immer „aktiviert". Bis zum Aktivieren des Anmeldeverfahrens für eine Arbeitsgruppe meldet das Programm jeden Benutzer beim Starten automatisch und für den Benutzer nicht sichtbar unter Verwendung des Standardkontos Administrator und eines leeren Kennwortes an. Dabei verwendet ACCESS das Administratorkonto für die Arbeitsgruppe und macht es zum Eigentümer aller erstellten Datenbanken und Objekte.

Personengruppen	Besonderheiten
Administrator	umfaßt alle Benutzer, die das Datenbanksystem managen.
Benutzer	Jeder in ACCESS zugeordnete Anwender. Benutzer können über besondere Rechte zur Verwaltung der Datenbestände verfügen.
Benutzergruppen	Anwender, die ähnliche Aufgaben haben bzw. ähnliche Funktionen ausführen, können zu einer Benutzergruppe zusammengefaßt werden. Beispiele: Einkauf, Verkauf.

Administratoren und Eigentümer spielen eine bedeutende Rolle, da sie über Berechtigungen verfügen, die nicht entfernt werden können:
- Administratoren (Mitglieder der Gruppe „Administratoren") können jederzeit für alle in der Arbeitsgruppe erstellten Objekte alle Berechtigungen erhalten.

- Ein Konto, das Eigentümer eines Objekts ist, kann jederzeit alle Berechtigungen für dieses Objekt erhalten.
- Ein Konto, das Eigentümer einer Datenbank ist, kann die Datenbank jederzeit öffnen.

Das Verwalten von Benutzern in Benutzergruppen vereinfacht das Verwalten einer geschützten Datenbank. Auf diese Weise müssen Sie nicht jedem Benutzer für jedes Objekt in Ihrer Datenbank einzeln Berechtigungen zuweisen, sondern können einigen wenigen Gruppen Berechtigungen erteilen und dann Benutzer zu diesen Gruppen hinzufügen. Wenn ein Benutzer sich an ACCESS anmeldet, erhält er automatisch alle Berechtigungen aller Gruppen, zu denen er gehört. Es können sich nur Benutzerkonten, nicht Gruppenkonten, anmelden.

Was ist eine ACCESS-Arbeitsgruppe? Wenn Sicherheitsmaßnahmen auf Benutzerebene aktiviert sind, werden die Mitglieder einer Arbeitsgruppe in Benutzerkonten und Gruppenkonten identifiziert, die in einer Access-Arbeitsgruppen-Informationsdatei gespeichert werden. Die Kennwörter der Benutzer werden ebenfalls in der Arbeitsgruppen-Informationsdatei gespeichert. Diesen Sicherheitskonten können Sie dann Berechtigungen für Datenbanken und deren Objekte zuweisen. Die Berechtigungen an den Objekten werden in der eigentlichen Datenbank gespeichert.

Zusätzlich zu Arbeitsgruppeninformationen werden in der Arbeitsgruppen-Informationsdatei Benutzereinstellungen gespeichert, die mit dem Befehl **Optionen** aus dem Menü **Extras** definiert wurden. Wenn Benutzer sich anmelden müssen, werden die Benutzereinstellungen für jeden Benutzer in einer gemeinsam genutzten Arbeitsgruppen-Informationsdatei gespeichert. Ihre Standardarbeitsgruppe wird in der Arbeitsgruppen-Informationsdatei definiert, die das Setup-Programm beim Installieren von ACCESS automatisch erstellt.

Wählen Sie vor dem Erstellen von Sicherheitskonten die Microsoft Access-Arbeitsgruppen-Informationsdatei aus, in der diese Konten gespeichert werden sollen. Sie können die Standardversion der Arbeitsgruppen-Informationsdatei verwenden, eine andere Informationsdatei festlegen oder eine neue erstellen. Verwenden Sie nicht die Standardversion der Arbeitsgruppen-Informationsdatei, wenn gewährleistet werden soll, daß Arbeitsgruppen und deren Berechtigungen nicht dupliziert werden können. Stellen Sie in diesem Fall sicher, daß die Arbeits-

18.2 Zugriffsrechte in ACCESS-Datenbanken

gruppen-Informationsdatei, die Sie auswählen, mit einer eindeutigen Arbeitsgruppen-Identifikationsnummer erstellt wurde. Wenn eine solche Arbeitsgruppen-Informationsdatei nicht existiert, verwenden Sie den Arbeitsgruppen-Administrator, um diese zu erstellen.

Nach dem Erstellen von Benutzer- und Gruppenkonten können Sie die Beziehungen zwischen diesen anzeigen. Dazu klicken Sie im Menü **Extras** auf **Zugriffsrechte** und dann auf **Benutzer und Gruppenkonten**. Anschließend klicken Sie auf die Schaltfläche Benutzer und Gruppen drucken. ACCESS druckt einen Bericht über alle Konten in der Arbeitsgruppe mit den einzelnen Gruppen und ihren jeweiligen Benutzern sowie den einzelnen Benutzern mit den Gruppen, denen sie angehören.

Berechtigungsarten Sie müssen in einem Netzwerk dafür sorgen, daß nicht jeder Benutzer ohne weiteres auf die Daten des anderen zugreifen darf. Dazu sind gezielt Kennwörter und Benutzerrechte zu vergeben.

Berechtigungsarten, die in ACCESS vergeben werden können, zeigt die folgende Übersicht:

Berechtigungen	Geltungsbereich
Öffnen/Ausführen	Es ist erlaubt, ein Objekt (beispielsweise eine Datenbank oder bestimmte Formulare und Berichte) zu aktivieren. Es kann außerdem die Berechtigung eingeräumt werden, bestimmte Makros auszuführen.
Entwurf lesen	ermöglicht es, den Entwurf von Objekten (Tabellen, Abfragen, Formulare, Berichte, Makros, Module) einzusehen.
Entwurf ändern	Der Entwurf eines Objekts darf eingesehen und modifiziert werden. Auch ein Löschen von Objekten ist damit möglich.
Verwalten	Bezüglich einer Datenbank können Kennworte festgelegt und Starteigenschaften geändert werden. Für die Datenbankobjekte ergibt sich ein Vollzugriff auf Objekte und Daten.

18 ACCESS in Client-Server-Umgebungen und im Netzwerkeinsatz

Berechtigungen	Geltungsbereich
Daten lesen	Daten (beispielsweise der Inhalt einer Tabelle oder einer Abfrage) dürfen angesehen werden.
Daten aktualisieren	Daten dürfen angesehen und geändert werden. Ein Einfügen oder Löschen von Daten ist damit nicht möglich.
Daten einfügen	Daten dürfen hinzugefügt werden.
Daten löschen	Vorhandene Daten dürfen gelöscht werden.

Hinweis: Mit der Vergabe einiger Berechtigungen werden automatisch auch andere Berechtigungen erteilt. So werden beispielsweise mit der Berechtigung „Daten aktualisieren" für eine Tabelle automatisch auch die Berechtigungen „Daten lesen" und „Entwurf lesen" erteilt, da Sie diese ja zum Ändern von Daten in einer Tabelle benötigen. Die Berechtigungen „Entwurf ändern" und „Daten lesen" erteilen automatisch auch „Entwurf lesen". Für Makros erteilt die Berechtigung „Entwurf lesen" auch die Berechtigung „Öffnen/Ausführen".

Die Arten werden deutlich, wenn Sie aus dem Menü **Extras** den Befehl **Zugriffsrechte** wählen und hier die Option **Benutzer- und Gruppenberechtigungen** aktivieren:

Bild 18-6:
Berechtigungen

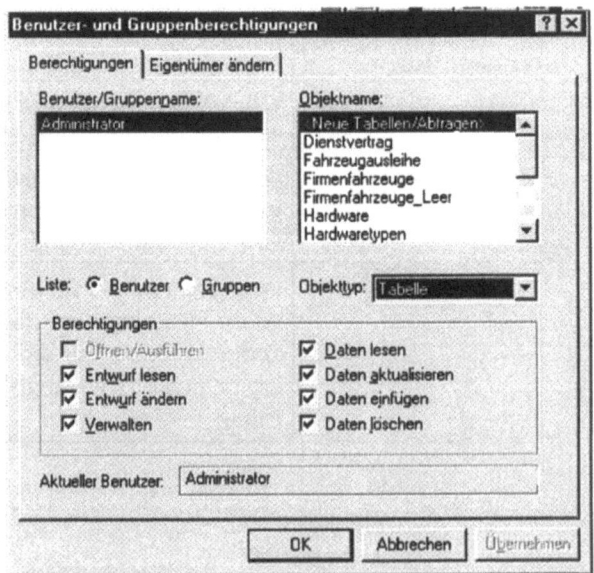

Die Vergabe von Berechtigungen bzw. die Änderung von Berechtigungen für ein Datenbankobjekt kann erfolgen durch

a) Systemverantwortliche: Dies sind die Mitglieder der Gruppe Administratoren.
b) Benutzer selbst: für die eigenen Datenbankobjekte (= Eigentümer des jeweiligen Objekts)
c) Ein beliebiger Benutzer, der für dieses Objekt über die Berechtigung „Verwalten" verfügt

Auch wenn ein Benutzer eine bestimmte Aktion gerade nicht ausführen kann, kann er in der Lage sein, sich selbst die Berechtigung zum Ausführen dieser Aktion zu erteilen. Dies gilt für Mitglieder der Gruppe „Administratoren" und für einen Benutzer, der Eigentümer des jeweiligen Objekts ist.

Eigentümer eines Objekts ist der Benutzer, der dieses erstellt hat. Die Benutzergruppe, die Berechtigungen ändern kann, kann auch den Eigentümerstatus für ein Objekt ändern. Dazu dient der Befehl **Benutzer- und Gruppenberechtigungen** aus dem Untermenü **Zugriffsrechte** (Menü **Extras**). Alternativ zu diesem Befehl kann der Eigentümerstatus an einem Objekt auch durch Neuerstellen des Objekts geändert werden. Dazu muß das Objekt nicht gänzlich neu erstellt werden. Sie können das Objekt beispielsweise kopieren oder in/aus eine(r) andere(n) Datenbank importieren bzw. exportieren.

Zum **Schützen einer vollständigen Datenbank** übertragen Sie am einfachsten das Eigentum an allen Objekten, einschließlich an der Datenbank selbst. Die beste Methode zum Schützen einer Datenbank bietet der Datensicherheits-Assistent, der eine neue Datenbank erstellt und in diese alle Objekte importiert.

18.3 Besonderheiten beim Arbeiten im Netzwerkbetrieb

Sie können ACCESS problemlos im Netzbetrieb einsetzen. Für die Optimierung im Netzwerkeinsatz ist in ACCESS eine Jet-Engine vorhanden. Grundsätzlich gilt: Der Einsatz einer MDB-Datei im Team hat Einfluß auf den Umgang der Nutzer mit Datenbankobjekten wie Abfragen, Formularen, Berichten sowie Modulen und Makros. Das Hauptproblem beim Netzwerkeinsatz ist dann gegeben, wenn mehrere Benutzer gleichzeitig mit einem bestimmten Objekt arbeiten.

Besonders restriktiv ist der **Zugriff auf Tabellenstrukturen**, weil die Tabellen für die Datenhaltung zuständig sind. Die

Struktur einer Tabelle kann nur dann geändert werden, wenn die Tabelle geschlossen ist. Solange nur ein Benutzer eine Abfrage, ein Formular oder einen Bericht geöffnet hat, dem diese Tabelle zugrunde liegt, **erlaubt ACCESS nur schreibgeschützte Zugriffe** auf die Tabellenstruktur.

Wenn der Zugriff gelingt, bleibt die Tabelle und damit alle damit verbundenen Datenbankobjekte während der Arbeit an der Tabellenstruktur gesperrt. Das blockiert die Arbeit der anderen ACCESS-Benutzer, so daß alle Änderungen an der Tabellenstruktur möglichst schnell beendet werden sollten.

Datenbankobjekte wie Abfragen, Formulare, Berichte und Makros können Sie auch dann ändern, wenn andere Benutzer damit arbeiten. Die Änderungen machen sich nach dem Speichern erst dann bemerkbar, wenn die anderen Benutzer die Datenbankobjekte erneut öffnen. ACCESS öffnet stets die zuletzt gespeichert Version des Objekts. Eine Ausnahme bilden lediglich die Module. Andere Benutzer können ein geändertes Modul erst einsetzen, nachdem die Datenbank geschlossen und neu geöffnet wurde.

Öffnungsmodi

Obwohl ACCESS den gemeinsamen Datenzugriff erlaubt, kann es bei administrativen Arbeiten ganz nützlich sein, anderen ACCESS-Benutzern den Zugriff auf die MDB-Datei zu verweigern. Ob außer Ihnen noch andere Benutzer auf dieselbe MDB-Datei zugreifen dürfen, können Sie im Dialog „Öffnen" mit dem Markierungsfeld „Exklusiv" festlegen.

Standardmäßig ist das Markierungsfeld „Exklusiv" angekreuzt, so daß ACCESS die MDB-Datei exklusiv für einen einzelnen Benutzer öffnet. Alle anderen ACCESS-Benutzer bleiben dann so lange aus dieser Datenbank ausgesperrt, bis die Datei wieder geschlossen wird. Deshalb sollte das Markierungsfeld „Exklusiv" beim Netzwerkeinsatz von ACCESS grundsätzlich deaktiviert werden.

Mit Hilfe der Standardeinstellungen können Sie festlegen, ob ACCESS Ihre Datenbanken exklusiv oder für die gemeinsame Nutzung öffnet. Dazu rufen Sie aus dem Menü **Extras** den Befehl **Optionen** auf und klicken die Registerkarte „Weitere" an:

18.3 Besonderheiten beim Arbeiten im Netzwerkbetrieb

Bild 18-7:
Optionen einstellen

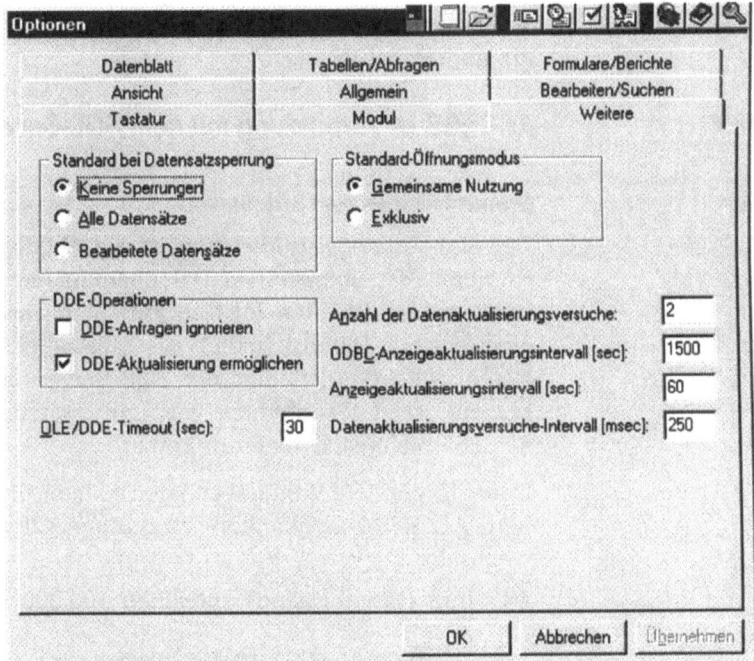

Hier können Sie in der Optionsgruppe „Standard-Öffnungsmodus" entweder die exklusive oder die gemeinsame Nutzung der Datenbanken festlegen.

Verteilungsstrategien

Damit ACCESS im Netzwerk effektiv arbeitet, sind einige Vorbereitungen erforderlich. Bekanntlich speichert ACCESS alle Datenbankobjekte, angefangen bei Tabellen über Abfragen bis zu Formularen und Modulen in einer MDB-Datei. Es ist zwar möglich, diese vollständige MDB-Datei auf den Fileserver zu legen, damit alle ACCESS-Benutzer darauf zugreifen, dieses Vorgehen führt aber zu einer unnötigen Netzbelastung: Das Netzwerk muß dann nicht nur die Daten, sondern auch Abfragen, Formulare und Berichte zu den Arbeitsstationen transportieren. Das bremst nicht nur das Netzwerk, sondern auch die Ausführungsgeschwindigkeit Ihrer ACCESS-Programme.

Um sicherzustellen, daß Ihre ACCESS-Programme auch im Netzwerk möglichst schnell arbeiten, sollten Sie auf dem Fileserver nur eine MDB-Datei mit den Tabellen anlegen. Alle anderen Datenbankobjekte wie Abfragen, Formulare oder Module sollten in einer MDB-Datei auf jeder Arbeitsstation gespeichert werden. Durch diese Aufteilung nutzen die Anwender einerseits den gemeinsamen Datenbestand auf dem Fileserver, andererseits profitieren Ihre ACCESS-Anwendungen von der schnellen lokalen Programmausführung.

18.4 ACCESS in Verbindung mit dem SQL-Server

18.4.1 Grundsätzliches zum SQL Server

Der SQL Server von Microsoft ist ein Mitglied der **BackOffice** - Familie. Als Client-Server-Datenbankmanagementsystem unterstützt er das Arbeiten im Netzwerk. Ein Datenbankserver bietet eine höhere Datensicherheit als eine reine PC-Datenbank. Als Datenbankserver erledigt der SQL Server das Datenbankmanagement, als User-Interface wird ein weiteres Produkt benötigt. ACCESS bietet sich als Front-End an.

Unter folgenden Voraussetzungen sollten Sie erwägen, von reinen ACCESS-Datenbanken zu einem Client-Server-System zu wechseln:

- Ihre Datenbestände erreichen 100.000 und mehr Datensätze.
- Sie starten häufig Aktualisierungsläufe über diese großen Datenbestände.
- Es greifen über ein Netzwerk regelmäßig mehr als 10 Personen auf eine Datenbank zu.

Folgende Eigenschaften zeichnen den SQL Server aus:

- Datenbanksicherheit und Stabilität einer Serverdatenbank
- Automatisches Backup und Spiegelung. Im Fall des Ausfalls einer Serverplatte, kann ohne Unterbrechung weitergearbeitet werden.
- Kürzere Antwortzeiten bei großen Datenmengen
- Teilung der Arbeit zwischen Client und Server.

Vorteile des SQL Servers gegenüber anderen Systemen:

- Die kostengünstigste Möglichkeit, ein Client-Server -System zu erwerben.
- Einfachste Bedienung und Administrierung durch Windows-Oberfläche. Das gesamte System kann über den Enterprise-Manager administriert werden.

18.4.2 Was bedeutet der Einsatz eines SQL Servers für die Arbeit mit ACCESS?

ACCESS-Applikationen können wie bisher erstellt werden. Nachdem Sie Ihre Applikation getestet haben, können Sie daran gehen die Tabellen auf den SQL Server zu transferieren.

Übergeben des Datenbankmanagements an den SQL Server

- Sie erstellen die Tabellen auf dem SQL Server neu, binden sie über ODBC in ACCESS ein und spielen die Daten über Aktionsabfragen in diese Tabellen ein. Anschließend löschen Sie die originalen Access-Tabellen.
- Sie verwenden das Upsizing-Toolkit, um ihre Tabellen auf den SQL Server extrahieren zu lassen.
- Sie können die Tabellen auch originär auf dem SQL Server anlegen, und anschließend Ihre Access-Frontend-Applikation darum herum aufbauen.

Zugriff auf den SQL Server

Neben dem Zugriff mit ACCESS über ODBC gibt es auch die Möglichkeit, direkt über die C - Schnittstelle auf den SQL Server zuzugreifen. Bisher wurde diese (zwar aufwendigere) Möglichkeit oft wegen der höheren Zugriffsgeschwindigkeit bevorzugt, ODBC war die etwas langsamere Lösung.

In der neuesten Betriebssystemgeneration von Microsoft mit Windows 95 und Windows NT ist der 32-Bit ODBC-Zugriff integriert. ODBC über 32-Bit bietet nun dieselbe hohe Zugriffsgeschwindigkeit.

Konfigurieren des Zugriffs im ODBC-Treiber - Manager

Der in Office 95 und Windows NT integrierte Treiber für den SQL Server kann direkt verwendet werden. Nach der Office-Installation steht dieser Treiber bereits im Auswahlfenster des Treiber-Managers zur Verfügung. Arbeiten Sie mit Windows 3.xx unter 16-Bit ODBC, sollten Sie die aktuellen Treiber von der Installations-CD des SQL Servers installieren. Dafür steht auf der CD-ROM ein eigenes Setup-Programm bereit.

Einrichten der Datenquelle

Klicken Sie im ODBC-Treiber - Manager auf die Schaltfläche <Hinzufügen>, und wählen Sie anschließend „SQL Server" als Treiber aus.

Bild 18-8:
SQL-Serverquelle einrichten

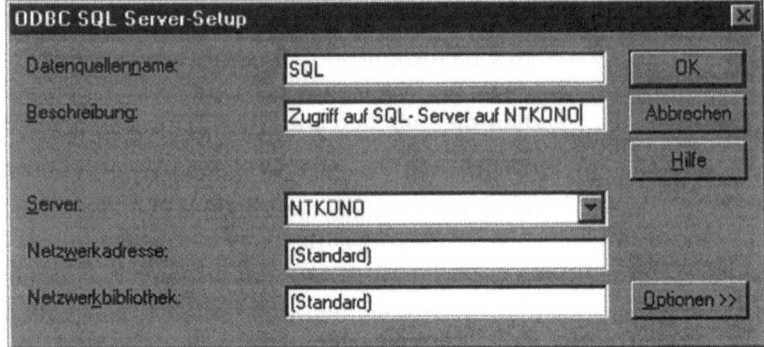

Geben Sie einen Datenquellennamen ein. Dieser erscheint im Auswahlfenster des ODBC-Treiber - Managers und wird für den Verbindungsaufbau verwendet. Ein beschreibender Text sollte vor allem dann vergeben werden, wenn Sie mehrere Datenquellen mit demselben Treiber erstellen. Sie behalten dann leichter die Übersicht. Den Namen des SQL Servers können Sie im Feld Server eintragen. Geben Sie hier keinen Namen an, müssen Sie dies dann beim Verbindungsaufbau tun.

Klicken Sie auf die Schaltfläche <Optionen>, um weitere Details anzugeben. Diese Angaben sind optional. Sie können hier gleich den Namen der Datenbank auf dem SQL Server angeben, in der die einzubindenden Tabellen zu finden sind.

Bild 18-9:
ODBC SQL Server Setup

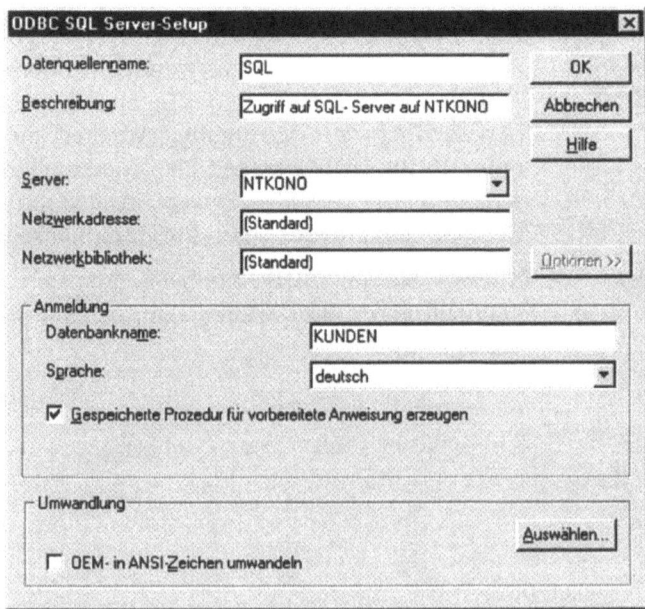

18.4 ACCESS in Verbindung mit dem SQL-Server

18.4.3 **SQL Server - Tabellen in ACCESS einbinden**

Sie führen wie gewohnt im Menü **Datei** den Befehl **Externe Daten, Tabellen einbinden** aus. Wählen Sie als Dateityp „ODBC Datenbanken" aus, und Sie gelangen sofort zum nachfolgenden Auswahlfenster, in dem alle im ODBC-.Treiber - Manager definierten Datenquellen aufgelistet sind. Wählen Sie den zuvor definierten Datenquellennamen aus.

Bevor zur Datenbank auf dem SQL Server verbunden werden kann, muß noch ein Anmeldenamen angegeben werden. Der Standardanmeldenamen des SQL Servers ist „sa". Fragen Sie Ihren Systemadministrator, mit welchem Namen und Passwort Sie sich anmelden können.

Bild 18-10:
Bei SQL Server anmelden

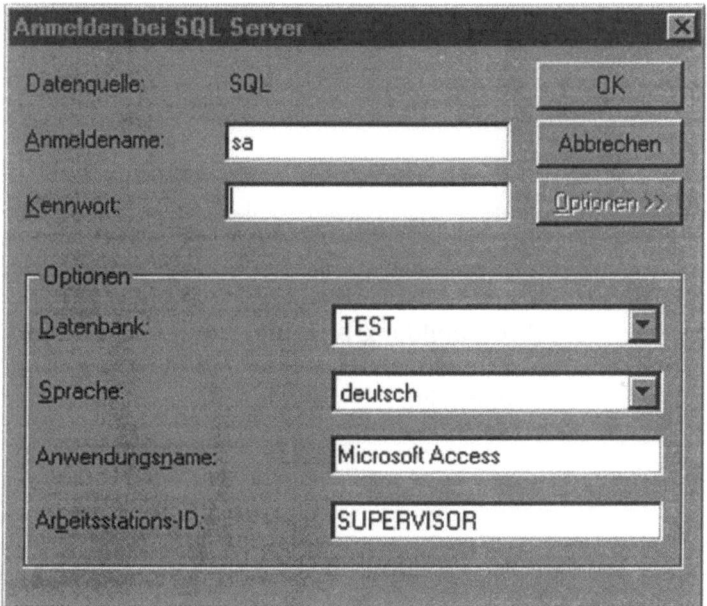

Daß bereits eine Verbindung zum SQL Server besteht, merken Sie daran, daß die Auswahlliste mit den Namen der auf dem Server zur Verfügung stehenden Datenbanken gefüllt ist. Ist bereits in der Datenquelle eine Datenbank angegeben, ist diese im Auswahlfenster bereits ausgewählt.

Wählen Sie im Auswahlfenster die einzubindenden Tabellen aus. Verwenden Sie die Option „Kennwort speichern", um das zuvor eingegebene Kennwort mit den übrigen Verknüpfungsinformationen in der ACCESS-Datenbank abzulegen. Speichern Sie das

Kennwort nicht, muß es jedesmal eingegeben werden, wenn Sie die Tabelle öffnen. Dies kann direktes Öffnen sein, Öffnen eines Formulares oder Berichts oder Ausführen einer Abfrage, in der die Tabelle integriert ist.

Bild 18-11:
Eingebundene SQL Server Tabellen

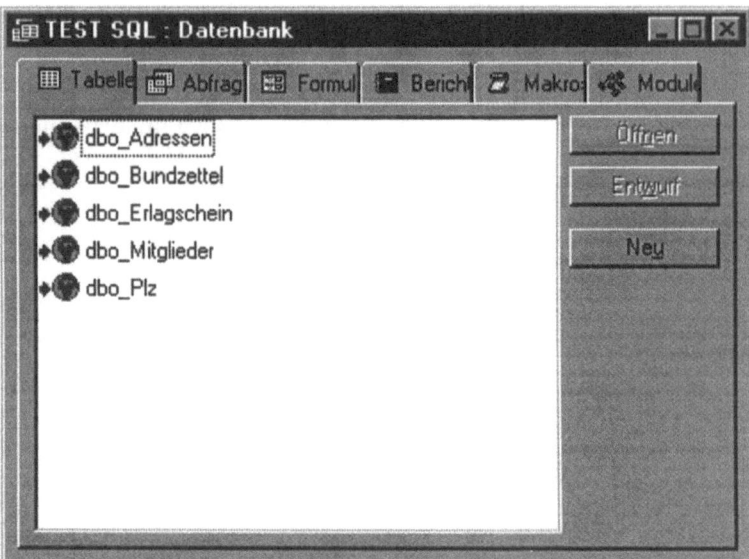

Die Abbildung zeigt: Eingebundene SQL Server Tabellen werden im Datenbankfenster der ACCESS-Datenbank mit einer Weltkugel dargestellt.

19 Ausgewählte Programmierlösungen

In diesem Kapitel werden einzelne Lösungen aus der Lösung „Personalinformation" vorgestellt, die für die Programmerstellung unter ACCESS allgemein von Interesse sind und leicht auf Ihre eigenen Applikationen übertragen werden können.

19.1 Schaltflächen anpassen

Ein kleiner Gag, der bei Schaltflächen in Menüformularen die Handhabbarkeit etwas erhöht, ist es, die Farbe der Schaltflächen zu verändern, sobald man sich mit der Maus über Sie bewegt. Dadurch wird die momentane Auswahl unterstrichen. Sie finden dies zum Beispiel in den Formularen „Einstiegsmenü" und „Personalinformation" der Beispieldatenbank „Personal VBA" umgesetzt.

Bild 19-1: Anpassen der Schaltflächen bei Mausbewegung

Die Anpassung der Farbe soll auch dann erfolgen, wenn mittels Cursortasten oder Tabulatortaste zwischen den einzelnen Schaltflächen hin- und hergesprungen wird.

19 Ausgewählte Programmierlösungen

Dadurch bietet sich ein zweiteiliges Verfahren an:

- Eine Taste bekommt den Fokus, wenn sich der Mauszeiger über ihr befindet.
- Eine Taste wechselt die Farbe, wenn sie den Fokus bekommt oder verliert.

Schritt 1 - Fokus bei Mausbewegung

Für jede Schaltfläche muß eine Ereignisprozedur für das Ereignis **Bei Mausbewegung** erstellt werden. Diese gibt der betroffenen Schaltfläche den Fokus. Dafür wird die Methode **SetFocus** verwendet.

```
Private Sub Datenerfassung_MouseMove(Button As Integer, Shift As Integer, X As Single, Y As Single)

Me!Datenerfassung.SetFocus

End Sub
```

Sie können bereits diesen Effekt testen, der auch ohne die Farbänderung alleine für sich eingesetzt werden kann.

Schritt 2 - Farbänderung bei Fokus

Wenn ein Steuerelement den Fokus erhält, wird das Ereignis **Beim Hingehen** ausgelöst. Für jede Schaltfläche ist eine Ereignisprozedur für dieses Ereignis zu erstellen. Diese weist der Eigenschaft **Textfarbe** (ForeColor) jeder Schaltfläche einen neuen Wert zu. Für die Farbzuweisung verwenden Sie den Farbcode. Um den Zahlenwert der gewünschten Farbe festzustellen, stellen Sie diese für ein Steuerelement ein und lesen diese aus dem Eigenschaftsfenster.

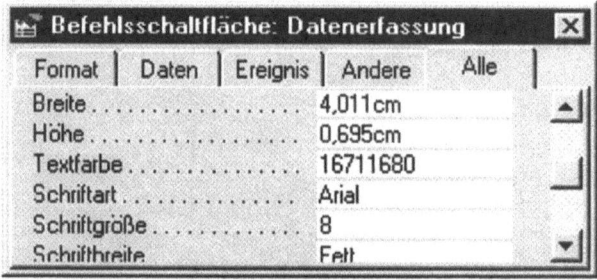

Bild 19-2: Farbwert dem Eigenschaftsfenster entnehmen

Im aktuellen Beispiel steht die Zahl 255 für den Farbwert Rot und 16711680 für Blau. Nun weisen Sie jeweils der aktivierten Schaltfläche den Farbwert Rot und allen anderen Blau zu. Blau muß allen und nicht nur den benachbarten Schaltflächen zugewiesen werden, da der Benutzer mit der Maus auch eine

„Achterbewegung" machen kann und man nicht sicher sein kann, daß eine der benachbarten Schaltflächen zuvor den Fokus gehabt hat, auch wenn dies meist wahrscheinlich ist.

```
Private Sub Datenerfassung_Enter()

    Me!Datenerfassung.ForeColor = 255
    Me!Personalinformation.ForeColor = 16711680
    Me!Druckausgabe.ForeColor = 16711680
    Me!DatenExport.ForeColor = 16711680
    Me!Programmende.ForeColor = 16711680

End Sub
```

Hinweis: Verwenden Sie diese Funktionalität nur für Menüformulare. Bei gewöhnlichen Formularen kann es verwirrend sein, wenn man die Maus auf die Seite bewegt, da sie den Blick auf das aktuell editierte Feld versperrt, und man die Maus dabei über eine Schaltfläche bewegt und plötzlich der Fokus nicht mehr im editierten Feld ist.

19.2 Druckmenü

Wir haben Ihnen bereits in der Beispieldatenbank ein Druckmenü vorgestellt, welches über die Verwendung von Makros gesteuert wird. Wir möchten Ihnen nun eine zweite Variante vorstellen, die andere Möglichkeiten bietet und deren Erstellung durch die Verwendung von VBA gekennzeichnet ist.

Das eigentliche Druckmenü weist folgende Merkmale auf:

- Die Zahl der über das Druckmenü ansteuerbaren Berichte ist flexibel erweiterbar, da die Berichtsnamen aus der Datenbank über eine Funktion eingelesen werden und über ein Listenfeld ausgewählt werden können
- Wahlweise werden Berichte, die für den Ausdruck von Etiketten bestimmt sind, oder jene, die auf normalem Papier ausgedruckt werden, angezeigt.
- Die Schaltflächen <Drucken> und <Seitenansicht> sind nur aktiv, wenn ein Bericht ausgewählt ist.
- Für den Bericht „Mitarbeiterstammdatenblatt" steht ein zweites Listenfeld zur Verfügung, um einen bestimmten Mitarbeiter auszuwählen. Das Listenfeld ist nur aktiv, wenn der genannte Bericht ausgewählt ist.

- Jeder Bericht kann in der Seitenansicht angezeigt oder direkt gedruckt werden.

Bild 19-3:
Druckmenü

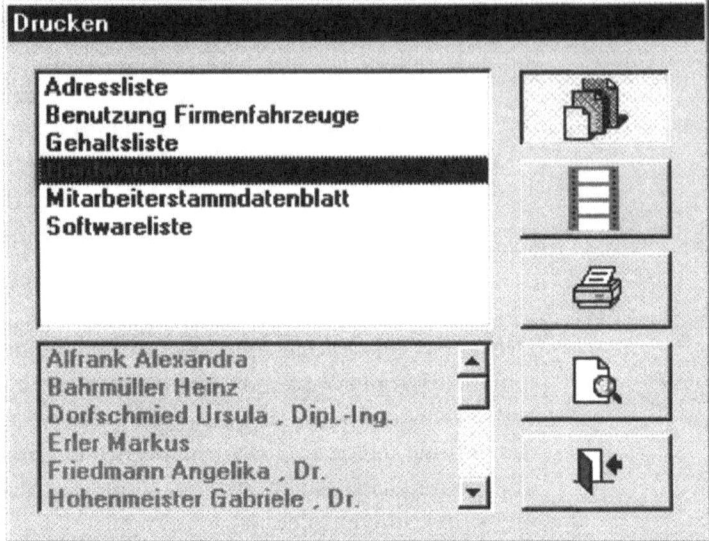

19.2.1 Berichtsnamen einlesen

Sie haben bereits in Kapitel 17 zwei Funktionen kennengelernt, welche die Namen der Tabellen beziehungsweise der Abfragen der aktuellen Datenbank einlesen. Zentrales Element des Druckmenüs ist nun die Funktion **NamenBerichte()**, welche die Namen der in der Datenbank gespeicherten Berichte einliest.

```
Public Function NamenBerichte(NamenTeil As String)

Dim DB As Database
Dim BERICHTE As Container, NAMEN As Document
Dim I As Integer, LÄNGE As Integer
Dim LISTE As String

    LISTE = ""
    LÄNGE = Len(NamenTeil)
    Set DB = CurrentDb
    Set BERICHTE = DB.Containers("Reports")
    For I = 0 To BERICHTE.Documents.Count - 1
        Set NAMEN = BERICHTE.Documents(I)
        If Left$(NAMEN.Name, LÄNGE) = NamenTeil Then
```

```
                    LISTE = LISTE + Mid$(NAMEN.Name, LÄNGE +
1) + ";"
        End If
    Next

    NamenBerichte = LISTE
    DB.Close

End Function
```

Da es „normale" Berichte gibt, und welche, die für den Etikettendruck verwendet werden, müssen diese durch ihren Namen voneinander unterschieden werden können. Wir haben folgende Einteilung getroffen:

- Die Namen normaler Berichte beginnen mit „Druck".
- Die Namen von Etikettenberichten beginnen mit „Etiketten".

Dieser Namensteil wird beim Aufruf der Funktion mit übergeben. Die Funktion liefert als Funktionsergebnis nur jene Berichte, deren Namen mit diesem Namensteil beginnen. Sie können diese Funktionalität auch dazu verwenden, um zu bestimmen, welche Berichte in das Druckmenü aufgenommen werden sollen.

Zu Beginn wird die Länge des linken Namenteiles in der Variablen Länge gespeichert, sie wird später für den Vergleich benötigt.

Für das Einlesen der Berichtsnamen wird eine Variable vom Typ **Container** benötigt. Ein Container beinhaltet eine Auflistung die gespeicherten Datenbankobjekte. Der Berichte-Container wird der Variablen **Berichte** zugeordnet. Jeder Container enthält eine Auflistung von **Documents** mit allen Objekten. Diese können über ihren Index oder Namen angesprochen werden. Die Eigenschaft Count gibt die Anzahl der gespeicherten Berichte zurück. Die Schleife wird von 0 beginnend bis Anzahl der Dokumente minus eins durchlaufen. Der Variablen **Namen** wird das Dokument mit dem aktuellen Index zugeordnet. Über die Eigenschaft Name kann der Name des Dokuments festgestellt werden. Mit Hilfe der Funktion Left$() wird untersucht, ob der Name mit dem gewünschten Buchstaben beginnt. Ist dies der Fall, wird er der Liste hinzugefügt. Zuvor wird der überprüfte Namensteil mit der Funktion Mid$() abgeschnitten. Die fertige LISTE wird der Funktionsvariablen übergeben und die Objektvariable geschlossen.

Beim Öffnen des Formulars wird die Funktion dazu verwendet, das Listenfeld mit den Namen der normalen Berichte zu füllen. Dazu wird der Eigenschaft Datensatzherkunft (RowSource) der Listenfeldes „ABFRAGE" mit den Berichtsnamen gefüllt.

```
Private Sub Form_Open(Cancel As Integer)

    Me!ABFRAGE.RowSource = NamenBerichte("Druck")

End Sub
```

19.2.2 Berichtsanzeige wechseln

Zur Auswahl der angezeigten Berichte wird eine Optionsgruppe mit zwei Umschaltflächen verwendet. Die Umschaltfläche zur Anzeige der normalen Berichte hat den Optionswert eins, jene zur Anzeige der Etikettenberichte den Optionswert zwei.

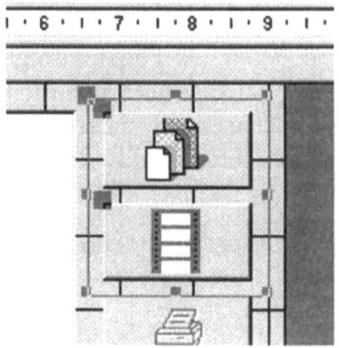

Bild 19-4: Optionsgruppe „Typ"

Immer wenn eine der beiden Umschaltflächen gedrückt wird, wird das Ereignis „Nach Aktualisierung" der Optionsgruppe ausgelöst. Die dazugehörige Ereignisprozedur wechselt den Inhalt des Listenfeldes zur Berichtswahl. In Abhängigkeit vom Optionswert werden die entsprechenden Berichte eingelesen und der Eigenschaft Datensatzherkunft (RowSource) des Listenfeldes zugewiesen.

Da die angezeigten Berichte im Listenfeld geändert worden sind, wird auch eine etwaige Auswahl aufgehoben. Wenn noch kein Bericht gewählt ist, werden die Schaltflächen „Drucken" und „Seitenansicht" deaktiviert. Diese werden erst wieder aktiviert, wenn ein Bericht ausgewählt wird. Dadurch wird ein Fehler verhindert, der beim Klicken der Schaltfläche <Drucken> für den Fall auftreten würde, daß zuvor kein Bericht ausgewählt wurde.

Schließlich wird noch das untere Listenfeld mit den Mitarbeiternamen deaktiviert, wenn es aktiviert ist. Da ein Listenfeld im Gegensatz zu einem Textfeld seine Farbe nicht verliert, wenn es deaktiviert ist, wird die Textfarbe (ForeColor) noch auf grau eingestellt, um auch optisch den deaktivierten Eindruck zu geben.

```
Private Sub Typ_AfterUpdate()

    If Typ = 1 Then
        Me!ABFRAGE.RowSource = NamenBerichte("Druck")
    Else
        Me!ABFRAGE.RowSource = NamenBerichte("Etiketten")
    End If

    Me!ABFRAGE = Null
    Me!Drucken.Enabled = False
    Me!Seitenansicht.Enabled = False

    If Me!MANamen.Enabled = True Then
        Me!MANamen = Null
        Me!MANamen.Enabled = False
        Me!MANamen.ForeColor = 12632256
    End If

End Sub
```

19.2.3 Fehlervermeidung durch deaktivierte Schaltflächen

Wie bereits zuvor kurz angeschnitten, können Fehler im Programmcode vermieden werden, indem der Code gar nicht gestartet werden kann, wenn die dafür benötigten Bedingungen nicht vorliegen. Dies ist oft viel weniger aufwendig, als einen speziellen Fehlerbehandlungscode zu schreiben. Außerdem ist es wesentlich besser, den Benutzer einen Fehler nicht machen zu lassen, als ihn auf einen gemachten Fehler aufmerksam zu machen und von vorne beginnen zu lassen.

Die Befehlsschaltflächen <Drucken> und <Seitenansicht> können erst gedrückt werden, wenn ein Bericht ausgewählt worden ist. Daher sind sie beim Öffnen des Formulars standardmäßig noch deaktiviert. Nach Aktualisierung des Listenfeldes „Abfrage" wird eine Ereignisprozedur aktiv, welche die beiden Schaltflächen aktiviert. Da der Inhalt des Listenfeldes nicht mehr gelöscht werden kann (die Tasten [Entf] und [Esc] schlagen nicht an), kann eine Aktualisierung nur aus einer Auswahl bestätigen. Daher kann ohne Wenn und Aber die Aktivierung der beiden Schaltflächen erfolgen. Die einzige Einschränkung ist, daß sie nicht mehr aktiviert werden müssen, wenn sie es bereits sind. Dies ist zwar nicht notwendig, aber die elegantere Programmierlösung.

Ist die Option des Mitarbeiterstammdatenblatts gewählt, muß das untere Listenfeld aktiviert werden. In diesem Fall bleiben die Schaltflächen deaktiviert, da sie erst aktiviert werden, wenn auch ein Mitarbeiter ausgewählt ist. Darüber hinaus ist zu beachten: War die Schaltfläche ausgewählt und wird jetzt ein anderer Bericht gewählt, wird das untere Listenfeld deaktiviert.

```
Private Sub Abfrage_AfterUpdate()

    If Me!Drucken.Enabled = False Then
Me!Drucken.Enabled = True
    If Me!Seitenansicht.Enabled = False Then
Me!Seitenansicht.Enabled = True

    If Left$(Me!ABFRAGE, 11) = "Mitarbeiter" Then
        Me!MANamen.Enabled = True
        Me!MANamen.ForeColor = 255
        Me!Drucken.Enabled = False
        Me!Seitenansicht.Enabled = False
    ElseIf Me!MANamen.Enabled = True Then
        Me!MANamen = Null
        Me!MANamen.Enabled = False
        Me!MANamen.ForeColor = 8421504
    End If

End Sub
```

Wird im unteren Listenfeld ebenfalls eine Auswahl getroffen, steht dem Ausdruck endgültig nichts mehr im Wege.

```
Private Sub MANamen_AfterUpdate()

    Me!Drucken.Enabled = True
    Me!Seitenansicht.Enabled = True

End Sub
```

19.2.4 Druckausgabe starten

Die Druckausgabe erfolgt über die Sub-Prozedur *Druckausgabe()*. Sie wird gestartet, wenn die Schaltfläche <Drucken> oder <Seitenansicht> geklickt wird. Als Parameter wird der Prozedur der Öffnungsmodus des Berichts übergeben. Dafür werden die eingebauten Konstanten **acPreview** für Seitenansicht und **acNormal** für direkten Ausdruck übergeben.

Zu beachten ist:

- Da die Berichtsnamen beim Einlesen gekürzt worden sind, müssen sie vor dem Ausdruck auf die vollen Namen erweitert werden. Wahlweise wird dem ausgewählten Namen „Druck" oder „Etiketten" vorangestellt.

- Bevor der Bericht geöffnet wird, wird das Druckmenü ausgeblendet (Es wird nach beim Schließen des Berichts von diesem wieder eingeblendet).

- Wird ein Mitarbeiterstammdatenblatt gedruckt, ist das Listenfeld MAName nicht null, und die einschränkende Bedingung zum Druck lediglich eines Datensatzes wird dem Berichtsaufruf hinzugefügt.

```
Private Sub Druckausgabe(Modus)

Dim BERNAME As String

    Select Case Me!Typ
        Case 1
            BERNAME = "Druck" + Me!ABFRAGE
        Case 2
            BERNAME = "Etiketten" + Me!ABFRAGE
    End Select

    Me.Visible = False

    If IsNull(Me!MANamen) Then
        DoCmd.OpenReport BERNAME, Modus
    Else
        DoCmd.OpenReport BERNAME, Modus, , _
"[Personalnummer]=[Formulare]![Druck]![MANamen]"
    End If

End Sub
```

19.3   Endlosformular zur Datensatzauswahl

Eine von Benutzern sehr häufig gewünschte Möglichkeit, einen Datensatz zu selektieren, ist die Auswahl aus einem Listenfeld. Dies ist beispielsweise im Formular „Mitarbeiterstammdaten" realisiert. Wird ein Mitarbeitername im Listenfeld ausgewählt, wird der entsprechende Stammdatensatz gesucht und angezeigt.

Diese Methode kann solange sinnvoll angewendet werden, solange die Anzahl der Datensätze nicht allzu groß wird. Ab circa 200 bis 300 Datensätzen wird das Listenfeld (Kombinationslistenfeld) langsam, ab circa 500 Datensätzen wird das Arbeiten damit zur Qual.

Um dennoch bei größeren Anzahl an Datensätzen nicht auf diese Funktionalität verzichten zu müssen, bieten sich verschiedene Alternativen an. Eine unserer Meinung nach sehr effiziente Variante ist die Verwendung eines Endlosformulars, das in ein PopUp-Formular als Unterformular integriert wird. Das Endlosformular bietet ebenfalls die Möglichkeit, in den Datensätzen zu scrollen und den gewünschten Datensatz zu selektieren, indem auf die kleine Schaltfläche in der betreffenden Zeile geklickt wird. Darüber hinaus bietet diese Lösung folgende Vorteile:

- Das Formular kann erheblich größer und daher übersichtlicher gestaltet werden als ein Listenfeld.
- Es können wesentlich mehr Informationen dargestellt werden. Die Anzeige ist nicht nur auf die Anzeige beispielsweise eines Namens und einiger weniger Zusatzinformationen beschränkt.
- Die Auswahl kann wahlweise nach verschiedenen Kriterien erfolgen. Zum leichteren und schnelleren Auffinden des gewünschten Datensatzes kann flexibel nach verschiedenen Kriterien auf- und absteigend sortiert werden.
- Durch die Anzeige der Liste in einem eigenen Formular wird kein Platz innerhalb des eigentlichen Datenformulars benötigt.

19.3 Endlosformular zur Datensatzauswahl

Bild 19-5:
Integriertes Endlosformular zur Datensatzselektion

Seminar	von	bis
Angebotsvergleich und Lieferantenbewertung	18.04.97	19.04.97
Die Datenbank MS-ACCESS optimal nutzen	02.11.96	03.11.96
Erfolgreiche Einführung und effizienter Betrieb von PC-Netzwer	23.11.96	25.11.96
Excel Makroschulung	17.05.97	18.05.97
Grafiken erstellen Mit CorelDRAW! 4.0	28.04.97	29.04.96
Informationssysteme für das Management - Chefinformationssys	14.12.96	15.12.96
ISO 9000 - Sinn und Zweck einer Zertifizierung	05.02.97	05.02.97
Körpersprache und Persönlichkeit	13.12.96	14.12.96
Lotus Notes - Entwicklung einer effizienten Bürokommunikatior	15.01.96	17.01.96
Novell Grundkurs	10.11.96	14.11.96
PC-Wissen für den Einkauf	14.06.97	15.06.97
Programmieren von Datenbankanwendungen Mit MS-ACCESS	15.11.96	16.11.96

Dieses Formular soll durch eine eigene Schaltfläche vom Formular „Seminarbesuche" aus geöffnet werden können, um dort ein bestimmtes Seminar auszuwählen. In der Beispieldatenbank ist dies die Schaltfläche mit dem Fernglas-Symbol.

Erstellen des PopUp-Formulars

Als „Trägerformular" ist ein PopUp-Formular zu erzeugen, welches wie ein Menüformular einzustellen ist. Neben dem Unterformular wird im Hauptformular lediglich eine zusätzliche Schaltfläche zum Schließen des Formulars benötigt. Diese schließt das Formular ohne weitere Aktion und kann deshalb benutzt werden, wenn doch keine Selektion erfolgen soll. Um die Funktionalität zu unterstreichen, wird für sie die Eigenschaft „Bei Taste ESC" gesetzt.

Die Schaltflächen zur Einstellung der Sortierung können wahlweise im Hauptformular oder im Formularkopf des Unterformulars plaziert werden. Der Code unterscheidet sich dann jeweils geringfügig. Sie finden dieses Formular in der Beispieldatenbank unter dem Namen „Seminarsuche".

Erstellen des Endlos-/Unterformulars

Das Endlosformular wird zur Darstellung der Daten in der Tabellenform verwendet, da in der Datenblattansicht keine Schaltflächen integriert werden können. Diese werden aber zur Auswahl des Datensatzes benötigt.

Bild 19-6:
Endlosformular als Unterformular

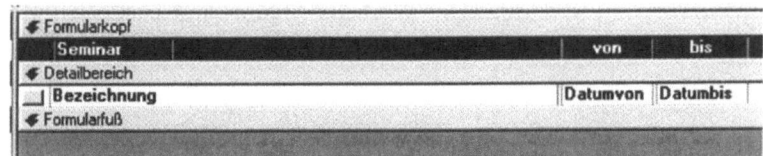

565

Grundsätzlich gilt: Im Unterformular wird alles deaktiviert, was nicht benötigt wird. Angefangen beim Datensatzmarkierer, über die Navigationsschaltflächen bis hin zu den horizontalen Bildlaufleisten. Wichtig ist, daß die horizontale Bildlaufleiste zur Verfügung steht. Das Anfügen von Datensätzen wird ebenso unterbunden wie das Löschen oder Ändern derselben. Da die Textfelder nicht editiert werden müssen, werden sie deaktiviert und gesperrt (Zur Erinnerung: Würden sie lediglich deaktiviert, aber nicht gesperrt werden, würden sie dunkelgrau dargestellt werden).

Wichtig ist, daß das Feld „Seminarnummer" in das Formular integriert wird, wenn auch nicht sichtbar. Dies ist notwendig, da diese das Suchkriterium für die Auswahl des Datensatzes im Formular „Seminarbesuche" darstellt.

Eines der beiden Herzstücke der Lösung ist die Prozedur, die beim Klicken auf die kleine Schaltfläche in der Zeile jedes Datensatzes ausgeführt wird. Sie schließt das Formular und selektiert den gewählten Datensatz im Formular „Seminarbesuche".

Da das Formular geschlossen wird, bevor die Suche erfolgt, wird der Inhalt des Feldes „Seminarnummer" bereits als fertiger Suchstring für die Methode **FindFirst** zwischengespeichert.

Gesucht wird im Formular „Seminarbesuche", indem eine Synchronisation der Lesezeichen-Eigenschaft (Bookmark) des Formulars mit jenem der Eigenschaft RecordsetClone stattfindet, nachdem innerhalb dieser der Datensatz selektiert worden ist, der den Auswahlkriterien entspricht.

RecordsetClone (DatensatzgruppeDuplizieren): Sie erstellen damit eine Kopie der Daten, die im angegebenen Formular angezeigt werden. Dies ist dann sinnvoll, wenn Methoden, die auf ein Formular nicht anwendbar sind (wie zum Beispiel die Methode FindFirst), genutzt werden sollen. Da auch die Daten eines Unterformulars „geclont" werden können, kann dies in der Verbindung mit der Methode RecordCount zur Feststellung verwendet werden, ob das Unterformular Daten enthält.

Bookmark (Lesezeichen): Ein Lesezeichen kennzeichnet einen bestimmten Datensatz innerhalb einer Datensatzgruppe. Achtung: Der Wert der Eigenschaft Lesezeichen stimmt nicht mit der jeweiligen Datensatznummer überein.

19.3 Endlosformular zur Datensatzauswahl

```
Private Sub Suche_Click()

Dim Suchstring As String

    Suchstring = "[Seminarnummer] = " + Str$(Me!Seminarnummer)
    DoCmd.Close acForm, Screen.ActiveForm.Name

    Forms!Seminarbesuche.RecordsetClone.FindFirst Suchstring
    Forms!Seminarbesuche.Bookmark = Forms!Seminarbesuche.RecordsetClone.Bookmark

End Sub
```

Das zweite Herzstück des Formulars ist die Möglichkeit, die Sortierung innerhalb des Formulars dynamisch zu verändern. Da wir uns in einem PopUp-Formular und nicht in der Datenblattansicht befinden, sind die diesbezüglichen Icons der Symbolleiste nicht verfügbar. Jetzt heißt es, diese Funktionalität „nachzubauen".

Dazu werden im Hauptformular vier Schaltflächen benötigt. Vier genügen, da wir zwei Kriterien haben, nämlich Seminartitel und Beginndatum, nach denen jeweils aufsteigend und absteigend sortiert werden können soll.

Um direkt den optischen Hinweis zu erhalten, welche Sortierung nun aktiviert ist, werden anstelle gewöhnlicher Befehlsschaltflächen Umschaltflächen innerhalb einer Optionsgruppe verwendet. Diese weisen die Optionswerte eins bis vier auf.

Bild 19-7:
Optionsgruppe zur Datensatzsortierung

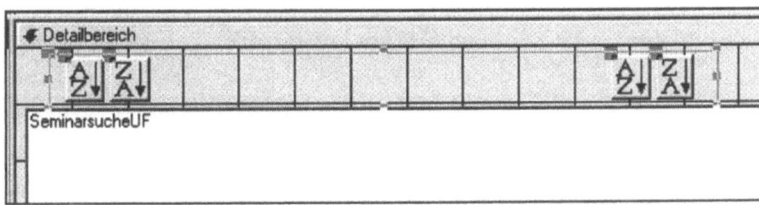

Die vier Umschaltflächen müssen innerhalb der Optionsgruppe so plaziert werden, daß sie über den entsprechenden Feldern des Unterformulars liegen. Die Plazierung ist eine kleine Spielerei mit Annäherung, da das Unterformular im Formularentwurf des Hauptformulars leider nur als weißes Rechteck dargestellt wird.

19   Ausgewählte Programmierlösungen

Die Umsortierung wird in der Weise vorgenommen, daß der Eigenschaft *Datenherkunft* (RecordSource) des Unterformulars jeweils die entsprechende SQL-Anweisung zugewiesen wird. Die Neuzuweisung erfolgt nach Aktualisierung des Optionsgruppe.

Der Variablen SQL wird zunächst jener Teil der SQL-Anweisung zugewiesen, der in allen Fällen identisch ist. Dies ist der Teil bis zur Anweisung „ORDER BY".

Der Rest der Anweisung wird in Abhängigkeit von der Auswahl angefügt. Wie meist bei der Auswertung einer Optionsgruppe bietet sich dazu eine Case-Struktur an. Die vervollständigte SQL-Anweisung wird dem Unterformular als neue Datenherkunft zugewiesen, wodurch die neue Anzeige erfolgt.

```
Private Sub Sortierung_AfterUpdate()

Dim SQL As String

SQL = "SELECT DISTINCTROW Seminare.Bezeichnung, Seminare.Datumvon, Seminare.Datumbis, Seminare.Seminarnummer FROM Seminare ORDER BY"

Select Case Sortierung
    Case 1
        SQL = SQL + " Seminare.Bezeichnung;"
    Case 2
        SQL = SQL + " Seminare.Bezeichnung DESC;"
    Case 3
        SQL = SQL + " Seminare.Datumvon;"
    Case 4
        SQL = SQL + " Seminare.Datumvon DESC;"
End Select

Me!SeminarsucheUF.Form.RecordSource = SQL

End Sub
```

19.4 Formularbasierte Suche und Filterung

Der formularbasierte Filter ist in ACCESS in der Version 7.0 erstmals integriert. Er ermöglicht das Erstellen eines Filters, indem die Suchbedingungen direkt in das Formular eingegeben werden. Die Anwendung dieses Filtertyps ist in der Praxis oft etwas unkomfortabel. Als Alternative wollen wir Ihnen eine einfache

19.4 Formularbasierte Suche und Filterung

programmierte Lösung zeigen, womit dieselbe Funktionalität mit mehr Komfort erreicht wird.

Das Formular „Mitarbeitersuche" wird über die Suchen-Schaltfläche (= Schaltfläche mit dem Fernglassymbol) vom Formular „Mitarbeiterstammdaten" aus aufgerufen. Es dient zur gezielten Suche nach einem bestimmten Mitarbeiter, indem entweder

- gezielt die bekannte Personalnummer eingegeben wird, oder
- indem beliebig viele Buchstaben innerhalb der angeführten Felder eingegeben werden. Sie können die Anzahl der Felder beliebig erweitern.

Wird eine Personalnummer eingegeben, werden die übrigen Felder gesperrt und umgekehrt. Da die Personalnummer eindeutig ist, wird die Suchmethode verwendet, um den Datensatz zu suchen. Werden andere Bedingungen eingegeben, wird aus Ihnen eine SQL-Abfrage generiert, welche als Filter über das Formular gelegt wird.

Bild 19-8:
Suchformular für formularbasierte Suche

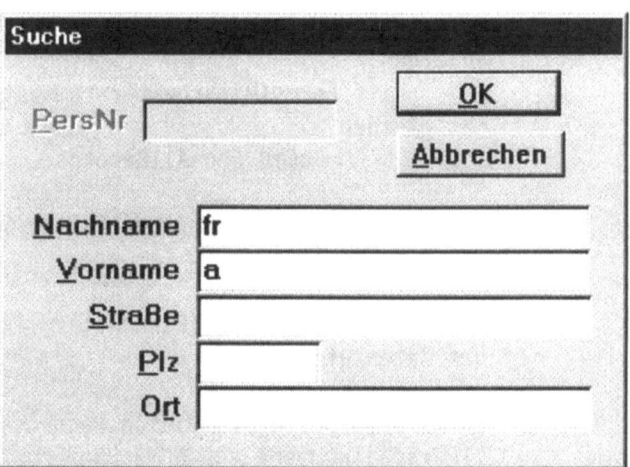

Das Suchformular   Zunächst ist das Suchformular zu erstellen. Es wird zweckmäßigerweise als PopUp-Formular definiert. Neben den ungebundenen Textfeldern enthält es die Schaltflächen <OK> und <Abbrechen>. Die Suche wird durch Drücken der Schaltfläche <OK> ausgelöst.

Zu Beginn wird das Suchformular ausgeblendet, indem dessen Sichtbar-Eigenschaft auf Nein gestellt wird. Da es nur ausgeblendet und nicht geschlossen ist, kann noch weiterhin auf dessen Steuerelementinhalte zugegriffen werden. Danach wird das Formular „Mitarbeiterstamm" zum aktiven Formular gemacht.

Die Prozedur läßt sich von da an in zwei Teile teilen, wobei der erste Teil der Prozedur die Suche nach dem Datensatz übernimmt, wenn eine Personalnummer im Suchformular eingegeben wird.

```
Private Sub PNrSuche_Click()

Dim ANZBED As Byte, BED As String
Static BEDINGUNG(1 To 7)

    Forms!Mitarbeitersuche.Visible = False
    DoCmd.SelectObject acForm, "Mitarbeiterstammdaten"

    ' Suche nach der Personalnummer
    If Not IsNull(Me!PNr) Then

        ' Wenn ein Filter aktiv ist, alle Datensätze anzeigen.
        If Forms!Mitarbeiterstammdaten!Filter.Caption <> "-" Then
            DoCmd.ShowAllRecords

Forms!Mitarbeiterstammdaten!Filter.Caption = "-"
        End If

        ' Den mit der Personalnummer übereinstimmenden Datensatz suchen.

Forms!Mitarbeiterstammdaten.RecordsetClone.FindFirst "[Personalnummer] = " & Me!PNr
        ' Prüfen, ob die Suche erfolgreich gewesen ist.
        If Forms!Mitarbeiterstammdaten.RecordsetClone.NoMatch = True Then
            MsgBox "Die Personalnummer" + Str$(Forms!Mitarbeitersuche.PNr) + " konnte nicht gefunden werden.", 48, "Erfolglos"
            Forms!Mitarbeitersuche.Visible = True
```

```
                Me!PNr.SetFocus
        Else
            DoCmd.Close acForm, "Mitarbeitersuche"
            Forms!Mitarbeiterstammdaten.Bookmark =
Forms!Mitarbeiterstammdaten.RecordsetClone.Bookmark
        End If
```

Damit die Suchfunktion auf die Grundgesamtheit aller Daten zugreifen kann, muß ein etwaiger noch aktiver Filter aufgehoben werden. Ob ein Filter aktiv ist, läßt sich über die Eigenschaft *Beschriftung* des Steuerelementes *Filter* feststellen. Sie zeigt im rechten unteren Formular stets einen aktiven Filter an. Ist die Beschriftung aktuell kein Querstrich, ist ein Filter aktiv und wird mit der Anweisung **AlleDatensätzeAnzeigen** (ShowAllRecords) aufgehoben. Natürlich muß daraufhin auch die Beschriftung des Feldes „Filter" angepaßt werden.

Die Methode **FindFirst** wird auf die Eigenschaft *RecordsetClone* angewandt, um den Datensatz mit der vom Benutzer eigegebenen Personalnummer zu suchen. Weist nach der Suche die Eigenschaft *NoMatch* den Wert True auf, war die Suche erfolglos, und dies wird dem Benutzer über eine Messagebox mitgeteilt. In diesem Fall wird das Suchformular wieder eingeblendet und der Fokus auf das Feld PNr gelegt. Dem Benutzer wird so die Möglichkeit gegeben, eine andere Nummer einzugeben. War die Suche erfolgreich, wird der gesuchte Datensatz angezeigt, indem die Bookmark-Eigenschaften von Formular und RecordsetClone synchronisiert werden (siehe 19.3).

Sind Eingaben in einem oder mehreren Textfeldern erfolgt, wird aus diesen Eingaben eine SQL-Anweisung generiert, die zur Filterung des Formulars benötigt wird.

Folgende zwei Variablen spielen eine bedeutende Rolle:

- Die Anzahl der Kriterien, die vom Benutzer eingegeben werden, können nicht im voraus bestimmt werden. Daher ist es notwendig über eine Prozedur festzustellen, wieviele es sind. Für das korrekte Erstellen der SQL-Anweisung wird die Anzahl benötigt. Die festgestellte Anzahl wird in der Variable ANZBED abgelegt.

- Jede Benutzereingabe wird in eine Bedingung umgesetzt. Da diese in einzelnen Variablen festgelegt werden, deren Anzahl flexibel sein muß, bietet es sich an, dafür ein Datenfeld (Array) zu verwenden. Da in unserem Formular maximal sieben Bedingungen erreicht werden können, wird ein

19   Ausgewählte Programmierlösungen

Feld mit dem Namen BEDINGUNG mit genau dieser Größe deklariert.

- Mit der Anweisung **Static** wird ein Datenfeld mit fixer Größe deklariert. Da ACCESS ohne Angabe des Startwertes bei null zu deklarieren beginnt, wird explizit eins als Untergrenze angegeben. (Deklaration von Datenfeldern siehe Abschnitt 12.3.1)

Hinweis: Eine elegantere Programmiervariante wäre, das Datenfeld nicht als statisch, sondern als dynamisch zu deklarieren und die Größe des Feldes mittels der **ReDim()**-Anweisung festzulegen, wenn die Anzahl der Bedingungen und damit die benötigte Feldgröße feststehen. ACCESS macht dabei einige Probleme bezüglich der Speicherverwaltung, so daß diese Variante hier nicht gewählt wurde.

Nachfolgend die Lösung im Überblick:

```
            Else
                ANZBED = 0
                If Not IsNull(Me!Nachname) Then
                    ANZBED = ANZBED + 1
                    BEDINGUNG(ANZBED) = "[Nachname] Like '" +
Me!Nachname + "*'"
                End If
                If Not IsNull(Me!Vorname) Then
                    ANZBED = ANZBED + 1
                    BEDINGUNG(ANZBED) = "[Vorname] Like '" +
Me!Vorname + "*'"
                End If
                If Not IsNull(Me!Straße) Then
                    ANZBED = ANZBED + 1
                    BEDINGUNG(ANZBED) = "[Straße] Like '" +
Me!Straße + "*'"
                End If
                If Not IsNull(Me!Plz) Then
                    ANZBED = ANZBED + 1
                    BEDINGUNG(ANZBED) = "[Postleitzahl] Like
'" + Me!Plz + "*'"
                End If
                If Not IsNull(Me!Ort) Then
                    ANZBED = ANZBED + 1
                    BEDINGUNG(ANZBED) = "[Ort] Like '" + Ort
+ "*'"
```

19.4 Formularbasierte Suche und Filterung

```
            End If

        Select Case ANZBED
             Case 0
                  DoCmd.Close acForm, "Mitarbeitersuche"
                  Exit Sub
             Case 1
                  BED = BEDINGUNG(1)
             Case 2
                  BED = BEDINGUNG(1) + " AND " + BEDIN-
GUNG(2)
             Case 3
                  BED = BEDINGUNG(1) + " AND " + BEDIN-
GUNG(2) + " AND " + BEDINGUNG(3)
             Case 4
                  BED = BEDINGUNG(1) + " AND " + BEDIN-
GUNG(2) + " AND " + BEDINGUNG(3) + " AND " + BEDIN-
GUNG(4)
             Case 5
                  BED = BEDINGUNG(1) + " AND " + BEDIN-
GUNG(2) + " AND " + BEDINGUNG(3) + " AND " + BEDIN-
GUNG(4) + " AND " + BEDINGUNG(5)
        End Select

Forms!Mitarbeiterstammdaten.RecordsetClone.FindFirst BED
        If Forms!Mitarbeiterstammdaten.RecordsetClone.NoMatch = True Then
             MsgBox "Es konnten keine entsprechenden Daten gefunden werden.", 48, "Erfolglos"
             Forms!Mitarbeitersuche.Visible = True
        Else
             DoCmd.Close acForm, "Mitarbeitersuche"
             DoCmd.ApplyFilter , BED

Forms!Mitarbeiterstammdaten!Filter.Caption = "?"
        End If

    End If

End Sub
```

Die Anzahl der Bedingungen wird festgestellt, indem jedes der Textfelder auf seinen Inhalt überprüft wird. Enthält das Feld einen Eintrag, wird die Anzahl der Bedingungen um eins erhöht und der Feldvariablen mit dem entsprechenden Index der Text für die spätere SQL-Anweisung übergeben, der diese Bedingung repräsentiert.

Innerhalb der nachfolgenden Case-Struktur wird die Gesamtbedingung aus den einzelnen Bedingungen zusammengefügt. Bevor der Filter auf das Formular angewendet wird, erfolgt eine Prüfung, ob zumindest ein Datensatz vorhanden ist, der die Bedingung erfüllt. Für diese Überprüfung wird wieder die Methode FindFirst auf die Eigenschaft RecordsetClone des Formulars „Mitarbeiterstammdaten" angewendet. Da die Syntax für die Suche auch nach den SQL-Konventionen erfolgt, kann die Filterbedingung auch dafür verwendet werden, ohne modifiziert werden zu müssen. Ist die Suche erfolglos, wird eine entsprechenden Meldung angezeigt und das Suchformular wieder eingeblendet, damit der Benutzer seine Eingaben modifizieren kann.

War die Suche erfolgreich, wird das Suchformular geschlossen und der Filter auf das Formular „Mitarbeiterstammdaten" angewendet. Damit dem Benutzer der aktive Filter auch angezeigt wird, wird außerdem die Beschriftung des Steuerelementes Filter angepaßt. Das Fragezeichen signalisiert dem Benutzer, daß ein komplexerer Filter aktiv ist. Er kann wie jeder andere über die Schaltfläche <Alle> wieder entfernt werden.

19.5 Flexibles Unterformular

Oft ergeben sich Situationen, in denen es sinnvoll ist, die durch ein Unterformular angezeigten Informationen zu ändern, während das Formular geöffnet ist. Ein Beispiel dafür haben Sie bereits in Abschnitt 3 dieses Kapitels kennengelernt, in dem die Sortierreihenfolge der im Unterformular angezeigten Daten verändert wird. Eine andere Möglichkeit besteht darin, für ein Formular mehrere Unterformulare zu erstellen, die flexibel in das Formular integriert werden können.

Bringen Sie Leben ins Formular, indem Sie je nach Eingabemöglichkeit ein anderes Unterformular integrieren! Im Formular „Personalinformation: Fahrzeuge" können beispielsweise entweder alle Benutzungen eines Fahrzeugs oder jene eines bestimmten Monats angezeigt werden. Wird die Option „ausgew. Monat"

19.5 Flexibles Unterformular

gewählt, werden die Listenfelder zur Auswahl des Jahres und des Monats aktiviert. Im Unterformular wird dann für den selektierten Monat angezeigt, wann ein Fahrzeug genutzt wurde.

Bild 19-9:
Formular mit flexibel zugeordnetem Unterformular

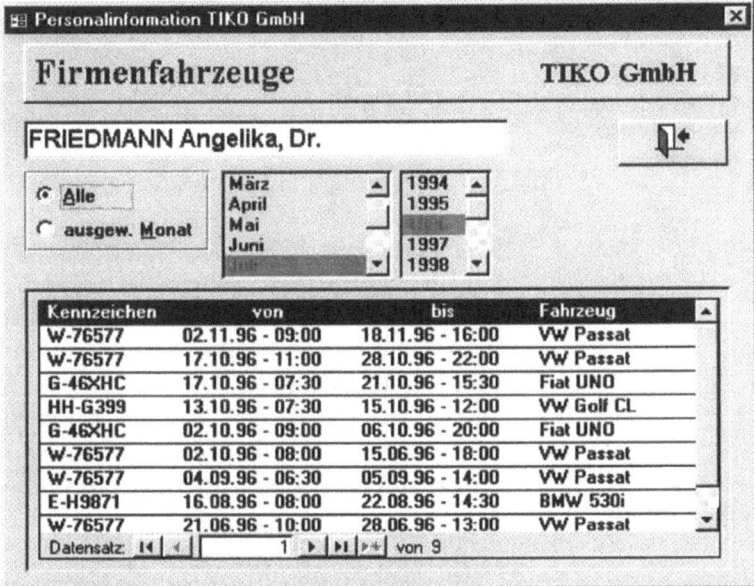

Benötigte Objekte und Steuerelemente

Zur Umsetzung werden im Hauptformular folgende Steuerelemente benötigt:

- **Optionsgruppe:** Über die Optionsgruppe kann der Benutzer die zwei Anzeigeoptionen „Alle" und „Ausgewählter Monat" auswählen. Standardmäßig ist beim Öffnen des Formulars die Option „Alle" vorbelegt.

- **Listenfelder:** Zwei Listenfelder zur Auswahl von Monat und Jahr. Das Listenfeld Monat enthält zwei Spalten. Die gebundene Spalte mit den Zahlenwerten eins bis zwölf ist ausgeblendet, die Auswahl erfolgt über die Monatstexte. Das Listenfeld Jahr enthält nur eine Spalte mit den Jahreswerten.
  Da beim Öffnen des Formulars die Option „Alle" vorbelegt ist, sind beide Listenfelder standardmäßig deaktiviert. Weil deaktivierte Listenfelder standardmäßig optisch nicht als solche erkennbar sind, wird ein Grauton als Textfarbe verwendet, um diesen fehlenden optischen Hinweis zu erzeugen.

19 Ausgewählte Programmierlösungen

- **Berechnetes Textfeld:** In einem ungebundenen Textfeld wird ein Code berechnet, der aus Personalnummer und dem ausgewählten Monat sowie Jahr besteht. Über dieses Feld wird die Verknüpfung zum Unterformular hergestellt. Das Feld ist nicht sichtbar.

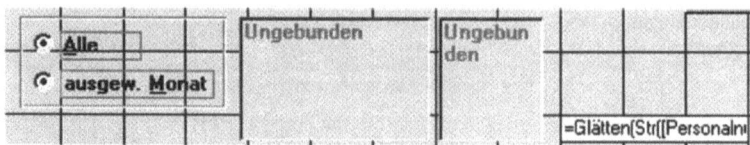

Bild 19-10: Optionsfeld, Listenfelder und verstecktes Textfeld

Zwei Formulare stehen als Unterformular bereit. Das Formular „Personalinformation: Fahrzeugeunterformular1" wird zur Anzeige aller Benutzungen verwendet, das Formular „Personalinformation: Fahrzeugeunterformular2" wird verwendet, wenn die Benutzungen eines bestimmten Monats angezeigt werden sollen. Die beiden Formulare unterscheiden sich optisch nicht voneinander, das zweite Formular enthält zusätzlich das nach demselben Schema wie im Hauptformular berechnete Feld „Code":

Glätten(Str([Personalnummer]))+"-"+Format([Datumvon];"m")+"-"+Format([Datumvon];"jjjj")

Nach Aktualisierung der Optionsgruppe wird die folgende Ereignisprozedur gestartet, welche den Austausch der Unterformulare vornimmt:

```
Private Sub Anzeige_AfterUpdate()

If Me!Anzeige = 2 Then
    Me!Monat.Enabled = True
    Me!Jahr.Enabled = True
    Me!Monat.ForeColor = 8388608
    Me!Jahr.ForeColor = 8388608
    With Me!KFZ
        .SourceObject = "Personalinformation: Fahrzeugeunterformular2"
        .LinkChildFields = "Code"
        .LinkMasterFields = "Code"
    End With
Else
    Me!Monat.Enabled = False
    Me!Jahr.Enabled = False
    Me!Monat.ForeColor = 4342338
```

```
    Me!Jahr.ForeColor = 4342338
    With Me!KFZ
        .LinkMasterFields = "Personalnummer"
        .LinkChildFields = "Personalnummer"
        .SourceObject = "Personalinformation: Fahrzeugeunterformular1"
    End With
End If

End Sub
```

Wird die Option „ausgewählter Monat" gewählt, werden die Listenfelder „Monat" und „Jahr" eingeblendet sowie deren Textfarbe auf blau gewechselt. Der eigentliche Unterformularwechsel findet innerhalb der With-Anweisung statt.

Das Unterformular hat den Steuerelementnamen KFZ bekommen, da dieser kürzer und dadurch im Programmcode angenehmer zu verwenden ist, als der von ACCESS beim Erstellen des Unterformulars automatisch vergebene. Der Unterformularwechsel wird vollzogen, indem die Eigenschaften

- Herkunftsobjekt (SourceObject),
- Verknüpfen von (LinkChildFields) und
- Verknüpfen nach (LinkMasterFields)

angepaßt werden.

Herkunftsobjekt bekommt den Namen des anderen Unterformulars und die neuen Verknüpfungsfelder werden eingetragen. Dabei ist die Reihenfolge wichtig. Beim Wechsel von „Alle" auf „ausgewählter Monat" muß zuerst das Herkunftsobjekt geändert werden, beim umgekehrten Wechsel sind zuerst die Verknüpfungsfelder zu ändern. Dies ist notwendig, da das Feld „Code" nur in einem Unterformular vorhanden ist. Die Kombination aus dem Herkunftsobjekt „Personalinformation: Fahrzeugeunterformular1" und Verknüpfungsfeld „Code" würde zu einem Fehler führen.

Sie können den Unterformularwechsel universell in Ihren Applikationen einsetzen. Sie können auch Unterformulare verwenden, die sich in Aussehen und Funktionalität unterscheiden. So könnte man zum Beispiel für die Personalinformation in der Beispieldatenbank anstelle der eigenen Formulare zur Anzeige der Hardware, Software etc. ein einziges verwenden, in dem lediglich die Unterformulare gewechselt werden.

20 Anhang A

Die Tabellen und Daten der Anwendung „Personalinformation"

Die Tabelle MITARBEITER

Inhalt/Feldname	🔑	Felddatentyp	Feldeigenschaften
Personalnummer	X	Zahl	Integer
Nachname		Text	25
Vorname		Text	20
Titel		Text	10
Geburtsdatum		Datum/Zeit	Datum, kurz
Eintrittsdatum		Datum/Zeit	Datum, kurz
Sozialversicherungs-nummer		Text	10
Geschlecht		Text	1

Inhalt/Feldname	🔑	Felddatentyp	Feldeigenschaften
Familienstand		Text	1
Kinder		Zahl	Byte
Präsenzdienst		Ja/Nein	
Straße		Text	30
Länderkennzeichen		Text	3
Postleitzahl		Text	5
Ort		Text	25
Privattelefon		Text	20
Lebenslauf		OLE-Objekt	

	Nachname	Vorname	Titel	Geburtsdatum	Eintrittsdatum	SV-Nummer	Geschl.	Fam.	Kinder	Präs.	Straße	LKZ	PLZ	Ort	Telefon
1	Friedmann	Angelika	Dr.	28.04.64	01.06.85	1611280464	1	2	2	Nein	Frühlingsweg 5	A	1200	Wien	(0222) 5540214
2	Wolf	Heimo		04.07.62	01.11.88	2426040762	2	2	3	Nein	Birkenallende 145	D	80686	München	(091) 4428411
3	Petersen	Lara		07.07.70	01.03.89	9456070770	1	1	0	Nein	Am Damm 7	D	04109	Leipzig	(0514) 4581515
4	Koren	Bianka		05.12.63	15.08.89	4513051263	1	2	2	Nein	Hofsgasse 11	D	14055	Berlin	(0542) 6465554
5	Saessler	Wilhelmine		04.05.70	15.12.89	1257040570	1	1	0	Nein	Marchingasse 89	D	46357	Essen	(0513) 5489912

579

Anhang A

Nr	Name	Vorname	Titel	Geburtsdatum	Datum	Nummer					Adresse	Land	PLZ	Stadt	Telefon
6	Jordanek	Peter		09.07.69	01.02.90	354800769	2	2	1	Nein	Mondscheingasse 3	D	70376	Stuttgart	(0741) 215461
7	Ulrich	Birgit		21.04.68	10.06.90	7419210468	1	2	1	Nein	Otto Wagner Straße 89	A	8045	Graz	(0316) 5454874
8	Rebenegg	Oskar		29.07.65	01.08.90	125820765	2	1	0	Ja	Gustolcistraße 4	D	99091	Erfurt	(0128) 465711
9	Moser	Michaela	Dipl.-Kfm.	28.02.71	01.09.90	1245280271	1	2	1	Nein	Augustusallee 12	D	80686	München	(0891) 631494
10	Dorfschmied	Ursula	Dipl.-Ing.	12.03.70	01.12.91	421212370	1	1	1	Nein	Ulrichstraße 75	D	90403	Nürnberg	(0512) 487847
11	Erler	Markus		21.11.70	05.12.91	5198211170	2	1	0	Nein	Pfingstalle 13	D	14055	Berlin	(0542) 451548
12	Peter	Erwin		16.11.67	01.07.92	451916167	2	2	1	Ja	Patrick Eger - Straße 14	D	04109	Leipzig	(0514) 255457
13	Holzmeister	Otto	Mag. Dr.	16.05.72	20.07.92	365916572	2	1	0	Ja	Anton Wickers Weg 46	A	9020	Salzburg	(0662) 451499
14	Teichmann	Werner	Dr.	08.10.71	01.10.92	541581071	2	1	0	Nein	Sonnenweg 4	D	40225	Düsseldorf	(0215) 451251
15	Alfrank	Alexandra		17.09.69	01.03.93	521717069	1	1	0	Nein	Bürgersteig 12	D	70376	Stuttgart	(0741) 254933
16	Hohenmeister	Gabriele	Dr.	17.08.63	01.05.93	521117063	1	1	1	Nein	Prunoggweg 93	D	47198	Duisburg	(0512) 552145
17	Müller	Elisabeth	Mag.	22.01.73	01.09.93	612420173	1	1	0	Nein	Marderstraße 54	A	8010	Graz	(0316) 8451469
18	Huber	Michael		15.06.67	01.04.94	481150067	2	1	0	Ja	Pulloclogasse 54	D	40225	Düsseldorf	(0215) 455125
19	Bahrmüller	Heinz		19.12.70	13.04.94	9621191270	2	1	0	Nein	Luftweg 57	D	70376	Stuttgart	(0711) 254934
20	Komberg	Michael		01.05.41	15.09.94	1342010541	2	2	1	Nein	Wittholmstraße 117	D	78467	Konstanz	(0512) 454211

Die Tabelle STELLE

Inhalt/Feldname	🔑	Felddatentyp	Feldeigenschaften
Personalnummer		Zahl	Integer
Stellenbezeich-nung		Text	30

	Inhalt/Feldname		Felddatentyp	Feldeigenschaften
1	Geschäftsführer		a1	0
2	Kundenberater		b4	4
3	Sekretärin		c3	4
4	Marketing		b1	0
5	Sekretärin		c5	4
6	Anwendungsentwickler		b4	3
7	Kundenberater		b4	4
8	Kundenberater		b4	4
9	Leiter Rechnungswesen		a3	0
10	Entwicklungschef		a3	0
11	Buchhalter		b4	4
12	Assistent der Geschäftsleitung		a2	0
13	Geschäftsstellenleiter		a2	0
14	Kundenberater		b1	4
15	Sekretärin		c5	4
16	Kundenberater		b1	4
17	Organisator		b1	3
18	Anwendungsentwickler		b7	3
19	Einkäufer		b7	4
20	Kundenberater		b4	4

Die Tabelle DIENSTVERTRAG

Inhalt/Feldname	🔑	Felddatentyp	Feldeigenschaften
Vertragsart	X	Text	5
Grundlohn		Zahl	Long Integer
Beschäftigungsart		Text	30
Monatsgehälter		Zahl	Byte

Inhalt/Feldname	🔑	Felddatentyp	Feldeigenschaften
Vertragsart		Text	5
Probezeit		Zahl	Byte

Inhalt/Feldname	🔑	Felddatentyp	Feldeigenschaften
Prämienstufe		Zahl	Byte
Ausfertigungs-datum		Datum/Zeit	Datum, kurz
Kündigungsfrist		Zahl	Byte

a1	8.600	Angestellte(r)	14	1	01.01.85	5
a2	7.000	Angestellte(r)	14	1	01.01.85	5
a3	6.100	Angestellte(r)	14	3	01.04.87	5
b1	5.200	Angestellte(r)	14	4	01.04.87	4
b4	4.700	Angestellte(r)	14	6	01.04.87	4
b7	3.500	Angestellte(r)	14	8	01.04.87	4
c3	2.400	Angestellte(r)	14	9	01.04.87	4
c5	1.900	Angestellte(r)	14	9	01.04.87	4

Die Tabelle HARDWARE

Inhalt/Feldname	🔑	Felddatentyp	Feldeigenschaften
Gerätenummer	X	Zahl	
Personalnummer		Zahl	
Gerätetyp		Text	20
Hersteller		Text	20
Bezeichnung		Text	20
Einkaufsdatum		Datum/Zeit	Datum, kurz
Einkaufspreis		Zahl	Long Integer
Bemerkungen		Memo	

1	7	PC	Compaq	C586	15.07.94	öS 5.400,00
2	7	Notebook	Compaq	Lite 33c	23.07.94	öS 4.700,00
3	12	PC	Compaq	C586	08.09.94	öS 4.600,00
4	3	Notebook	Apple	PowerBook	13.09.94	öS 2.500,00
5	7	Laserdrucker	Canon	LBP-8 III	14.10.94	öS 2.200,00
6	13	Notebook	Highscreen	HS586	16.11.94	öS 4.500,00
7	6	Laptop	Toshiba	T6400	16.12.94	öS 8.500,00
8	16	Notebook	Gericom	6500 STN	17.12.94	öS 6.300,00
9	18	Notebook	Highscreen	HS586	02.01.95	öS 5.100,00
10	9	PC	Compaq	C486/33	18.01.95	öS 3.000,00
11	14	Laserdrucker	IBM	4090 LaserPrinter	02.03.95	öS 3.200,00
12	5	Notebook	IBM	ThinkPad 750	08.03.95	öS 9.000,00

13	8	Notebook	Canon	BNC 5200	18.03.95	öS 4.720,00
14	4	Laserdrucker	Citizen	PROLaser 6000	26.03.95	öS 2.590,00
15	1	Notebook	IBM	ThinkPad 755	05.05.95	öS 9.000,00
16	14	PC	Compaq	C586	05.05.95	öS 4.600,00
17	10	PC	Gericom	G586	23.05.95	öS 3.200,00
18	8	PC	Gericom	G586	07.06.95	öS 5.300,00
19	15	Notebook	IBM	ThinkPad 755	25.06.95	öS 9.000,00
20	15	PC	Compaq	C586	03.07.95	öS 4.500,00
21	2	PC	IBM	PS/1	15.07.95	öS 2.900,00
22	13	Laserdrucker	Star	LaserPrinter 8 II	22.07.95	öS 1.950,00
23	19	PC	Gericom	G586	23.07.95	öS 5.800,00
24	20	Tintenstrahldrucker	Hewlett Packard	DeskJet 650	27.07.95	öS 450,00
25	2	Laserdrucker	Hewlett Packard	LaserJet 5P	05.08.95	öS 990,00
26	17	Notebook	Canon	BNC 5200	18.08.95	öS 4.700,00
27	4	PC	Apple	PowerMac 8100	26.08.95	öS 7.400,00
28	20	Notebook	IBM	ThinkPad 755	15.09.95	öS 11.900,00
29	20	PC	IBM	PS/1	14.10.95	öS 3.250,00
30	11	Notebook	IBM	ThinkPad 760	17.10.95	öS 10.100,00

Die Tabelle SOFTWARE

Inhalt/Feldname	🔑	Felddatentyp	Feldeigenschaften	Inhalt/Feldname	🔑	Felddatentyp	Feldeigenschaften
Gerätenummer		Zahl	Integer	Einkaufsdatum		Datum/Zeit	Datum, kurz
Lizenznummer		Text	25	Einkaufspreis		Zahl	Long Integer
Softwarekürzel		Text	10				

7	000215584	123	13.10.94	399,00
7	41258-012-5120008	PP	03.05.94	519,00
7	4121654654	WP	07.03.93	453,00
7	519112554	FL	23.07.94	379,00
8	50115541145	LN	10.01.94	700,00
9	22418-854-0041551	ACC	15.12.95	699,00
9	43788-332-3325001	EX	14.05.94	329,00
9	50115541145	LN	10.01.94	700,00
9	54545 6544-111212	CD	27.03.94	390,00
9	55645-515-0021565	WW	15.04.94	459,00
10	22418-854-0004154	ACC	15.12.95	699,00
10	50115541145	LN	10.01.94	700,00
10	21459-511-0000451	PP	14.04.94	539,00
10	21694-514-0002265	EX	23.07.94	489,00
10	99103-054-7688012	WW	15.04.94	459,00
12	22419-544-0040054	ACC	15.12.95	699,00
12	50115541145	LN	10.01.94	700,00
12	21541-441-0010449	PP	03.05.94	519,00
12	21565-848-9031150	EX	23.07.49	489,00
12	21224-881-2050021	WW	15.04.94	459,00
13	41545-511-0001111	ACC	15.12.95	699,00
13	50115541145	LN	10.01.94	700,00
13	46584 1544-000154	CD	27.03.94	390,00
13	54129-611-0002154	EX	22.09.94	489,00
13	16554-664-5250054	WW	17.06.94	459,00
15	41511-421-0010154	ACC	15.12.95	699,00

1	22667-254-0050412	ACC	15.12.95	699,00
1	549830100012	FL	21.06.94	429,00
1	50115541145	LN	10.01.94	700,00
1	215485	123	13.10.94	399,00
1	4510559854	WP	07.03.93	453,00
2	22417-555-0005401	ACC	15.12.95	699,00
2	54545 6544-111111	CD	09.04.94	529,00
2	24547-845-5000055	EX	14.05.94	329,00
2	50115541145	LN	10.01.94	700,00
2	21459-511-0000952	PP	14.04.94	539,00
2	51215-005-0002125	WW	15.04.94	459,00
3	43788-514-4115487	EX	14.05.94	329,00
3	50115541145	LN	10.01.94	700,00
3	12125545	APR	23.11.93	289,00
3	19894-012-0001212	WW	23.08.94	459,00
4	50115541146	LN	10.01.94	700,00
4	45433-454-4545400	WWM	13.06.94	380,00
4	51515-845-9555000	PMM	07.07.93	1.050,00
4	2123754-44546451	EXM	13.09.93	599,00
6	42514-451-0058442	ACC	15.12.95	699,00
6	50115541145	LN	10.01.94	700,00
6	51245-515-2101019	PP	03.05.94	519,00
6	21545-541-0051231	EX	23.07.94	489,00
6	21933-125-0041455	WW	15.04.94	459,00
7	22417-551-0005401	ACC	15.12.95	699,00
7	50115541145	LN	10.01.94	700,00

15	50115554 1145	LN	10.01.94	700,00
15	000214915	123	13.10.94	399,00
15	14512556	APR	02.03.94	289,00
15	5941598453	WP	07.03.93	453,00
15	990005145	FL	23.07.94	379,00
16	32157-712-0003321	ACC	15.12.95	699,00
16	50115554 1145	LN	10.01.94	700,00
16	21458-851-2121000	PP	14.04.94	539,00
16	24511-050-0000459	EX	22.09.94	489,00
16	56889-511-0021211	WW	17.06.94	459,00
17	51414-845-0001581	ACC	15.12.95	699,00
17	50115554 1145	LN	10.01.94	700,00
17	21586-515-0001449	PP	03.05.94	519,00
17	05458-156-0054533	EX	22.09.94	489,00
17	22664-451-5221000	WW	17.06.94	459,00
18	41588-519-0021690	ACC	15.12.95	699,00
18	50115554 1145	LN	10.01.94	700,00
18	54646894-001235	CD	06.05.94	390,00
18	31120-150-3456781	EX	22.09.94	489,00
18	001216554	FL	17.06.94	409,00
18	54554-451-1210211	WW	17.06.94	459,00
19	21894-952-0000251	ACC	15.12.95	699,00
19	50115554 1145	LN	10.01.94	700,00
19	315942754-000005	CD	06.05.94	390,00
19	23151-153-2126440	EX	22.09.94	489,00
19	002194315	FL	17.06.94	409,00
19	33211-327-0088841	WW	17.06.94	459,00
20	31211-851-0010957	ACC	15.12.95	699,00
20	50115554 1145	LN	10.01.94	700,00
20	21591-629-0012418	PP	03.05.94	519,00
20	23125-557-5155100	EX	22.09.94	489,00
20	21213-245-1012121	WW	17.06.94	459,00
21	31211-153-0010841	ACC	15.12.95	699,00
21	50115554 1145	LN	10.01.94	700,00
21	133150841-020457	CD	17.06.94	390,00
21	54654-545-5400051	EX	22.09.94	489,00
21	54654-540-0052153	WW	23.08.94	459,00
23	45541-512-0003512	ACC	15.12.95	699,00
23	50115554 1145	LN	10.01.94	700,00
23	000219944	123	05.02.94	399,00
23	12516898	APR	02.03.94	289,00
23	1951245493	WP	07.03.93	453,00
23	000002255	FL	17.06.94	409,00
26	11254-818-0010588	ACC	15.12.95	699,00
26	50115554 1145	LN	10.01.94	700,00
26	12233561	APR	02.03.94	289,00
26	14545-655-5615118	EX	22.09.94	489,00
26	001249366	FL	03.10.94	369,00
26	51531-564-4001122	WW	23.08.94	459,00
27	50115554 1146	LN	10.01.94	700,00
27	45454-454-4545400	WWM	13.06.94	380,00
27	41569-545-4512317	PMM	06.06.94	1.050,00
27	5415615-33124771	EXM	13.09.93	599,00
28	84421-515-0001151	ACC	15.12.95	699,00

20   Anhang A

28	50115554145	LN	10.01.94	700.00
28	000215147	123	05.02.94	399.00
28	12989474	APR	23.11.93	289.00
28	5450065148	WP	07.03.93	453.00
28	55451-568-8451200	EX	22.09.94	489.00
28	000154743	FL	03.10.94	369.00
28	56955-961-0051471	WW	23.08.94	459.00
29	21654-911-004566	ACC	15.12.95	699.00

Die Tabelle SOFTWAREBEZEICHNUNG

Inhalt/Feldname	🔑	Felddatentyp	Feldeigenschaften
Softwarekürzel	X	Text	10
Bezeichnung		Text	25
Kategorie		Text	25
Hersteller		Text	25

123	Lotus 1-2-3	Tabellenkalkulation	Lotus
ACC	Access	Datenbank	Microsoft
APR	Approach	Datenbank	Lotus
CD	CorelDraw!	Grafik	Corel
EX	Excel	Tabellenkalkulation	Microsoft
EXM	Excel Mac	Tabellenkalkulation	Microsoft
FL	Freelance Graphics	Präsentationsgrafik	Lotus
LN	Lotus Notes	Groupware	Lotus
PMM	PageMaker Mac	Desktop Publishing	Aldus

29	50115554145	LN	10.01.94	700.00
29	65165-515-0001155	PP	17.10.94	499.00
29	55458-642-0201250	EX	22.09.94	489.00
29	91234-811-0050211	WW	23.08.98	459.00
30	61248-651-0061066	ACC	15.12.95	699.00
30	50115554145	LN	10.01.94	700.00
30	98844-515-0021551	PP	17.10.94	499.00
30	11544-111-2220012	EX	22.09.94	489.00

Inhalt/Feldname	🔑	Felddatentyp	Feldeigenschaften
Windows		Ja/Nein	Nein
DOS		Ja/Nein	Nein
OS/2		Ja/Nein	Nein
Mac		Ja/Nein	Nein

Ja	Ja	Ja	Ja	Nein	Nein	Nein
Ja	Ja	Nein	Nein	Nein	Nein	Nein
Ja	Ja	Ja	Nein	Nein	Nein	Nein
Nein	Nein	Nein	Nein	Nein	Ja	Nein
Ja	Nein	Ja	Nein	Nein	Nein	Ja
Ja	Ja	Nein	Nein	Nein	Nein	Nein
Nein	Nein	Nein	Nein	Ja	Nein	Nein
Nein	Nein	Nein	Nein	Nein	Ja	Ja

PP	PowerPoint	Präsentationsgrafik	Microsoft	Ja	Nein	Nein
WP	WordPro	Textverarbeitung	Lotus	Ja	Ja	Nein
WW	WORD für Windows	Textverarbeitung	Microsoft	Ja	Nein	Nein
WWM	WORD für Macintosh	Textverarbeitung	Microsoft	Nein	Nein	Ja

Die Tabelle FIRMENFAHRZEUGE

Inhalt/Feldname	🔑	Felddatentyp	Feldeigenschaften
Kennzeichen	X	Text	10
Zulassungsdatum		Datum/Zeit	Datum, kurz
Erstzulassung		Datum/Zeit	Datum, kurz
Marke		Text	25
Type		Text	25
Fahrgestellnummer		Text	20

Inhalt/Feldname	🔑	Felddatentyp	Feldeigenschaften
Motornummer		Text	20
Eigengewicht		Zahl	Integer
Gesamtgewicht		Zahl	Integer
Hubraum		Zahl	Integer
Leistung		Zahl	Integer
Farbe		Text	15

D-RF547	12.08.94	12.09.94	Toyota	Corolla	HGT1425444521568	8804205	951	1340	1590	61	rot
E-H9871	17.10.94	17.09.93	BMW	530i	67TTGF45518990001	7450058	1250	1800	2370	114	weiß
G-46XHC	15.11.95	02.03.94	Fiat	Bravo	ZFA146000000001650	12914202	925	1270	1372	51	anthrazit
HH-G399	01.06.95	21.10.93	VW	Golf TDI	TGUU9870009888	9422005	975	1370	1380	71	blau
K-MA651	20.07.95	12.10.93	VW	Golf TDI	GO009410012542	1459901	975	1370	1380	71	weiß
M-U767	13.06.94	13.06.94	Toyota	Corolla	DI9811125500001	4455899	951	1340	1590	61	blau
M-Z5233	10.07.94	07.07.93	Opel	Astra	GHD124001255501	31224824	960	1350	1580	52	weiß
S-TT544	05.04.94	05.04.94	Mercedes	330	ZTG74100000845	4405557	1300	1890	2190	119	anthrazit
W-76577	15.12.95	24.11.93	VW	Passat	HGS774100000144	7941511	1184	1685	1990	68	weiß

20   Anhang A

Die Tabelle FAHRZEUGAUSLEIHE

Inhalt/Feldname	🔑	Felddatentyp	Feldeigenschaften
Personalnummer	🔑	Zahl	Integer
Kennzeichen	🔑	Text	10
Datumvon	🔑	Datum/Zeit	Datum, kurz
Zeitvon		Datum/Zeit	Zeit, 24 Std
Datumbis		Datum/Zeit	Datum, kurz
Zeitbis		Datum/Zeit	Zeit, 24 Std

Personalnummer	Kennzeichen	Datumvon	Zeitvon	Datumbis	Zeitbis
1	W-76577	02.03.96	09:00	18.03.96	16:00
1	W-76577	17.02.96	11:00	28.02.96	22:00
1	W-76577	04.01.96	06:30	05.01.96	14:00
1	W-76577	21.10.95	10:00	28.10.95	13:00
1	W-76577	02.02.96	08:00	15.10.95	18:00
1	G-46XHC	17.02.96	07:30	21.02.96	15:30
1	G-46XHC	02.02.96	09:00	06.02.96	20:00
1	E-H9871	16.12.95	08:00	22.12.95	14:30
1	HH-G399	13.02.96	07:30	15.02.96	12:00
2	M-U767	28.03.96	08:00	29.03.96	17:00
2	M-U767	12.03.96	07:00	12.03.96	16:30
2	M-U767	17.01.96	09:00	17.01.96	15:00
2	M-Z5233	23.03.96	08:00	24.03.96	16:00
...					

Die Tabelle SEMINARE

Inhalt/Feldname	🔑	Felddatentyp	Feldeigenschaften
Seminarnummer	X	Zahl	Integer
Bezeichnung		Text	100
Datumvon		Datum/Zeit	Datum, kurz
Datumbis		Datum/Zeit	Datum, kurz
Preis		Zahl	Long Integer
AnbieterNr		Zahl	Integer
Ort		Text	25

588

	Inhalt/Feldname				
1	Erfolgreicher Einsatz von MS-ACCESS in Ihrem Unternehmen	28.02.96	29.02.96	1.980,00	1	Stuttgart
2	Sicher und wirkungsvoll präsentieren	26.03.96	27.03.96	1.980,00	1	Hamburg
3	Körpersprache und Persönlichkeit	13.12.95	14.12.95	1.450,00	2	Wiesbaden
4	Moderne Wege der Unternehmensplanung und -steuerung mit MS-	04.05.96	05.05.96	1.980,00	1	München
5	Wirtschaftlichkeit von Bürokommunikationssystemen	13.03.96	14.03.96	890,00	5	München
6	Informationssysteme für das Management -	14.12.95	15.12.95	1.790,00	1	Salzburg
7	Angebotsvergleich und Lieferantenbewertung	18.04.96	19.04.96	1.250,00	6	Erlangen
8	Winword Basisseminar	17.01.96	19.01.96	499,00	4	Graz
9	Excel Makroschulung	17.05.96	18.05.96	699,00	3	Graz
10	Novell Grundkurs	10.11.95	14.11.95	1.980,00	2	Frankfurt
11	Lotus Notes - Entwicklung einer effizienten Bürokommunikation	15.01.95	17.01.95	2.580,00	1	Salzburg
12	Workflow umgesetzt mit Lotus Notes	21.01.96	25.01.96	2.490,00	5	Köln
13	Grafiken erstellen Mit CorelDRAW! 6.0	28.04.96	29.04.95	590,00	3	Wien
14	PC-Wissen für den Einkauf	14.06.96	15.06.96	900,00	6	Hamburg
15	Erfolgreiche Einführung und effizienter Betrieb von PC-Netzwerken	23.11.95	25.11.95	1.700,00	2	Leipzig

Die Tabelle SEMINARANBIETER

Inhalt/Feldname	🔑	Felddatentyp	Feldeigenschaften
AnbieterNr	X	Zahl	Integer
Anbieter		Text	30
Straße		Text	25
Länderkenn-zeichen		Text	3

Inhalt/Feldname	🔑	Felddatentyp	Feldeigenschaften
Plz		Text	5
Ort		Text	25
Telefon		Text	15
Telefax		Text	15
Ansprechpartner		Text	40

1	debis	Fasanenweg 9	D	70771	L.-Echterdingen	(0711)97221	(0711)9722112	Hr. Gassmann
2	Gabler Seminare	Taunusstraße 54	D	65048	Wiesbaden	(0518) 851245	(0518) 851246	Hr. Huber
3	BFI	Strauchergasse	A	8020	Graz	(0316) 512425	(0316) 512426	Fr. Mandl
4	WIFI	Körberlgasse 5-11	A	8010	Graz	(0316) 845 - 0	(0316) 845 666	Mag. Schinagl
5	IDG	Rheinstraße 28	D	80803	München	(089) 5421 121	(089) 5421 130	Fr. Dipl.-Kfm Frick
6	AEL	Walinusstraße 27	D	63500	Seligenstadt	(06182) 61548	(06182) 61549	Hr. Dr. Kandler

Die Tabelle SEMINARBESUCHE

Inhalt/Feldname		Felddatentyp	Feldeigenschaften
Personal-nummer		Zahl	Integer
Seminarnummer		Zahl	Integer

20 Anhang A

Das relationale Datenbankmodell der Datenbank Personalinformation

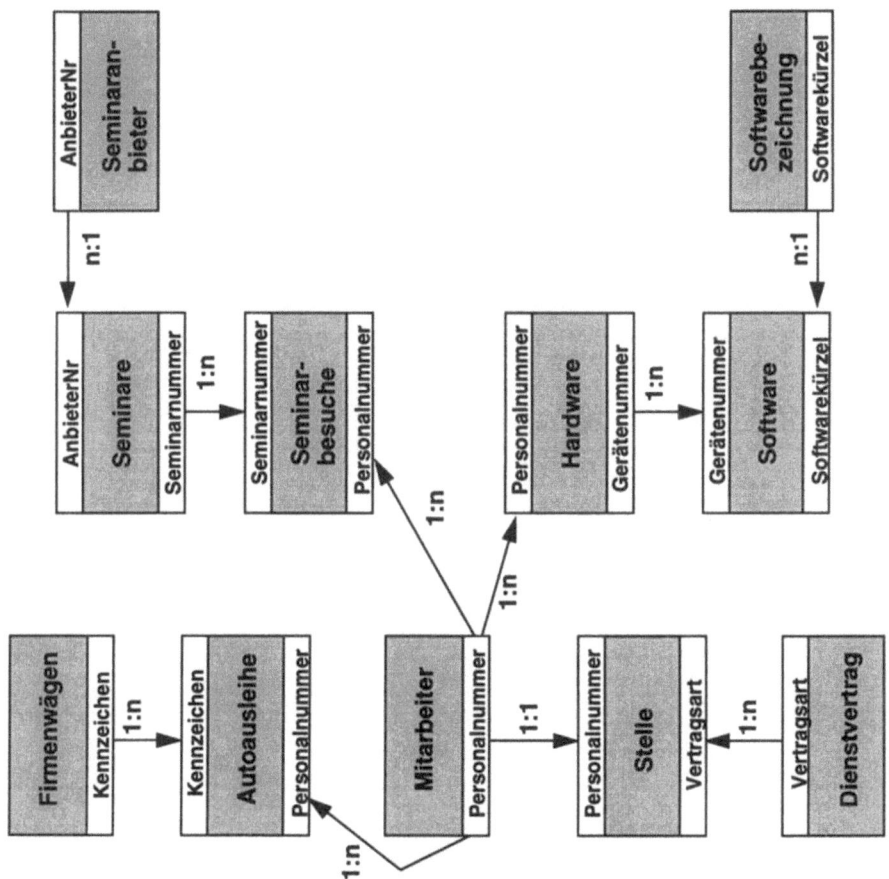

21 Anhang B

Startoptionen und verwendete Formulare

Startoptionen

Der letzte Schritt bei der Erstellung einer Applikation ist die Festlegung der Startoptionen. Sie gelangen zu den Startoptionen, indem Sie im Menü **Extras** den Befehl **Start ...** auswählen. Dadurch wird das in den bisherigen Versionen von ACCESS notwendige Makro mit dem Namen **Autoexec** ersetzt, welches diese Aufgaben wahrgenommen hat.

Um die Startoptionen beim Öffnen einer Datenbank zu umgehen, halten Sie die Hochstelltaste (auch Umschalttaste oder Taste ⇧ genannt) gedrückt.

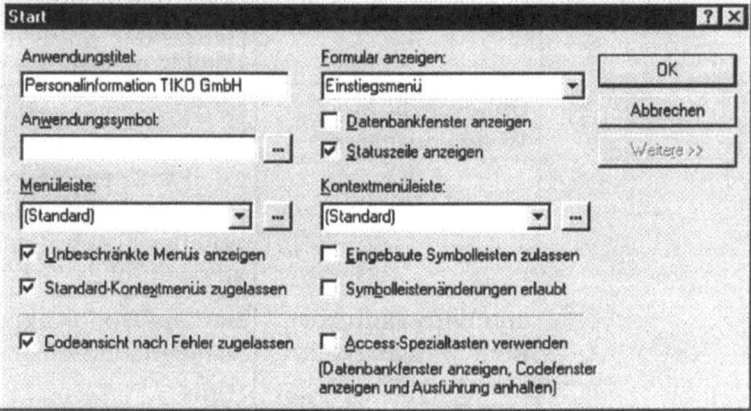

Folgende Einstellungen können hier für die Applikation festgelegt werden:

| Anwendungstitel | Titel der Anwendung, der in der Titelleiste anstelle des Standardtextes (Microsoft Access plus Datenbankname) angezeigt wird. |

Anwendungssymbol	Sie können ein Bitmap oder Icon auswählen, das in der Titelleiste anstelle des Access-Schlüssels angezeigt wird.
Menüleiste	Geben Sie eine benutzerdefinierte Menüleiste an, wenn diese die Standardmenüleiste für die Datenbank ersetzen soll.
Formular anzeigen	Dies ist die wichtigste Option. Wählen Sie hier das Formular aus, welches sofort nach Öffnen der Datenbank aufgerufen wird. Dies ist in der Regel das Formular mit dem Startmenü.
Datenbankfenster anzeigen	Hier können Sie einfach wählen, ob das Datenbankfenster eingeblendet werden soll, oder nicht.
Statuszeile anzeigen	Wählen Sie, ob die Statuszeile ausgeblendet werden soll oder nicht.
Kontextmenüleiste	Geben Sie eine benutzerdefinierte Kontextmenüleiste an, wenn diese die Standardkontextmenüleiste für diese Datenbank ersetzen soll.
Unbeschränkte Menüs anzeigen	Ist diese Option aktiviert, stehen alle Menüoptionen zur Verfügung. Sonst ist die Benutzung stark eingeschränkt. Dies wird empfohlen, wenn die Benutzer ausschließlich mit der Applikation arbeiten sollen.
Standard-Kontextmenüs zugelassen	Ist diese Option aktiviert, können alle Standardkontextmenüs verwendet werden.
Eingebaute Symbolleisten zulassen	Ist diese Option deaktiviert, stehen dem Benutzer die Standardsymbolleisten nicht zur Verfügung. Diese Option ist ebenfalls empfohlen, um den Benutzer auf das Arbeiten mit der Applikation zu beschränken.
Symbolleistenänderungen erlaubt	Ist diese Option deaktiviert, sind die Menübefehle zur Bearbeitung der Symbolleisten nicht verfügbar.

Startoptionen und verwendete Formulare

Codeansicht nach Fehler zugelassen	Entscheidet, ob nach einem Programmfehler das Codefenster angezeigt werden darf.
Access Spezialtasten verwenden	Die Verwendung folgende Spezialtasten wird ermöglicht beziehungsweise unterbunden:
	F11 oder ALT+F1: Holt das Datenbankfenster in den Vordergrund
	STRG+G: Zeigt das Testfenster an.
	STRG+F11: Wechselt zwischen der benutzerdefinierten Menüleiste und der eingebauten Menüleiste.
	STRG+UNTBR: Unterbricht die Ausführung von Code und zeigt das aktuelle Modul im Modulfenster an.

Die Formulare der Beispielanwendung Personal VBA

Der folgende Abschnitt zeigt die Formulare der Datenbank „Personalinformation VBA". Er wird erläutert,

- welche Funktionalität hinter den Formularen steckt,
- welche Besonderheiten in der Gestaltung verwendet werden,
- welche Prozeduren für die Aufgaben des Formulars benötigt werden.

Formular: Einstiegsmenü

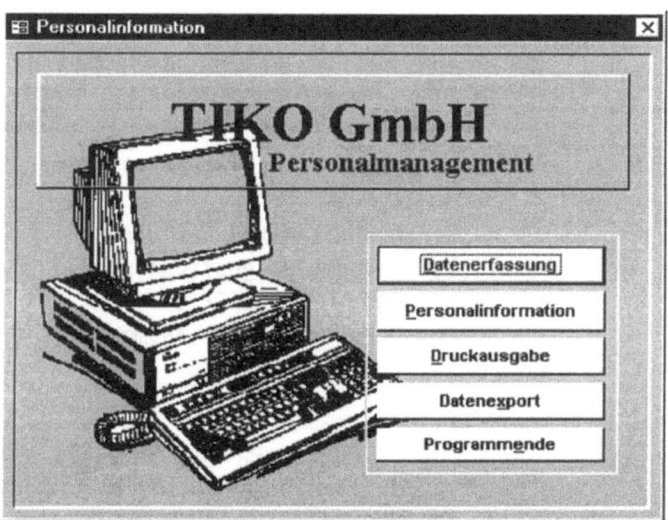

21 Anhang B

Eine ausführliche Beschreibung zu diesem Formular finden Sie in **Kapitel 19**, **Ausgewählte Programmlösungen**.

Formular: Datenpflege

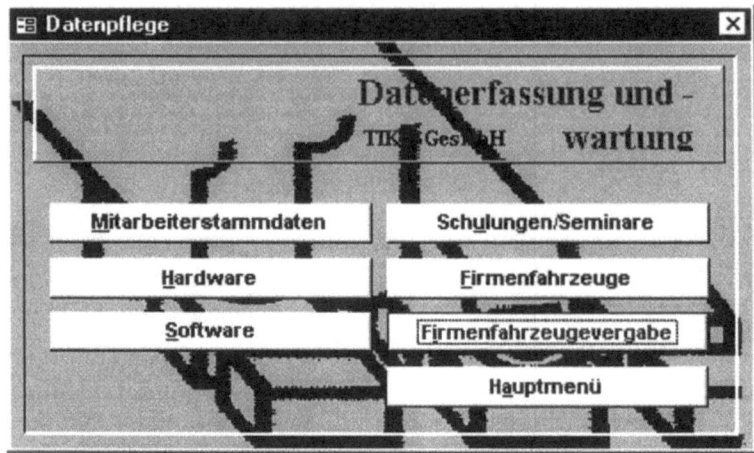

Zweck

Dient als Menü zur Ansteuerung der einzelnen Formulare zur Datenerfassung und -wartung.

Besonderheiten in der Gestaltung

Die Eigenschaft „Bei Taste ESC" der Schaltfläche <Hauptmenü> ist auf „Ja" eingestellt, damit mit der (Esc)-Taste dieses Menü geschlossen und zum Hauptmenü zurückgekehrt werden kann.

Prozeduren

Der Fokus- und Farbwechsel der Schaltflächen funktioniert analog zum Formular „Einstiegsmenü". Wird das Formular geschlossen wird das, wird automatisch das Formular „Einstiegsmenü" geöffnet, außer die Eigenschaft Marke (Tag) weist den Wert 2 auf. Dies ist der Fall, wenn ein Formular zur Datenerfassung geöffnet werden soll. Damit ist sichergestellt, daß die Ausführung des Programms nicht unterbrochen wird.

```
Private Sub Form_Close()

    ' Eigenschaft Marke hat den Wert 2, wenn ein Er-
    fassungsformular geöffnet wird
    If Me.Tag = 2 Then Exit Sub
    DoCmd.OpenForm "Einstiegsmenü", , , , , acNormal

End Sub
```

Das Öffnen eines weiteren Formulars wird jeweils über die Sub.Prozedur **FormularWechsel()** erledigt, mit welcher der

Startoptionen und verwendete Formulare

Name des Formulars und der Öffnungsmodus als Parameter mit übergeben werden.

```
Public Function FormularWechsel(ByVal NachForm As
String, Modus As Byte)

    Me.Tag = 2
    If Modus = acDialog Then
        DoCmd.Close acForm, "Datenpflege"
        DoCmd.OpenForm NachForm, , , , acDialog
    Else
        DoCmd.OpenForm NachForm, , , , acNormal
        DoCmd.Maximize
        DoCmd.Close acForm, "Datenpflege"
        DoCmd.SelectObject acForm, NachForm
    End If

End Function
```

Formular: Mitarbeiter- stammdaten

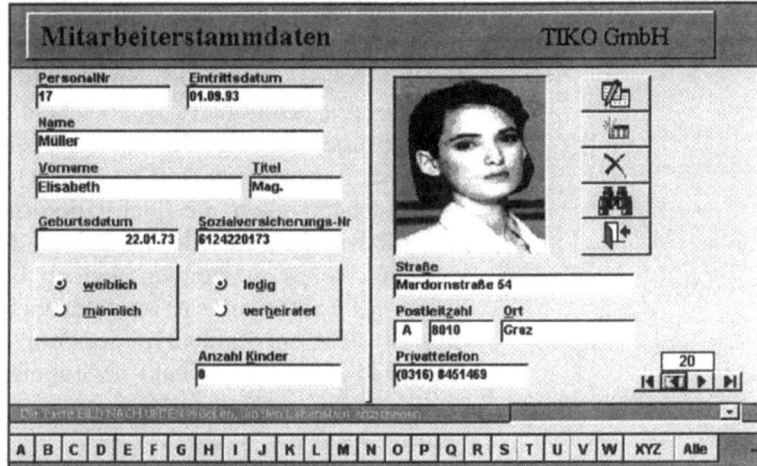

Zweck Dient der Erfassung sowie der Pflege der Mitarbeiterstammdaten.

Besonderheiten in der Gestaltung

1. Übereinanderliegende Schaltflächen
   Standardmäßig sind im Formular folgende Schaltflächen verfügbar:
   - Bearbeiten
   - Neuer Mitarbeiter
   - Löschen

597

- Suchen
- Menü

Beim Wechsel in den Bearbeitungsmodus sollen diese durch die Schaltflächen

- Übernehmen
- Abbrechen

ersetzt werden. Um dies zu erreichen, werden die Schaltflächen im Formularentwurf übereinandergelegt, um zur Laufzeit per VBA ein- und ausgeblendet zu werden. Damit stehen jeweils die gewünschten Schaltflächen zur Verfügung.

2. Optionsfelder für „Geschlecht" und „Familienstand". Zur Eingabe von Geschlecht sowie Familienstand des Mitarbeiters wird jeweils eine Optionsgruppe verwendet. Erläuterungen zur Erstellung einer Optionsgruppe finden Sie in Kapitel 9, Benutzerführungen mit ACCESS gestalten.

- Optionsfeld „Geschlecht":
  Die Option „weiblich" besitzt den Optionswert 1, die Option „männlich" gibt den Optionswert 2 zurück. Das Kontrollkästchen „Präsenzdienst" ist lediglich wegen des Naheverhältnisses zum Feld „Geschlecht" innerhalb der Optionsgruppe positioniert, ist aber kein Bestandteil der Optionsgruppe. Da als Optionswerte einer Optionsgruppe lediglich Zahlenwerte und keine Buchstaben erlaubt sind, ist es nicht möglich, die Buchstaben „m" für männlich und „w" für weiblich anstelle der Zahlen zur Spezifikation des Geschlechts zu verwenden. Jedoch können die Optionswerte als Zahlen an ein Textfeld übergeben werden. Daher ist nicht ein Zahlentyp, sondern der Texttyp mit der Länge Eins für dieses Feld im Tabellenentwurf vergeben worden.

- Optionsfeld „Familienstand":
  Die Option „ledig" liefert den Optionswert 1, sowie die Option „verheiratet" den Wert 2. Sie können diese Option mit weiteren Begriffen wie zum Beispiel „geschieden" oder „verwitwet" ausbauen.

Prozeduren

Beim Öffnen des Formulars wird die Sub-Prozedur *SperreGesamt* aufgerufen, wodurch das Formular gesperrt wird.

```
Private Sub SperreGesamt()

Me.AllowEdits = False
```

```
Me.AllowAdditions = False
Me.DataEntry = False

End Sub
```

Um das Formular zur Bearbeitung oder zur Erfassung eines weiteren Mitarbeiters zu öffnen, werden die Prozeduren *ÖffnenBearbeiten()* und *ÖffnenNeu()* verwendet.

```
Public Function ÖffnenBearbeiten()

Me.AllowEdits = True
Me.AllowAdditions = False
Me.DataEntry = False

End Function


Public Function ÖffnenNeu()

Me.AllowEdits = True
Me.AllowAdditions = True
Me.DataEntry = True

End Function
```

Die Prozedur *Ausblenden()* wird zum Umblenden der Schaltflächen verwendet, wenn die Schaltfläche <Neuer Mitarbeiter> oder die Schaltfläche <Bearbeiten> gedrückt worden ist. Das Pendant dazu ist die Prozedur *Einblenden()*.

```
Private Sub Ausblenden()

    'Einblenden
    Me!Abbrechen.Visible = True
    Me!Übernehmen.Visible = True
    'Wechsel zu anderem Feld, damit "aktive" Schaltfläche ausgeblendet werden kann
    Me!Übernehmen.SetFocus
    'Ausblenden Schaltflächen
    Me!Bearbeiten.Visible = False
    Me!Menü.Visible = False
    Me!Neu.Visible = False
    Me!Löschen.Visible = False
    Me!Suche.Visible = False
    'Ausblenden Datensatznavigation
```

```
        Me!Erster.Visible = False
        Me!Voriger.Visible = False
        Me!Nächster.Visible = False
        Me!Letzter.Visible = False
        'Filterschaltflächen
        Me!a.Enabled = False
        Me!B.Enabled = False
        Me!C.Enabled = False
        ...
        Me!V.Enabled = False
        Me!W.Enabled = False
        Me!XYZ.Enabled = False
        Me!Alle.Enabled = False

    End Sub
```

Die Prozedur *FilterAnwenden()* wird von jeder Filterschaltfläche aufgerufen, indem der Name als Parameter übergeben wird.

```
    Private Sub FilterAnwenden(ByVal Buchstabe)

        DoCmd.ApplyFilter , "[Nachname] Like '[" + Buchstabe + "]*'"
        Me!Filter.Caption = UCase(Buchstabe)

    End Sub
```

Wird im Listenfeld „Namenssuche" ein Mitarbeiter ausgewählt, wird zum entsprechenden Datensatz gewechselt.

```
    Private Sub Namenssuche_AfterUpdate()

        ' Wenn ein Filter aktiv ist, diesen aufheben
        If Me!Filter.Caption <> "-" Then
DoCmd.ShowAllRecords
        ' Den mit dem Steuerelement übereinstimmenden Datensatz suchen.
        Me.RecordsetClone.FindFirst "[Personalnummer] = " & Me![Namenssuche]
        Me.Bookmark = Me.RecordsetClone.Bookmark
        ' Einrtrag im Listenfeld löschen und Focus wegbewegen (Bearbeiten wieder deaktiviert)
        Me!Namenssuche = Null
        Me!Nachname.SetFocus

    End Sub
```

Da das Listenfeld nicht aktualisiert werden kann, wenn das Formular gesperrt ist, wird dieses beim Hingehen freigegeben ...

```
Private Sub Namenssuche_Enter()

    Me.AllowEdits = True

End Sub
```

... und beim Verlassen wieder versperrt.

```
Private Sub Namenssuche_Exit(Cancel As Integer)

    Me.AllowEdits = False

End Sub
```

Wenn das Geschlecht in der Optionsgruppe gewechselt wird oder zwischen den Datensätzen gewechselt wird, muß das Feld „Präsenzdienst" ein- bzw. ausgeblendet werden.

```
Private Sub Geschlecht_AfterUpdate()

    If Geschlecht = 2 Then
        Präsenzdienst.Visible = True
        Geschlecht.Height = 1253
    Else
        Präsenzdienst.Visible = False
        Geschlecht.Height = 923
    End If

End Sub
```

Formular: Hardware

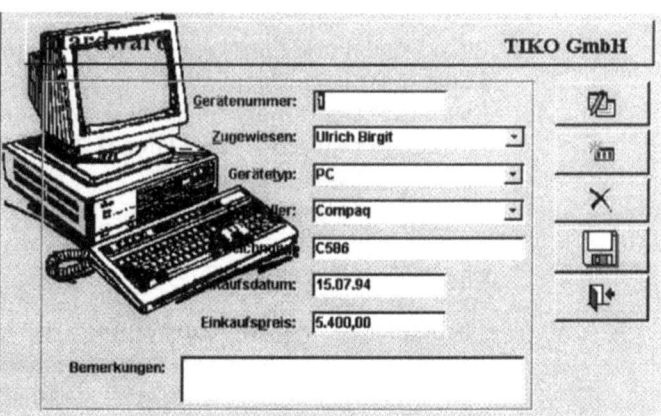

21 Anhang B

Zweck Dient der Erfassung und Pflege der im Unternehmen eingesetzten Hardware sowie der Zuteilung dieser an einzelne Mitarbeiter.

Besonderheiten in der Gestaltung

1. Übereinanderliegende Schaltflächen:
   Es werden dieselben Schaltflächen wie im Formular „Mitarbeiterstammdaten" verwendet. Sie liegen im Formularentwurf übereinander.

2. Kombinationsfelder:
   - Zur Eingabe der Personalnummer wird ein Kombinationsfeld verwendet, welches die Namen der Mitarbeiter anzeigt.
   - Um den Gerätetyp auszuwählen, steht ebenfalls ein Kombinationsfeld zur Verfügung. Es basiert auf der Tabelle „Hardwaretypen", welche nur für diesen Zweck angelegt worden ist.
   - Die Eingabe des Herstellers erfolgt ebenfalls über ein Kombinationsfeld, dessen Listeneinträge direkt im Eigenschaftsfenster erfaßt sind. Als Variante für den Ausbau der Anwendung böte sich an, für diese Einträge ebenso eine eigene Tabelle, wie im vorhergehenden Beispiel, anzulegen.

Prozeduren Über die Schaltfläche „Softwarezuweisung" gelangt man zum Formular „Software", wo bereits ein neuer Datensatz angelegt wird. Der Eintrag in der Eigenschaft Marke (Tag) wird benötigt, damit beim Schließen des Formulars wieder zum Formular „Hardware" zurückgekehrt wird, da das Formular auch vom Formular „Softwarebezeichnung" aus aufgerufen werden kann.

```
Private Sub Softwarezuweisung_Click()

DoCmd.OpenForm "Software", , , , , acNormal
Forms!Software.DataEntry = True
Forms!Software!Gerätenummer = Me!Gerätenummer
Forms!Software!Softwarekürzel.SetFocus
Forms!Software.Tag = "HW"
SendKeys "%{DOWN}"

End Sub
```

Die Schaltfläche <Softwarezuweisung> ist nur verfügbar, wenn es sich beim Gerät um einen Computer handelt. Die Sub-Prozedur *SFSoftwareEinAus()* wird nach Aktualisierung des Feldes

Startoptionen und verwendete Formulare

„Gerätetyp" sowie nach dem Wechsel des Datensatzes aufgerufen.

```
Private Sub SFSoftwareEinAus()

If Me!Gerätetyp = "PC" Or Me!Gerätetyp = "Laptop" Or
Me!Gerätetyp = "Notebook" Then
    Me!Softwarezuweisung.Enabled = True
Else
    Me!Softwarezuweisung.Enabled = False
End If

End Sub
```

Formular: Gerätetyp

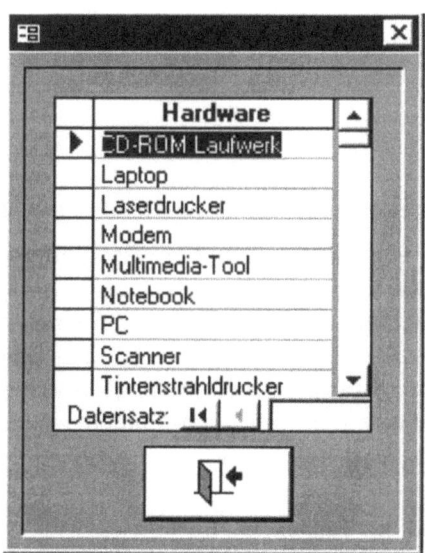

Zweck

Erfassung der möglichen Gerätetypen für das Formular Hardware.

Besonderheiten in der Gestaltung

Im Formular ist ein Unterformular in Datenblattansicht integriert, welches die eigentlichen Daten enthält.

Prozeduren

Beim Schließen wird das Listenfeld „Gerätetyp" im Formular aktualisiert, indem die Eigenschaft Datensatzherkunft (RowSource) neu zugewiesen wird.

```
Private Sub OK_Click()

DoCmd.Close acForm, Screen.ActiveForm.Name
```

21 Anhang B

```
        ' Anzeige im Listenfeld aktualisieren
        Forms!Hardware!Gerätetyp.RowSource =
        Forms!Hardware!Gerätetyp.RowSource

    End Sub
```

**Formular:
Software**

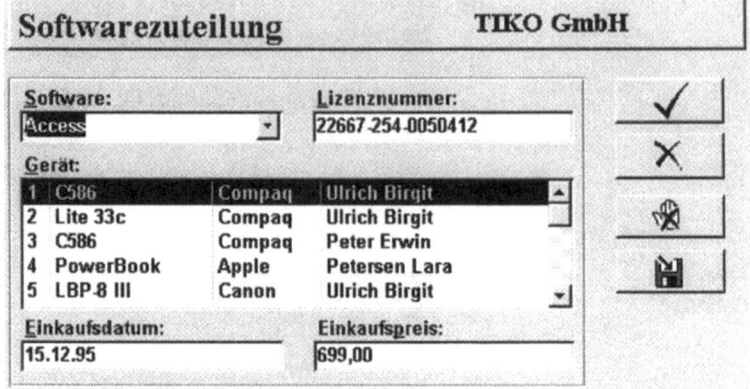

Zweck

Dient der Zuteilung von Software zu den einzelnen Geräten.

Prozeduren

Über die Schaltfläche <Weitere Zuordnung> erfolgt die weitere Zuordnung der Software. Ist das Formular vom Formular „Hardware" aus geöffnet worden, erfolgt die weitere Zuordnung, indem die Gerätenummer in den neuen Datensatz übernommen wird, ist der Aufruf vom Formular „Softwarebezeichnung" erfolgt, wird das Softwarekürzel übernommen.

```
        Private Sub WeitereZuordnung_Click()

        Dim NR As Integer

            Select Case Me.Tag
                Case "HW"
                    NR = Me!Gerätenummer
                    DoCmd.GoToRecord , , acNewRec
                    Me!Gerätenummer = NR
                Case "SW"
                    NR = Me!Softwarekürzel
                    DoCmd.GoToRecord , , acNewRec
                    Me!Softwarekürzel = NR
            End Select

        End Sub
```

Wird die Schaltfläche <Übernehmen> angeklickt, wird der Datensatz gespeichert und zum aufrufenden Formular zurückgekehrt.

```
Private Sub Übernehmen_Click()

If Me.Tag = "HW" Then
    DoCmd.SelectObject acForm, "Hardware"
    Forms!Hardware!Gerätenummer.SetFocus
    DoCmd.Close acForm, "Software"
Else
    DoCmd.SelectObject acForm, "Softwarebezeichnung"
    Forms!Hardware!Softwarekürzel.SetFocus
    DoCmd.Close acForm, "Software"
End If

End Sub
```

Wird die Schaltfläche <Abbrechen> angeklickt, wird der eben erfaßte Datensatz verworfen und ebenfalls zum aufrufenden Formular zurückgekehrt.

```
Private Sub Abbrechen_Click()

SendKeys "{ESC 2}", True
If Me.Tag = "HW" Then
    DoCmd.SelectObject acForm, "Hardware"
    Forms!Hardware!Gerätenummer.SetFocus
    DoCmd.Close acForm, "Software"
Else
    Forms!Softwarebezeichnung.Visible = True
    DoCmd.Close acForm, "Software"
End If

End Sub
```

Die Sub-Prozedur *SchaltflAktiv()* sorgt dafür, daß die Schaltflächen <WeitereZuordnung> und <Übernehmen> nur aktiv sind, wenn der Datensatz vollständig erfaßt worden ist, das heißt daß zumindest Gerätenummer und Softwarekürzel erfaßt worden sind. Die Prozedur wird jeweils nach Aktualisierung eines der beiden Felder und beim Wechsel zwischen Datensätzen aufgerufen.

21 Anhang B

```
Private Sub SchaltflAktiv()

If IsNull(Me!Gerätenummer) Or Me!Gerätenummer = 0 Or
IsNull(Me!Softwarekürzel) Then
    Me!Übernehmen.Enabled = False
    Me!WeitereZuordnung.Enabled = False
Else
    Me!Übernehmen.Enabled = True
    Me!WeitereZuordnung.Enabled = True
End If

End Sub
```

Formular: Softwarebezeichnung

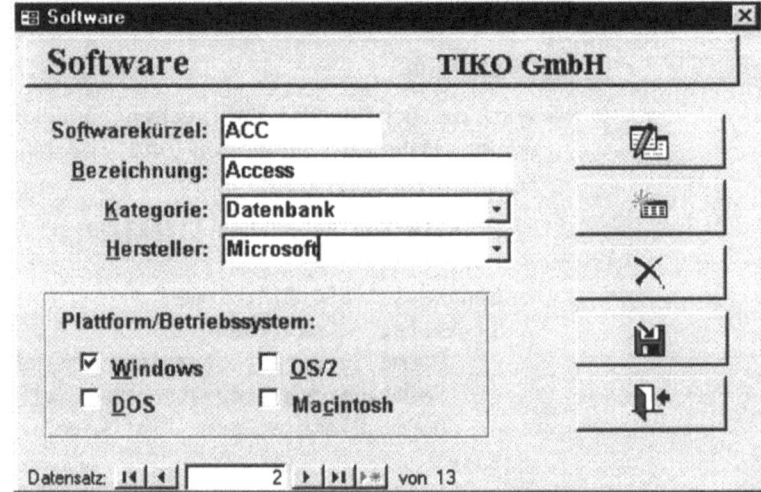

Zweck

Dient der Erfassung der im Unternehmen eingesetzten Software. Von diesem Formular aus kann direkt zur Zuteilung dieser Software an einzelne Geräte beziehungsweise Mitarbeiter verzweigt werden.

Besonderheiten in der Gestaltung

Dieses Formular weist dieselben Gestaltungsmerkmale wie die Formulare „Mitarbeiterstammdaten" oder „Hardware" auf. Die Schaltflächen liegen übereinander und werden aus- und eingeblendet.

Prozeduren

Beim Klicken auf die Schaltfläche <Zuweisung> wird das Formular „Software" geöffnet und in der Eigenschaft Marke (Tag) hinterlassen, vom wem das Öffnen erfolgt ist (siehe Formular:

Hardware), damit beim Schließen zu diesem zurückgekehrt werden kann.

```
Private Sub Zuweisung_Click()

Me.Visible = False
DoCmd.OpenForm "Software", , , , , acNormal
Forms!Software.DataEntry = True
Forms!Software!Softwarekürzel = Me!Softwarekürzel
Forms!Software!Lizenznummer.SetFocus
Forms!Software.Tag = "SW"

End Sub
```

Die Prozeduren zum Ein- und Ausblenden der Schaltflächen sowie zum Löschen von Datensätzen entsprechen den Pendants in anderen Formularen.

```
Private Sub Übernehmen_Click()

If IsNull(Me!Softwarekürzel) Then
    MsgBox "Erfassen Sie ein Softwarekürzel.", 16, "Unvollständig"
    Me!Softwarekürzel.SetFocus
Else
    SperreGesamt (Screen.ActiveForm.Name)
    Einblenden
End If

End Sub
```

Der aufgerufenen Sub.Prozedur *SperreGesamt()* wird der Name des Formulars übergeben. Sie entspricht im der gleichnamigen Subprozedur im Formular „Mitarbeiterstammdaten", kann jedoch als im Modul „Personal" gespeicherte öffentliche Sub-Prozedur von allen Formularen genutzt werden.

```
Private Sub Abbrechen_Click()

SendKeys "{ESC}", True
SendKeys "{ESC}", True
SperreGesamt (Screen.ActiveForm.Name)
Einblenden

End Sub
```

21 Anhang B

```
Private Sub Einblenden()

    'Einblenden Schaltflächen
    Me!Bearbeiten.Visible = True
    Me!Menü.Visible = True
    Me!Neu.Visible = True
    Me!Löschen.Visible = True
    Me!Zuweisung.Visible = True
    'Wechsel zu anderem Feld, damit "aktive" Schalt-
fläche ausgeblendet werden kann
    Me!Bearbeiten.SetFocus
    'Ausblenden
    Me!Abbrechen.Visible = False
    Me!Übernehmen.Visible = False
    ' Navigationsschaltflächen
    Me.NavigationButtons = True

End Sub
```

Formular: Seminarbesuche

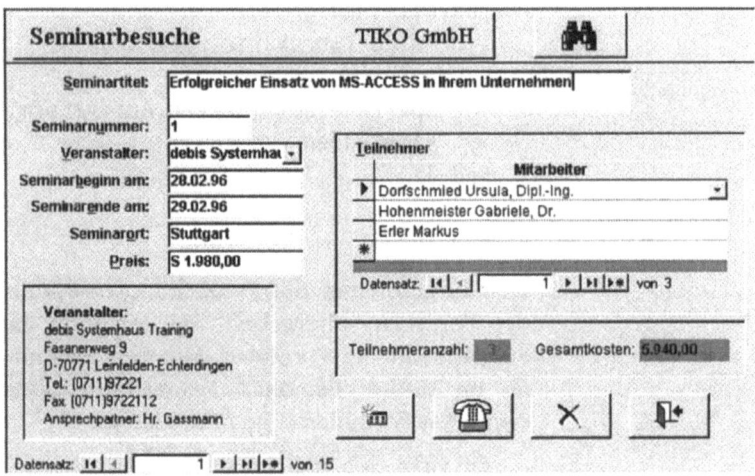

Zweck

Dient der Erfassung von Seminaren und der Teilnahme an diesen durch Mitarbeiter. Das Formular zur Erfassung der Seminaranbieter wird von ihm aus aufgerufen.

Besonderheiten in der Gestaltung

Das Formular „Seminarbesuche" enthält zwei Unterformulare:
- Seminaranbieter Unterformular
- Seminarbesuche Unterformular

Startoptionen und verwendete Formulare

Das Unterformular „Seminaranbieter Unterformular" ist nicht editierbar. Es zeigt die Daten jenes Seminaranbieters an, der im Kombinationsfeld „Seminaranbieter" ausgewählt ist. Das Unterformular „Seminarbesuche Unterformular" dient der Auswahl der Mitarbeiter, die das Seminar besuchen. Im Formularfuß des Unterformulars ist ein berechnetes Steuerelement mit dem Namen „Anzahl" angelegt, dessen Inhalt nach dem Ausdruck **=Anzahl([Personalnummer])** berechnet wird. Im Hauptformular wird dieser Wert angezeigt, indem das berechnete Steuerelement „TeilnehmerAnz" mit dem Ausdruck **=[Seminarbesuche].[Formular]![Anzahl]** auf dieses Feld verweist. Es zeigt immer die Anzahl von Seminarteilnehmern eines Seminars an. „[Seminarbesuche]" ist der Steuerelementname des Unterformulars im Hauptformular. Der Zusatz „[Formular]" gibt an, daß es sich bei dem Steuerelement um ein Formular handelt. „[Anzahl]" ist der Name des berechneten Steuerelements im Unterformular.

Das Feld „Gesamtkosten" berechnet die Kosten, dir durch den Besuch dieses Seminars entstehen, indem es die berechnete Anzahl an Teilnehmern mit dem Seminarpreis multipliziert:
=[TeilnehmerAnz]*[Preis]

Das Formular „Seminaranbieter" kann auf drei Arten geöffnet werden:

- Klicken auf die Schaltfläche „Seminaranbieter"
- Doppelklick auf das Kombinationsfeld „Seminaranbieter"
- Klicken auf das Unterformular „Seminaranbieter Unterformular"

Formular: Seminaranbieter

Zweck	Dient der Erfassung und Pflege der Daten zu den Seminaranbietern.
Prozeduren	Wird das Formular über die Schaltfläche <Schließen> geschlossen, muß der Listeninhalt des Kombinationsfeldes „Seminaranbieter" im Formular „Seminarbesuche" aktualisiert werden.

```
Private Sub Schließen_Click()

DoCmd.Close acForm, Screen.ActiveForm.Name
' ggf. Anzeige im Listenfeld der Formulars
"Seminarbesuche" aktualisieren
If Screen.ActiveForm.Name = "Seminarbesuche" Then
    Forms!Seminarbesuche!AnbieterNr.RowSource =
Forms!Seminarbesuche!AnbieterNr.RowSource
End If

End Sub
```

Formular: Firmenfahrzeuge

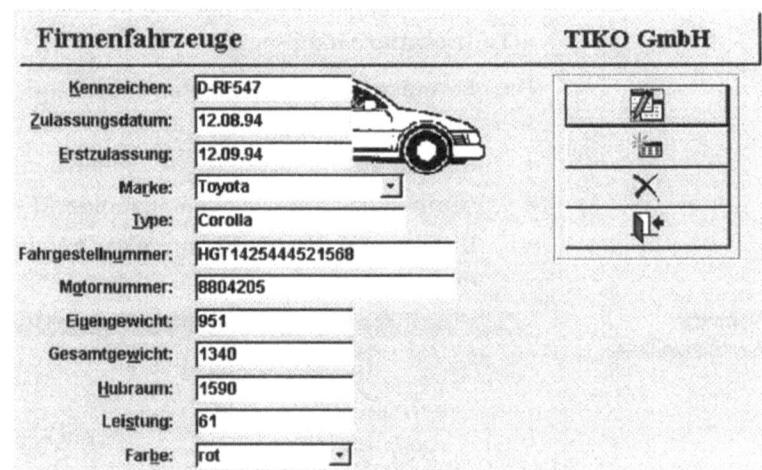

Zweck	Dient der Erfassung und Pflege der im Unternehmen eingesetzten Firmenfahrzeuge.
Besonderheiten in der Gestaltung	Das Formular „Firmenfahrzeuge" weist dieselben Gestaltungsmerkmale wie bereits zuvor erläuterte Formulare auf:

Startoptionen und verwendete Formulare

- Kombinationsfelder zur benutzerfreundlichen Eingabe der Daten
- Übereinandergelegte Schaltflächen, die über VBA ein- und ausgeblendet werden.

Da um die Schaltflächen ein Rahmen gezogen ist, muß dieser zusätzlich verkleinert bzw. vergrößert werden, wenn die Schaltflächen umgeblendet werden. Die Höhe (Height) des Rahmens wird in Twips angegeben. Ein Zentimeter entspricht 567 Twips.

```
Private Sub Ausblenden()

    'Einblenden
    Me!Abbrechen.Visible = True
    Me!Übernehmen.Visible = True
    'Wechsel zu anderem Feld, damit "aktive" Schalt-
    fläche ausgeblendet werden kann
    Me!Übernehmen.SetFocus
    'Ausblenden Schaltflächen
    Me!Bearbeiten.Visible = False
    Me!Menü.Visible = False
    Me!Neu.Visible = False
    Me!Löschen.Visible = False
    ' Rahmenhöhe anpassen
    Me!Schaltflächenrahmen.Height = 1140.8

End Sub
```

**Formular:
Firmenfahrzeuge
Vergabe**

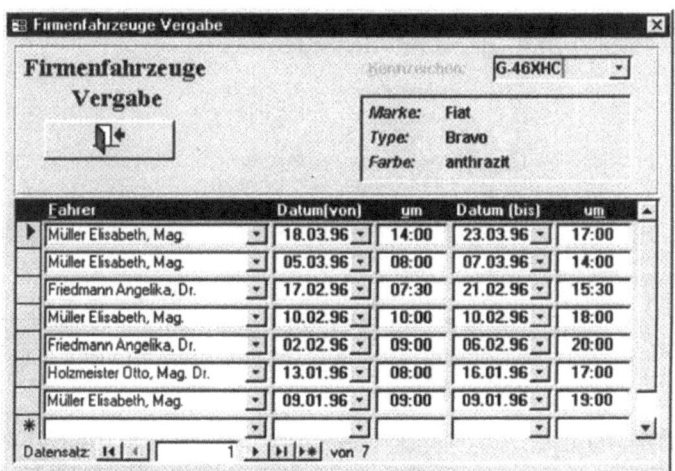

Zweck	Das Formular dient der Erfassung der Zeiten, zu denen mit den Firmenfahrzeugen gefahren wird.
Besonderheiten in der Gestaltung	Das Hauptformular selber ist ein ungebundenes Formular mit zwei Unterformularen.

- Unterformular zur Eingabe der Benutzungszeiten
- Unterformular zur Anzeige der Fahrzeugdaten

Über ein ungebundenes Kombinationsfeld wird ein Kennzeichen selektiert. Die beiden Unterformulare sind über dieses Feld mit dem Hauptformular verbunden.

Tip: Wenn Sie in einem Formular Daten lediglich als Information anzeigen, aber diese nicht editieren möchten, erhöhen Sie die Performance, indem Sie ein Unterformular zur Anzeige verwenden, anstelle die Tabelle und diese Felder der zugrundeliegenden Abfrage hinzuzufügen. Optisch kann ein Unterformular so integriert werden, daß es für den Benutzer nicht als solches erkennbar ist.

Formular: Personalinformation

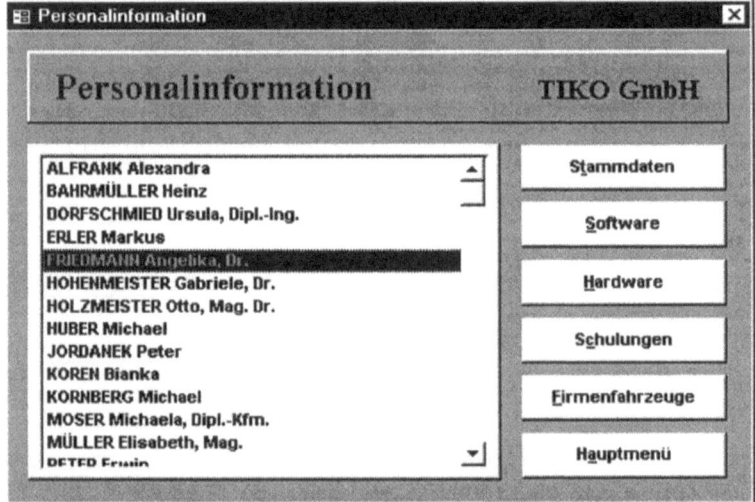

Zweck	Das Menü „Personalinformation" dient der Auswahl von Mitarbeitern, für die Informationen aus der Datenbank angezeigt werden sollen.
Besonderheiten in der Gestaltung	Im Listenfeld werden die Namen aller Mitarbeiter angezeigt, die gebundene erste Spalte ist nicht sichtbar. Sie enthält die Perso-

Startoptionen und verwendete Formulare

nalnummer, die als Kriterium beim Öffnen der einzelnen Formulare von diesem Menü aus dient.

Der Farbwechsel der Schaltflächen entspricht dem Formular „Einstiegsmenü".

Prozeduren

Beim Öffnen des Formulars sind alle Schaltflächen außer jener zur Rückkehr zum Hauptmenü deaktiviert. Erst wenn im Listenfeld ein Mitarbeiter ausgewählt worden ist, werden sie aktiviert.

```
Private Sub Mitarbeiterliste_AfterUpdate()

    Me!Stammdaten.Enabled = True
    Me!Software.Enabled = True
    Me!Hardware.Enabled = True
    Me!Schulungen.Enabled = True
    Me!Firmenfahrzeuge.Enabled = True

End Sub
```

Formular: Personalinformation: Mitarbeiterstammdaten

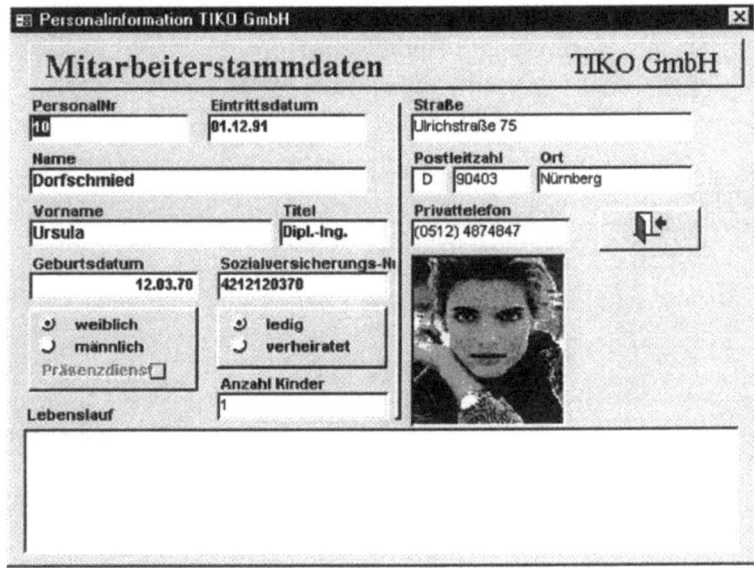

Zweck

Anzeige der Mitarbeiterstammdaten im Rahmen der Personalinformation.

Besonderheiten in der Gestaltung

613

21 Anhang B

Prozeduren

Beim Schließen des Formulars wird das Formular „Personalinformation" eingeblendet. Ist es geschlossen, wird es zuvor verborgen geöffnet.

```
Private Sub Form_Close()

On Error GoTo EINBLENDEN_FEHLER
Forms!Personalinformation.Visible = True

EINBLENDEN_ENDE:
Exit Sub

EINBLENDEN_FEHLER:
    If Err = 2450 Then
        DoCmd.OpenForm "Personalinformation", , , , ,
acHidden
        Resume
    Else
        MsgBox Error(Err) + Str(Err)
        Resume EINBLENDEN_ENDE
    End If

End Sub
```

**Formular:
Personalinforma-
tion: Hardware**

Startoptionen und verwendete Formulare

Zweck	Anzeige der Hardware eines Mitarbeiters im Rahmen der Personalinformation.
Besonderheiten in der Gestaltung	Die Anzeige der eigentlichen Daten erfolgt im Unterformular. In diesem werden Anschaffungswerte, Zeitwerte und Abschreibung berechnet.

Anschaffungswerte: **=Summe([Einkaufspreis])**

Zeitwerte:**=Summe([Einkaufspreis]-[Einkaufspreis]*(Jahr(Jetzt())-Jahr([Einkaufsdatum]))*0,25)**

Abschreibung: **=[SummeEKP]-[SummeZW]** (Differenz der zuvor berechneten Felder)

Prozeduren

Formular: Personalinformation: Seminarbesuche

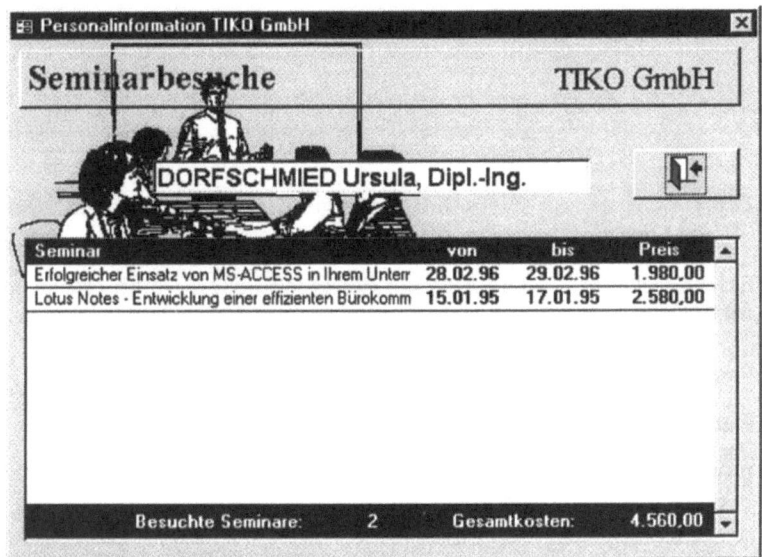

Zweck	Dient der Anzeige der von den Mitarbeitern besuchten Seminare und der dadurch verursachten Kosten.
Besonderheiten in der Gestaltung	Die Anzeige der eigentlichen Daten erfolgt im Unterformular. In diesem werden die Anzahl der besuchten Seminare sowie die dadurch verursachten Kosten berechnet.

Besuchte Seminare: **=Anzahl([Personalnummer])**

Gesamtkosten: **=Summe([Preis])**

21 Anhang B

Prozeduren —

**Formular:
Personalinformation: Software**

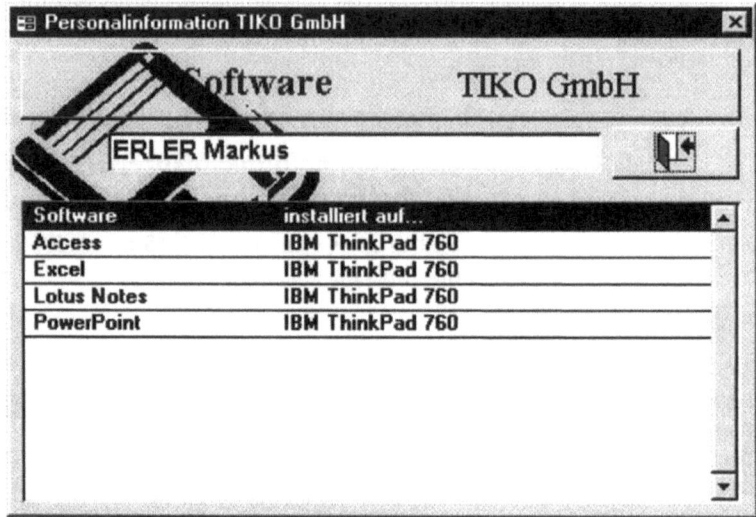

Zweck Dient der Anzeige der Software eines Mitarbeiters im Rahmen der Personalinformation.

Besonderheiten in der Gestaltung Die Anzeige der eigentlichen Daten erfolgt im Unterformular.

Prozeduren —

**Formular:
Personalinformation: Fahrzeuge**

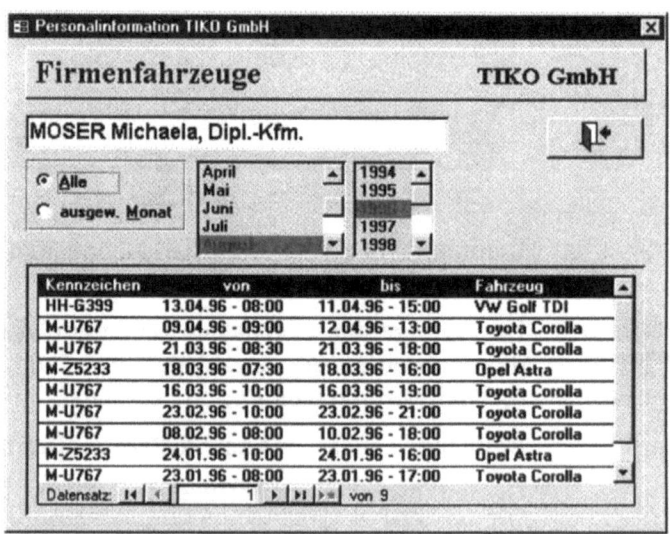

616

Startoptionen und verwendete Formulare

Zweck	Dient der Anzeige der Benutzungszeiten von Firmenfahrzeugen durch einzelne Mitarbeiter im Rahmen der Personalinformation.
Besonderheiten in der Gestaltung	Um zwischen der Anzeige aller Benutzungen und jener eines bestimmten Monats auszuwählen, werden verwendet

- eine Optionsgruppe, um zwischen diesen Anzeigemöglichkeiten umzuschalten,
- zwei Listenfelder, um Monat und Jahr zu selektieren und
- zwei Unterformulare, die zur Laufzeit gegeneinander vertauscht werden.

Prozeduren	Eine genaue Beschreibung der in diesem Formular benutzten Prozeduren und Gestaltungsmerkmale finden Sie in **Kapitel 19, Ausgewählte Programmlösungen**.
Formular: Druck	

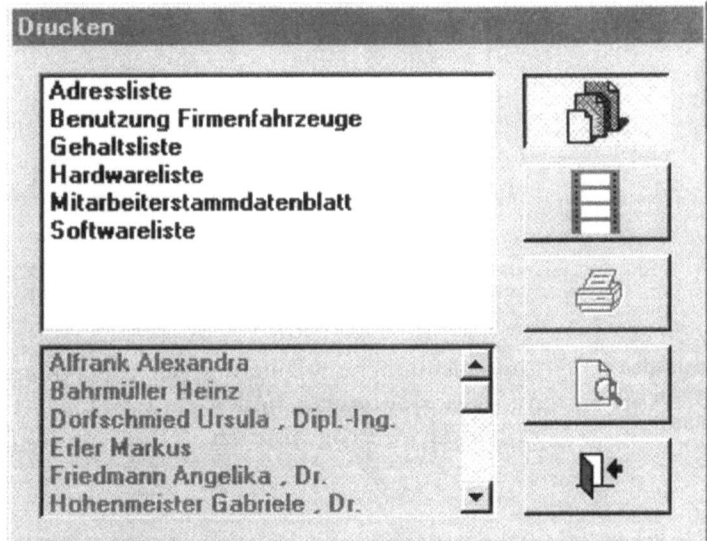

Zweck	Druckmenü zur Ansteuerung der einzelnen Berichte.
Besonderheiten in der Gestaltung/ Prozeduren	Eine ausführliche Erläuterung der Gestaltung sowie der Prozeduren dieses Formulars finden Sie in Kapitel **19, Ausgewählte Programmlösungen**.

21   Anhang B

**Formular:
Datenexport**

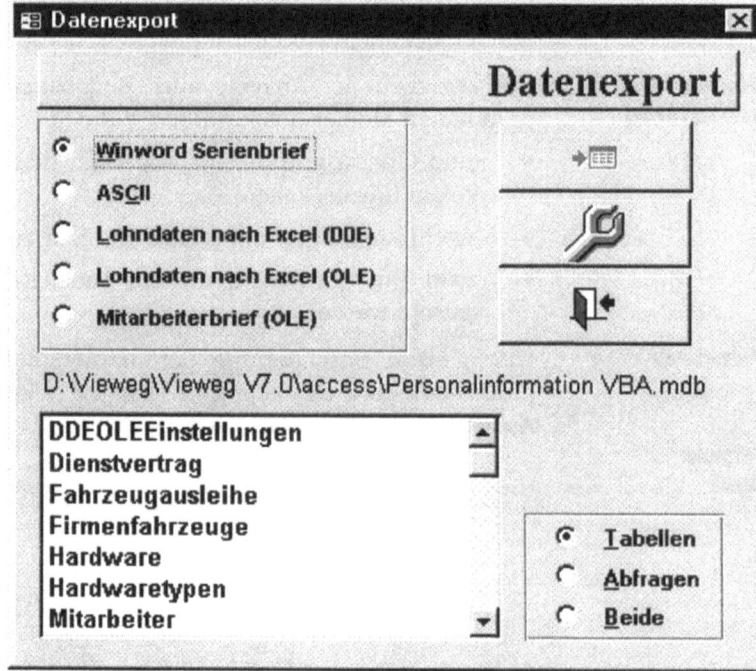

Zweck	Ansteuerung der einzelnen Möglichkeiten des Datenexports, DDE und OLE-Automation.
Besonderheiten in der Gestaltung/ Prozeduren	Eine ausführliche Erläuterung der Gestaltung sowie der Prozeduren dieses Formulars finden Sie in Kapitel **17, Datenaustausch mit anderen Programmen**.

22 Anhang C

Die Berichte der Beispielanwendung „Personal Makro/VBA"

Folgende Berichte können über das Druckmenü aufgerufen werden:

- Adressetiketten
- Adressliste
- Benutzung Firmenfahrzeuge
- Gehaltsliste
- Hardwareliste
- Softwareliste
- Stammdatenblatt

In der Anwendung „Personal VBA" können die über das Druckmenü aufgerufenen Berichte beliebig ergänzt werden. Damit sie automatisch ins Druckmenü übernommen werden, müssen deren Namen entweder mit

- **„Druck"** beginnen (zur Aufnahme in die Liste der Standardberichte) und mit
- **„Etiketten"** beginnen, um in die Liste der Berichte zum Etikettendruck aufgenommen zu werden.

Adressetiketten Der Bericht basiert auf einer Abfrage in Form eines SQL-Statements:

```
SELECT DISTINCTROW If([Titel] Is Null,[Vorname]+"
"+[Nachname],[Titel]+" "+[Vorname]+" "+[Nachname]) AS
VollerName, Mitarbeiter.Straße, Mitarbei-
ter.Länderkennzeichen, Mitarbeiter.Postleitzahl, Mit-
arbeiter.Ort FROM Mitarbeiter ORDER BY If([Titel] Is
Null,[Vorname]+" "+[Nachname],[Titel]+" "+[Vorname]+"
"+[Nachname]);
```

Es werden einzelne Felder aus der Tabelle „Mitarbeiter" übernommen.

Um die zweispaltige Darstellung zu erreichen, öffnen Sie das Dialogfeld „Seite einrichten" über das Menü **Bearbeiten** und

22   Anhang C

wählen den Reiter „Layout". Hier können Sie die Anzahl der Spalten sowie den Abstand zwischen ihnen eingeben. Die Definition der genauen Druckgröße erleichtert die Anpassung an die vorhandenen Etikettenformulare.

Darüber hinaus können Sie hier einstellen, ob die Anordnung der Etiketten von links nach rechts oder von oben nach unten erfolgen soll.

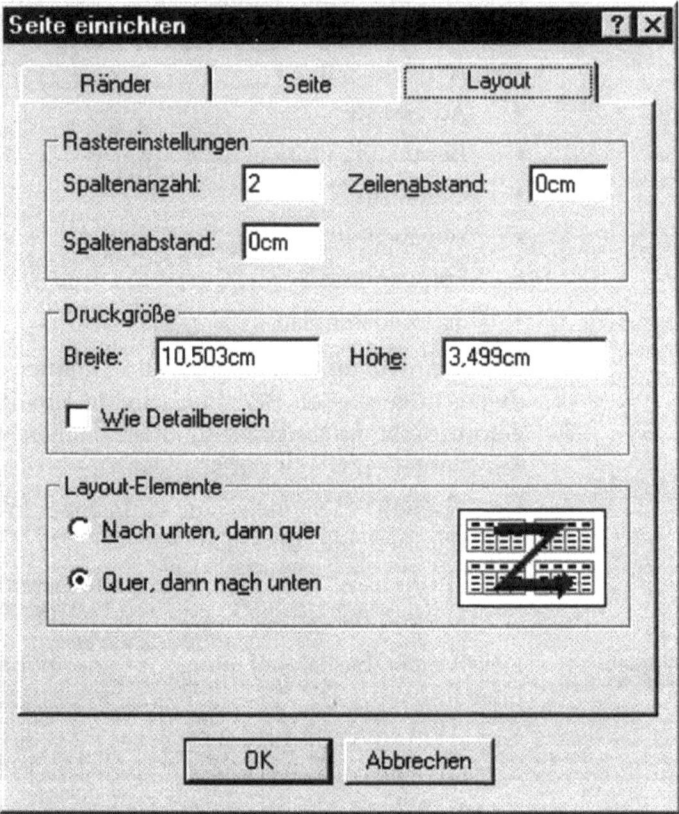

Adressliste   Der Bericht „Adressliste" basiert auf derselben Abfrage wie der Bericht „Adressetiketten".

Die Berichte der Beispielanwendung "Personal Makro/VBA"

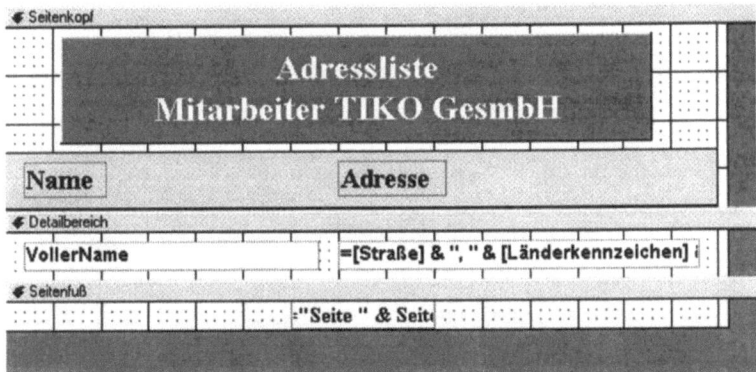

Im Seitenkopf wird jeweils die Überschrift angedruckt, der Seitenfuß wird zum Druck der Seitenanzahl verwendet. Um die Seitenanzahl zu bekommen, verwenden Sie den reservierten Feldnamen **Seite**, für die Gesamtseitenanzahl **Seiten**.

So verwenden Sie zum Beispiel für den Aufdruck nach dem Schema „Seite 3 von 14" den Ausdruck **="Seite " & [Seite] & " von " & [Seiten]**.

Benutzung Firmenfahrzeuge

Dieser Bericht basiert auf der Tabelle „Mitarbeiter". In den Berichtsentwurf ist das Formular „Firmenfahrzeuge für Bericht" als Unterbericht eingefügt. Die Verwendung eines Formulars in der Datenblattansicht anstelle eines Berichts als Unterbericht bringt den Vorteil, daß bereits die Gitternetzlinien und die Spaltenüberschriften automatisch mit übernommen werden. Dieses Formular zeigt die Fahrzeuge sowie die Benutzungszeiten des entsprechenden Mitarbeiters an. Die Verknüpfung von Bericht und Unter(formular)bericht erfolgt über das Feld „Personalnummer"

Nach jedem Mitarbeiter wird auf einer neue Seite durch einen erzwungenen Seitenumbruch am Ende des Detailbereichs fortgesetzt.

22 Anhang C

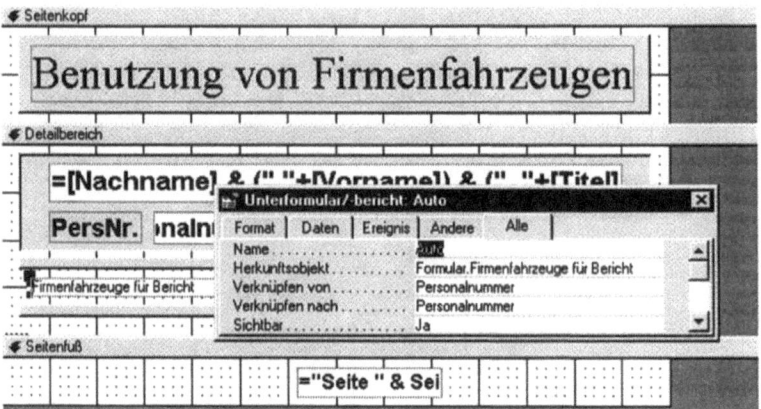

Gehaltsliste Für den Bericht „Gehaltsliste" werden aus der Tabelle „Dienstvertrag" die Felder

- Nachname,
- Vorname und
- Titel

sowie aus der über die Tabelle „Stelle" verbundenen Tabelle „Dienstvertrag" das Feld „Grundlohn" in einer Abfrage erstellt und als SQL-Statement in der Eigenschaft „Datenherkunft" gespeichert.

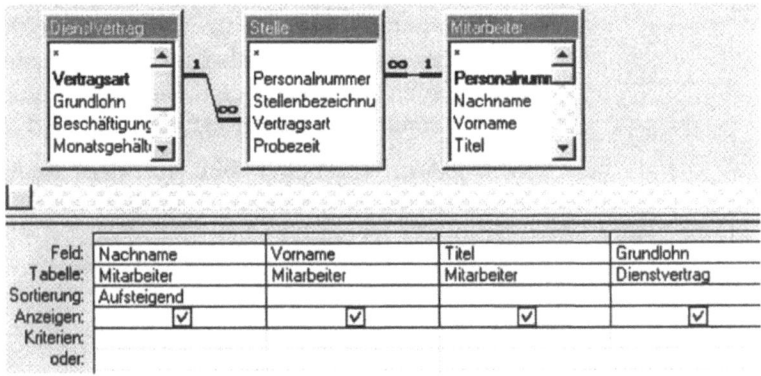

Hardwareliste Dieser Bericht verwendet die Gruppierungsfunktion für das Feld „Nachname", um die Hardware eines jeden Mitarbeiters anzuzeigen.

Die Berichte der Beispielanwendung "Personal Makro/VBA"

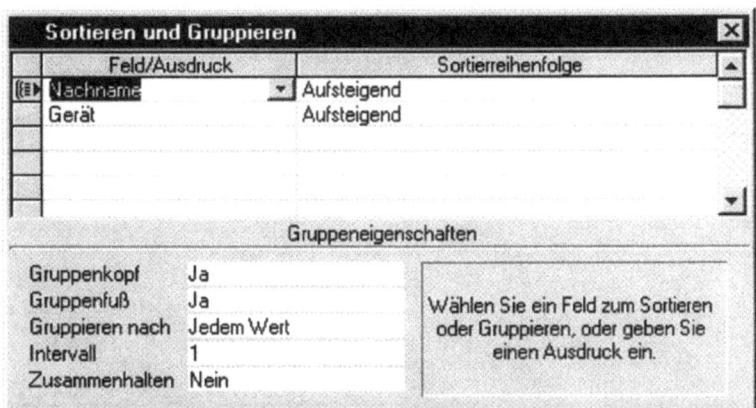

Im Gruppenkopf wird der Name des Mitarbeiters angedruckt. Innerhalb der Gruppierung wird nach dem „Gerät" sortiert, dafür wird aber kein Gruppenkopf oder -fuß benötigt.

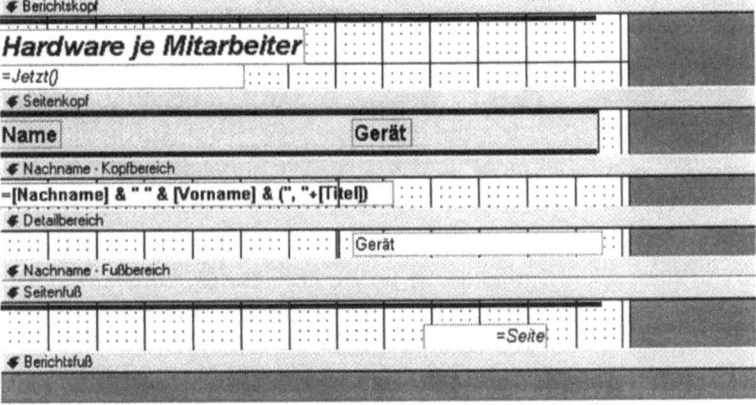

Softwareliste Um im Bericht die Namen der Mitarbeiter und der Software, die sie in Verwendung haben, anzuzeigen, wird als Basis für den Bericht eine Abfrage benötigt, die auf den vier Tabellen

- Mitarbeiter,
- Hardware,
- Software und
- Softwarebezeichnung

beruht. Die Tabellen „Hardware" und „Software" erfüllen dabei lediglich eine Brückenfunktion, da außer den Mitarbeiternamen

22 Anhang C

nur das Feld „Bezeichnung" aus der Tabelle „Softwarebezeichnung" benötigt wird.

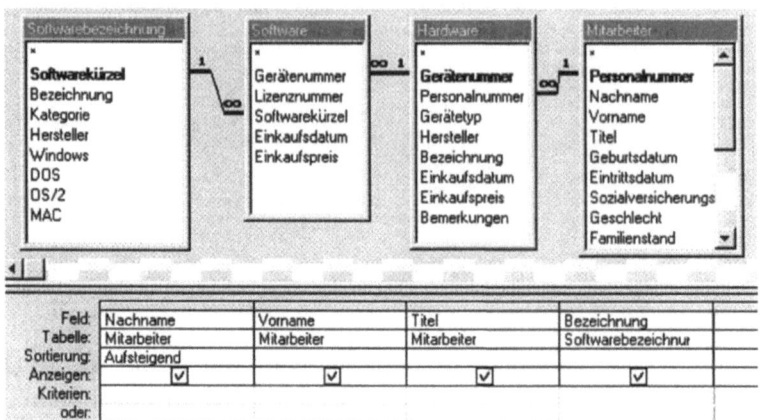

Die Gruppierung erfolgt nach dem Feld „Nachname", damit wie im Bericht „Hardwareliste" die Software für jeden Mitarbeiter angezeigt wird.

Mitarbeiterstamm-datenblatt

Der Bericht wird benötigt, da das Formular „Mitarbeiterstammdaten" zum Ausdruck von Stammdatenblättern nicht geeignet ist. Die Darstellung im Bericht ist gegenüber dem Formular für die Ausgabe auf einen Drucker abgestimmt.

Rückkehr zum Druckmenü

Nach dem Drucken des Berichtes oder dem Schließen der Seitenansicht ist es notwendig, zum Druckmenü zurückzukehren. Vor allem dann, wenn Sie über die Startoptionen der Datenbank das Datenbankfenster ausgeblendet haben, kann der Benutzer nicht zur Anwendung zurückkehren.

Lösung in Personal Makro:

Beim Schließen wird das Makro **Druck-menü.DruckmenüÖffnen** gestartet.

Aktion	Aktionsargumente
ÖffnenFormular	Druckmenü
Auswählen Objekt	Formular
	Druckmenü

Lösung in Peronal VBA:

Beim Schließen des Berichts wird nachfolgende Ereignisprozedur gestartet, die das Druckmenü einblendet. Ist es geschlossen, wird es vorher verborgen geöffnet.

```
Private Sub Report_Close()

    On Error GoTo ÖFFNEN
    Forms!Druck.Visible = True
    Exit Sub

ÖFFNEN:
    If Err = 2450 Then
        DoCmd.OpenForm "Druck", , , , , acHidden
        Resume
    Else
        MsgBox Str$(Err)
        Resume Next
    End If

End Sub
```

Anhang D

Zusätzliche Anwendungslösung „Projektcontrolling"

In der betrieblichen Praxis ist das Arbeiten in Projekten weit verbreitet. Die Stärke der standardmäßig angebotenen Projektmanagementprogramme ist die Zeitplanung sowie die Terminüberwachung und -steuerung. Erweiterungsmöglichkeiten liegen im Projektcontrolling sowie in der Projektverwaltung. Dann ist eine **Verknüpfung zu einem Datenbanksystem** angesagt.

Ein besonderes Augenmerk gilt im Projektmanagement Wirtschaftlichkeitsüberlegungen. Wie erfolgreich ein Projekt einzustufen ist, hängt zu einem erheblichen Teil davon ab, wieviel Kosten tatsächlich verursacht werden und wieviele Mittel es schließlich insgesamt verschlungen hat.

Unter Beachtung der geschätzten Zeiten sowie der einzusetzenden Ressourcen bietet ein Datenbankprogramm wie ACCESS eine gute Möglichkeit, eine relativ präzise Kostenplanung vorzunehmen. Dabei ist zumeist eine **Differenzierung nach verschiedenen Kostenarten** sowie nach einzelnen Aktivitäten und Zeiträumen leicht zu ermitteln und auszuweisen. Damit kann eine gezielte Kostenüberwachung vorgenommen werden und so möglichen Fehlentwicklungen durch schnelle Entscheidungen entgegengesteuert werden.

In der folgenden Beispielanwendung, die auf der CD-ROM unter dem Namen „Projektkalkulation.MDB" gespeichert ist, sollen folgende Kosten schon während des Projektes erfaßt und jederzeit für Auswertungszwecke zur Verfügung stehen:

- **Materialeinkauf**: Jede Eingangsrechnung ist zu erfassen sowie jede Position dem jeweiligen Projekt zuzuordnen.
- **Arbeitszeit**: Jede von einem Mitarbeiter für ein Projekt aufgewendete Arbeitszeit ist diesem anzurechnen. So können z. B. für eine am Projekt beteiligte Arbeitskraft die angefallenen Arbeitszeiten und Lohnkosten eingegeben werden; das Programm errechnet dann automatisch die Kosten die-

ser Arbeitskraft in bezug auf das Gesamtprojekt bzw. für einzelne Aktivitäten.

- **Prämien**: Am Ende eines jeden erfolgreichen Projektes werden Prämien an die Projektverantwortlichen ausbezahlt. Auch diese müssen als Kosten in das jeweilige Projekt eingehen.

Tabellen und Datenmodell der Anwendung „Projektkalkulation"

Zur Hintergrundinformation sollten Sie sich zunächst die Tabellen vergegenwärtigen, die verwendet wurden. Folgende **Tabellen** liegen der Realisierung der vorgestellten Projektkalkulation zugrunde:

Projekte	Diese Tabelle enthält alle Projekte. Als Projektnummer wird ein fünfstelliger Code vergeben. Die ersten beiden Stellen stehen für das jeweilige Jahr, die letzten drei werden als laufende Nummer vergeben.
Rechnungen	Aufgenommen werden in dieser Tabelle die Grunddaten der Eingangsrechnungen. Ihnen zugeordnet sind die Rechnungspositionen, die in einer eigenen Tabelle gespeichert und 1:n verknüpft sind.
Rechnungspositionen	Rechnungspositionen der Eingangsrechnung. Enthalten zusätzlich Artikelgruppe und Projekt, um Zuordnungen für die Kalkulation realisieren zu können.
USt-Sätze	Hilfstabelle zur Rechnungserfassung, deren Inhalt lediglich zum Füllen eines Listenfeldes benötigt wird.
Mitarbeiter	Tabelle, die sinnvollerweise aus der Personalverwaltung übernommen und eingebunden wird.
Stundensatz	Enthält den Stundensatz für jeden Mitarbeiter. Es besteht eine Beziehung zur Tabelle Mitarbeiter.
Zeiterfassung	Jede Arbeitseinheit wird mit Datum und Uhrzeit erfaßt und einem Projekt zugeordnet.

Zusätzliche Anwendungslösung „Projektcontrolling"

Artikelgruppen	Artikelgruppen werden bei den Rechnungspositionen angegeben, um bei der Auswertung nach ihnen zu gruppieren. Können aus vorhandenen Tabellen übernommen werden.
Lieferanten	Lieferantenstammdaten, die in der Regel extern eingebunden werden.
Prämien	Die Prämien der einzelnen Projekte. Die Prämien sind den Projekten in einer 1:n-Beziehung untergeordnet.
Prämienaufschlag	Für jedes Projekt wird der Prämienaufschlag für Lohnnebenkosten und Steuern angegeben. Da sich dieser Prozentsatz im Laufe der Zeit ändern kann, wird er für jedes Projekt angegeben. Die Zuordnung zu den Projekten erfolgt in einer 1:1 - Beziehung.

Ausgehend von diesen Informationen dürfte das **Datenmodell der Anwendung Projektkalkulation** aus der folgenden Abbildung leicht verständlich sein:

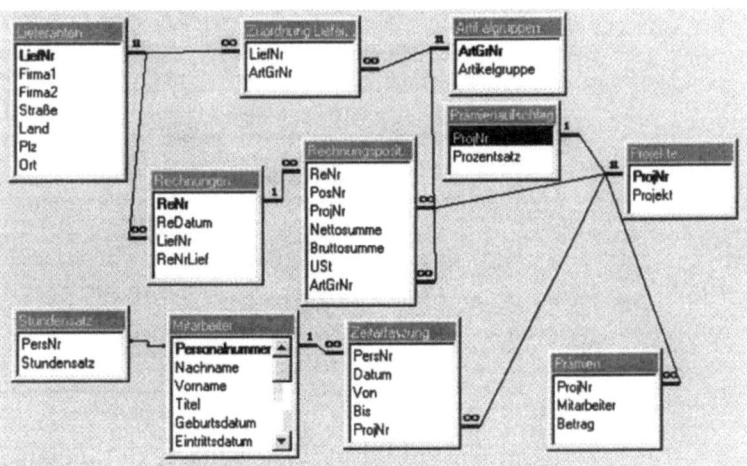

Beachten Sie allerdings: Die in der Grafik angezeigten Beziehungen sind lediglich logische Beziehungen. Die Verknüpfungen sind nicht als tatsächliche Beziehungen hergestellt.

Wichtig ist: Es ist nicht nötig eine Beziehung unter den gleichnamigen Menüpunkt zu realisieren, damit sie als solche verwendet werden kann. Theoretisch können Sie ganz ohne sie aus-

629

kommen. Es genügt, die Beziehungen über Abfragen, auf denen die Formulare zur Datenerfassung basieren, von denen Berichte ihre Daten bereitgestellt bekommen, oder über die Definition von Haupt- und Unterformularen zu erstellen. Der logische Unterschied besteht darin, daß Sie nur auf jene Beziehungen, die Sie „echt" erstellt haben, die *referentielle Integrität* anwenden können.

Abläufe und Funktionen im Projektcontrolling

Ausgangspunkt für das Arbeiten mit dem Programm ist das folgende Hauptmenü. Alle wichtigen Funktionen sind hierüber direkt ansteuerbar:

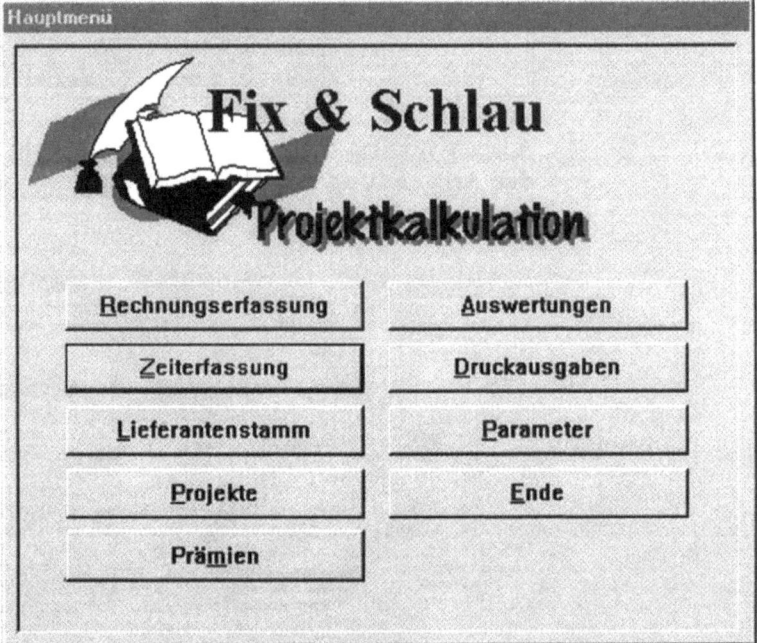

Um ein Projekt mit Daten füllen zu können und damit ein Controlling zu ermöglichen, muß dieses zunächst angelegt werden. Ausgangspunkt für die Projekterfassung ist die Schaltfläche <Projekte> aus dem Hauptmenü. Danach ergibt sich beispielsweise die folgende Bildschirmanzeige:

Zusätzliche Anwendungslösung „Projektcontrolling"

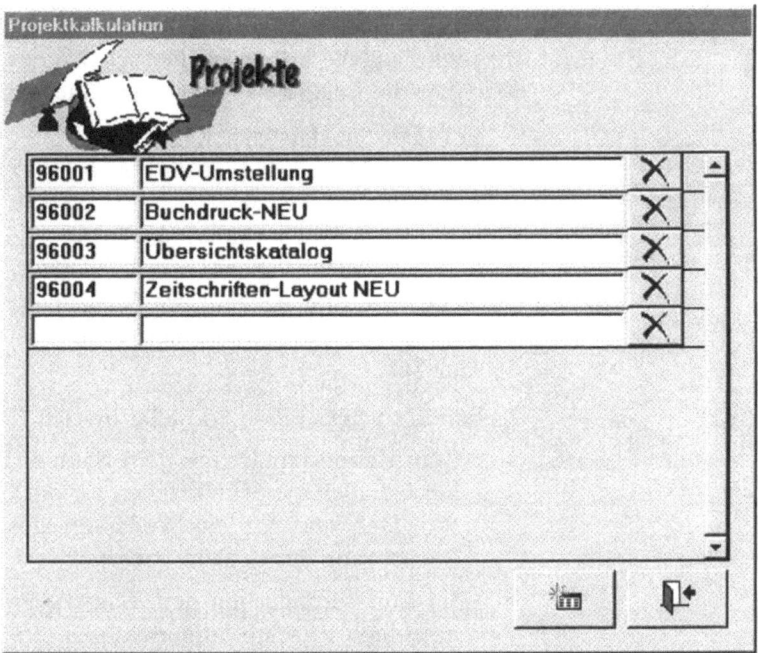

Die Erfassung eines Projektes muß zu Beginn erfolgen. Sie wird benötigt, damit überhaupt die einzelnen Kostenarten zugeordnet werden können. Zur Neuerfassung klicken Sie auf die links abgebildete Schaltfläche. Es wird dann unmittelbar eine freie Zeile zur Verfügung gestellt. Programmtechnisch wurde dies mit der folgenden Ereignisprozedur realisiert, die dem Ereignis "Beim Klicken" zugeordnet ist:

```
Private Sub Neu_Click()
    DoCmd.GoToControl "ProjekteUF"
    On Error Resume Next
    DoCmd.DoMenuItem AcFORMBAR, AcRECORDSMENU, 1, 4
    On Error GoTo 0
End Sub
```

Mit der Prozedur wird das Unterformular „ProjekteUF" aktiviert. Anschließend wird die Methode DoMenuItem verwendet, die die Aktion AusführenMenübefehl in Visual Basic ausführt. Für die Menüleiste in der Formularansicht wird die eingebaute Konstante acFormBar genutzt. Anschließend wir in dem Beispielfall das Menü **Datensätze** aus dem Formulare-Bereich verwendet.

23 Anhang D

 Um ein vorhandenes Projekt wieder zu löschen, klicken Sie in der Zeile auf die links gezeigte Schaltfläche. Programmtechnisch liegt hier die folgende Ereignisprozedur beim Klicken dahinter:

```
Private Sub Löschen_Click()
         If IsNull(ProjNr) And IsNull(Projekt) Then
Exit Sub
         DoCmd.SetWarnings False
         DoCmd.DoMenuItem AcFORMBAR, 1, 7
         DoCmd.DoMenuItem AcFORMBAR, 1, 6
         DoCmd.SetWarnings True
End Sub
```

Es handelt sich bei dem Formular um ein Haupt-/Unterformular:

- Zum Hauptformular mit dem Namen „Projekte" rechnen dabei lediglich die Schaltflächen für die Erfassung eines neuen Projektes und für das Verlassen des Formulars mit dem Rücksprung in das Hauptmenü.

- Im Unterformular mit dem Namen „ProjekteUF" werden die einzelnen Projekte aufgenommen. Als Standardansicht wird hier „Endlosformular" gewählt, wobei nur vertikale Bildlaufleisten zulässig sind.

Für ein angelegtes Projekt können Sie nun mit der Erfassung von Daten beginnen. So sind zum Beispiel alle ein Projekt betreffenden Eingangsrechnungen über ein gesondertes Formular zu erfassen. Aufgerufen wird dieses über die Schaltfläche <Rechnungserfassung> im Hauptmenü:

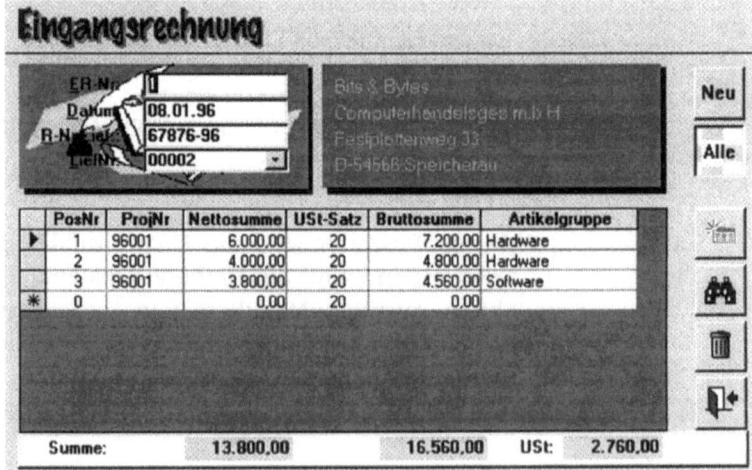

Mit diesem Erfassungsformular lassen sich die einzelnen Rechnungspositionen direkt den betreffenden Projekten zuordnen. Programmtechnisch liegt wiederum ein Haupt-/Unterformular zugrunde, wobei die einzelnen Positionen im Unterformular erfaßt werden.

Bei der Erfassung der Einzelpositionen, kann eine Zuordnung zu einem erfaßten Projekt über die Projektnummer erfolgen. Auf diese Art und Weise entsteht als Nebenprodukt das Rechnungsbuch, in dem alle Eingangsrechnungen erfaßt und angezeigt werden. Dies erlaubt beispielsweise auch Auswertungen darüber, welche Beträge in einem gewissen Zeitraum für Rechnungen bezahlt werden müssen.

Im unteren Bereich des Formulars befinden sich zur Ermittlung der Summen Textfelder, die als Steuerelementinhalt Berechnungsformeln enthalten. Beispielsweise gilt für das Feld zum Ausweis der Bruttosumme für Steuerelementinhalt:

```
=[Rechnungspositionen].[Formular]![GesamtBrutto]
```

(übersetzt: nehme aus dem Unterformular Rechnungspositionen alle GesamtBrutto-Werte). Für GesamtBrutto gibt es die Formel, die im Unterformular ermittelt wird:

```
=Summe([Bruttosumme]).
```

Noch ein **Hinweis**: Auch das „Einspielen" der Liefererfirma wird über ein Unterformular realisiert.

Neben der Erfassung der Kosten, die sich aufgrund von Eingangsrechnungen ergeben, sind die personalen Kosten für ein Projekt zu berücksichtigen. Für die Zeiterfassung, die durch die Mitarbeiter täglich vorzunehmen ist, wird das folgende Formular vom Hauptmenü aus aufgerufen:

23 Anhang D

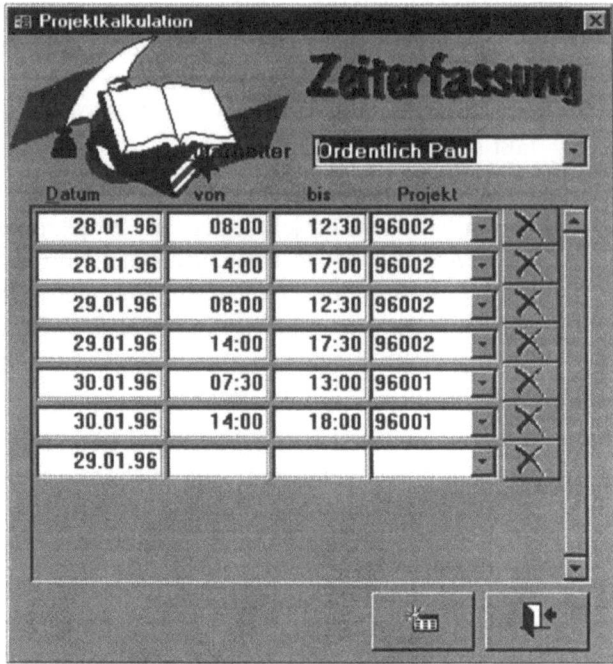

Im Formular Zeiterfassung kann jeder Mitarbeiter nicht nur seine tägliche Arbeitszeit erfassen, sondern auch in einem entsprechenden Feld vermerken, für welches Projekt er diese Zeit aufgewendet hat.

Jeder Mitarbeiter kann aus einem Kombinationsfeld im oberen Bereich seinen Namen wählen. Dann erscheinen die ihm zugeordneten Daten. Programmtechnisch liegt hier eine Ereignisprozedur für das Ereignis "Nach Aktualisierung" vor:

```
Sub Kombinationsfeld2_AfterUpdate()
' Den mit dem Steuerelement übereinstimmenden Daten-
satz suchen.
Me.RecordsetClone.FindFirst "[Personalnummer]="&
Me![Kombinationsfeld2]
    Me.Bookmark = Me.RecordsetClone.Bookmark
End Sub
```

Damit wird bewirkt, daß im aktuellen Formular der gewünschte Datensatz gesucht und angezeigt wird. Ansonsten ist das Formular quasi in gleicher Weise konstruiert wie das bereits erläuterte Formular zur Erfassung neuer Projekte.

Ein weiterer Aspekt, der für das Kostencontrolling zu berücksichtigen ist, sind die ausgezahlten Prämien. Die Prämien für jedes Projekt werden nach Abschluß in einem besonderen Formular erfaßt. Da den Mitarbeitern die jeweilige Prämie netto ausbezahlt wird, ist noch ein Zuschlagssatz für Lohnnebenkosten und Steuern zu kalkulieren (im Beispielfall von 90 %):

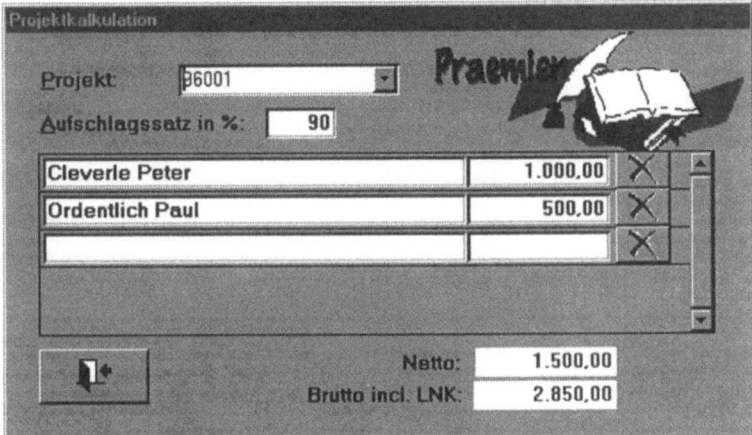

Für die Erfassung der Eingangsrechnungen wird der Lieferantenstamm benötigt. Je nachdem, ob er bereits in einer anderen Anwendung vorhanden ist, werden diese Daten eingebunden oder direkt in dieser Anwendung verwaltet.

Für die Datenerfassung sowie die Generierung der Auswertungen werden noch einige Parameter benötigt, die im dafür vorgesehenen Formular zu erfassen sind. So können beispielsweise unterschiedliche Umsatzsteuersätze auch länderspezifisch berücksichtigt werden (hier 10 bzw. 20 % als Umsatzsteuersätze in Österreich).

23 Anhang D

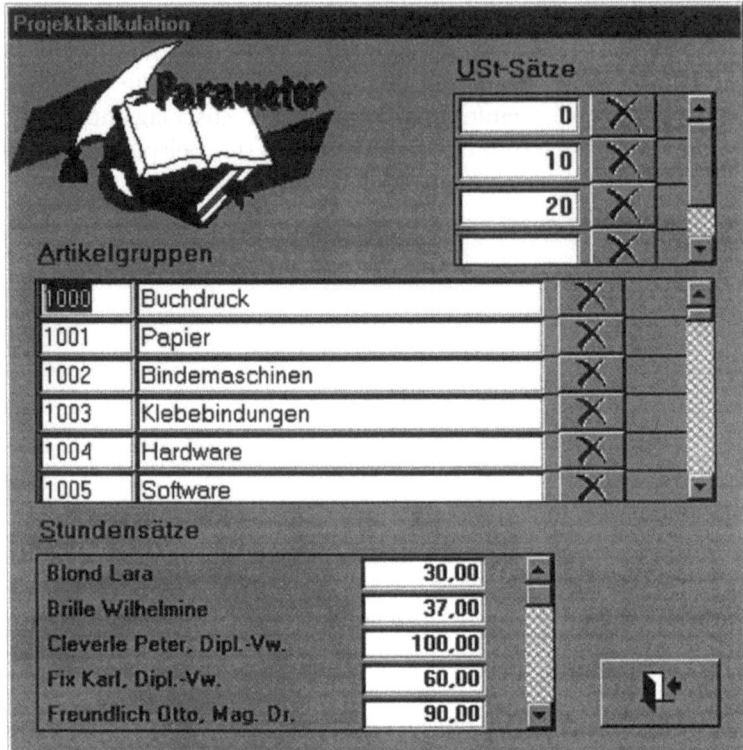

Die Parameter haben im einzelnen folgende Bedeutung:
- Die möglichen Umsatzsteuersätze sowie die Artikelgruppen werden für die Erfassung der Eingangsrechnungen benötigt.
- Die Zuordnung der Artikelgruppen erfolgt für die Gruppierung der Aufwendungen im Rahmen der Auswertung.
- Um die für ein Projekt aufgewendeten Stunden bewerten zu können, ist für jeden Mitarbeiter der zu verrechnende Stundensatz zu erfassen.

Über die Schaltfläche <Auswertungen> des Hauptmenüs erhalten Sie eine Aufstellung der Projektkosten, aufgegliedert in Materialeinkauf, Arbeitszeit und Prämien. Dazu wird das Formular „Kalkulation" geöffnet.

- Im ersten Drittel des Formulars wird der Materialeinkauf aufgegliedert nach den einzelnen Artikelgruppen zusammengefaßt. Um genauere Informationen zu den einzelnen Positionen zu erhalten, kann über die entsprechende Taste

Taste von jeder Artikelgruppe ein Drill-Down erfolgen. Dadurch werden alle betreffenden Rechnungspositionen sichtbar.

- Im mittleren Drittel wird eine Zusammenfassung der erbrachten Arbeitsstunden angezeigt. Auch hier ist es möglich, eine genaue Aufstellung über die erbrachten Arbeitsstunden eines jeden Projektmitarbeiters einzusehen.

- Die ausbezahlten Prämien werden inklusive dem Aufschlagsatz für Lohnnebenkosten und Steuern in die Kalkulation übernommen und im letzten Drittel des Formulars angezeigt.

- Die Gesamtprojektkosten werden als Summe dieser drei Bereiche gebildet und im rechten Bereich des Formulars ausgewiesen.

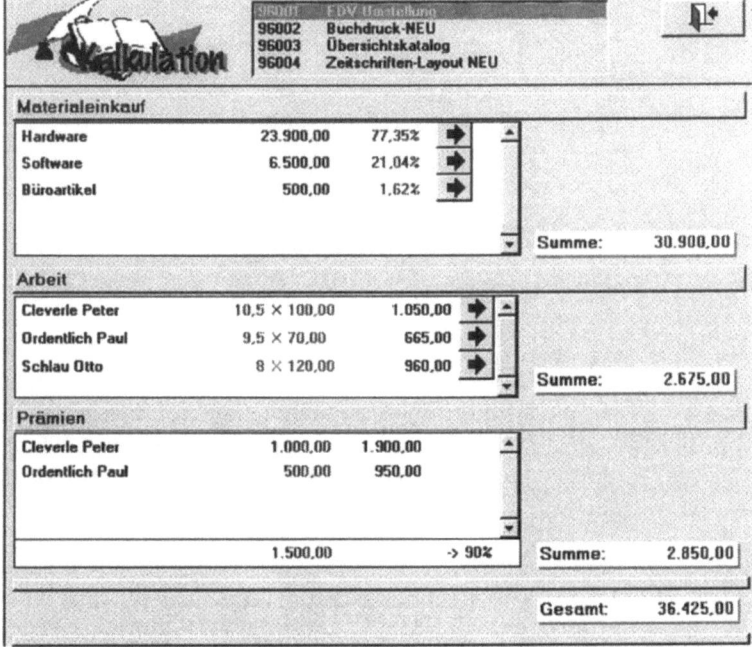

Mit ACCESS können Sie hier also einen sogenannten Drill-Down realisieren, um diesen tieferen Blick in die Daten zu gewinnen. Wenn beispielsweise für ein bestimmtes Projekt Material einer Artikelgruppe zu einem überdimensionalen unerwarteten Anteil eingekauft wurde oder von einem Arbeitnehmer extrem viele Arbeitsstunden geleistet worden sind, ist es interessant, eine Aufstellung der Rechnungen über den betreffenden Materialeinkauf oder eine Übersicht der Arbeitsstunden des Arbeitnehmers einzusehen. Zu diesem Zweck besteht im vorstehenden Formular „Kalkulation" die Möglichkeit, über die links abgebildete Schaltfläche einen Drill-Down in die Detaildaten vorzunehmen.

Um im Beispiel des Projektes „EDV-Umstellung" zu sehen, wie sich der Hardwareanteil von über 77% der Materialkosten zusammensetzt, klicken Sie auf den blauen Rechtspfeil in der entsprechenden Spalte. Sie erhalten eine Zusammenstellung aller Rechnungen, die Hardware enthalten (mit Datum und Positionssumme). Die Informationen weisen auch den Lieferanten aus, um die Zuordnung einfacher zu durchblicken.

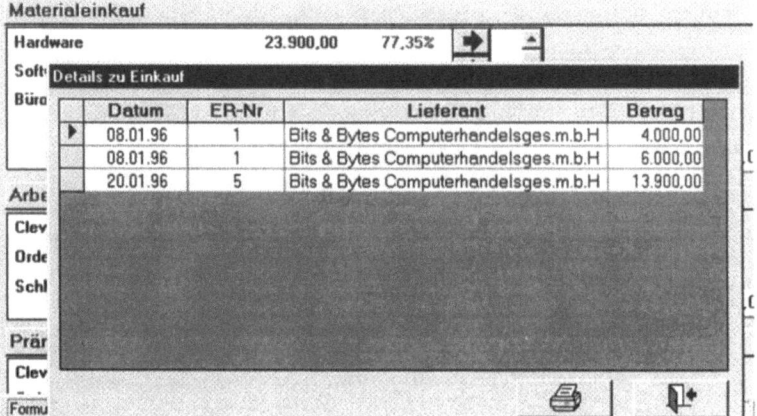

Um das Formular für die Anzeige der Detaildaten erstellen zu können, muß zunächst eine Abfrage angelegt werden. Im Eigenschaftsfenster des neuen Formulars klicken Sie in der Rubrik „Datensatzherkunft" auf die Schaltfläche für den Abfrageeditor.

Im Formular „MaterialeinkaufDetailUF" sind folgende Felder angelegt:

- Rechnungsdatum
- Rechnungsnummer
- Lieferant
- Positionsbetrag

Um dies zu erreichen, wurden folgende Tabellen dem Abfrageentwurf hinzugefügt werden:

Zusätzliche Anwendungslösung „Projektcontrolling"

- Rechnungspositionen
- Rechnungen
- Lieferanten

Der Betrag wird der Tabelle RECHNUNGSPOSITIONEN entnommen, Rechnungsdatum und Rechnungsnummer steuert die Tabelle RECHNUNGEN bei, und die Tabelle LIEFERANTEN liefert den Namen des Lieferanten.

Darüber hinaus ist festgelegt, durch welche Werte die Auswahl der Rechnungspositionen eingeschränkt wird. Dies ist einerseits die Projektnummer, die die Anzeige der Rechnungen auf das aktuelle Projekt einschränkt, sowie die Artikelnummer, die auf jenen Wert eingeschränkt ist, für den die Auswahl des Drill-Downs getroffen worden ist. Also kommen als Felder im Abfrageentwurf aus der Tabelle RECHNUNGSPOSITIONEN zusätzlich noch die Felder ProjNr und ArtGrNr hinzu.

Der Abfrageentwurf hat zunächst das folgende Aussehen:

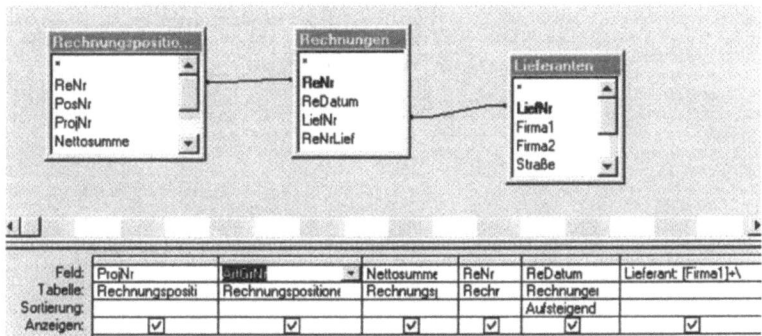

Wie kann nun die Bedingung für diese beiden Felder festgelegt werden? Die Projektnummer findet sich im Formular „Kalkulation" zur Auswahl des anzuzeigenden wieder, die Artikelgruppennummer erscheint in jenem Datensatz des eingebundenen Unterformulars, auf dessen Drill-Down-Schaltfläche geklickt worden ist. Im Entwurf einer Abfrage kann auf den Inhalt von Feldern eines Formulars verwiesen werden, das im Zeitpunkt des Ausführens der Abfrage geöffnet ist. In der Zeile „Kriterien" des Abfrageentwurfs hat der Verweis zu erfolgen.

23 Anhang D

Zum Erstellen des Verweises kann der Ausdruckseditor verwendet werden. Um ihn zu starten, klicken Sie mit der rechten Maustaste in das Feld „Kriterien" und wählen im Kontextmenü den Befehl **Erstellen**.

Zusätzliche Anwendungslösung „Projektcontrolling"

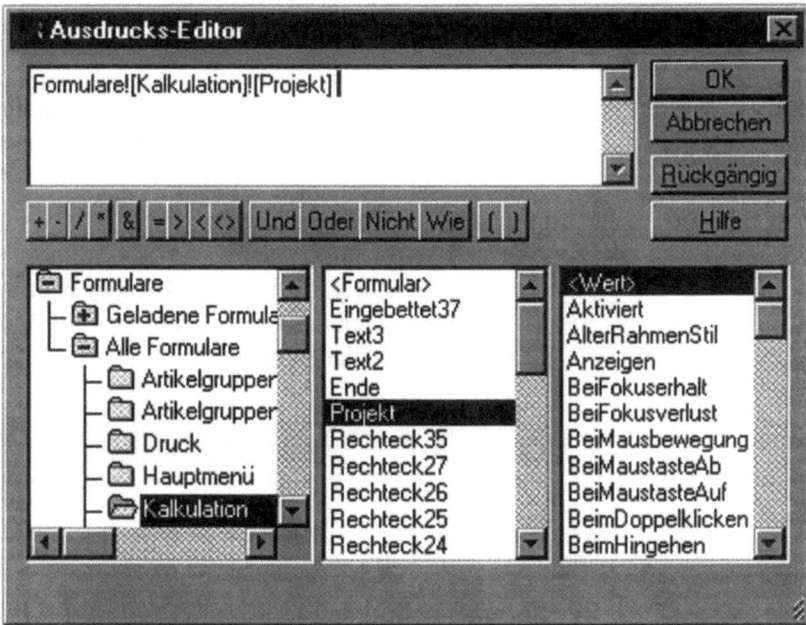

Da Sie mit dem Ausdruck auf ein Formularfeld verweisen wollen, wählen Sie in der linken der drei Spalten das Objekt „Formulare" aus und „hangeln" sich im Verzeichnisbaum bis zum Formular „Kalkulation" vor. Nun werden in der zweiten Spalte die Felder dieses Formulars angezeigt. Um im Ausdruck auf das Feld "Projekt" zu verweisen (Projekt ist der Steuerelementname des Listenfeldes zur Auswahl des Projektes, in dem das Feld „ProjNr" abgelegt wird), klicken Sie doppelt darauf. Im Ausdrucksfenster wird nun der Ausdruck **Formulare![Kalkulation]![Projekt]** übernommen. Klicken Sie auf <OK>, um diesen Ausdruck zu übernehmen.

Betrachten Sie den Aufbau des Ausdrucks noch etwas genauer, da Sie diese Art sicherlich öfter benötigen:

- Formulare: Der erste Teil des Ausdrucks bedeutet, daß es sich um ein Objekt eines Formulars handelt. (In der englischen Schreibweise in Visual Basic verwenden Sie Forms)
- [*Formularname*]: Der Name des Formulars, auf das verwiesen wird. Die eckigen Klammern müssen nur dann eingegeben werden, wenn der Name ein Lehr- oder Sonderzeichen enthält, damit Access bei der Analyse des Ausdrucks feststellen kann, wo der Name beginnt und endet.

- [*Steuerelementname*]: Der Name des Steuerelementes im Formular.

Der Ausdruck, der auf die Artikelgruppennummer verweist, wird bereits etwas komplexer, da auf ein Steuerelement verwiesen wird, das sich in einem Unterformular befindet.

Um mit dem Ausdrucks-Editor auf ein Feld in einem Unterformular verweisen zu können, muß das Hauptformular zumindest in der Entwurfsansicht geöffnet sein. Dies ist notwendig, da nur in der Unterrubrik „Geladene Formulare" (siehe Bild) auch die Unterformulare angezeigt werden.

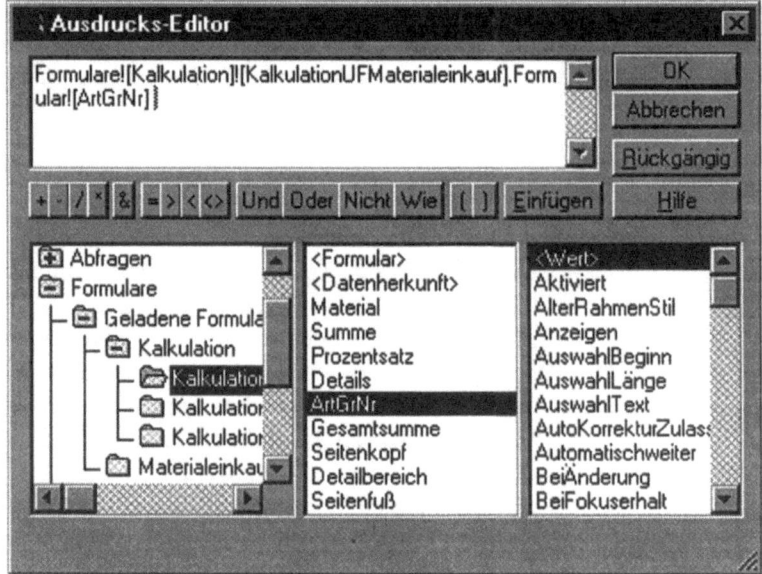

Aktivieren Sie das entsprechende Unterformular, um das Feld „ArtGrNr" auszuwählen. Der Ausdruck für das Kriterium des Feldes „ArtGrNr" im Formularentwurf muß korrekt **[Formulare]![Kalkulation]![KalkulationUFMaterialeinkauf].[Formular]![ArtGrNr]** lauten.

Hinweise zum Aufbau des Ausdrucks:

- [Formulare]: Der erste Teil des Ausdrucks bedeutet, daß es sich um ein Objekt eines Formulars handelt.
- [Kalkulation]: Der Name des Formulars, auf das verwiesen wird.

- [KalkulationUFMaterialeinkauf].[Formular]: Steuerelementname des Unterformulars im Hauptformular.
- [Formular] ist der Hinweis, daß es sich bei dem Steuerelement um ein Unterformular handelt.
- [ArtGrNr]: Name des Steuerelements im Unterformular.

Nun hat sich der Abfrageentwurf wie folgt darzustellen:

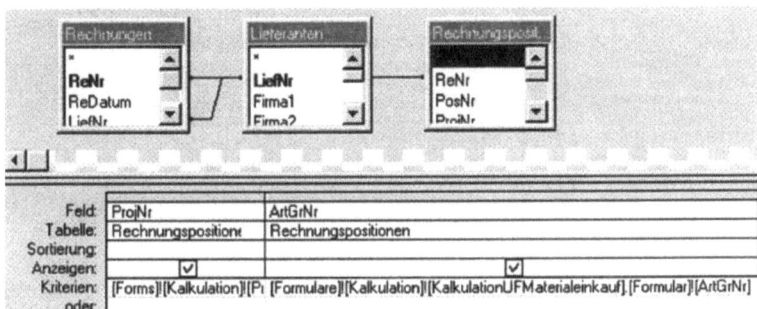

Beachten Sie: Im Abfrageentwurf besteht immer die Möglichkeit, auf Felder geöffneter Formulare zu verweisen. Diese Funktionalität ist vielfach einsetzbar; **Beispiele:**

- In einem Druckmenü sollen die gedruckten Daten eingeschränkt werden. Das Menüformular darf jedoch vor dem Öffnen des Berichtes nicht geschlossen werden. Handelt es sich bei dem Formular um ein Pop-Up-Formular, blenden Sie es aus (anstelle es zu schließen), damit es nicht den Blick auf den Bericht versperrt.
- Immer dann, wenn der nächste Arbeitsschritt von Benutzereingaben in einem Formular abhängt. Anstelle diese Werte im Programmcode in Variablen zu übernehmen, blenden Sie das Formular aus, indem Sie dessen Eigenschaft Sichtbar auf Falsch stellen.

Im Beispielfall erfolgt die Anzeige der Daten als Pop-Up erfolgen. Des weiteren sollen Schaltflächen für das Schließen des Formulars sowie für den Ausdruck der Auflistung integriert werden. Da dies für ein Formular in der Datenblattansicht nicht möglich ist, wird dieses als Unterformular in ein anderes eingebunden. Das Formular ist daher unter dem Namen „MaterialeinkaufDetailUF" abgespeichert.

Das Hauptformular ist als ungebundenes Formular erstellt. Das heißt: es enthält selber keine Daten, sondern dient als „Konserve" für das Unterformular. Das Hauptformular kann sowohl als Pop-Up geöffnet werden, als auch Schaltflächen aufnehmen. Es ist unter dem Namen „MaterialeinkaufDetail" abgespeichert.

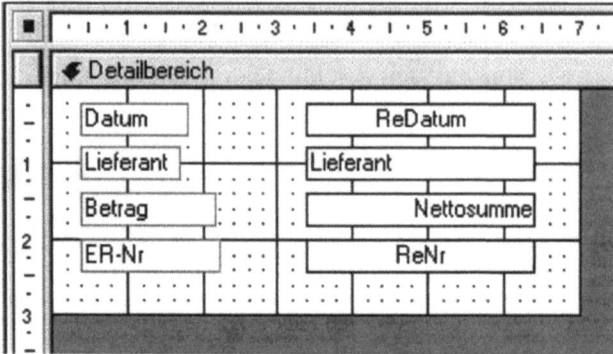

Liegt die Abfrage für das Drill-Down-Formular vor, müssen nur noch die Ausgabefelder in den Abfrageentwurf übernommen werden. Da das Formular lediglich zur Anzeige von Daten verwendet werden soll, werden die Eigenschaften

- Bearbeiten zulassen,
- Löschen zulassen,
- Anfügen zulassen und
- Daten eingeben

auf „Nein" eingestellt, um zu verhindern, daß unabsichtlich angezeigte Daten verändert werden.

Des weiteren genügt es, die vertikale Bildlaufleiste einzublenden, die Navigationsschaltflächen werden nicht benötigt.

Das Hauptformular wird als Pop-Up definiert. Navigationsschaltflächen, Datensatzmarkierung und Bildlaufleisten werden ausgeblendet. Neben der Beenden-Schaltfläche, welche lediglich das Formular schließt, befindet sich noch eine zweite, welche direkt einen Bericht ausdruckt, der dieselbe Übersicht wie das Formular aufweist.

Berichte und Druckausgaben

Schließlich gibt es noch die Schaltfläche <Druckausgaben> im Hauptmenü:

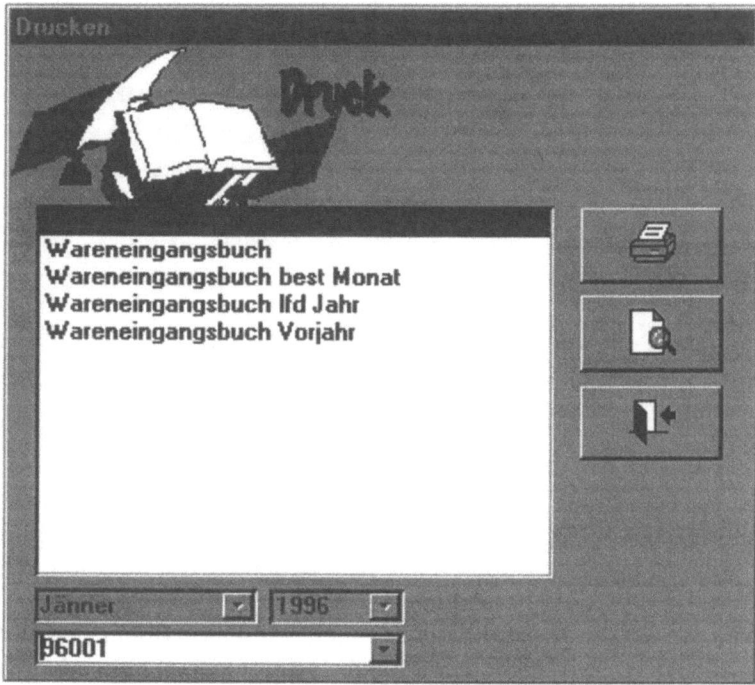

Neben der Ausgabe auf den Bildschirm kann so eine gezielte Ausgabe auf den Drucker erfolgen. Das Druckmenü ermöglicht den Ausdruck vorgefertigter Auswertungen und Berichte. Diese Auswahl ist jederzeit erweiterbar, vorerst wird der Ausdruck der Projektkalkulation sowie des Eingangsrechnungsbuches unterstützt.

Besondere Möglichkeiten wollen wir Ihnen am Beispiel des Berichts „Kalkulation" veranschaulichen. Den Berichtsentwurf verdeutlicht die folgende Bildschirmwiedergabe:

23 Anhang D

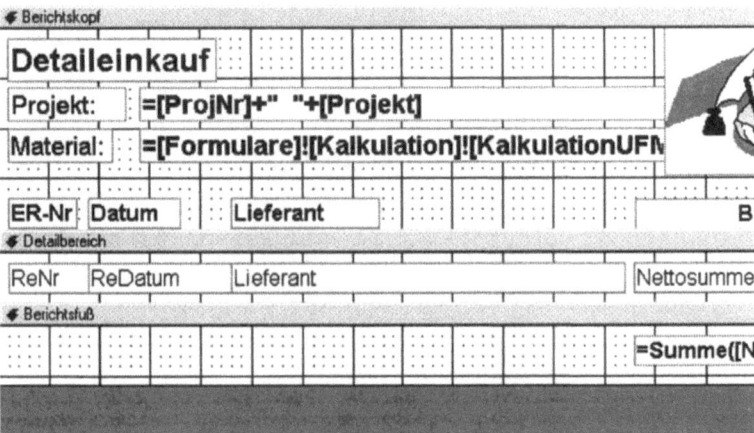

Der Bericht mit dem Namen „InternMaterialeinkaufDetail" basiert auf derselben Abfrage wie das ihn aufrufende Formular. Im Kopfbereich des Berichtes soll für den Ausdruck neben dem Projekt auch die Artikelgruppe ausgegeben werden. Da in der zugrundeliegenden Abfrage bisher nur die Artikelgruppennummer, jedoch nicht der beschreibende Text der Artikelgruppe selber vorkommt, müßte die Abfrage um die Tabelle ARTIKEL-GRUPPEN erweitert werden.

Eine andere Möglichkeit besteht darin, so wie in der Abfrage, auch direkt im Steuerelement auf ein bereits angezeigtes zu referenzieren. Das Formular „Kalkulation" ist zum Zeitpunkt des Ausdruckes noch geöffnet. Im Unterformular, welches die summierten Werte des Materialeinkaufs darstellt, kommt der Artikelgruppentext bereits vor. Der gewünschte Datensatz ist ebenfalls der aktuelle, da auf dessen Schaltfläche geklickt worden ist, um den Drill-Down auszulösen. Also bietet sich nichts mehr an, als auf dieses Feld zu referenzieren. Verwenden Sie auch dazu den Ausdrucks-Editor, indem Sie im Eigenschaftsfenster neben der Zeile Steuerelementinhalt auf das links abgebildete Editor-Symbol klicken.

Mit folgendem Ausdruck können Sie auf das Feld „Material" im Unterformular mit dem Steuerelementnamen *KalkulationUFMaterialeinkauf* im Formular „Kalkulation" verweisen:

```
=[Formulare]![Kalkulation]![KalkulationUFMateri-
aleinkauf].[Formular]![Material]
```

646

Zusätzliche Anwendungslösung „Projektcontrolling"

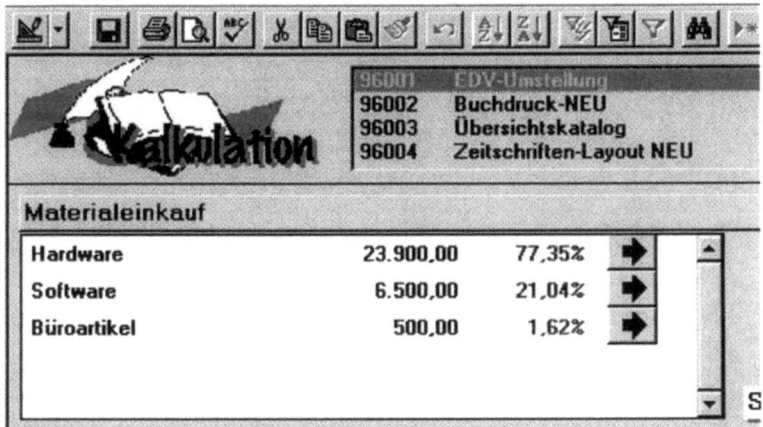

Das Resultat ist dieser Bericht:

Detaileinkauf

Projekt: **96001 EDV-Umstellung**
Material: **Hardware**

ER-Nr	Datum	Lieferant	Betrag
1	08.01.96	Bits & Bytes Computerhandelsges.m.b.H	6.000,00
1	08.01.96	Bits & Bytes Computerhandelsges.m.b.H	4.000,00
5	20.01.96	Bits & Bytes Computerhandelsges.m.b.H	13.900,00
			23.900,00

24 Sachwortverzeichnis

—A—

Abfrage ausführen 133
Abfrage speichern 134; 137
Abfragearten 124
Abfrageergebnis drucken 134
Abfragefilter definieren 138
Abfragen 121
Abfragen definieren 126
Abfrageoption 121
Abfrageoptionen 129
Abfragesprachen 123
ACCESS BASIC 357
ACCESS beenden 48
Access Developer´s Toolkit 12
Add-In-Manager 31; 73
Add-Ins 31
Adreßetiketten 234
Aktionen 299
Aktionsabfrage 125; 167
Aktualisierungsoperationen 116
Am Raster ausrichten 197
Anwendungsgenerierung 295
Arbeitsumgebung 29
Argumente 299
Ausdrucks-Editor 138; 324
Auswahlabfrage 125
Auswertungen 156; 233
Auswertungsfunktionen 156; 157
Autoexec-Makros 308

AutoFormular 180; 238; 239

—B—

Bedingung 307
Bedingungen 312
Bedingungsausdruck 142
Bedingungsprüfung 326
Befehlsschaltfläche 191; 313
Befehlsschaltflächenassistent 274
Beispielansicht 247
Beispielfelder 71
Beispieltabellen 70
Benutzerführungen 269
Benutzernamen 17
berechnete Felder 153
berechnete Steuerelemente 200
Berechnungsformeln 156
Berichte 233
Berichte anlegen 235
Berichte anzeigen 35
Berichtsassistenten 235
Berichtsausgabe 248
Berichtsfuß 253
Berichtskopf 253
Berichtsüberschrift 244
Beschreibungstext 78
Bezeichnungsfeld 190
Bezeichnungsfelder 252; 281
Beziehungen 112

Btrieve 485
Byte 87

— C —

Compilation 358
Cross-Box 286

— D —

Dateiname 65
Daten filtern 337
Datenaustausch 477
Datenbank 2
Datenbank einrichten 63
Datenbank komprimieren 38
Datenbank öffnen 17
Datenbank reparieren 39
Datenbank schließen 36
Datenbank verschlüsseln 39; 40
Datenbank-Dokumentierer 31
Datenbank-Engine 414
Datenbankfenster 15; 20; 21
Datenbankformate 485
Datenbanksysteme 3
Datendefinitionsabfrage 125
Dateneingaben 221
Datenereignisse 332
Datenexport 493
Datenfeld 68
Datenfilterung 338
Datenmodus 307
Datensatz 68
Datensätze ändern 428
Datensätze anfügen 99
Datensätze löschen 101; 430
Datensatzgruppenvariable 421
Datensatzherkunft 409

Datensatzzeiger 98
Datenschutz 539
Datensicherung 539
Datentyp 367
Datentyp TEXT 82
Datenzugriffsobjekte 416
Datums-/Zeitfelder 89
dBase 485
DDE-Befehle 507
Debugging 465
Deinstallation 8
Deklarationsbereich 361
Deklarationsteil 465
Detailbereich 253
Detailtabelle 111
Dezimalstellen 88
Diagramm 179; 237
DIM 367
Direktfenster 469
Do-Loop-Anweisung 399; 400
Double 87
Druckauflage 42
Druckausgabe 40; 355
Druckbereich 251
Druckmenü 343; 352
Druckqualität 42
Druckvorschau 36
Duplikatsuche-Abfrage 127
Dynamischer Datenaustausch 506
Dynaset 124

— E —

Eingabeassistenten 90
Eingabeformat 84; 90
Eingaben ändern 102
Einzelschritt 467
Einzelschrittmodus 321
Entscheidungsstrukturen 395
Entwicklungsumgebung 358

Entwurfsansicht 33; 74; 186; 247; 252
Ereigniseigenschaften 333
Ereigniskategorien 331
Ereignisse 331
Etikettendruck 259
Exemplare 251
Exemplare sortieren 251

—F—

Fehlerbehandlung 359; 473
Fehlerbeseitigung 465
Fehlercode 474
Fehlersuche 321
Felddatentyp 76
Felddatentypen 82
Felddefinitionen 75
Feld-Editors 75
Feldeigenschaften 78
Feldeigenschaften ändern 93
Felder einfügen 95
Felder löschen 95
Felder neu anordnen 96
Felder neu benennen 93
Feldgröße 83; 87
Feldmarkierer 79; 131
Feldnamen 75
Fensterereignisse 332
Fenstermodus 307
Filterschaltflächen 339
Fokusereignisse 332
Formular als Pop-Up 278
Formularansicht 33; 186
Formulare 175
Formulargestaltung 175
For-Next-Anweisung 398
FoxPro 485
Fremdformate 485
Fremdschlüssel 112
Funktionen 358; 373
Funktionsprozedur 362

—G—

Gruppenfuß 253
Gruppenkopf 253
Gruppenwechsel 255
Gruppieren 233
Gruppierung 158
Gruppierungsbericht 255
Gültigkeitsregel 85

—H—

Haltepunkte 467
Hardware-Voraussetzung 4
Hauptmenüformular 271

—I—

If-Then Anweisung 396
Import 486
Importfehler 492
Importformat 488
Index 79; 86
Inkonsistenzsuche 127
Inputbox 377
Installation 4
Integer 87

—K—

Kalkulationstabellen 488
Kennwort 17
Kombinationsfeld 191
Kontrollkästchen 191; 286
Kontrollstrukturen 357; 395
Kreuztabellenabfrage 125
Kriterien 132

—L—

Laufzeitfehler 468
Listen 233
Listenfeld 191; 209; 287; 405
Listenfeldassistenten 287
Long Integer 87

Löschabfrage 168
Löschweitergabe 117

—M—

Makro 295
Makroaktionen 328
Makrofenster 299
Makrofunktionen 300
Makrogruppe 314
Makroliste 318
Makroprogrammierung 295
Makros nutzen 310
Makroverwaltung 314
Mastertabelle 111
Mausereignisse 333
Mehrbenutzerumgebung 4; 65; 93
Mehr-Felder-Primärschlüssel 80
Memo 76; 91
Menüassistenten 289
Menü-Editor 31; 289
Menüleiste 20
Menüleisten 289
Menüleisten, indviduell 298
Messagebox 377
Microsoft SQL-Server 485
Modul 360
Modulentwurf 467
Modulfenster 363
MS-Office 477

—N—

Namenssuche 343
Navigationsflächen 36
Neue Datensätze erfassen 98
Numerische Felder 86

—O—

Objektdefinitionen 41
Objekte 22; 414

Objekte kopieren 27
Objekte löschen 26
Objekte öffnen 24
Objekte schließen 25
Objekte umbenennen 26
Objektfeld 191
Objektmethoden 419
Objekttyp 304
Objektvariablen 413
Oder-Verbindung 147
OLE-Objekt 77; 483
OLE-Objekte 91
Optionsfeld 191
Optionsgruppenassistent 285
Optionsschaltflächen 286

—P—

Platzhalter 148
Position der Felder verändern 194
Primärschlüssel 79
Programmiersprache 357
Prozedur 362
Prozedurschritt 467
Pull-Down Menü 20

—Q—

QBE-Abfrage 124; 129
QBE-Bereich 129
QUERY 121
Quickinfo 30

—R—

Radio-Buttons 286
relationale Datenbanken 3
Runtime-Version 12

—S—

Schaltflächen 273; 281
Schaltflächentext 275
Schleife 395

Schleifenstrukturen 395
Schrittweite 398
Seitenansicht 36; 245; 352
Seitenfuß 253
Seitenkopf 253
Seitenumbruch 191
Select-Case-Anweisung 397
Serienbriefe 234
Serienbriefschreibung 477
Serienbriefsteuerdatei 477
SetzenWert 323
SHELL-Befehl 508
Sicherheitskopien 37
Single 87
Sortieren 233
Sortiermodus 131
Sortierung 243
Speicherung 65
SQL 170
SQL-Sprache 124
Standardabfragen aufrufen 136
Statusleiste 21
Statuszeile anzeigen 29
Steuerelementassistenten 190; 274; 340
Steuerelemente 200; 322
Stringoperationen 385
Sub-Prozedur 361
Suchfunktion 342
Suchvorgänge 297
Symbolleiste 21
Systemanforderungen 4
Systemobjekte anzeigen 30

—T—

Tabelle drucken 103
Tabelle formatieren 102
Tabelle speichern 81
Tabellen einbinden 486
Tabellen umbenennen 103

Tabellenansicht 32
Tabellenassistenten 69
Tabelleneinbindungs-Manager 31
Tabellenstruktur modifizieren 92
Tastaturbefehle 326
Tastaturereignisse 332
Textdateien 491
Texteditor 371
Textfeld 190
Textfelder 82; 252
Titelleiste 20
Toolbox 189

—U—

Umschaltfläche 191
Und-Verbindung 146
Ungebundene Steuerelemente 200
Union-Abfrage 125
Untermenüs 281

—V—

Variable 366
Variablenbenennung 366
Variablendeklaration 465
Verzeichnisse 233
Visual Basic 357

—W—

Währung 77; 89
Word für Windows 477

—Z—

Zähler 77; 89
Zeichenfolgedatentyp 369
Zoom-Fenster 155
Zoom-Fensters 155
Zoomfunktion 36; 246

653

Bücher aus dem Umfeld

Objektorientierte Datenbanksysteme
ODMG-Standard. Produkte, Systembewertung, Benchmarks, Tuning

von Uwe Hohenstein, Regina Lauffer, Klaus-Dieter Schmatz und Petra Weikert

1996. VIII, 269 Seiten.
(Zielorientiertes Software-Development; hrsg. von Fedtke, Stephen) Gebunden.
ISBN 3-528-05501-4

Aus dem Inhalt: Konzepte objektorientierter Datenbanksysteme - Der ODMG-Standard für objektorientierte Datenbanksysteme - Kriterien und Vorgehensweise bei der Auswahl - Evaluierung funktionaler Kriterien - Standard-Benchmarks - Eigene Benchmarks realisieren - Tuning - Kommerzielle Produkte - Fallstudien - Checkliste

Das Buch ist ein umfassender und aktueller, bereits den ODMG-Standard berücksichtigender Leitfaden für alle, die objektorientierte Datenbanksysteme professionell in ihrem Unternehmen einsetzen wollen. Es führt praxisorientiert und verständlich in die Konzepte, die Kriterien und Verfahren bei der Arbeit mit objektorientierten Datenbanksystemen ein. Kapitel über Benchmarks und Tuningmaßnahmen geben Hinweise auf Effizienzsteigerungen und Optimierungsmöglichkeiten, die technisch überzeugen und wirtschaftlichen Gesichtspunkten Rechnung tragen. Der Leser erhält insbesondere eine Übersicht über die kommerziell verfügbaren Produkte und kann sich anhand von Fallstudien, Tabellen und Checklisten bestens orientieren.

ORACLE7 Datenbanken erfolgreich realisieren
Entwurf, Entwicklung, Tuning

von Frank Roeing

1996. VIII, 266 Seiten.
(Datenbanksysteme; hrsg. von Härder, Theo/ Reuter, Andreas) Gebunden.
ISBN 3-528-05521-9

Aus dem Inhalt: Wartbarkeit, Integrität und Effizienz bei ORACLE-Systemen - ORACLE-Datenbanken: Von der Anforderung zum Einsatz - Fachliche Konzeption von ORACLE-Datenbanken - Technischer Entwurf von ORACLE-Datenbanken: Übergang, ORACLE7-Objekte - Integritätsregeln, Trigger-Design - Aspekte der Anwendungsentwicklung: Nutzung, Tuning - Client-Server Computing, verteilte Datenbanken - Tuning auf unterschiedlichen Entwicklungsebenen

Das Buch soll helfen, Datenbanken optimal einzusetzen. Wartbarkeit, Integrität und Effizienz stehen dabei im Vordergrund. So werden allgemeine Prinzipien der Informatik auf den Praxis-Nenner gebracht und technische Besonderheiten des ORACLE-Datenbanksystems vermittelt. Das Buch unterstützt den professionellen DB-Spezialisten von der Analyse bis hin zum konkreten Aufbau und Einsatz von ORACLE-Datenbanken.

Verlag Vieweg · Postfach 1547 · 65005 Wiesbaden · Fax (0611) 78 78-420

MIX
Papier aus verantwortungsvollen Quellen
Paper from responsible sources
FSC® C105338

If you have any concerns about our products,
you can contact us on
ProductSafety@springernature.com

In case Publisher is established outside the EU,
the EU authorized representative is:
Springer Nature Customer Service Center GmbH
Europaplatz 3, 69115 Heidelberg, Germany

Printed by Libri Plureos GmbH
in Hamburg, Germany